CAD/CAM 基础入门与实战视频讲堂

UG NX8 数控加工全解视频精讲

卢彩元　谢龙汉　编著

電子工業出版社
Publishing House of Electronics Industry
北京 • BEIJING

内 容 简 介

本书以最新版的NX 8中文版为蓝本进行写作，分为9章，依次介绍平面铣、面铣削、型腔铣、固定轴曲面轮廓铣、可变轴曲面轮廓铣、点位加工、车削加工和线切割等。全书以“功能讲解+典型实例+视频讲解”的方式，一方面通过大量的典型实例与重点知识相结合的方法全面介绍NX 8数控加工各个模块的各个过程，另一方面通过实例讲解NX 8数控加工的各种重点功能和操作方法。本书强调介绍最基本和最常使用的功能要点，内容与实例相结合，大量运用图解配以简单文字讲解的形式进行全面的学习。读者通过观看教学视频，可使学习快速有效。

本书具有专业性强、操作性强、指导性强的特点，是机械类工程技术人员，在校机械、机电专业本科生与研究生作为快速入门和进一步提高的参考书，也是NX 8初学者入门提高的学习宝典，也可作为大中专院校、教育培训机构的数控专业教材。

图书在版编目（CIP）数据

UG NX8 数控加工全解视频精讲/卢彩元，谢龙汉编著. —北京：电子工业出版社，2013.2
（CAD/CAM 基础入门与实战视频讲堂）
ISBN 978-7-121-19058-2

Ⅰ.①U… Ⅱ.①卢… ②谢… Ⅲ.①数控机床－加工－计算机辅助设计－应用软件 Ⅳ.①TG659-39

中国版本图书馆 CIP 数据核字(2012)第 281563 号

策划编辑：许存权
责任编辑：许存权　特约编辑：刘海霞　王　燕
印　　刷：涿州市京南印刷厂
装　　订：涿州市京南印刷厂
出版发行：电子工业出版社
　　　　　北京市海淀区万寿路 173 信箱　邮编　100036
开　　本：787×1 092　1/16　印张：24.5　字数：588 千字
印　　次：2013 年 2 月第 1 次印刷
印　　数：4000 册　　定价：56.00 元（含 DVD 光盘 1 张）

凡所购买电子工业出版社图书有缺损问题，请向购买书店调换。若书店售缺，请与本社发行部联系，联系及邮购电话：（010）88254888。

质量投诉请发邮件至 zlts@phei.com.cn，盗版侵权举报请发邮件至 dbqq@phei.com.cn。

服务热线：（010）88258888。

前　言

众所周知，计算机辅助设计软件都全方位地为设计人员提供各种不同的功能，以便于适应不同设计内容的需求。但是对于设计人员而言，有时只需要重点学习并掌握其中一个模块的内容，因此，为了能更好更全面地满足设计人员的需求，我们只对其中的一个专用专业的模块进行讲解，这样，便可以大大提高读者的学习效率。

UG NX 8 是 NX 系列的最新版本，NX 作为 Siemens Product Lifecycle Marlagement Software Inc.的核心产品，是当前世界上最先进的紧密集成 CAID/CAD/CAM/CAE 的系统，其功能覆盖产品的整个开发过程，是产品生命周期管理的完整解决方案。从 CAD、CAM 到 CAE，UG 都有详细的模块技术支持。UG 一直为全球领先的企业提供最全面的、经过验证的解决方案，广泛应用于航空航天、汽车、通用机械等加工领域。UG 的加工后置处理模块，使用户可方便地建立自己的加工后置处理程序，该模块适用于目前世界上几乎所有主流 NC 机床和加工中心。本书以 UG NX 8 中文版为蓝本进行讲解，以最新的软件版本、功能讲解和实例应用相结合并辅以视频讲解，给读者提供一个全方位的学习环境，帮助读者快速、到位地学习基于 UG NX 8 的 CAM 模块设计和应用。

本书的特色

UG NX 软件是功能非常强大的集 CAD/CAM/CAE 为一体的开发设计软件，在机械设计、制造等行业应用十分普遍。本书以“功能讲解+典型实例+视频讲解”的形式，提供读者一个有效掌握 UG NX 8 CAM 的快速通道。本书中除第 1 章外，各章以“功能讲解→实例・操作”为过程，通过适量的典型实例操作和重点知识讲解相结合的方式，对 UG NX 8 中辅助加工模块的基础知识、常用的功能进行讲解。在讲解中力求紧扣操作、语言简洁、形象直观，避免冗赘的解释说明，并适当地对不常用功能进行简单的讲解，使读者能够快速了解利用 UG NX 8 中数控加工的使用方法和操作步骤。

在本书中的数控加工过程中，涉及很多关于数控加工方面的专业知识，这样不仅使读者在学习过程中能够熟练掌握数控加工的基本操作，而且能够对数控加工中一些重要且经常用到的专业知识和术语有所认识和了解，从而在学完本书之后就能够加工出符合生产要求的合格零件。

- 全书录制视频。全视频的学习形式，读者通过观看教学视频即可快速有效地　学习。
- 全书以大量的图解形式进行讲解。全部内容均以图片配以简单的文字说明的形式，使得原本枯燥乏味的技术学习一下子变得轻松起来。将功能讲解、实例讲解等全部内容，按照上课教学的形式录制多媒体视频，让读者如临教室，学习效果更好。从本书，读者甚至可以只观看操作动画跟图解照片就可以轻松地学会 UG NX8 中的数控加工的操作。还有，读者可以按照书中列出的视频路径，从光盘中打开相应的视频进行学习观看。视频包含了语音讲解，读者可以使用暴风影音、Windows Media Player 等常用播放器进行观看。提示：如果播放不了，请安装 tscc.exe 插件。

本书内容

计算机辅助技术发展与应用极为迅速，软件的技术含量和功能更新极快。为了帮助更多的设计人员正确与高效地应用 UG NX 软件，本书以最新版的 UG NX 8 中文版为蓝本进行写作，分为 9 章，依次介绍平面铣、面铣削、型腔铣、固定轴曲面轮廓铣、可变轴曲面轮廓铣、点位加工、车削加工和线切割等。

本书配套光盘中附有本书所有实例的详细操作讲解视频，以及所有相关源文件，便于读者模仿操作和学习。

第 1 章为 UG NX 8 的基础章节，对传统的加工和数控加工的概念进行了简要的描述，重点对 UG NX 8 软件 CAM 的加工环境、主界面及操作的基本步骤进行说明。通过本章的学习，读者能够对 UG NX8 软件的 CAM 模块有个初步认识和了解。

第 2 章对 UG CAM 平面铣进行了详细的讲解，通过本章的学习，读者可以很好地理解并掌握在 UG NX8 中 CAM 模块的平面铣削加工操作的各个功能指令，也可以初步了解整个 UG CAM 加工模块的基本操作步骤。

第 3 章主要介绍 UG CAM 面铣削，面铣削是一种特殊的平面铣削，但是与平面铣削又有区别。通过本章的学习，读者可以很好地认识平面铣削与面铣削之间的不同点与共同点，在加工操作中，能更好地使用 UG CAM 的各个加工模块。

第 4 章重点介绍 UG CAM 型腔铣削，对其操作的基本步骤、注意事项及各个功能指令作了全面的介绍，通过本章的学习，用户可以很好地认识并且利用 UD CAM 中的型腔铣模块进行零件的粗加工操作。

第 5、第 6 章对 UG CAM 中的固定轴曲面轮廓铣削和可变轴曲面轮廓铣削作了讲解，固定轴曲面轮廓铣削与可变轴曲面轮廓铣削在很大程度上是相似的，但是又有本质的区别，通过这两章的学习，读者能够比较全面和详细地掌握 UG CAM 中固定轴曲面轮廓铣削和可变轴曲面轮廓铣削的使用原则和基本步骤。

第 7 章是对 UG CAM 点位加工的详细介绍，在点位加工中，各种不同的功能指令适合不同孔位的加工，也对在 UG NX8 中 CAM 模块出现的所有孔位加工的功能指令作了详细的讲解，通过本章的学习，读者能很好地掌握在点位加工中需要注意的事项及加工操作的基本步骤。

第 8 章对 UG CAM 车削加工的方法与技巧进行了比较全面的讲述，通过本章的学习，读者能够熟练掌握 UG CAM 车削加工的常用方法和技巧。

第 9 章主要介绍 UG CAM 线切割功能指令的应用。通过本章的学习，读者可以掌握线切割加工操作的基本步骤和使用技巧。

本书读者对象

本书具有专业性强、操作性强、指导性强的特点，是机械类工程技术人员，在校机械、机电专业本科生与研究生作为快速入门和提高的参考书，也是 UG NX8 初学者入门和提高的学习宝典，也可作为各大中专院校教育、培训机构的专业数控加工教材。

学习建议

建议读者按照图书编排的前后次序进行学习。从第 2 章开始，首先请读者浏览一下本章所要讲述的内容，然后按照书中所讲的内容或操作步骤进行操作，相关的实例都配有视频，如果在学习过程中遇到操作困难的地方，可以观看该部分的视频。

对于功能讲解部分，读者也可以先观看每一节的视频，然后动手进行操作。对于实例操作部分，建议读者首先直接根据书中的操作步骤进行练习，完成后再观看视频以加深印象，并纠正自己操作中所遇到的问题。

本书主要由卢彩元、谢龙汉编写，还有拓技工作室的林伟、魏艳光、林木议、郑晓、吴苗、林树财、林伟洁、蔡明京、王悦阳、苏延全、吕云峰、付应乾、唐长刚、王敏、杨峰、赵新宇、丁圆圆、周金华、王文娟等。感谢您选用本书，恳请您将对本书的意见和建议告诉我们，电子邮件 xielonghan@yahoo. com.cn，祝您学习愉快。

编　者

目 录

第1章　数控加工概述

数控加工是指在数控机床上进行零件加工的一种工艺方法。数控机床加工与传统机床加工的工艺规程从总体上来说是一致的，但是也发生了明显的变化。数控加工是用数字信息控制零件和刀具位移的机械加工方法。它是解决零件品种多变、批量小、形状复杂、精度高等问题和实现高效化和自动化加工的有效途径。

本章内容

- 认识数控加工
- NX 8 概述
- NX 8 加工环境
- NX 8 CAM 的主界面
- UG CAM 数控加工的基本步骤

1.1　认识数控加工

与传统的机床加工相比，数控加工有下列优点：①大量减少工装数量，加工形状复杂的零件不需要复杂的工装。如要改变零件的形状和尺寸，只需要修改零件加工程序，适用于新产品研制和改型。②加工质量稳定，加工精度高，重复精度高，适应飞行器的加工要求。③多品种、小批量生产情况下生产效率较高，能减少生产准备、机床调整和工序检验的时间，而且由于使用最佳切削量而减少了切削时间。④可加工常规方法难以加工的复杂型面，甚至能加工一些无法观测的加工部位。

数控加工程序编制方法有手工编程和自动编程之分。手工编程，程序的全部内容是由人工按数控系统所规定的指令格式编写的。自动编程即计算机编程，可分为以语言和绘画为基础的自动编程方法。

1.1.1　自动编程

自动编程是相对于手工编程而言的。它是利用计算机专用软件来编制数控加工程序的。编程人员只需要根据零件图样的要求，使用数控语言，由计算机自动进行数值的计算及后置处理后，编写出零件加工的程序命令，加工程序通过直接通信读取的方式输入数控机床，从而指挥机床工作。自动编程使得一些计算烦琐、手工编程困难或者无法编出的程序能够顺利完成。采用自动编程方法，效率高、可靠性好。在编程过程中，程序编制人员可及时检测程序是否正确，可以及时得到修改或者优化。

1.1.2 手工编程

手工编程从分析零件图样、确定加工工艺过程、数值计算、编写零件加工程序单、制作控制介质到程序校验都是人工完成的。它要求编程人员不仅要熟悉数控指令及编程规则，而且还要具备数控加工工艺知识和数值计算能力。对于形状复杂的零件，特别是具有非圆曲线、列表曲线及曲面组成的零件，用手工编程就有一定困难，出错的概率会增大，有时甚至无法编出程序，因此必须用自动编程的方法编制程序。

1.2 NX 8 概述

UG（Unigraphics）NX 是 Siemens 公司出品的一个产品工程解决方案，NX 使企业能够通过新一代数字化产品开发系统实现向产品全生命周期管理转型的目标。

NX 为那些培养创造性和产品技术革新的工业设计和风格提供了强有力的解决方案。利用 NX 建模，工业设计师能够迅速地建立和改进复杂产品的形状，并且使用先进的渲染和可视化工具最大限度地满足设计概念的审美要求。具体地达到工业设计和风格造型，产品设计、仿真、确认和优化等各方面，从而使开发周期中较早地运用数字化仿真性能，制造商可以改善产品质量，同时减少或者消除对于物理样机的昂贵耗时的设计、构建及对变更周期的依赖。

UG 是当今较为流行的一种模具设计软件，主要是因为其强大的功能。它是集 CAD/CAE/CAM（计算机辅助设计、计算机辅助分析、计算机辅助制造）于一身的三维参数化设计软件，被广泛应用于航空航天、汽车、船舶、通用机械和电子等工业领域。作为 UG 公司提供的产品全生命周期管理解决方案中面向产品开发领域的产品的最新版本，UG NX 8 提供了一套更加完整的、集成的、全面的产品开发解决方案，用于产品的设计、分析和制造，集合了最新技术和一流实践经验的解决方案，成为业界公认的领先技术，充分体现了 UG 在高端工程领域，特别是军工领域的强大实力。

UG NX 8 增加了新的功能：

（1）更简洁的 NX 8 菜单图标和标注负数的输入。

（2）Reorder Blends 可以对相交的倒圆进行重排序。

（3）NX 8 新增了重复的命令。

（4）在历史模式下，进行拉出面和偏置区域的时候，区域边界面增强，即只要选择面上有封闭的曲线，则选中的不是整个面而是封闭曲线里的区域面。

（5）使用孔命令创建孔的时候可以改变类型。

（6）边倒圆和软倒圆支持二次曲线。

（7）抽取等参数曲线，曲线和原来模型保持相关联。

（8）表达式功能增强：支持国际语言，可以引用其他部件的属性和其他对象的属性。

（9）新增了约束导航器：可以对约束进行分析、组织。

（10）新增 Make Unique 命令，也就是重命名组件，用户可以任意更改打开装配中的组件名字，从而得到新的组件。

（11）编辑抑制状态功能增强，现在可以对多个组件、不同级别的组件进行编辑。

（12）新增只读部件提示。

（13）NX 8 利于管理的创建标准引用集。

（14）Cross Section 命令增强，现在支持在历史模式下使用该命令。

（15）删除面功能增强：增加了修复功能。

（16）GC 工具箱中增加了弹簧建模工具。

1.2.1 UG CAD 与 UG CAM 的关联

UG CAM 虽然是 UG NX 8 中非常重要的一个模块，但是它并不是孤立存在的，而是与其他的模块有着紧密联系的，特别是与 CAD 模块密不可分的。CAM 与 CAD 是相辅相成的，两者之间经常需要数据的转换。CAM 直接利用 CAD 创建的模型进行加工编程，CAD 模型是数控编程的前提和基础，任何 CAM 程序的编制都要有 CAD 模型作为加工的对象。因为 CAM 与 CAD 息息相关，数据都是共享的，因此，只要修改了 CAD 模型文件，CAM 中的数据也会随着 CAD 数据的更改而自动更新，从而避免了不必要的重复工作，提高了工作效率。

1.2.2 UG CAD 简介

UG CAD 模块是 UG 软件的基本模块。其主要包括以下几方面的内容。

（1）UG/Gateway（入门模块）：提供一个 UG 应用的基础，UG/Gateway 在一个易于使用的基于 Motif 环境中形成连接所有 UG 模块的底层结构，它支持关键操作，是对所有其他 UG 应用的必要基础。

（2）UG/Solid Modeling（实体建模）：提供了强大的复合建模功能。UG/Solid Modeling 无缝集成基于约束的特征建模和显示几何建模功能，用户能够方便地建立二维和三维线框模型、扫描和旋转实体、布尔运算及进行参数化编辑， UG/Solid Modeling 是 UG/Feature Modeling（特征建模）和 UG/Freeform Modeling（自由形状建模）两者的必要基础。

（3）UG/Feature Modeling（特征建模）：该模块提高了表达式的级别，因此设计者可以在工程特征中定义设计特征；它还支持建立和编辑标准设计的特征。

（4）UG/Freeform Modeling（自由形状建模）：该模块提供了进行复杂自由形状设计的能力。

（5）UG/User-Defined Features（用户定义的特征）：该模块提供了一种交互设计方法，易于恢复和编辑、使用用户自定义的零件特征。

（6）UG/Drafting（制图）：UG/Drafting 使得任何设计师、工程师或者制图员都能够以实体模型去绘制产品的工程图。UG/Drafting 是基于 UG 的复合建模技术，因此可以在模型尺寸改变时工程图随着模型自动更新，减少生成工程图的时间。UG/Drafting 支持业界主要制图标准，包括 ANSI、ISO、DIN 和 JIS 等制图标准。

（7）UG/Assembly Modeling（装配建模）：提供一个并行的自顶向下的产品开发方法，

UG/Assembly Modeling 的主模型可以在装配的上下文中设计和编辑，组件被灵活地配对或定位。

（8）UG/Advanced Assembly（高级装配）：提供了渲染和间隙分析功能，UG/Advanced Assembly 还提供了数据装载控制，允许用户过滤装配结构，管理、共享和评估数字化模型以获得对复杂产品布局的全数字的物理实物模拟过程。

（9）UG/Sheet Metal（钣金设计）：提供多种钣金形式，方便用户计算展开尺寸。

（10）UG/WAVE Control（WAVE 控制）：UG 的 WAVE 技术提供了一个产品文件夹工程的平台，该技术允许将概念设计与详细设计的改变传递到整个产品，而维持设计的完整性和意图，在这个平台上构造，创新的 WAVE 工程过程能够实现高一级产品设计的定度、控制和评估。

（11）UG/Geometric Tolerancing（几何公差）：该模块实现了几何公差规定的智能定义，将几何公差完全相关到模型，并基于所选择的公差标准，如 ANSI、Y14.5M-1982、ASME、Y14.5M-199 或者 ISO1101-1983。

（12）UG/Visual Studio（视觉效果）：提供了多种方式对实体模型进行视觉处理，如渲染等。

1.2.3 UG CAM 简介

CAM（Computer Aided Manufacturing，计算机辅助制造）的核心是计算机数值控制（简称数控），是将计算机应用于制造生产过程的过程或系统。CAM 系统一般具有数据转换和过程自动化两方面的功能。到目前为止，CAM（计算机辅助制造）有狭义和广义的两个概念。CAM 的狭义概念指的是从产品设计到加工制造之间的一切生产准备活动，包括 CAPP、NC 编程、工时定额的计算、生产计划的制订、资源需求计划的制订等，这是最初 CAM 系统的狭义概念。到今天，CAM 的狭义概念甚至更进一步缩小为 NC 编程的同义词。CAM 的广义概念包括的内容则多得多，除了上述 CAM 狭义定义所包含的所有内容外，还包括制造活动中与物流有关的所有过程（加工、装配、检验、存储、输送）的监视、控制和管理。

UG CAM 提供了一整套从钻孔、线切割到五轴铣削的单一加工解决方案。在加工过程中的模型、加工工艺、优化和刀具管理上，都可以与主模型设计相连接，始终保持最高的生产效率。UG CAM 由 5 个模块组成，即交互工艺参数输入模块、刀具轨迹生成模块（UG/Toolpath Generator）、刀具轨迹编辑模块（UG/Graphical Tool Path Editor）、三维加工动态仿真模块（UG/Verify）和后置处理模块（UG/PostProcessing）。

1. 交互工艺参数输入模块

通过人机交互的方式，用对话框和过程向导的形式输入刀具、夹具、编程原点、毛坯、零件等工艺参数。

2. UG/Toolpath Generator

UG CAM 最具特点的是其功能强大的刀具轨迹生成方法，包括车削、铣削、线切割等完善的加工方法。其中铣削主要有以下功能。

（1）Point to Point：完成各种孔加工。

（2）Panar Mill：平面铣削，包括单向行切、双向行切、环切及轮廓加工等。

（3）Fixed Contour：固定多轴投影加工。用投影方法控制刀具在单张曲面上或多张曲面上的移动，控制刀具移动的可以是已生成的刀具轨迹、一系列点或一组曲线。

（4）Variable Contour：可变轴投影加工。

（5）Parameter line：等参数线加工，可对单张曲面或多张曲面连续加工。

（6）Zig-Zag Surface：裁剪面加工。

（7）Rough to Depth：粗加工，将毛坯粗加工到指定深度。

（8）Cavity Mill：多级深度型腔加工，特别适用于凸模和凹模的粗加工。

（9）Sequential Surface：曲面交加工，按照零件面、导动面和检查面的思路对刀具的移动提供最大程度的控制。

3. UG/Graphical Tool Path Editor

刀具轨迹编辑器可用于观察刀具的运动轨迹，并提供延伸、缩短或修改刀具轨迹的功能。同时，能够通过控制图形的和文本的信息去编辑刀轨。因此，当要求对生成的刀具轨迹进行修改，或当要求显示刀具轨迹和使用动画功能显示时，都需要使用刀具轨迹编辑器。动画功能可选择显示刀具轨迹的特定段或整个刀具轨迹。附加的特征能够用图形方式修剪局部刀具轨迹，以避免刀具与定位件、压板等的干涉，并检查过切情况。

刀具轨迹编辑器主要特点：显示对生成刀具轨迹的修改或修正；可进行对整个刀具轨迹或部分刀具轨迹的刀轨动画；可控制刀具轨迹动画速度和方向；允许选择的刀具轨迹在线性或圆形方向延伸；能够通过已定义的边界来修剪刀具轨迹；提供运动范围，并执行在曲面轮廓铣削加工中的过切检查。

4. UG/Verify

UG/Verify 交互地仿真检验和显示 NC 刀轨，它是一个无须利用机床、成本低、高效率的测试 NC 加工应用的方法。UG/Verify 使用 UG/CAM 定义的 BLANK 作为初始的毛坯形状，显示 NC 刀轨的材料移去过程，检验包括如刀具和零件碰撞、曲面切削或过切和过多材料等错误。最后在显示屏幕上建立一个完成零件的着色模型，并可以把仿真切削后的零件与 CAD 的零件模型比较，以看到什么地方出现了不正确的加工情况。

5. UG/Postprocessing

UG/Postprocessing 包括一个通用的后置处理器（GPM），使用户能够方便地建立用户定制的后置处理。通过使用加工数据文件生成器（MDFG），一系列交互选项提示用户选择定义特定机床和控制器特性的参数。后置处理器的执行可以直接通过 Unigraphics 或通过操作系统来完成。

1.3 NX 8 加工环境

1.3.1 启动 NX 8

双击 NX 8 图标，直接进入 UG NX 8 主界面，如图 1-1 所示。

图 1-1 启动 NX 8

1.3.2 进入加工环境

在进入 UG NX 8 的加工环境之前，首先要调入 CAD 模型文件，步骤如下所述。

（1）调入 CAD 模型文件：单击打开文件的图标，选择一个 CAD 部件（.prt）模型文件，单击【OK】按钮，如图 1-2 所示。

图 1-2 调入 CAD 模型文件

（2）进入加工环境：单击开始图标 开始· 的下拉菜单，选择【加工】选项（或者直接使用快捷键方式 Ctrl+Alt+M）。若是该模型文件第一次进入加工环境，那么此时系统将自动弹出【加工环境】对话框，需要用户自定义加工环境。【加工环境】对话框中包含【CAM 会话配置】和【要创建的 CAM 设置】两个内容。【CAM 会话配置】需要用户定制加工配置文件，【要创建的 CAM 设置】则配置了对应用户定制的加工配置文件中包含的加工类型，用户可定制想用的加工类型。不同的加工配置文件，所包含的加工类型也会不同。定制好加工配置文件和加工类型后，单击【确定】按钮则可进入加工环境，如图 1-3 所示。

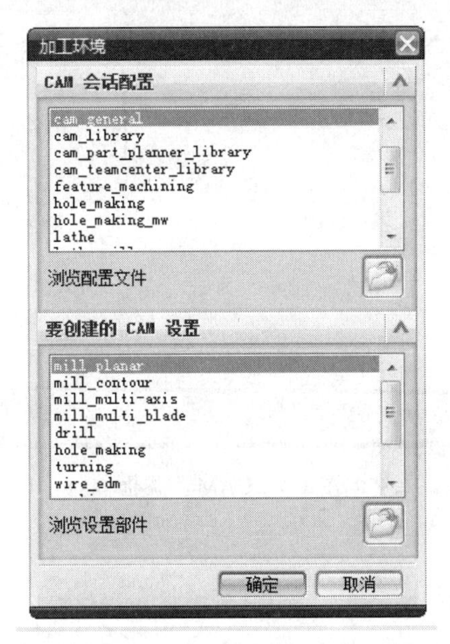

图 1-3 【加工环境】对话框

1.4 NX 8 CAM 的主界面

1.4.1 主界面简介

进入加工环境后，可看到 CAM 的主界面。其主界面由标题栏、下拉菜单、工具栏、操作导航器和绘图区域等几部分组成，如图 1-4 所示。

1.4.2 工序导航器简介

工序导航器是一种图形用户界面（UGI），位于整个主界面的左侧，其中显示了创建的所有操作和父节点组内容。通过工序导航器，能够直观方便地管理当前存在的操作和其相关参数。工序导航器能够指定在操作间共享的参数组，可以对操作或组进行编辑、剪切、复制、粘贴和删除等。

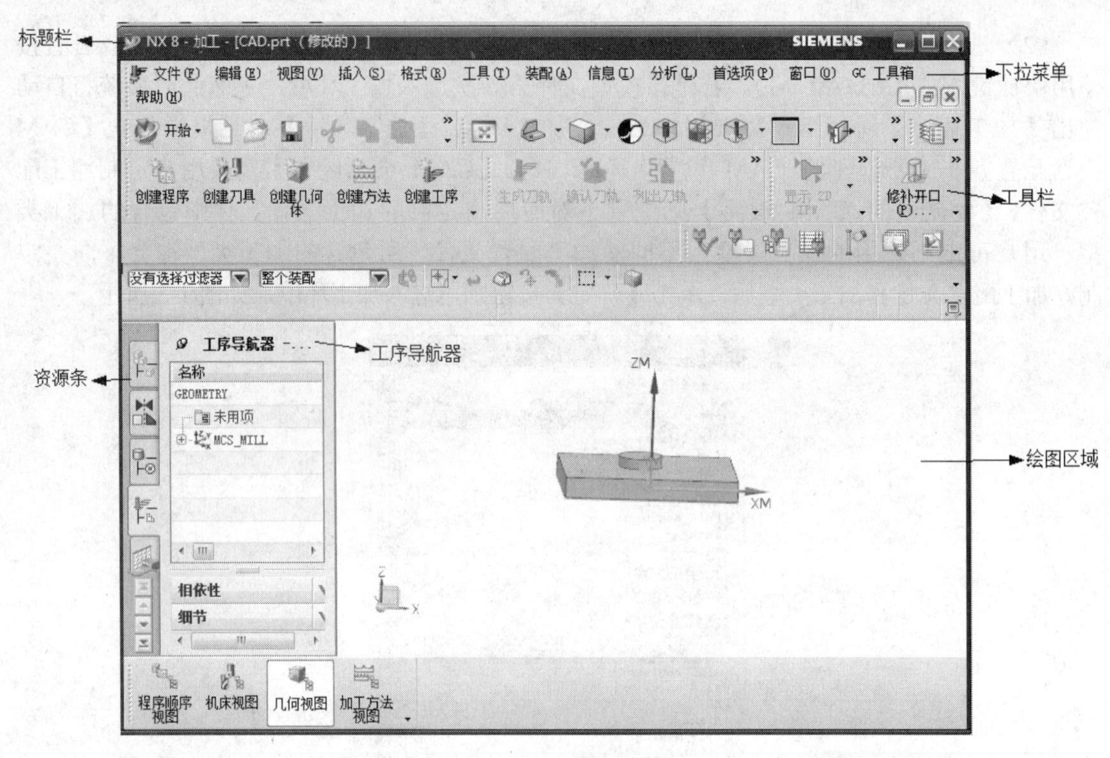

图 1-4　CAM 主界面

1.4.3　工具栏介绍

工具栏位于下拉菜单的下方。其用图标的方式显示每一个命令的功能，单击工具栏中的图标按钮就能完成相对应的命令功能。在 CAM 的主界面，新增了【刀片】、【操作】、【工件】、【导航器】和【操作】5 个工具条。

（1）【刀片】工具条：用于创建程序、刀具、几何体、方法和工序等，如图 1-5 所示。

（2）【操作】工具条：用于刀轨的生成、编辑、删除、重播、过切检查、后处理、批处理和车间文档等，如图 1-6 所示。

图 1-5　【刀片】工具条

图 1-6　【操作】工具条

（3）【工件】工具条：用于对加工工件显示进行设置和切换工件的显示状态，如图 1-7 所示。

（4）【导航器】工具条：用于切换工序导航器中显示的内容，如图 1-8 所示。

（5）【操作】工具条：用于对程序、刀具、几何体和方法等加工对象进行编辑、剪切、复制和删除等，如图 1-9 所示。

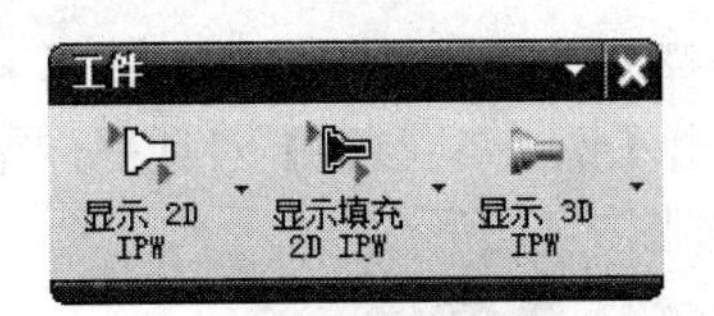

图 1-7 【工件】工具条

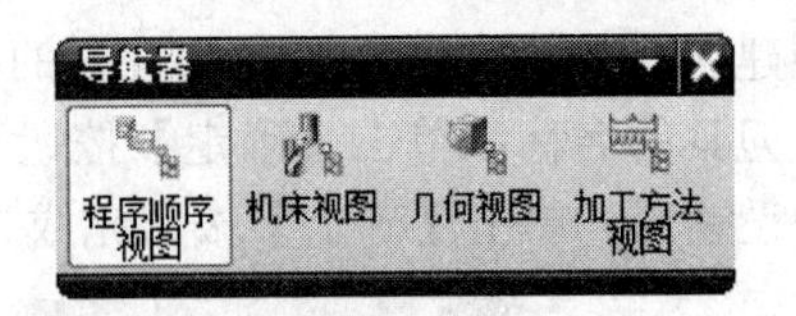

图 1-8 【导航器】工具条

图 1-9 【操作】工具条

1.5 UG CAM 数控加工的基本步骤

UG CAM 数控加工的基本步骤：创建程序—创建刀具—创建几何体—创建加工方法—创建工序—生成刀轨—过切检查—确认刀轨—机床仿真—程序后处理文件。

1.5.1 创建程序

单击【刀片】工具条中的【创建程序】图标，在系统自动弹出的【创建程序】对话框中，在【类型】的下拉菜单中选择要创建的程序类型，在【程序子类型】的列表中选择要创建程序的子类型，在【位置】的下拉菜单中选择程序存储位置，并且在【名称】中设置该程序的名称，单击【确定】按钮完成程序的创建，如图 1-10 所示。

图 1-10 【创建程序】对话框

1.5.2 创建刀具

单击【刀片】工具条中的【创建刀具】图标，在系统自动弹出的【创建刀具】对话框中，在【类型】的下拉菜单中选择要创建的刀具类型，在【刀具子类型】的列表中选择要创建刀具的子类型，在【位置】的下拉菜单中选择刀具存储位置，并且在【名称】中设置该刀具的名称，单击【确定】按钮，系统自动弹出【铣刀-5 参数】对话框，完善刀具参数的设置后，单击【确定】按钮完成刀具的创建，如图 1-11 所示。

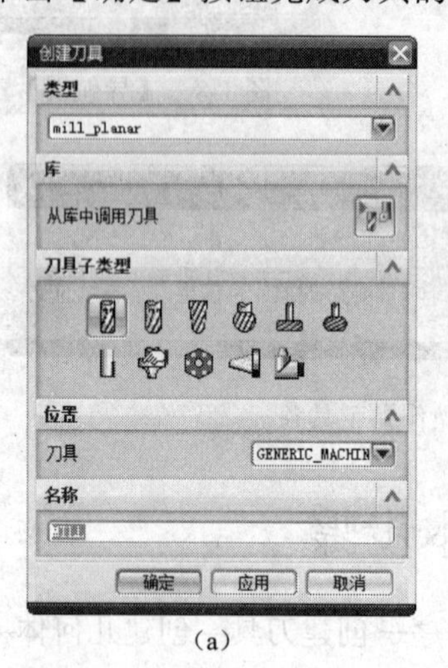

（a）

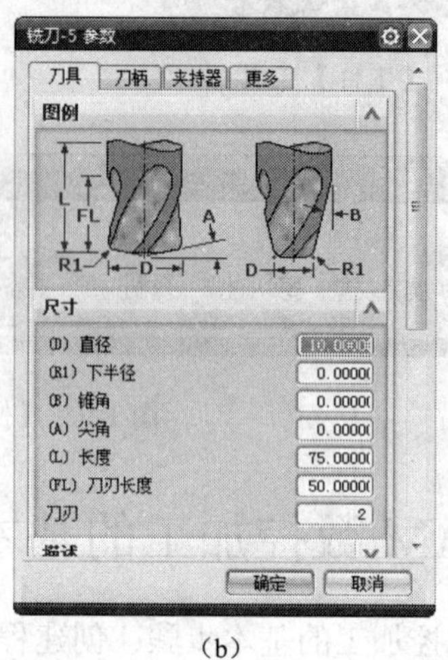

（b）

图 1-11　创建刀具

1.5.3　创建几何体

单击【刀片】工具条中的【创建几何体】图标，在系统自动弹出的【创建几何体】对话框中，在【类型】的下拉菜单中选择要创建的几何体类型，在【几何体子类型】的列表中选择要创建几何体的子类型，在【位置】的下拉菜单中选择几何体存储位置，并且在【名称】中设置该几何体的名称，单击【确定】按钮，系统自动弹出【工件】对话框，完善几何体参数的设置后，单击【确定】按钮完成几何体的创建，如图 1-12 所示。

（a）

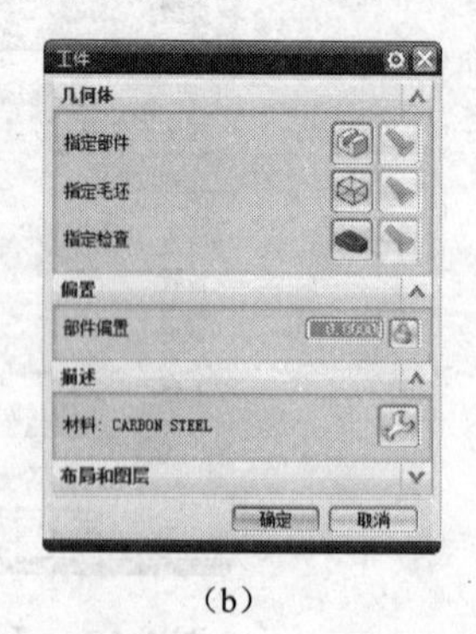

（b）

图 1-12　创建几何体

1.5.4　创建加工方法

单击【刀片】工具条中的【创建方法】图标，在系统自动弹出的【创建方法】对话框中，在【类型】的下拉菜单中选择要创建的方法类型，在【方法子类型】的列表中选择要创建方法的子类型，在【位置】的下拉菜单中选择方法存储位置，并且在【名称】中设置该方法的名称，单击【确定】按钮，系统自动弹出【铣削方法】对话框，完善加工方法参数的设置后，单击【确定】按钮完成方法的创建，如图 1-13 所示。

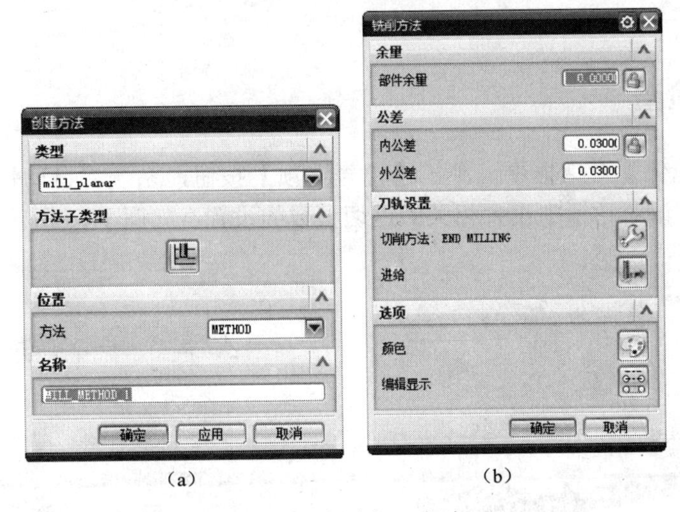

(a) (b)

图 1-13 创建加工方法

1.5.5 创建工序

单击【刀片】工具条中的【创建工序】图标，在系统自动弹出的【创建工序】对话框中，在【类型】的下拉菜单中选择要创建的工序类型，在【工序子类型】的列表中选择要创建方法的子类型，在【位置】的下拉菜单中选择之前设置好的程序、刀具、几何体和方法，并且在【名称】中设置该工序的名称，单击【确定】按钮，系统自动弹出【平面铣】对话框，完善铣削参数的设置后，单击【确定】按钮完成工序的创建，如图 1-14 所示。

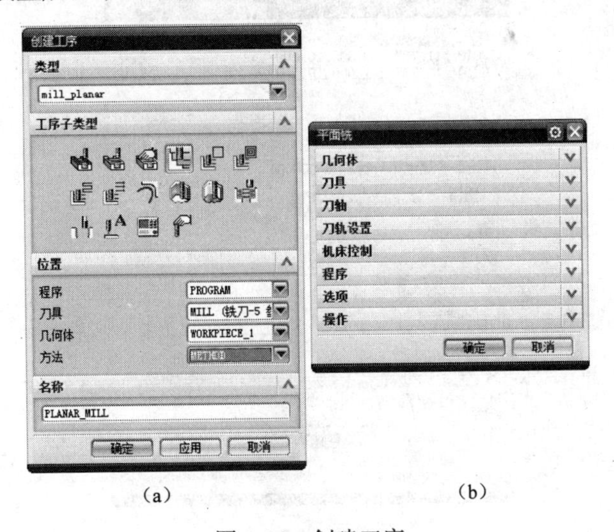

(a) (b)

图 1-14 创建工序

1.5.6　生成刀轨

完成【工序】的创建以后，在【铣削】对话框的下方，有【操作】选项，单击里边的【生成刀轨】图标，系统将自动根据之前设置的铣削参数生成相应的刀具轨迹，如图 1-15 所示。

1.5.7　过切检查

在【刀轨可视化】对话框中，单击【检查选项】按钮，系统将自动弹出【过切检查】对话框，用户可在该对话框中设置相关的过切参数的设置，如图 1-16 所示。

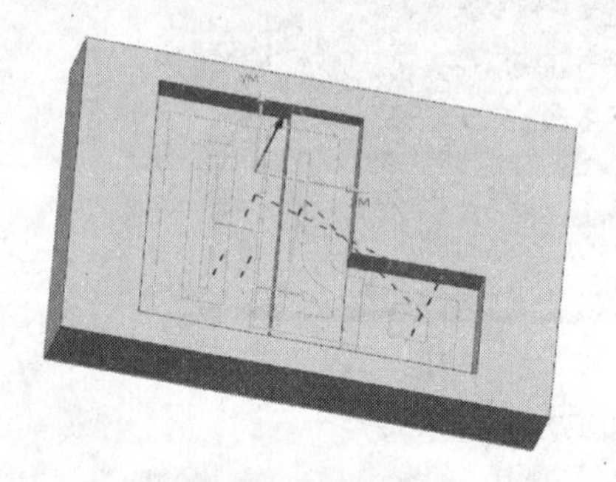

图 1-15　生成刀轨

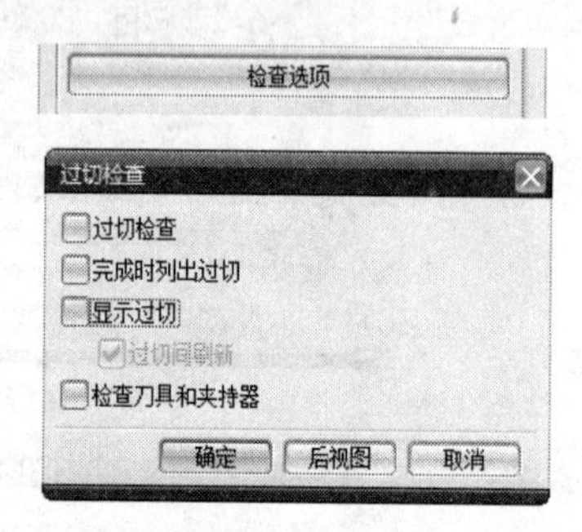

图 1-16　过切检查

1.5.8　确认刀轨

生成刀轨及经过过切检查以后，可以确认刀轨。单击【确认刀轨】图标，系统将自动弹出【刀轨可视化】对话框。在该对话框中，可以查看到当前刀具轨迹的路径，也可以实现刀具轨迹的重播、3D 动态和 2D 动态的演示，如图 1-17 所示。

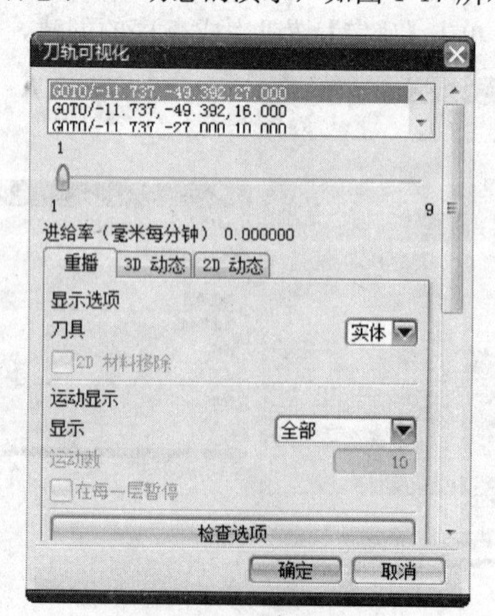

图 1-17　确认刀轨

1.5.9 机床仿真

生成刀轨后，可以在软件中进行机床仿真操作。双击【工序导航器】-【机床视图】下的【GENERIC_MACHINE】，如图 1-18 所示。系统会自动弹出【通用机床】对话框，如图 1-19 所示，在该对话框中，可以选择现有的机床类型，再选择刀具。

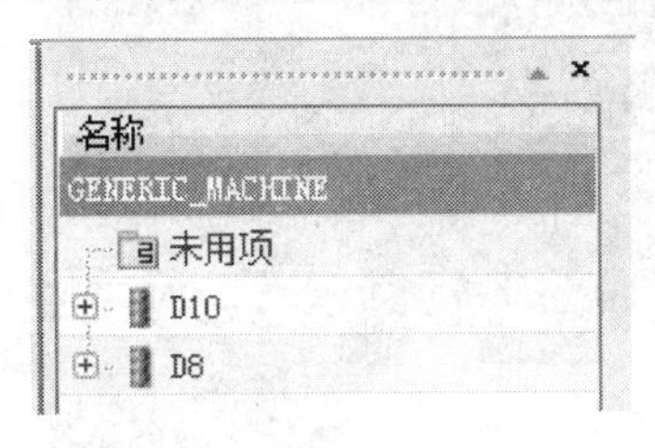

图 1-18 进入机床仿真

NX 8.0 中，现有的机床类型有 5 种，选择合适的机床类型进行机床仿真操作，如图 1-20 所示。

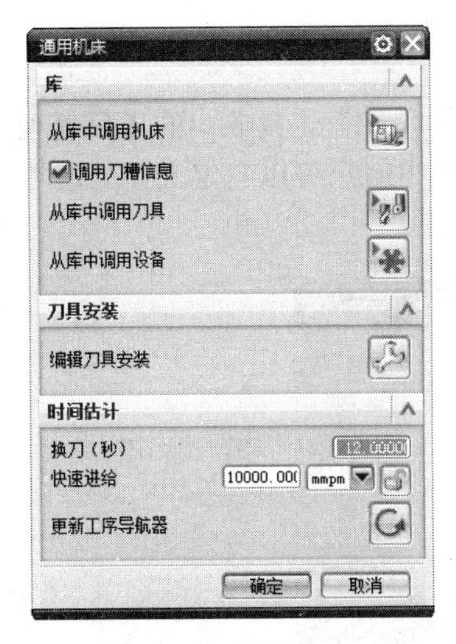

图 1-19 通用机床

图 1-20 机床类型

选择相应的机床类型后，可以进行机床【组件预览】，如图 1-21 所示。

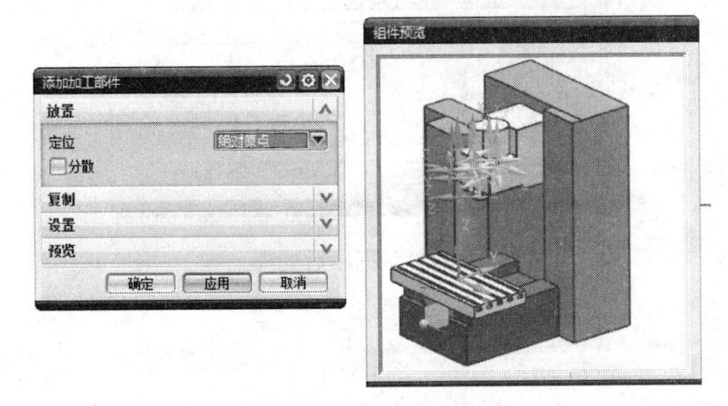

图 1-21 组件预览

再指定加工部件的位置即可，如图 1-22 所示。

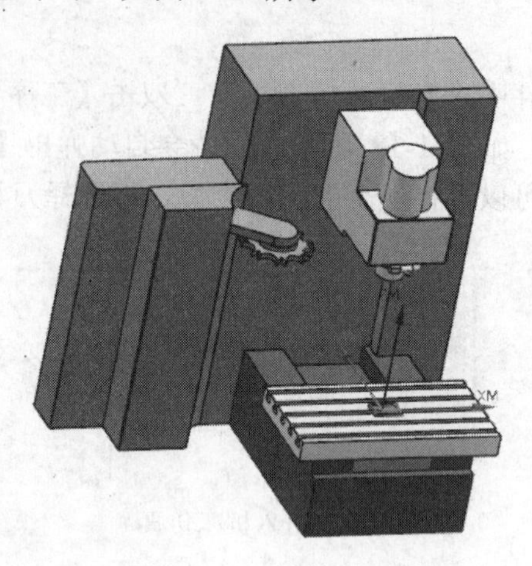

图 1-22　添加加工部件

1.5.10　程序后处理文件

确认刀轨无误后，可以进行程序的后处理。单击【操作】工具条中的【后处理】图标，系统将自动弹出【后处理】对话框，在该对话框中用户可以自定义后处理器及输出文件名，如图 1-23 所示。

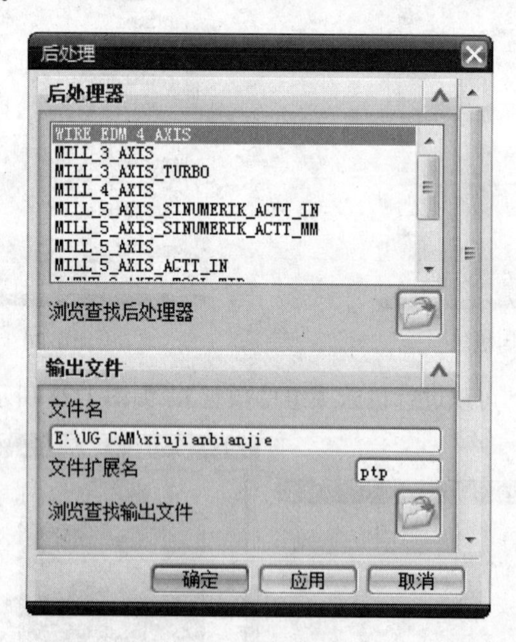

图 1-23　程序后处理

第2章　平 面 铣

平面铣削主要用于在平面层上去除材料，常用于粗加工操作，为后续的精加工操作做准备。本章以典型实例来介绍平面铣削操作中的主要参数，以及创建一个该程序的基本方法和步骤。

本章内容

- 实例·模仿——平面铣
- 几何体设置
- 刀具的选择
- 刀轨的设置
- 实例·操作——凸台零件加工
- 实例·练习——底座零件加工

2.1　实例·模仿——平面铣

该部件是典型的平面铣加工零件。先用粗加工程序去除大量的平面层材料；再用精加工程序来达到零件底面的精度和表面粗糙度的要求。本例的加工零件如图 2-1 所示。

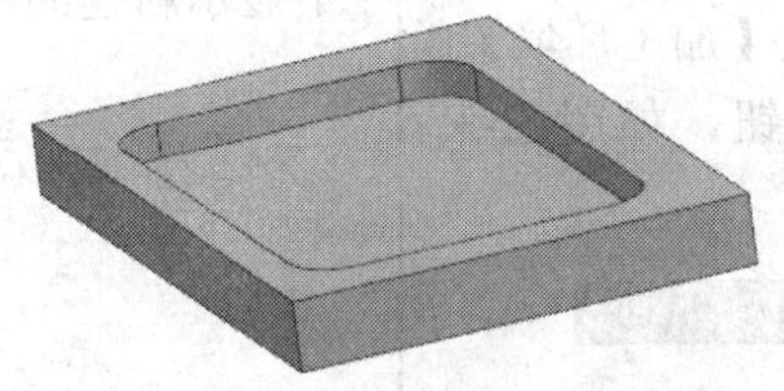

图 2-1　模型文件

思路·点拨

该零件需要铣削的底面为平面，利用平面铣进行粗加工和精加工的操作。创建一个平面铣操作大致分为 8 个步骤：（1）创建加工几何体；（2）创建粗加工刀具和精加工刀具；（3）创建加工坐标系；（4）指定部件边界；（5）指定底面；（6）指定切削层参数；（7）指定相应的切削参数和非切削移动参数；（8）生成粗加工刀轨和精加工刀轨即可完成平面铣削的创建。

视频教学

【光盘文件】

起始文件——参见附带光盘中的“MODEL\CH2\2-1.prt”文件。

结果文件——参见附带光盘中的“END\CH2\2-1.prt”文件。

动画演示——参见附带光盘中的“AVI\CH2\2-1.avi”文件。

【操作步骤】

（1）启动 UG NX 8，打开光盘中的源文件“MODEL\CH2\2-1.prt”模型，如图 2-2 所示。

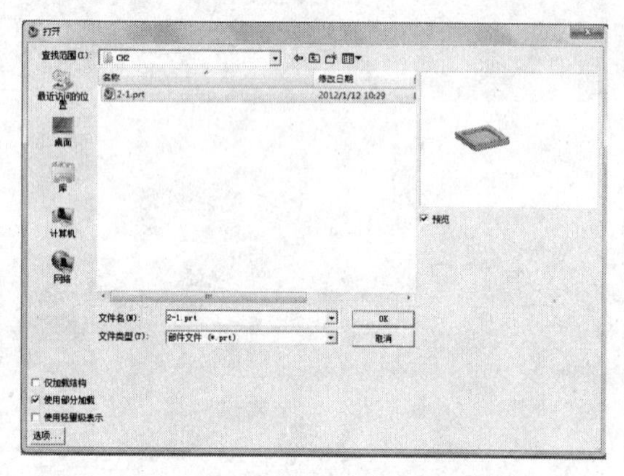

图 2-2　打开模型文件

（2）进入加工环境，单击【开始】—【加工】后出现【加工环境】对话框（快捷键方式 Ctrl+Alt+M），设置【加工环境】如下参数后单击【确定】按钮，如图 2-3 所示。

图 2-3　进入加工环境

（3）创建程序。单击【创建程序】图标 创建程序，弹出【创建程序】对话框。【类型】选择【mill_planar】，【名称】设置为【PROGRAM_ROUGH】，其余选项采取默认参数，单击【确定】按钮，创建平面铣粗加工程序，如图 2-4 所示。

图 2-4　【创建程序】对话框

在【工序导航器】-【程序顺序视图】中显示新建的程序，如图 2-5 所示。

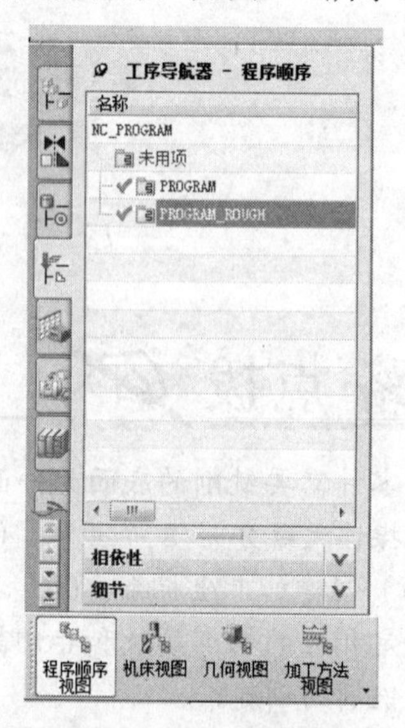

图 2-5　程序顺序视图

（4）创建 1 号刀具。单击【创建刀具】图标，弹出【创建刀具】对话框，【类型】选择【mill_planar】，【刀具子类型】选择【MILL】图标，【位置】选用默认选项，【名称】设置为【D20R5】，单击【确定】按钮，如图 2-6 所示。弹出【铣刀-5 参数】对话框，设置刀具参数：【直径】为 20，【下半径】为 5，【长度】为 65，【刀刃长度】为 45，其余参数采用默认值，单击【确定】按钮，如图 2-7 所示。

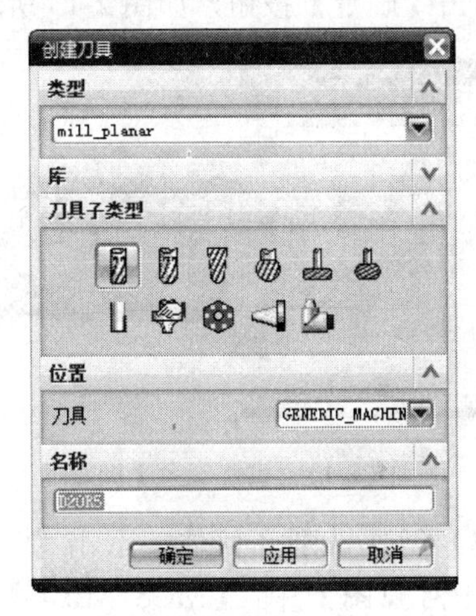

图 2-6　创建 1 号刀具

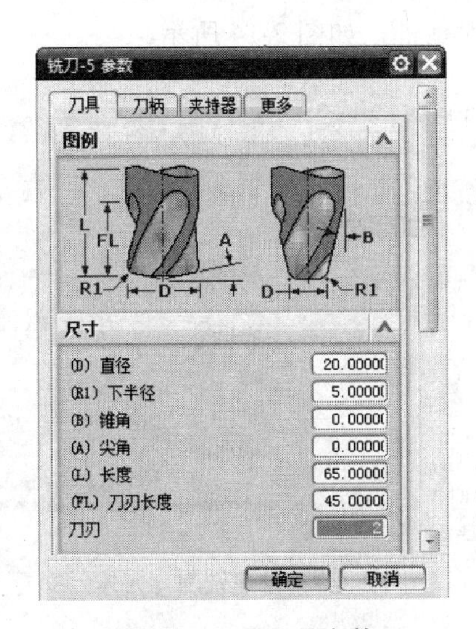

图 2-7　1 号刀具参数

在【工序导航器】—【机床视图】中显示新建的【D20R5】刀具，如图 2-8 所示。

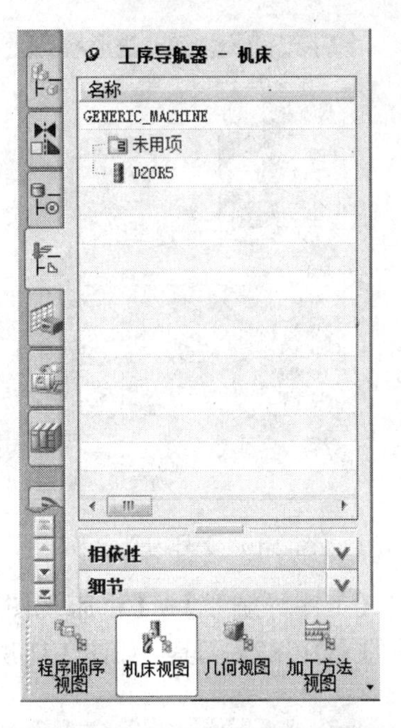

图 2-8　机床视图 1

（5）创建 2 号刀具。单击【创建刀具】图标，弹出【创建刀具】对话框，【类型】选择【mill_planar】，【刀具子类型】选择【MILL】图标，【位置】选用默认选项，【名称】设置为【D10R2】，单击【确定】按钮，如图 2-9 所示。弹出【铣刀-5 参数】对话框，设置刀具参数：【直径】为 10，【下半径】为 2，【长度】为 65，【刀刃长度】为 45，其余参数采用默认设置，单击【确定】按钮，如图 2-10 所示。

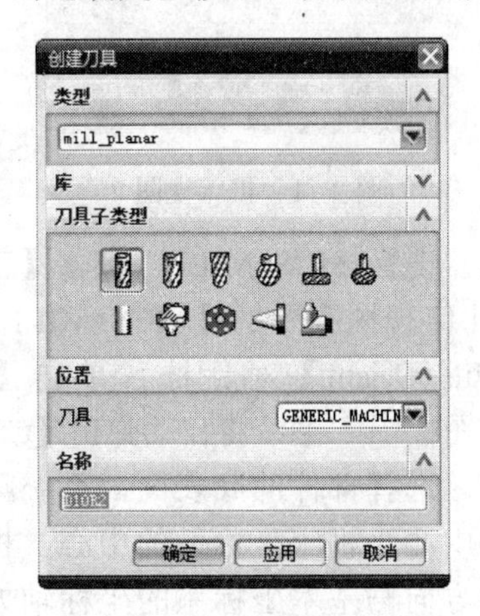

图 2-9　创建 2 号刀具

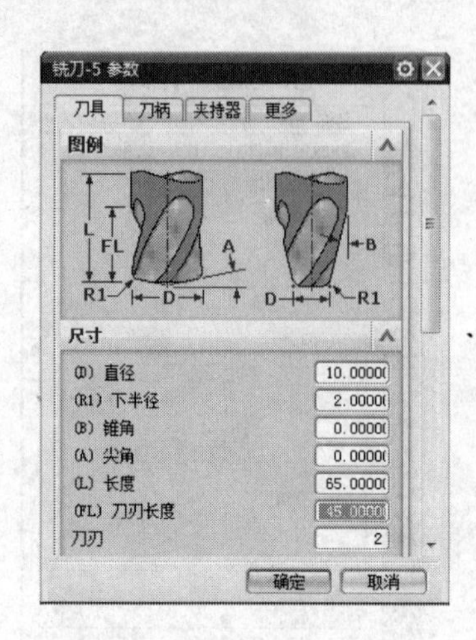

图 2-10　2 号刀具参数

在【工序导航器】-【机床视图】中显示新建的【D10R2】刀具，如图 2-11 所示。

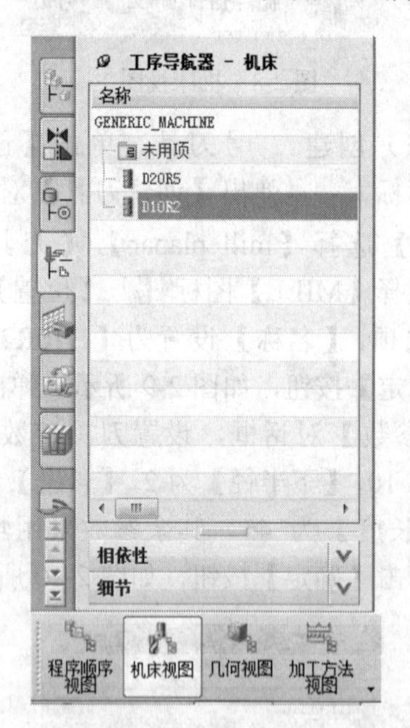

图 2-11　机床视图 2

（6）设置 MCS_MILL。双击【工序导航器-几何视图】中的【MCS_MILL】，弹出【Mill Orient】对话框，单击【指定 MCS】图标，系统将自动弹出【CSYS】对话框。选择部件的底表面，系统默认该平面的中心为机床坐标系的中心，机床的坐标轴方向与基本坐标系的坐标轴方向一致，如图 2-12 所示。

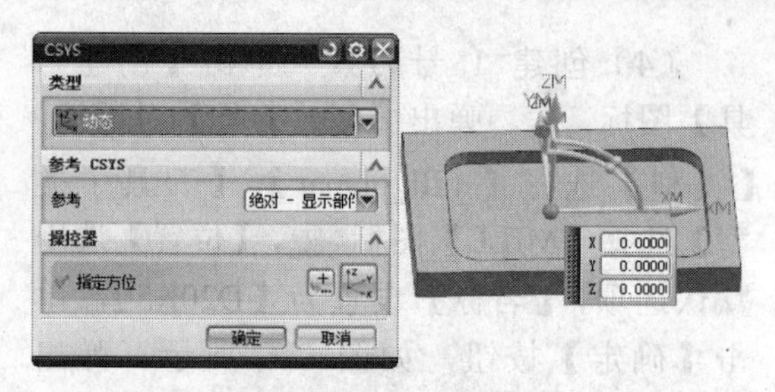

图 2-12　设置机床坐标系

选择【安全设置选项】下拉菜单中的【平面】，设置安全平面，输入安全距离为 15，单击【确定】按钮，如图 2-13 所示。

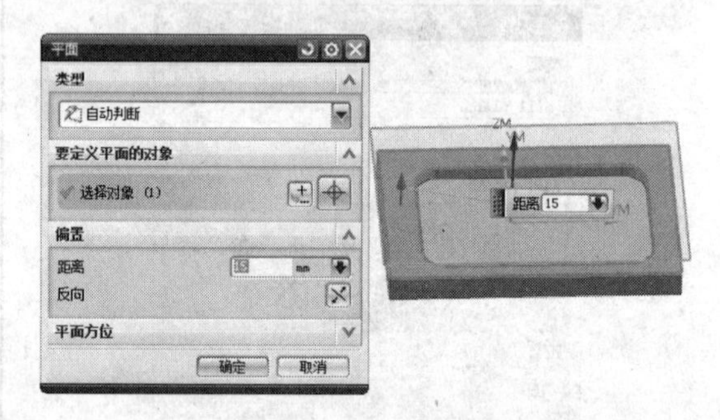

图 2-13　设置安全平面

（7）创建铣削几何体。双击【工序导航器-几何视图】中 【MCS_MILL】的子菜单【WORKPIECE】，弹出【铣削几何体】对话框，如图 2-14 所示。

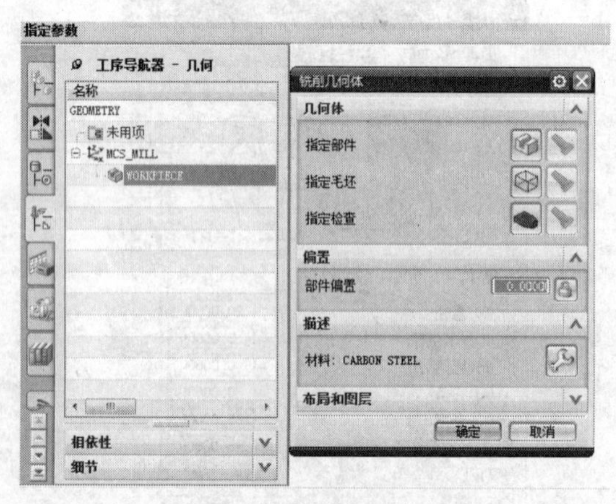

图 2-14　创建铣削几何体

单击【指定部件】图标，弹出【部件几何体】对话框，选中整个部件体，单击【确定】按钮，如图 2-15 所示。

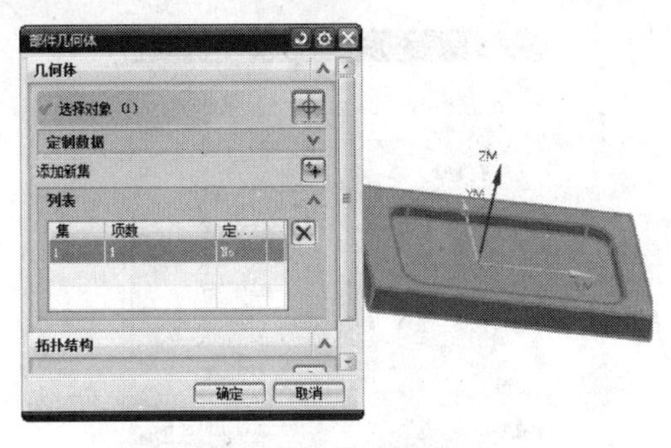

图 2-15　指定部件

单击【指定毛坯】图标，弹出【毛坯几何体】对话框，单击【类型】的下拉菜单，选择【包容块】选项，单击【确定】按钮，如图 2-16 所示。

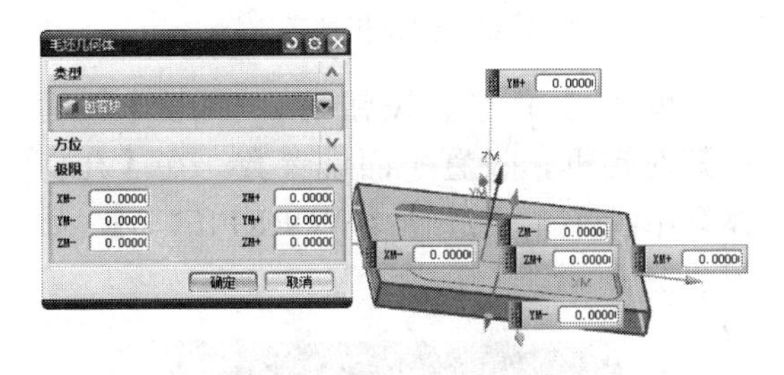

图 2-16　指定毛坯

（8）创建加工方法—粗加工方法。双击【工序导航器】—【加工方法】中的【MILL_ ROUGH】节点，弹出【铣削方法】对话框，设置【部件余量】为 0.5，【内公差】为 0.03，【外公差】为 0.03，如图 2-17 所示。

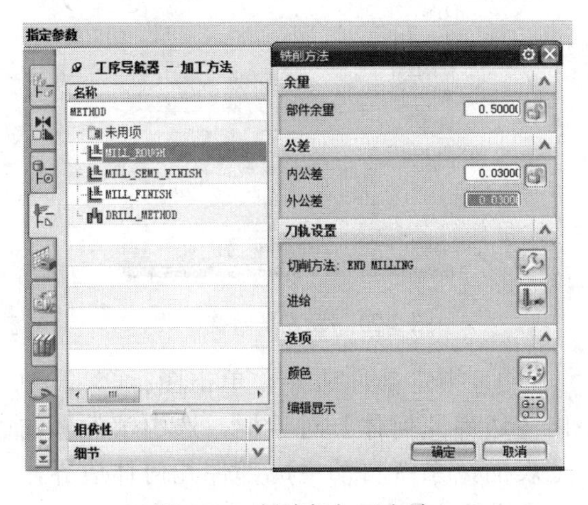

图 2-17　创建粗加工方法

设置进给。单击【进给】图标，弹出【进给】对话框，设置【切削速度】为 500，【进刀】为 250，其余参数采取系统默认值，单击【确定】按钮，如图 2-18 所示。然后单击【确定】按钮，完成粗加工方法的设置。

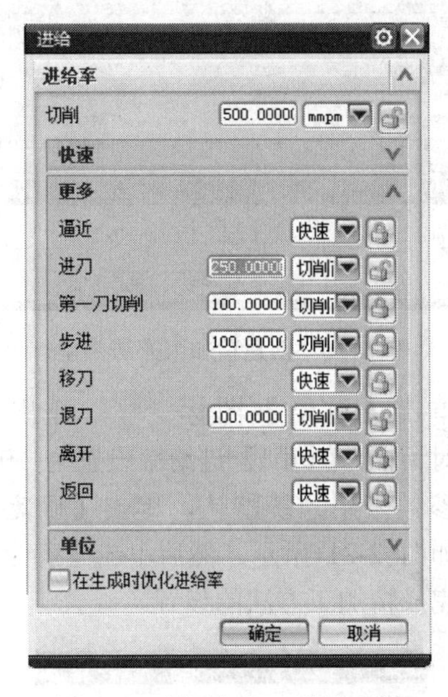

图 2-18　设置粗加工进给参数

（9）创建加工方法—精加工方法。双击【工序导航器—加工方法】中【MILL_ FINISH】节点，弹出【铣削方法】对话框，设置【部件余量】为 0，【内公差】为 0.01，【外公差】为 0.01，如图 2-19 所示。

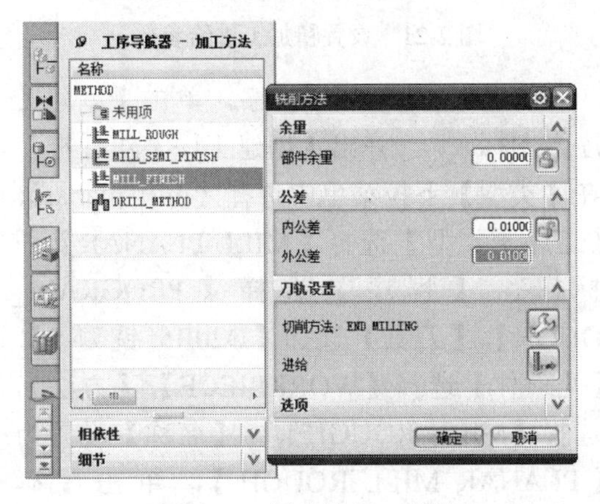

图 2-19　创建精加工方法

单击【切削方法】图标，弹出【搜索结果】对话框，选择【HSM FINISH MILLING】，单击【确定】按钮，如图 2-20 所示。

图 2-20　创建精加工方法类型

单击【进给】图标，弹出【进给】对话框，【切削】进给率设置为 1000，其余参数采用系统默认，单击【确定】按钮，如图 2-21 所示。然后单击【确定】按钮，完成精加工方法的设置。

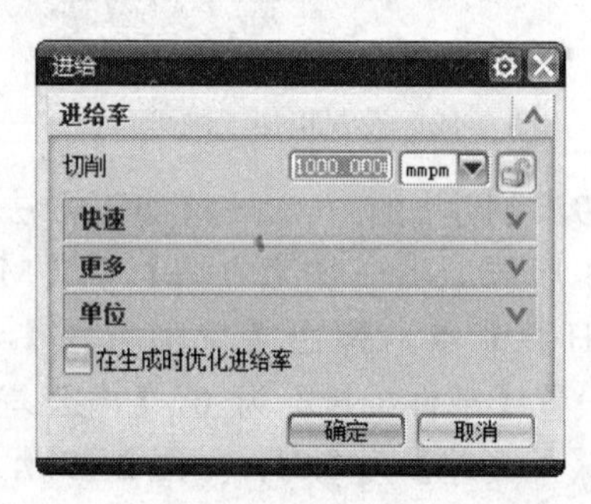

图 2-21　设置精加工进给参数

（10）创建粗加工工序。单击【创建工序】图标，弹出【创建工序】对话框，在【类型】下拉菜单中选择【mill_planar】，【工序子类型】选择【MILL-PLANAR】图标，【程序】选择【PROGRAM_OUGH】，【刀具】选择【D20R5 铣刀-5】，【几何体】选择【WORKPIECE】，【方法】选择【MILL_ROUGH】，【名称】设置为【PLANAR_MILL_ROUGH】，单击【确定】按钮，如图 2-22 所示。

图 2-22　创建粗加工工序

单击【确定】按钮后，弹出【平面铣】对话框，设置平面铣参数。在【几何体】下拉菜单中选择【WORKPIECE】，如图 2-23 所示。

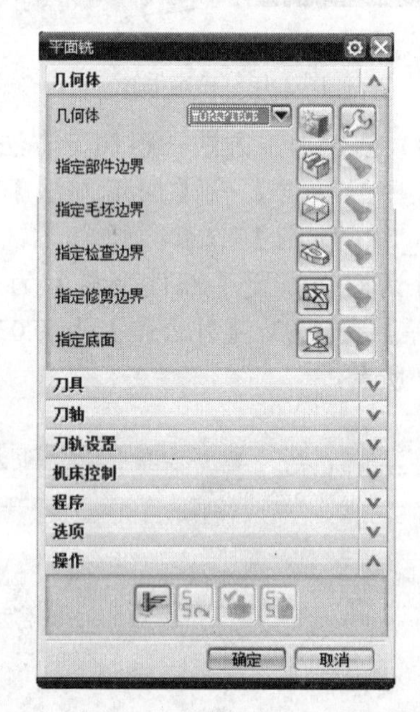

图 2-23　设置平面铣参数

① 指定部件边界。单击图标，弹出【边界几何体】对话框，选中部件体的上表面，系统自动生成部件几何体边界，单击【确定】按钮，如图 2-24 所示。

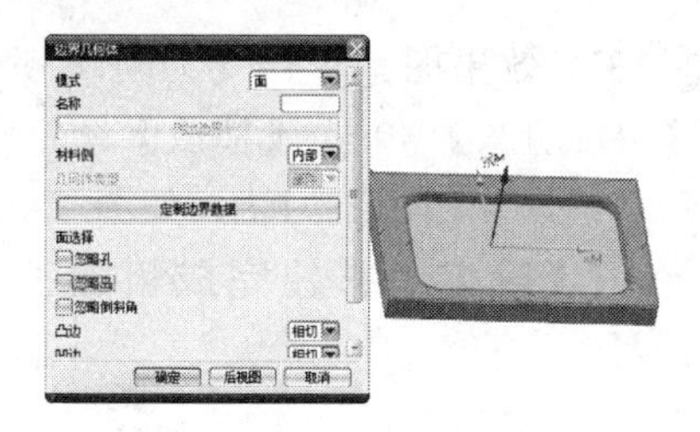

图 2-24　指定部件边界

② 指定底面。单击图标，弹出【平面】对话框，选中部件体的底面，设置偏置距离为 0，单击【确定】按钮，如图 2-25 所示。

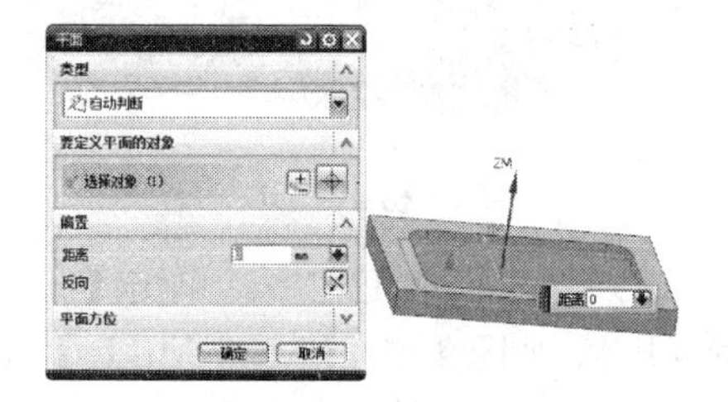

图 2-25　指定底面

③ 刀轨设置。单击【方法】的下拉菜单，选择【MILL_ROUGH】，在【切削模式】的下拉菜单中选择【跟随周边】，在【步距】的下拉菜单中选择【恒定】，【最大距离】设置为 15，其余参数采用系统默认值，如图 2-26 所示。

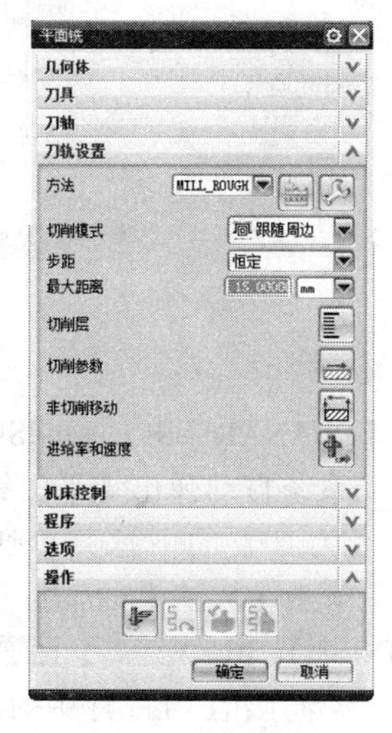

图 2-26　刀轨设置

④ 切削层。单击【切削层】图标，弹出【切削层】对话框，【类型】选择【恒定】，【每刀深度】设置为 3，【增量侧面余量】设置为 0，其余参数采用系统默认值，单击【确定】按钮，如图 2-27 所示。

图 2-27　设置切削层参数

⑤ 进给率和速度。单击【进给率和速度】图标，弹出【进给率和速度】对话框，勾选【主轴速度】前面的复选框，【主轴速度】设置为 2000，单击【主轴速度】后面的【计算器】图标，系统自动计算出【表面速度】为 125 和【每齿进给量】为 0.125，其余参数采用系统默认值，如图 2-28 所示。

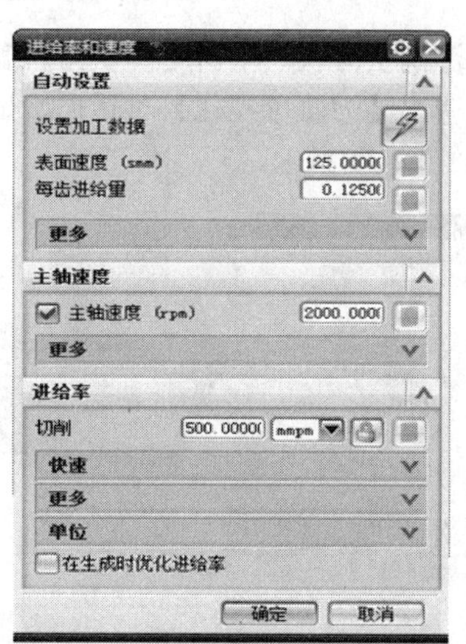

图 2-28　设置进给率和速度参数

⑥ 切削参数。单击【切削参数】图标，弹出【切削参数】对话框，在【余量】选项卡下，【部件余量】设置为 0.5，【最终底面余量】设置为 0.2，【内公差】、【外公差】均设置为 0.03，其余参数采用默认值，单击【确定】按钮，如图 2-29 所示。

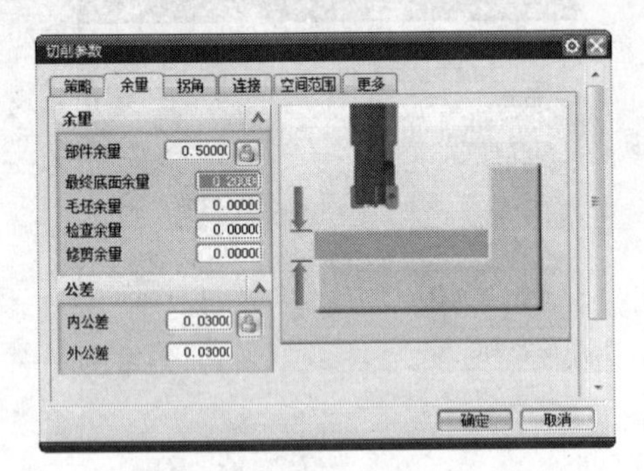

图 2-29　切削参数的设置

⑦ 生成刀轨。单击【生成刀轨】图标，系统自动生成刀轨，如图 2-30 所示。

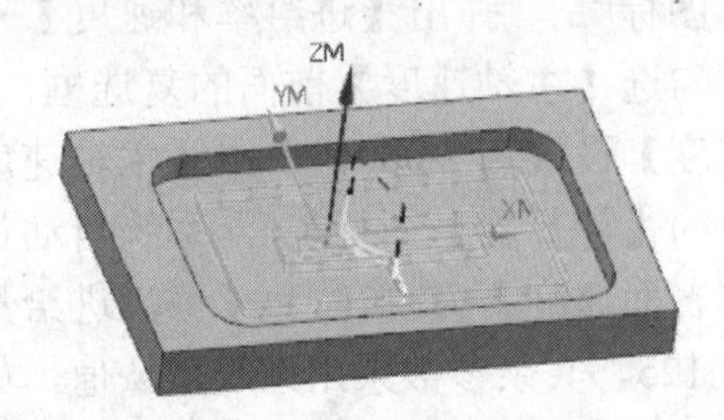

图 2-30　生成粗加工刀轨

⑧ 确认刀轨。单击【确认刀轨】图标，弹出【刀轨可视化】对话框，出现刀轨，如图 2-31 所示。

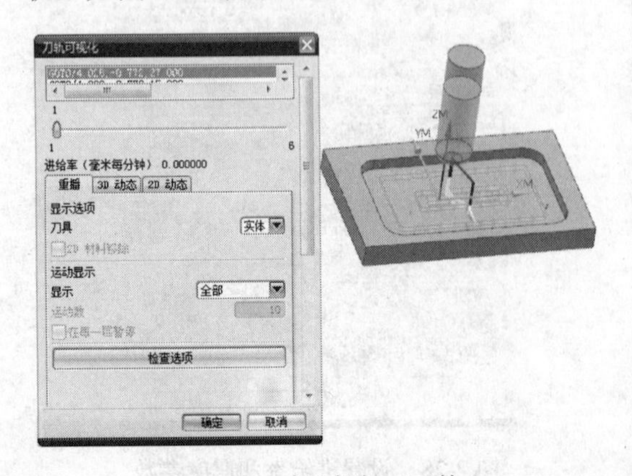

图 2-31　确认粗加工刀轨

⑨ 3D 效果图。单击【刀轨可视化】中的【3D 动态】，单击【播放】图标，可显示动画演示粗加工刀轨，如图 2-32 所示。单击【确定】按钮完成粗加工操作设置。

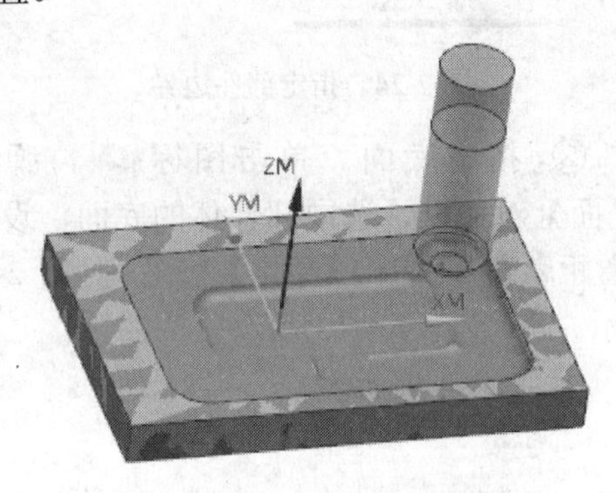

图 2-32　粗加工 3D 动态

（11）创建精加工工序。单击【工序导航器-几何视图】中【MCS_MILL】下的【WORKPIECE】子菜单，选中【PLANAR_MILL_ROUGH】粗加工程序后右击选择复制，再右击选择粘贴，就复制了一个新的程序【PLANAR_MILL_ROUGH_COPY】，右击重命名该新建的程序为【PLANAR_MILL_FINISH】，如图 2-33 所示。

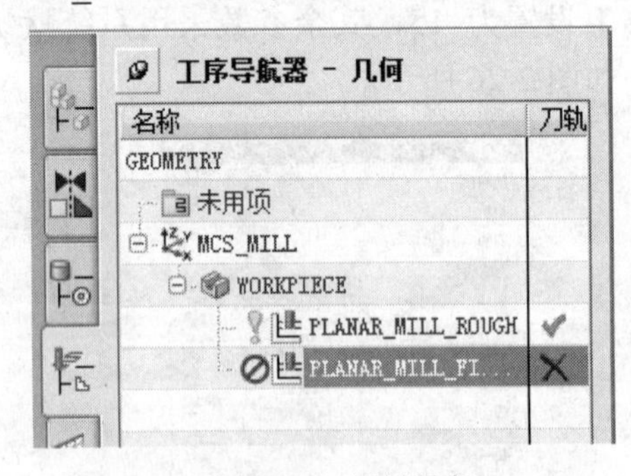

图 2-33　复制程序

选中【PLANAR_MILL_FINISH】后双击该程序，系统自动弹出【平面铣】对话框，单击【刀具】的下拉菜单选择刀具【D10R2】，单击【方法】的下拉菜单选择【MILL_FINISH】，【最大距离】设置为 7，其他参数系统将继承粗加工工序中的参数，如图 2-34 所示。

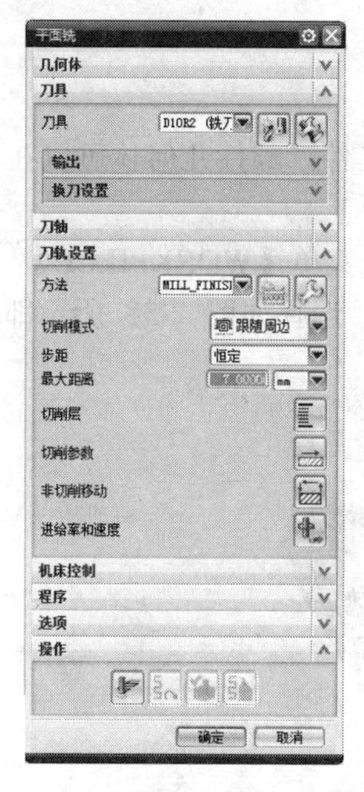

图 2-34　设置精加工工序参数

单击【生成刀轨】图标，系统自动生成刀轨，如图 2-35 所示。

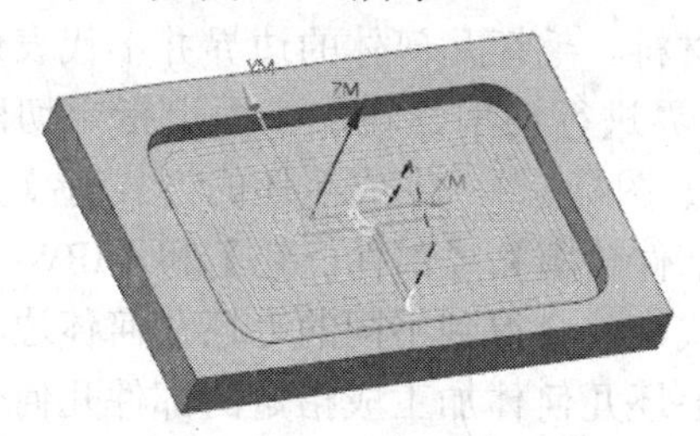

图 2-35　生成精加工刀轨

单击【确认刀轨】图标，弹出【刀轨可视化】对话框，出现刀轨如图 2-36 所示。

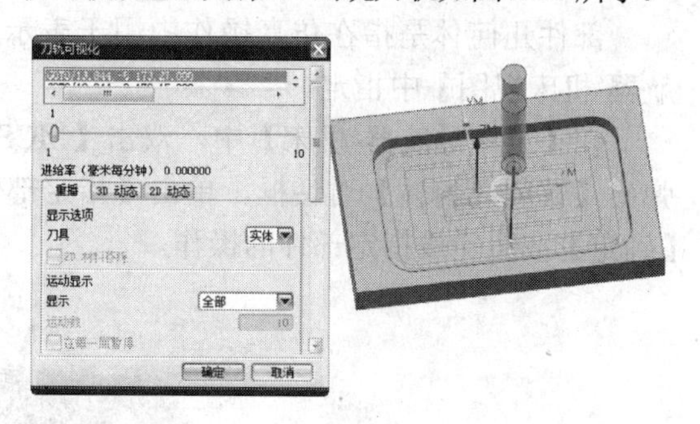

图 2-36　确认精加工刀轨选择

单击【刀轨可视化】中的【3D 动态】，单击【播放】图标，可显示动画演示精加工刀轨，如图 2-37 所示。

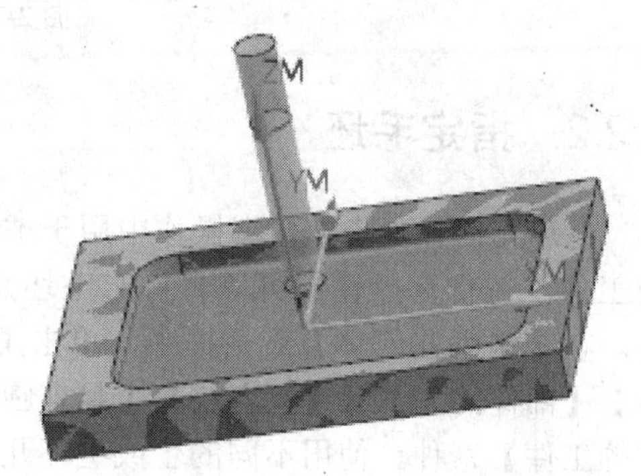

图 2-37　精加工 3D 动态

2.2　几何体设置

【光盘文件】

起始文件——参见附带光盘中的“MODEL\CH2\2-2.prt”文件。

动画演示——参见附带光盘中的“AVI\CH2\2-2.avi”文件。

在平面铣削操作中，常见的几何体类型有部件几何体、毛坯几何体、切削区域、壁几何体、检查体和修剪边界 6 类。在平面铣削操作中，必须指定必要的几何体，才可以创建一个加工程序。

2.2.1 指定部件

部件几何体是指在仿真操作中用于表示已经完成的工件。部件几何体可以在【工序导航器-机床视图】中指定。

在【工序导航器-机床】中，双击【MCS-MILL】的子菜单【WORKPIECE】，系统自动弹出【铣削几何体】对话框，单击【指定部件】图标，选择如图 2-38 所示部件，单击【确定】按钮完成指定部件的操作。

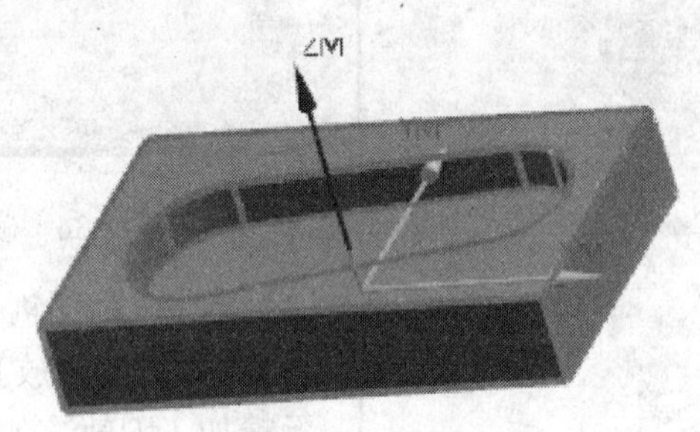

图 2-38　指定部件

2.2.2 指定毛坯

毛坯几何体是指在仿真操作中用于被切削的原材料。毛坯几何体的边界并不代表最终的工件，在仿真操作中可以直接对毛坯几何体的边界进行切削，在加工面上指定切削深度。在【铣削几何体】对话框中，单击【指定毛坯】图标，生成毛坯的方式有【几何体】、【部件的偏置】、【包容块】、【包容圆柱体】、【部件轮廓】、【部件凸包】和【IPW-处理中的工件】7 种。使用不同的生成毛坯几何体的方式，就会得到不同的毛坯几何体边界。但是不管使用哪种方式，铣削操作的目的就是要把毛坯几何体加工成指定的部件几何体，从毛坯几何体到部件几何体的整个加工过程，如图 2-39 所示。

（a）待切削的毛坯几何体

（b）刀具切削毛坯几何体的过程

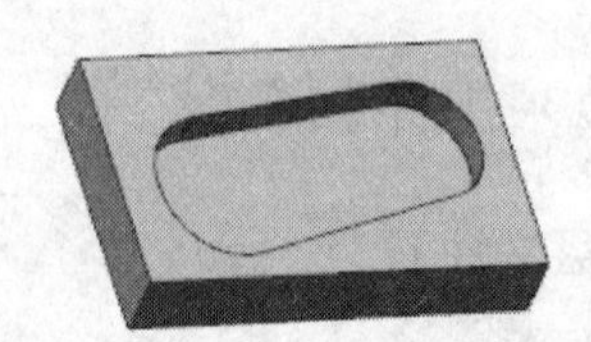

（c）切除材料后的部件几何体

图 2-39　毛坯几何体被切削的过程

在仿真加工过程中，为了简化操作，通常采用选择【包容块】或者【部件的偏置】的方式直接来生成毛坯几何体。

1）【包容块】

选择【包容块】方式，系统可根据部件几何体的边界，自动生成一个包络部件几何体的毛坯几何体，如图 2-40 所示。

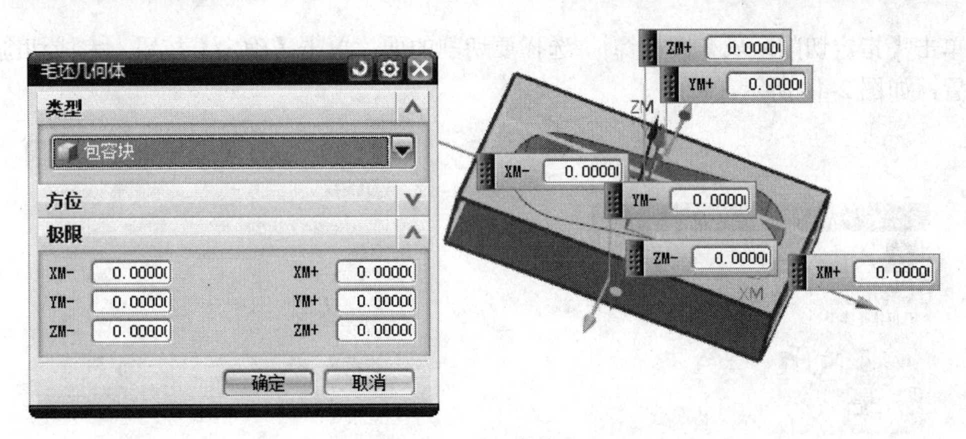

图 2-40 【包容块】

2）【部件的偏置】

选择【部件的偏置】方式，用户可自定义一个距离值，系统则根据设定的一偏置值，自动生成一个外形与部件几何体相似的毛坯几何体，如图 2-41 所示。

图 2-41 部件的偏置

应用・技巧

部件几何体和毛坯几何体用于确定驱动刀具切削运动的区域，因此必须至少要指定其中一个。若只是定义了毛坯几何体，而没有定义部件几何体的话，则系统将默认在毛坯几何体边界范围内对工件上进行粗加工的铣削操作。

2.2.3 指定切削区域

切削区域是指在铣削操作中要切削的面。通过【切削区域】的设置，可以选择多个切削平面。单击【创建几何体】图标，系统自动弹出【创建几何体】对话框，单击【类型】下拉菜单选择【mill_planar】，【几何体子类型】选择【MILL_AREA】图标，如图 2-42 所示。单击【确定】按钮后系统弹出【铣削区域】对话框，如图 2-43 所示。

单击【指定切削区域】图标，选择要切削的面，单击【确定】按钮，完成切削区域的设置，如图 2-44 所示。

图 2-42 【创建几何体】对话框

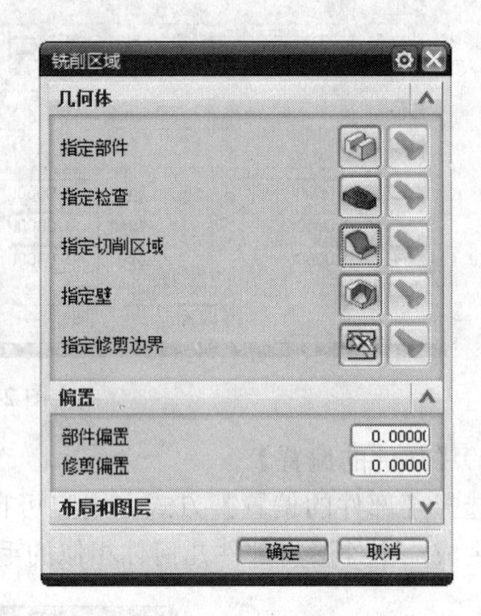

图 2-43 【铣削区域】对话框

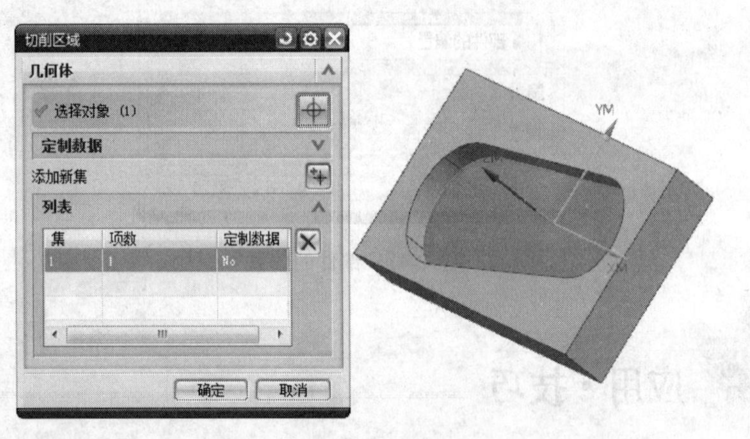

图 2-44 切削区域的选择

应用·技巧

若是不指定切削区域，则系统将默认整个部件几何体都是需要切削的区域。

2.2.4 指定壁几何体

壁几何体是指在铣削操作中，用于避免刀具过切部件几何体的边界。启动 UG NX 8，打开光盘中的源文件“MODEL\CH2\2-2.prt”模型，如图 2-45 所示，进入加工环境。

单击【创建工序】图标，系统弹出【创建工序】对话框，单击【类型】下拉菜单选择【mill_planar】，【工序子类型】选择【FACE_MILLING_AREA】图标，如图 2-46 所示，单击【确定】按钮，系统弹出【面铣削区域】对话框，如图 2-47 所示。

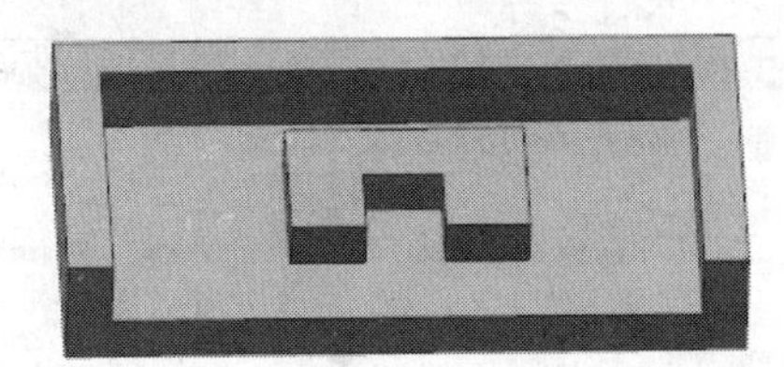

图 2-45　部件模型

图 2-46 【创建工序】对话框

图 2-47 【面铣削区域】对话框

1）“壁几何体”的指定

单击【指定壁几何体】图标，系统弹出【壁几何体】对话框，选择部件中要设置为壁的面，如图 2-48 所示，单击【确定】按钮，完成壁几何体的设置。

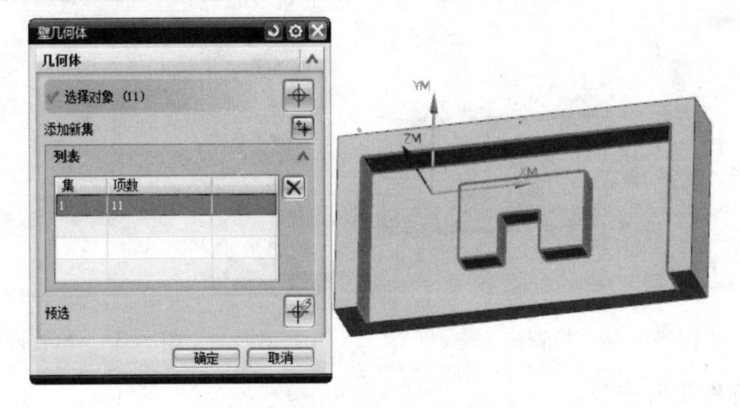

图 2-48　指定壁几何体

2）“壁余量” 设置

进入【刀轨设置】中的【切削参数】的设置，在【余量】选项卡下，【壁余量】值设置为 1，如图 2-49 所示，单击【确定】按钮，完成壁余量的设置。

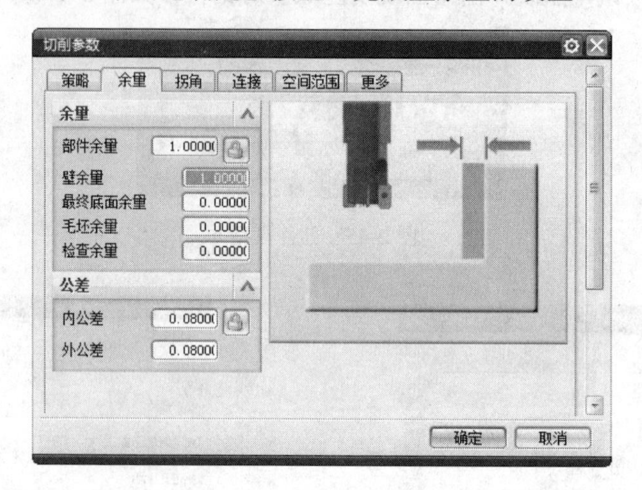

图 2-49　壁余量设置

2.2.5　指定检查体

检查体是指在仿真加工操作中使用的夹具几何体。设置【检查体】，可以使其覆盖的材料不被切除。

1）“检查体”的指定

单击【指定检查体】图标，系统自动弹出【检查几何体】对话框，选择几何体，如图 2-50 所示，单击【确定】按钮，完成检查体的设置。

2）“检查余量”设置

进入【刀轨设置】中的【切削参数】的设置，【余量】选项卡下的【检查余量】值设置为 2，如图 2-51 所示，单击【确定】按钮，完成检查余量的设置。

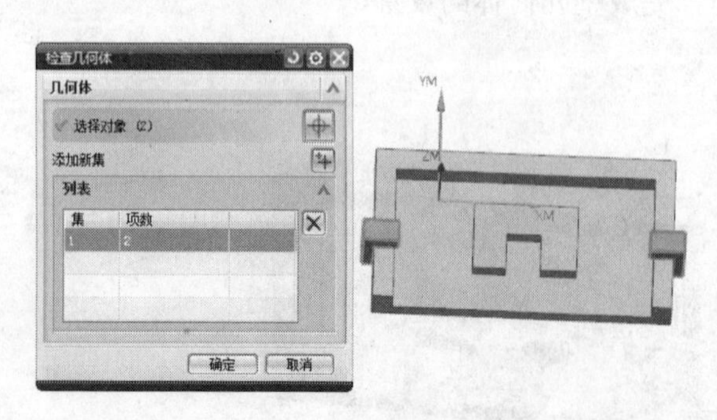

图 2-50　指定检查体

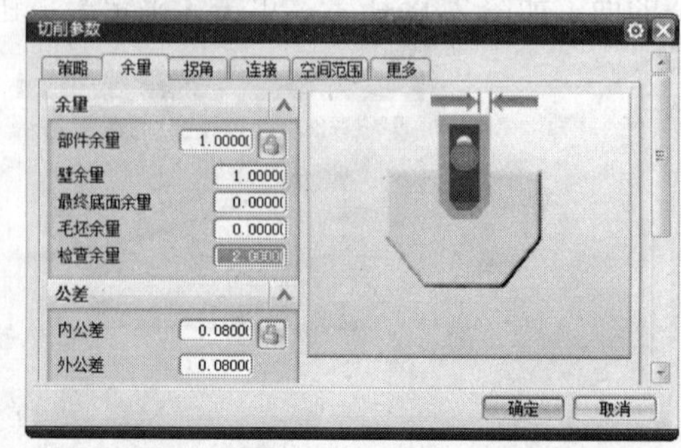

图 2-51　检查余量设置

3）“跟随部件几何体”

在铣削仿真操作中，当刀具遇到检查体时，在设置【检查余量】的同时，在【连接】

选项卡下，【切削顺序】的【区域排序】选择【优化】，且又勾选了【优化】下的【跟随检查几何体】前面的复选框，如图 2-52 所示。则在切削过程中刀具将绕着检查体切削，形成的刀路如图 2-53 所示。

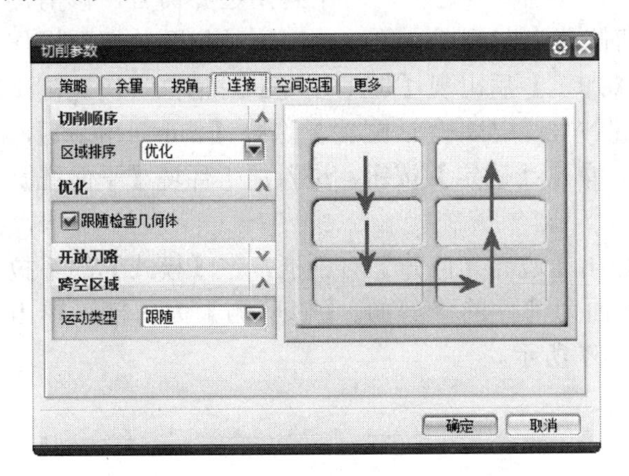

图 2-52　跟随部件几何体

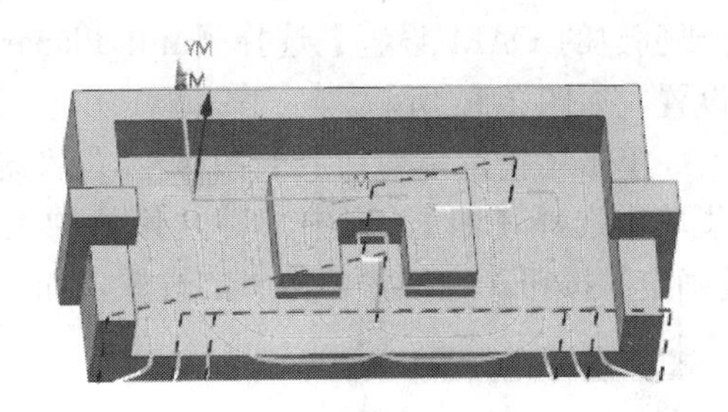

图 2-53　跟随部件几何体刀路

4）不 “跟随检查体”

在铣削仿真操作中，当刀具遇到检查体时，若没设置“跟随部件几何体”，如图 2-54 所示，则刀具将退刀，形成的刀路如图 2-55 所示。

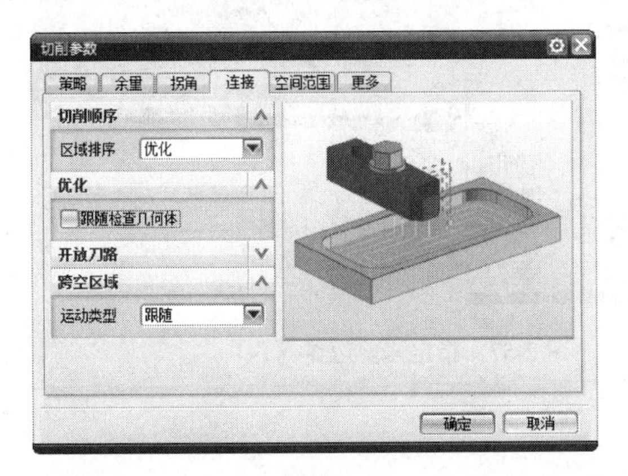

图 2-54　不跟随部件几何体

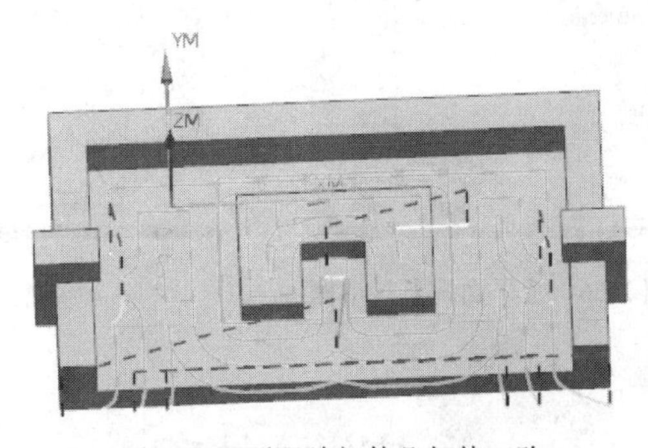

图 2-55　不跟随部件几何体刀路

应用・技巧

当加工工件时，机床上需要压块、夹具等辅助工具，指定检查体就是要控制刀具不能与这些辅助工具发生碰撞，即不允许刀具切削到这些辅助工具。

2.2.6 指定修剪边界

修剪边界能在各个切削层上进一步约束切削区域的边界。对于封闭边界而言，修剪侧分为内部或外部；对于开放边界而言，修剪侧分为左侧或右侧。修剪侧是指要从切削操作中排除的切削区域的面积。单击【开始】-【加工】后出现【加工环境】对话框（快捷键试Ctrl+Alt+M），在弹出的【加工环境】对话框中，【CAM 会话配置】选择【cam_general】，【要创建的 CAM 设置】选择【mill_Planar】，单击【确定】按钮，进入加工环境【平面铣】设置，如图 2-56 所示。

单击【指定修剪边界】图标，系统弹出【边界几何体】对话框，在【模式】的下拉菜单中选择【面】，选中部件几何体的上表面为部件的修剪面，【修剪侧】为内部，单击【确定】按钮，完成修剪边界的设置，如图 2-57 所示。

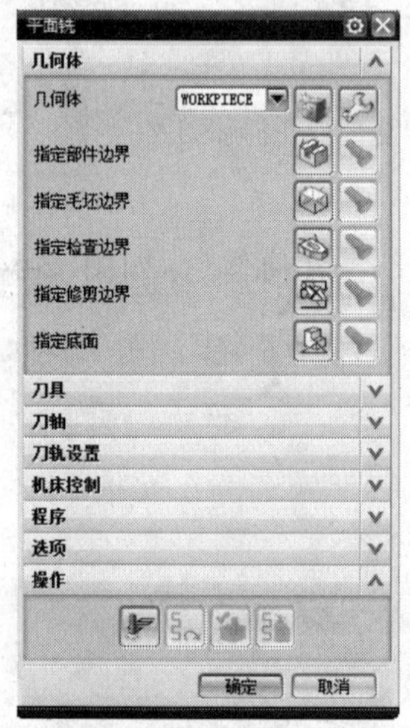

图 2-56 【平面铣】对话框

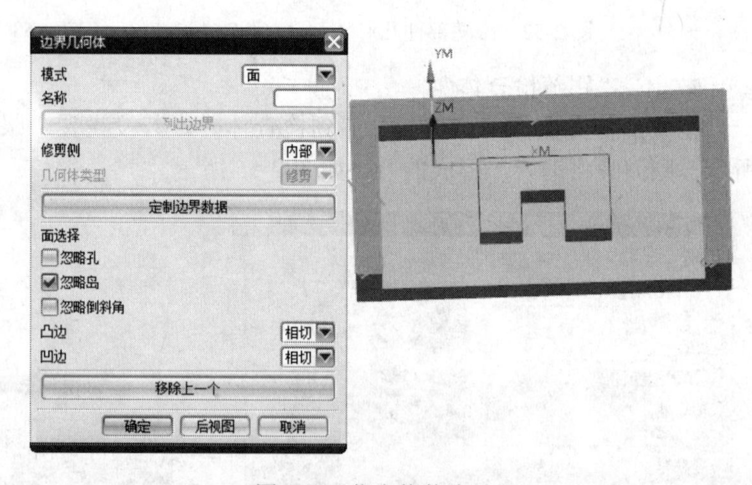

图 2-57 指定修剪边界

应用·技巧

在整个切削区域中，用户可以自定义不希望被切削的部分区域，通过修剪边界可以消除该区域内的刀轨，即增加修剪边界可以进一步控制刀具轨迹的运动范围。

2.3 刀具的选择

【光盘文件】

——参见附带光盘中的“AVI\CH2\2-3.avi”文件。

刀具是指用来切除材料的工具。进入加工环境后，单击工具栏中的【创建刀具】图标，系统自动弹出【创建刀具】对话框，如图 2-58 所示。

（1）若之前保存有设置好的刀具可供选择，可以直接单击【库】从库中调用【刀具】图标，系统弹出【库类选择】对话框，刀具有铣、钻、车及实体 4 类，可以直接选择调用，如图 2-59 所示。

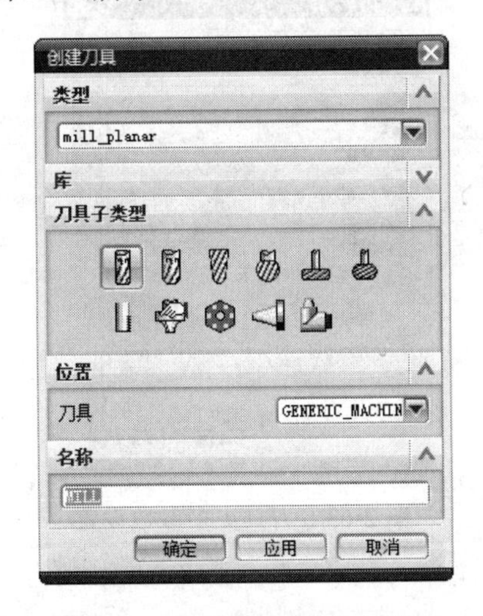

图 2-58 【创建刀具】对话框

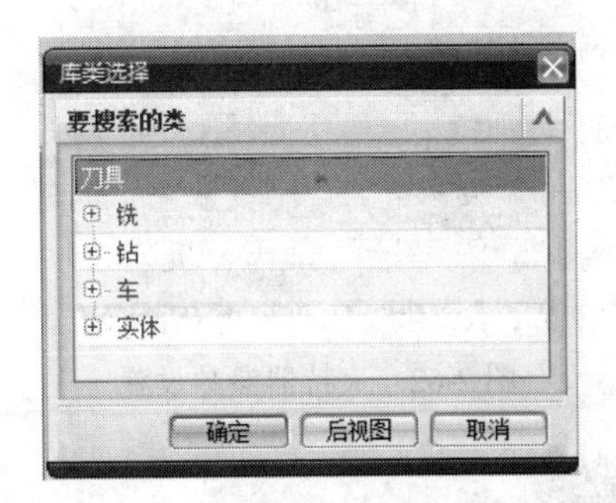

图 2-59 刀具库

（2）若之前没有设置好的刀具可供调用，则直接从【刀具子类型】中选择合适的刀具类型进行参数的设置。选中【MILL】图标，单击【确定】按钮，系统弹出【铣刀-5 参数】对话框，进行刀具的参数设置，如图 2-60 所示。

（3）若需要定义刀柄，可进入【刀柄】参数设置对话框，勾选【刀柄】下的定义刀柄复选框，则用户可自行定义刀柄参数，如图 2-61 所示。

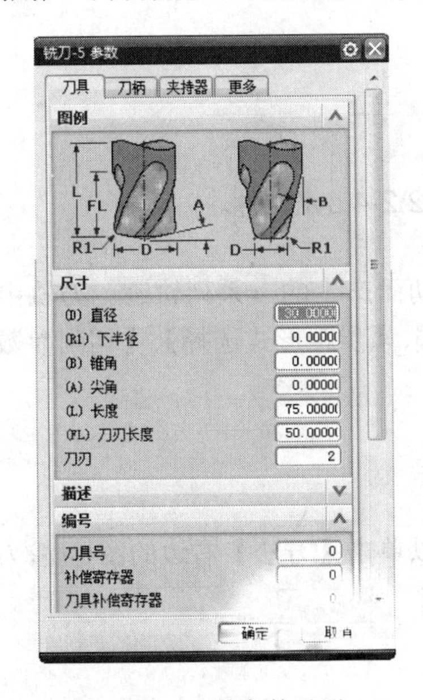

图 2-60 刀具参数设置

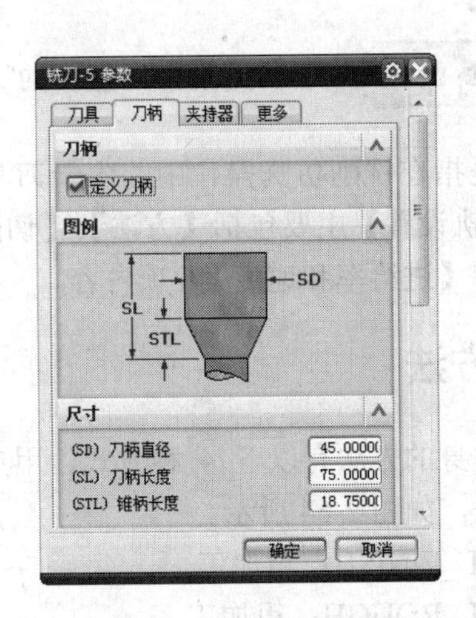

图 2-61 刀柄参数设置

（4）若需要定义刀具夹持器，可进入【夹持器】参数设置对话框，则用户可自行定义夹持器的参数，如图 2-62 所示。

（5）若需要定义刀具的更多参数，可进入【更多】参数设置对话框，则用户可自行定义刀具的更多操作参数，如图 2-63 所示。最后单击【确定】按钮，完成刀具的设置。

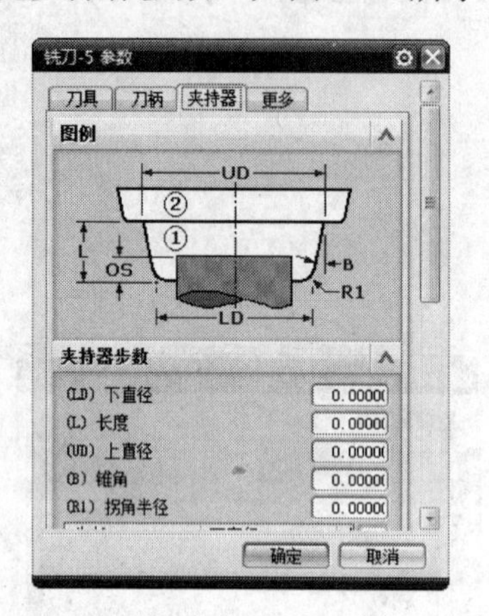

图 2-62　夹持器参数设置

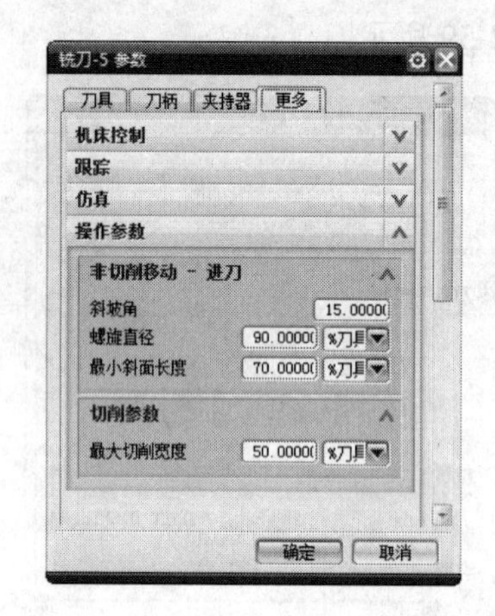

图 2-63　刀具更多参数设置

应用·技巧

根据工件的具体情况，设置合适的刀具参数可以缩短系统计算刀轨的时间，提高加工效率，用户也可以在机床刀具库中选择现有的刀具。

2.4　刀轨的设置

【光盘文件】

动画演示——参见附带光盘中的“AVI\CH2\2-4.avi”文件。

刀轨是指在铣削仿真操作中，由于刀具的运动而产生的一系列轨迹。刀轨由多项参数控制。【刀轨设置】主要包括【方法】、【切削模式】、【步距形式选择】、【切削参数】、【非切削移动】和【进给率和速度】6 项内容。

2.4.1　方法

系统本身的方法有以下 4 种方式，用户也可以单击【方法】右边的图标为本次操作自定义方法，如图 2-64 所示。

- MILL_FINISH：精加工
- MILL_ROUGH：粗加工

- MILL_SEMI_FINISH：半精加工
- NONE：不指定加工方法

图 2-64　新建方法

2.4.2　切削模式

【切削模式】是用于指定要加工的区域的刀轨模式。在实际的加工操作中，要根据加工的工艺要求来选择不同的切削模式。适合的切削方法可以提高加工的质量及效率。切削模式主要有【跟随部件】、【跟随周边】、【标准驱动】、【轮廓加工】、【摆线】、【单向】、【往复】和【单向轮廓】8 种。

（1）【跟随部件】：在整个指定的部件切削区域中，生成相邻两个刀路之间距离相等的切削轨迹，如图 2-65 所示。

（2）【跟随周边】：在整个指定的切削区域中，刀具沿切削区域运动，形成一系列同心的切削轨迹，如图 2-66 所示。

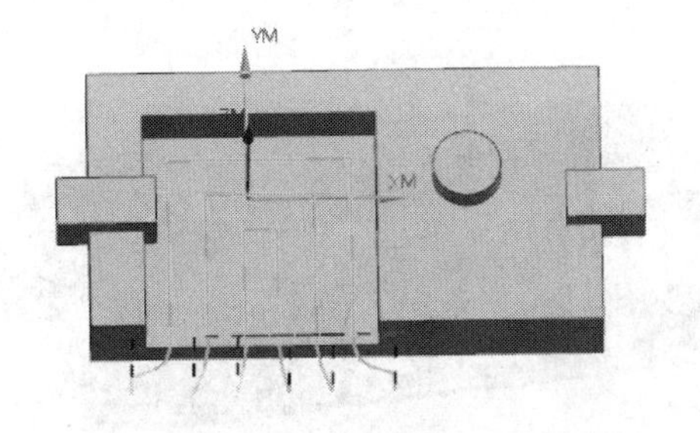

图 2-65　跟随部件切削

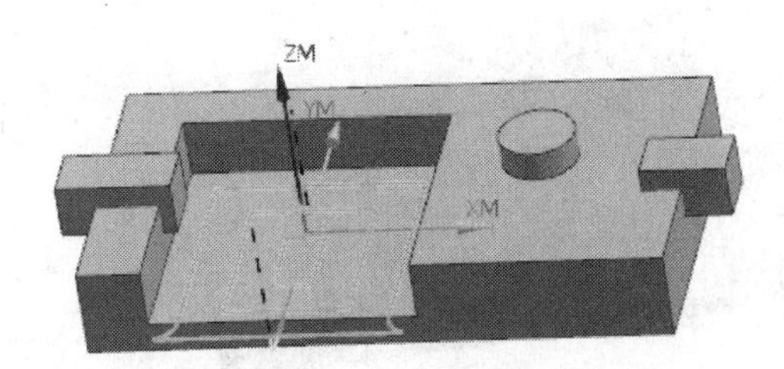

图 2-66　跟随周边切削

（3）【轮廓加工】：沿着切削区域的轮廓，对切削区域中的壁面进行切削，形成一条或指定数量的切削轨迹，如图 2-67 所示。

（4）【标准驱动】：属于一种特殊的轮廓切削方式，排除了自动边界修剪的功能，允许刀轨自相交。需要严格按照指定的边界，驱动刀具运动。在选择该切削模式时，需要关闭【切削参数】中的【策略】选项卡下的【自相交】选项，或者关闭【非切削移动】中的【更多】选项卡下的【碰撞检查】选项，如图 2-68 所示。

（5）【摆线】：在切削区域中形成一系列小圈圈的切削轨迹。使用圆形轨迹来控制刀具切削运动，避免了全刀切入时刀具崩断，如图 2-69 所示。

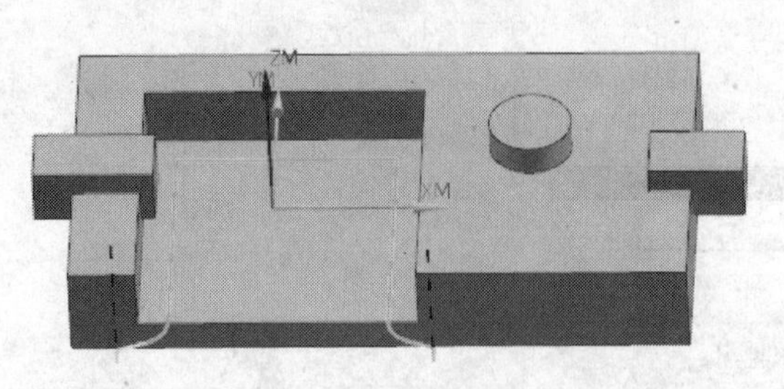

图 2-67　轮廓加工切削

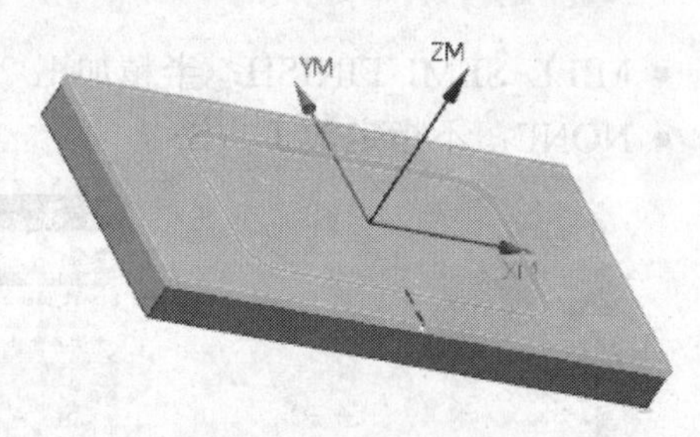

图 2-68　标准驱动切削

（6）【单向 ⇶】：在切削区域形成一系列线性的、相互平行且单一方向的切削轨迹。刀具从起点进刀，切削至刀轨终点时退刀，移至下一个刀路的起点，再进刀开始切削。刀轨始终保持单向运动，如图 2-70 所示。

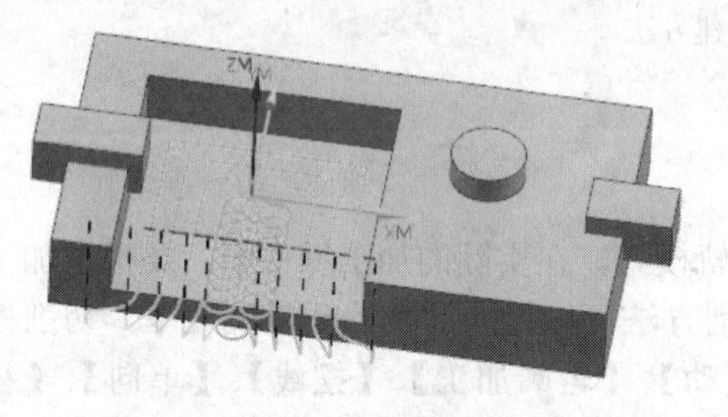

图 2-69　摆线切削

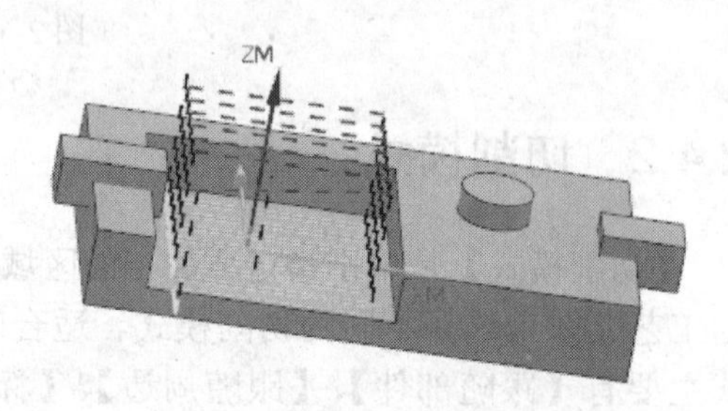

图 2-70　单向切削

（7）【往复 ☰】：在切削区域形成一系列线性的、相互平行但相邻两个刀路之间的切削方向是相反的切削轨迹，如图 2-71 所示。

（8）【单向轮廓 ⇶】：是【单向】和【轮廓加工】2 种切削模式的综合，刀轨是沿着切削区域的轮廓进行单向切削的运动，如图 2-72 所示。

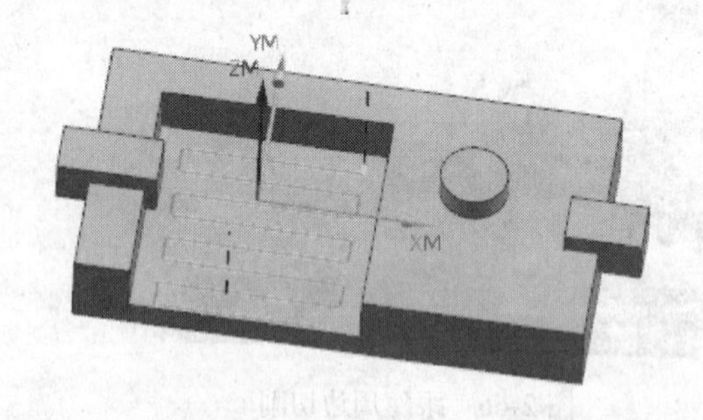

图 2-71　往复切削

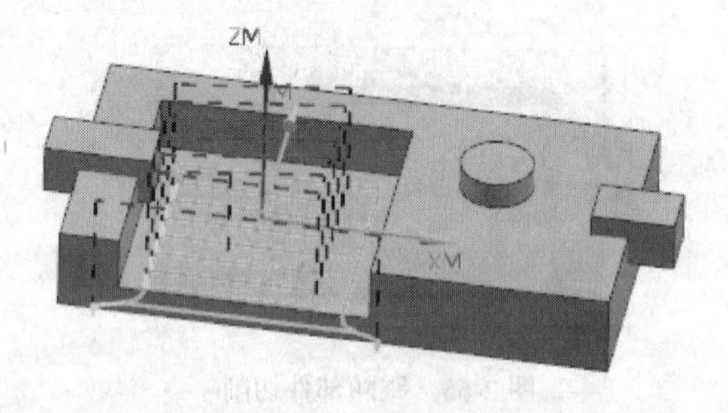

图 2-72　单向轮廓切削

应用·技巧

选择不同的切削模式，生成的刀具轨迹就会不同。用户应该根据待加工工件的切削区域的轮廓特征来选择合适的切削模式。

2.4.3 步距形式选择

步距是指相邻两个刀路之间的距离。步距的大小直接影响加工零件的表面质量。在平面铣削加工操作中，【步距】有【恒定】、【残余高度】、【刀具平直百分比】和【多个】4 种选择。【步距】参数设置的界面如图 2-73 所示，步距的形式体现如图 2-74 所示。

图 2-73 步距参数设置

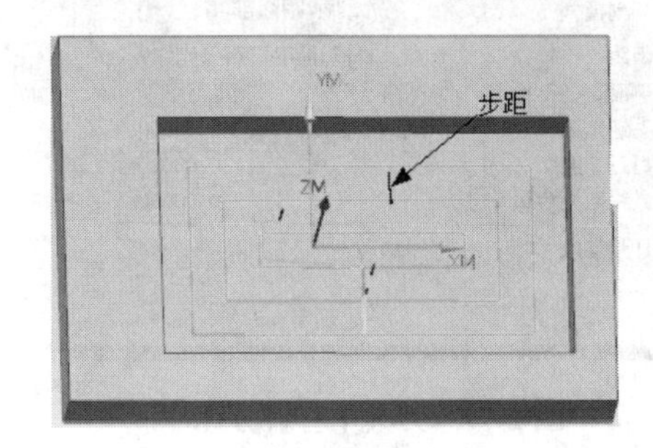

图 2-74 步距

（1）【恒定】：相邻两个刀路之间的距离为固定值。当选择该步距形式时，系统要求输入步距的最大距离值，如图 2-75 所示。

（2）【残余高度】：指定残余高度，系统将根据指定的残余高度值，自动计算出合适的步距值，使得相邻两个刀路之间的残余材料的高度不超过指定的值。当选择该步距形式时，系统要求输入最大的残余高度值，如图 2-76 所示。

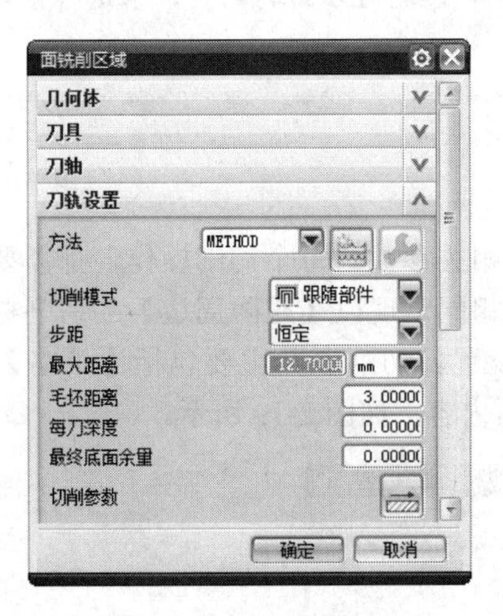

图 2-75 恒定

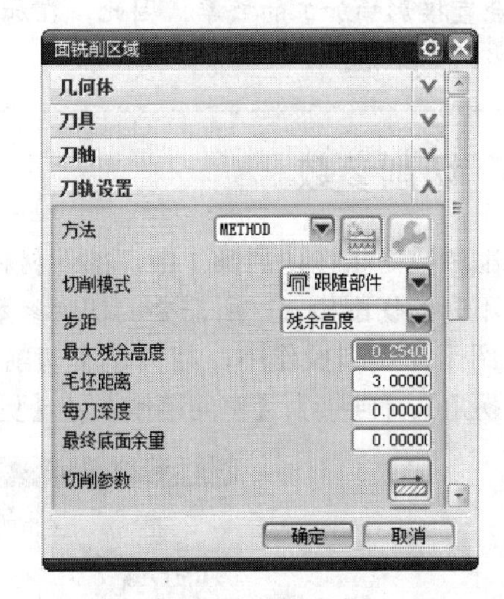

图 2-76 残余高度

（3）【刀具平直百分比】：刀具平面直径的百分比值。设置步距值为刀具直径的百分比值。当选择该步距形式时，系统要求输入平面直径的百分比，如图 2-77 所示。

（4）【多个】：当有多个刀路时，不同的刀路指定不同的步距值。选择该步距形式时，系统要求输入刀路数及与之相对应的步距值，如图 2-78 所示。

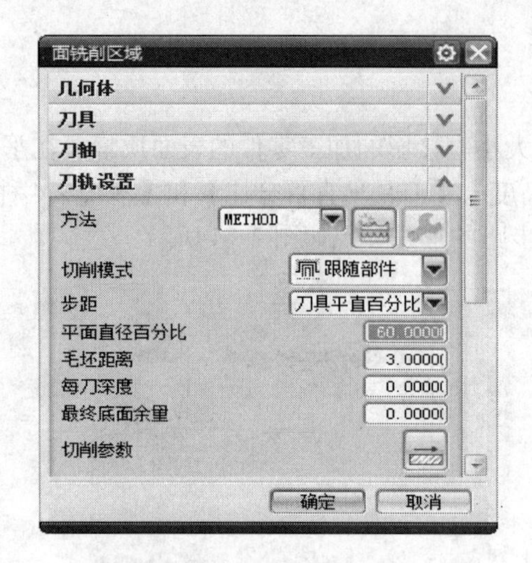

图 2-77　刀具平直百分比

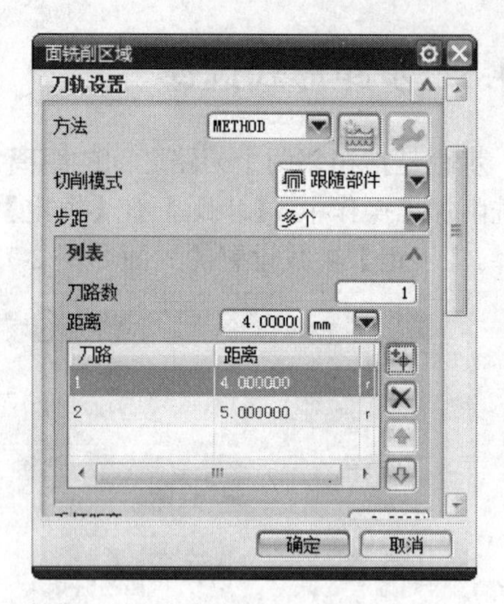

图 2-78　多个

应用·技巧

刀具轨迹的步距大小直接影响工件加工完成后的表面质量。若是工件的表面质量要求较高，则步距应尽可能小，加工处理的工件表面才会光滑，但是过小的步距又会直接影响加工的效率，因此，在加工时需要考虑这两方面的因素，来选择一个恰当的步距值。

2.4.4　切削参数

切削参数是指在切削操作中，部件材料切削的相关参数。每个切削操作，都需要切削参数。不同的切削模式，所需要的切削参数也不尽相同。现以【跟随周边】的切削模式为例，介绍平面铣削操作中，相关基本切削参数的设置。切削参数主要包括【策略】、【余量】、【拐角】、【连接】、【空间范围】及【更多】6 项内容，如图 2-79 所示。

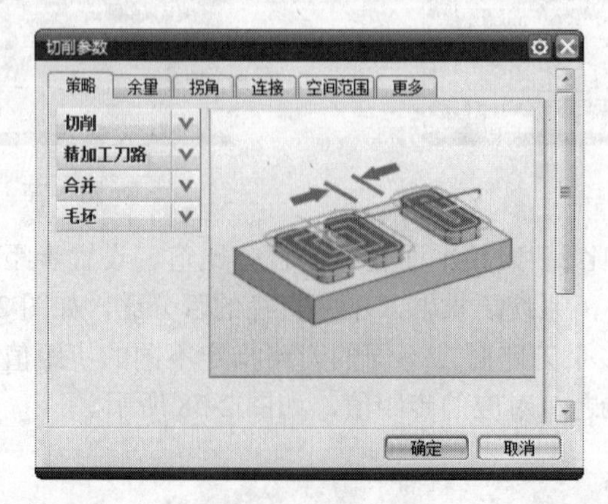

图 2-79　切削参数

1. 【策略】选项卡

【策略】选项卡中的参数主要有【切削】、【壁】、【精加工刀路】、【合并】及【毛坯】5项。下面逐项介绍其意义。

- 【切削】：主要参数有【切削方向】、【切削顺序】和【刀路方向】。【切削方向】有【顺铣】和【逆铣】2 种方式。【顺铣】是指刀具运动的方向与工件的运动方向相同，如图 2-80 所示。【逆铣】是指刀具运动的方向与工件的运动方向相反，如图 2-81 所示。

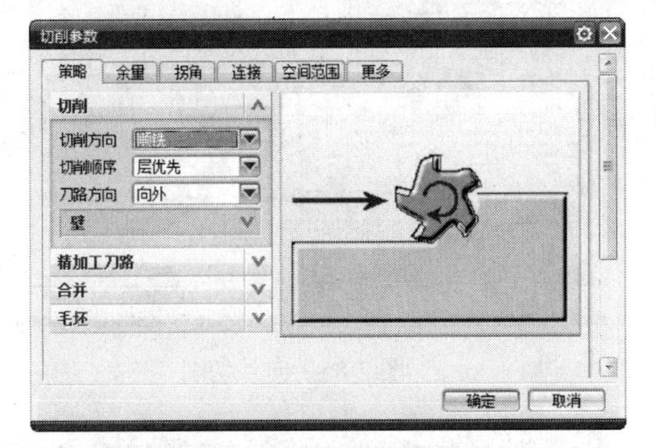

图 2-80　顺铣

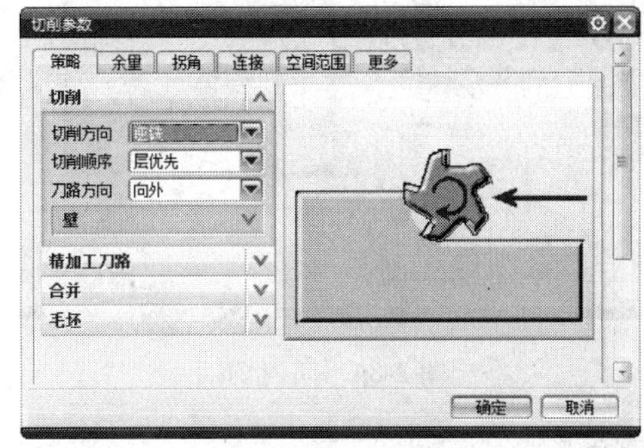

图 2-81　逆铣

【切削顺序】有【层优先】和【深度优先】2 种方式。【层优先】是指在所有切削区域中，刀具优先完成同一个高度的层的加工，再向下进刀加工下一个切削层，如图 2-82 所示。【深度优先】是指在所有切削区域中，刀具优先将一个切削区域切削完成，再加工下一个切削区域。选择该种方式可以减少刀具退刀和转换的次数，如图 2-83 所示。

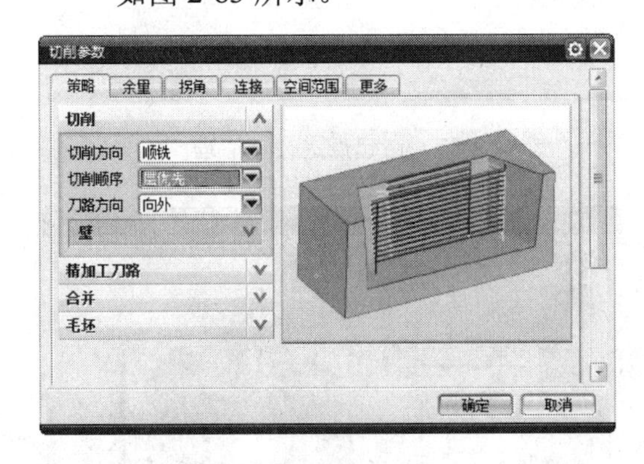

图 2-82　层优先

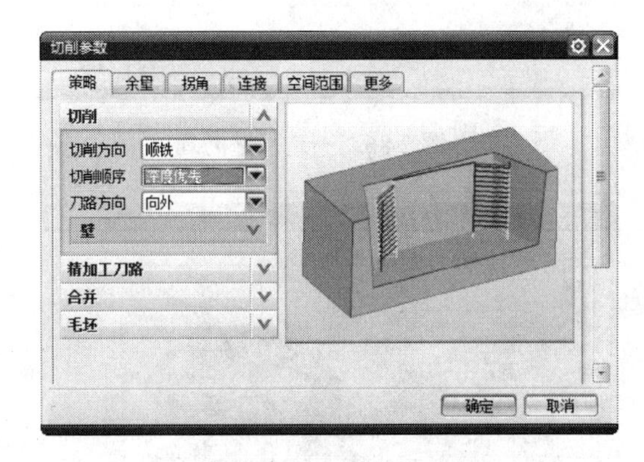

图 2-83　深度优先

【刀路方向】有【向内】和【向外】2 种方式。【向内】是指刀具在切削区域内由外向内运动，如图 2-84 所示。【向外】是指刀具在切削区域内由内向外进行，如图 2-85 所示。

- 【壁】：是否要进行壁清理操作。其中还有【岛清根】选项，若勾选了【岛清根】前面的复选框，可同时进行岛清根操作。【壁清理】有【无】、【在起点】、【在终点】及【自动】4 个选项。在【跟随周边】的切削模式，无须打开【壁清理】操作。

【无】是指不进行壁清理的操作，如图 2-86 所示。【在起点】是指在起点位置进行壁清理操作，再进行平行切削的操作，如图 2-87 所示。【在终点】是指先进行平行的切削操作，再进行壁清理操作，如图 2-88 所示。【自动】是指系统根据刀轨自动判断是先进行平行的切削操作还是先进行壁清理操作，如图 2-89 所示。

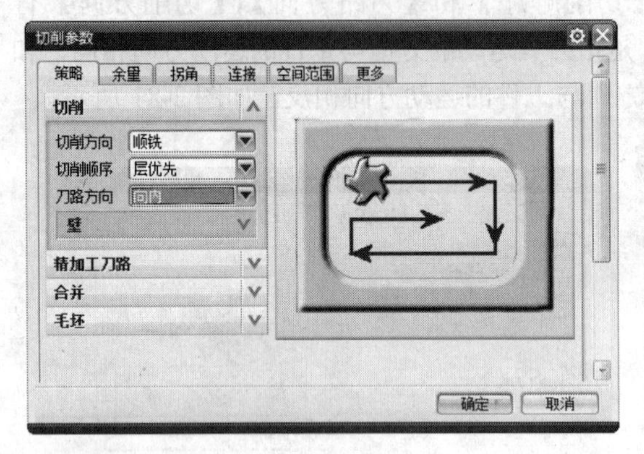

图 2-84　向内切削

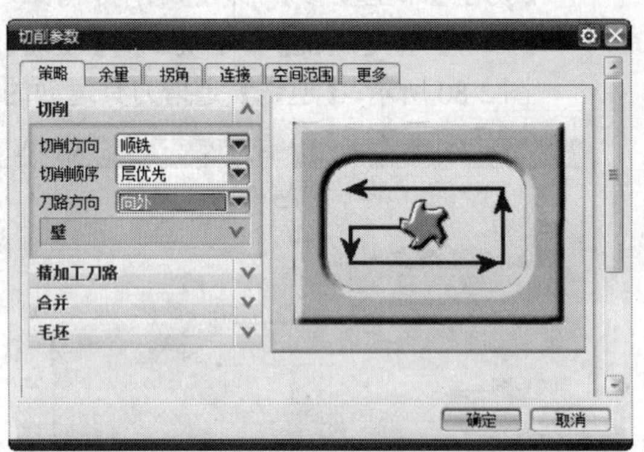

图 2-85　向外切削

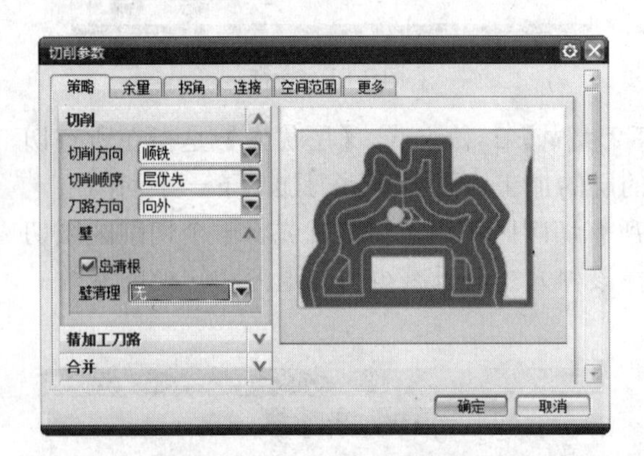

图 2-86　不进行壁清理

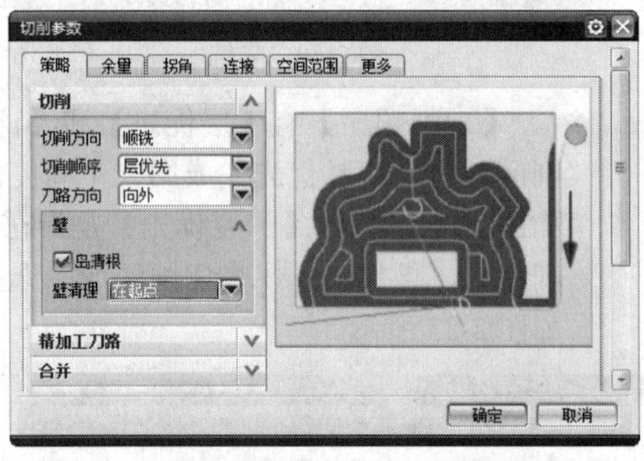

图 2-87　在起点进行壁清理

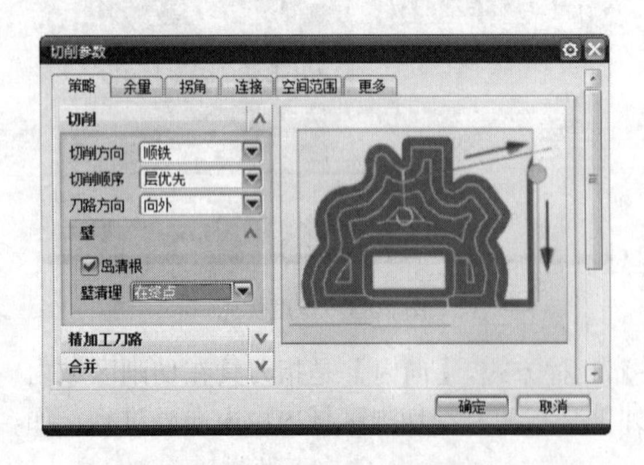

图 2-88　在终点进行壁清理

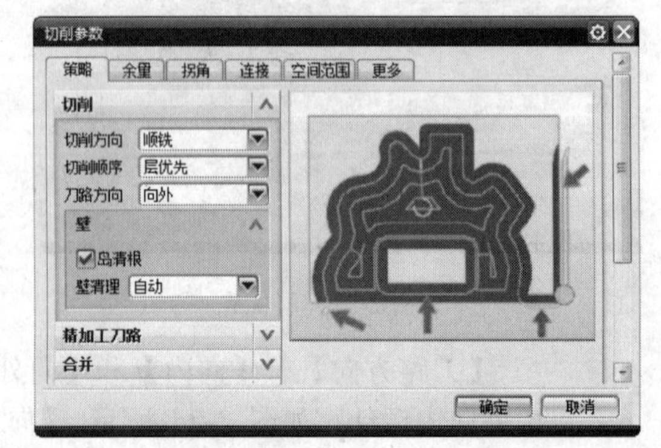

图 2-89　自动进行壁清理

- 【精加工刀路】：用于指定在主切削操作完成后，增加精加工刀路。该参数用于设置添加的精加工刀路的数量和相应的步距值。步距的设置有【恒定值】和【%刀具】

2 种形式，如图 2-90 所示。

- 【合并】：通过设置一个距离值，使刀具在切削不同区域但切削深度相同时，来确定切削运动中是否需要抬刀跨越不同的切削区域。当不同切削区域之间的距离大于设定的合并距离值时，刀具将进行抬刀操作，反之，系统则不进行抬刀操作，如图 2-91 所示。

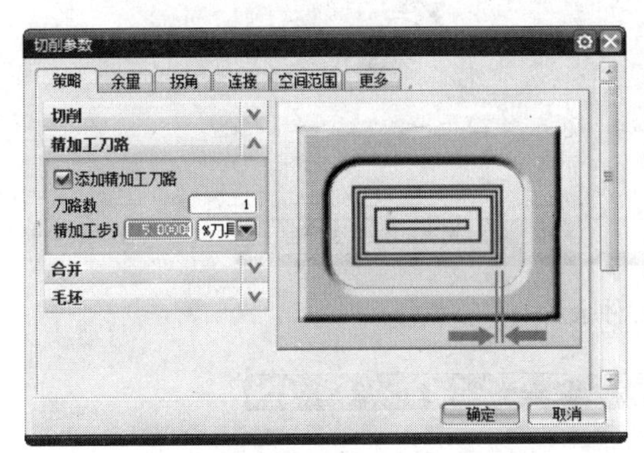

图 2-90　添加精加工刀路

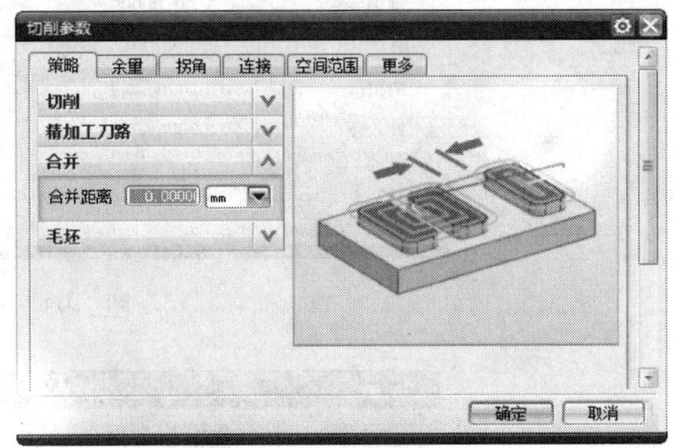

图 2-91　设置合并距离

- 【毛坯】：设置毛坯几何体的偏置距离，如图 2-92 所示。

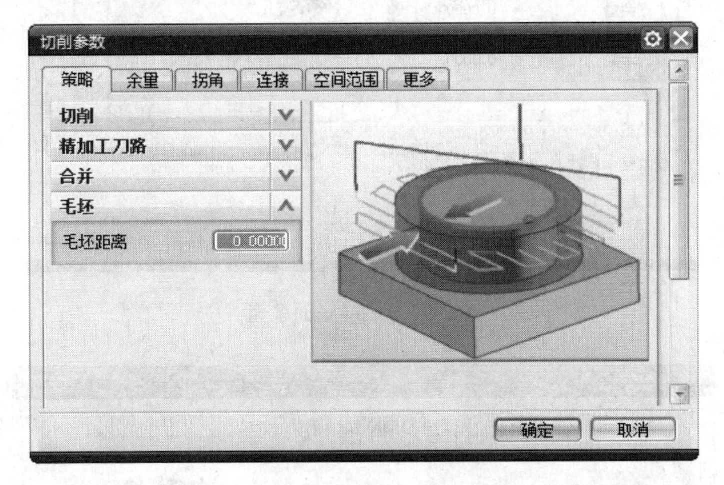

图 2-92　设置毛坯距离

2. 【余量】选项卡

【余量】选项卡中的参数主要有【余量】和【公差】。

- 【余量】：主要参数有【部件余量】、【最终底面余量】、【毛坯余量】、【检查余量】和【修剪余量】。【部件余量】是指工件表面留出一部分的余量，待在精加工刀路中切除，如图 2-93 所示。【最终底面余量】是指在工件底面留出一部分的余量，如图 2-94 所示。【毛坯余量】是指刀具离开毛坯几何体时的距离，如图 2-95 所示。【检查余量】是指刀具与已指定的检查边界之间的最小距离，如图 2-96 所示。【修剪余量】是指刀具位置与已定义的修剪边界之间的距离，如图 2-97 所示。

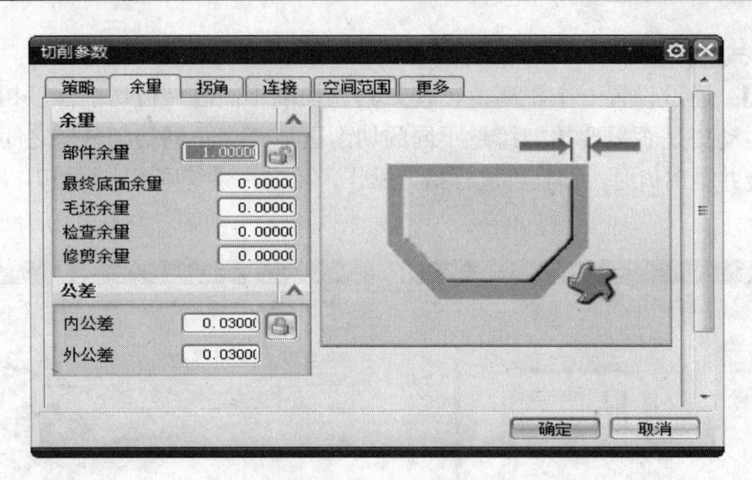

图 2-93　部件余量

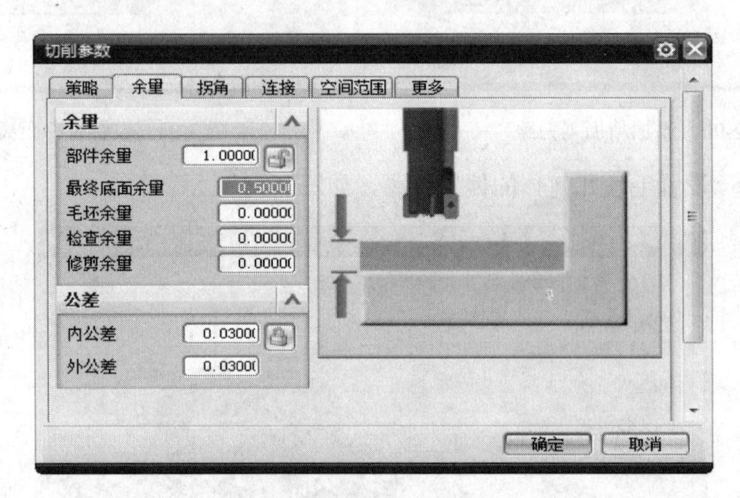

图 2-94　最终底面余量

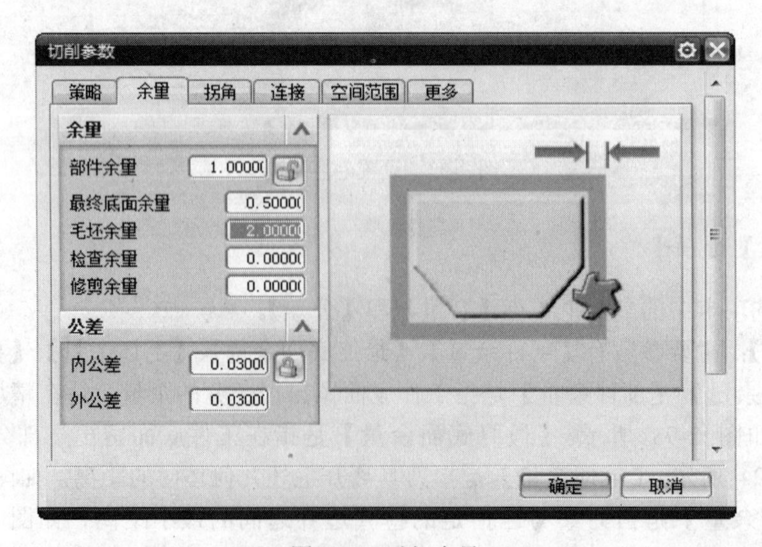

图 2-95　毛坯余量

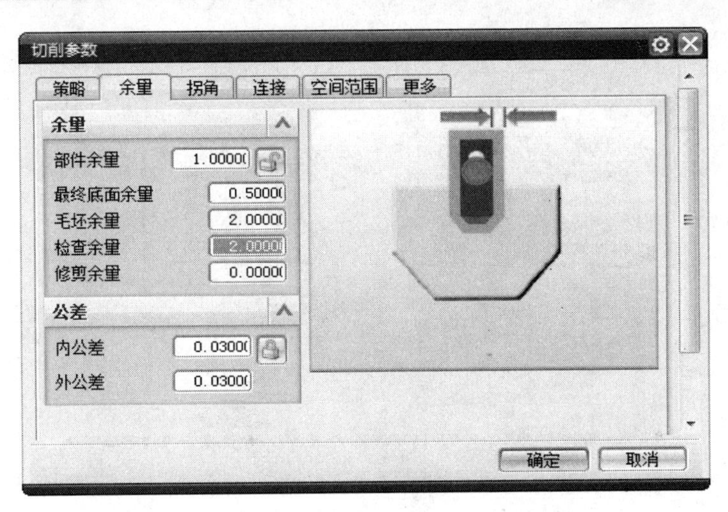

图 2-96　检查余量

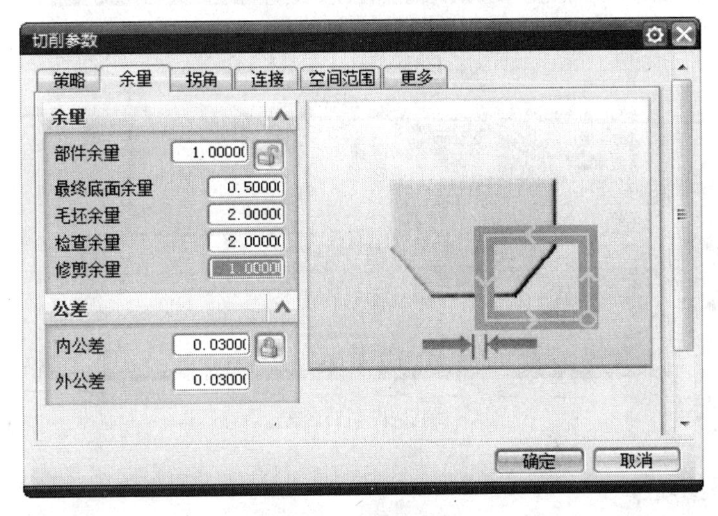

图 2-97　修剪余量

- 【公差】：刀具偏离实际零件的允许范围，有【内公差】和【外公差】2 个参数。【内公差】是指刀具切入工件时的最大偏离距离，如图 2-98 所示。【外公差】是指刀具离开工件时的最大偏离距离，如图 2-99 所示。

应用・技巧

在工件需要进行半精加工和精加工操作时，需要在粗加工操作时，留出一部分的材料待后面的加工操作切削，在余量值中可以指定这个预留材料的大小。

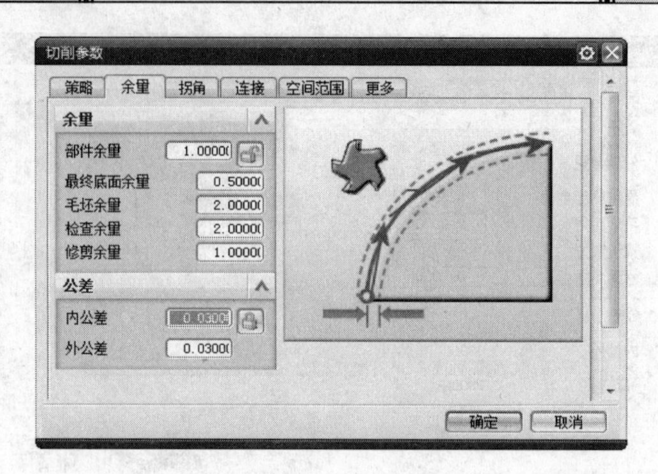

图 2-98　内公差

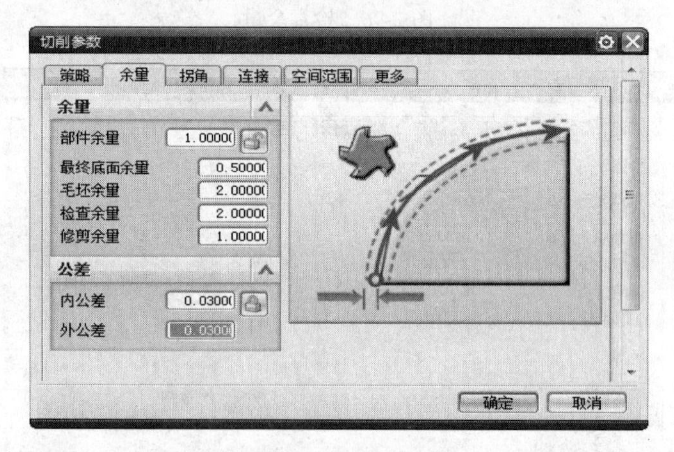

图 2-99　外公差

3. 【拐角】选项卡

【拐角】选项卡用于指定在切削操作中，工件拐角处的刀路轨迹的形状。其参数有【拐角处的刀轨形状】、【圆弧上进给调整】和【拐角处进给减速】，如图 2-100 所示。

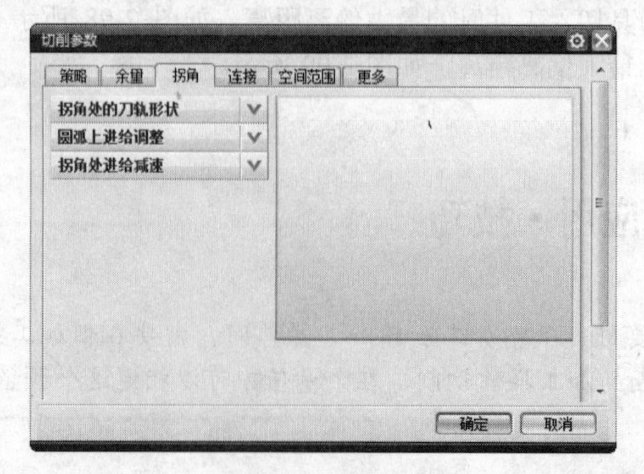

图 2-100　拐角参数

- 【拐角处的刀轨形状】：指定工件拐角处的刀轨形状，有【凸角】和【光顺】2 种方式。【凸角】是指工件凸角处的刀路轨迹方式，有【绕对象滚动】、【延伸并修剪】和【延伸】3 种形式。【绕对象滚动】是指刀具绕着工件凸角处进行圆弧过渡的方式来切除材料，如图 2-101 所示。【延伸并修剪】是指刀具沿着工件凸角处前行延伸一定的距离后再进行修剪材料，如图 2-102 所示。【延伸】是指刀具沿着工件凸角处前行一定的距离但不进行修剪材料，如图 2-103 所示。

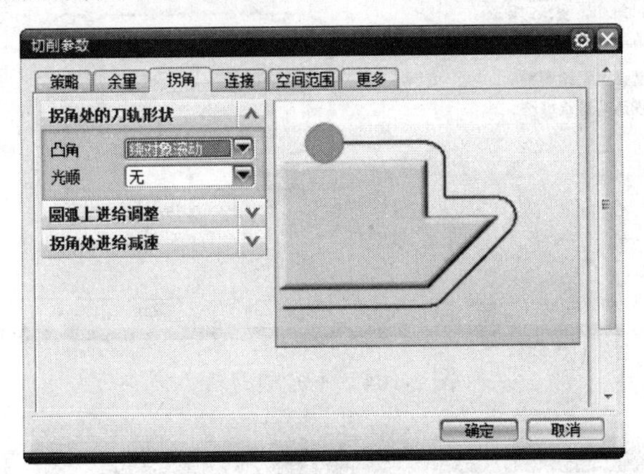

图 2-101　凸角处绕对象滚动

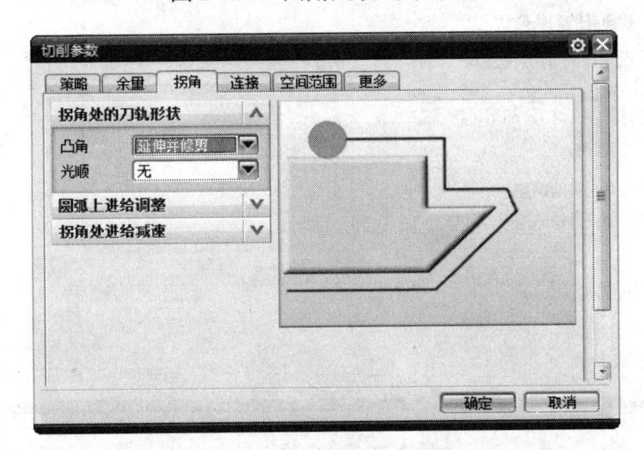

图 2-102　凸角处延伸并修剪

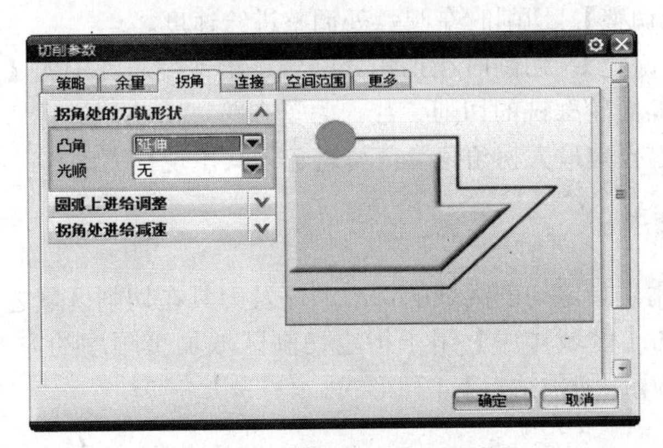

图 2-103　凸角处延伸但不修剪

【光顺】：刀路轨迹是否添加圆弧过渡，有【无】和【所有刀路】2 种。【无】是指刀路轨迹不添加圆弧过渡，如图 2-104 所示。【所有刀路】是指刀路轨迹添加圆弧过渡，需要指定过渡的圆弧半径及步距限制值，如图 2-105 所示。

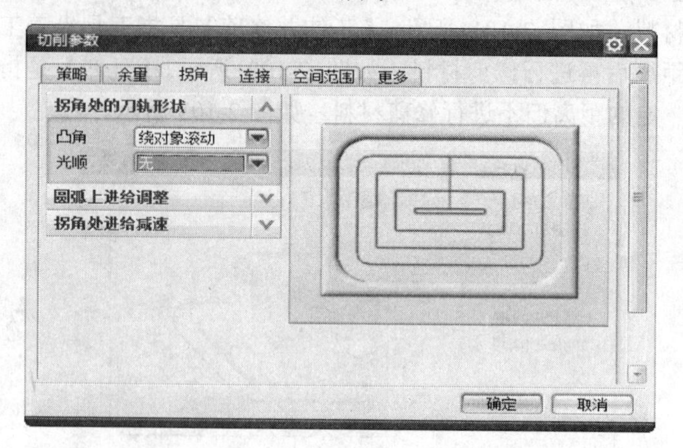

图 2-104　不光顺刀轨

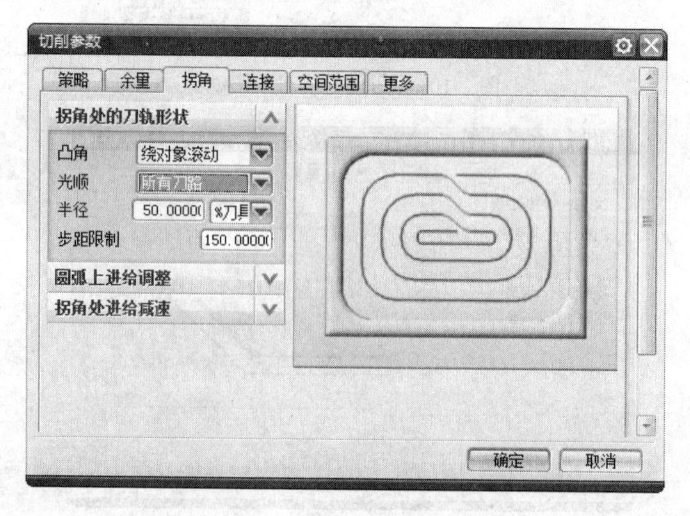

图 2-105　光顺刀轨

- 【圆弧上进给调整】：切削时在圆弧处调整进给速度。
- 【拐角处进给减速】：切削时在拐角处降低进给速度。其中的【最大拐角角度】是专用于固定轴曲面轮廓铣的切削参数。为了在跨过内凸边进行切削时对刀轨进行额外的控制，通过设定最大拐角角度值可避免刀具出现抬刀动作。

4. 【连接】选项卡

【连接】选项卡用于指定切削区域的切削顺序及刀具在切削区域之间的运动形式。其参数【切削顺序】下的【区域排序】用于指定切削区域加工顺序的方式，有【标准】、【优化】、【跟随起点】和【跟随预钻点】4 种形式。

● 【标准】：允许系统自动编排切削区域的加工顺序。当边界为曲线时，系统一般都选择边界的创建顺序作为加工顺序；当边界为面时，系统便选择面的创建顺序为加工顺序，如图 2-106 所示。

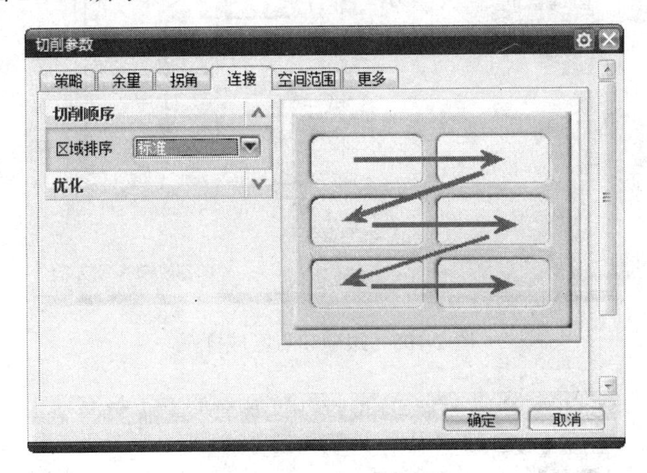

图 2-106　标准区域排序

● 【优化】：系统自动计算以最快的加工效率来决定切削区域的加工顺序，使得刀具的总移动距离最小，如图 2-107 所示。

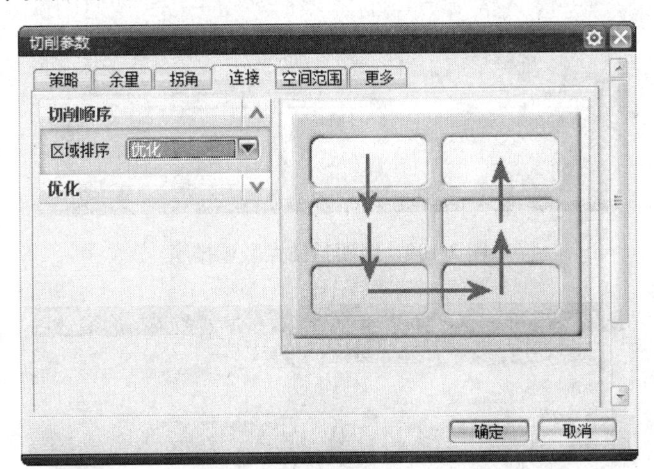

图 2-107　优化区域排序

● 【跟随起点】：系统自动根据选择“切削区域起点”时的顺序来编排切削区域的加工顺序，如图 2-108 所示。
● 【跟随预钻点】：系统自动根据选择“切削区域预钻点”时的顺序来决定切削区域的加工顺序，如图 2-109 所示。

5. 【空间范围】选项卡

【空间范围】选项卡的参数有【毛坯】、【参考刀具】和【重叠】，如图 2-110 所示。

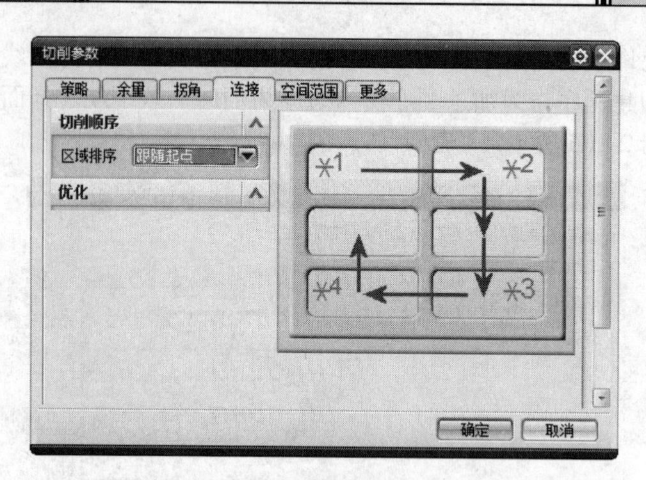

图 2-108　跟随起点区域排序

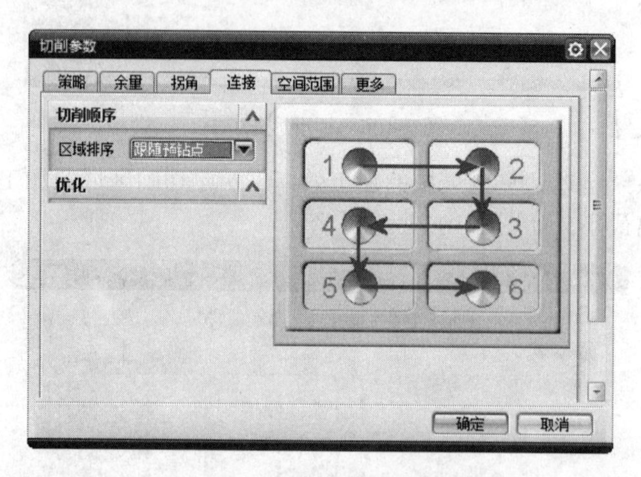

图 2-109　跟随预钻点区域排序

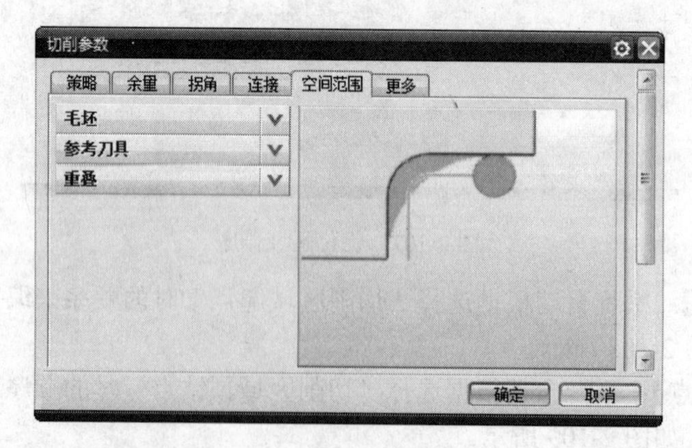

图 2-110　空间范围参数

- 【毛坯】：参数为【处理中的工件】，即工序模型，用于指定操作完成后保留的材料。【处理中的工件】有【无】、【使用 2D IPW】和【使用参考刀具】3 种形式。【无】是指使用现有的毛坯几何体，如图 2-111 所示。【使用 2D IPW】是控制毛坯基于上一操作的刀轨，使用上一操作的刀轨判断剩余材料，如图 2-112 所示。【使用参考刀具】是指清除上一操作中剩余在凹角中的材料时，其刀具路径等同于拐角粗加工，如图 2-113 所示。

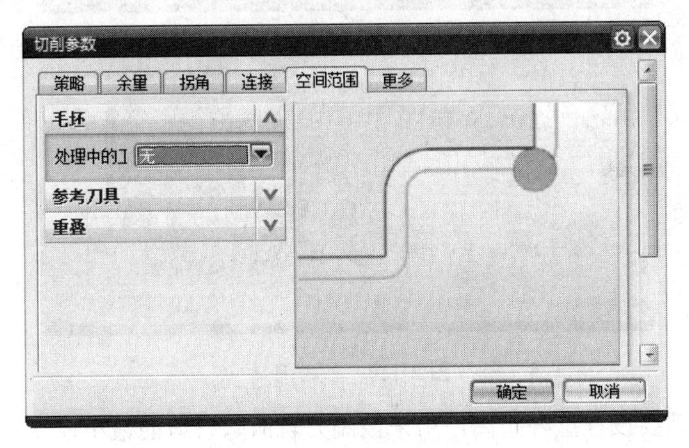

图 2-111　使用现有的毛坯几何体

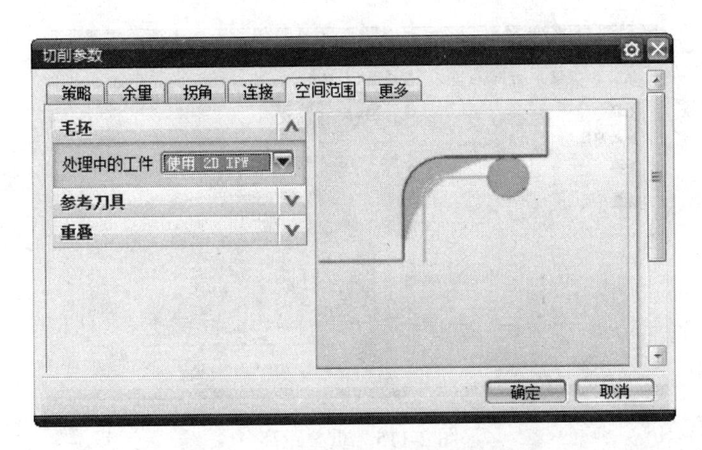

图 2-112　使用基于层的毛坯几何体

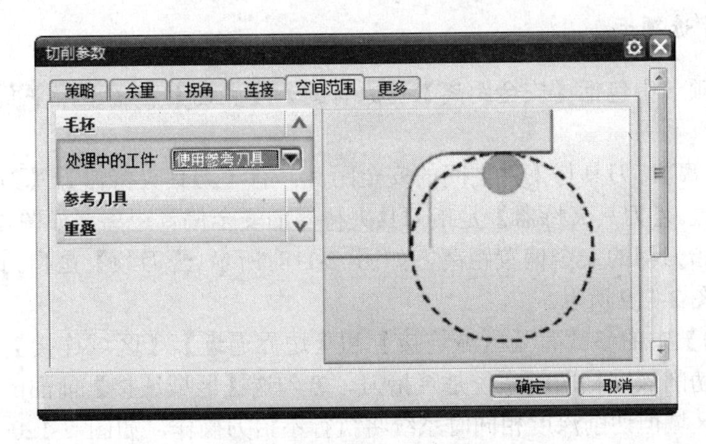

图 2-113　使用参考刀具

- 【参考刀具】：当【处理中的工件】选择【使用参考刀具】选项时，系统要求输入要参考的刀具，如图 2-114 所示。

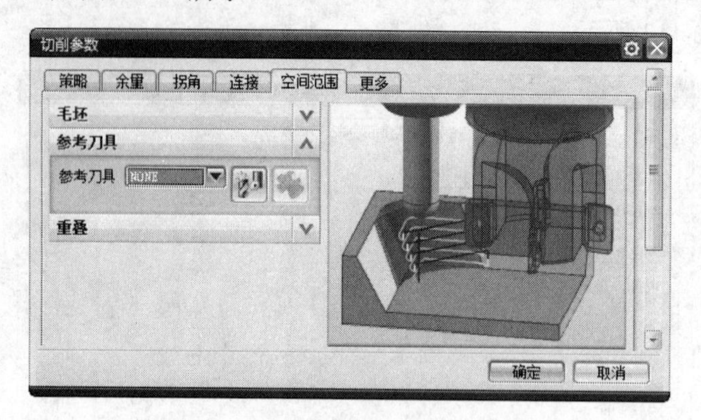

图 2-114　参考刀具

- 【重叠】：需要设置重叠距离，用来控制刀轨清除材料的最小厚度。当切削材料小于该值时，刀轨会被抑制，如图 2-115 所示。

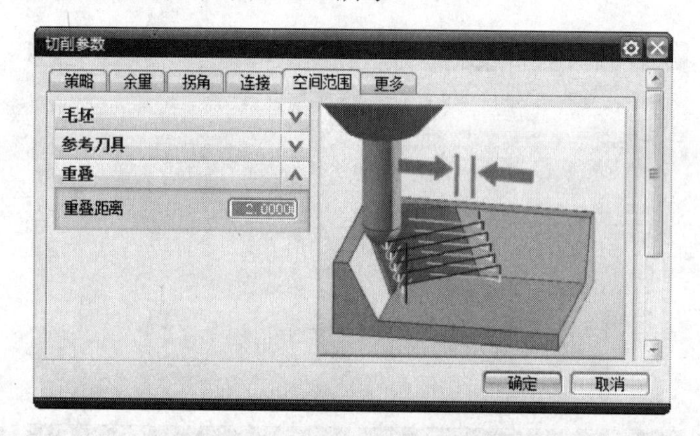

图 2-115　重叠距离

6. 【更多】选项卡

【更多】选项卡中包括【安全距离】、【原有的】、【底切】和【下限平面】4 项内容，如图 2-116 所示。

- 【安全距离】：刀具与工件之间的安全距离，有【刀具夹持器】、【刀柄】和【刀颈】3 个参数。【刀具夹持器】是指刀具夹持器的安全偏置距离，如图 2-117 所示。【刀柄】是指刀柄的安全偏置距离，如图 2-118 所示。【刀颈】是指刀颈的安全偏置距离，如图 2-119 所示。
- 【原有的】中的参数有【区域连接】和【边界逼近】。【区域连接】是指不同切削区域之间切削深度相同时系统是否抬刀。若勾选【区域连接】前面的复选框，则在不同切削区域但切削深度相同时系统将执行不抬刀操作，如图 2-120 所示。若不勾选【区域连接】前面的复选框，则在不同切削区域但切削深度相同时系统将执行抬刀操作，如图 2-121 所示。

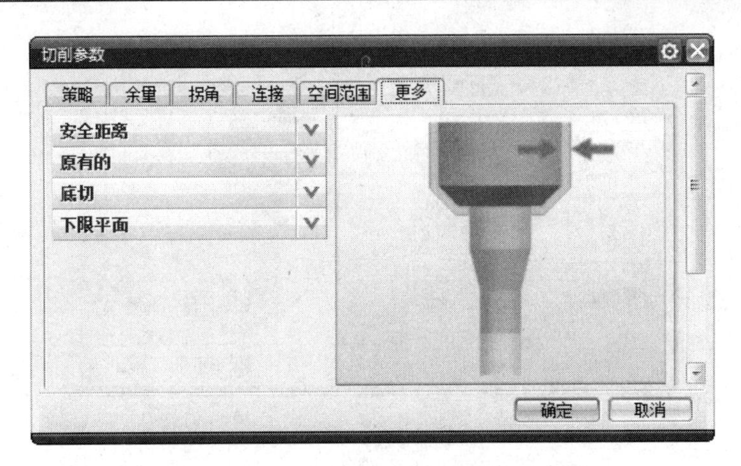

图 2-116　更多参数

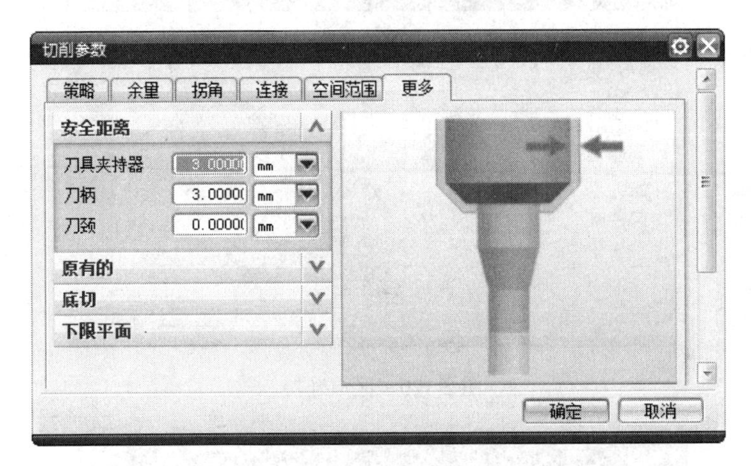

图 2-117　刀具夹持器

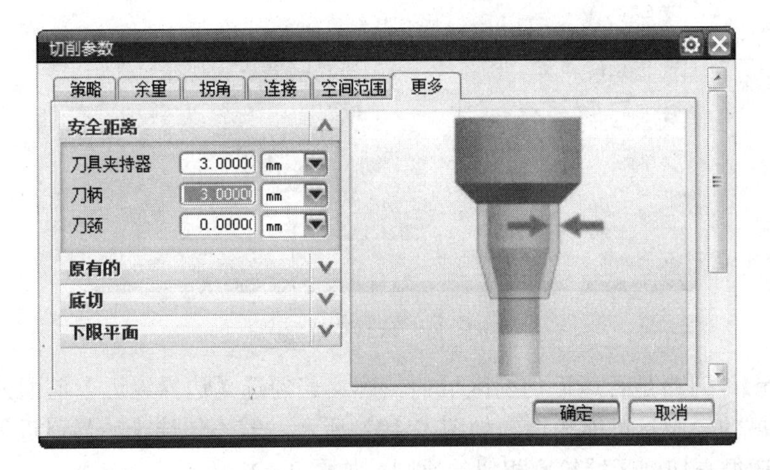

图 2-118　刀柄

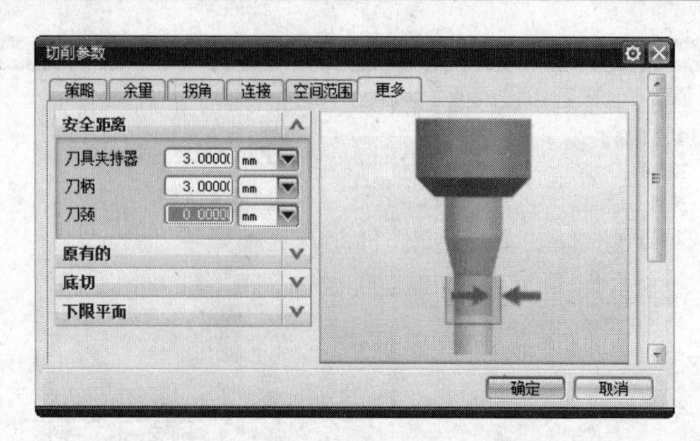

图 2-119 刀颈

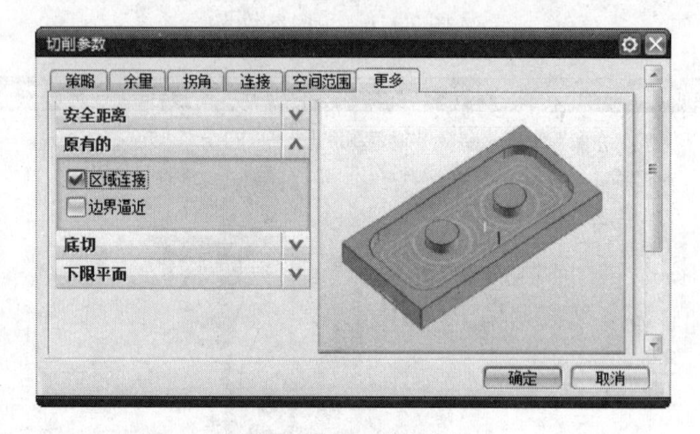

图 2-120 区域连接

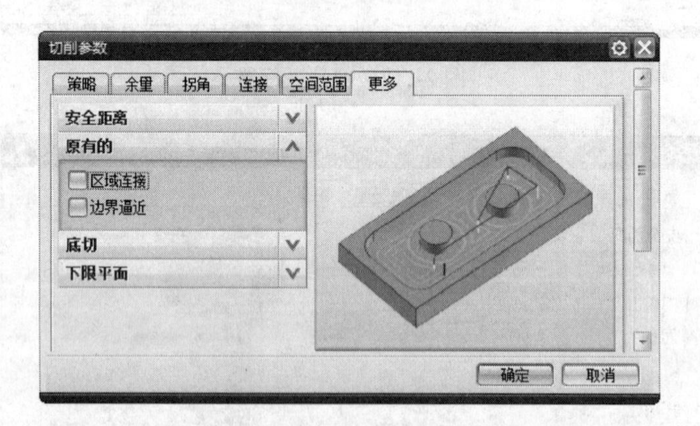

图 2-121 区域不连接

【边界逼近】：刀路是否逼近切削区域的轮廓。若勾选【边界逼近】前面的复选框，则刀路与切削区域的轮廓尽可能相近，如图 2-122 所示。若不勾选【边界逼近】前面的复选框，则刀路不遵循与切削区域轮廓相似的原则，如图 2-123 所示。

- 【底切】：是否允许刀具底切几何体。若勾选【底切】前面的复选框，则系统允许刀杆摩擦零件表面，如图 2-124 所示。若不勾选【底切】前面的复选框，则系统根据底切图素调整刀具路径，防止刀杆摩擦零件表面，如图 2-125 所示。

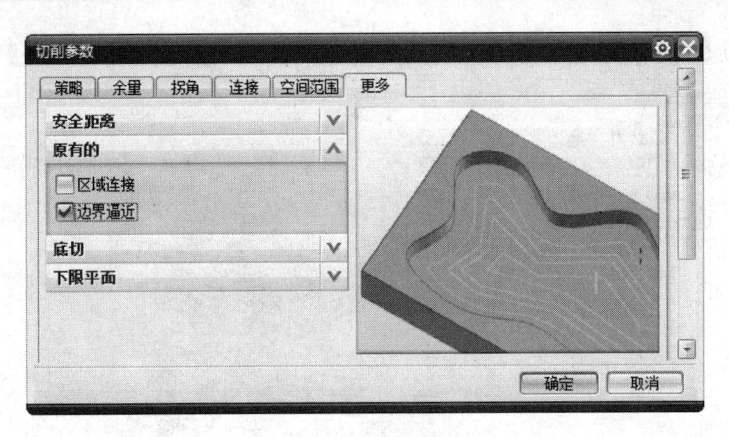

图 2-122　边界逼近

图 2-123　边界不逼近

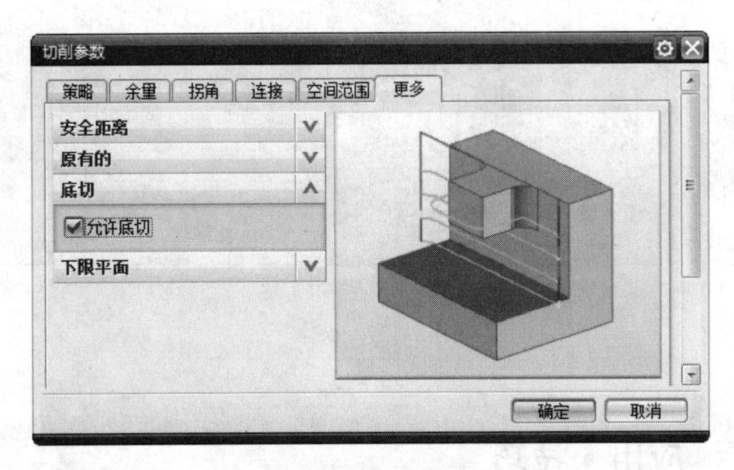

图 2-124　允许底切

- 【下限平面】：下限平面的位置。有【下限选项】和【操作】两项参数。【下限选项】有【使用继承的】、【无】和【平面】三种形式，如图 2-126 所示。【操作】有【垂直于平面】、【沿刀轴】和【警告】三种形式，如图 2-127 所示。

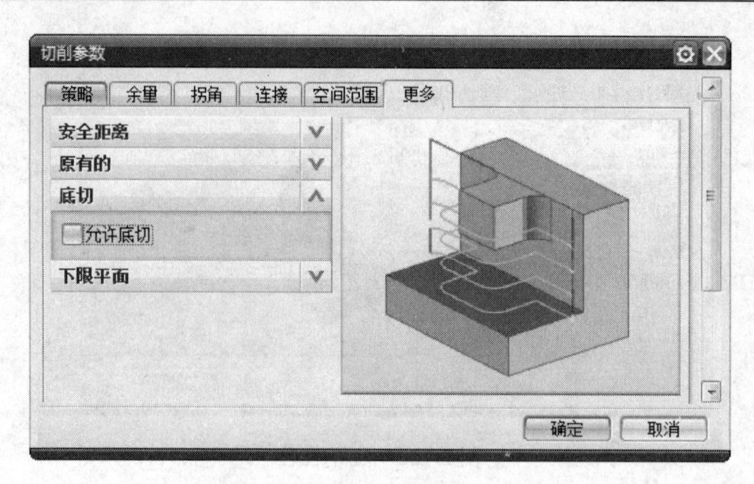

图 2-125　不允许底切

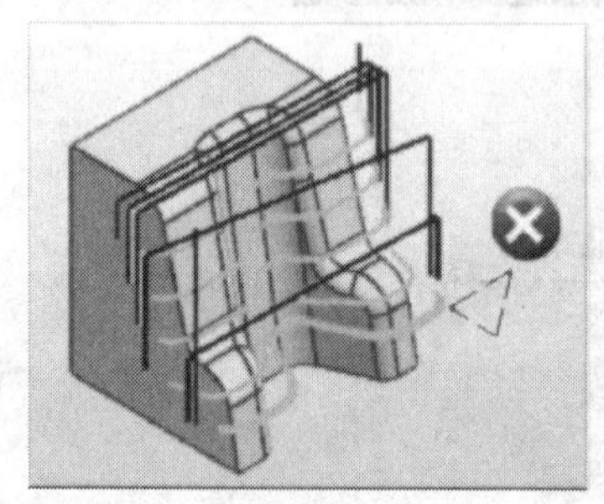
（a）使用继承的

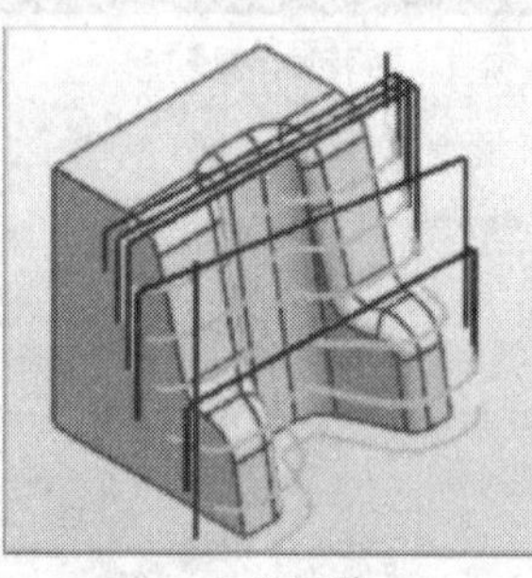
（b）无

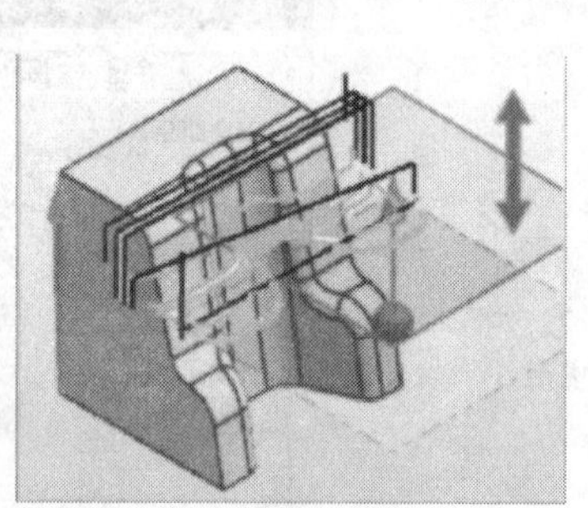
（c）平面

图 2-126　下限平面

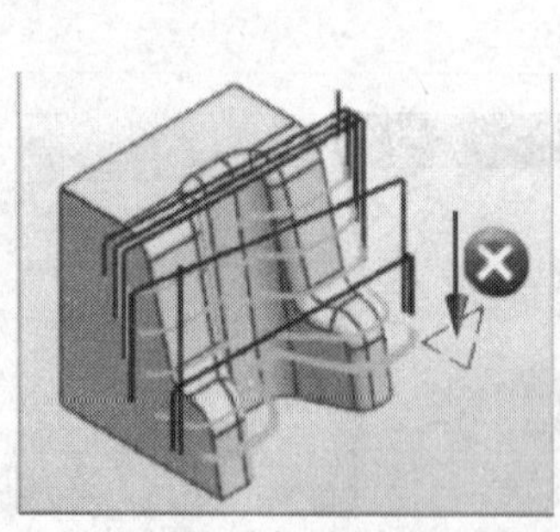
（a）垂直于平面

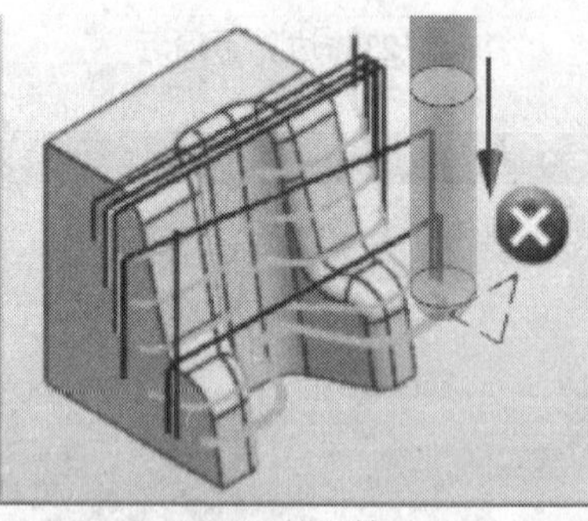
（b）沿刀轴

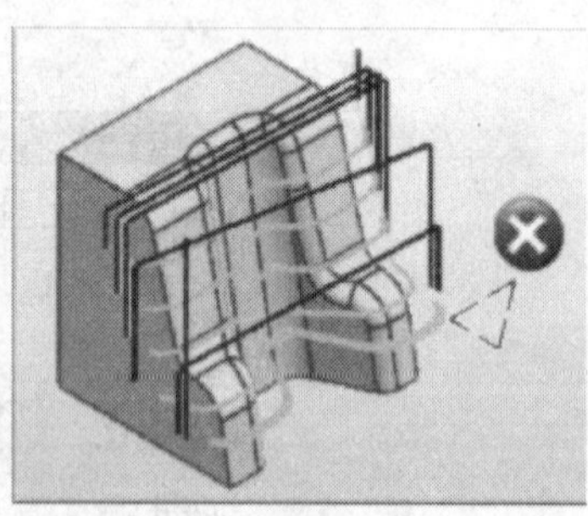
（c）警告

图 2-127　操作

应用·技巧

在 UG CAM 的仿真加工操作——平面铣中，连接、空间范围和更多参数都可以直接采用系统的默认值。

2.4.5 非切削移动

【非切削移动】参数用于在整个切削操作中指定和控制刀具的非切削运动，即在切削运动之前、之间和之后的刀具运动。【非切削移动】中的参数主要有【进刀】、【退刀】、【起点/钻点】、【转移/快速】、【避让】和【更多】6 项。

1. 【进刀】选项卡

【进刀】选项卡中的参数用于指定刀具在切入工件时的运动方式，切削区域有【封闭区域】和【开放区域】2 种。

【封闭区域】是指封闭区域的进刀方式，控制这个进刀方式的参数有【与开放区域相同】、【螺旋】、【沿形状斜进刀】、【插铣】和【无】5 项内容。

- 【与开放区域相同】进刀方式：若已经设置了开放区域的进刀方式，则封闭区域的进刀方式可以选择与开放区域相同的进刀方式。
- 【螺旋】进刀方式：系统自动定义在第一个切削动作中创建无碰撞的螺旋形状的进刀动作，需要设置一个螺旋直径值，如图 2-128 所示。

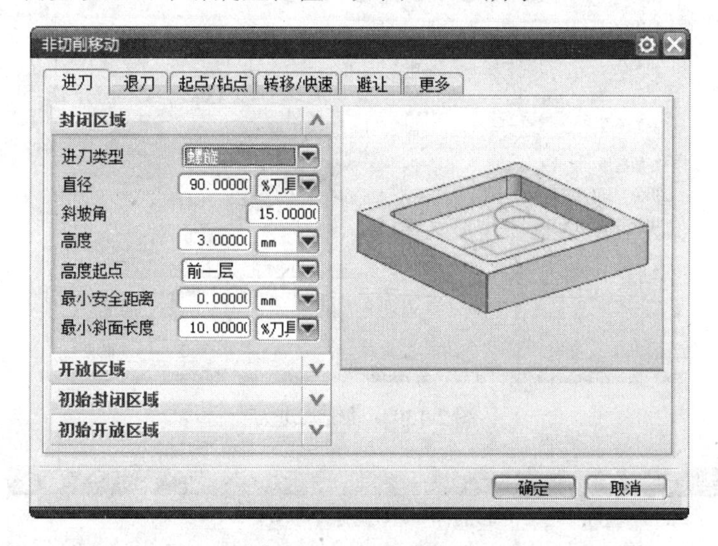

图 2-128 螺旋式进刀

- 【沿形状斜进刀】进刀方式：系统自动创建一个倾斜的进刀动作，需要设置一个倾斜角度值，如图 2-129 所示。
- 【插铣】进刀方式：系统自动从指定的高度直接进入工件内部，如图 2-130 所示。
- 【无】进刀方式：不特别指定封闭区域的进刀方式，系统自动判断，如图 2-131 所示。

【开放区域】是指开放区域的进刀方式。控制这个进刀方式的参数有【与封闭区域相同】、【线性】、【线性-相对于切削】、【圆弧】、【点】、【线性-沿矢量】、【角度 角度 平面】、【矢量平面】和【无】9 项。

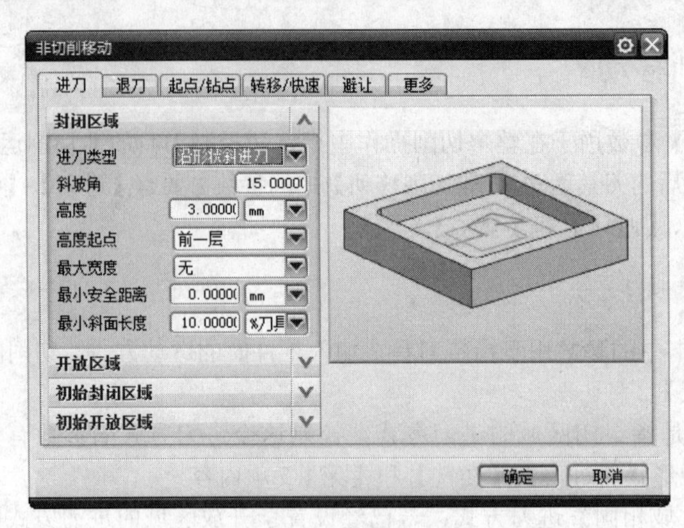

图 2-129　沿形状斜进刀

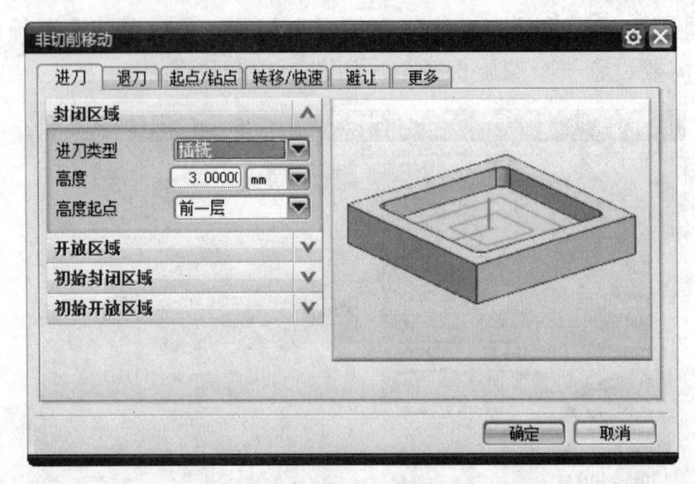

图 2-130　插铣式进刀

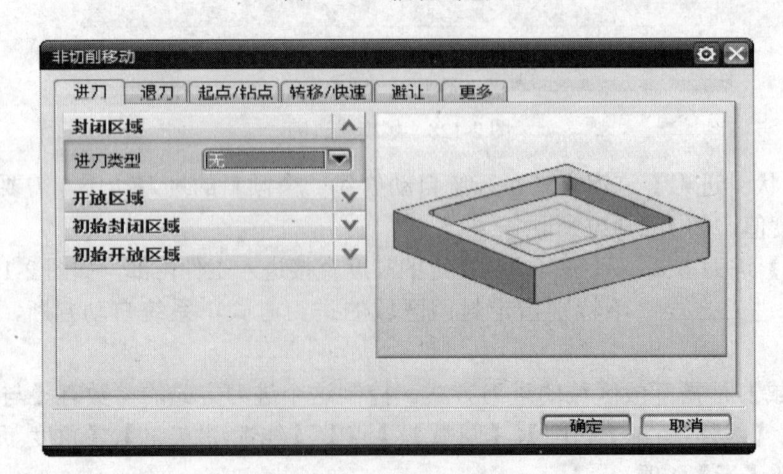

图 2-131　无进刀

- 【与封闭区域相同】进刀方式：若已经设置了封闭区域的进刀方式，则开放区域的进刀方式可以选择与封闭区域的进刀相同方式。
- 【线性】进刀方式：系统在与第一个切削操作运动相同方向的指定距离处创建进刀运动，如图 2-132 所示。

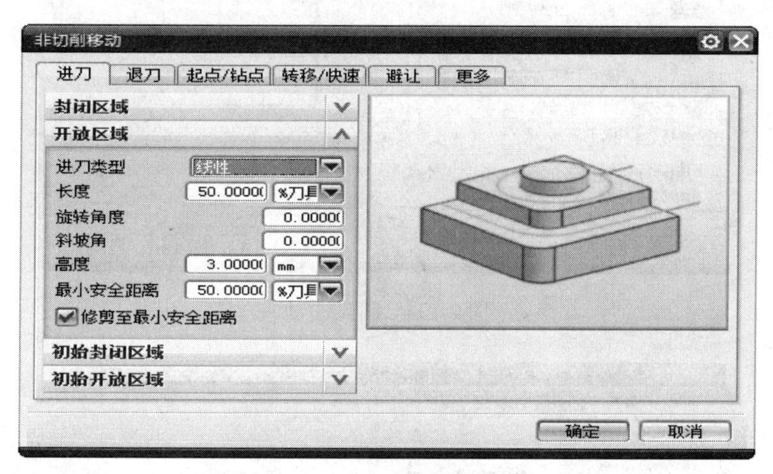

图 2-132　线性进刀

- 【线性-相对于切削】进刀方式：通过切削运动的方向及旋转角度来创建进刀方式，如图 2-133 所示。

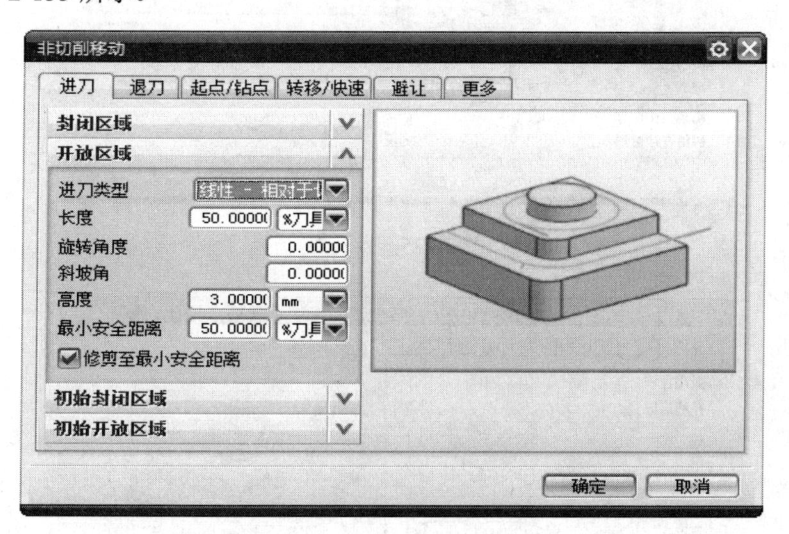

图 2-133　线性-相对于切削进刀

- 【圆弧】进刀方式：系统将尽可能地创建一个与切削运动的起点相切的圆弧形的进刀运动，如图 2-134 所示。
- 【点】进刀方式：通过创建两个指定的点来控制进刀运动，形成一个直线形的进刀方式。可以选择现有点，也可以通过点构造器来创建点，如图 2-135 所示。
- 【线性-沿矢量】进刀方式：可以选择现有的矢量或者使用矢量构造器来创建线性的进刀方式，如图 2-136 所示。

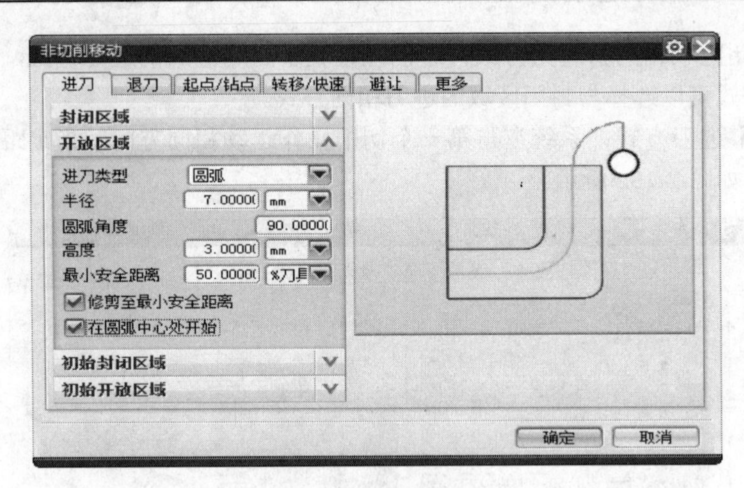

图 2-134　圆弧进刀

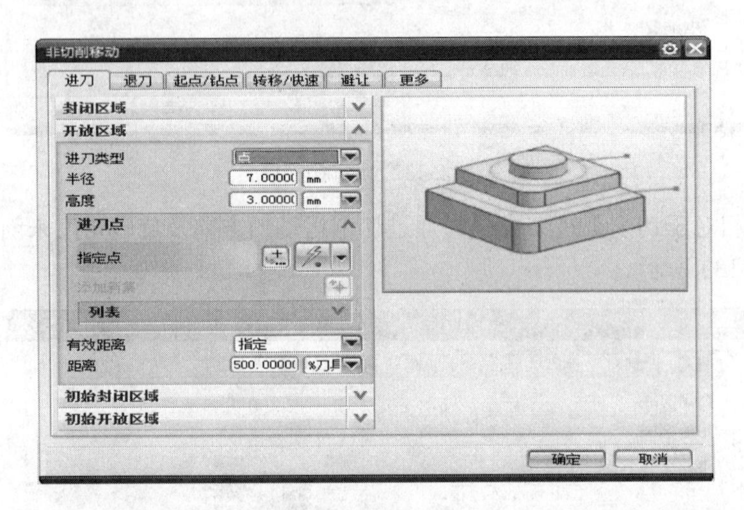

图 2-135　点进刀

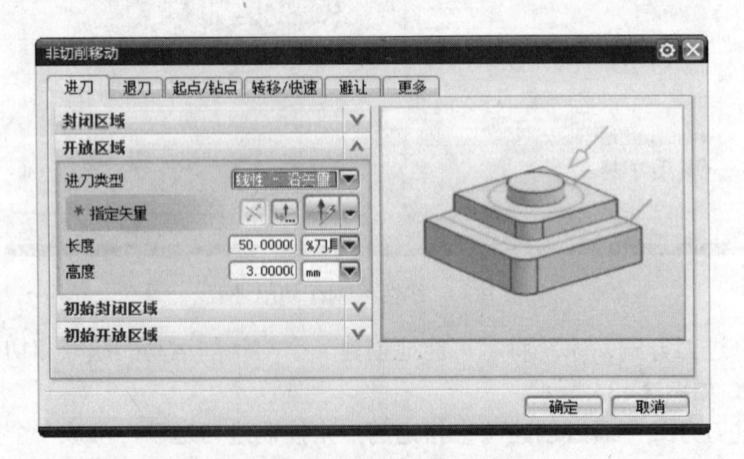

图 2-136　线性-沿矢量进刀

- 【角度 角度 平面】进刀方式：通过指定起始平面、旋转角度及倾斜角度来创建进刀方式。可以选择现有平面或者通过矢量构造器来创建平面，如图 2-137 所示。

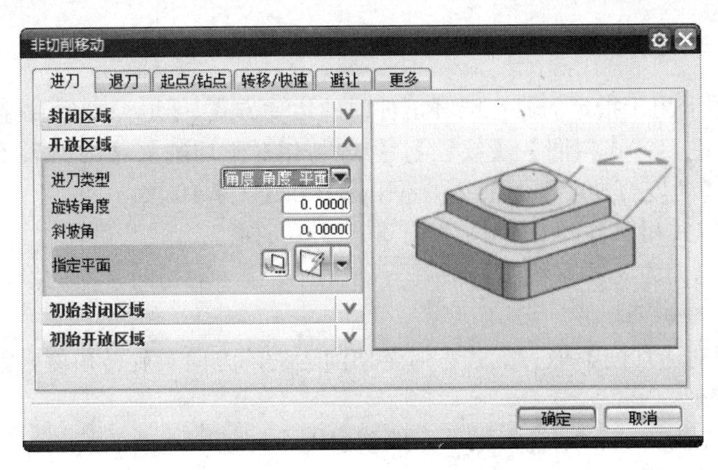

图 2-137　角度 角度 平面进刀

- 【矢量平面】进刀方式：通过指定起始平面并使用矢量构造器来创建进刀方式，如图 2-138 所示。

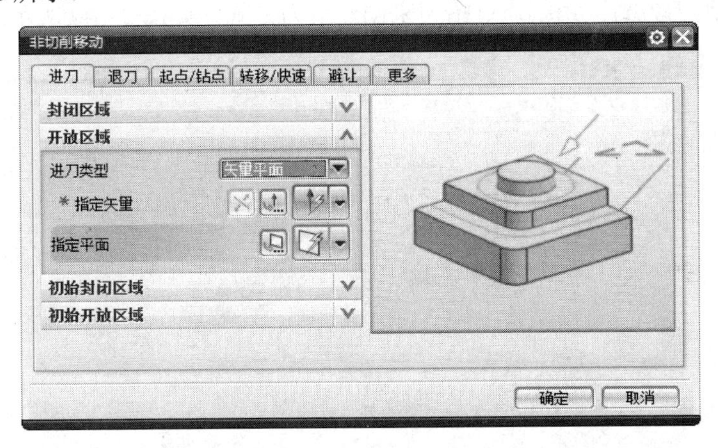

图 2-138　矢量平面进刀

- 【无】进刀方式：不特别指定开放区域的进刀方式，系统自动判断，如图 2-139 所示。

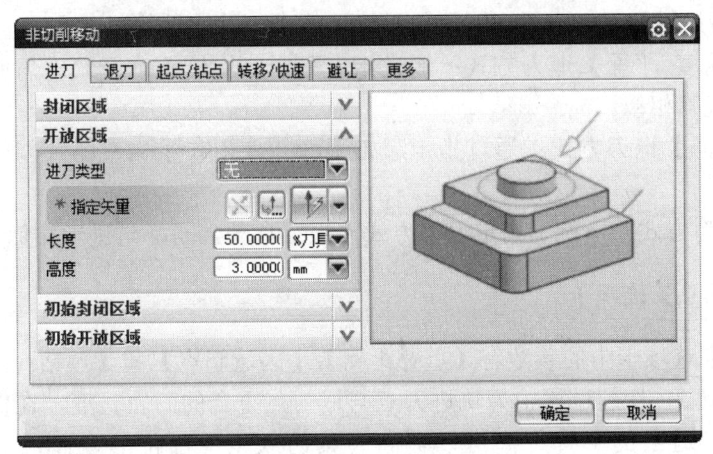

图 2-139　无进刀

2. 【退刀】选项卡

【退刀】选项卡用于指定刀具在离开工件时的运动方式。【退刀类型】：控制这个退刀方式的参数有【与进刀方式相同】、【线性】、【线性-相对于切削】、【圆弧】、【点】、【抬刀】、【线性-沿矢量】、【角度 角度 平面】、【矢量平面】和【无】10 项。

- 【与进刀方式相同】退刀方式：用于定义刀具的退刀方式与进刀方式相同。
- 【线性】退刀方式：系统在与最后一个切削操作运动相同方向的指定距离处创建退刀运动，与进刀相似。
- 【线性-相对于切削】退刀方式：通过切削运动的方向及旋转角度来创建退刀方式，与进刀相似。
- 【圆弧】退刀方式：系统将尽可能地创建一个与切削运动的起点相切的圆弧形的退刀运动，与进刀相似。
- 【点】退刀方式：通过创建两个指定的点来控制退刀运动，形成一个直线形的退刀方式，与进刀相似。
- 【抬刀】退刀方式：系统通过抬刀来创建退刀方式，如图 2-140 所示。

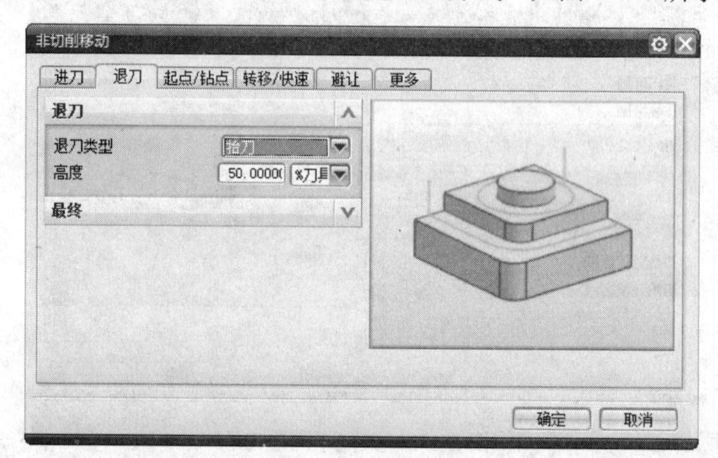

图 2-140　抬刀式退刀

- 【线性-沿矢量】退刀方式：使用矢量构造器来创建线性的退刀方式，与进刀相似。
- 【角度 角度 平面】退刀方式：通过指定平面、旋转角度及倾斜角度来创建退刀方式，与进刀相似。
- 【矢量平面】退刀方式：通过指定起始平面并使用矢量构造器来创建退刀方式，与进刀相似。
- 【无】退刀方式：不特别指定退刀方式，系统自动判断，与进刀相似。

3. 【起点/钻点】选项卡

【起点/钻点】选项卡中的参数有【重叠距离】、【区域起点】和【预钻孔点】3 项。

- 【重叠距离】：切削过程中刀轨进刀点与退刀点重合的刀轨长度，在保证切削效率的前提下，适当的重叠距离可以提高刀具切入工件部位的表面质量，如图 2-141 所示。

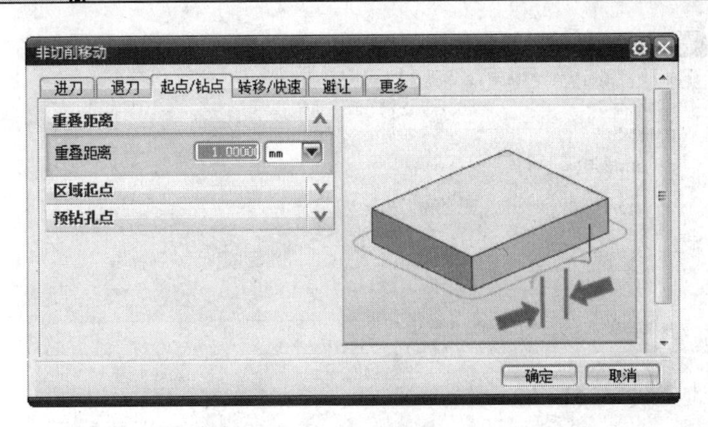

图 2-141　重叠距离

- 【区域起点】：通过切削区域起始点来定义进刀位置和横向进给方向。有【默认区域起点】和【选择点】2 种方式。【默认区域起点】有【中点】和【拐角】2 种。“中点”是指系统默认区域起点从零件的中点处开始，如图 2-142 所示。“拐角”是指默认区域起点从零件的拐角处开始，如图 2-143 所示。【选择点】是指直接选择现有点或者通过点构造器创建点来指定进刀位置和横向进给，如图 2-144 所示。

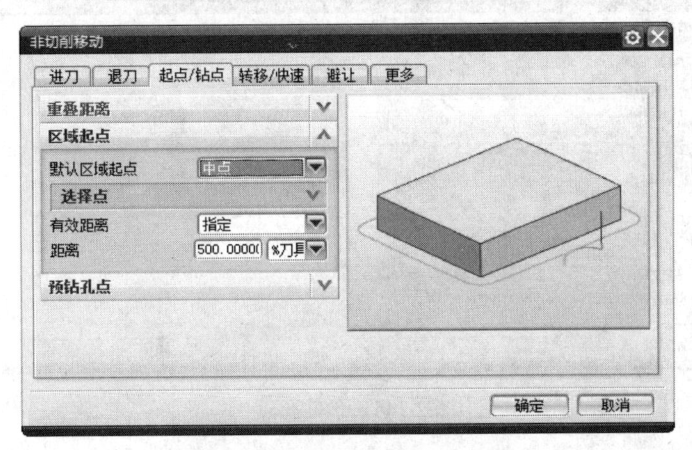

图 2-142　默认区域起点-中点

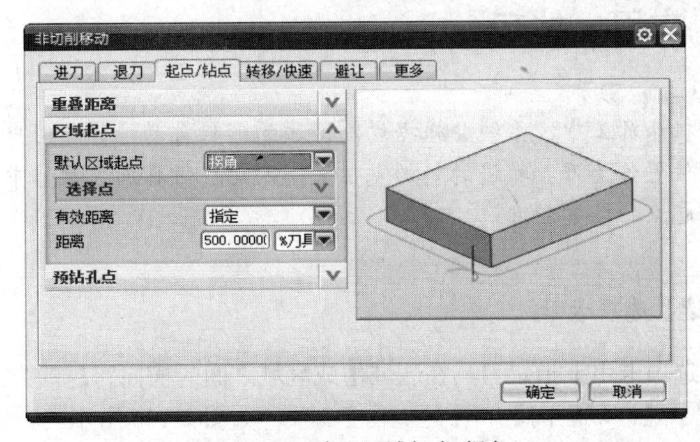

图 2-143　默认区域起点-拐角

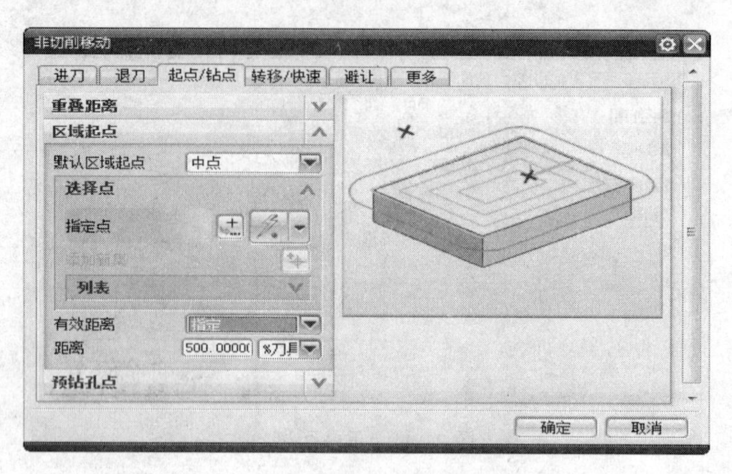

图 2-144　创建点指定起点位置

- 【预钻孔点】：用于指定毛坯材料中先前钻好的孔内或其他孔内的进刀位置。通过预钻孔点的设置，可以很大程度地改善刀具在下刀时的受力情况。可以选择现有点或者通过点构造器来创建预钻孔点的位置，如图 2-145 所示。

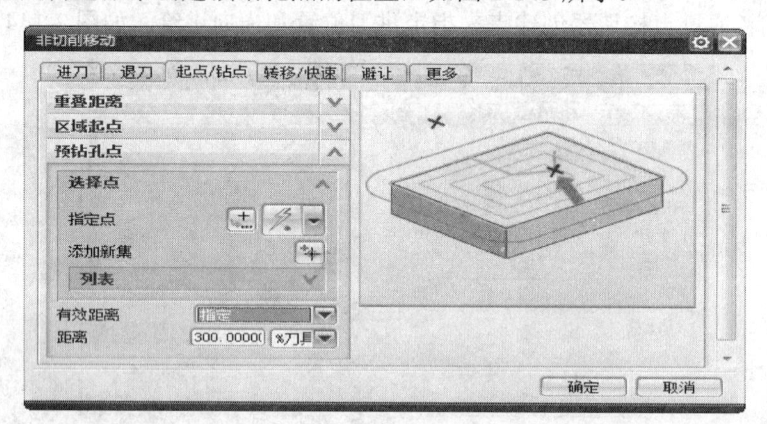

图 2-145　预钻孔点

应用・技巧

在实际的机床加工中，系统会根据切削区域的形状自动计算与用户指定的切削起点最接近的位置作为刀具轨迹的起始点位置，因此在仿真加工操作中，用户大致指定一个切削起点的位置即可。

4. 【转移/快速】选项卡

【转移/快速】选项卡用于指定刀具在区域内或区域之间的横向跨越的方式。其中主要参数有【安全设置】、【区域之间】和【区域内】3 项，如图 2-146 所示。

【安全设置】：当前操作的安全平面的位置。有【使用继承的】、【无】、【自动平面】、【平面】、【点】、【包容圆柱体】、【圆柱】、【球】和【包容块】9 项内容。

- 【使用继承的】：使用 MCS 指定的平面，如图 2-146 所示。

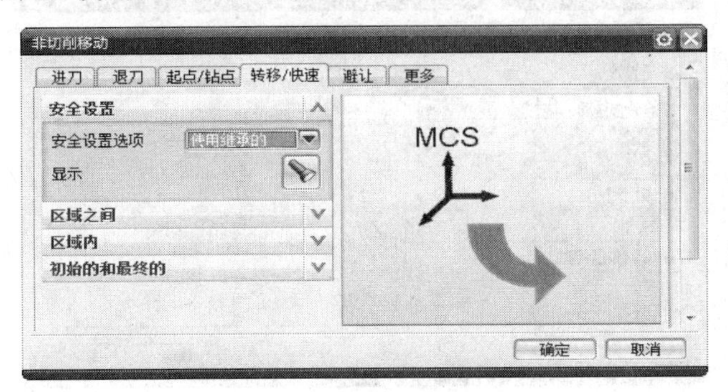

图 2-146　使用继承的

- 【无】：不指定安全平面。
- 【自动平面】：使用工件的高度及设置一个安全距离值来创建一个安全平面，如图 2-147 所示。

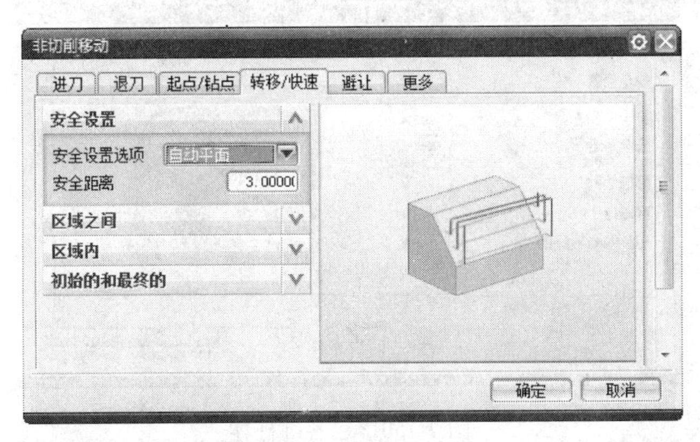

图 2-147　自动平面

- 【平面】：可以选择现有平面或者通过平面构造器来创建一个安全平面，如图 2-148 所示。

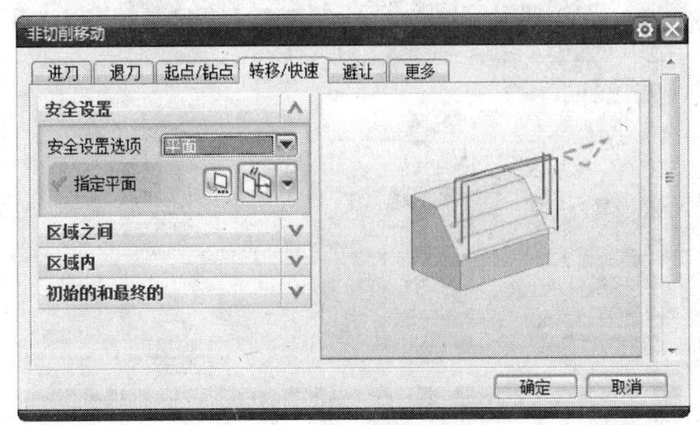

图 2-148　平面

- 【点】：可以选择现有点或者通过使用点构造器创建点以确定一个安全平面，如图 2-149 所示。

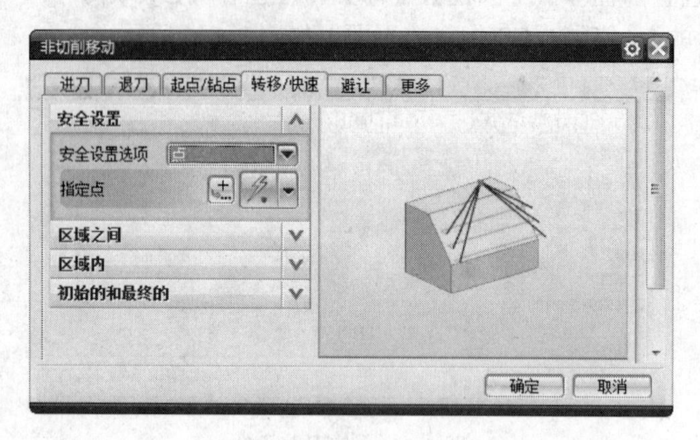

图 2-149　点

- 【包容圆柱体】：通过创建部件几何体的包容圆柱体的偏置值来指定安全平面，如图 2-150 所示。

图 2-150　包容圆柱体

- 【圆柱】：通过点和矢量创建一个圆柱体来指定安全平面。可以选择现有点或者通过点构造器来创建点，可以选择现有矢量或者通过矢量构造器来创建矢量，如图 2-151 所示。

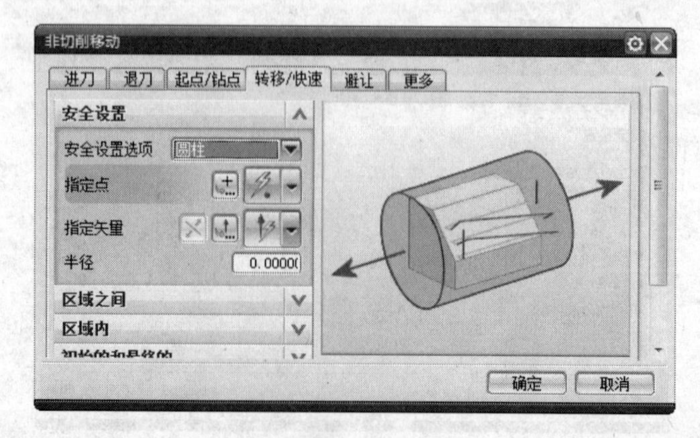

图 2-151　圆柱

- 【球】：通过点和半径创建一个球体来指定安全平面。可以选择现有点或者通过点构造器来创建点，如图 2-152 所示。

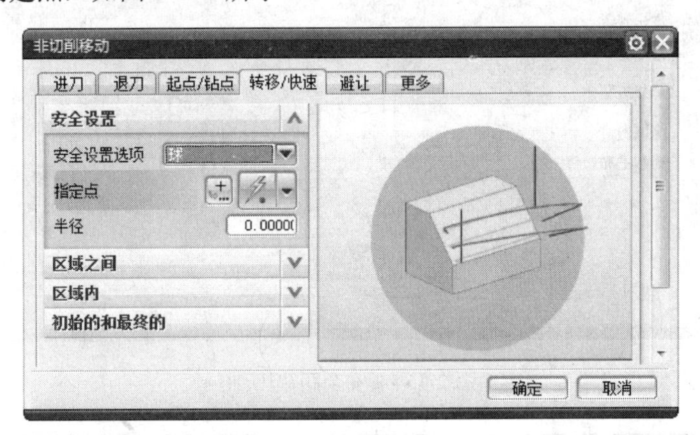

图 2-152　球

- 【包容块】：通过创建一个部件几何体的包容块来指定安全平面，如图 2-153 所示。

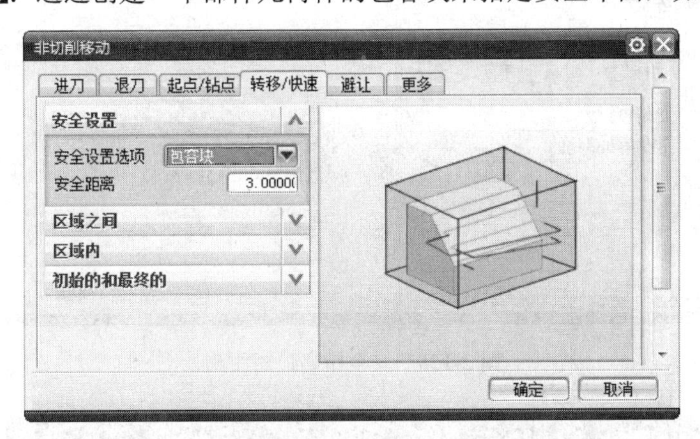

图 2-153　包容块

【区域之间】：刀具在不同区域之间的横向跨越运动。转移类型有【安全距离-刀轴】、【安全距离-最短距离】、【安全距离-切割平面】、【前一平面】、【直接】、【最小安全值 Z】和【毛坯平面】7 项内容。

- 【安全距离-刀轴】：使用刀轴创建安全平面，如图 2-154 所示。
- 【安全距离-最短距离】：使用最短距离的平面作为安全平面，如图 2-155 所示。
- 【安全距离-切割平面】：使用切割平面作为安全平面，如图 2-156 所示。
- 【前一平面】：刀具在完成一个切削层的切削运动后将抬刀回到前一个切削层的等高平面处再进行横向跨越至下一个切削区域，如图 2-157 所示。
- 【直接】：刀具在完成一个切削层的切削运动后直接横向跨越至下一个切削区域，如图 2-158 所示。
- 【最小安全值 Z】：刀具在完成一个切削层的切削运动后刀具将退刀至 Z 向上最低的安全平面再横向跨越至下一个切削区域，如图 2-159 所示。

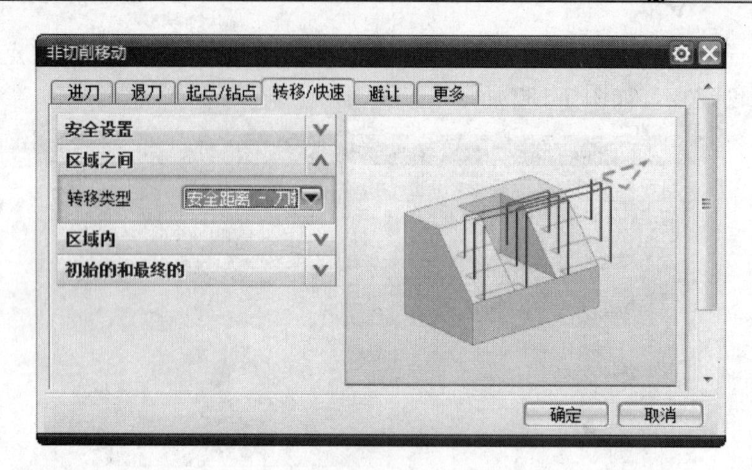

图 2-154　安全距离刀轴

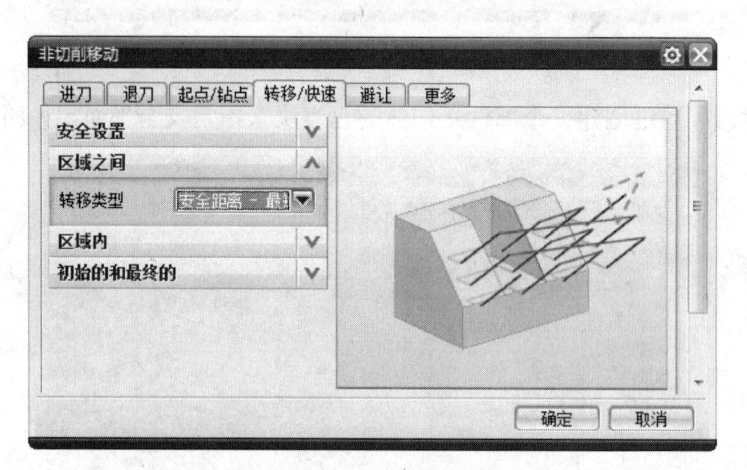

图 2-155　安全距离最短距离

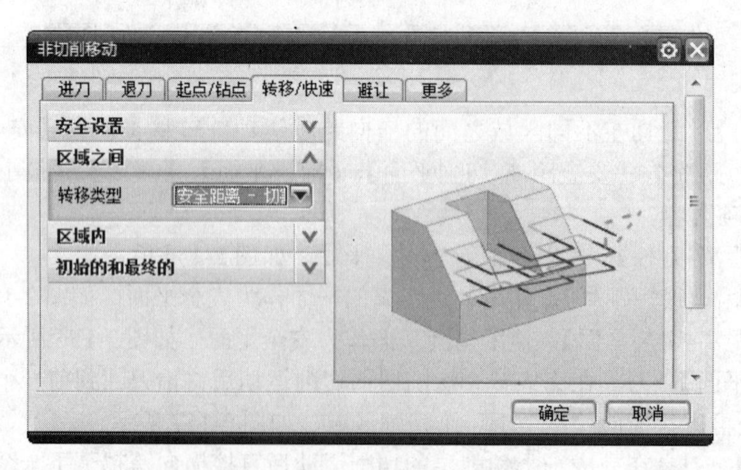

图 2-156　安全距离切割平面

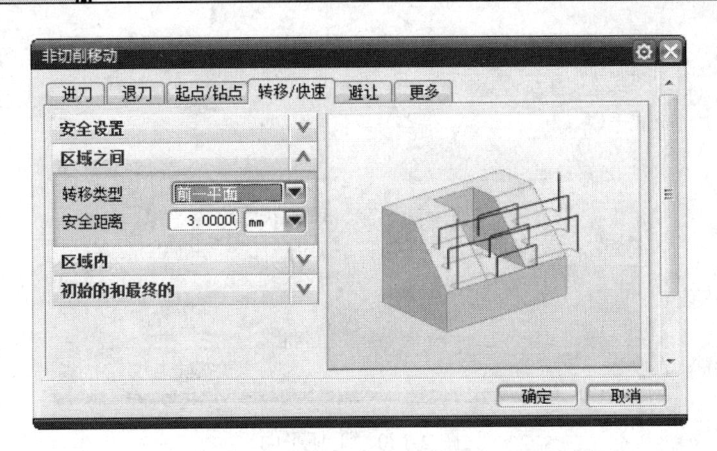

图 2-157　前一平面

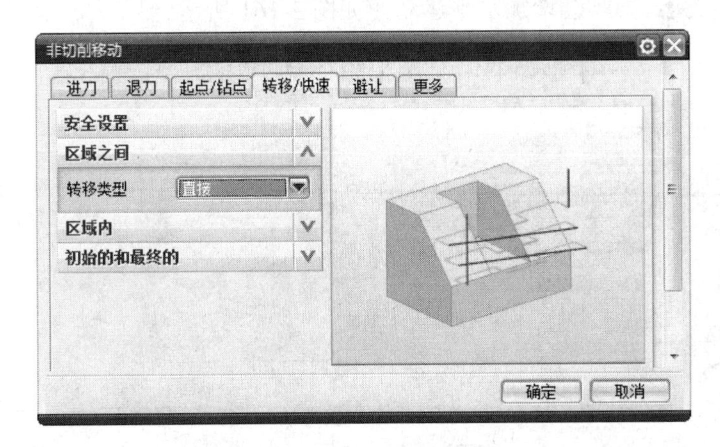

图 2-158　直接

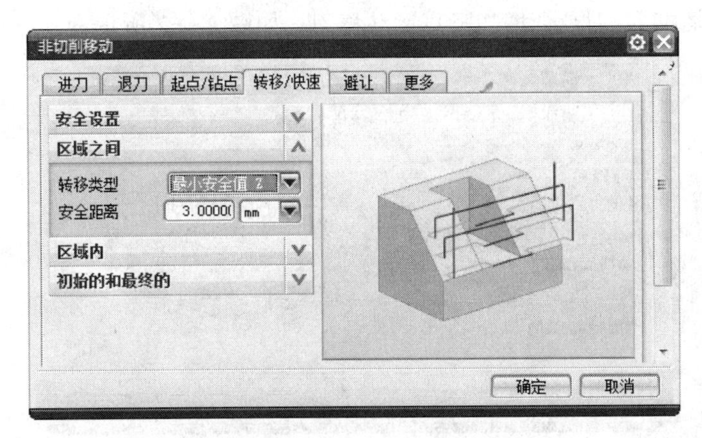

图 2-159　最小安全值 Z

- 【毛坯平面】：刀具在完成一个切削层的切削运动后返回到毛坯平面处再横向跨越至下一个切削区域，如图 2-160 所示。

【区域内】：在较短距离内清除障碍物而添加的进刀和退刀。转移方式有【进刀/退刀】、【抬刀和插削】和【无】3 种。

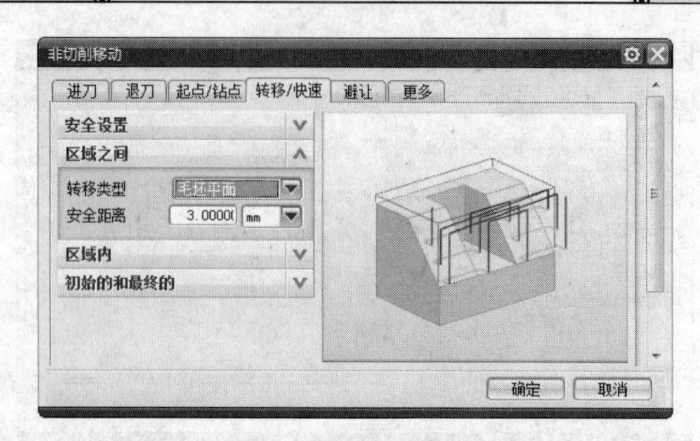

图 2-160　毛坯平面

- 【进刀/退刀】：刀具会增加水平运动，如图 2-161 所示。

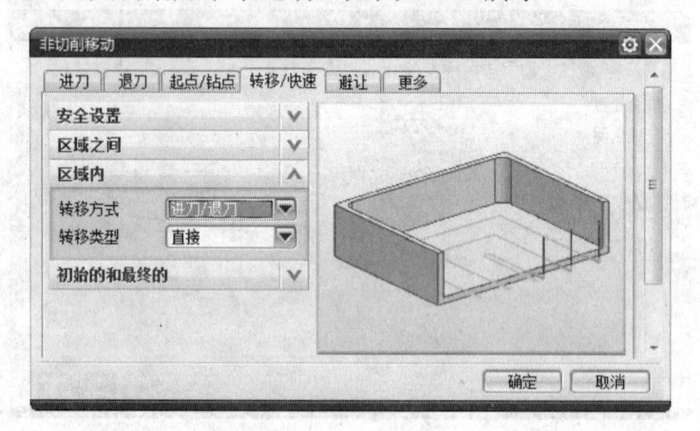

图 2-161　进刀/退刀

- 【抬刀和插削】：刀具会增加竖直运动移刀，如图 2-162 所示。

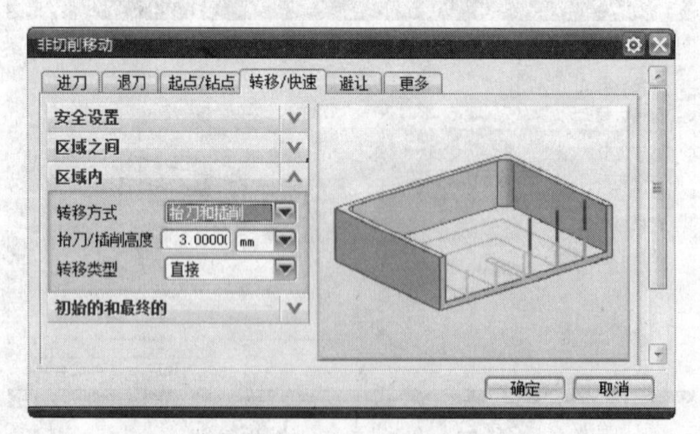

图 2-162　抬刀和插削

- 【无】：刀具不进行任何操作。

5. 【避让】选项卡

【避让】选项卡用于指定刀具切削前后的非切削运动的位置和方向。由【出发点】、【起点】、【返回点】和【回零点】4 项参数控制。

【出发点】：新刀轨开始处的初始刀具的位置。由【点选项】和【刀轴】控制。【点选项】可选择已有点或者通过点构造器来创建点，【刀轴】可选择已有矢量或者通过矢量构造器来创建矢量，如图 2-163 所示。

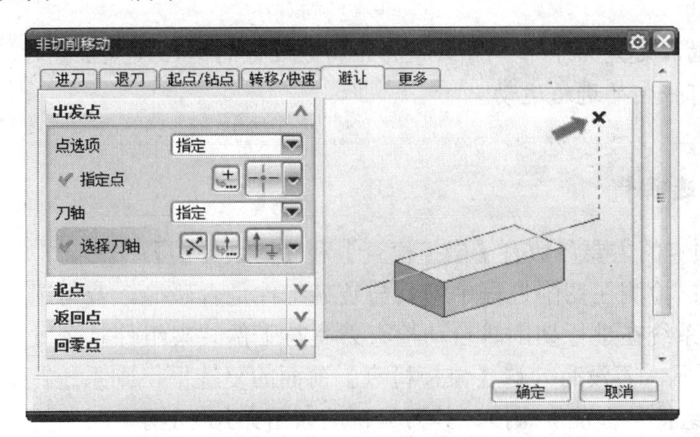

图 2-163　指定出发点

【起点】：为避让几何体或装夹组件的起始序列的刀具位置起点。可选择已有点或者通过点构造器来创建起点，如图 2-164 所示。

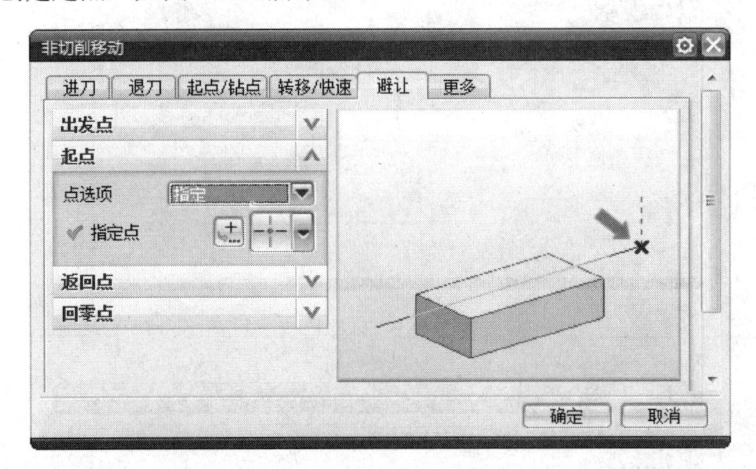

图 2-164　指定起点

【返回点】：切削序列结束时离开工件的刀具的位置。可选择已有点或者点构造器来创建返回点，与创建起点相似。

【回零点】：刀具最终停止时的位置。由【无】、【与起点相同】、【回零-没有点】和【指定点】控制。

- 【无】：不进行回零操作。
- 【与起点相同】：指定回零点与起点相同。
- 【回零-没有点】：进行回零操作，但是不指定特定的点。
- 【指定点】：可选择已有点或者通过点构造器来创建回零点，与创建起点相似。

应用·技巧

回零点的指定是为了下一道工序的开始做准备的，在该点位置时，主轴继续旋转，但是没有任何的进给运动。

6. 【更多】选项卡

【更多】选项卡的主要参数有【碰撞检查】和【刀具补偿】。

【碰撞检查】：检测在切削过程中刀具与装夹组件是否碰撞。若勾选了【碰撞检查】前面的复选框，则系统在进行切削时自动检查刀具与工件装夹组件是否发生碰撞，其刀具轨迹如图 2-165 所示。若没有勾选【碰撞检查】前面的复选框，则系统在进行切削时不检查刀具与工件装夹组件是否发生碰撞，其刀具轨迹如图 2-166 所示。

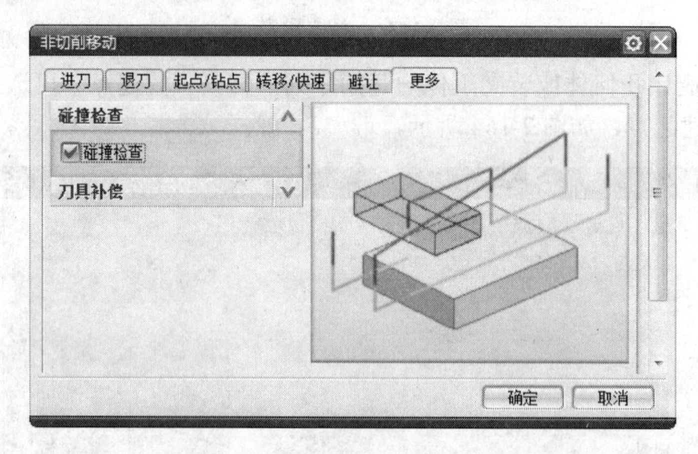

图 2-165　碰撞检查

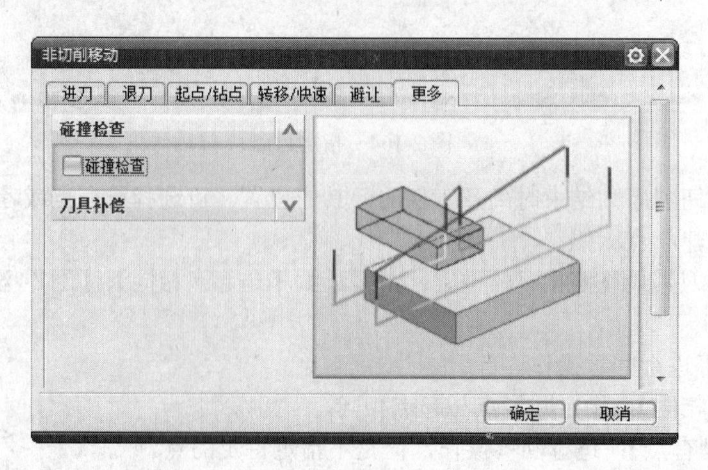

图 2-166　不检查碰撞

【刀具补偿】：在切削时刀具补偿的方式和位置，有【无】、【所有精加工刀路】和【最终精加工刀路】3 种方式。【无】是指系统在任何刀路下都不进行刀具补偿操作，刀具轨迹如图 2-167 所示。【所有精加工刀路】是指系统在所有精加工刀路都进行刀具补偿操作，如图 2-168 所示。【最终精加工刀路】是指系统在最终精加工刀路时才进行刀具补偿操作，如图 2-169 所示。

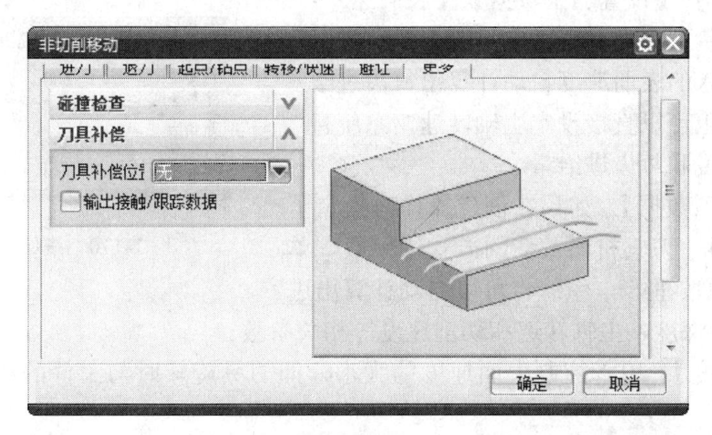

图 2-167　不设置刀具补偿

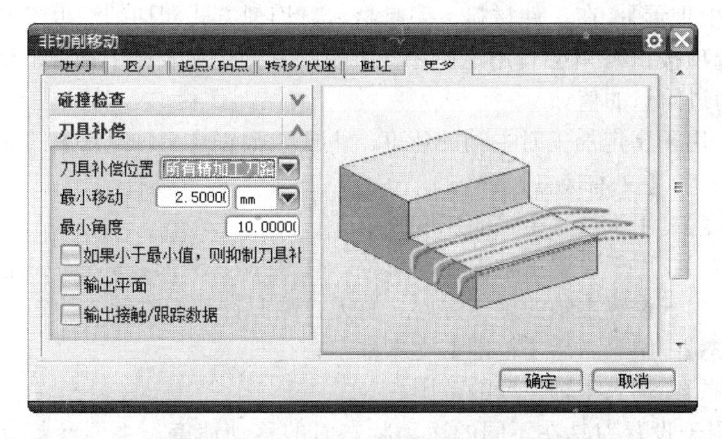

图 2-168　所有精加工刀路均设置刀具补偿

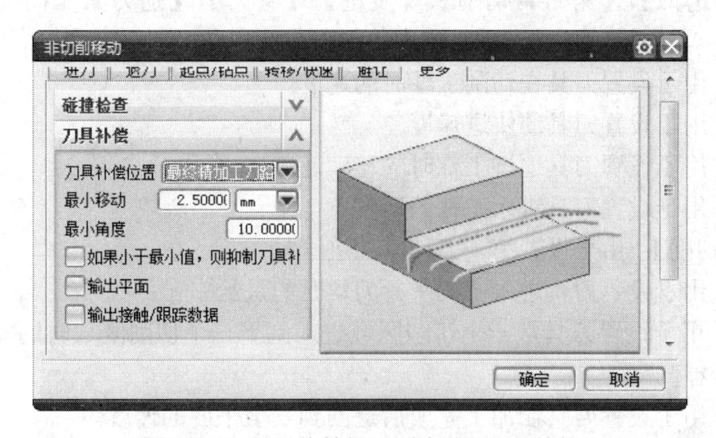

图 2-169　仅最终精加工刀路设置刀具补偿

2.4.6 进给率和速度

【进给率和速度】参数用于刀具的快进、快退、进刀、退刀和切削等运动的移动速度。主要参数有【自动设置】、【主轴速度】和【进给率】，如图 2-170 所示。

【自动设置】有【设置加工数据】、【表面速度】、【每齿进给量】和【从表格中重置】4 个参数。系统可以通过输入的表面速度自动计算出每齿进给量和主轴转速，也可以直接设定主轴转速，系统直接计算出表面速度和每齿进给量。

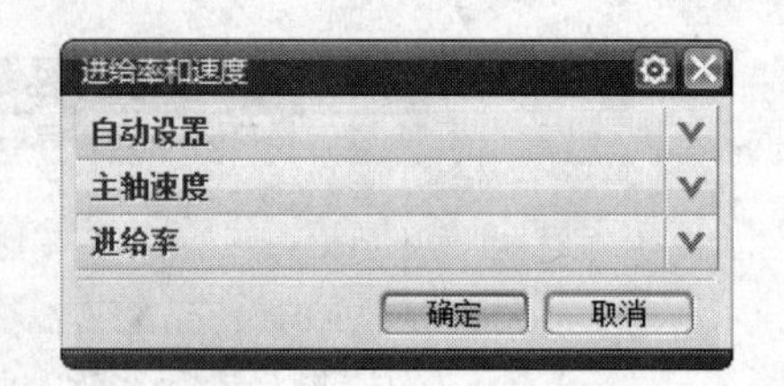

图 2-170 进给率和速度

- 【设置加工数据】：如果在创建操作时指定了工件材料、刀具材料及切削方式等参数，单击该选项按钮，系统将可以自动计算出进给、切削深度、主轴转速和切削速度等相关参数。
- 【表面速度】：用于控制表面速度的大小，即刀具旋转时与工件的相对运动速度的大小。
- 【每齿进给量】：用于控制刀具每个齿切除的材料量。
- 【从表格中重置】：在工件材料、刀具材料、切削方式和切削深度参数设置完毕后，单击该选项按钮就会使用这些参数推荐的从预定义表格中抽取的适当的表面速度值和每齿进给量的值。

【主轴速度】用于指定加工时主轴的速度。主要参数有【主轴速度】、【输出模式】、【方向】、【范围状态】和【文本状态】5 个。

- 【主轴速度】：用于设置主轴的速度大小。
- 【输出模式】：用于设置主轴的输出单位。有 RPM、SFM、SMM 和无 4 种。
- 【方向】：用于设置主轴的旋转方向。有无、顺时针和逆时针 3 种。
- 【范围状态】：用于激活【范围】文本框。
- 【文本状态】：输入主轴速度的范围。

【进给率】用于设置刀具在不同的运动状态时的移动速度。主要参数有【切削】、【快速】、【逼近】、【进刀】、【第一刀切削】、【步进】、【移刀】、【退刀】、【离开】和【单位】10 个。

- 【切削】：用于设置刀具在切削工件时的速度。
- 【快速】：用于设置刀具的快进速度。
- 【逼近】：用于设置刀具逼近工件时的移动速度。
- 【进刀】：用于设置刀具进入工件的速度。
- 【第一刀切削】：用于设置第一刀切削的进给量。
- 【步进】：用于设置刀具进入下一平行刀轨时的进给率。
- 【移刀】：用于设置刀具从一个切削区域进入到下一个切削区域时的非切削运动的移动速度。
- 【退刀】：用于设置刀具在加工完成后退回到安全平面的速度。

- 【离开】：用于设置刀具移到返回点的进给率。
- 【单位】：用于设置所有切削进给率的单位。

刀具的整个运动过程如图 2-171 所示。

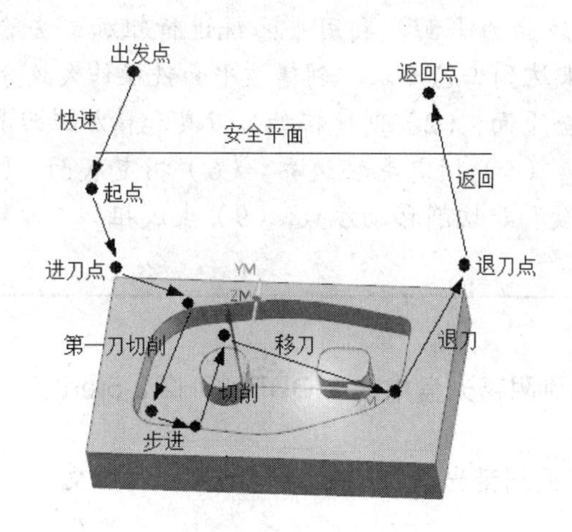

图 2-171　刀具运动过程

应用・技巧

在实际的机床加工操作中，刀具的进给率和速度是需要从刀具本身的参数及机床的性能等多方面因素进行考虑的。

2.5　实例・操作——凸台零件加工

分析零件可知，需要保证零件中间的凸台的精度。利用平面铣既可以简化操作，又可以保证精度，因此，采用平面铣操作，可分为粗加工和精加工两个工序来完成该零件的加工。凸台零件的图形如图 2-172 所示。

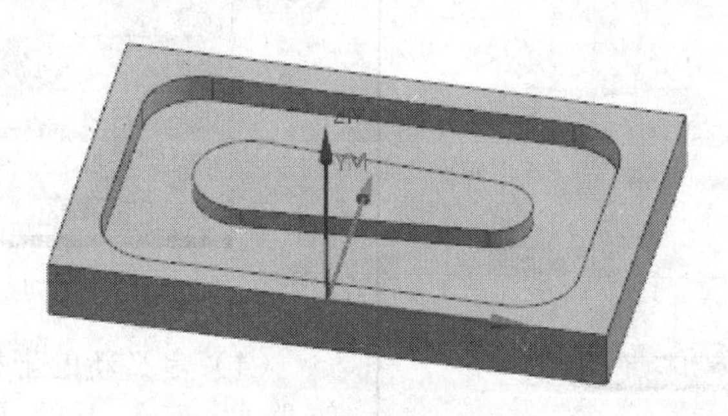

图 2-172　凸台零件

思路·点拨

该零件需要铣削的底面为平面，利用平面铣进行粗加工去除大量的平面层中的材料，再利用精加工操作来达到工艺要求。创建该平面铣操作大致分为 9 个步骤：（1）创建加工坐标系和设置安全平面；（2）创建粗加工刀具和精加工刀具；（3）创建加工几何体；（4）指定部件边界；（5）指定毛坯边界；（6）指定底面；（7）指定切削层参数；（8）指定相应的切削参数和非切削移动参数；（9）生成粗加工刀轨和精加工刀轨，即可完成平面铣削的创建。

【光盘文件】

起始文件——参见附带光盘中的“MODEL\CH2\2-5.prt”文件。

结果文件——参见附带光盘中的“END\CH2\2-5.prt”文件。

动画演示——参见附带光盘中的“AVI\CH2\2-5.avi”文件。

【操作步骤】

（1）打开文件。启动 UG NX8，打开光盘中的源文件“MODEL\CH2\2-5.prt”模型，如图 2-172 所示。

（2）进入加工环境。在【开始】菜单中选择【加工】命令，也可以直接使用快捷键方式 Ctrl+Alt+M 进入加工环境。系统自动弹出【加工环境】对话框，在【CAM 会话配置】中选择【cam_general】，在【要创建的 CAM 设置】中选择【mill_planar】，单击【确定】按钮，如图 2-173 所示。

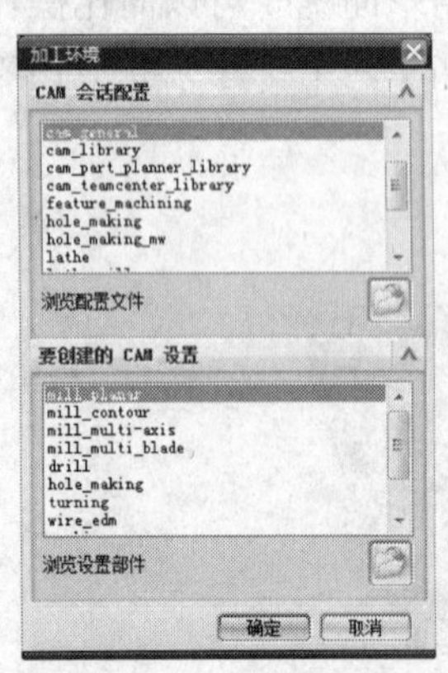

图 2-173 进入加工环境

（3）创建程序。单击工具条中的【创建程序】图标，系统自动弹出【创建程序】对话框，在【类型】的下拉菜单中选择【mill_planar】，在【位置】的下拉菜单中选择【PROGRAM】，【名称】采用系统默认的【PROGRAM_1】，单击【确定】按钮，如图 2-174 所示。

图 2-174 【创建程序】对话框

（4）定义新的坐标系。双击【工序导航器-几何】下的【MCS_MILL】图标 MCS_MILL ，系统自动弹出【Mill_ Orient】

对话框，如图 2-175 所示。

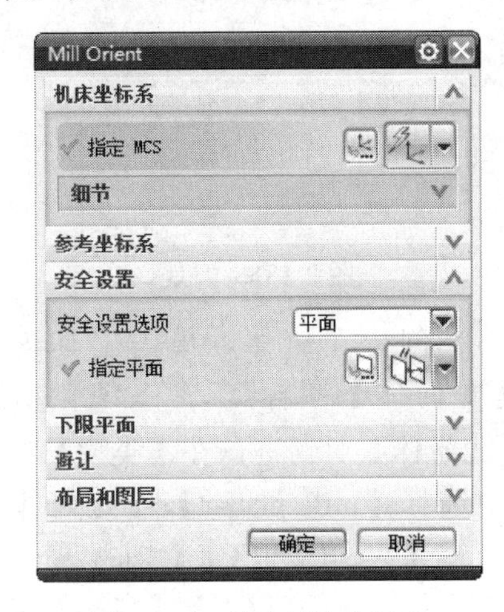

图 2-175　创建新的坐标系

① 指定 MCS。单击【指定 MCS】右边的【CSYS】图标，系统自动弹出【CSYS】对话框，选择零件一边的中点作为新的坐标系，如图 2-176 所示。单击【确定】按钮完成 MCS 的定义。

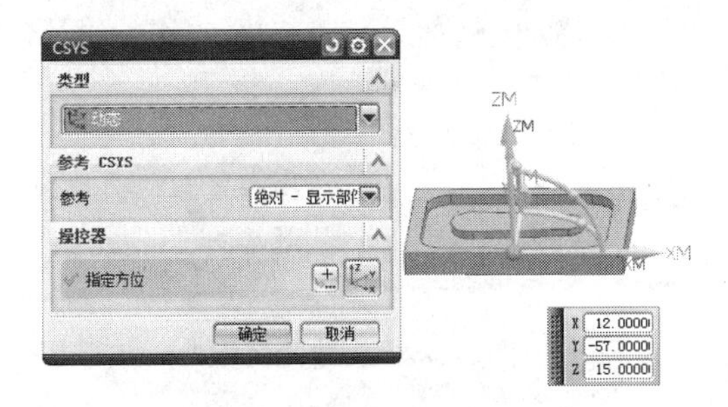

图 2-176　指定 MCS

② 设置安全平面。在【安全设置】-【安全设置选项】的下拉菜单中选择【平面】，单击【平面】图标，系统自动弹出【平面】对话框，在【类型】的下拉菜单中选择【按某一距离】，选择零件的上表面，输入距离值为 50，如图 2-177 所示。单击【确定】按钮完成安全平面的设置。然后单击【确定】按钮完成新的坐标系的定义。

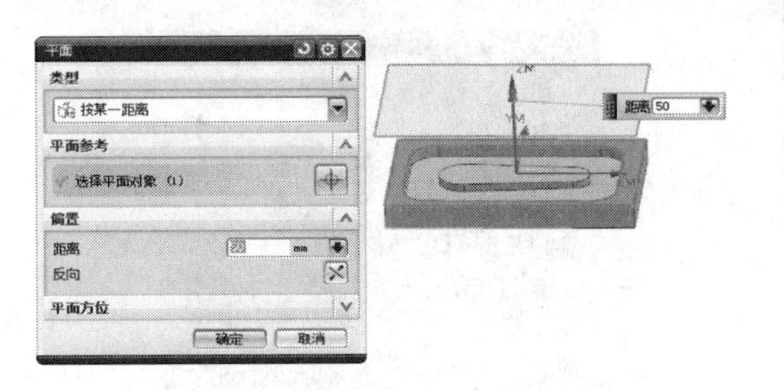

图 2-177　设置安全平面

（5）创建刀具。

① 创建粗加工刀具。单击工具条中的【创建刀具】图标，系统自动弹出【创建刀具】对话框，在【类型】的下拉菜单中选择【mill_planar】，在【刀具子类型】中选择【MILL】图标，【位置】选择系统默认的【GENERIC_MACHINE】，【名称】设置为【D10】，单击【确定】按钮，如图 2-178 所示。

图 2-178　创建粗加工刀具

单击【确定】按钮后系统自动弹出【铣刀-5 参数】对话框，设置刀具的参数：【直径】为 10mm，【长度】为 70mm，【刀刃长度】为 50mm，【刀刃】为 2，【刀具号】为 1，其余参数采用系统默认值，如图 2-179 所示。单击【确定】按钮完成粗加工刀具的设置。

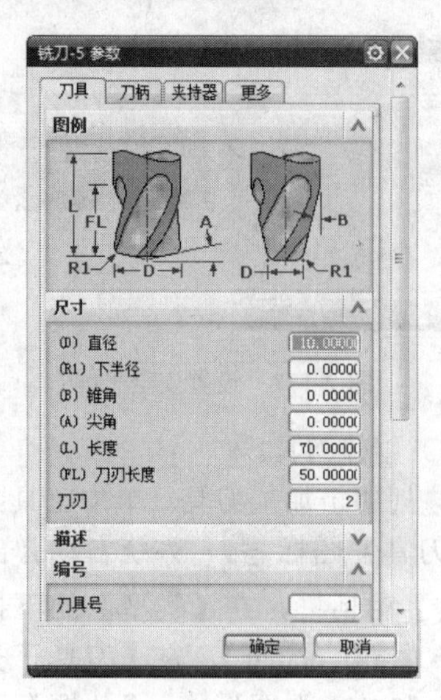

图 2-179　粗加工刀具参数

② 创建精加工刀具。方法与创建粗加工刀具相同。【名称】设置为【D8】，设置刀具的参数：【直径】为 8mm，【长度】为 70mm，【刀刃长度】为 50mm，【刀刃】为 2，【刀具号】为 2，其余参数采用系统默认值，如图 2-180 所示。单击【确定】按钮完成精加工刀具的设置。

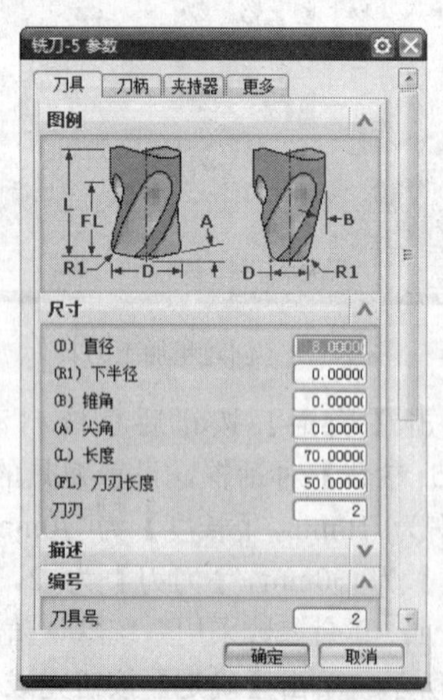

图 2-180　精加工刀具参数

在【工序导航器-机床】中会看到设置好的两把刀具，如图 2-181 所示。

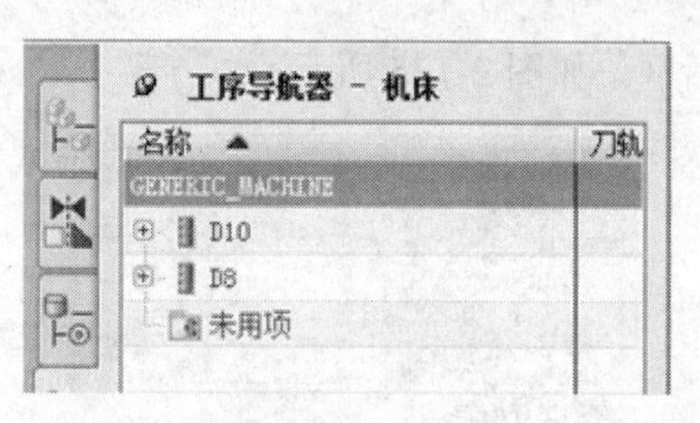

图 2-181　刀具

（6）创建几何体。单击工具条中的【创建几何体】图标，系统自动弹出【创建几何体】对话框，在【类型】的下拉菜单中选择【mill_planar】，【几何体子类型】选择【WORKPIECE】图标，【位置】选择【WORKPIECE】，【名称】采用系统默认的【WORKPIECE_1】，单击【确定】按钮。系统自动弹出【工件】对话框，完成部件几何体的设置，如图 2-182 所示。

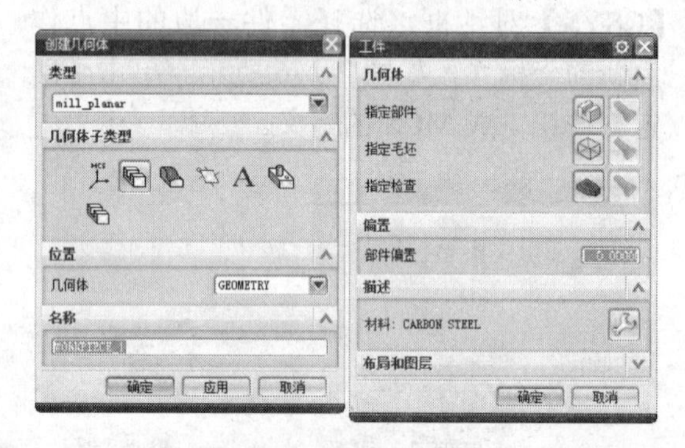

图 2-182　创建几何体

① 指定部件。单击【指定部件】图标，系统自动弹出【部件几何体】对话框，选中模型零件，单击【确定】按钮完成部件几何体的设置，如图 2-183 所示。

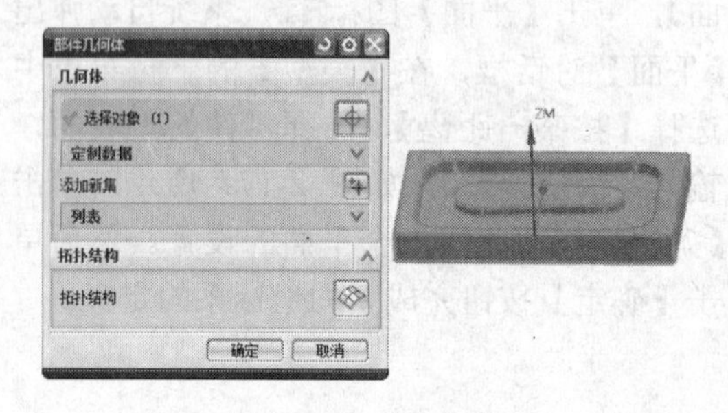

图 2-183　指定部件

② 指定毛坯。单击【指定毛坯】图标，系统自动弹出【毛坯几何体】对话框，在【类型】的下拉菜单中选择【包容块】的方式创建毛坯几何体，单击【确定】按钮完成毛坯几何体的设置，如图2-184 所示。最后单击【确定】按钮完成毛坯几何体的设置。

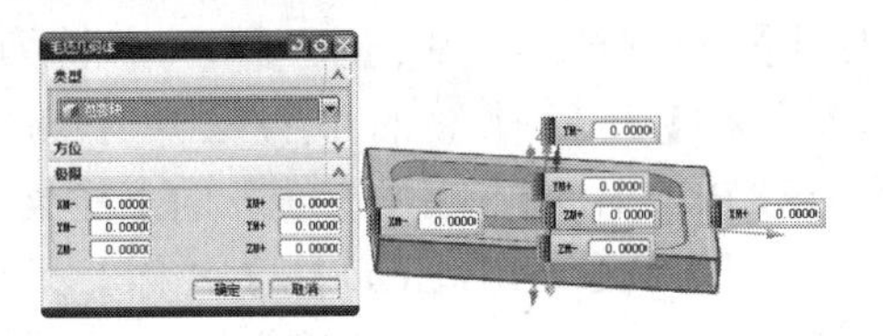

图 2-184 指定毛坯

（7）创建部件边界几何体。单击工具条中的【创建几何体】图标，系统自动弹出【创建几何体】对话框，在【类型】的下拉菜单中选择【mill_planar】，【几何体子类型】选择【MILL_BND】图标，【位置】选择【WORKPIECE】，【名称】采用系统默认的【MILL_BND】，单击【确定】按钮。

① 指定部件边界。在系统自动弹出的【铣削边界】对话框中，单击【指定部件边界】图标，系统自动弹出【部件边界】对话框，【过滤器类型】选择【面边界】图标，去掉【忽略岛】选项，【材料侧】选择【内部】，选择如图 2-185 所示的平面，单击【确定】按钮完成部件边界的设置。

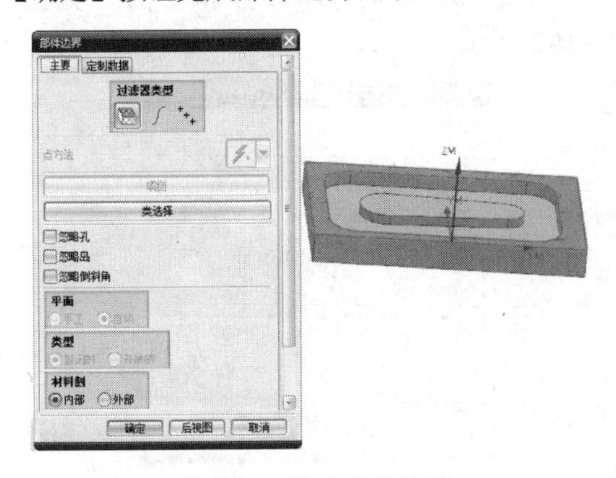

图 2-185 指定部件边界

② 指定毛坯边界。在系统自动弹出的【铣削边界】对话框中，单击【指定毛坯边界】图标，系统自动弹出【毛坯边界】对话框，【过滤器类型】选择【面边界】图标，去掉【忽略孔】选项，【材料侧】选择【内部】，选择模型零件四周面为毛坯边界，如图 2-186 所示，单击【确定】按钮完成毛坯边界的设置。

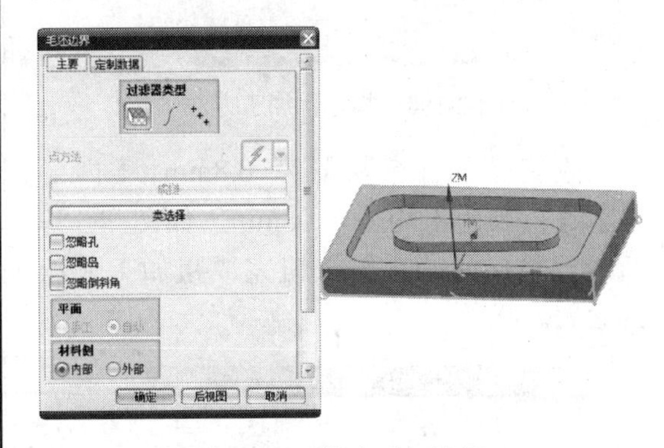

图 2-186 指定毛坯边界

③ 指定底面。在系统自动弹出的【铣削边界】对话框中，单击【指定底面】图标，系统自动弹出【平面】对话框，【类型】选择【自动判断】，选择如图 2-187 所示平面，【距离】设置为 0，单击【确定】按钮完成底面的设置。再单击【确定】按钮完成部件边界几何体的设置。

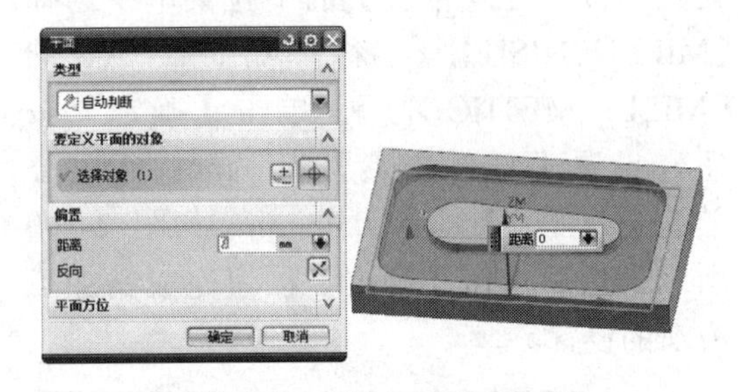

图 2-187 指定底面

（8）创建加工方法。

① 创建粗加工方法。单击工具条中的【创建方法】图标，系统自动弹出【创建方法】对话框，在【位置】的下拉菜单中选择【MILL_ROUGH】，【名称】采用系

统默认的【MILL_ METHOD】，单击【确定】按钮如图 2-188 所示。

图 2-188　指定粗加工方法

设置【部件余量】为 0.8mm，【内公差】、【外公差】均为 0.08mm，如图 2-189 所示。单击【确定】按钮完成粗加工方法的设置。

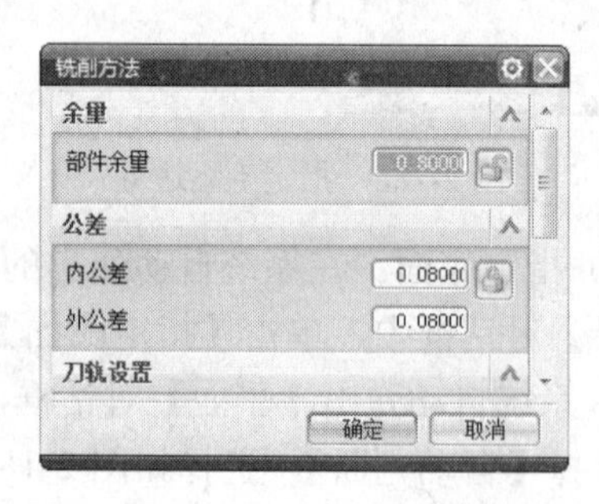

图 2-189　设置部件余量及公差

② 创建精加工方法。和粗加工方法的设置相似。在【位置】的下拉菜单中选择【MILL_FINISH】，【名称】采用系统默认的【MILL_ METHOD_1】，单击【确定】按钮。设置【部件余量】为 0mm，【内公差】、【外公差】均为 0.03mm，如图 2-190 所示。然后单击【确定】按钮完成精加工方法的设置。

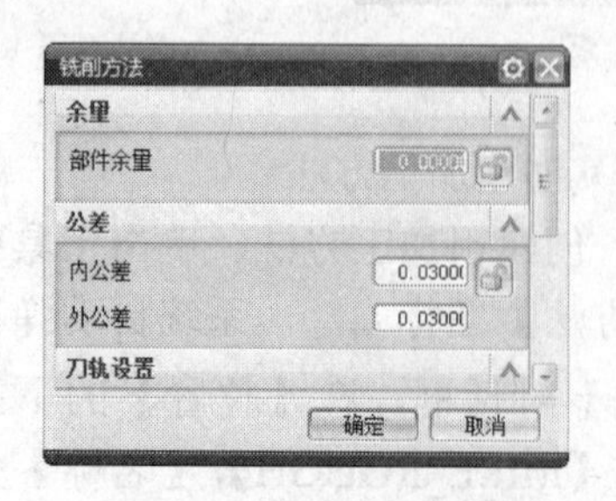

图 2-190　设置部件余量及公差

(9) 创建工序。

① 创建粗加工工序。单击工具条中的【创建工序】图标，系统自动弹出【创建工序】对话框，在【类型】的下拉菜单中选择【mill_planar】，【工序子类型】选择【MILL_ PLANAR】图标，在【程序】的下拉菜单中选择【PROGRAM_1】，在【刀具】的下拉菜单中选择【D10（铣刀-5）】，在【几何体】的下拉菜单中选择【WORKPIECE_1】，在【方法】的下拉菜单中选择【MILL_METHOD】，【名称】采用系统默认的【PLANAR_ MILL】，单击【确定】按钮，如图 2-191 所示。

图 2-191　创建工序

② 几何体的设置。在【几何体】的下拉菜单中选择【MILL_BND】继承前面设置的部件边界、毛坯边界和底面，如图 2-192 所示。

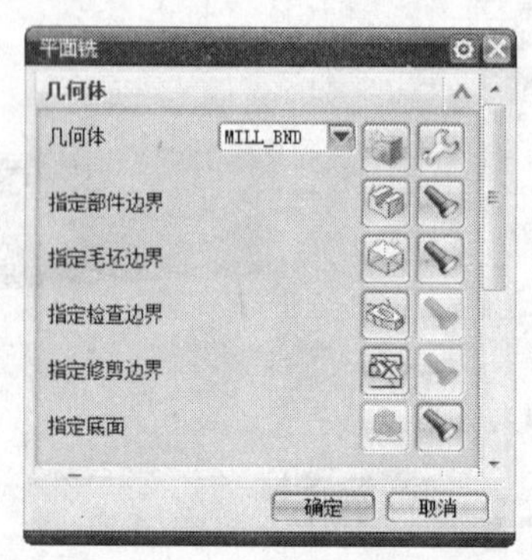

图 2-192　设置几何体

③ 切削模式的设置。在系统自动弹出的【平面铣】对话框中，在【切削模式】的下拉菜单中选择【跟随部件】，在【步距】的下拉菜单中选择【刀具平直百分比】，【平面直径百分比】设置为 60，如图 2-193 所示。

图 2-193　设置切削模式

④ 切削层的设置。单击【切削层】图标，系统自动弹出【切削层】对话框，在【类型】的下拉菜单中选择【用户定义】，【每刀深度】的【公共】值设置为 4，其余参数采用系统默认值，单击【确定】按钮完成切削层的设置，如图 2-194 所示。

图 2-194　设置切削层参数

⑤ 切削参数的设置。单击【切削参数】图标，系统自动弹出【切削参数】对话框，在【策略】中的【切削方向】的下拉菜单中选择【顺铣】，【切削顺序】的下拉菜单中选择【深度优先】，其余切削参数采用系统默认值，单击【确定】按钮完成切削参数的设置，如图 2-195 所示。

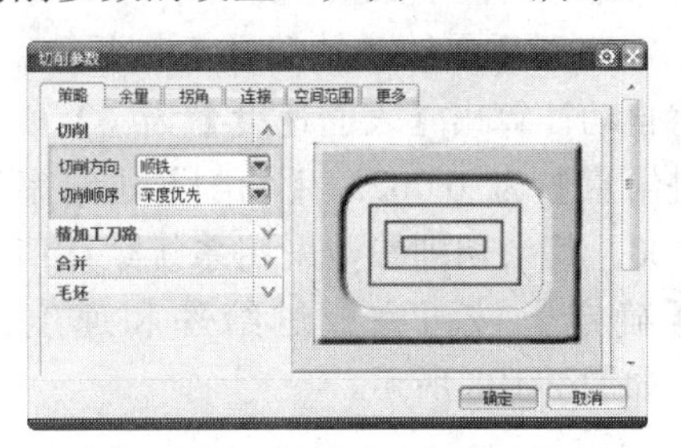

图 2-195　设置切削参数

⑥ 非切削移动的设置。单击【非切削移动】图标，系统自动弹出【非切削移动】对话框，在【进刀】中的【封闭区域】参数中的【进刀类型】的下拉菜单中选择【螺旋】，【直径】设置为刀具平面直径的 90%，在【高度起点】的下拉菜单中选择【平面】，选择模型零件的上表面，距离值设为 10，其余切削参数采用系统默认值；如图 2-196、图 2-197 所示。

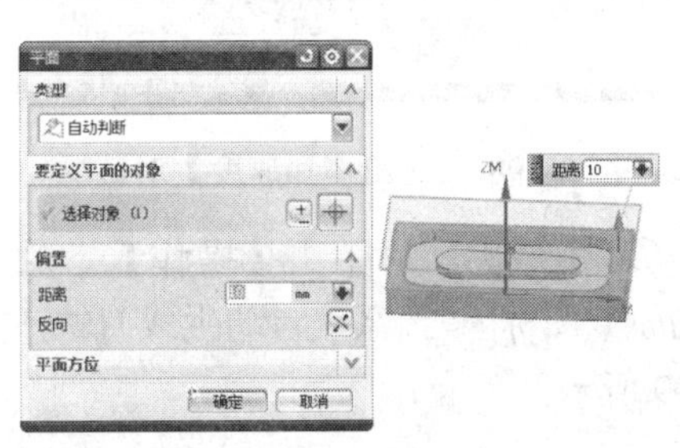

图 2-196　设置高度起点

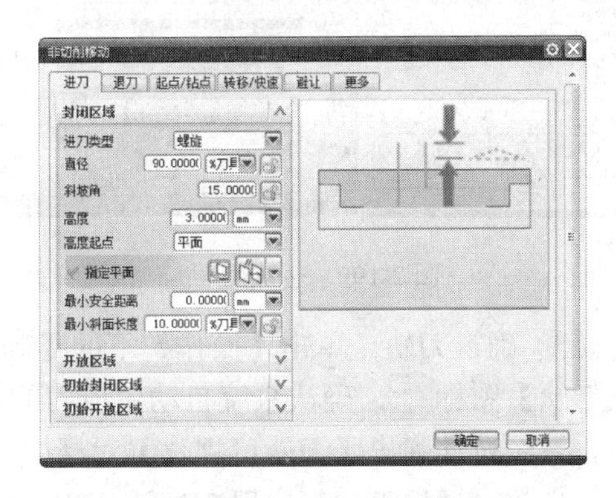

图 2-197　非切削移动参数

⑦ 进给率和速度的设置。单击【进给率和速度】图标，系统自动弹出【进给率和速度】对话框，勾选【主轴速度】前面的复选框，【主轴速度】设置为 2000，单击主轴速度后面的【计算器】图标，系统将自动计算出【表面速度】为 62 和【每齿进给量】为 0.0625，【切削】进给率设置为 400，其余切削参数采用系统默认值，单击【确定】按钮完成进给率和速度的设置，如图 2-198 所示。

图 2-198 【进给率和速度】对话框

⑧ 生成刀轨。单击【操作】下的【生成刀轨】图标，系统自动生成刀轨，如图 2-199 所示。

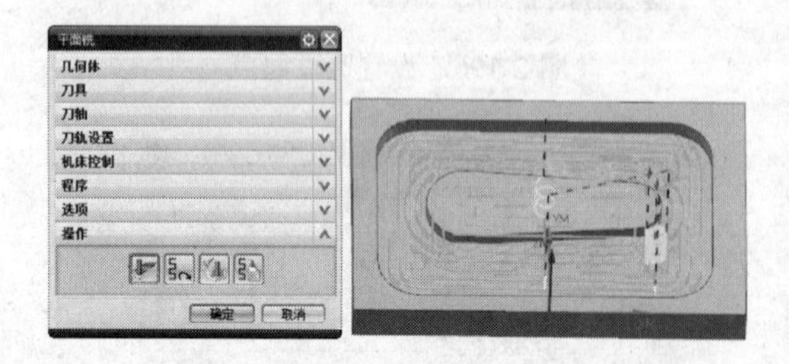

图 2-199 生成刀轨

⑨ 确认刀轨。单击【操作】下的【确认刀轨】图标，确认系统自动生成刀的轨。系统自动弹出【刀轨可视化】对话框。在该对话框下，可实现 3D 和 2D 的动态演示刀轨，如图 2-200 所示。

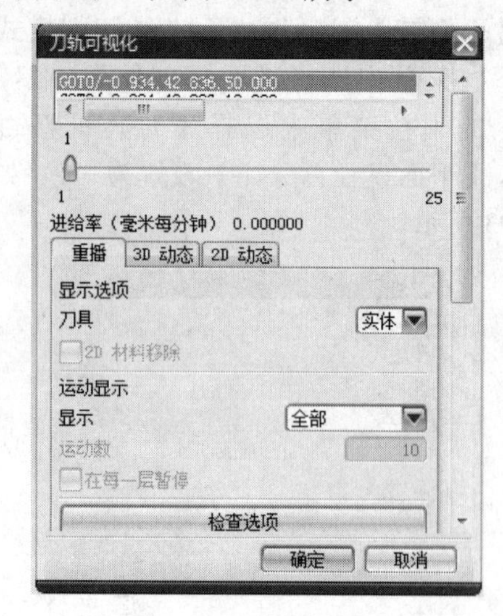

图 2-200 确认刀轨

（10）程序命令。在【刀轨可视化】窗口下，可以查看到程序命令，如图 2-201 所示。单击【确定】按钮完成粗加工的操作。

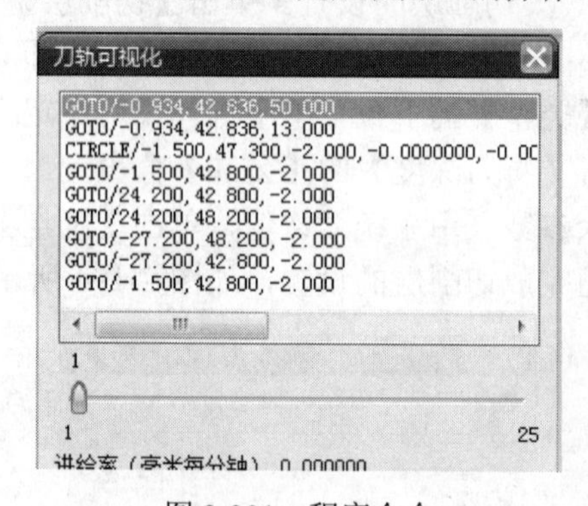

图 2-201 程序命令

（11）创建精加工操作。单击工具栏中的【创建工序】图标，系统自动弹出【创建工序】对话框，在【类型】的下拉菜单中选择【mill_planar】，在【工序子类型】中选择【MILL_PLANAR】图标，在【程序】的下拉菜单中选择【PROGRAM_1】，在【刀具】的下拉菜单中选择粗加工刀具【D8（铣刀-5 参数）】，在【几何体】的下拉菜单中选择【WORKPIECE_1】，在【方法】的下拉菜单中选择【MILL_METHOD_1】，【名称】采用系统默认的【PLANAR_MILL_1】，单击【确定】按钮，系统自动弹出【平面铣】对话框，如图 2-202 所示。

图 2-202　创建精加工操作

① 几何体的设置与粗加工工序的切削边界设置相同。

② 切削模式。在【切削模式】的下拉菜单中选择【跟随部件】，在【步距】的下拉菜单中选择【刀具平直百分比】，【平面直径百分比】的值设置为 50，如图 2-203 所示。

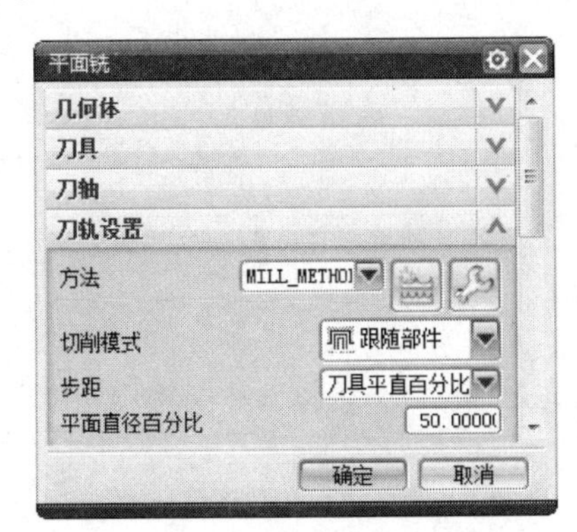

图 2-203　切削模式的设置

③ 切削层。单击【切削层】图标，系统自动弹出【切削层】对话框，在【类型】的下拉菜单中选择【用户定义】，【公共值】设置为 2，其余参数采用系统默认值。单击【确定】按钮完成切削层参数的设置，如图 2-204 所示。

图 2-204　切削层参数的设置

④ 切削参数。单击【切削参数】图标，系统自动弹出【切削参数】对话框，进入【策略】选项卡，在【切削方向】的下拉菜单中选择【顺铣】，在【切削顺序】的下拉菜单中选择【深度优先】；进入【余量】选项卡，【部件余量】设置为 0，其余参数全部采用系统默认值，单击【确定】按钮完成切削参数的设置，如图 2-205 所示。

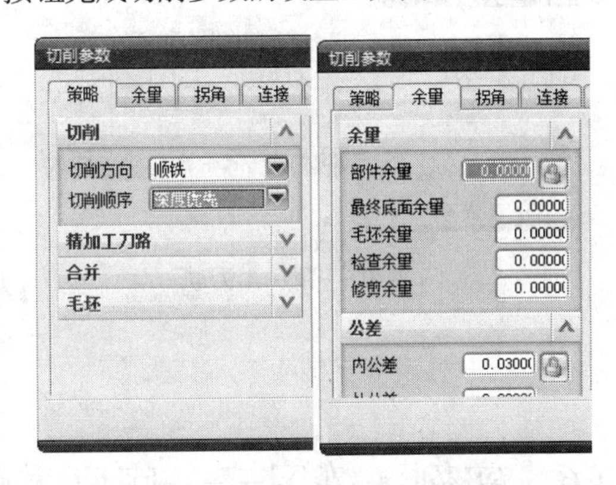

图 2-205　切削参数的设置

⑤ 非切削移动参数的设置与粗加工工序的非切削移动参数的设置相同。

⑥ 进给率和速度。单击【进给率和速度】图标，系统自动弹出【进给率和速度】对话框，勾选【主轴速度】前面的复

选框，设置【主轴速度】值为 2500，单击【主轴速度】后面的【计算器】图标，系统自动计算出【表面速度】和【每齿进给量】分别为 62 和 0.12，设置【切削】进给率为 600mmpm，其余参数采用系统默认值，单击【确定】按钮完成进给率和速度的设置，如图 2-206 所示。

图 2-206　进给率和速度的设置

（12）生成刀轨。

① 生成刀轨。单击【操作】下的【生成刀轨】图标，系统自动生成刀轨，如图 2-207 所示。

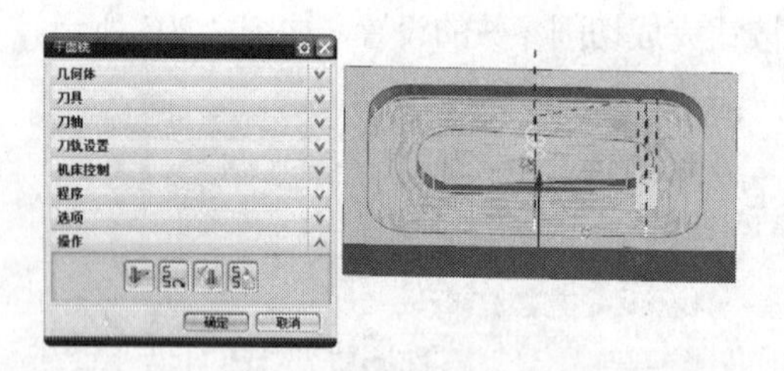

图 2-207　精加工刀轨

② 确认刀轨。单击【操作】下的【确认刀轨】图标，确认系统自动生成的刀轨。系统自动弹出【刀轨可视化】对话框，出现刀轨，如图 2-208 所示。

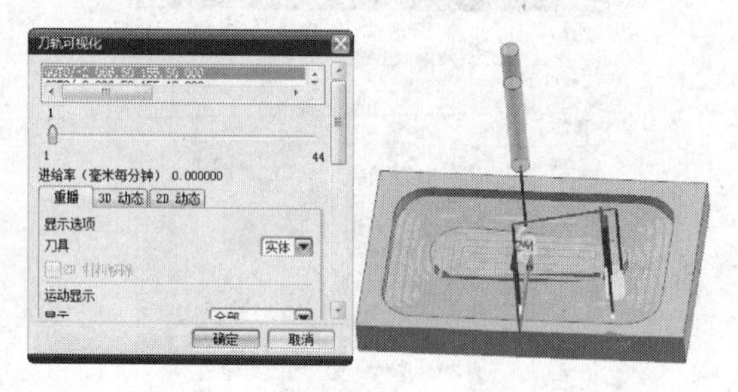

图 2-208　确认刀轨

③ 程序命令。在【刀轨可视化】窗口下，可以查看到程序命令，如图 2-209 所示。

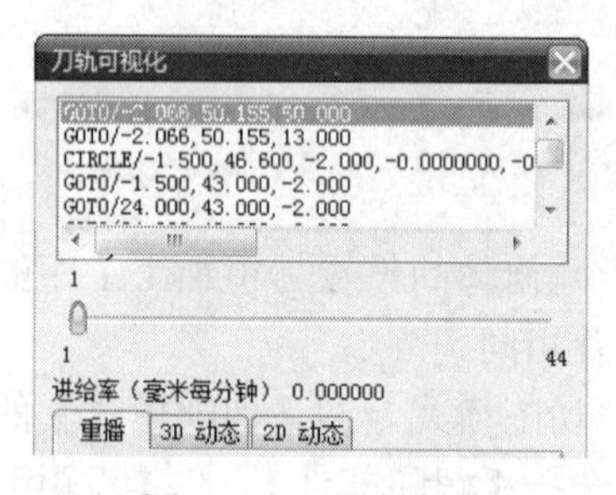

图 2-209　程序命令

单击【确定】按钮完成精加工的操作。

2.6　实例·练习——底座零件加工

分析零件可知需要保证零件中间的圆形凸台及零件周边的精度。利用平面铣既可以简化操作，又可以保证精度。因此，采用平面铣操作，可分为粗加工和精加工两个工序来完成该零件的加工。①粗加工：平面铣，使用直径为 15mm 的平底刀，侧面留精加工余量为 0.8mm，底面留余量为 0.5mm。②精加工：平面轮廓铣，使用直径为 12mm 的平底刀。底座零件的图形如图 2-210 所示。

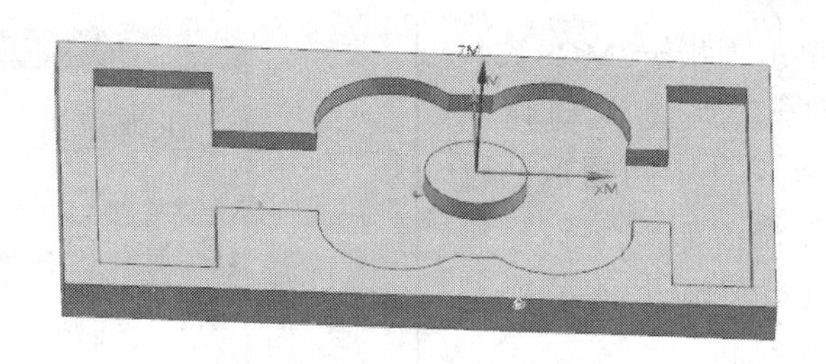

图 2-210　底座零件

思路·点拨

该零件需要铣削的底面为平面，利用平面铣进行粗加工去除大量的平面层中的材料，再利用精加工操作来达到工艺要求。创建该平面铣操作大致分为 10 个步骤：（1）创建加工坐标系和设置安全平面；（2）创建加工几何体；（3）指定部件边界；（4）指定毛坯边界；（5）指定底面；（6）创建粗加工刀具和精加工刀具；（7）指定切削层参数；（8）设置相应的切削参数和非切削移动参数；（9）设置进给率和速度；（10）生成粗加工刀轨和精加工刀轨即可完成平面铣削的创建。

【光盘文件】

起始文件——参见附带光盘中的“MODEL\CH2\2-6.prt”文件。

结果文件——参见附带光盘中的“END\CH2\2-6.prt”文件。

动画演示——参见附带光盘中的“AVI\CH2\2-6.avi”文件。

【操作步骤】

（1）启动 UG NX8，打开光盘中的源文件“MODEL\CH2\2-6.prt”模型，如图 2-211 所示。

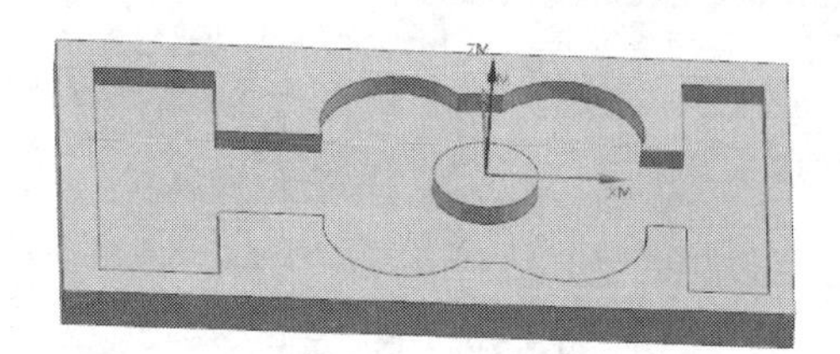

图 2-211　模型文件

（2）进入加工环境的操作如 2.1 节中所述，在此不再赘述。

（3）创建新的坐标系。双击【工序导航器-几何】下的【MCS_MILL】图标 MCS_MILL，系统自动弹出【MillOrient】对话框，如图 2-212 所示。单击【确定】按钮完成精加工的操作。

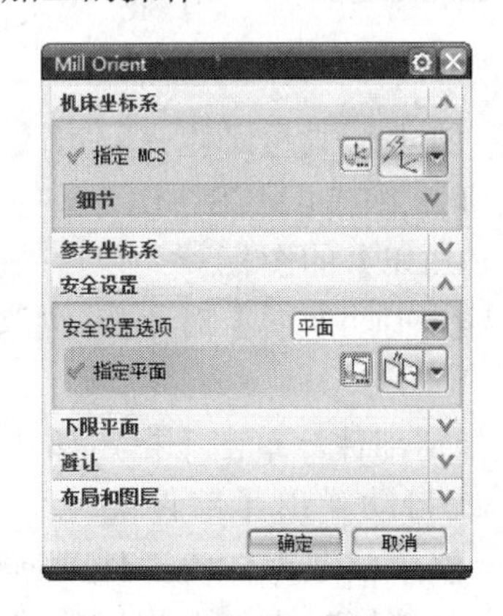

图 2-212　创建新的坐标系

① 指定 MCS。单击【指定 MCS】右边的【CSYS】图标，系统自动弹出【CSYS】对话框，选择零件中间圆形凸台的圆心位置为新的坐标系，如图 2-213 所示。单击【确定】按钮完成 MCS 的定义。

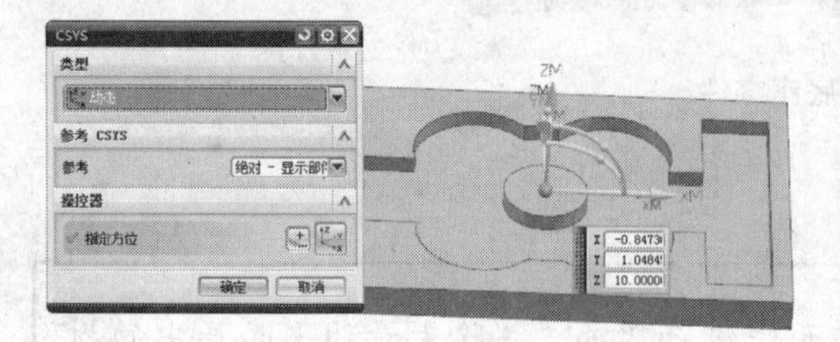

图 2-213　指定 MCS

② 安全设置，设置安全平面。在【安全设置】-【安全设置选项】的下拉菜单中选择【平面】，单击【平面】图标，系统自动弹出【平面】对话框，在【类型】的下拉菜单中选择【按某一距离】，选择零件的上表面，输入距离值为 50，如图 2-214 所示。单击【确定】按钮完成安全平面的设置。再单击【确定】按钮完成新的坐标系的定义。

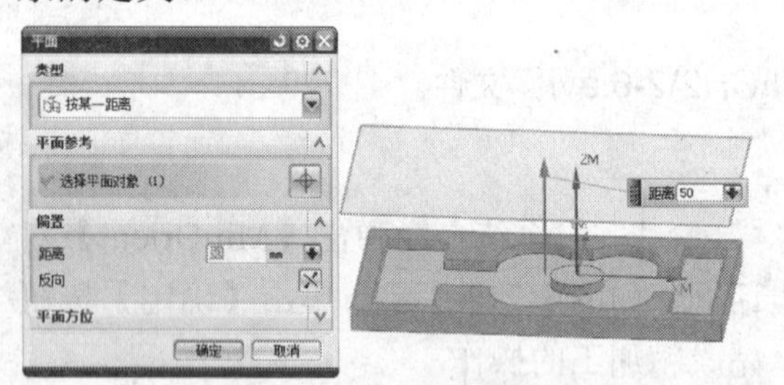

图 2-214　设置安全平面

（4）创建铣削几何体。双击【工序导航器-几何】下的【MCS_MILL】的子菜单【WORKPIECE】的图标 WORKPIECE ，系统自动弹出【铣削几何体】对话框，如图 2-215 所示。

① 指定部件。单击【指定部件】图标，系统自动弹出【部件几何体】对话框，选择整个模型零件为部件几何体，单击【确定】按钮完成部件几何体的指定，如图 2-216 所示。

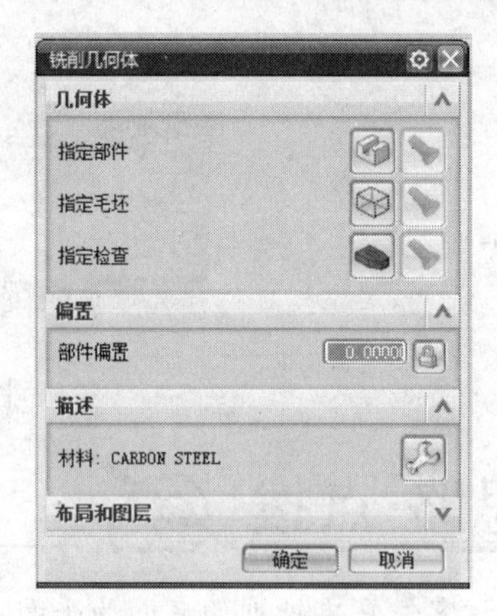

图 2-215　创建铣削几何体

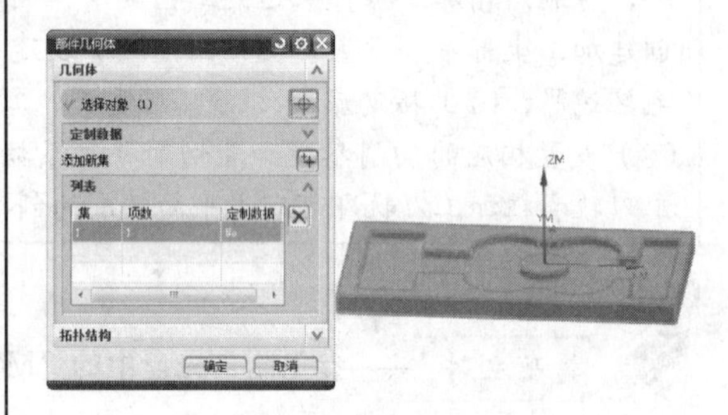

图 2-216　指定部件

② 指定毛坯。单击【指定毛坯】图标，系统自动弹出【毛坯几何体】对话框，在【类型】的下拉菜单中选择【包容块】，单击【确定】按钮完成毛坯几何体的指定，如图 2-217 所示。再单击【确定】按钮完成铣削几何体的指定。

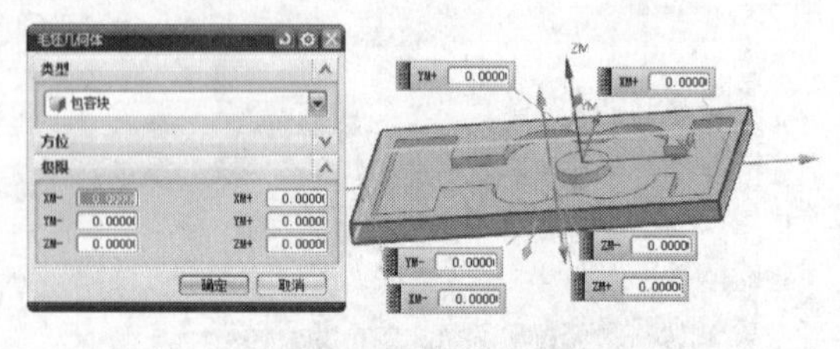

图 2-217　指定毛坯

（5）创建铣削边界。单击工具栏中的【创建几何体】图标，系统自动弹出【创建几何体】对话框，在【类型】的下拉菜单中选择【mill_planar】，在【几何子类型】中选择【MILL_BND】图标，在【位置】

的下拉菜单中选择【WORKPIECE】，【名称】可选择系统默认的【MILL_BND】，单击【确定】按钮，系统自动弹出【铣削边界】对话框。

① 指定部件边界。单击【指定部件边界】图标，系统自动弹出【部件边界】对话框。【过滤器类型】选择【面边界】图标，去掉【忽略岛】选项，【材料侧】选择【内部】，选择如图 2-218 所示平面，单击【确定】按钮完成部件边界的指定。

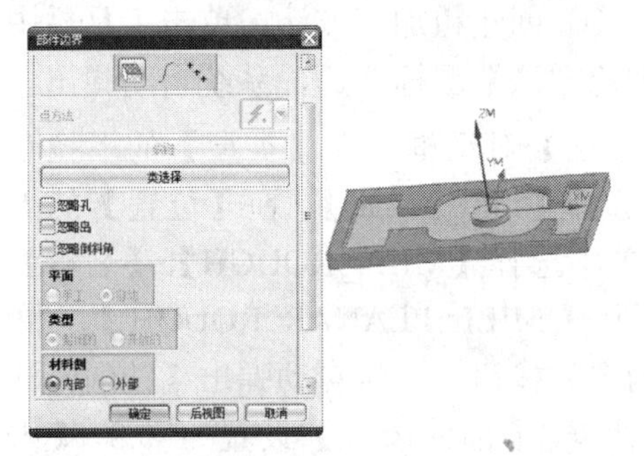

图 2-218 指定部件边界

② 指定毛坯边界。单击【指定毛坯边界】图标，系统自动弹出【毛坯边界】对话框。【过滤器类型】选择【面边界】图标，去掉【忽略孔】选项，【材料侧】选择【内部】，选择如图 2-219 所示平面，单击【确定】按钮完成毛坯边界的指定。

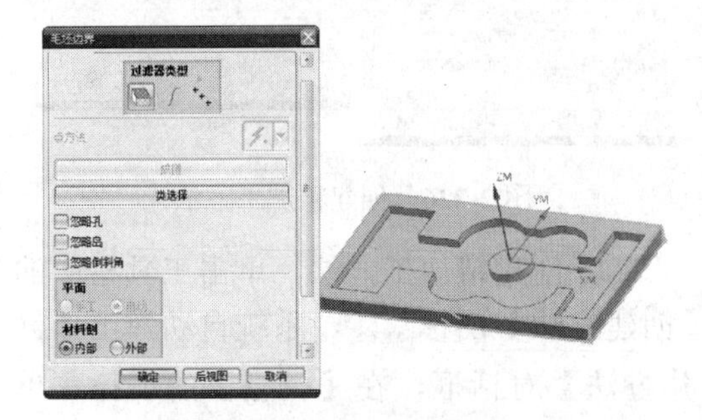

图 2-219 指定毛坯边界

③ 指定底面。单击【指定底面】图标，系统自动弹出【平面】对话框。【过滤器类型】选择【面边界】图标，选择如图 2-220 所示平面，距离设置为 0，单击【确定】按钮完成底面的指定。再单击【确定】按钮完成铣削边界的设置，如图 2-221 所示。

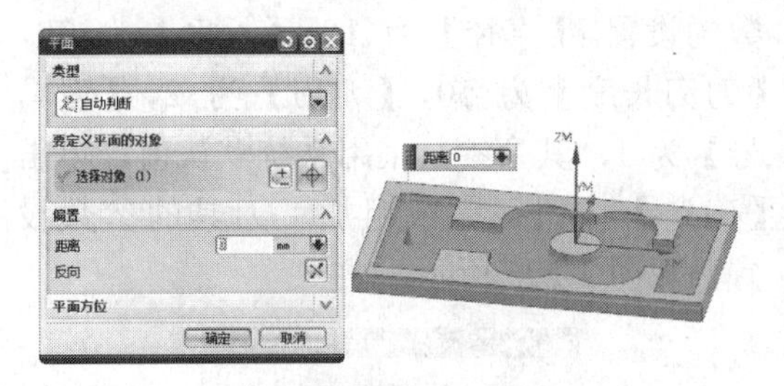

图 2-220 指定底面

图 2-221 指定边界

（6）创建刀具。由于有粗加工和精加工，因此需要设置两把刀具，分别为粗加工和精加工使用。单击工具栏中的【创建刀具】图标，系统自动弹出【创建刀具】对话框，在【类型】的下拉菜单中选择【mill_planar】，在【刀具子类型】中选择【MILL】图标，在【位置】的下拉菜单中选择【GENERIC_MACHINE】，如图 2-222 所示。

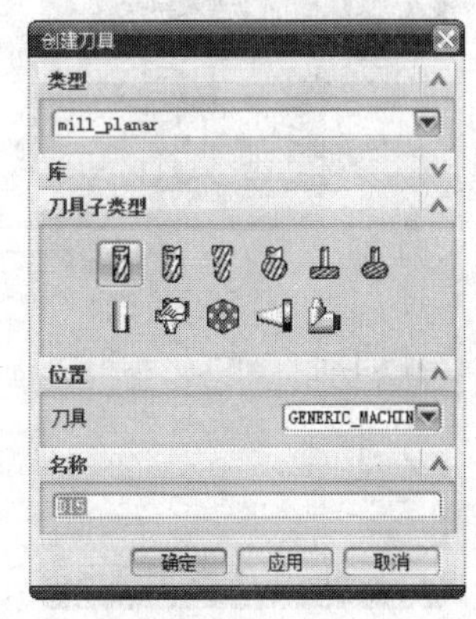

图 2-222 创建刀具

① 粗加工刀具。【名称】设置为【D15】，单击【确定】按钮，系统自动弹出【铣刀-5 参数】对话框，进入刀具的具体参数的设置。【直径】为 15，【长度】为 70，【刀刃长度】为 50，【刀刃】为 2，【刀具号】为 1，其余参数采用系统默认值，单击【确定】按钮，完成粗加工刀具的参数设置，如图 2-223 所示。

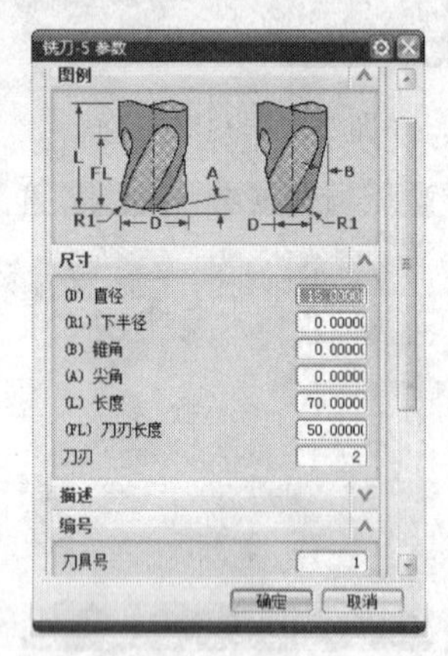

图 2-223 粗加工刀具

② 精加工刀具。【名称】设置为【D12】，单击【确定】按钮，系统自动弹出【铣刀-5 参数】对话框，进入刀具的具体参数的设置。【直径】为 12，【长度】为 70，【刀刃长度】为 50，【刀刃】为 2，【刀具号】为 2，其余参数采用系统默认值，单击【确定】按钮，完成精加工刀具的参数设置，如图 2-224 所示。

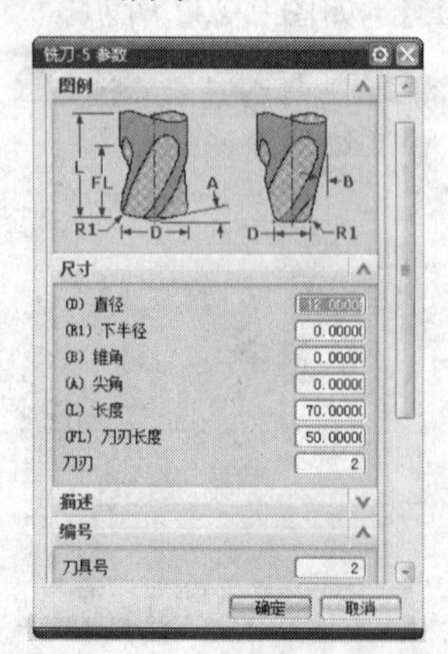

图 2-224 精加工刀具

在【工序导航器-机床】的界面下可以查看到设置的两把刀具，如图 2-225 所示。

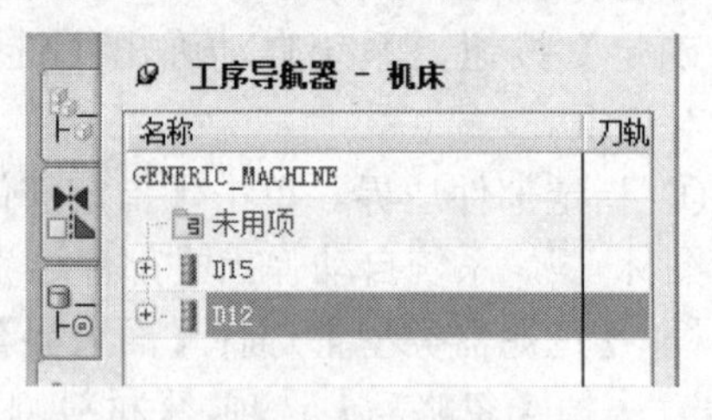

图 2-225 刀具

（7）创建平面铣加工操作。

① 创建粗加工方法。单击工具栏中的【创建方法】图标，系统自动弹出【创建方法】对话框，在【类型】的下拉菜单中选择【mill_planar】，在【位置】的下拉菜单中选择【MILL_ROUGH】，【名称】设置为【MILL_PLANAR_ROUGH】，单击【确定】按钮，系统自动弹出【铣削方法】对话框，【部件余量】设置为 0.8，【内公差】和【外公差】均采用系统默认值 0.08，单击【确定】按钮完成粗加工方法的设置，如图 2-226 所示。

图 2-226 创建粗加工方法

② 创建精加工方法。单击工具栏中的【创建方法】图标，系统自动弹出【创建方法】对话框，在【类型】的下拉菜单中选择【mill_planar】，在【位置】的下拉菜单中选择【MILL_FINISH】，【名称】设置为【MILL_PLANAR_FINISH】，单击【确定】按钮，系统自动弹出【铣削方法】对话框，【部件余量】设置为 0，【内公差】和【外公差】均采用系统默认值 0.03，单

击【确定】按钮完成精加工方法的设置，如图 2-227 所示。

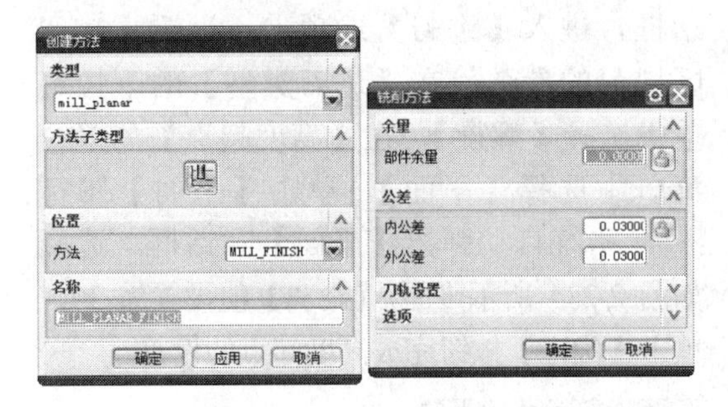

图 2-227　创建精加工方法

在【工序导航器-加工方法】界面下可以查看到刚刚设置的加工方法，如图 2-228 所示。

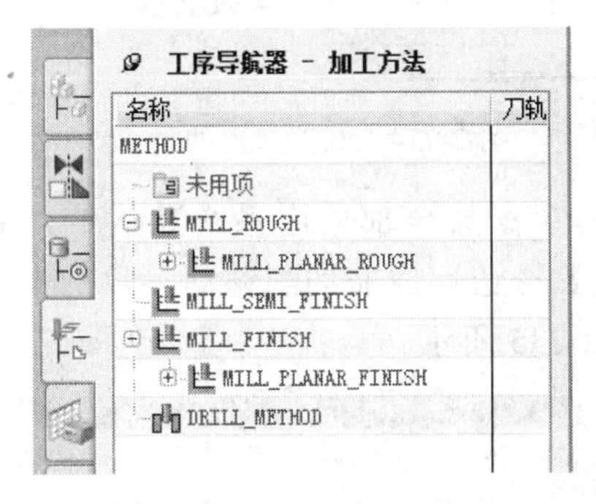

图 2-228　加工方法

（8）创建工序。创建粗加工工序。单击工具栏中的【创建工序】图标，系统自动弹出【创建工序】对话框，在【类型】的下拉菜单中选择【mill_planar】，在【工序子类型】中选择【MILL_PLANAR】图标，在【程序】的下拉菜单中选择【PROGRAM】，在【刀具】的下拉菜单中选择粗加工刀具【D15（铣刀-5 参数）】，在【几何体】的下拉菜单中选择【WORKPIECE】，在【方法】的下拉菜单中选择粗加工方法【MILL_PLANAR_ROUGH】，【名称】设置为【PLANAR_MILL_ROUGH】，单击【确定】按钮，系统自动弹出【平面铣】对话框，如图 2-229 所示。

图 2-229　创建粗加工操作

① 切削边界。在【几何体】的下拉菜单中选择【MILL_BND】，平面铣就继承了 MILL_BND 中设置的部件边界、毛坯边界和底面等参数，如图 2-230 所示。

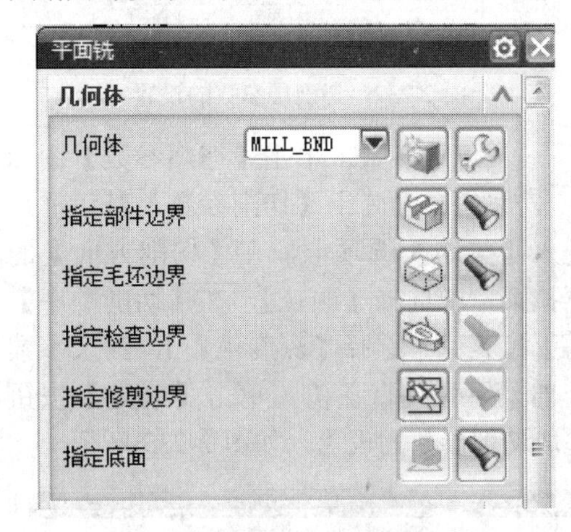

图 2-230　继承几何体

② 切削模式。在【切削模式】的下拉菜单中选择【跟随部件】，在【步距】的下拉菜单中选择【刀具平直百分比】，【平面直径百分比】的值设置为 75，如图 2-231 所示。

图 2-231　切削模式

③ 切削层。单击【切削层】图标，系统自动弹出【切削层】对话框，在【类型】的下拉菜单中选择【用户定义】，【公共】值设置为 4，其余参数采用系统默认值。单击【确定】按钮完成切削层参数的设置，如图 2-232 所示。

图 2-232　切削层参数的设置

④ 切削参数。单击【切削参数】图标，系统自动弹出【切削参数】对话框，进入【策略】选项卡，在【切削方向】的下拉菜单中选择【顺铣】，在【切削顺序】的下拉菜单中选择【深度优先】，其余参数全部采用系统默认值，单击【确定】按钮完成切削参数的设置，如图 2-233 所示。

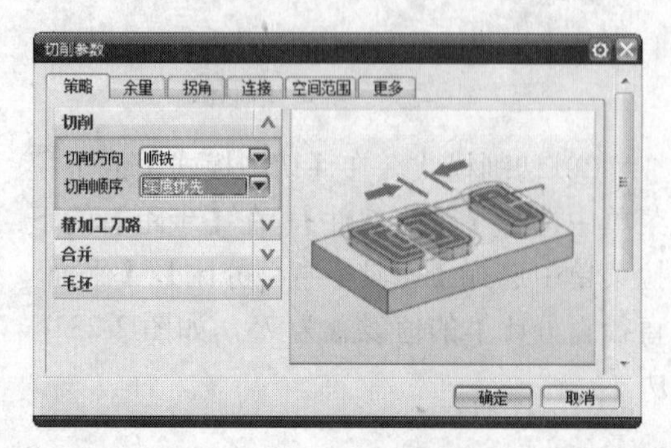

图 2-233　切削参数的设置

⑤ 非切削移动。单击【非切削移动】图标，系统自动弹出【非切削移动】对话框，进入【进刀】选项卡，设置【封闭区域】的参数：在【进刀类型】的下拉菜单中选择【螺旋】，在【高度起点】的下拉菜单中选择【平面】，单击【平面】图标，系统自动弹出【平面】对话框，选择如图 2-234 所示平面，【距离】值设置为 30，单击【确定】按钮完成高度起点的设置。

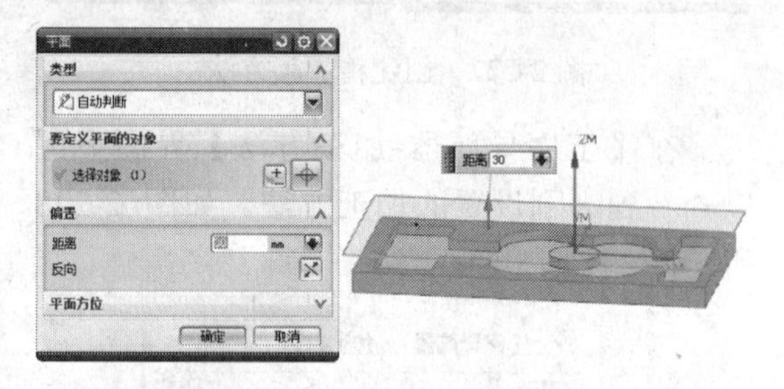

图 2-234　高度起点的设置

其余参数全部采用系统默认值，单击【确定】按钮完成非切削移动参数的设置，如图 2-235 所示。

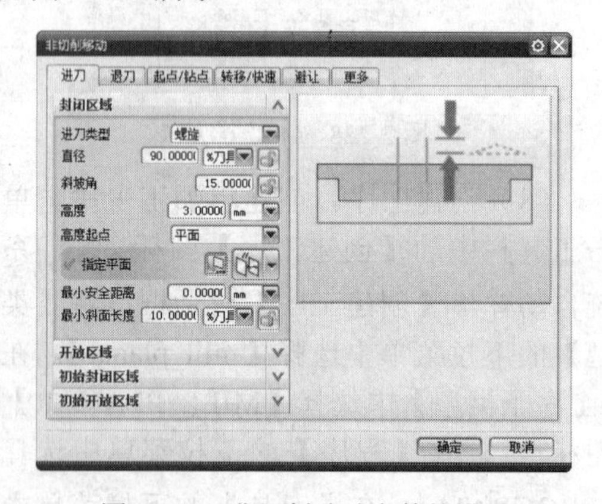

图 2-235　非切削移动参数的设置

⑥ 进给率和速度。单击【进给率和速度】图标，系统自动弹出【进给率和速度】对话框，勾选【主轴速度】前面的复选框，设置主轴速度值为 1500，单击【主轴速度】后面的【计算器】图标，系统自动计算出【表面速度】和【每齿进给量】分别为 70 和 0.083333，设置切削【进给率】为 500mmpm，其余参数采用系统默

认值，单击【确定】按钮完成进给率和速度的设置，如图 2-236 所示。

图 2-236　进给率和速度参数的设置

（9）生成刀轨。

① 生成刀轨。单击【操作】下的【生成刀轨】图标，系统自动生成刀轨，如图 2-237 所示。

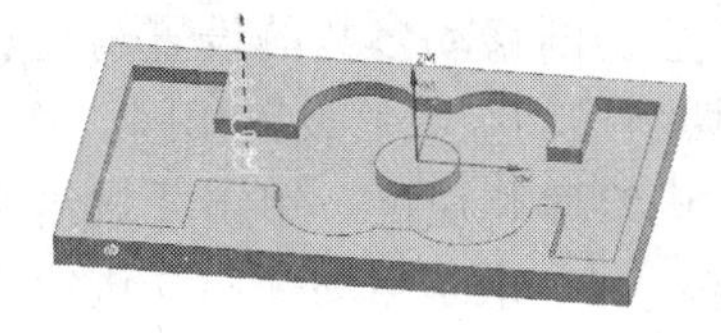

图 2-237　生成粗加工刀轨

② 确认刀轨。单击【操作】下的【确认刀轨】图标，确认系统自动生成的刀轨。系统自动弹出【刀轨可视化】对话框，在该对话框下可实现 3D 和 2D 动态的切削演示，如图 2-238 所示。

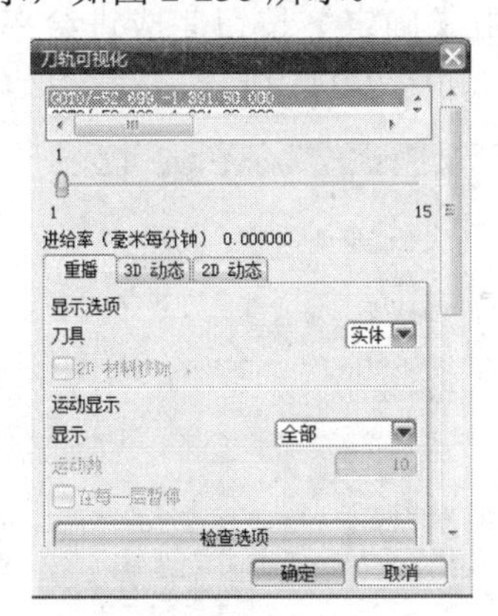

图 2-238　确认刀轨

③ 程序命令。在【刀轨可视化】窗口下，可以查看到程序命令，如图 2-239 所示。

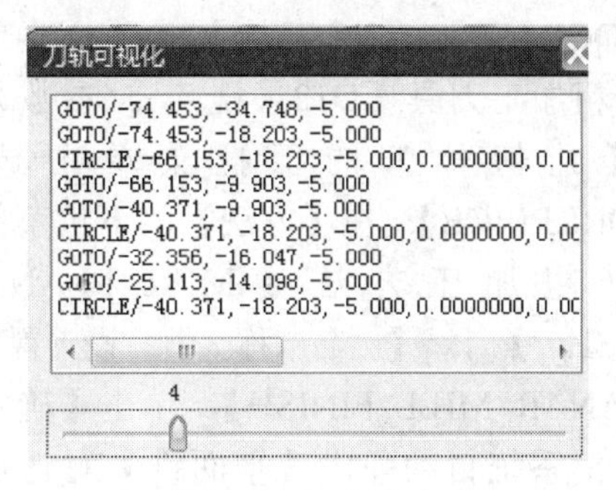

图 2-239　程序命令

④ 3D 动态演示。单击【刀轨可视化】下的【3D 动态】，单击【播放】图标▶，可显示 3D 动画演示，如图 2-240 所示。

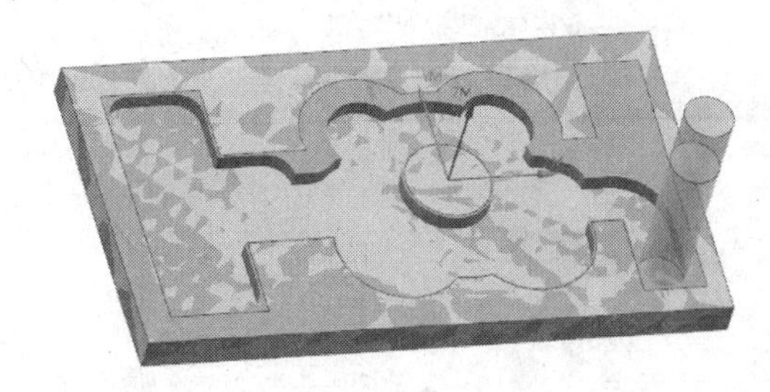

图 2-240　3D 动态

⑤ 2D 动态演示。单击【刀轨可视化】下的【2D 动态】，单击【播放】图标▶，可显示 2D 动画演示，如图 2-241 所示。单击【确定】按钮完成粗加工的操作。

图 2-241　2D 动态

（10）创建精加工操作。单击工具栏中的【创建工序】图标，系统自动弹出【创建工序】对话框，在【类型】的下拉菜单中选择【mill_planar】，在【工序子类型】中选择【MILL_PLANAR】图标，在【程序】的下拉菜单中选择【PROGRAM】，在【刀具】的下拉菜单中选择粗加工刀具【D12（铣刀-5 参数）】，在【几何体】的下拉菜单中选择【WORKPIECE】，在【方法】的下拉菜单中选择粗加工方法【MILL_PLANAR_FINISH】，【名称】设置为【PLANAR_MILL_FINISH】，单击【确定】按钮，系统自动弹出【平面铣】对话框，如图 2-242 所示。

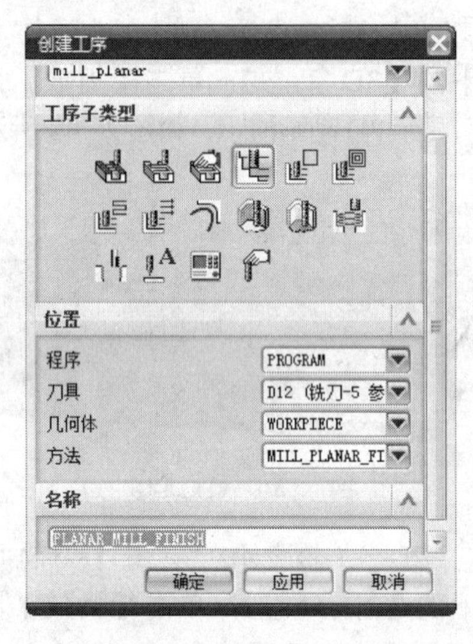

图 2-242　创建精加工操作

① 切削边界的设置与粗加工工序的切削边界的设置相同。

② 切削模式。在【切削模式】的下拉菜单中选择【跟随周边】，在【步距】的下拉菜单中选择【刀具平直百分比】，【平面直径百分比】的值设置为 50，如图 2-243 所示。

图 2-243　切削模式

③ 切削层。单击【切削层】的图标，系统自动弹出【切削层】对话框，在【类型】的下拉菜单中选择【用户定义】，【公共】值设置为 2，其余参数采用系统默认值。单击【确定】按钮完成切削层参数的设置，如图 2-244 所示。

图 2-244　切削层参数

④ 切削参数的设置与粗加工工序的切削设置相同。

⑤ 非切削移动参数的设置与粗加工工序的非切削移动参数的设置相同。

⑥ 进给率和速度。单击【进给率和速度】图标，系统自动弹出【进给率和速度】对话框，勾选【主轴速度】前面的复选框，设置主轴速度值为 2500，单击【主轴速度】后面的【计算器】图标，系统自动计算出【表面速度】和【每齿进给量】分别为 94 和 0.05，设置【切削】进给率为 800mmpm，其余参数采用系统默认值，单击【确定】按钮完成进给率和速度的设置，如图 2-245 所示。

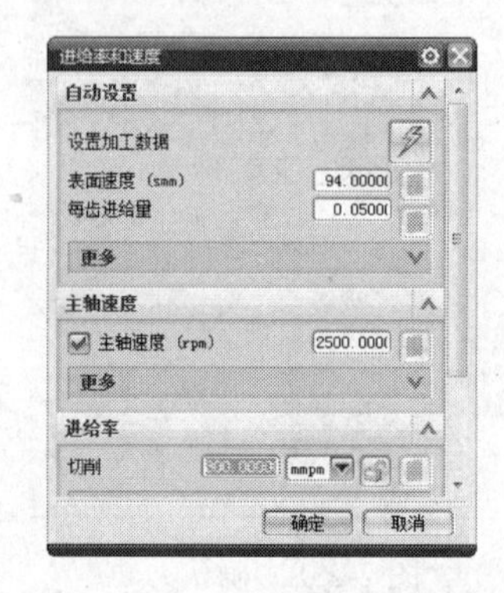

图 2-245　进给率和速度参数

（11）生成刀轨。

① 生成刀轨。单击【操作】下的【生成刀轨】图标，系统自动生成刀轨，如图 2-246 所示。

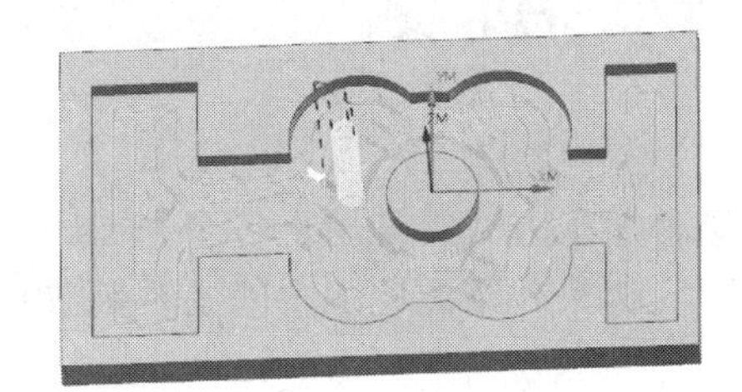

图 2-246　生成精加工刀轨

② 确认刀轨。单击【操作】下的【确认刀轨】图标，确认系统自动生成的刀轨。系统自动弹出【刀轨可视化】对话框，在该对话框下可实现 3D 和 2D 动态的切削演示，如图 2-247 所示。

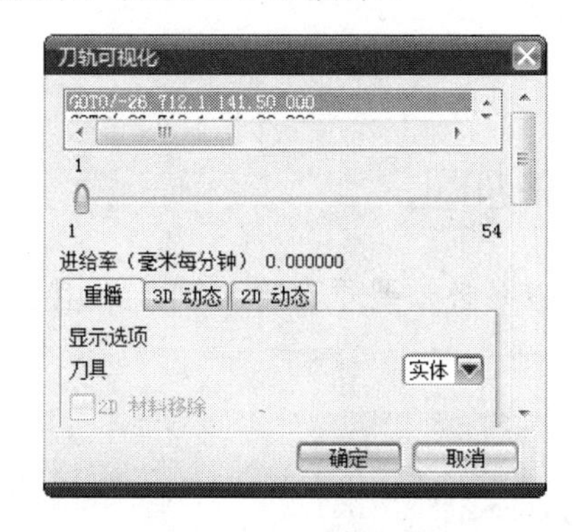

图 2-247　可视化窗口

③ 程序命令。在【刀轨可视化】窗口下，可以查看到程序命令，如图 2-248 所示。

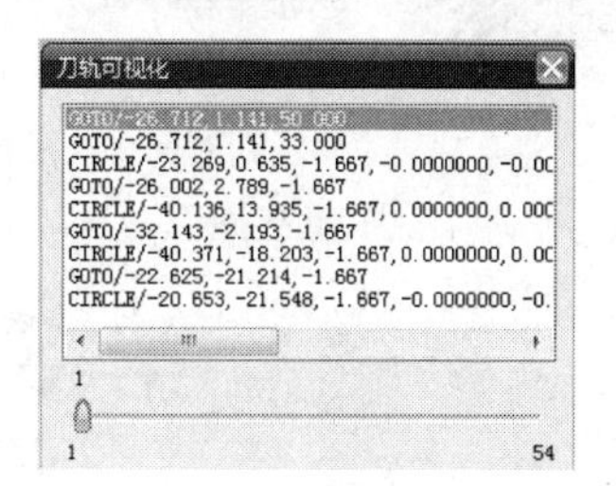

图 2-248　程序命令

④ 3D 动态演示。单击【刀轨可视化】下的【3D 动态】，单击播放图标，可显示 3D 动画演示，如图 2-252 所示。

图 2-249　3D 动态

⑤ 2D 动态演示。单击【刀轨可视化】下的【2D 动态】，单击播放图标，可显示 2D 动画演示，如图 2-250 所示。

图 2-250　2D 动态

单击【确定】按钮完成精加工的操作。

第3章 面铣削

面铣削操作主要作用于切除平面层中的材料，该种加工方式常常用于多个平面底面的粗加工和精加工，也用于侧壁的精加工。本章以典型实例来介绍面铣削中的主要参数和创建一个该程序的方法和步骤。

本章内容

- 实例·模仿——普通面铣削零件加工
- 面铣削概述
- 几何体选择
- 面铣削的参数设置
- 实例·操作——铸件零件加工
- 实例·练习——开放形腔体零件加工

3.1 实例·模仿——普通面铣削零件加工

面铣削属于特殊的平面铣加工，铣削的平面或者边界必须要垂直于刀轴，常用于精加工操作中。本例的加工零件如图 3-1 所示。

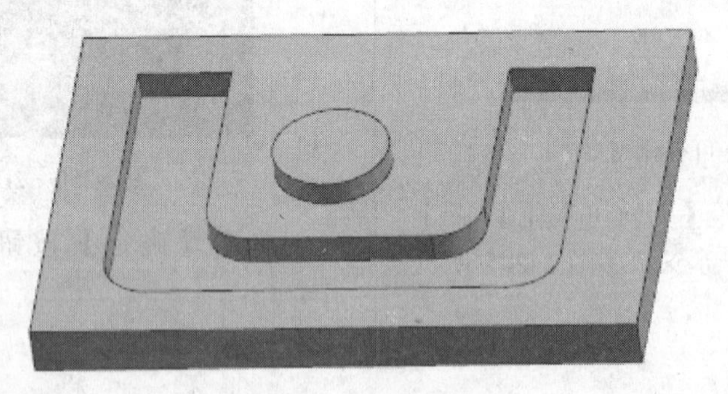

图 3-1 模型文件

思路·点拨

该零件需要铣削的底面为垂直于刀轴的平面，可利用面铣削进行精加工的操作。创建一个面铣削操作大致分为 6 个步骤：（1）创建加工几何体；（2）创建刀具；（3）创建加工坐标系；（4）指定面边界；（5）指定相应的切削参数和非切削移动参数；（6）生成刀轨即可完成面铣削的创建。

【光盘文件】

视频教学

起始文件——参见附带光盘中的“MODEL\CH3\3-1.prt”文件。

结果文件——参见附带光盘中的“END\CH3\3-1.prt”文件。

动画演示——参见附带光盘中的“AVI\CH3\3-1.avi”文件。

【操作步骤】

（1）启动 UG NX 8。打开光盘中的源文件“MODEL\CH3\3-1.prt”模型，单击【OK】按钮，如图 3-2 所示。

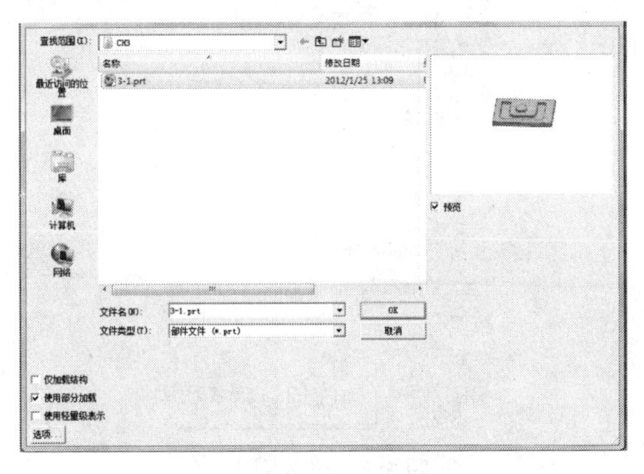

图 3-2　打开模型文件

（2）进入加工环境。单击【开始】—【加工】后出现 【加工环境】对话框（快捷键方式 Ctrl+Alt+M），设置【加工环境】以下参数后单击【确定】按钮，如图 3-3 所示。

图 3-3　进入加工环境

（3）创建程序。单击【创建程序】图标，弹出【创建程序】对话框。在【类型】的下拉菜单中选择【mill_planar】，【名称】设置为【PROGRAM_ROUGH】，其余选项采取默认参数，单击【确定】按钮，创建平面铣粗加工程序，如图 3-4 所示。

图 3-4　【创建程序】对话框

在【工序导航器-程序顺序】中显示新建的程序，如图 3-5 所示。

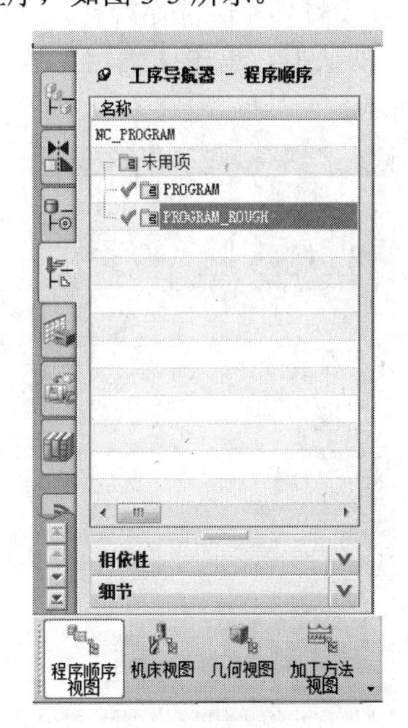

图 3-5　程序顺序视图

（4）创建刀具。单击【创建刀具】图标，弹出【创建刀具】对话框，在【类型】的下拉菜单中选择【mill_planar】，【刀具子类型】选择【MILL】图标，【位置】选用默认选项，【名称】设置为【MILL_1】，单击【确定】按钮，如图 3-6 所示。

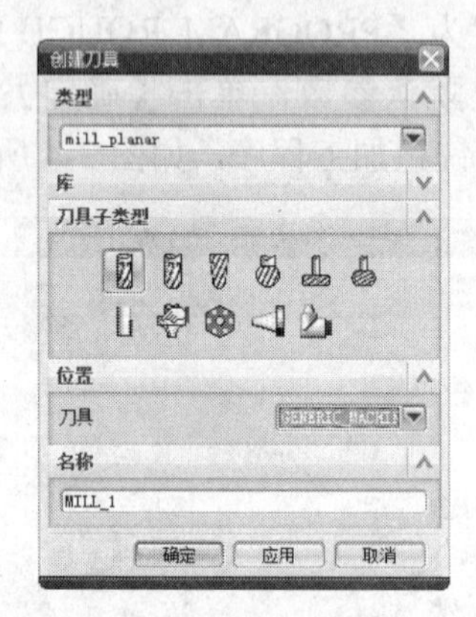

图 3-6 【创建刀具】对话框

单击【确定】按钮后，弹出【铣刀-5 参数】对话框，设置刀具参数：【D 直径】为 10；【长度】为 75；【刀刃长度】为 50；【刀刃】为 4；【刀具号】为 1；【补偿寄存器】为 1；【刀具补偿寄存器】为 1；其余参数采用默认值，单击【确定】按钮，如图 3-7 所示。

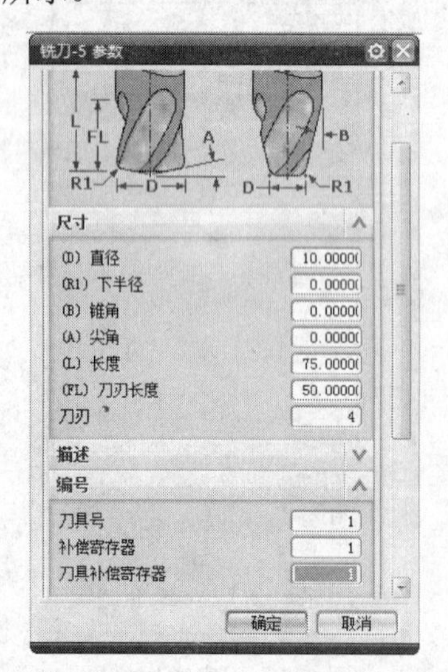

图 3-7 刀具参数

在【工序导航器】-【机床视图】中显示新建的【MILL_1】刀具，如图 3-8 所示。

图 3-8 机床视图

（5）设置铣削加工坐标系 MCS_MILL。

① 双击【工序导航器-几何】中的【MCS_MILL】，系统将自动弹出【Mill Orient】对话框，单击【指定 MCS】中的【CSYS】图标，系统将自动弹出【CSYS】对话框，选择部件圆凸台的上表面，捕捉到凸台的圆心，选择该圆心为机床坐标系的中心，机床的坐标轴方向与基本坐标系的坐标轴方向一致，单击【确定】按钮完成坐标系的设置，如图 3-9 所示。

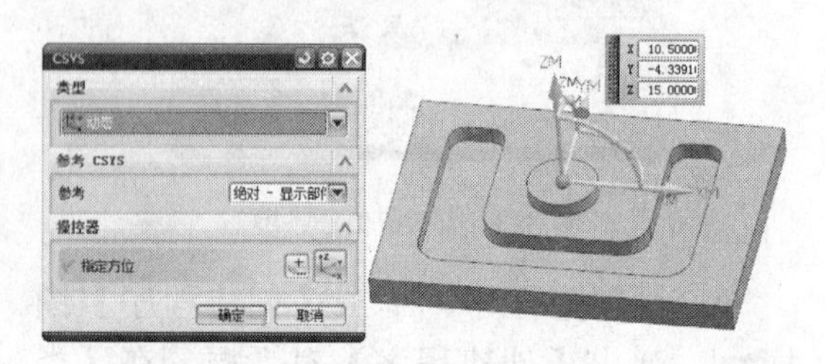

图 3-9 设置机床坐标系

② 在【安全设置选项】下拉菜单选中【平面】，单击【指定平面】中的【平面】图标，系统将自动弹出【平面】对话框，选中部件凸台的上表面，输入安全距离为 10 ，单击【确定】按钮完成安全平面的设置，如图 3-10 所示。

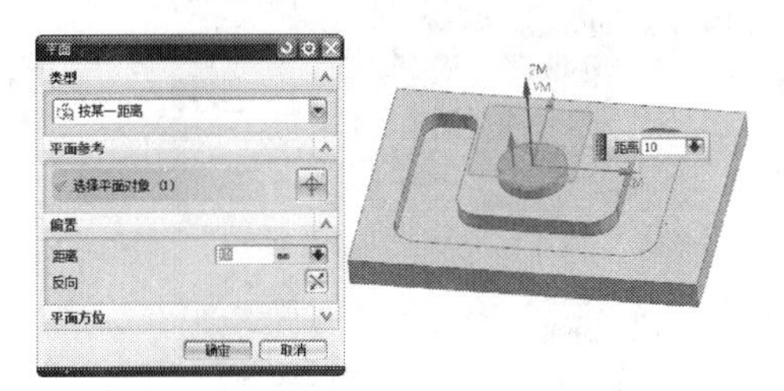

图 3-10 设置安全平面

（6）创建铣削几何体。双击【工序导航器-几何】中 【MCS_MILL】的子菜单【WORKPIECE】，弹出【铣削几何体】对话框，如图 3-11 所示。

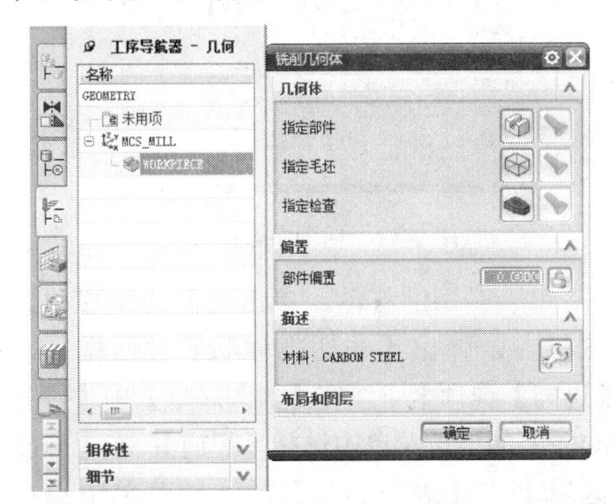

图 3-11 创建铣削几何体

① 单击【指定部件】图标，弹出【部件几何体】对话框，选中整个部件体，单击【确定】按钮，如图 3-12 所示。

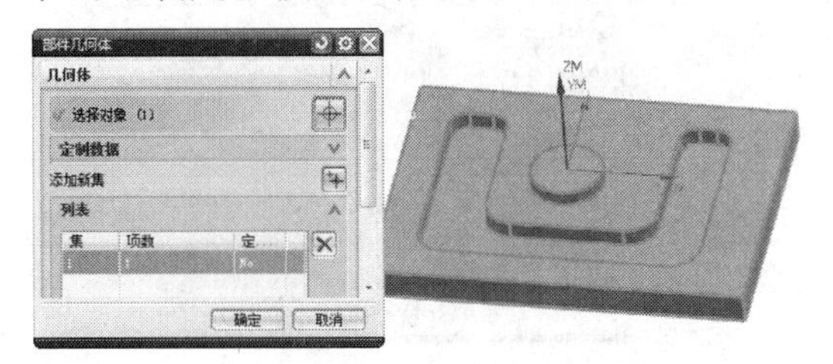

图 3-12 指定部件

② 单击【指定毛坯】图标，弹出【毛坯几何体】对话框，单击【类型】的下拉菜单，选中【包容块】，单击【确定】按钮，如图 3-13 所示。

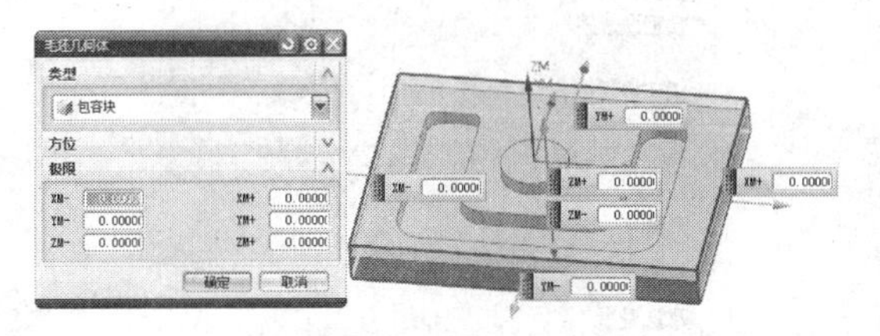

图 3-13 指定毛坯

（7）创建加工工序。单击【创建工序】图标，弹出【创建工序】对话框，在【类型】下拉菜单中选择【mill_planar】，【工序子类型】选择【FACE_MILLING】图标，【程序】选择【PROGRAM_ROUGH】，【刀具】选择【MILL_1 铣刀-5】，【几何体】选择【WORKPIECE】，【方法】选择【NONE】， 【名称】设置为【FACE_MILLING】，单击【确定】按钮，如图 3-14 所示。单击【确定】按钮后，弹出【面铣】对话框，设置面铣的参数。

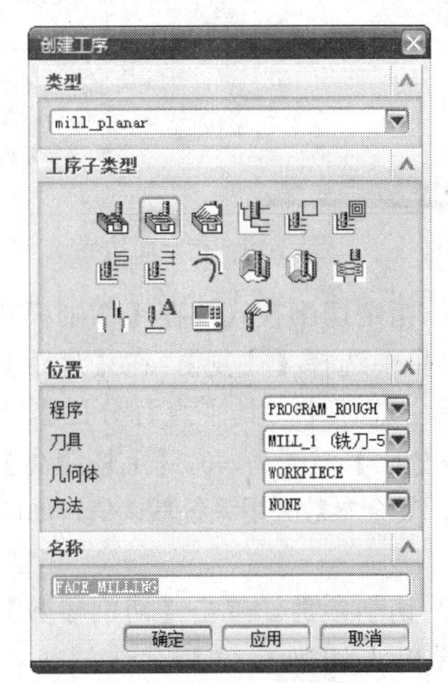

图 3-14 创建加工工序

① 在【几何体】的下拉菜单中选择【WORKPIECE】，如图 3-15 所示。

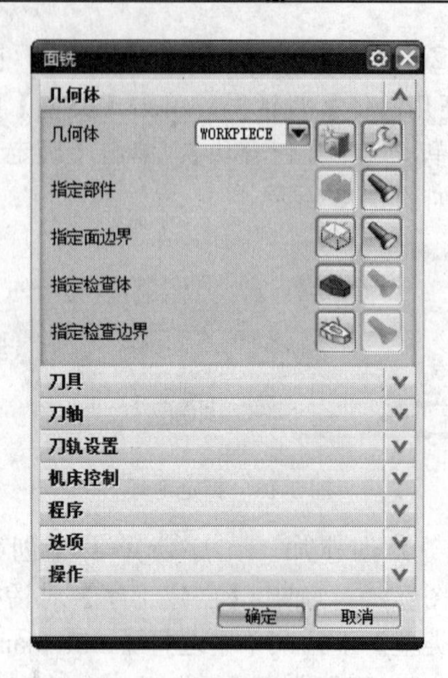

图 3-15　设置面铣参数

② 指定面边界。单击【指定面边界】图标，系统将自动弹出【指定面几何体】对话框，选中部件体上要加工的 3 个面，单击【确定】按钮，如图 3-16 所示。

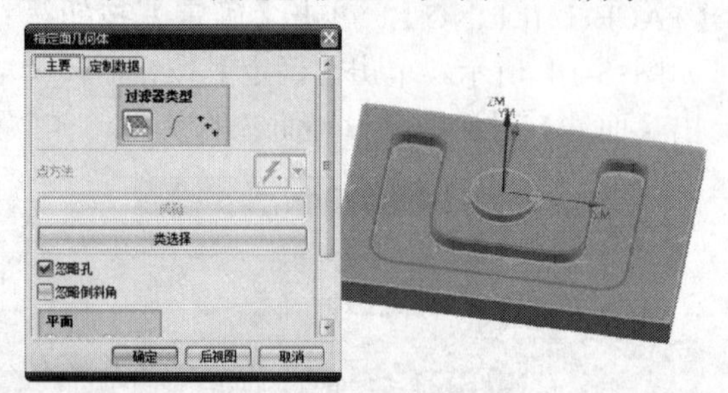

图 3-16　指定面边界

③ 指定切削模式。在【切削模式】的下拉菜单中选择【往复】，在【步距】的下拉菜单中选择【刀具平直百分比】，【平面直径百分比】设置为 40，【毛坯距离】设置为 0.5，其余参数采用系统默认值，如图 3-17 所示。

④ 切削参数。单击【切削参数】图标，弹出【切削参数】对话框，在【余量】选项卡下，【内公差】、【外公差】均设置为 0.03，其余参数采用默认值，单击【确定】按钮，如图 3-18 所示。

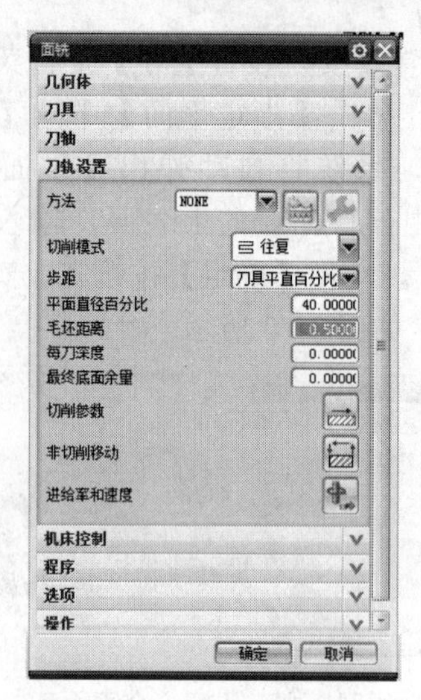

图 3-17　设置切削模式

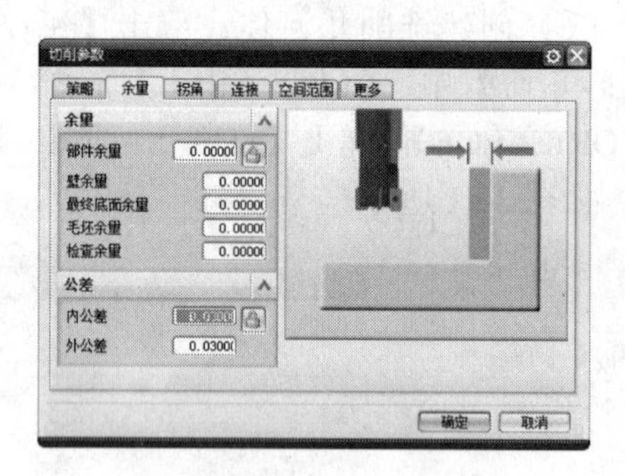

图 3-18　切削参数的设置

⑤ 非切削移动。单击【非切削移动】图标，弹出【非切削移动】对话框。在【进刀】选项卡下，在【封闭区域】中【进刀类型】的下拉菜单中选择【螺旋】；在【开放区域】中【进刀类型】的下拉菜单中选择【线性】，其余参数采用系统默认值，如图 3-19 所示。

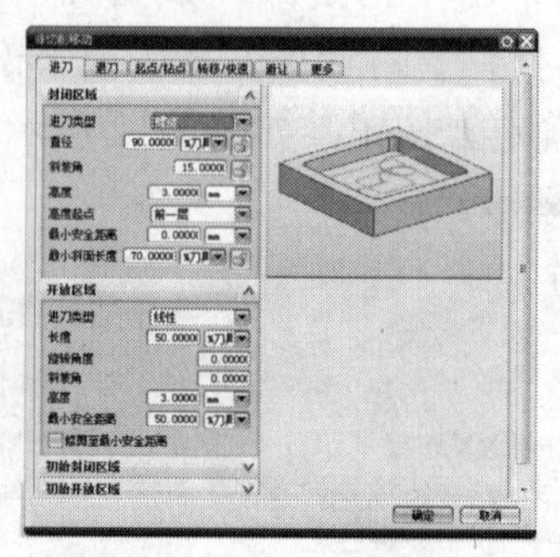

图 3-19　进刀参数的设置

在【退刀】选项卡下，在【退刀类型】的下拉菜单中选择【与进刀相同】，其余参数采用系统默认值，如图 3-20 所示。

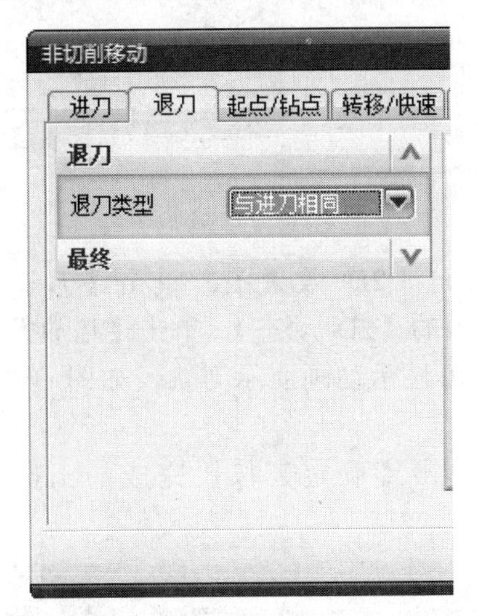

图 3-20　退刀参数的设置

在【转移/快速】选项卡下，在【安全设置选项】的下拉菜单中选择【平面】，其余参数采用系统默认值，如图 3-21 所示。

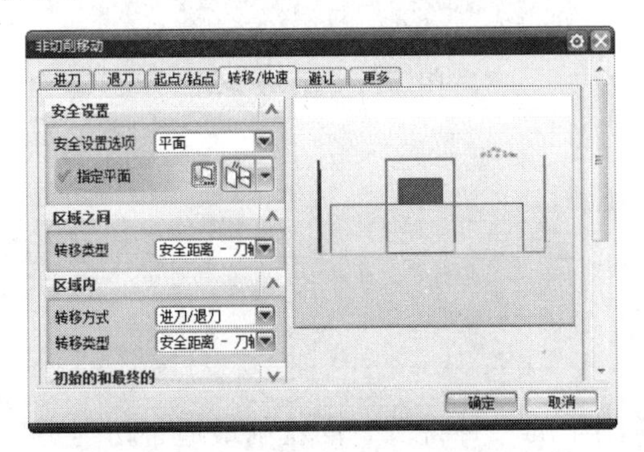

图 3-21　转移/快速参数的设置

⑥ 单击【指定平面】图标，系统将自动弹出【平面】对话框，在【类型】的下拉菜单中选择【按某一距离】，选择部件凸台的上表面，偏置【距离】设置为 50，单击【确定】按钮完成安全平面的设置，如图 3-22 所示。

再单击【确定】按钮完成【非切削移动】参数的设置。

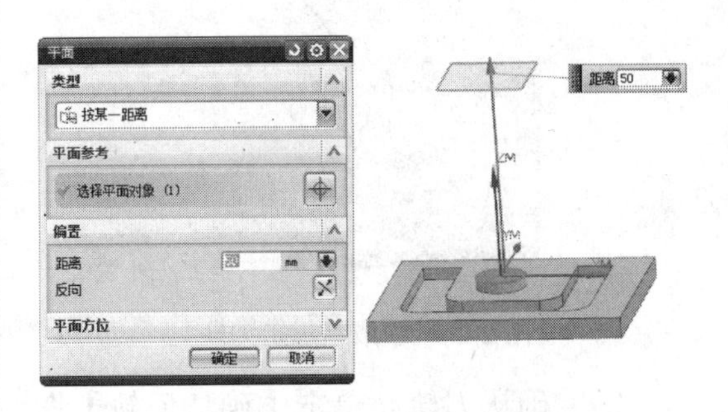

图 3-22　安全平面的设置

⑦ 进给率和速度。单击【进给率和速度】图标，弹出【进给率和速度】对话框，勾选【主轴速度】前面的复选框，【主轴速度】设置为 3000，单击【主轴速度】后面的【计算器】图标，系统自动计算出【表面速度】为 94 和【每齿进给量】为 0.0208333，其余参数采用系统默认值，如图 3-23 所示。

图 3-23　进给率和速度参数设置

（8）生成刀轨。单击【生成刀轨】图标，系统自动生成刀轨，如图 3-24 所示。

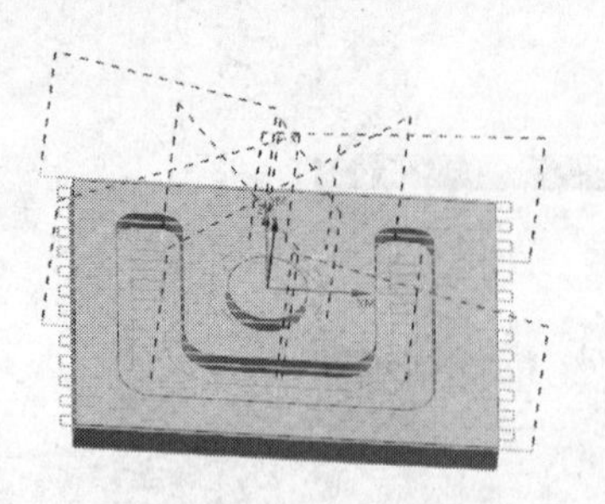

图 2-24　生成粗加工刀轨

（9）确认刀轨。单击【确认刀轨】图标，弹出【刀轨可视化】对话框，出现刀轨，如图 3-25 所示。

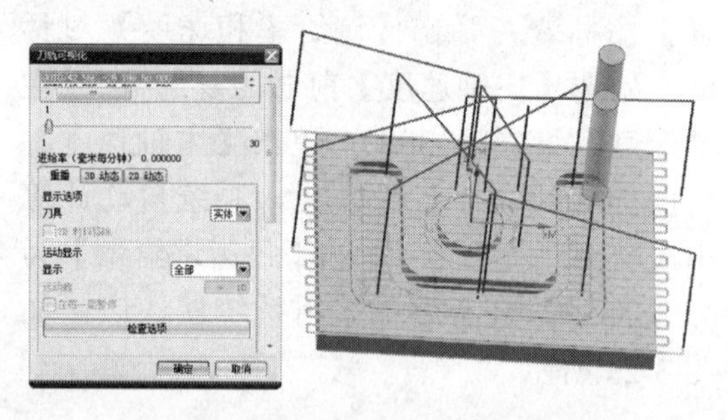

图 2-25　确认粗加工刀轨

（10）3D 效果图。单击【刀轨可视化】中的【3D 动态】，单击【播放】图标，可显示动画演示刀轨，如图 3-26 所示。

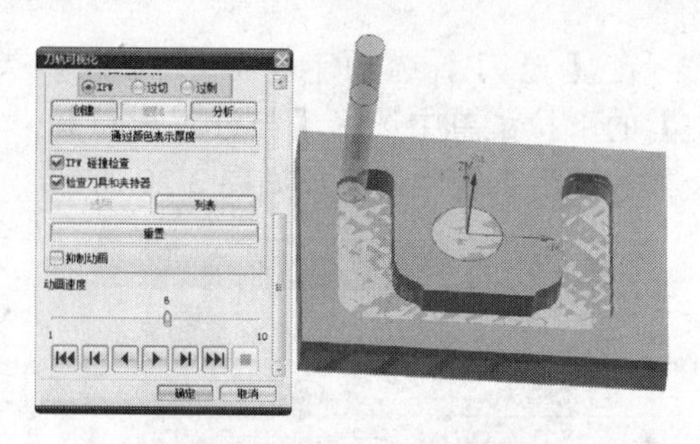

图 3-26　3D 动态演示

（11）2D 效果图。单击【刀轨可视化】中的【2D 动态】，单击【播放】图标，可显示动画演示刀轨，如图 3-27 所示。

单击【确定】按钮完成加工操作设置。

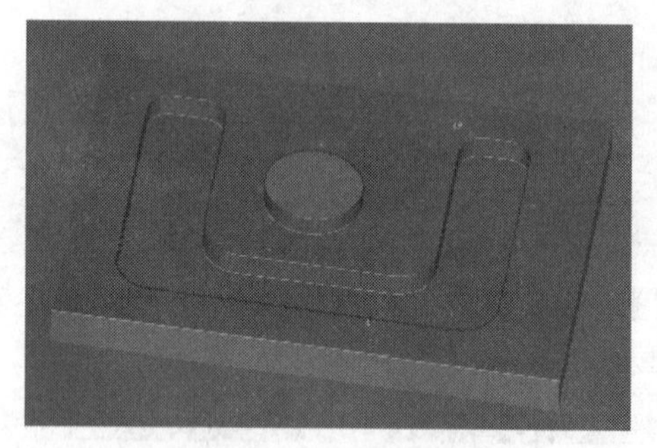

图 3-27　2D 效果图

3.2　面铣削概述

在 UG CAM 加工模块中，面铣削是平面铣削中的一种特例。面铣削最适合切削实体（如铸件上的凸垫）上的平面。要切削的面必须要垂直于刀轴，否则系统将无法生成刀具轨迹。通过选择平面，系统自动会读取不过切部件的剩余部分。虽然平面铣可以用于执行面铣削操作，但是面铣削模块大大简化了此过程。在平面铣中，用户可以通过选择所需面、将边界抬升到所需高度及在平面的面中选择底面来创建边界几何体。如果要加工的平面位于不同的层，则还需要执行一些操作。

面铣削的子类型有 3 种，分别为 FACE_MILLING_AREA（面铣削区域）、FACE_样MILLING（面铣削）和 FACE_MILLING_MANUAL（手动面铣削），如图 3-28 所示。

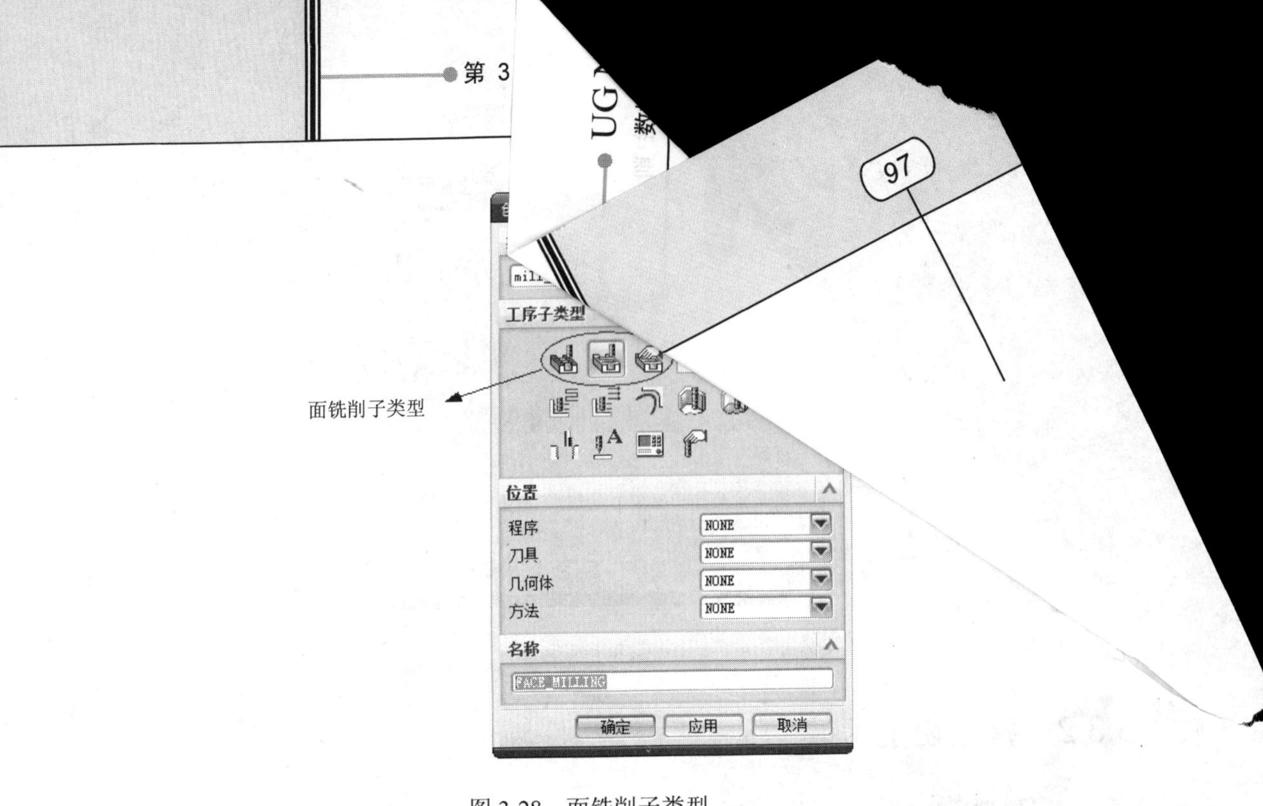

图 3-28　面铣削子类型

3.3　几何体选择

【光盘文件】

——参见附带光盘中的"AVI\CH3\3-3.avi"文件。

面铣削共有【部件几何体】、【面边界几何体】、【检查几何体】、【检查边界】、【切削区域】和【壁几何体】6 种几何体类型。不同的面铣削子类型，相应的几何体类型也会不同。

选择面铣削的子类型为【FACE_MILLING_AREA】时，其对应的几何体类型为【部件几何体】、【切削区域】、【壁几何体】和【检查几何体】4 种；选择面铣削的子类型为【FACE_MILLING】时，其对应的几何体类型为【部件几何体】、【面边界几何体】、【检查几何体】和【检查边界】4 种；选择面铣削的子类型为 FACE_MILLING_MANUAL时，对应的几何体类型则为【部件几何体】、【切削区域】、【壁几何体】和【检查几何体】4 种。

3.3.1　指定部件

指定作为最终的工件模型，就是部件几何体。每个切削操作都需要指定部件几何体，部件几何体代表的是加工完成后的零件。单击【创建工序】图标，系统将自动弹出【创建工序】对话框，选择面铣削子类型为【面铣削区域】，系统将自动弹出【面铣削区域】对话框。单击【指定部件】图标，系统将自动弹出【部件几何体】对话框，【列表】中会显示已经选择的部件几何体的数量，如图 3-29 所示。

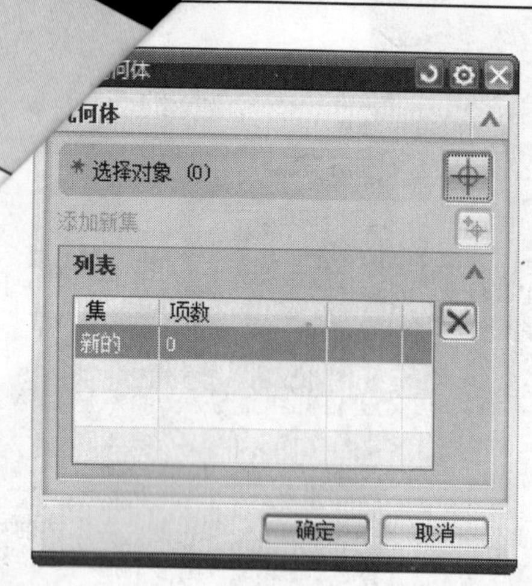

图 3-29　指定部件

3.3.2　指定切削区域

指定模型中用于加工切削的部分，就是切削区域。单击【创建工序】图标，系统将自动弹出【创建工序】对话框，选择面铣削子类型为【面铣削区域】，系统将自动弹出【面铣削区域】对话框。单击【指定切削区域】图标，系统将自动弹出【切削区域】对话框，【列表】中会显示已经选择的切削区域的数量，如图 3-30 所示。

图 3-30　指定切削区域

3.3.3　指定壁几何体

指定模型中用于加工切削的部分，就是切削区域。单击【创建工序】图标，系统将自动弹出【创建工序】对话框，选择面铣削子类型为【面铣削区域】，系统将自动弹出【面铣削区域】对话框。单击【指定壁几何体】图标，系统将自动弹出【壁几何体】对话框，【列表】中会显示已经选择的壁几何体的数量，如图 3-31 所示。

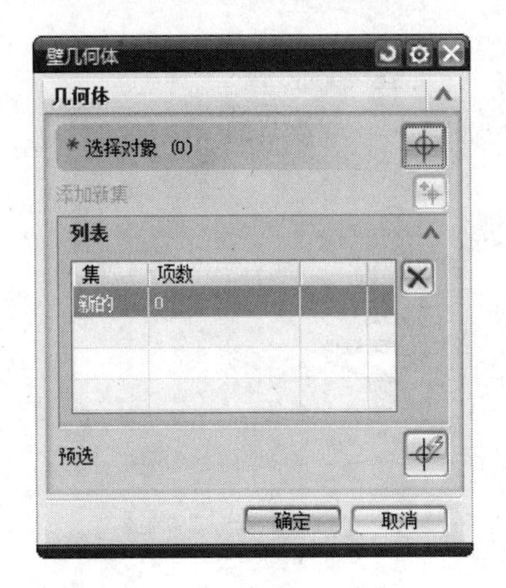

图 3-31　指定壁几何体

3.3.4　指定检查体

指定模型中用于加工工件的工装夹具的封闭边界，就是检查体。单击【创建工序】图标，系统将自动弹出【创建工序】对话框，选择面铣削子类型为【面铣削区域】，系统将自动弹出【面铣削区域】对话框。单击【指定检查体】图标，系统将自动弹出【检查几何体】对话框，【列表】中会显示已经选择的检查几何体的数量，如图 3-32 所示。

图 3-32　指定检查体

3.3.5　指定面边界

指定模型中用于加工的面的边界，就是面边界几何体。单击【创建工序】图标，系统将自动弹出【创建工序】对话框，选择面铣削子类型为【面铣削】，系统将自动弹出【面铣】对话框。单击【指定面边界】图标，系统将自动弹出【指定面几何体】对话框，【过滤器类型】有【面边界】、【曲线边界】和【点边界】3 种，如图 3-33 所示。

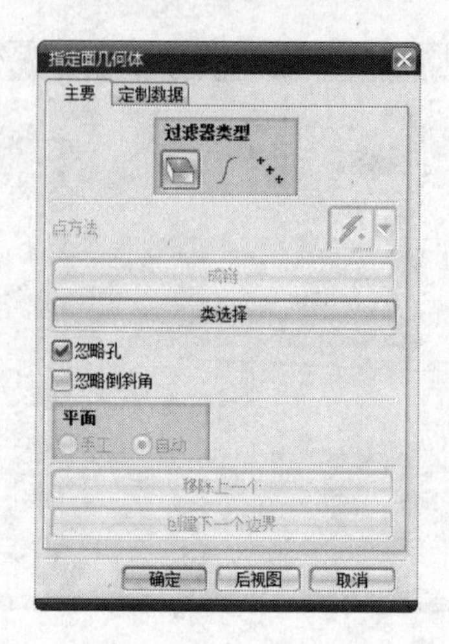

图 3-33　指定面边界

3.3.6　指定检查边界

指定模型中用于加工工件的工装夹具的封闭边界，全部的检查边界与刀具边缘相切，其法向必须与刀轴平行，边界的方向表示材料在其内侧还是外侧，就是检查边界。单击【创建工序】图标，系统将自动弹出【创建工序】对话框，选择面铣削子类型为【面铣削】，系统将自动弹出【面铣】对话框。单击【指定检查边界】图标，系统将自动弹出【检查边界】对话框，【过滤器类型】有【面边界】、【曲线边界】和【点边界】3 种，如图 3-34 所示。

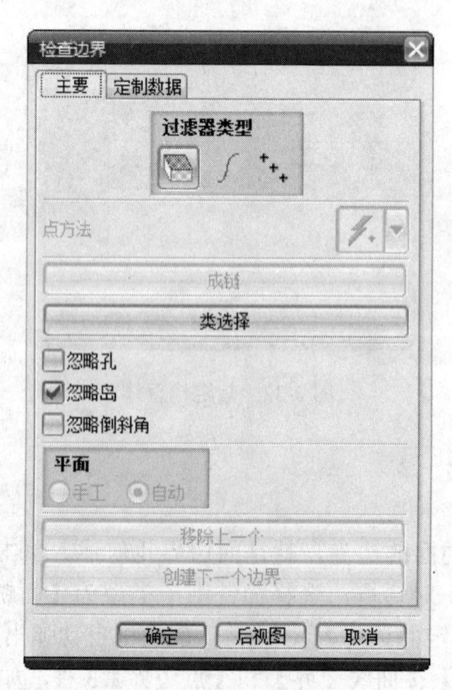

图 3-34　指定检查边界

视频教学

应用·技巧

当加工工件时，机床上需要压块、夹具等辅助工具，指定检查边界就是要控制刀具不切削这些辅助工具所在的区域，检查边界是一个封闭的区域边界。

3.4 面铣削的参数设置

【光盘文件】

——参见附带光盘中的“AVI\CH3\3-4.avi”文件。

面铣削的参数设置选项是创建一个完整的加工程序所必须的步骤，其用于控制刀具运动，包括刀具的选择、切削模式的选择、刀具切削运动参数和非切削移动参数等的设置。

3.4.1 切削模式

前面介绍过面铣削其实就是平面铣的一种特殊模式，所以它的切削模式的类别很多都与平面铣的切削模式相同。但是面铣削由于是平面铣中的特殊的一种，因此它也有一种特殊的切削模式，即混合切削模式。因为前面第 2 章已经介绍过平面铣中的切削模式，在此就不再赘述，只是重点介绍混合切削模式。

混合切削模式允许用户自定义不同的切削区域使用不同的切削模式，如图 3-35 所示。

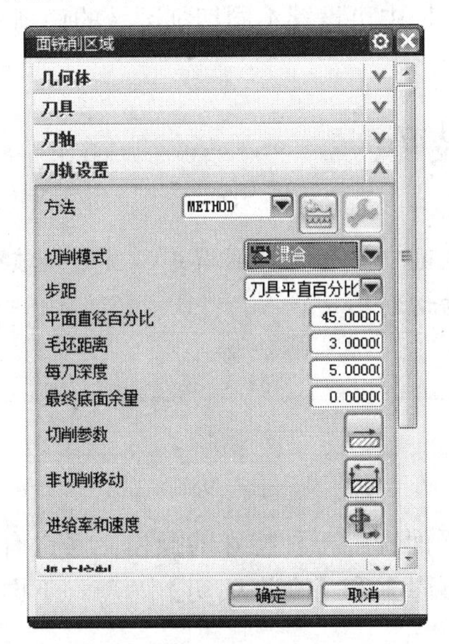

图 3-35　混合切削模式

在使用混合切削模式时，重要的参数有【毛坯距离】、【每刀深度】和【最终底面余量】。

- 【毛坯距离】：毛坯件中预留的切削余量。
- 【每刀深度】：切削操作中刀具的每一刀切入工件的深度。
- 【最终底面余量】：切削后预留的工件底面的余量。

在整个切削过程中，切削层数由这 3 个参数控制。在使用混合切削模式时，设置好这 3 个参数，系统将自动计算出要切削的层数，每一层都可以设置不同的切削模式。选择混合切削模式后，系统将自动弹出【区域切削模式】对话框，如图 3-36 所示。

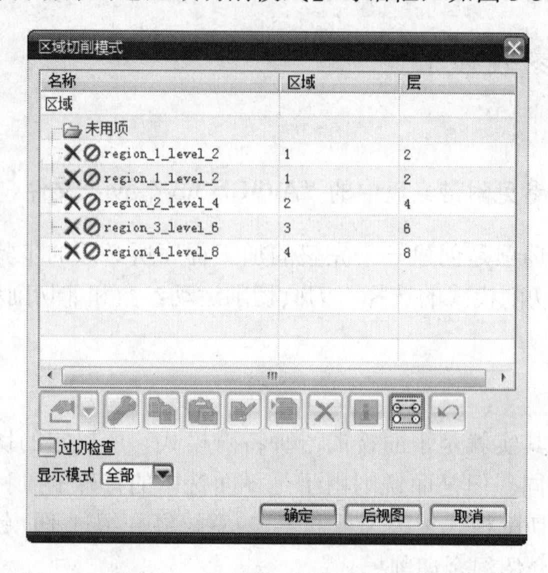

图 3-36 【区域切削模式】对话框

在【区域切削模式】对话框中可设置不同切削区域的切削模式。

应用·技巧

混合切削模式是面铣削中特有的切削模式，当选择该种切削模式时，可以对不同的切削区域设置不同的切削参数。

3.4.2 切削参数

前面已经介绍面铣削是平面铣中一种特殊的操作，其也有特属于面铣削而平面铣中没有的切削参数，即【刀具延展量】和【允许底切】两项。下面就重点介绍这两项特有的切削参数。

在【面铣】对话框中，单击【切削参数】图标，系统将自动弹出【切削参数】对话框，在【策略】选项卡下的【切削区域】中有一个特殊的参数【刀具延展量】；在【底切】中有【允许底切】，如图 3-37 所示。

- 【刀具延展量】：控制在切削过程中刀具前沿超出平面边界的距离。【刀具延展量】的设置可以直接输入具体数值，也可以直接使用刀具直径的百分比值来控制，但是该值都必须不大于刀具的直径，如图 3-38 所示。

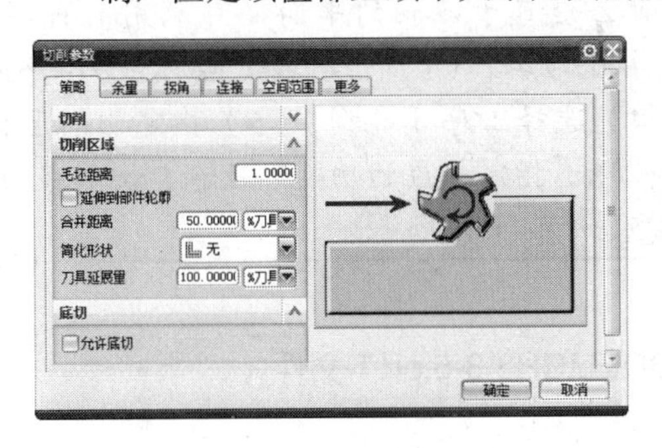

图 3-37　切削参数

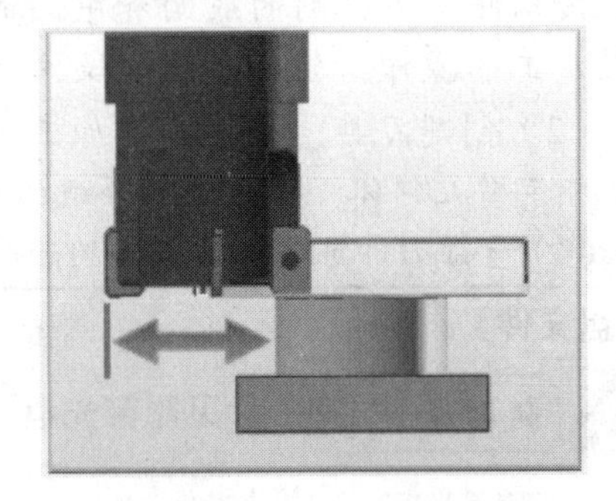

图 3-38　刀具延展量

- 【允许底切】：控制在切削过程中，加工底部时，顶部切削过的位置是否发生过切。若勾选【允许底切】前面的复选框，则在切削过程中允许底切。在加工工件底部时，顶部切削过的位置将会发生过切现象，如图 3-39 所示。若没有勾选【允许底切】前面的复选框，则在切削过程中不允许底切。在加工工件底部时，顶部切削过的位置将不会发生过切现象，系统将自动进行过切检查，如图 3-40 所示。

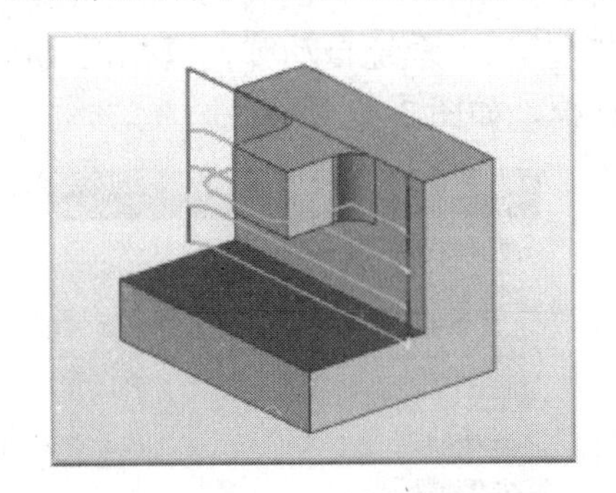

图 3-39　允许底切

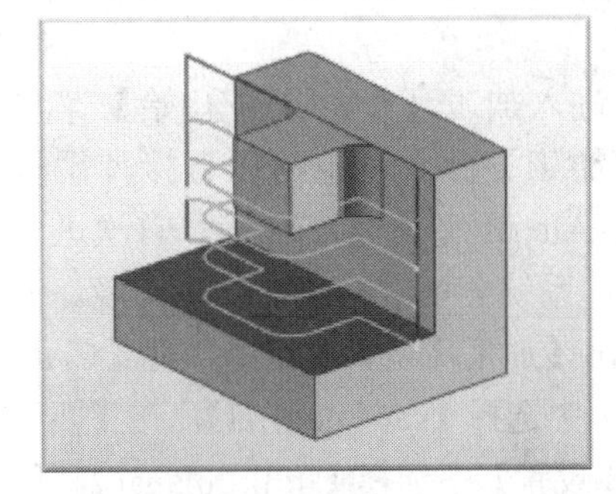

图 3-40　不允许底切

3.5　实例・操作——铸件零件加工

底面为平面，且侧壁垂直于刀轴的零件常使用面铣削操作来完成加工。本例的加工零件如图 3-41 所示。

图 3-41　模型文件

思路·点拨

该零件需要铣削的底面和中间的型芯侧面为垂直于刀轴的平面，可利用面铣削进行精加工的操作。创建面铣削操作大致分为 9 个步骤：（1）创建加工坐标系和安全平面；（2）创建刀具；（3）创建加工几何体；（4）选择工序子类型；（5）指定切削区域；（6）指定壁几何体；（7）选择合适的切削模式；（8）指定相应的切削参数和非切削移动参数；（9）生成刀即可完成该零件的面铣削的创建。

【光盘文件】

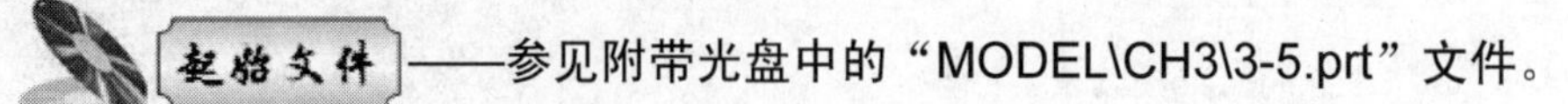

起始文件——参见附带光盘中的“MODEL\CH3\3-5.prt”文件。

结果文件——参见附带光盘中的“END\CH3\3-5.prt”文件。

动画演示——参见附带光盘中的“AVI\CH3\3-5.avi”文件。

【操作步骤】

（1）启动 UG NX 8，打开光盘中的源文件“MODEL\CH3\3-5.prt”模型，如图 3-41 所示。

（2）进入加工环境。在【开始】菜单中选择【加工】命令，也可以直接使用快捷键 Ctrl+Alt+M 进入加工环境。首次进入加工环境，系统会要求初始化加工环境。系统自动弹出【加工环境】对话框，在【CAM 会话配置】中选择【cam_general】，在【要创建的 CAM 设置】中选择【mill_ planar】，单击【确定】按钮，如图 3-42 所示。

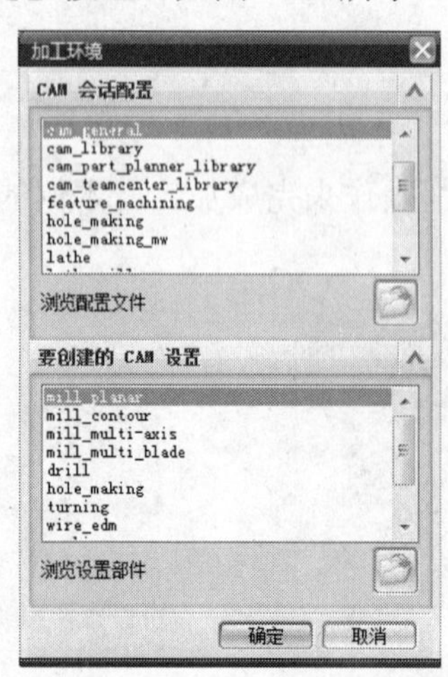

图 3-42 进入加工环境

（3）创建加工坐标系。双击【工序导航器-几何】下的【MCS_MILL】图标 MCS_MILL，系统自动弹出【Mill Orient】对话框，如图 3-43 所示。

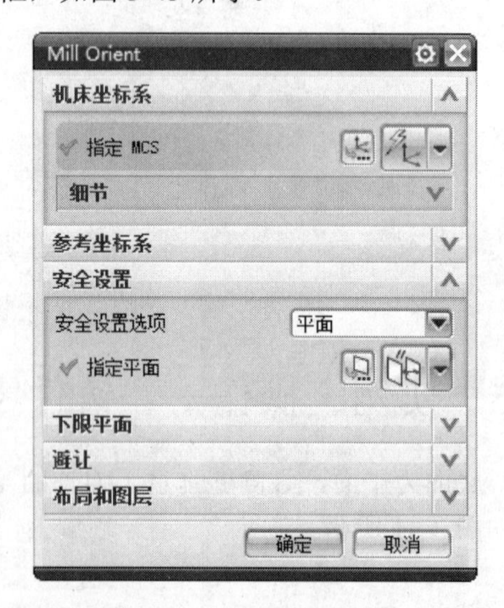

图 3-43 创建加工坐标系

① 指定 MCS。单击【指定 MCS】右边的【CSYS】图标，系统自动弹出【CSYS】对话框，选择零件中间凸台的圆心作为加工坐标系，如图 3-44 所示。单击【确定】按钮完成 MCS 的定义。

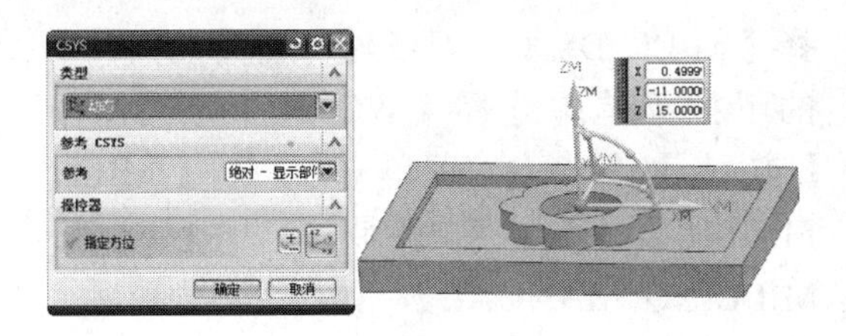

图 3-44　指定 MCS

② 安全设置，设置安全平面。在【安全设置】-【安全设置选项】的下拉菜单中选择【平面】，单击【平面】图标，系统自动弹出【平面】对话框，在【类型】的下拉菜单中选择【自动判断】，选择零件的上表面，输入距离值为 30，如图 3-45 所示。单击【确定】按钮完成安全平面的设置。再单击【确定】按钮完成加工坐标系的定义。

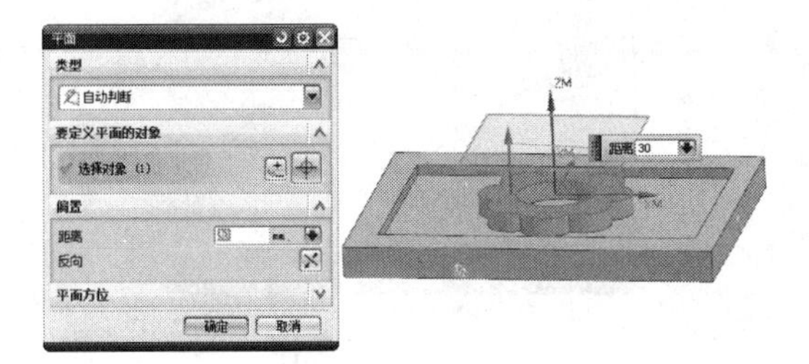

图 3-45　设置安全平面

（4）创建几何体。在【工序导航器-几何】下，双击坐标系【MCS_MILL】图标 MCS_MILL 下的子菜单【WORKPIECE】，系统将自动弹出【铣削几何体】对话框，如图 3-46 所示。

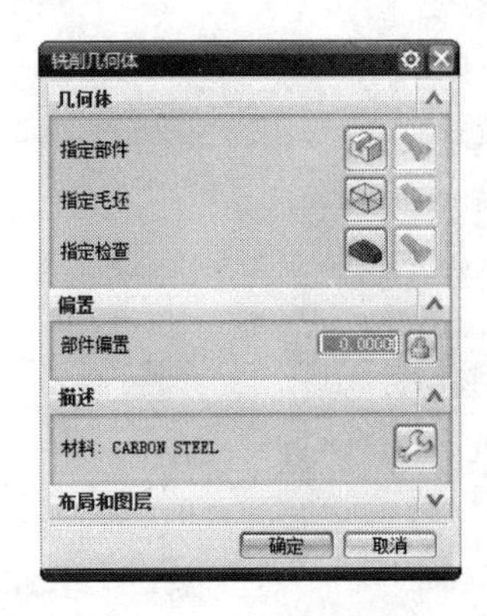

图 3-46　铣削几何体

① 指定部件。单击【指定部件】图标，系统将自动弹出【部件几何体】对话框，选择零件模型，在【部件几何体】对话框下的【列表】中会显示已经选择的部件数量，单击【确定】按钮，完成部件的指定，如图 3-47 所示。

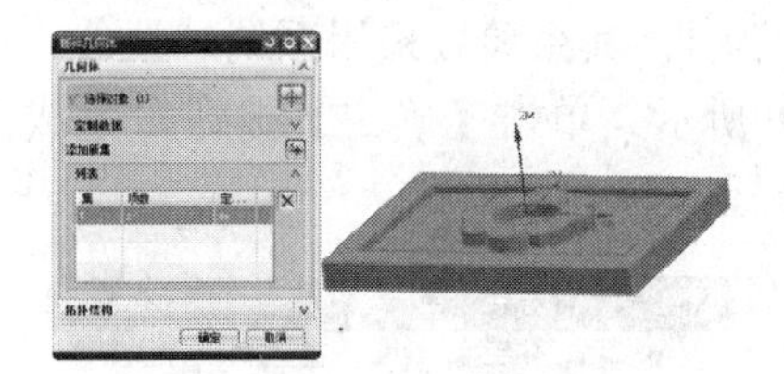

图 3-47　指定部件

② 指定毛坯。单击【指定毛坯】图标，系统将自动弹出【毛坯几何体】对话框，在【类型】的下拉菜单中选择【包容块】的方式创建毛坯几何体，单击【确定】按钮，完成毛坯的指定，如图 3-48 所示。

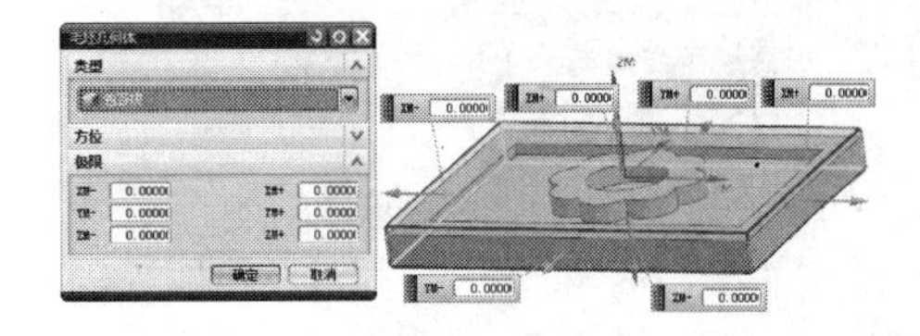

图 3-48　指定毛坯

（5）创建刀具。单击工具条中的【创建刀具】，系统将自动弹出【创建刀具】对话框，在【类型】的下拉菜单中选择【mill_planar】，【刀具子类型】中选择【MILL】图标，【位置】选择系统默认的【GENERTC_MACHINE】，【名称】设置为【MILL_D8】，如图 3-49 所示。

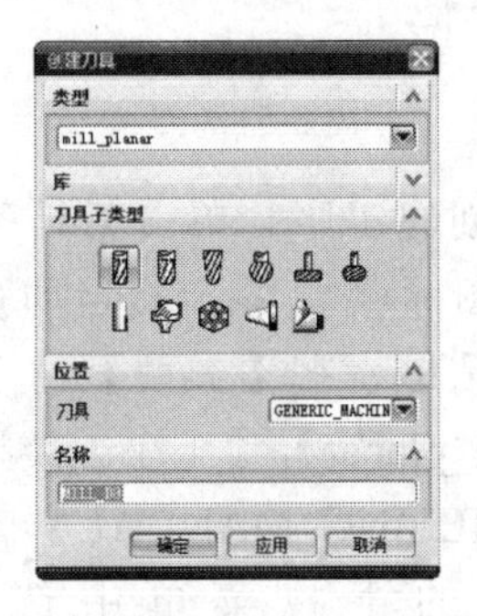

图 3-49　【创建刀具】对话框

单击【确定】按钮，系统将自动弹出【铣刀-5 参数】对话框，设置刀具的【直径】为 8mm，【长度】为 70mm，【刀刃长度】为 50mm，【刀刃】为 4，【刀具号】为 1，【补偿寄存器】为 1，【刀具补偿寄存器】为 1，其余参数采用系统默认值，如图 3-50 所示。单击【确定】按钮，完成刀具的设置。

图 3-50　刀具参数

在【工序导航器-机床】中会看到设置好的刀具，如图 3-51 所示。

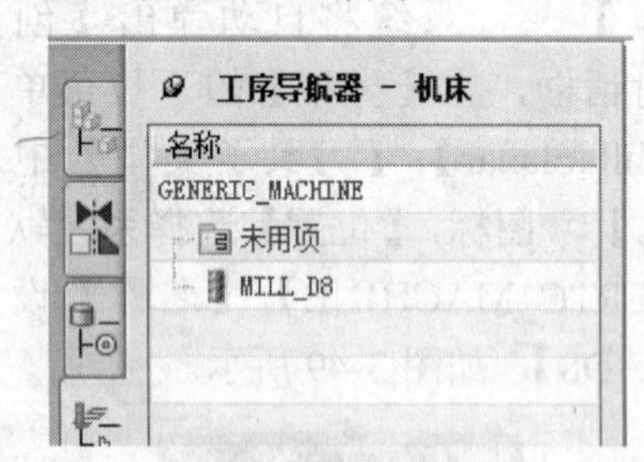

图 3-51　刀具

（6）创建工序。单击工具条中的【创建工序】图标，系统将自动弹出【创建工序】对话框，在【类型】的下拉菜单中选择【mill_planar】，【工序子类型】中选择【FACE_MILLING_MANUAL】图标，在【程序】的下拉菜单中选择【NC_PROGRAM】,在【刀具】的下拉菜单中选择【MILL_D8（铣刀-5）】，在【几何体】的下拉菜单中选择【WORKPIECE】，在【方法】的下拉菜单中选择【MILL_FINISH】，【名称】设置为【FACE_MILLING_MANUAL】，如图 3-52 所示。单击【确定】按钮，系统将自动弹出【手工面铣削】对话框。

图 3-52　创建工序

① 指定部件。在【几何体】的下拉菜单中选择【MCS_MILL】继承前面设置的部件几何体和毛坯几何体，如图 3-53 所示。

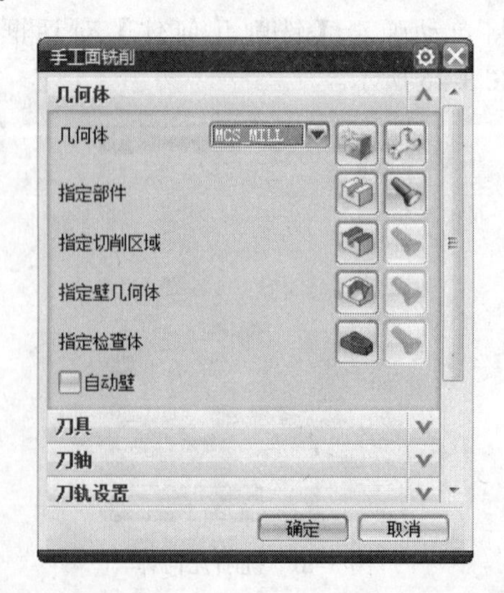

图 3-53　设置几何体

② 指定切削区域。在系统自动弹出的【手工面铣削】对话框中，单击【指定切削区域】图标，系统将自动弹出【切削区域】对话框，选中要切削的面，在【列表】下会显示已经选择的切削区域的数量，单击【确定】按钮，完成切削区域的设置，如图 3-54 所示。

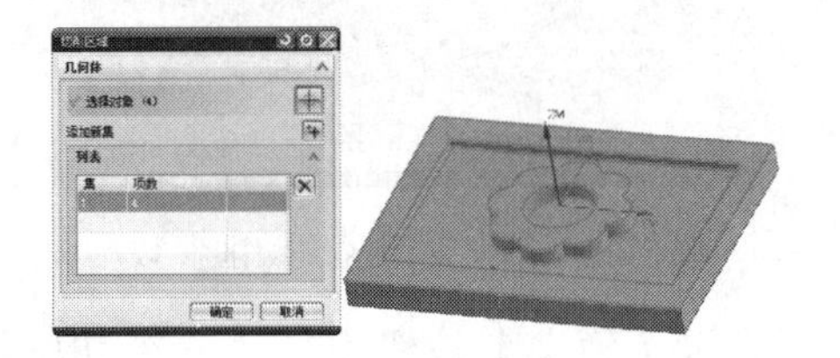

图 3-54　指定切削区域

③ 指定壁几何体。在系统自动弹出的【手工面铣削】对话框中，单击【指定壁几何体】图标，系统将自动弹出【壁几何体】对话框，选中要设置为壁的面，在【列表】下会显示已经选择的壁几何体的数量，单击【确定】按钮，完成壁几何体的设置，如图 3-55 所示。

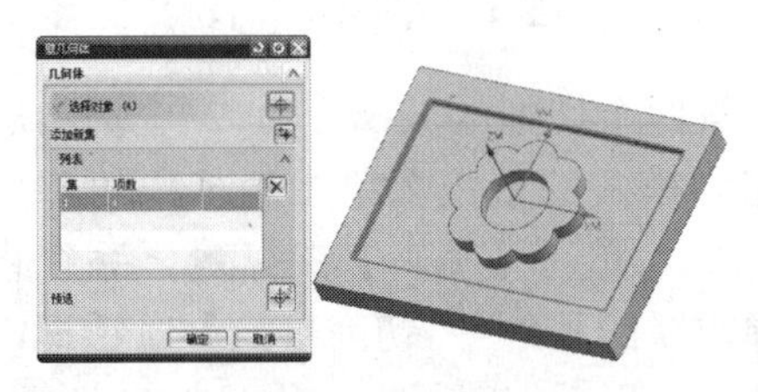

图 3-55　指定壁几何体

④ 指定切削模式。在【手工面铣削】对话框中，在【切削模式】的下拉菜单中选择 混合，【平面直径百分比】设置为 50，【毛坯距离】设置为 0.5，【每刀深度】和【最终底面余量】参数采用系统默认值，如图 3-56 所示。

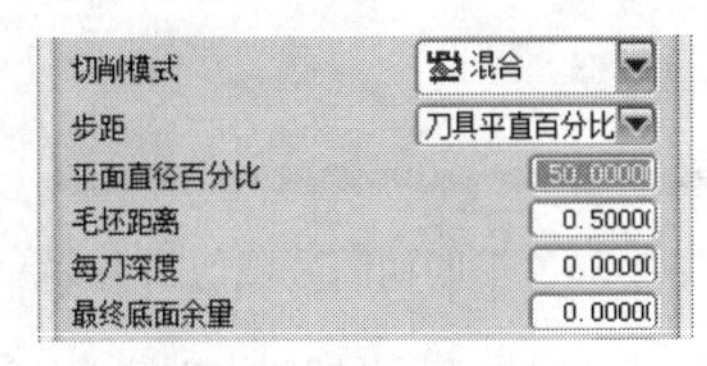

图 3-56　指定切削模式

单击【操作】列表下的【生成】图称，系统将自动弹出【区域切削模式】对话框，在该对话框中可设置各个切削区域的切削模式，在该对话框中，用户可以看到系统将根据前面设置的【毛坯距离】、【每刀深度】和【最终底面余量】3 个参数自动计算出每个切削区域的切削层数，如图 3-57 所示。

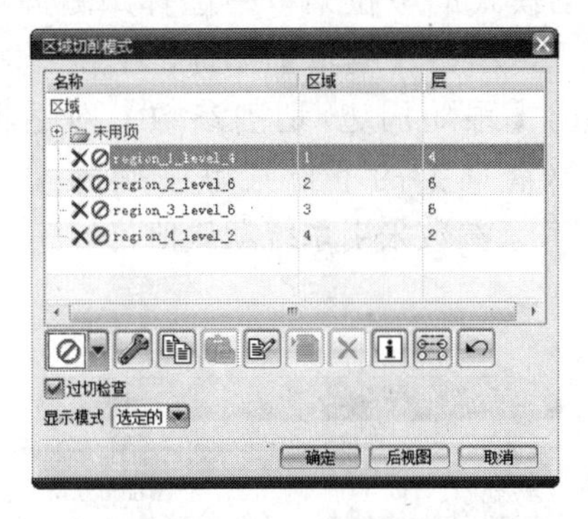

图 3-57　切削区域

第一个切削区域：分为 4 个切削层。在切削模式的下拉菜单中选择往复式切削，单击【编辑】图标，系统将自动弹出【往复 切削参数】对话框，在【壁清理】的下拉菜单中选择【在终点】，其余参数采用系统默认值，如图 3-58 所示。

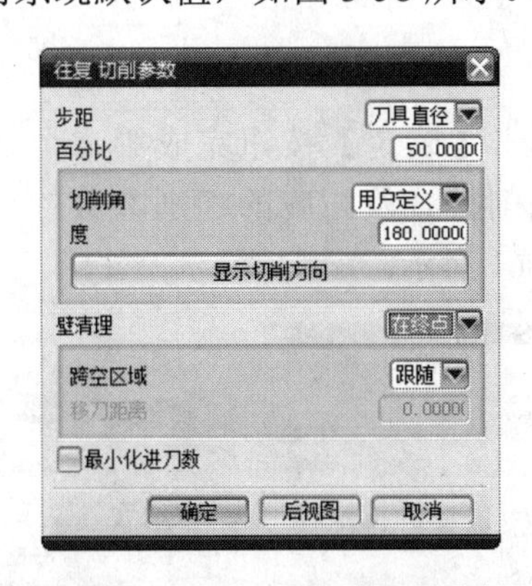

图 3-58　第一切削区域切削参数

单击【确定】按钮完成第一个切削区域的切削模式及相应的切削参数的设置，如图 3-59 所示。

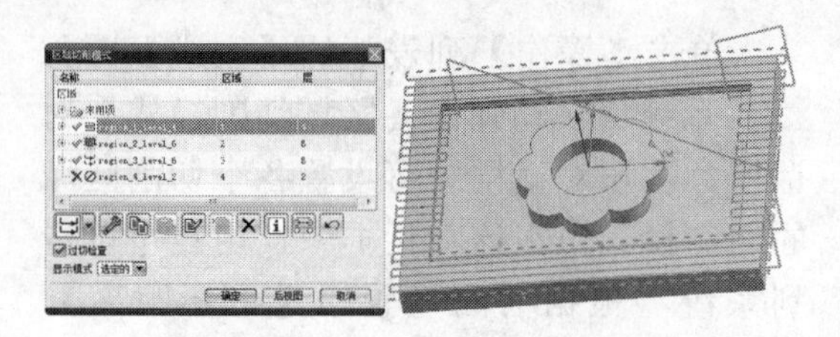

图 3-59　第一个切削区域

第二个切削区域：分为 6 个切削层。在切削模式的下拉菜单中选择跟随周边式切削，单击【编辑】图标，系统将自动弹出【跟随周边 切削参数】对话框，在【壁清理】的下拉菜单中选择【在终点】，其余参数采用系统默认值，如图 3-60 所示。

图 3-60　第二切削区域切削参数

单击【确定】按钮完成第二个切削区域的切削模式及相应的切削参数的设置，如图 3-61 所示。

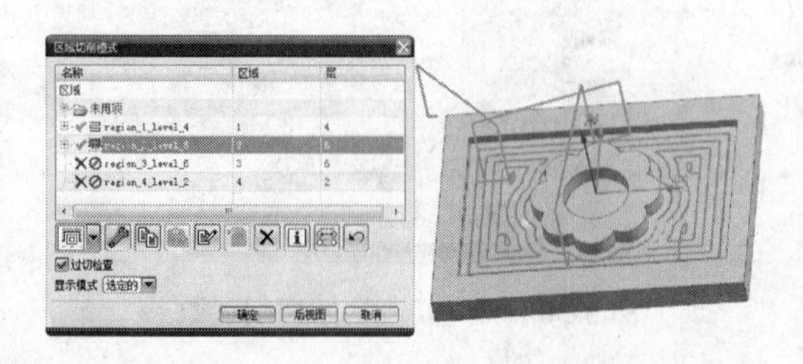

图 3-61　第二个切削区域

第三个切削区域：分为 6 个切削层。在切削模式的下拉菜单中选择单向轮廓式切削，单击【编辑】图标，系统将自动弹出【单向轮廓 切削参数】对话框，全部参数采用系统默认值，如图 3-62 所示。

图 3-62　第三切削区域切削参数

单击【确定】按钮完成第三个切削区域的切削模式及相应的切削参数的设置，如图 3-63 所示。

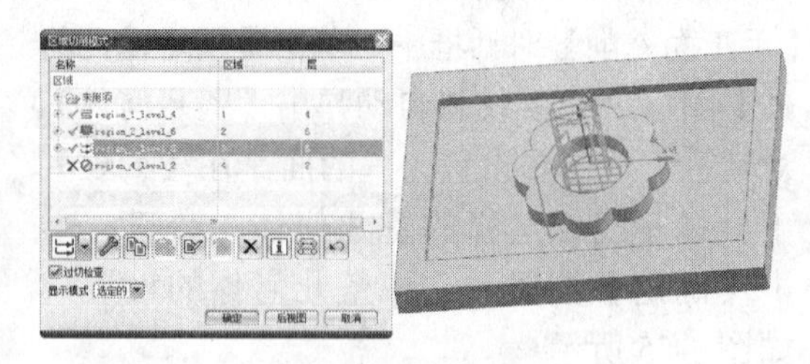

图 3-63　第三个切削区域

第四个切削区域：分为 2 个切削层。在切削模式的下拉菜单中选择跟随部件式切削，单击【编辑】图标，系统将自动弹出【跟随部件 切削参数】对话框，全部参数采用系统默认值，如图 3-64 所示。

图 3-64　第四切削区域切削参数

单击【确定】按钮完成第四个切削

区域的切削模式及相应的切削参数的设置，如图 3-65 所示。

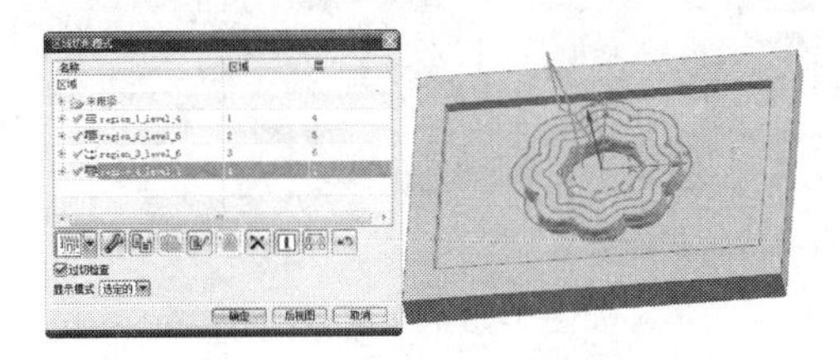

图 3-65　第四个切削区域

单击【确定】按钮，完成所有切削区域的切削模式的设置，如图 3-66 所示。

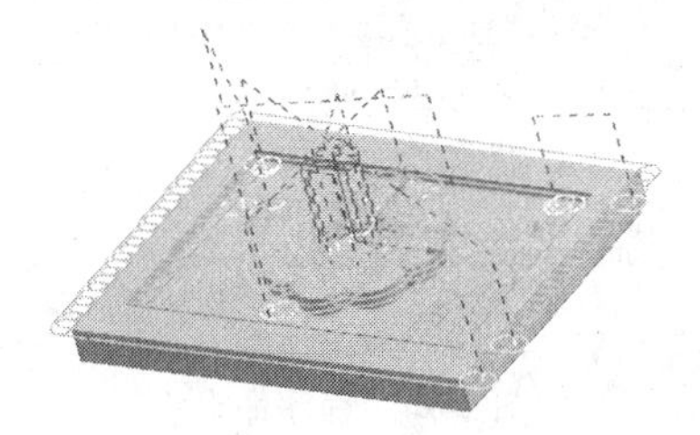

图 3-66　区域切削模式

⑤ 切削参数。

进入【余量】选项卡，【壁余量】设置为 0.5，其余参数全部采用系统默认值，如图 3-67 所示。单击【确定】按钮，完成切削参数的设置。

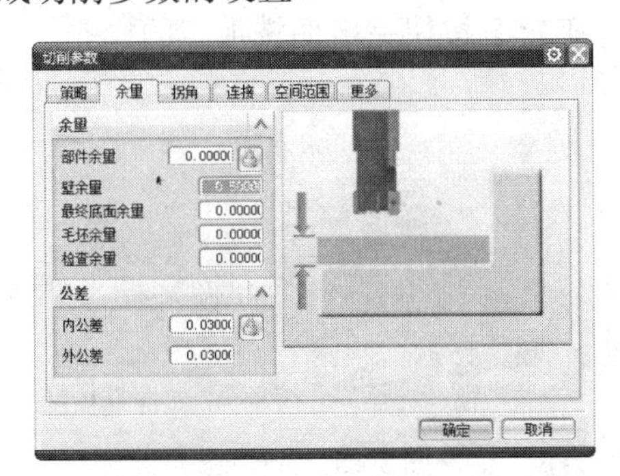

图 3-67　切削参数的设置

（7）非切削移动。在【手工面铣削】对话框中，单击【非切削移动】图标，系统将自动弹出【非切削移动】对话框，进入【进刀】选项卡。

① 设置【封闭区域】的参数：在【进刀类型】的下拉菜单中选择【螺旋】，在【高度起点】的下拉菜单中选择【平面】，单击【平面】图标，系统自动弹出【平面】对话框，选择如图 3-68 所示平面，【距离】值设置为 30，单击【确定】按钮，完成高度起点的设置。

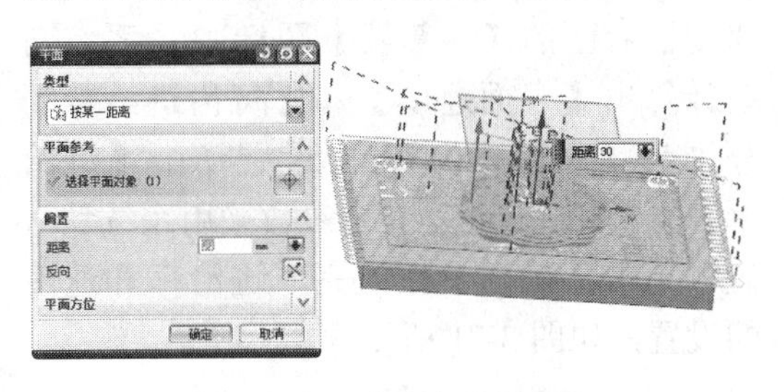

图 3-68　高度起点设置

【安全距离】设置为 10，其余参数采用系统默认值，如图 3-69 所示。

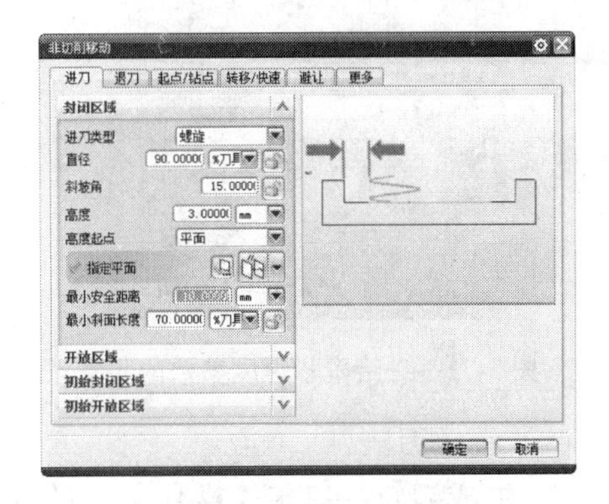

图 3-69　安全距离的设置

② 设置【开放区域】的参数：在【进刀类型】的下拉菜单中选择【线性】，其余参数采用系统默认值，如图 3-70 所示。单击【确定】按钮，完成非切削移动参数的设置。

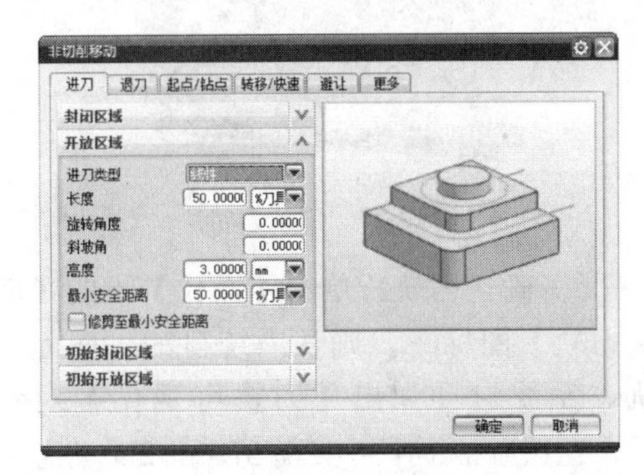

图 3-70　开放区域参数的设置

（8）进给率和速度。在【手工面铣削】对话框中，单击【进给率和速度】图标，系统自动弹出【进给率和速度】对话框，勾选【主轴速度】前面的复选框，设置【主轴速度】值为 3500，单击【主轴速度】后面的【计算器】图标，系统自动计算出【表面速度】和【每齿进给量】分别为 87 和 0.01785，设置切削【进给率】为 250mmpm，其余参数采用系统默认值，单击【确定】按钮完成进给率和速度的设置，如图 3-71 所示。

图 3-71　进给率和速度参数的设置

（9）生成刀轨。

① 生成刀轨。单击【操作】下的【生成刀轨】图标，系统自动生成刀轨，如图 3-72 所示。

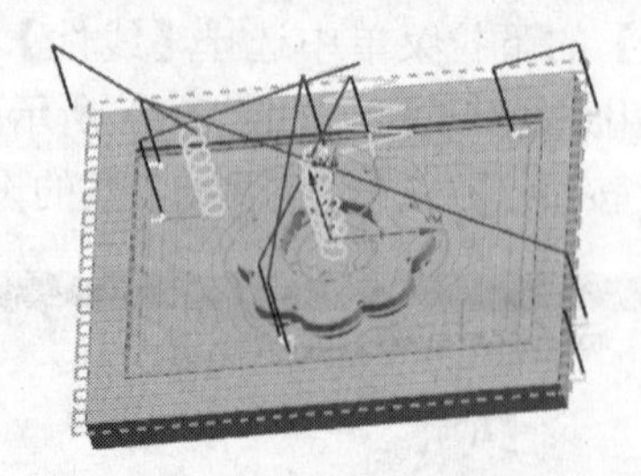

图 3-72　生成刀轨

② 确认刀轨。单击【操作】下的【确认刀轨】图标，确认系统自动生成刀的轨。系统自动弹出【刀轨可视化】对话框，在该对话框下可实现 3D 和 2D 动态的切削演示，如图 3-73 所示。

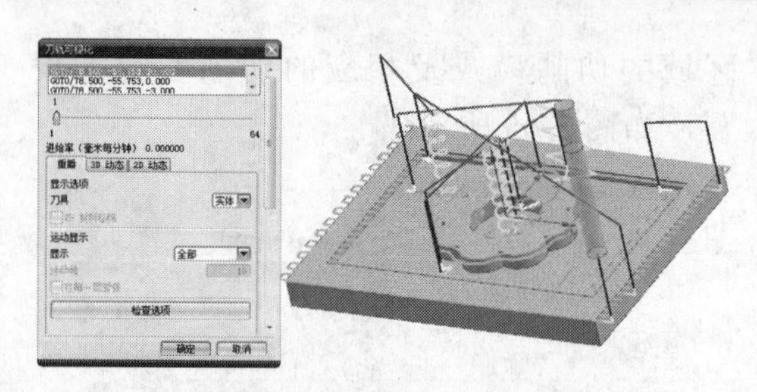

图 3-73　确认刀轨

③ 程序命令。在【刀轨可视化】窗口下，可以查看到程序命令，如图 3-74 所示。

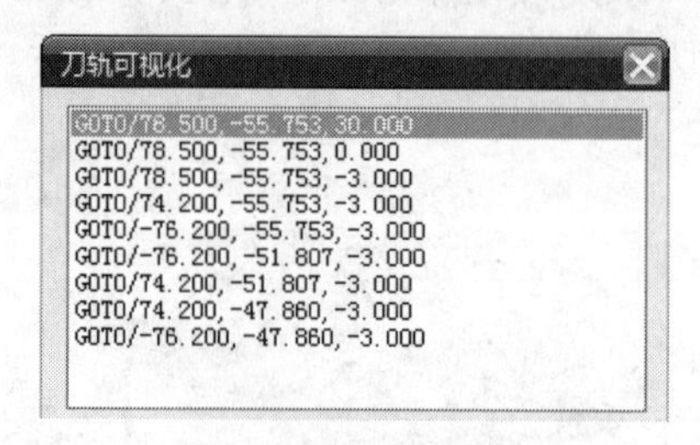
刀轨可视化

GOTO/78.500,-55.753,30.000
GOTO/78.500,-55.753,0.000
GOTO/78.500,-55.753,-3.000
GOTO/74.200,-55.753,-3.000
GOTO/-76.200,-55.753,-3.000
GOTO/-76.200,-51.807,-3.000
GOTO/74.200,-51.807,-3.000
GOTO/74.200,-47.860,-3.000
GOTO/-76.200,-47.860,-3.000

图 3-74　程序命令

④ 3D 动态演示。单击【刀轨可视化】下的【3D 动态】，单击播放图标，可显示 3D 动画演示，如图 3-75 所示。

⑤ 2D 动态演示。单击【刀轨可视化】下的【2D 动态】，单击播放图标，可显示 2D 动画演示，如图 3-76 所示。单击【确定】按钮完成面铣加工的操作。

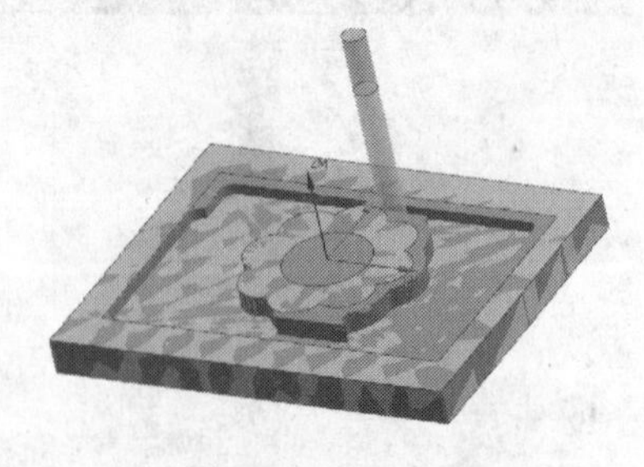

图 3-75　3D 动态

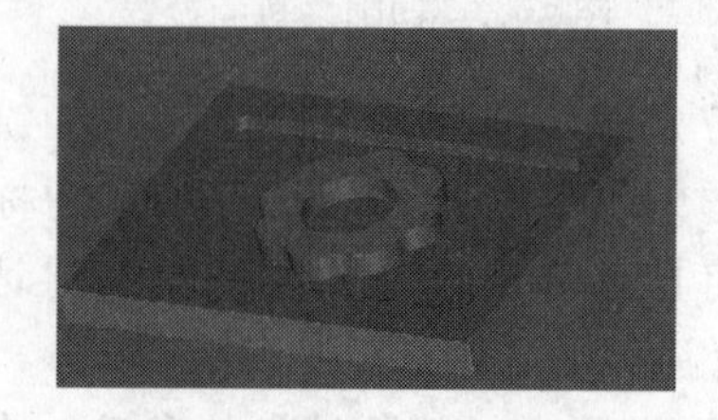

图 3-76　2D 动态

3.6 实例·练习——开放形腔体零件加工

该零件为开放形腔体零件，是多底面平面、且侧壁均垂直于刀轴的平面。本例的加工零件如图 3-77 所示。

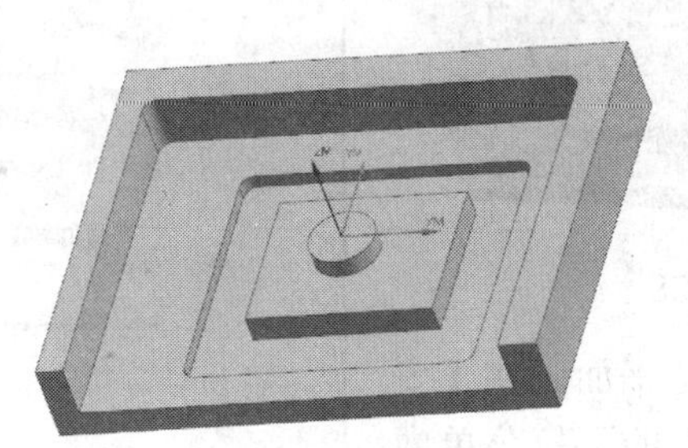

图 3-77 模型文件

思路·点拨

观察该部件，有多个平面底面和侧壁，工艺要求多个平面底面和侧壁的精度。为了简化操作，可以利用面铣削进行精加工的操作。创建面铣削操作大致分为 6 个步骤：（1）创建加工坐标系和安全平面；（2）创建刀具；（3）创建加工几何体；（4）指定面边界；（5）指定相应的切削参数和非切削移动参数；（6）生成刀轨即可完成该零件的面铣削的创建。

【光盘文件】

——参见附带光盘中的“MODEL\CH3\3-6.prt”文件。

——参见附带光盘中的“END\Ch3\3-6.prt”文件。

——参见附带光盘中的“AVI\Ch3\3-6.avi”文件。

【操作步骤】

（1）启动 UG NX 8，打开光盘中的源文件“MODEL\CH3\3-6.prt”模型，如图 3-77 所示。

（2）进入加工环境的操作如 3.1 节中所述，在此不再赘述。

（3）创建加工坐标系。双击【工序导航器-几何】下的坐标系【MCS_MILL】图标 MCS_MILL，系统自动弹出【Mill Orient】对话框，如图 3-78 所示。

① 指定 MCS。单击【指定 MCS】右边的【CSYS】图标，系统自动弹出【CSYS】

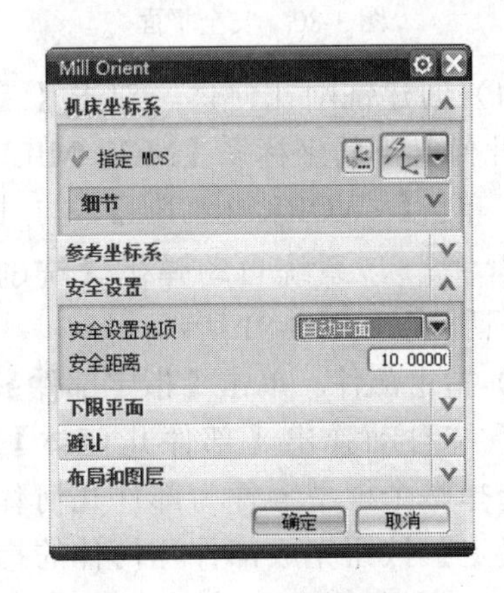

图 3-78 创建新的坐标系

对话框，选择零件中间圆形凸台的圆心位置为新的坐标系，如图 3-79 所示。单击【确定】按钮完成 MCS 的定义。

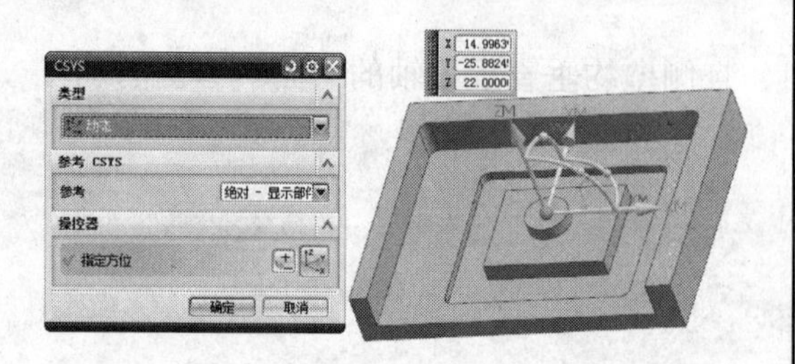

图 3-79　指定 MCS

② 安全设置，设置安全平面。在【安全设置】-【安全设置选项】的下拉菜单中选择【平面】，单击【平面】图标，系统自动弹出【平面】对话框，在【类型】的下拉菜单中选择【按某一距离】，选择零件的上表面，输入距离值为 20，如图 3-80 所示。单击【确定】按钮完成安全平面的设置。再单击【确定】按钮完成加工坐标系的定义。

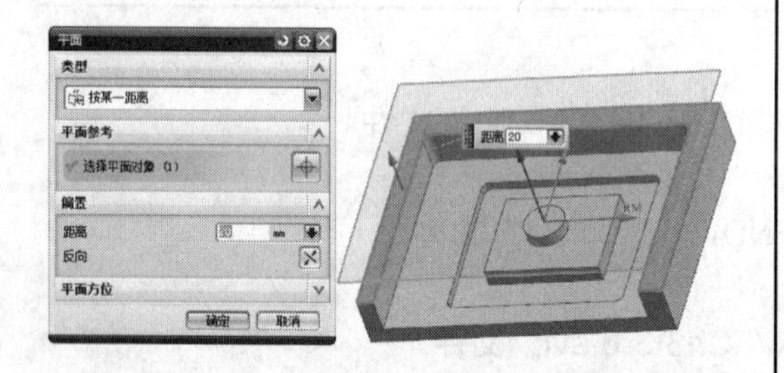

图 3-80　安全平面

（4）创建铣削几何体。双击【工序导航器-几何】下的坐标系【MCS_MILL】的子菜单【WORKPIECE】的图标 WORKPIECE，系统自动弹出【铣削几何体】对话框，如图 3-81 所示。

① 指定部件。单击【指定部件】图标，系统自动弹出【部件几何体】对话框，选择整个模型零件为部件几何体，单击【确定】按钮完成部件几何体的指定，如图 3-82 所示。

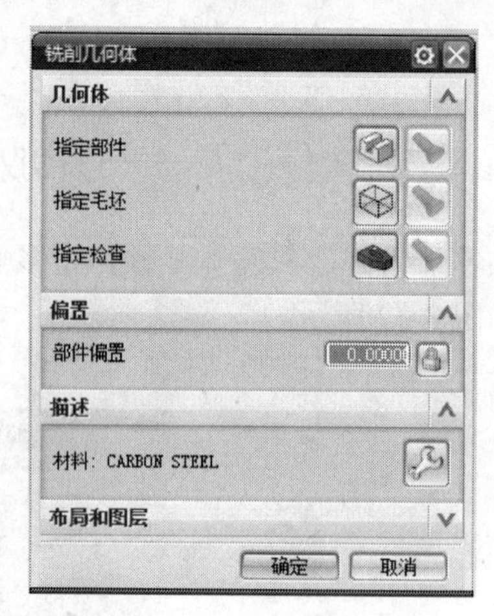

图 3-81　【几何体】对话框

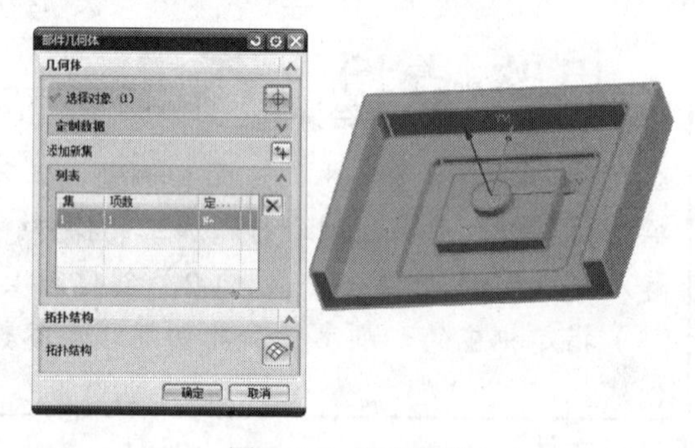

图 3-82　指定部件

② 指定毛坯。单击【指定毛坯】图标，系统自动弹出【毛坯几何体】对话框，在【类型】的下拉菜单中选择【包容块】，单击【确定】按钮完成毛坯几何体的指定，如图 3-83 所示。再单击【确定】按钮完成铣削几何体的指定。

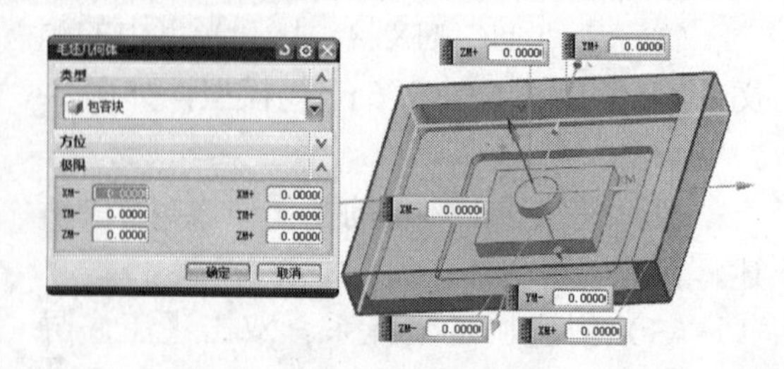

图 3-83　指定毛坯

（5）创建刀具。单击工具栏中的【创建刀具】图标，系统自动弹出【创建刀具】对话框，在【类型】的下拉菜单中选择【mill_planar】，在【刀具子类型】中选择【MILL】图标，在【位置】的下拉菜单中选择【GENERIC_MACHINE】，【名称】设置为【MILL_D10】，单击【确定】按钮，如图 3-84 所示。

图 3-84　创建刀具

单击【确定】按钮后，系统自动弹出【铣刀-5 参数】对话框，进入刀具的具体参数的设置。设置刀具的【直径】为 10，【长度】为 75，【刀刃长度】为 50，【刀刃】为 4，【刀具号】为 1，【补偿寄存器】为 1，【刀具补偿寄存器】为 1，其余参数采用系统默认值。单击【确定】按钮，完成刀具的参数设置，如图 3-85 所示。

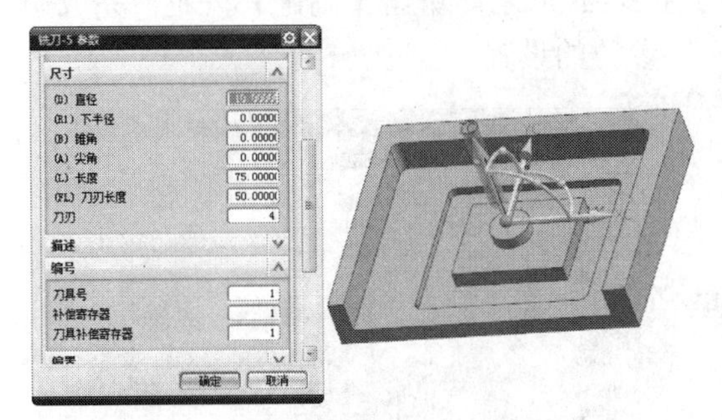

图 3-85　加工刀具

（6）创建工序。单击工具栏中的【创建工序】图标，系统自动弹出【创建工序】对话框，在【类型】的下拉菜单中选择【mill_planar】，在【工序子类型】中选择【FACE _MILLING】图标，在【程序】的下拉菜单中选择【NC_PROGRAM】，在【刀具】的下拉菜单中选择粗加工刀具【MILL_D10（铣刀-5 参数）】，在【几何体】的下拉菜单中选择【WORKPIECE】,在【方法】的下拉菜单中选择【MILL_FINISH】，【名称】设置为【FACE_MILLING】，如图 3-86 所示。

图 3-86　【创建工序】对话框

单击【确定】按钮，系统自动弹出【面铣】对话框，如图 3-87 所示。

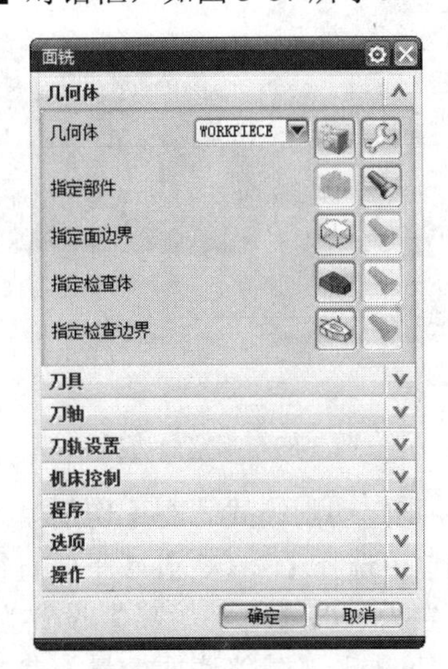

图 3-87　创建面铣参数

① 指定部件。在【几何体】的下拉菜

单中选择【WORKPIECE】，面铣操作就继承了【WORKPIECE】中设置的部件几何体、毛坯几何体等参数，如图3-88所示。

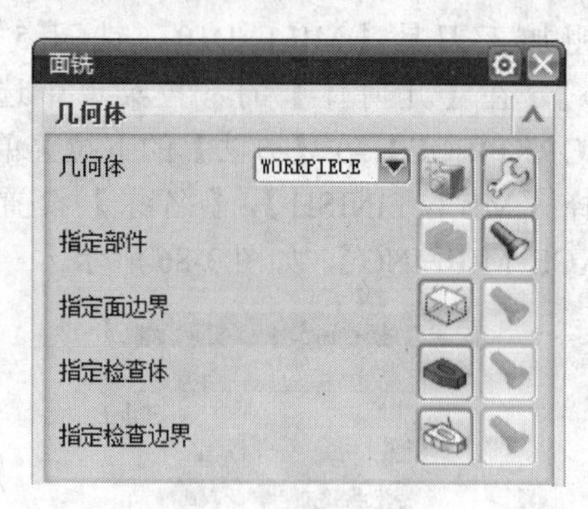

图3-88 继承几何体

② 指定面边界。单击【指定面边界】图标，系统将自动弹出【指定面几何体】对话框，【过滤器类型】选择【面边界】，去掉【忽略孔】前面复选框的勾选，勾选【忽略倒斜角】前面的复选框，选中部件几何体中要切削的面，如图3-112所示。单击【确定】按钮，完成指定面边界设置。

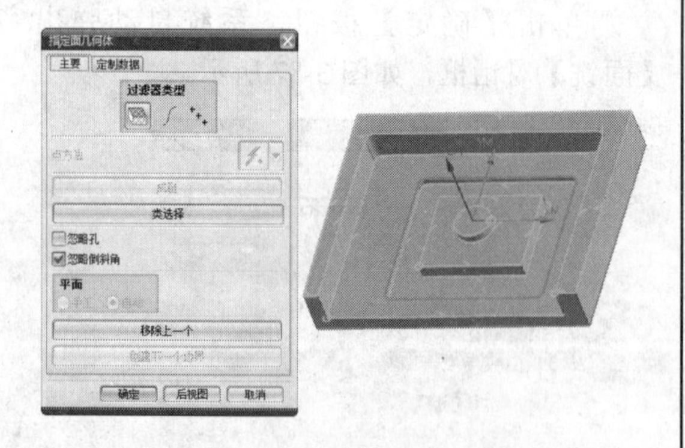

图3-89 指定面边界

③ 指定切削模式。在【切削模式】的下拉菜单中选择【往复】，【平面直径百分比】设置为40，【毛坯距离】设置为0.5，【每刀深度】和【最终底面余量】参数采用系统默认值，如图3-90所示。

④ 切削参数。在【面铣】对话框中，单击【切削参数】图标，系统自动弹出【切削参数】对话框。

图3-90 切削模式

进入【策略】选项卡，在【切削方向】的下拉菜单中选择【顺铣】，在【壁清理】的下拉菜单中选择【在终点】，其余参数采用系统默认值，如图3-91所示。

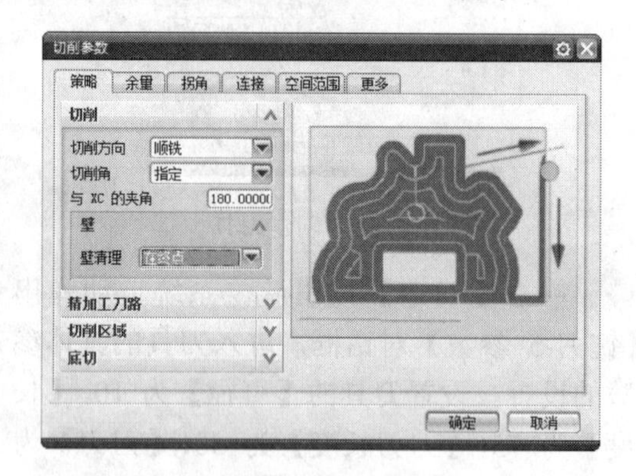

图3-91 壁清理设置

进入【余量】选项卡，【壁余量】设置为0.5，其余参数全部采用系统默认值，如图3-92所示。单击【确定】按钮，完成切削参数的设置。

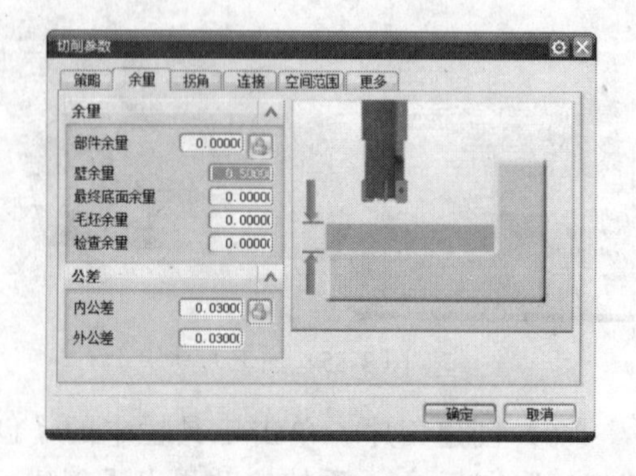

图3-92 余量设置

⑤ 非切削移动。在【面铣】对话框

中，单击【非切削移动】图标，系统将自动弹出【非切削移动】对话框，进入【进刀】选项卡。

设置【封闭区域】的参数：在【进刀类型】的下拉菜单下选择【螺旋】，在【高度起点】的下拉菜单中选择【平面】，单击【平面】图标，系统自动弹出【平面】对话框，选择如图 3-93 所示平面，距离值设置为 10，单击【确定】按钮，完成高度起点的设置。【安全距离】设置为 15，其余参数采用系统默认值，如图 3-94 所示。

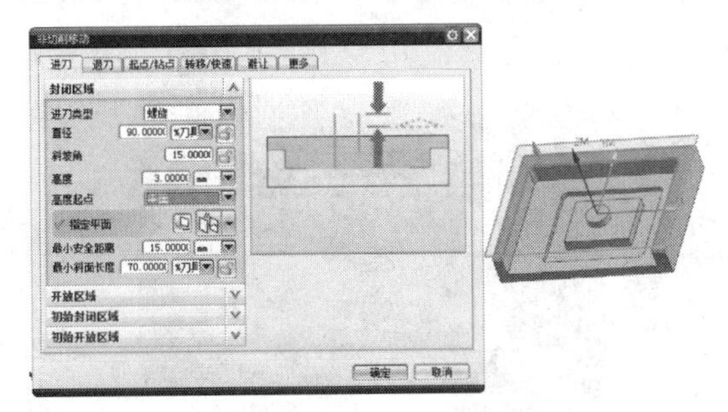

图 3-93　高度起点设置

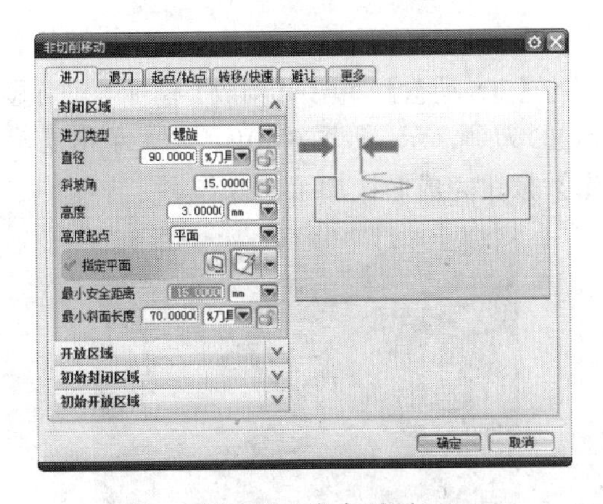

图 3-94　安全平面

设置【开放区域】的参数：在【进刀类型】的下拉菜单下选择【线性】，其余参数采用系统默认值，如图 3-95 所示。单击【确定】按钮，完成非切削移动参数的设置。

⑥ 进给率和速度。在【面铣】对话框中，单击【进给率和速度】图标，系统

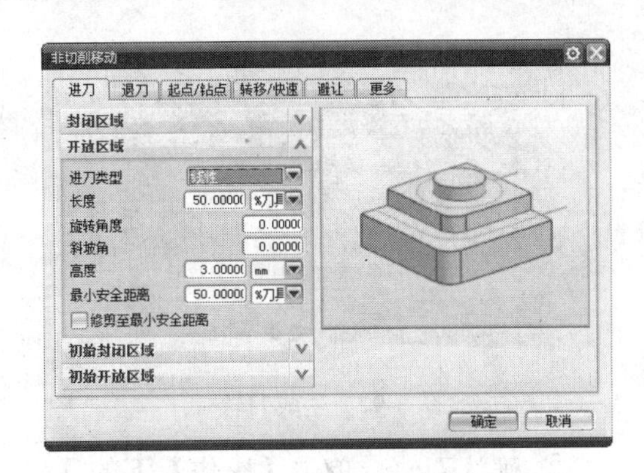

图 3-95　开放区域设置

自动弹出【进给率和速度】对话框，勾选【主轴速度】前面的复选框，设置【主轴速度】值为 3500，单击【主轴速度】后面的【计算器】图标，系统自动计算出【表面速度】和【每齿进给量】分别为 109 和 0.01785，设置【切削】进给率为 350mmpm，其余参数采用系统默认值，单击【确定】按钮完成进给率和速度的设置，如图 3-96 所示。

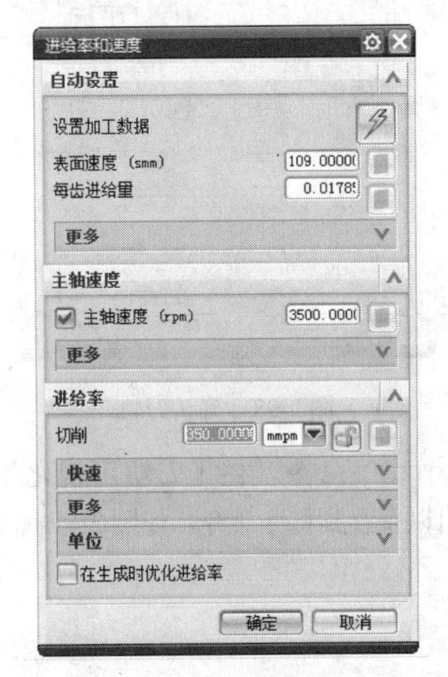

图 3-96　进给率和速度参数设置

（7）生成刀轨。

① 生成刀轨。单击【操作】下的【生成刀轨】图标，系统自动生成刀轨。如图 3-97 所示。

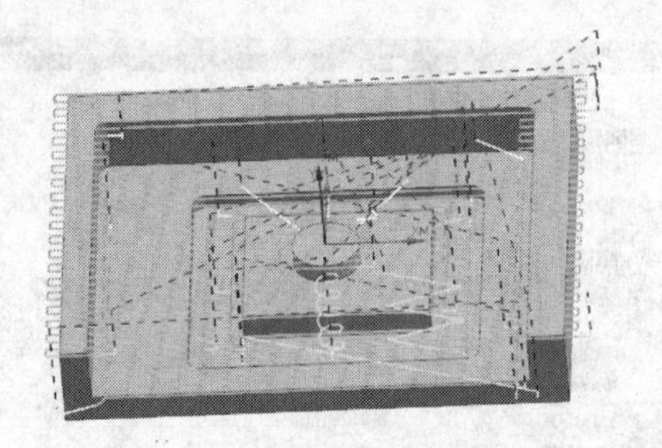

图 3-97　生成刀轨

② 确认刀轨。单击【操作】下的【确认刀轨】图标，确认系统自动生成刀的轨。系统自动弹出【刀轨可视化】对话框，在该对话框下可实现 3D 和 2D 动态的切削演示，如图 3-98 所示。

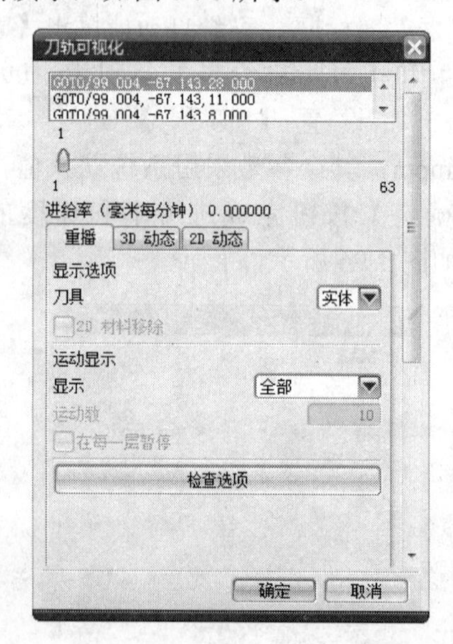

图 3-98　确认刀轨

③ 程序命令。在【刀轨可视化】窗口下，可以查看到程序命令，如图 3-99 所示。

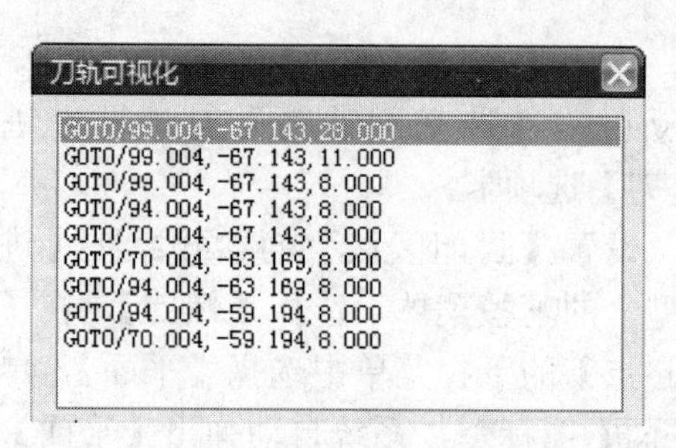

图 3-99　程序命令

④ 3D 动态演示。单击【刀轨可视化】下的【3D 动态】，单击播放图标，可显示 3D 动画演示，如图 3-100 所示。

图 3-100　3D 动态

⑤ 2D 动态演示。单击【刀轨可视化】下的【2D 动态】，单击【播放】图标，可显示 2D 动画演示，如图 3-101 所示。单击【确定】按钮完成面铣加工的操作。

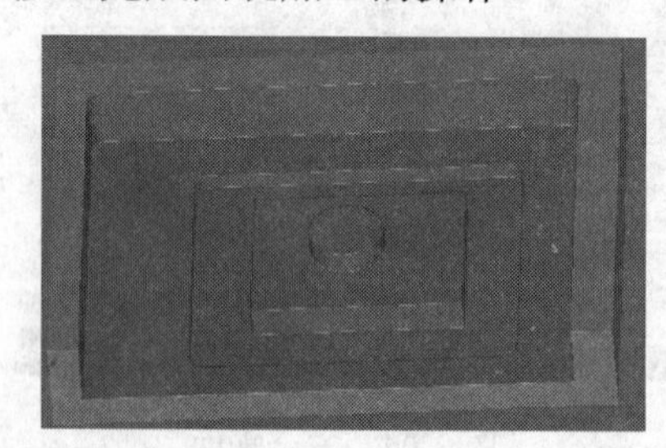

图 3-101　2D 动态

第4章 型腔铣

型腔铣主要用于在平面层上去除材料，常用于粗加工操作，为后续的精加工操作做准备。本章以典型实例来介绍型腔铣操作中的主要参数，以及创建一个该程序的基本方法和步骤。

本章内容

- 实例 • 模仿——型腔铣加工
- 型腔铣概述
- 型腔铣的子类型
- 型腔铣几何体的设置
- 型腔铣的基本参数
- 实例 • 操作——肥皂盒加工
- 实例 • 练习——创意巧克力凸模加工

4.1 实例 • 模仿——型腔铣加工

观察该部件，是一个轮廓型腔，中间有一个锥形型芯的零件，是典型的型腔铣加工零件。用型腔铣进行粗加工操作去除大量的平面层材料，为后续的精加工操作做准备。本例的加工零件如图 4-1 所示。

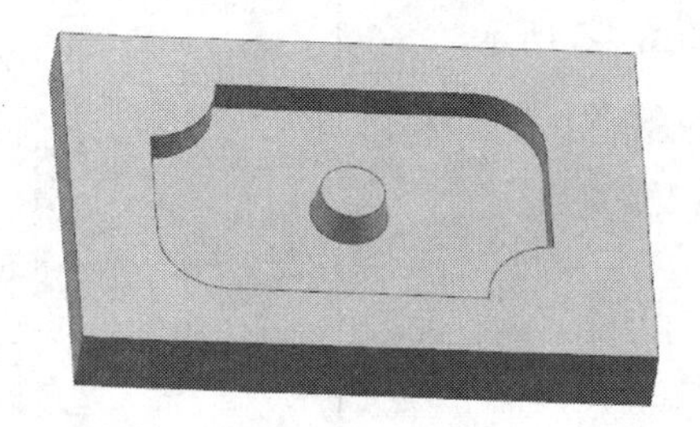

图 4-1 模型文件

思路·点拨

该零件需要铣削的是一个中间带有型芯的型腔，利用型腔铣进行粗加工的操作。创建一个型腔铣操作大致分为 7 个步骤:（1）创建刀具;（2）创建加工坐标系;（3）创建加工几何体;（4）指定切削区域;（5）指定相应的切削参数和非切削移动参数;（6）设置进给率和速度;（7）生成刀轨即可完成型腔铣的创建。

视频教学

【光盘文件】

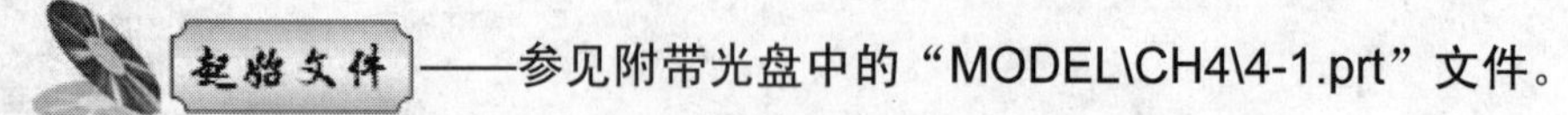

——参见附带光盘中的“MODEL\CH4\4-1.prt”文件。

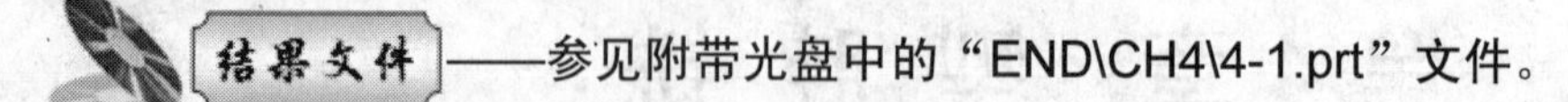

——参见附带光盘中的“END\CH4\4-1.prt”文件。

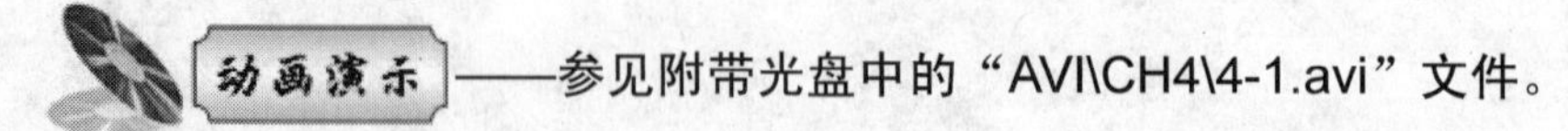

——参见附带光盘中的“AVI\CH4\4-1.avi”文件。

【操作步骤】

（1）启动 UG NX 8。打开光盘中的源文件“MODEL\CH4\4-1.prt”模型，单击【OK】按钮，如图 4-2 所示。

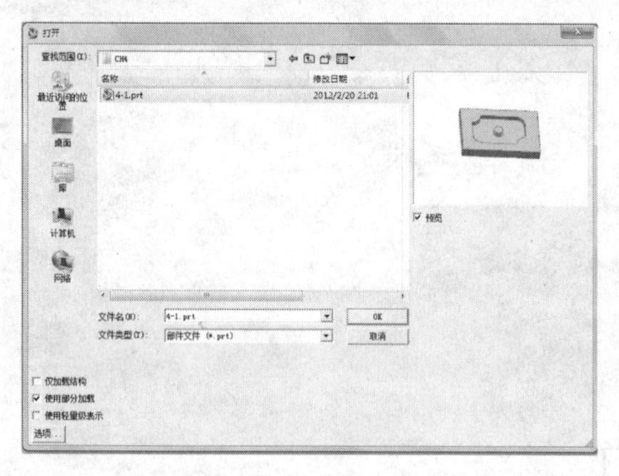

图 4-2　打开模型文件

（2）进入加工环境。单击【开始】—【加工】后出现 【加工环境】对话框（快捷键方式 Ctrl+Alt+M），设置【加工环境】如下参数后单击【确定】按钮，如图 4-3 所示。

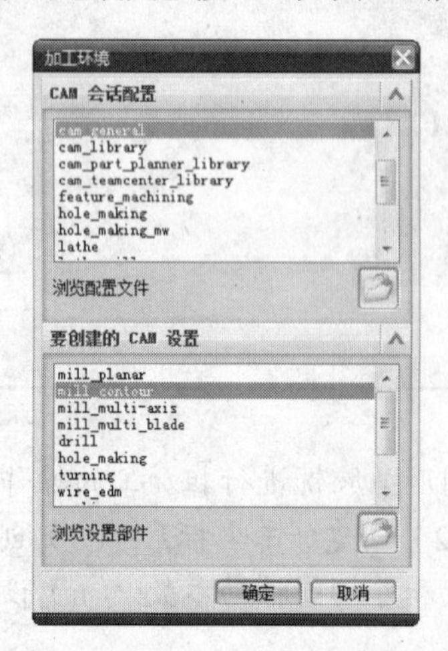

图 4-3　进入加工环境

（3）创建程序。单击【创建程序】图标，弹出【创建程序】对话框。【类型】选择【mill_contour】，【名称】设置为【PROGRAM_ROUGH】，其余选项采取默认参数，单击【确定】按钮，创建平面铣粗加工程序，如图 4-4 所示。

图 4-4　【创建程序】对话框

在【工序导航器-程序顺序】中显示新建的程序，如图 4-5 所示。

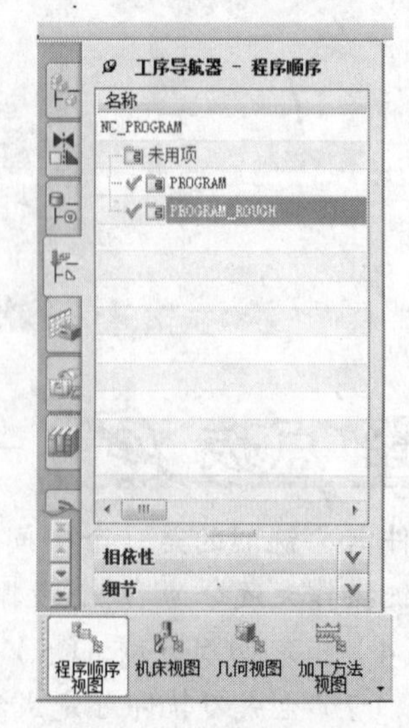

图 4-5　程序顺序视图

（4）创建刀具。单击【创建刀具】图标，弹出【创建刀具】对话框，【类型】选择【mill_contour】，【刀具子类型】选择【MILL】图标，【位置】选用默认选项，【名称】设置为【MILL_D10R2】，单击【确定】按钮，如图 4-6 所示。

图 4-6 【创建刀具】对话框

单击【确定】按钮后，弹出 【铣刀-5 参数】对话框，设置刀具参数如图 4-7 所示。

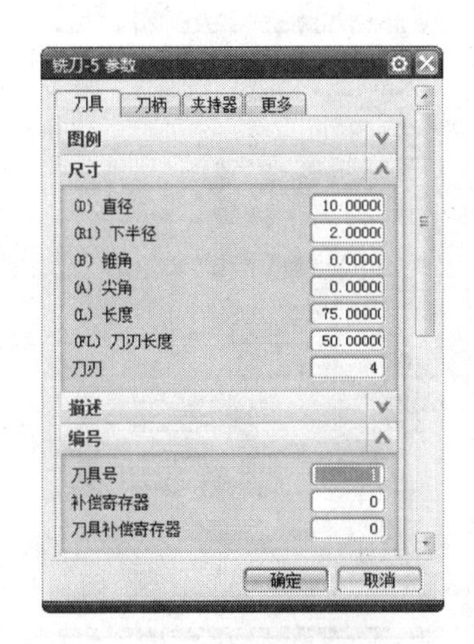

图 4-7 刀具参数

在【工序导航器】-【机床视图】中显示新建的【MILL_D10R2】刀具，如图 4-8 所示。

图 4-8 机床视图

（5）设置型腔铣削加工坐标系 MCS_MILL。

① 双击【工序导航器-几何】中的【MCS_MILL】图标，系统将自动弹出【Mill Orient】对话框，单击【指定 MCS】中的【CSYS】图标，系统将自动弹出【CSYS】对话框，选择部件中间锥形凸台的上表面，捕捉到凸台的圆心，选择该圆心为机床坐标系的中心，机床的坐标轴方向与基本坐标系的坐标轴方向一致，单击【确定】按钮完成坐标系的设置，如图 4-9 所示。

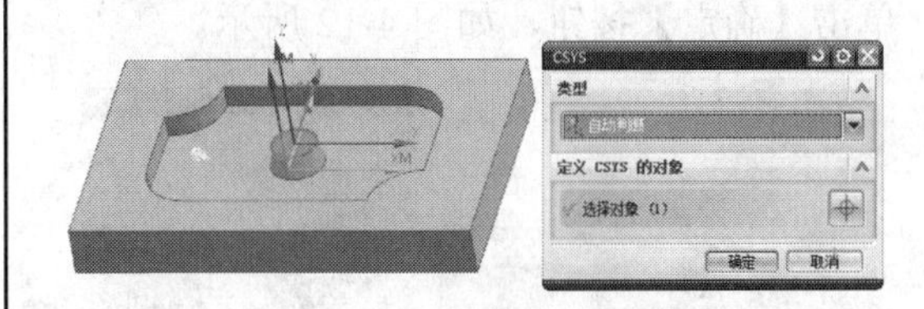

图 4-9 设置机床坐标系

② 在【安全设置选项】下拉菜单选中【平面】，单击【指定平面】中的【平面】图标，系统将自动弹出【平面】对话框，选中部件凸台的上表面，输入安全距

离为 20 ，单击【确定】按钮完成安全平面的设置，如图 4-10 所示。

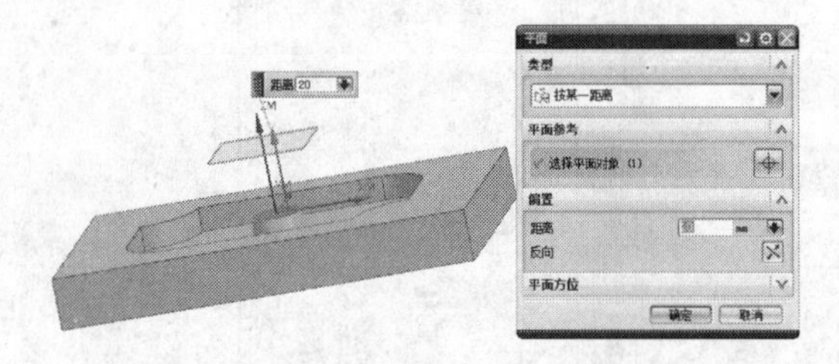

图 4-10　设置安全平面

（6）创建铣削几何体。双击【工序导航器-几何】中 【MCS_MILL】的子菜单【WORKPIECE】，弹出【铣削几何体】对话框，如图 4-11 所示。

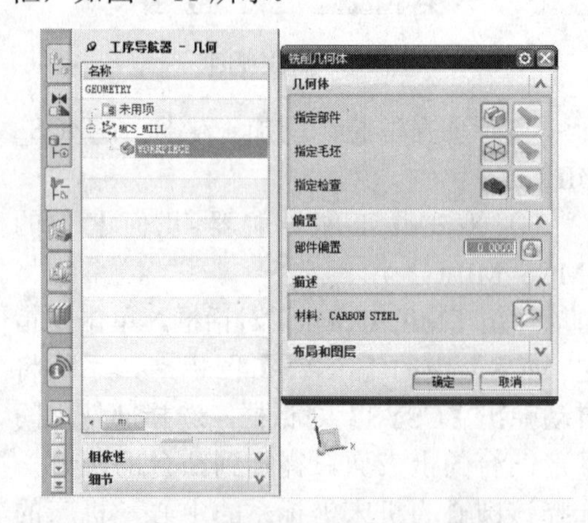

图 4-11　创建铣削几何体

① 单击【指定部件】图标，弹出【部件几何体】对话框，选中整个部件体，单击【确定】按钮，如图 4-12 所示。

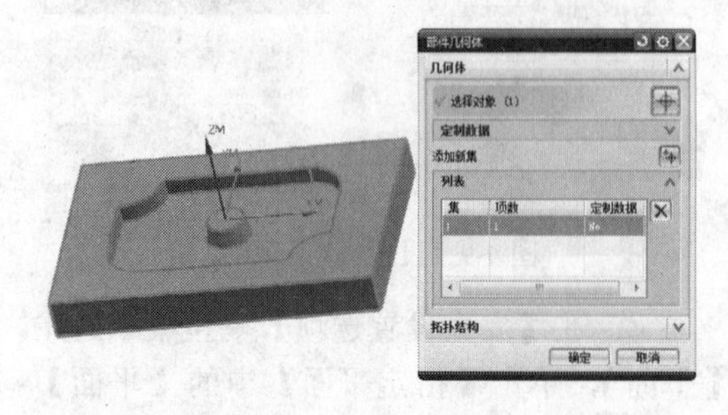

图 4-12　指定部件

② 单击【指定毛坯】图标，弹出【毛坯几何体】对话框，单击【类型】下拉菜单，选中【包容块】，单击【确定】按钮，如图 4-13 所示。

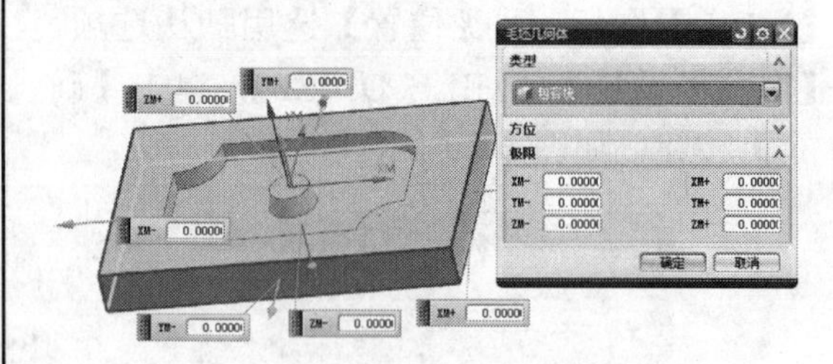

图 4-13　指定毛坯

（7）创建粗加工工序。单击【创建工序】图标，弹出【创建工序】对话框，在【类型】下拉菜单中选择【mill_contour】，【工序子类型】中选择【CAVITY_MILL】图标，【程序】选择【NC_PROGRAM】，【刀具】选择【MILL_D10R2（铣刀-5）】，【几何体】选择【WORKPIECE】，【方法】选择【MILL_ROUGH】，【名称】设置为【CAVITY_MILL】，单击【确定】按钮，如图 4-14 所示。单击【确定】按钮后，弹出【型腔铣】对话框，设置型腔铣的参数。

图 4-14　【创建工序】对话框

① 在【几何体】下拉菜单中选择【WORKPIECE】，继承前面设置的部件几何体和毛坯几何体，如图 4-15 所示。

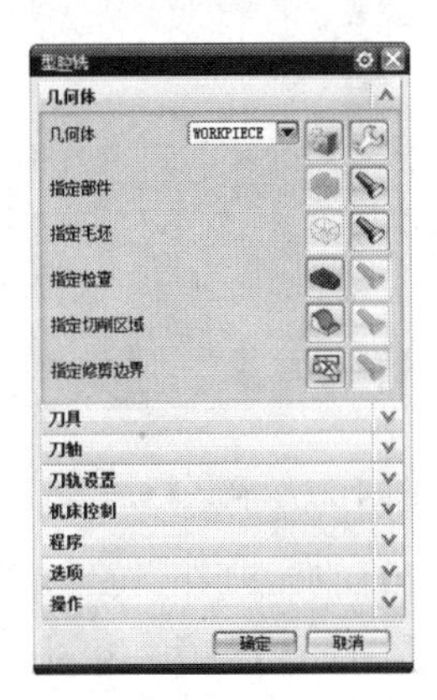

图 4-15　设置型腔铣参数

② 指定切削区域。单击【指定切削区域】图标，系统将自动弹出【切削区域】对话框，选中部件体上要加工的 3 个面，单击【确定】按钮，如图 4-16 所示。

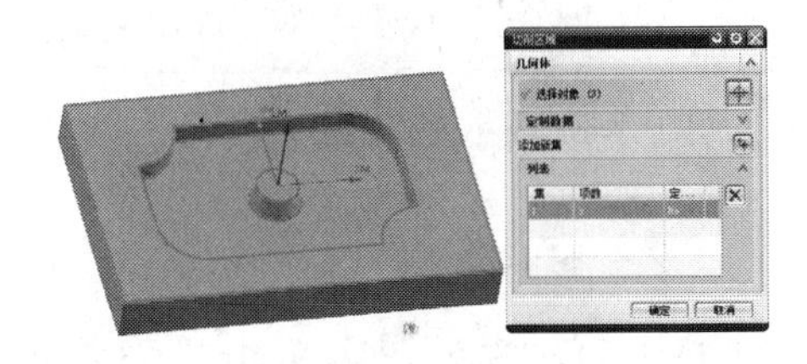

图 4-16　指定切削区域

③ 指定切削模式。在【切削模式】的下拉菜单中选择跟随周边，在【步距】的下拉菜单中选择【刀具平直百分比】,【平面直径百分比】设置为 70，在【每刀的公共深度】的下拉菜单中选择【恒定】,【最大距离】设置为 2mm，其余参数采用系统默认值，如图 4-17 所示。

图 4-17　设置切削模式

④ 切削参数 。单击【切削参数】图标，弹出【切削参数】对话框，在【余量】选项卡下，勾选【使底面余量与侧面余量一致】前面的复选框，【部件侧面余量】设置为 0.5，其余参数采用系统默认值，单击【确定】按钮，如图 4-18 所示。

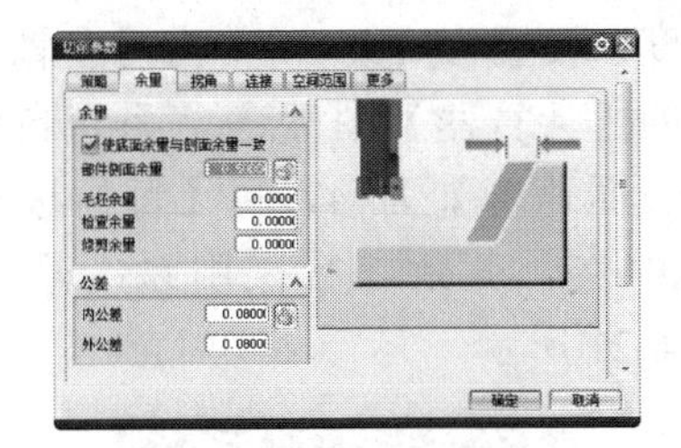

图 4-18　切削参数的设置

⑤ 非切削移动。单击【非切削移动】图标，弹出【非切削移动】对话框。在【进刀】选项卡下，在【封闭区域】中【进刀类型】的下拉菜单中选择【螺旋】; 在【开放区域】中【进刀类型】的下拉菜单中选择【线性】，其余参数采用系统默认值，如图 4-19 所示。

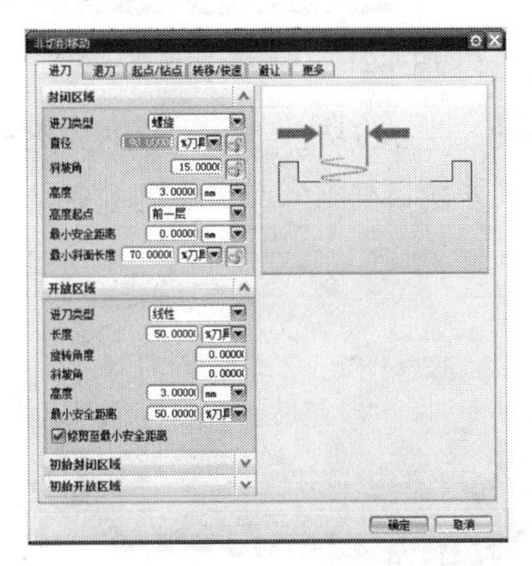

图 4-19　进刀参数的设置

在【退刀】选项卡下，在【退刀类型】的下拉菜单中选择【与进刀相同】，其余参数采用系统默认值，如图 4-20 所示。单击【确定】按钮完成非切削移动参数的设置。

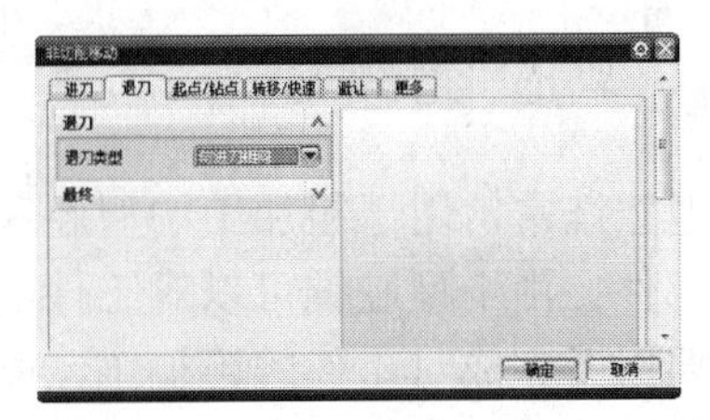

图 4-20　退刀参数的设置

⑥ 进给率和速度。单击【进给率和速度】图标，弹出【进给率和速度】对话框，勾选【主轴速度】前面的复选框，【主轴速度】设置为 1500，单击【主轴速度】后面的【计算器】图标，系统自动计算出【表面速度】为 47 和【每齿进给量】为 0.0416，其余参数采用系统默认值，如图 4-21 所示。

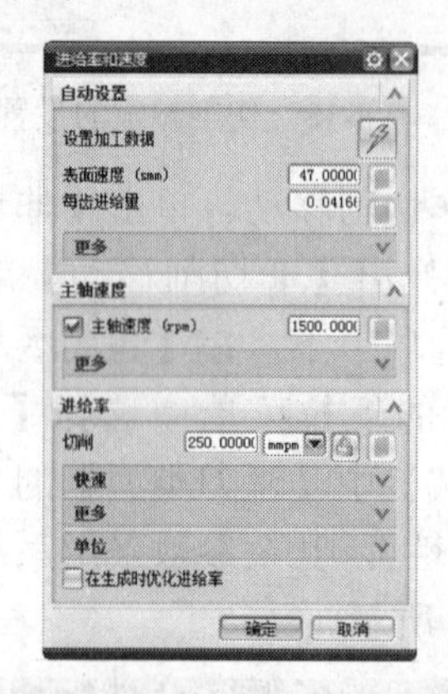

图 4-21　进给率和速度参数

（8）生成刀轨。单击【生成刀轨】图标，系统自动生成刀轨，如图 4-22 所示。

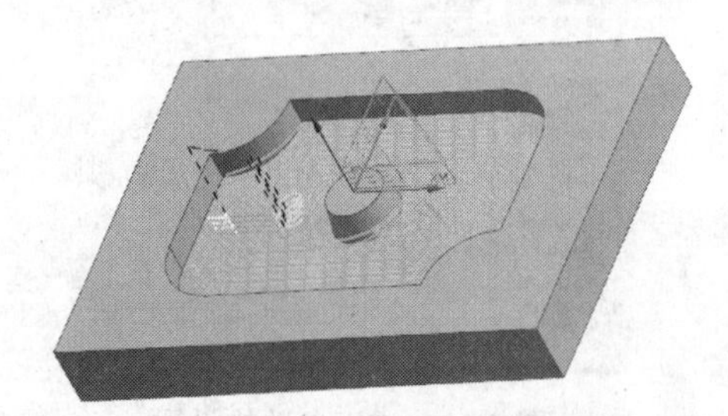

图 4-22　生成粗加工刀轨

（9）确认刀轨。单击【确认刀轨】图标，弹出【刀轨可视化】对话框，出现刀轨，如图 4-23 所示。

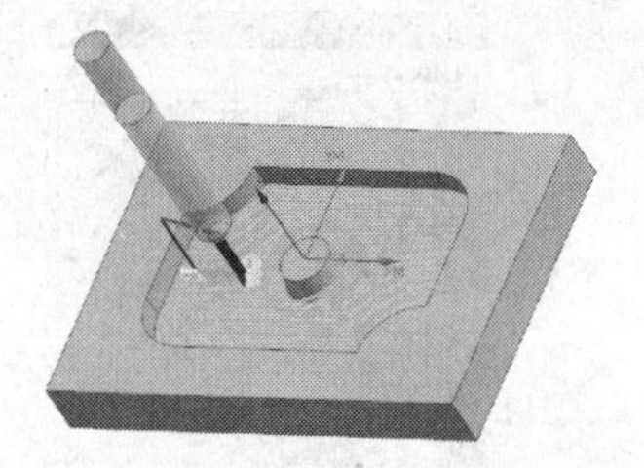

图 4-23　确认粗加工刀轨

（10）3D 效果图。单击【刀轨可视化】中的【3D 动态】，单击【播放】图标，可显示动画演示刀轨，如图 4-24 所示。

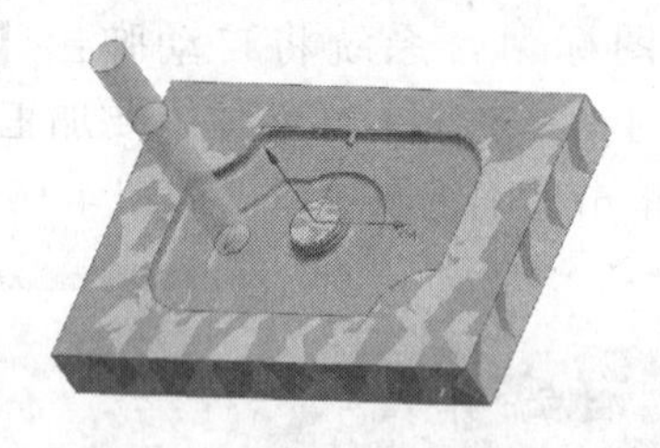

图 4-24　3D 动态演示

（11）2D 效果图。单击【刀轨可视化】中的【2D 动态】，单击【播放】图标，可显示动画演示刀轨，如图 4-25 所示。单击【确定】按扭完成加工操作设置。

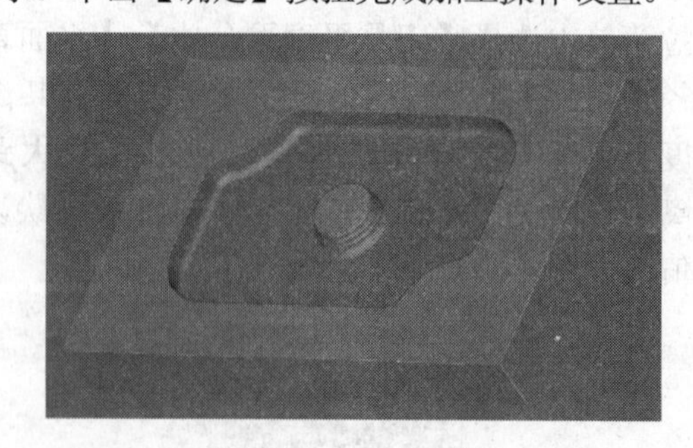

图 4-25　2D 效果图

4.2　型腔铣概述

型腔铣常常用于粗加工的型腔和型芯区域，也可以用于切削具有带锥度的壁及轮廓底面的部件。由于型腔铣可以对工件的曲面、斜度较小的侧壁、轮廓型腔、型芯进行加工，且主要用于完成对工件的粗加工，能去除大量的毛坯材料，具有较高的加工效率，因此型腔铣是数控加工应用中应用得最为广泛的加工操作。型腔铣可以用在不同的加工领域，例如，注塑模具、锻压模具、浇注模具和冲压模具的粗加工及复杂零件的粗加工和半精加工等。

型腔铣操作和平面铣操作相似，但两者也有不同之处。

1）相似之处

- 两者都可以切削垂直于刀轴的切削层中的材料，都属于两轴半联动的操作类型。
- 切削方法基本相同。
- 部分切削参数的设置有很多相同之处。

2）不同之处

- 两者用于定义材料的方法不同。平面铣操作中使用边界来定义部件材料，而型腔铣使用边界、面、曲线和体来定义部件材料。
- 切削适应的范围不同。平面铣用于切削具有竖直壁面和平面凸起的部件，并且部件底部应垂直于刀轴，而型腔铣用于切削带有锥形壁面和轮廓底面的部件，底面可以是曲面，并且不要求侧面垂直于底面。
- 切削深度的定义方式不同。平面铣通过指定的边界和底平面的高度差来定义总的切削深度，而型腔铣通过毛坯几何体和部件几何体来共同定义切削深度。

4.3 型腔铣的子类型

型腔铣的子类型有 4 种，分别为 CAVITY_MILL（型腔铣）、PLUNGE_MILLING（钻削式型腔铣）、CORNER_ROUGH（拐角粗加工）和 REST_MILLING（剩余铣削），如图 4-26 所示。

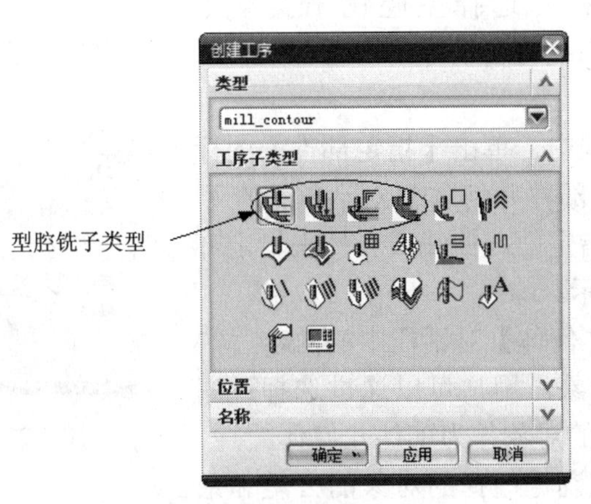

图 4-26　型腔铣子类型

- CAVITY_MILL（型腔铣）：是最基本的型腔铣形式，其他型腔铣操作可以看做型腔铣操作方式的特殊应用。
- PLUNGE_MILLING（钻削式型腔铣）：该铣削方式为降速钻削式切削，进给路线由切削方式确定，主要用来快速清除要切削的材料。使用该种切削方式时要求机床的刚性特别好。该铣削方式是两轴联动切削方式，因此也可以看成型腔铣操作的特例。

- CORNER_ROUGH（拐角粗加工）：当 CAVITY_MILL（型腔铣）操作方式在切削参数中使用了参考刀具时，型腔铣操作刀具路径就变成了 CORNER_ROUGH（拐角粗加工）操作刀具路径。
- REST_MILLING（剩余铣削）：该铣削方式用来清除粗加工后剩余加工余量较大的角落。通过该方式可以进行机床路径的超高速计算，从而设定更小的公差值，确保获得更高精度和稳定的切削效果。

4.4 型腔铣几何体的设置

【光盘文件】

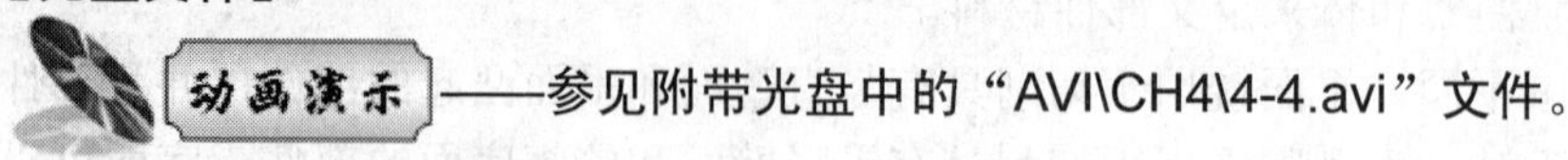

——参见附带光盘中的“AVI\CH4\4-4.avi”文件。

型腔铣共有【部件几何体】、【毛坯几何体】、【检查体】、【切削区域】和【修剪边界】5种几何体类型。

4.4.1 指定部件

指定用于最终的工件模型，就是部件几何体。每个切削操作都需要指定部件几何体，部件几何体代表的是加工完成后的零件，它控制刀具的背吃刀量和活动范围。单击【创建工序】图标，系统将自动弹出【创建工序】对话框，选择型腔铣子类型为【CAVITY_MILL】，系统将自动弹出【型腔铣】对话框，如图4-27所示。

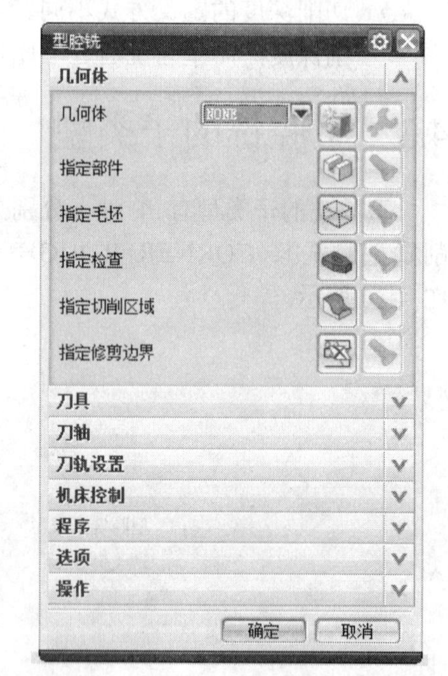

图4-27　【型腔铣】对话框

在【型腔铣】对话框中，单击【指定部件】图标，系统将自动弹出【部件几何体】对话框，在型腔铣中，用户可以通过指定面、曲线或者体来指定部件几何体，如图4-28所示。

下面介绍在【部件几何体】对话框中的内容。

- 几何体：选择对象。用户可以通过选择过滤方式来选择相应的对象作为部件几何体。
- 定制数据：可以设定选择的对象的公差和余量值。
- 列表：显示已选择的对象的项数，当有定制数据时，在列表中也会显示是否定制数据。
- 拓扑结构：当有选择对象时，在【部件几何体】对话框中显示有拓扑结构，用于校正模型几何体的错误，如图4-29所示。
- 材料侧：用于显示所选对象的材料侧方向。

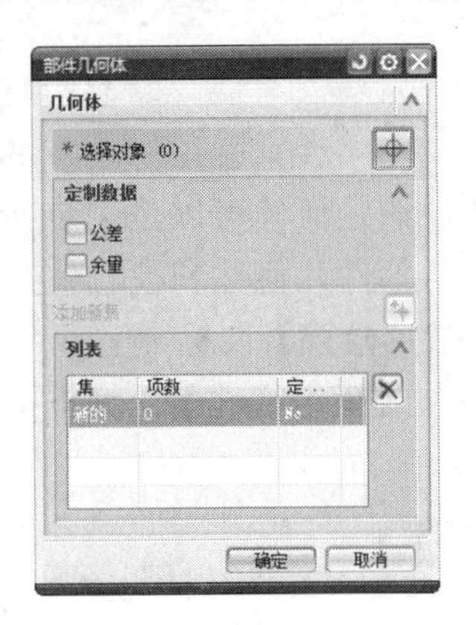

图 4-28　指定部件

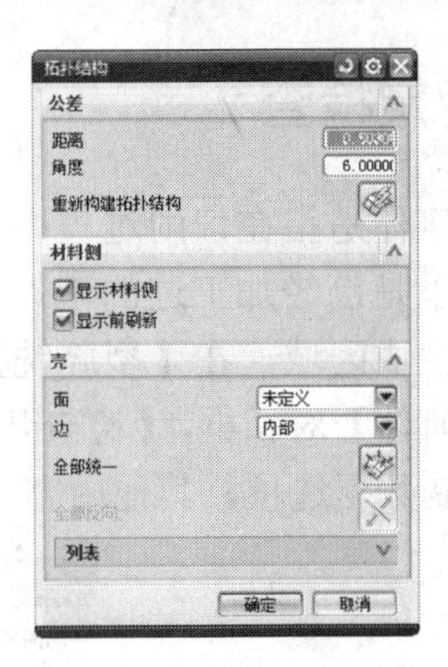

图 4-29　拓扑结构

应用·技巧

用户可以在定制数据中为各个指定的几何对象指定不同的公差和余量值。

4.4.2　指定毛坯

指定用于要加工零件的毛坯材料，就是毛坯几何体。在【型腔铣】对话框中，单击【指定毛坯】图标，系统将自动弹出【毛坯几何体】对话框，在型腔铣中，用户可以通过指定面、曲线或者体来指定毛坯几何体，【毛坯几何体】对话框的内容与【指定部件】对话框中的内容一致，如图 4-30 所示。

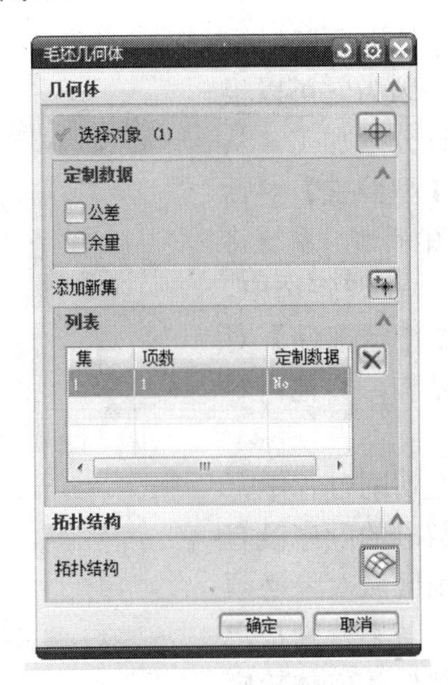

图 4-30　指定毛坯

4.4.3 指定检查

检查几何体是指在切削过程中刀具要避让的几何体，该几何体可以是工装夹具的封闭边界，也可以是已经加工过的工件表面等，在型腔铣中，部件几何体和检查体共同决定了刀具轨迹的生成区域。在【型腔铣】对话框中，单击【指定检查】图标，系统将自动弹出【检查几何体】对话框，【检查几何体】对话框的内容与【指定部件】对话框中的内容相比，少了定制数据选项，其他内容一致，如图 4-31 所示。

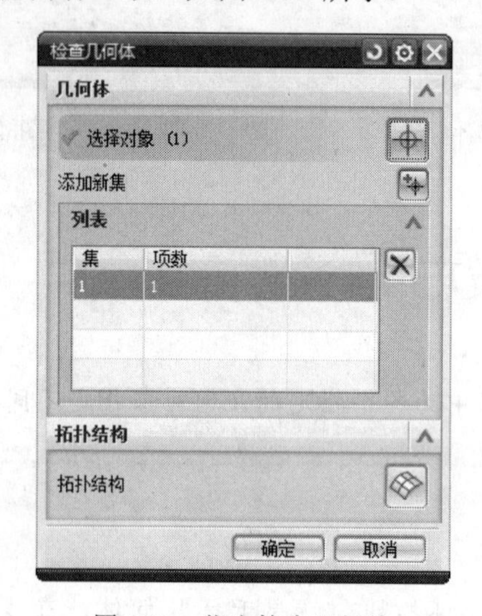

图 4-31 指定检查几何体

4.4.4 指定切削区域

切削区域是在切削过程中刀具进行切削的区域。当将切削区域分成多个区域时，使用切削区域几何体是十分有效的，因为它可以根据区域的特点对不同的区域进行分区加工，从而提高加工的质量和效率。在【型腔铣】对话框中，单击【指定切削区域】图标，系统将自动弹出【切削区域】对话框，在型腔铣中，【切削区域】对话框的内容与【指定部件】对话框中的内容相比，少了拓扑结构，其他内容一致，如图 4-32 所示。

选择切削区域的对象时，在切削过程中，切削区域的顺序与选择切削区域时的顺序没有必然的关系，但是所选择的切削区域对象必须包含在所选择的部件几何体中。若不特别指定切削区域时，系统将默认整个部件几何体轮廓表面都是在切削过程中要切削的对象。

图 4-32 指定切削区域

应用·技巧

切削区域必须包含在指定的部件几何体中，且刀具切削运动与指定切削区域时的先后顺序无关。若用户没有特别指定切削区域，则系统将会自动计算整个的部件几何体为切削区域。

4.4.5 指定修剪边界

指定修剪边界用于进一步控制刀具轨迹的生成范围，对部件几何体和检查体共同控制生成的刀具轨迹做进一步的修剪。在【型腔铣】对话框中，单击【指定修剪边界】图标，系统将自动弹出【修剪边界】对话框，如图 4-33 所示。【过滤器类型】有【面边界】、【曲线边界】和【点边界】3 种，【修剪侧】用于指定修剪的是所选对象的内部还是外部。

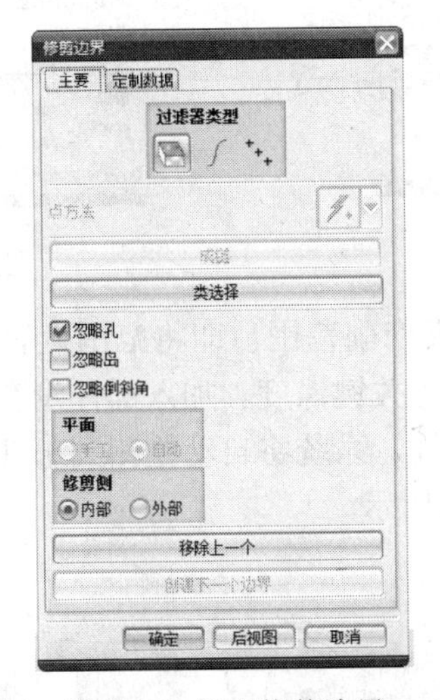

图 4-33 指定修剪边界

4.5 型腔铣的基本参数

【光盘文件】

——参见附带光盘中的“AVI\CH4\4-5.avi”文件。

型腔铣是水平切削的操作，切削层与刀具轨迹所在平面相互平行。型腔铣可以指定切削平面，这些切削平面决定了刀具在切除材料时的切削深度，切削层的参数主要由所需要切削的总深度和切削层之间的距离来控制，同时也规定了切削量的大小。用户可以自定义切削区间，每一个操作可以定义多个切削范围，每个范围又可由多个背吃刀量均匀地等分。系统根据部件几何体与毛坯几何体的切削量，基于其最高点与最低点自动确定一个范围。但系统自动确定的范围仅是一近似结果有时不能完全满足切削要求。此时，可以通过选择几何对象进行调整，在某个要求的位置自定义范围。大三角表示切削范围，即范围的顶部、底部和关键深度；小三角表示每刀切削深度。

4.5.1 切削层的设置

切削层的主要参数有【范围】、【范围 1 的顶部】、【范围定义】、【在上一个范围之下切削】、【信息】和【预览】6 个部分，如图 4-34 所示。

（1）【范围】：分为【范围类型】和【切削层】2 个内容。【范围类型】是指生成切削范围的方式，有【自动】、【用户定义】和【单个】3 个选项，如图 4-35 所示。

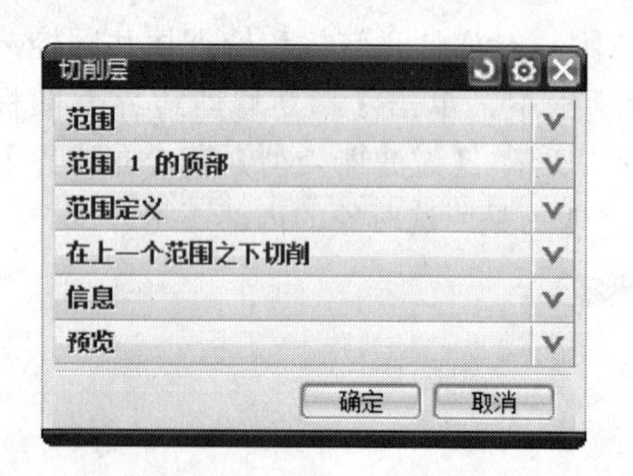

图 4-34 【切削层】对话框

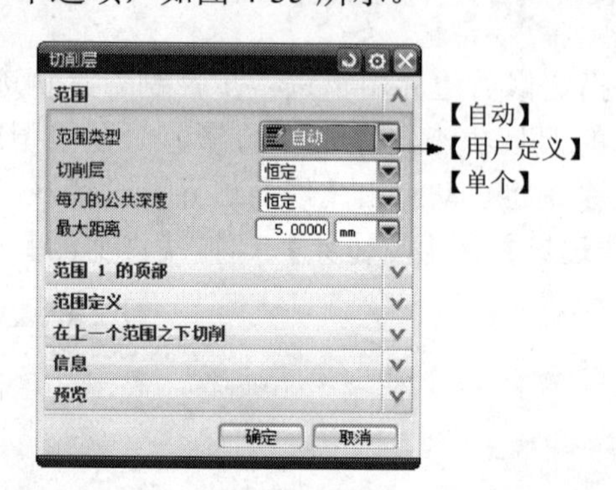

图 4-35 范围类型

- 【自动】：系统将自动定义切削范围，即将范围设置为与任何平面对齐，这些平面是部件的关键平面，即产生关键深度。加入部件没有更改，则系统自动生成的切削层将保持与部件间的关联性，系统将自动检测到部件上新的水平表面，并将添加关键层与之匹配，如图 4-36 所示。

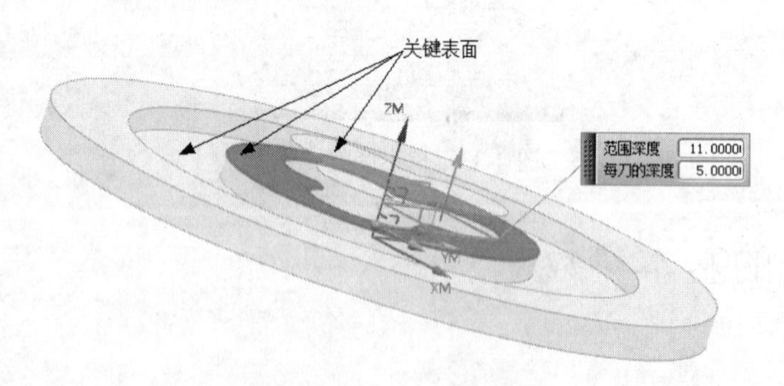

图 4-36 自动范围

- 【用户定义】：通过用户自定义切削范围的命令，自定义的底面作为切削范围的将保持与部件的关联性，但是系统不会自动检测到新的水平表面，如图 4-37 所示。
- 【单个】：仅有单个切削范围，即根据部件几何体与毛坯几何体确定一个切削范围。如果选用该种方式生产切削范围，操作会受到限制，即只能修改顶层和底层；如果修改了其中的任何一层，则下次在继续该操作时系统将使用相同的值。若使用默认值，则将保留与部件的关联性；顶层不能移至底层的下方，底层也不能移至顶层的上方，该操作将导致顶层和底层被移至新的层上；系统将自动使用全局的每刀深度值来细分该范围，如图 4-38 所示。

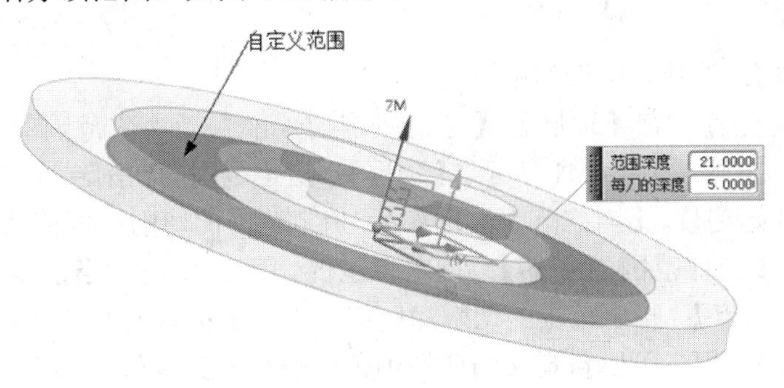

图 4-37　自定义范围

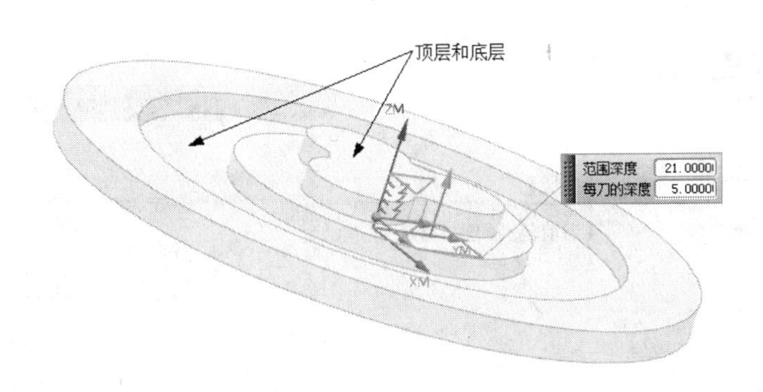

图 4-38　单个范围

【切削层】：有【恒定】和【仅在范围底部】两个选项，如图 4-39 所示。

- 【恒定】：操作将以恒定的间距在各大平面之间划分小平面。当【切削层】的定义方式选择【恒定】时，系统将要求用户设置【每刀的公共深度】参数，有【恒定】和【残余高度】两个选项，如图 4-40 所示。【恒定】是指操作将以用户自定义的【最大距离】值作为每刀的公共深度。【残余高度】是指操作将根据用户自定义的【最大残余高度】的值自动计算每刀的公共切削深度。

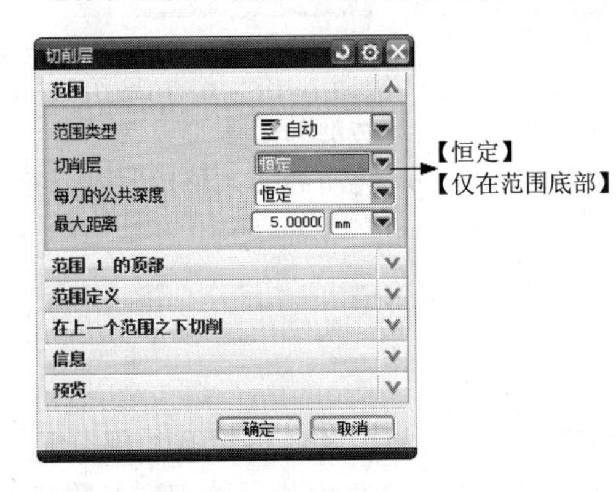

图 4-39　切削层

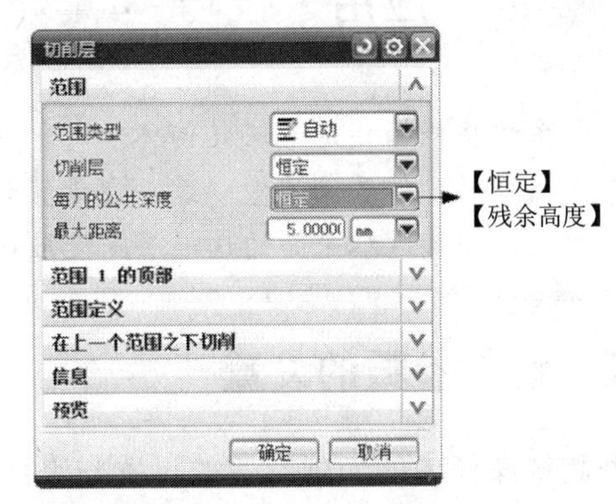

图 4-40　恒定值的切削层

- 【仅在范围底部】：操作将仅使用在选择的大平面。

（2）【范围 1 的顶部】选择范围的顶部位置。

（3）【范围定义】定义范围的参数，有【选择对象】、【测量开始位置】和【每刀深度】三个内容。

- 【选择对象】：选择一个切削范围。
- 【测量开始位置】有【顶层】、【当前范围的顶部】、【当前范围的底部】和【WCS 原点】4 个选项，如图 4-41 所示。【顶层】：指定范围的切削深度值从第一个切削范围的顶部开始测量。【当前范围的顶部】：指定范围的切削深度值从当前范围的顶部开始测量。【当前范围的底部】：指定范围的切削深度值从当前范围的底部开始测量。【WCS 原点】：指定范围的切削深度值从工作坐标系的原点开始测量。
- 【每刀深度】：用户可以自定义当前切削范围的每刀深度值。

（4）【在上一个范围之下切削】：用户可自定义从上一个切削范围之下的一个距离开始切削，如图 4-42 所示。

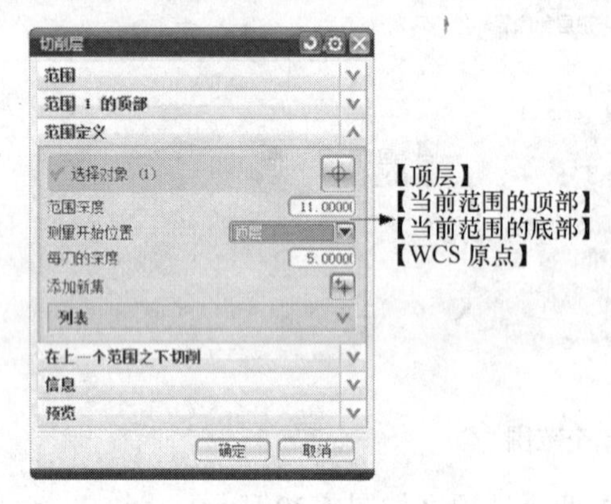

图 4-41　范围定义

图 4-42　在上一个范围之下切削

（5）【信息】：用户可以通过信息显示切削层的所有参数。

（6）【预览】：用户可以通过预览显示切削层的状况。

应用·技巧

系统将根据指定毛坯几何体和部件几何体自动计算出切削的总深度，为了保证加工出来的工件表面质量一致，在设置切削层参数时，越陡峭的面允许的切削深度应越大，越接近水平面的切削层深度应越小。

4.5.2　切削参数的设置

型腔铣操作中的切削参数的设置与平面铣操作中的切削参数的设置有的部分是一致的，但也有区别于平面铣操作的切削参数。在此，与平面铣操作中相同的切削参数就不再赘述，只是重点介绍型腔铣操作中区别于平面铣操作中的切削参数。

型腔铣的切削参数的主要参数有【策略】、【余量】、【拐角】、【连接】、【空间范围】和【更多】6 个，型腔铣操作中的切削参数，【余量】、【拐角】和【连接】这 3 项与平面铣操作中的切削参数完全一致，在此不再赘述。下面只重点介绍【策略】、【空间范围】和【更多】3 个选项卡下与平面铣操作中的切削参数的不同之处。

（1）【策略】选项卡：有【切削】、【延伸刀轨】、【精加工刀路】和【毛坯】4 个参数，与平面铣操作相比，多了一个【延伸刀轨】参数。【延伸刀轨】用于定义刀轨在开放刀路中沿着切向延伸的距离，该参数可以使得在切削过程中去除工件周围多余的材料，如图 4-43 所示。

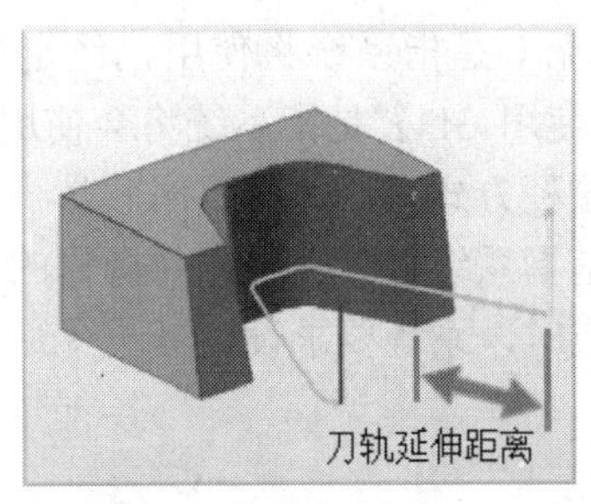

图 4-43　延伸刀轨

（2）【空间范围】选项卡：有【毛坯】、【碰撞检测】、【小面积避让】、【参考刀具】和【陡峭】5 个参数。

- 【毛坯】：有【修剪方式】和【处理中的工件】2 个参数。【修剪方式】是型腔铣操作中特有的切削参数，有【无】和【轮廓线】两种方式。若是没有定义毛坯几何体，可以通过选择【轮廓铣】选项，使用系统生成的轮廓线作为毛坯几何体的边界。可以与【更多】选项卡下的【容错加工】参数一起使用，目的是适用于加工外形轮廓复杂的零件，如图 4-44 所示。

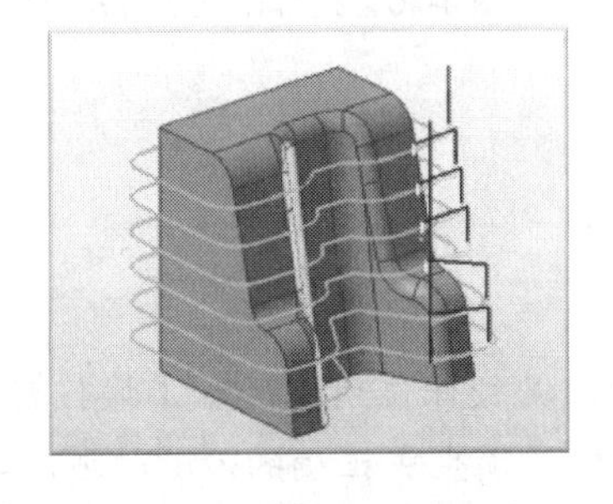

（a）修剪方式：无

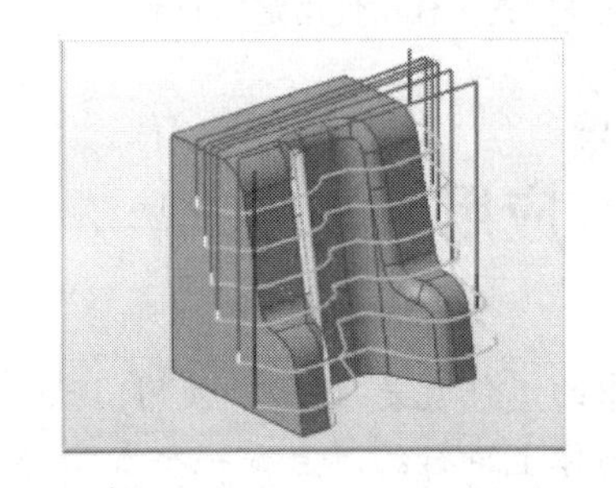

（b）修剪方式：轮廓线

图 4-44　修剪方式

应用·技巧

对于一些特殊的型芯类工件，若不指定毛坯几何体时，若选择修剪方式为轮廓线时，也可以生成刀具轨迹。

【处理中的工件】：该参数用于指定型腔铣操作中多使用的前一操作剩余的材料。使用【处理中的工件】有以下 3 大好处。

第一：将处理中的工件用做毛坯几何体，系统将根据实际工件的加工状态对未切削区域进行加工，以提高加工效率，避免对已加工过的区域重复刀轨。

第二：使用处理中的工件可以和参考刀具参数一起使用，以便控制刀轨，达到使用半径较小的刀具对先前使用半径较大的刀具未切削刀的区域进行加工。

第三：使用处理中的工件时可以显示操作的输入 IPW 和输出 IPW，以便为后续的加工操作提供毛坯参考。【处理中的工件】有【无】、【使用 3D】和【使用基于层的】3 种方式。【无】是指系统将使用已经定义的毛坯几何体作为当前操作加工的毛坯，如图 4-45 所示。【使用 3D】是指系统将会使用先前操作的 3D IPW 几何体作为当前操作加工的毛坯，使用该种方式时，系统要求设置一个【最小材料移除】值，如图 4-46 所示。【使用基于层的】是指系统将会使用先前操作的基于层的 IPW 几何体作为当前操作加工的毛坯，使用该种方式时，系统要求设置一个【最小材料移除】值，如图 4-47 所示。

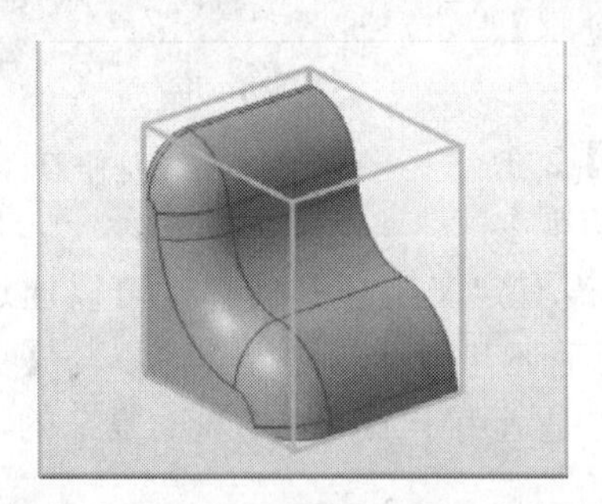

图 4-45　处理中的工件：使用定义的毛坯

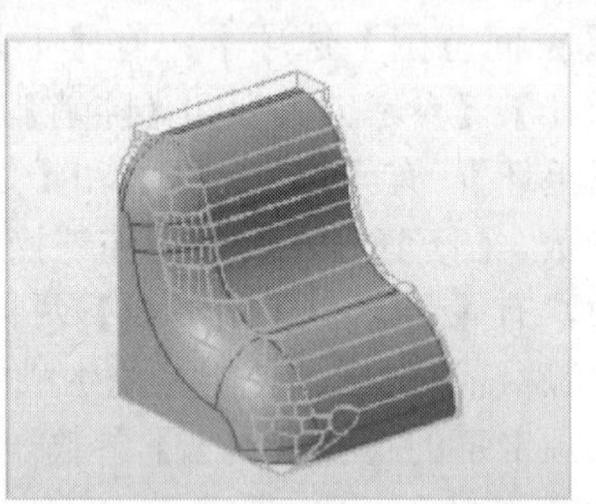

图 4-46　处理中的工件：使用 3D

应用·技巧

处理中的工件就是 IPW，使用 IPW 时，必须保证所有的加工操作都是在同一个加工几何体上进行的，且前一个加工操作中必须生成正确的刀具轨迹。

- 【碰撞检测】：有【检查刀具和夹持器】和【小于最小值时抑制刀轨】2 个选项。【检查刀具和夹持器】：勾选该选项前面的复选框，系统将在切削的过程中自动检测到刀具夹持器和工件间是否发生碰撞。如果检测到刀具夹持器与工件间发生碰撞，则刀具不会切削发生碰撞的区域，如图 4-48 所示。

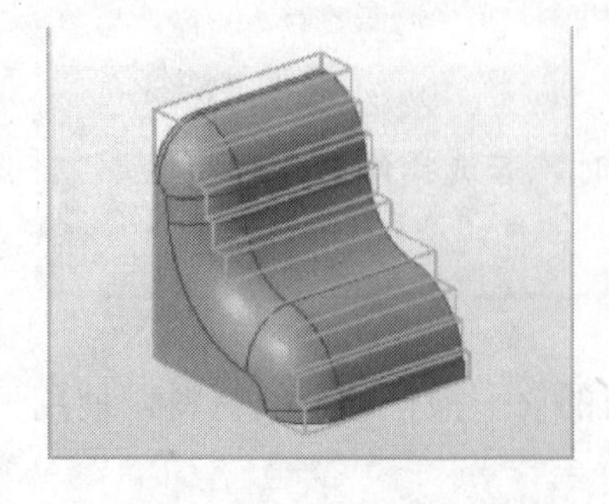

图 4-47　处理中的工件：使用基于层的

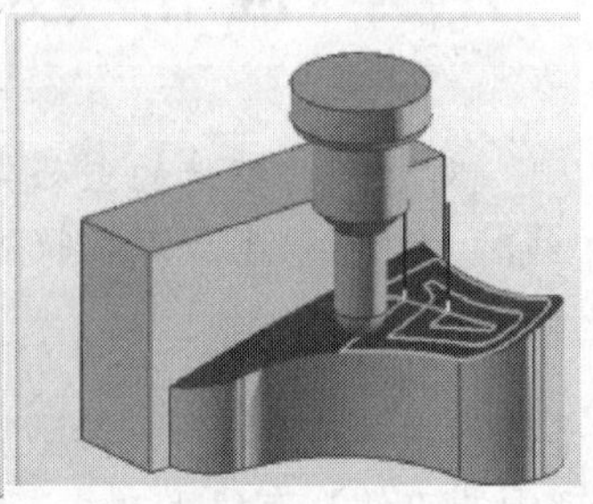

不使用检查刀具和夹持器　　使用检查刀具和夹持器

图 4-48　检查刀具和夹持器

若勾选了该选项，则系统会增加【IPW 碰撞检查】选项。【IPW 碰撞检查】：勾选该选项前面的复选框，系统将在切削的过程中显示 IPW 工件（处理中的工件，又称工序模型），系统将自动检测到刀具夹持器与 IPW 工件间是否发生碰撞，如果检测到刀具夹持器与 IPW 工件间发生碰撞，则刀具不会切削发生碰撞的区域，如图 4-49 所示。

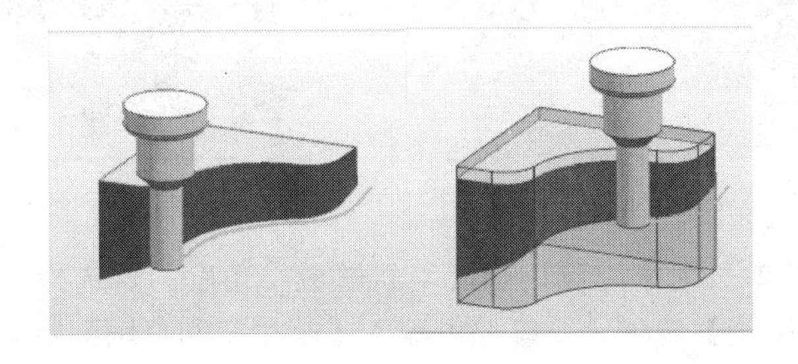

不使用 IPW 碰撞检查　　　　使用 IPW 碰撞检查

图 4-49　IPW 碰撞检查

【小于最小值时抑制刀轨】：该选项用来控制刀轨清除材料的最小厚度。勾选该选项前面的复选框时，系统将要求输入一个【最小体积百分比】数值。在切削的过程中，若切削材料小于该数值时，刀具轨迹将被抑制，不再切削该区域，如图 4-50 所示。

- 【小面积避让】：该参数用来控制在切削过程中，遇到封闭的小切削区域时的刀具轨迹，有【切削】和【忽略】两个选项。

【切削】：选择该种方式时，系统将在切削过程中碰到封闭的小切削区域时形成切削的刀轨，如图 4-51 所示。

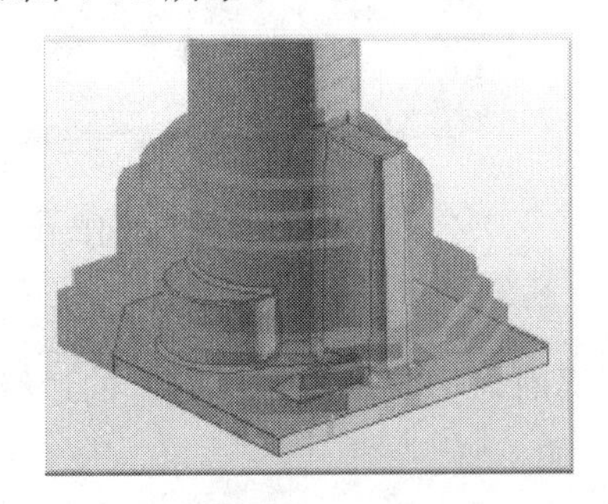

图 4-50　小于最小值时抑制刀轨

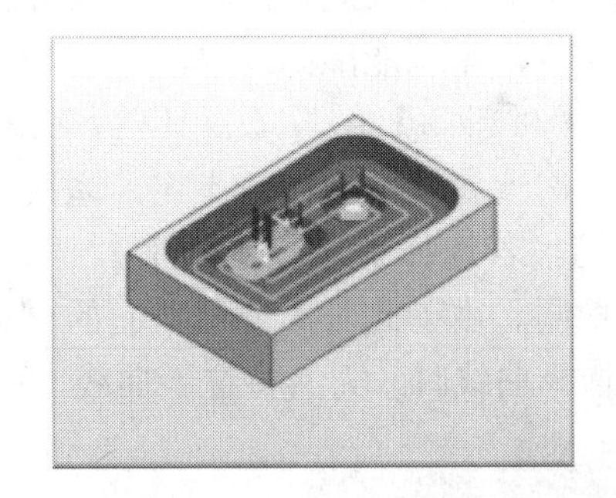

图 4-51　切削小面积区域

【忽略】：选择该种方式时，系统将在切削过程中碰到封闭的小切削区域时忽略该封闭的小切削区域。若选择该选项时，系统将要求输入一个【面积】数值，在封闭的小切削区域的面积值小于该数值时，刀具将不进行切削该区域，如图 4-52 所示。

- 【参考刀具】：该参数用来选择加工的参考刀具。参考刀具一般是用来先对切削区域进行粗加工的刀具。系统将自动计算指定的参考刀具剩下的材料，再为当前操作定义切削区域。当要加工上一个刀具未加工到的拐角中剩余的材料时，可使用参考刀具。如果是刀具拐角半径的原因，则剩余材料会在壁和底面之间；如果是刀具直径的原因，则剩余材料会在壁和壁之间。若选择了参考刀具，则操作的刀具轨迹与其他型腔铣操作或深度加工操作相似，但刀轨仅限制在拐角区域，如图 4-53 所示。

图 4-52　忽略小面积区域

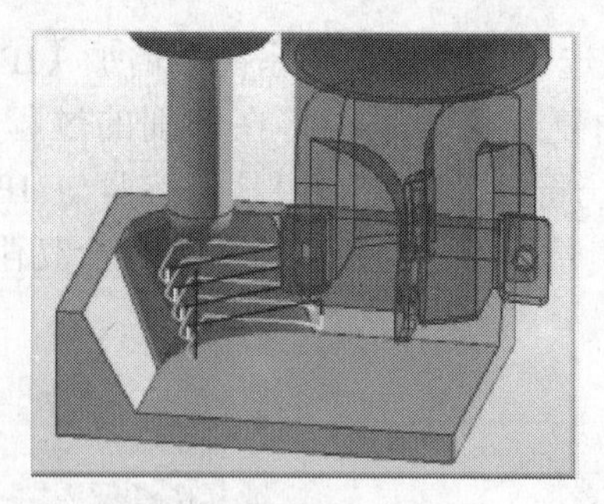
图 4-53　参考刀具

- 【陡峭】：该参数用来控制切削陡峭斜壁最小角度。若选择了参考刀具，则系统将自动激活【陡峭】选项，系统要求输入【陡峭空间范围】数值，有【无】和【仅陡峭的】两个选项。【无】是指不设置陡峭空间范围，【仅陡峭的】是指设置陡峭空间范围。此时系统要求输入一个【角度】值，即陡峭斜壁角度，当壁间角度小于设置的角度值时，在该陡峭角区域才会产生刀具轨迹，如图 4-54 所示。

（3）【更多】选项卡：有【安全距离】、【原有的】、【底切】和【下限平面】四个参数。但是其中【安全距离】、【底切】和【下限平面】这三个内容，以及【原有的】内容下的【区域连接】与【边界逼近】的设置与【平面铣】操作中一致，在此不再赘述。只是重点介绍【原有的】内容下的【容错加工】参数。【容错加工】是型腔铣特有的参数。使用该参数，系统能准确地寻找不过切零件的可加工区域。【材料侧】仅与【刀具轴】矢量有关，表面的刀具位置属性不管如何指定，系统总是设置为【相切于】。若选择了【容错加工】，则【底切】参数将被抑制。由于此时不使用表面的材料边属性，因此当选择曲线时，刀具将位于曲线上；当选择顶面时，刀具就位于垂直壁的边缘上。

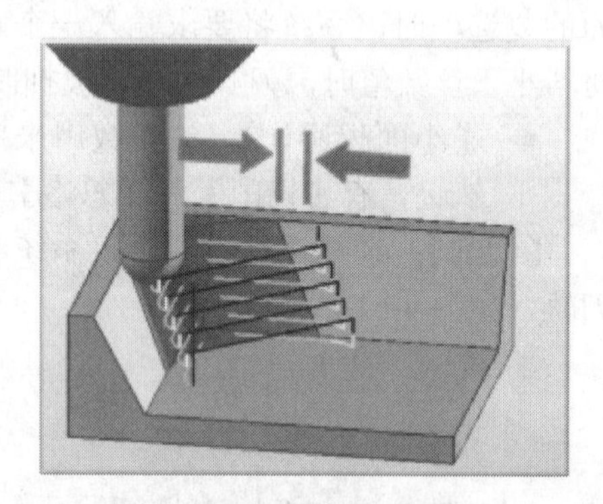
图 4-54　陡峭空间范围

应用·技巧

在容错加工中，材料侧只与刀轴矢量有关，不管表面的刀具位置属性如何制定，系统都是默认为相切于。底切只有在不激活容错加工时才能使用。

4.6　实例·操作——肥皂盒加工

分析零件，该工件的型腔是由一个曲面底面和四个有小锥度的侧面组成的，型腔铣可以加工此类零件，使用粗加工去除大量的材料，再使用半精加工，为后续的精加工做准备。零件的图形如图 4-55 所示。

图 4-55 铸件零件

思路·点拨

利用型腔铣可以快速去除大量的材料，为后续的精加工做准备。创建该型腔铣操作大致分为 7 个步骤:（1）创建粗加工刀具和半精加工刀具;（2）创建加工坐标系和安全平面;（3）创建加工几何体;（4）指定相应的切削参数和非切削移动参数;（5）设置进给率和速度;（6）设置精加工余量;（7）生成刀轨即可完成型腔铣的创建。

【光盘文件】

起始文件——参见附带光盘中的“MODEL\CH4\4-6.prt”文件。

结果文件——参见附带光盘中的“END\CH4\4-6.prt”文件。

动画演示——参见附带光盘中的“AVI\CH4\4-6.avi”文件。

【操作步骤】

（1）启动 UG NX 8，打开光盘中的源文件“MODEL\CH3\4-6.prt”模型。

（2）进入加工环境。在【开始】菜单中选择【加工】命令，也可以直接使用快捷键 Ctrl+Alt+M 进入加工环境。首次进入加工环境，系统会要求初始化加工环境。系统自动弹出【加工环境】对话框，在【CAM 会话配置】中选择【cam_general】，在【要创建的 CAM 设置】中选择【mill_contour】，单击【确定】按钮，如图 4-56 所示。

（3）创建程序。单击【创建程序】图标，弹出【创建程序】对话框。【类型】选择【mill_contour】，【名称】设置为【PROGRAM_ROUGH】，其余选项采取默认参数，单击【确定】按钮，创建型腔铣粗加工程序，如图 4-57 所示。

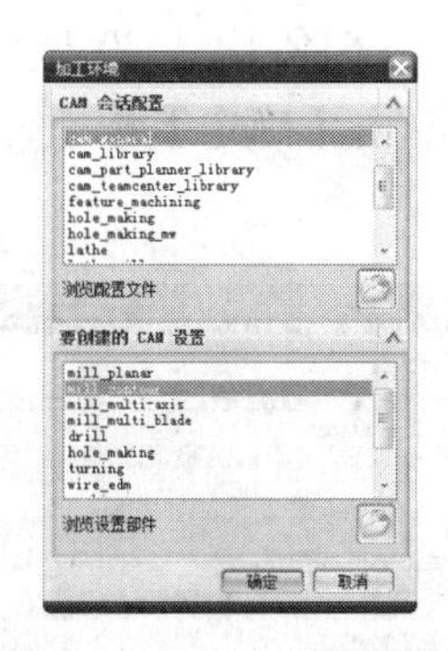

图 4-56 进入加工环境

图 4-57 创建程序

在【工序导航器-程序顺序】中显示新建的程序，如图 4-58 所示。

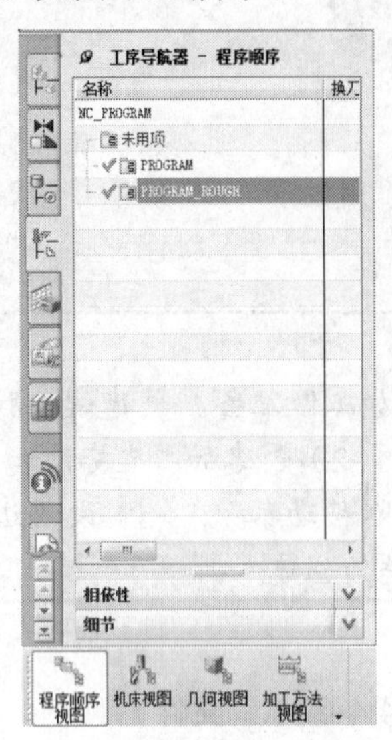

图 4-58　程序顺序视图

（4）创建粗加工刀具。单击【创建刀具】图标，弹出【创建刀具】对话框，【类型】选择【mill_contour】，【刀具子类型】选择【MILL】图标，【位置】选用默认选项，【名称】设置为【MILL_D15R5】，单击【确定】按钮，如图 4-59 所示。

图 4-59　创建刀具

单击【确定】按钮后，弹出【铣刀-5 参数】对话框，设置刀具参数如图 4-60 所示。

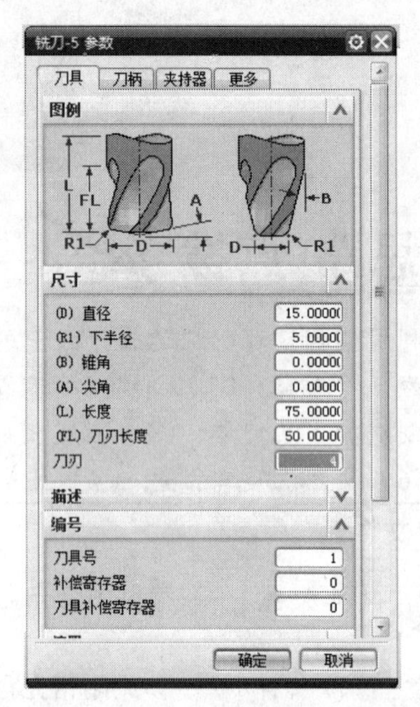

图 4-60　刀具参数

在【工序导航器-机床】中显示新建的【MILL_D15R5】刀具，如图 4-61 所示。

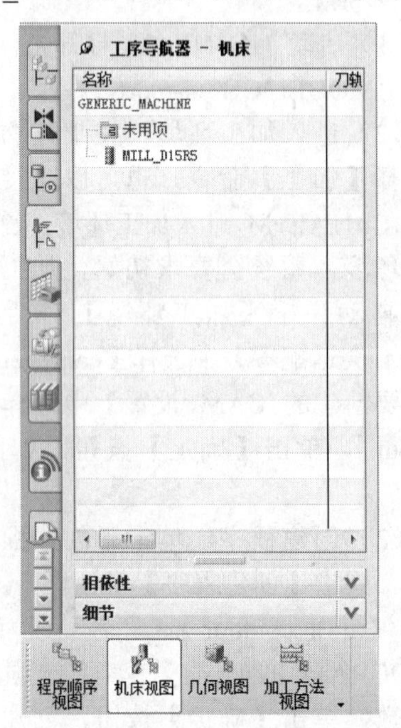

图 4-61　机床视图

（5）创建半精加工刀具。重复步骤

(4)，【名称】设置为【MILL_D10R2】，单击【确定】按钮，如图 4-62 所示。

图 4-62 【创建刀具】对话框

单击【确定】按钮后，弹出 【铣刀-5 参数】对话框，设置刀具参数如图 4-63 所示。

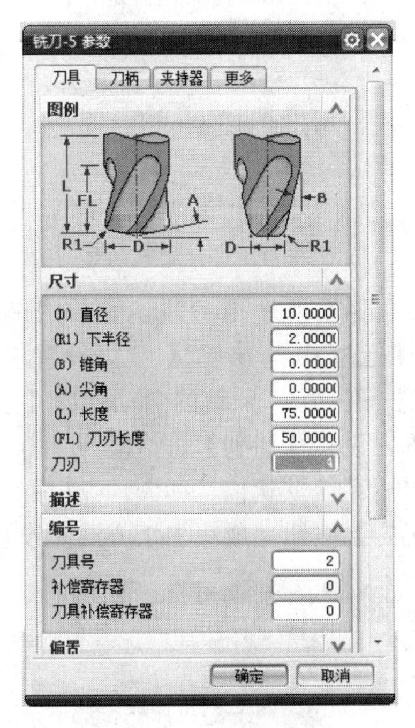

图 4-63 刀具参数

在【工序导航器-机床】中显示新建的 1 号和 2 号刀具，如图 4-64 所示。

图 4-64 机床视图

（6）设置型腔铣削加工坐标系 MCS_MILL。双击【工序导航器-几何】中的【MCS_MILL】图标 ，系统将自动弹出【Mill Orient】对话框，单击【指定 MCS】中的【CSYS】图标，系统将自动弹出【CSYS】对话框，选择图中所示位置为机床坐标系的中心，机床的坐标轴方向与基本坐标系的坐标轴方向一致，单击【确定】按钮完成坐标系的设置，如图 4-65 所示。

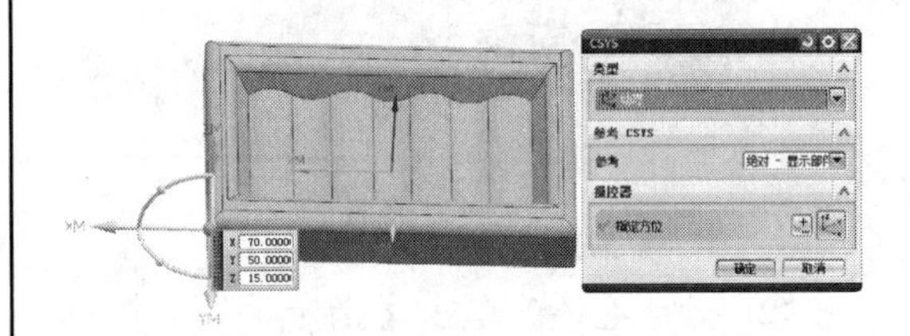

图 4-65 设置机床坐标系

（7）设置安全平面。单击【Mill Orient】对话框中的【安全设置选项】下拉菜单中的【平面】，单击【指定平面】中的【平面】图标，系统将自动弹出【平面】对话框，选中如图所示平面，输入安全距离为 50 ，单击【确定】按钮完成安全平面的设置，如图 4-66 所示。

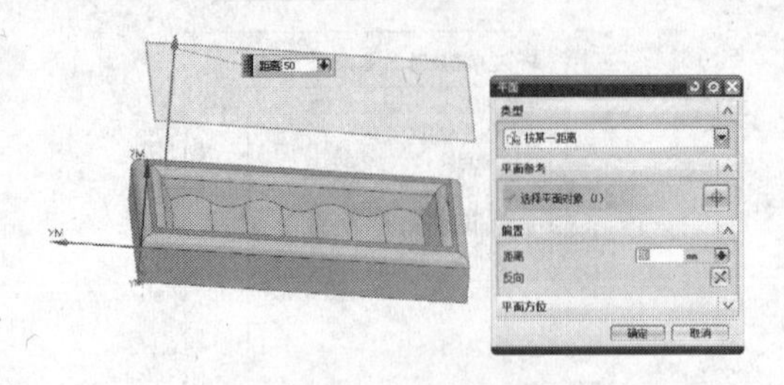

图 4-66　设置安全平面

（8）创建铣削几何体。双击【工序导航器-几何】中 【MCS_MILL】的子菜单【WORKPIECE】，弹出【铣削几何体】对话框，如图 4-67 所示。

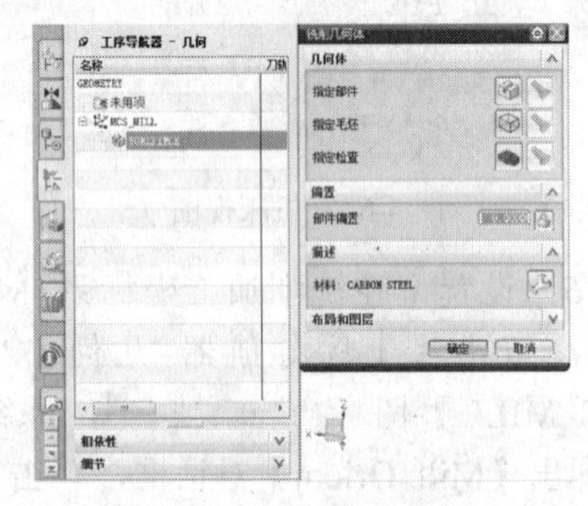

图 4-67　创建铣削几何体

① 指定部件。单击【指定部件】图标，弹出【部件几何体】对话框，选中整个部件体，单击【确定】按钮，如图 4-68 所示。

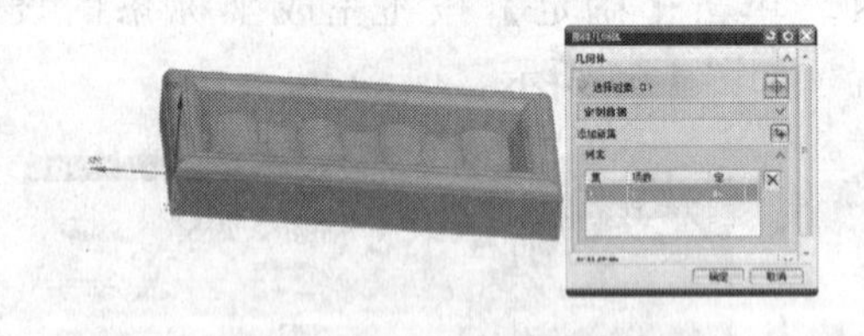

图 4-68　指定部件

② 指定毛坯。单击【指定毛坯】图标，弹出【毛坯几何体】对话框，单击【类型】的下拉菜单，选择【包容块】，单击【确定】按钮，如图 4-69 所示。

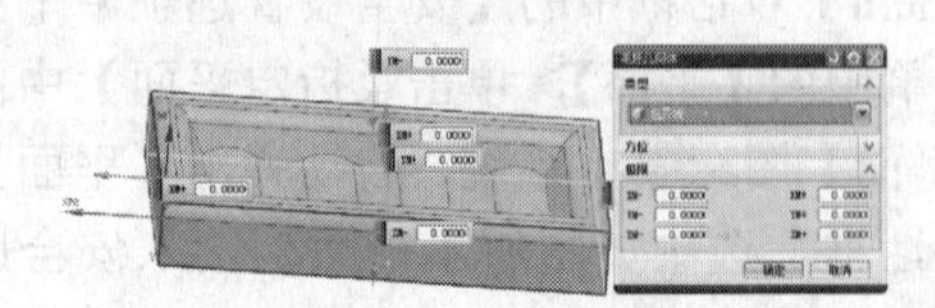

图 4-69　指定毛坯

（9）创建粗加工方法。双击【工序导航器-加工方法】中的【MILL_ROUGH】图标 MILL_ROUGH ，系统将自动弹出【铣削方法】对话框，如图 4-70 所示。

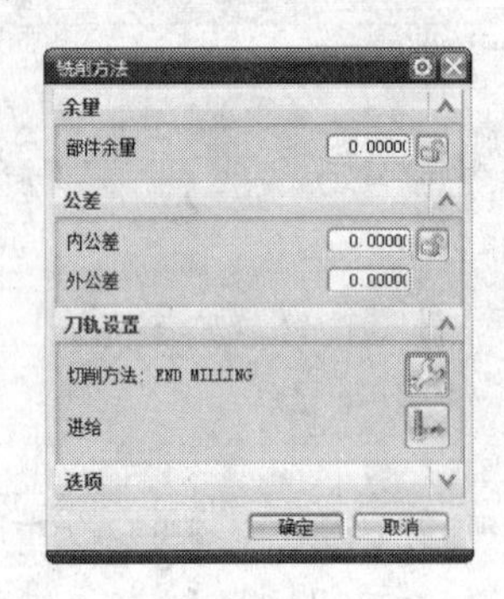

图 4-70　【铣削方法】对话框

① 设置余量与公差。在【铣削方法】对话框中，设置【部件余量】为 0.8，【内公差】与【外公差】均为 0.08，如图 4-71 所示。

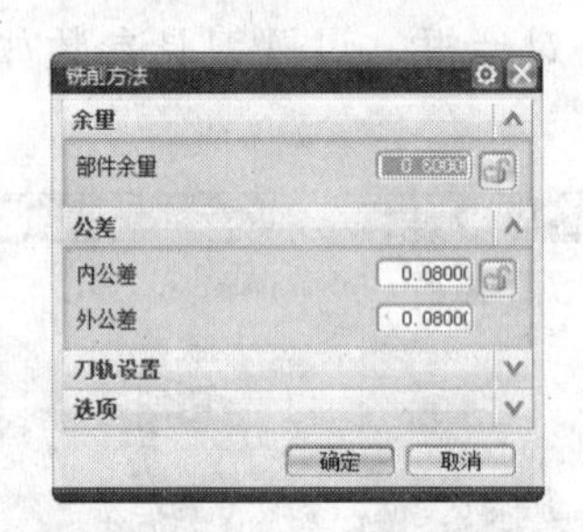

图 4-71　部件余量设置

② 设置粗加工的进给。在【铣削方法】对话框中，单击【刀轨设置】下的【进给】图标，系统将自动弹出【进给】对话框，设置【切削】进给率为 600，其余参数采用系统默认值，如图 4-72 所示。单击【确定】按钮完成粗加工方法的设置。

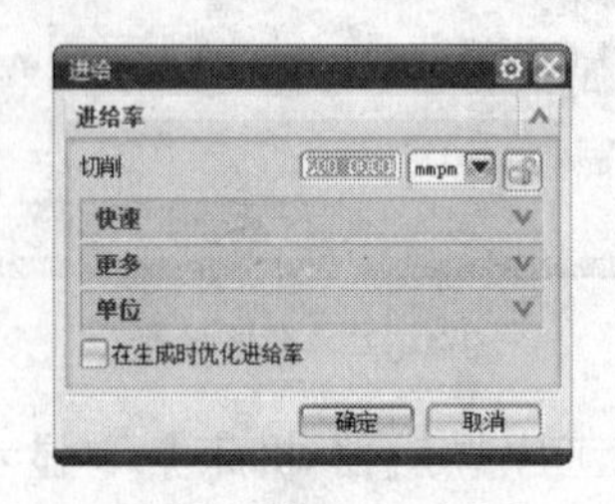

图 4-72　设置进给

（10）创建半精加工方法。双击【工序导航器-加工方法】中的【MILL_SEMI_FINISH】图标 MILL_SEMI_FINISH，系统将自动弹出【铣削方法】对话框，如图 4-71 所示。

① 设置余量与公差。在【铣削方法】对话框中，设置【部件余量】为 0.2，【内公差】与【外公差】均为 0.03，如图 4-73 所示。

图 4-73　部件余量设置

② 设置半精加工的进给。在【铣削方法】对话框中，单击【刀轨设置】下的【进给】图标，系统将自动弹出【进给】对话框，设置【切削】进给率为 1000，其余参数采用系统默认值，如图 4-74 所示。单击【确定】按钮完成半精加工方法的设置。

图 4-74　设置进给

（11）创建粗加工工序。单击【创建工序】图标，弹出【创建工序】对话框，在【类型】下拉菜单中选择【mill_contour】，【工序子类型】中选择【CAVITY_MILL】图标，【程序】选择【NC_PROGRAM】，【刀具】选择【MILL_D15R5（铣刀-5）】，【几何体】选择【WORKPIECE】，【方法】选择【MILL_ROUGH】，【名称】设置为【CAVITY_MILL_ROUGH】，单击【确定】按钮，如图 4-75 所示。单击【确定】按钮后，弹出【型腔铣】对话框，设置型腔铣的参数。

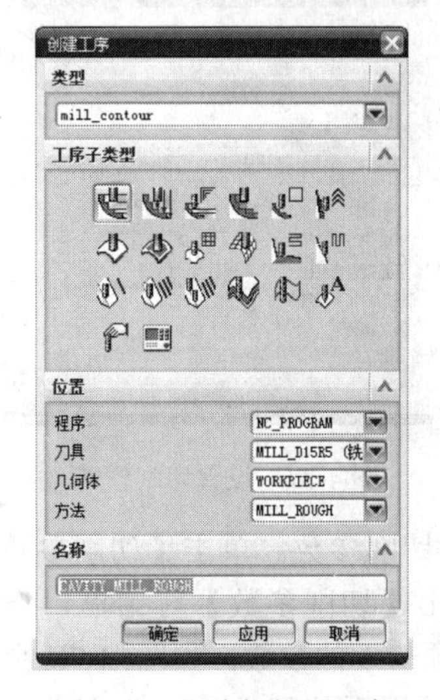

图 4-75　创建粗加工工序

① 在【几何体】下拉菜单中选择【WORKPIECE】，继承前面设置的部件几何体和毛坯几何体，如图 4-76 所示。

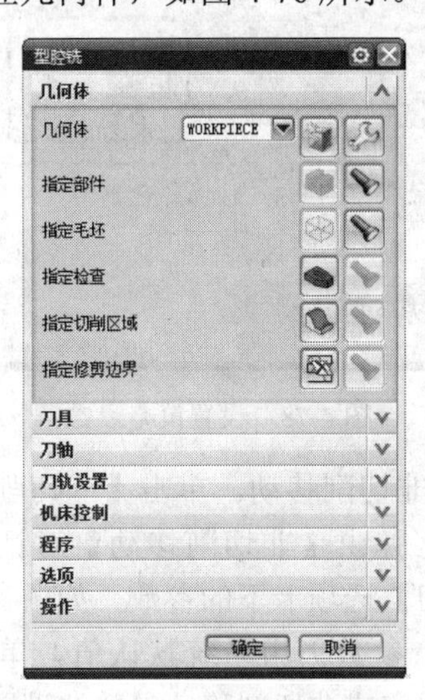

图 4-76　继承几何体

② 刀轨设置。在【切削模式】的下拉菜单中选择［跟随周边］，在【步距】的下拉菜单中选择【刀具平直百分比】,【平面直径百分比】设置为 70，在【每刀的公共深度】的下拉菜单中选择【恒定】,【最大距离】设置为 3mm，其余参数采用系统默认值，如图 4-77 所示。

图 4-77　设置切削模式

③ 切削参数。单击【切削参数】图标，弹出【切削参数】对话框，设置【策略】选项卡下的参数，如图 4-78 所示。其余参数采用系统默认值，单击【确定】按钮完成切削参数的设置。

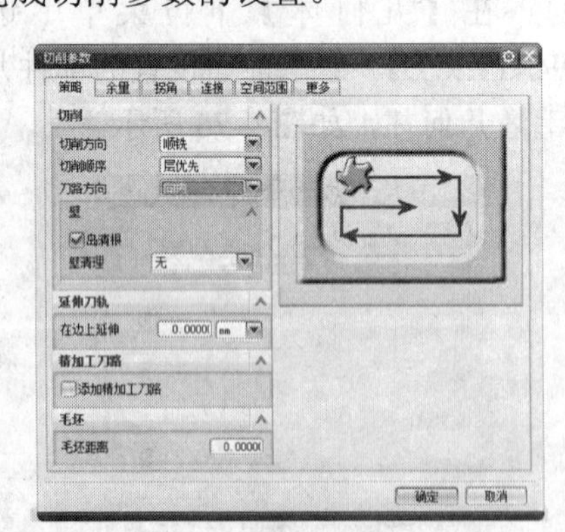

图 4-78　设置策略参数

④ 非切削移动。单击【非切削移动】图标，弹出【非切削移动】对话框。设置【进刀】选项卡下的参数，如图 4-79 所示。其余参数采用系统默认值，单击【确定】按钮完成非切削移动参数的设置。

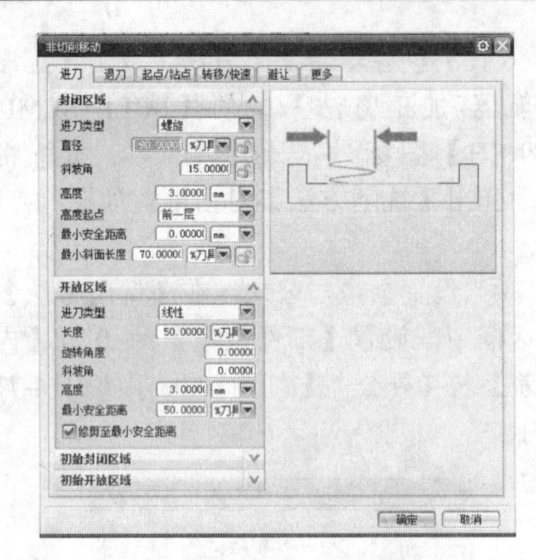

图 4-79　进刀参数的设置

（12）生成刀轨。单击【生成刀轨】图标，系统自动生成刀轨，如图 4-80 所示。

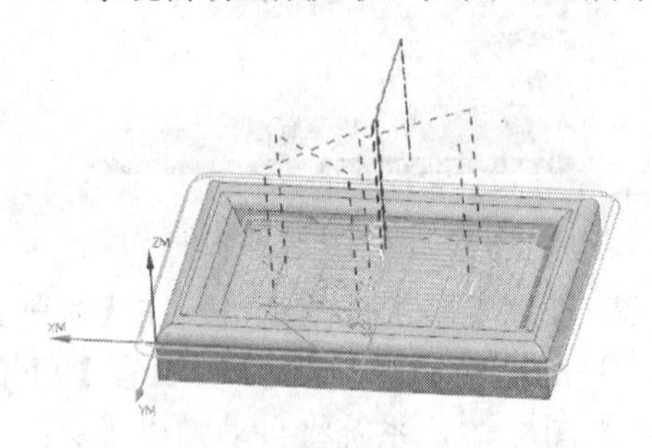

图 4-80　生成粗加工刀轨

（13）确认刀轨。单击【确认刀轨】图标，弹出【刀轨可视化】对话框，出现刀轨，如图 4-81 所示。

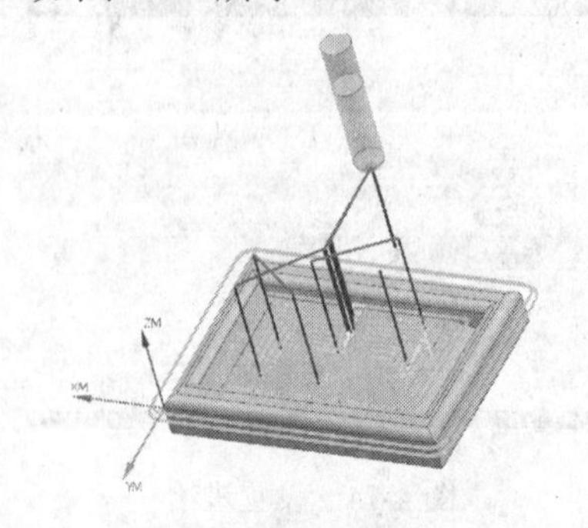

图 4-81　确认粗加工刀轨

（14）3D 效果图。单击【刀轨可视化】中的【3D 动态】，单击【播放】图标，可显示动画演示刀轨，如图 4-82 所示。

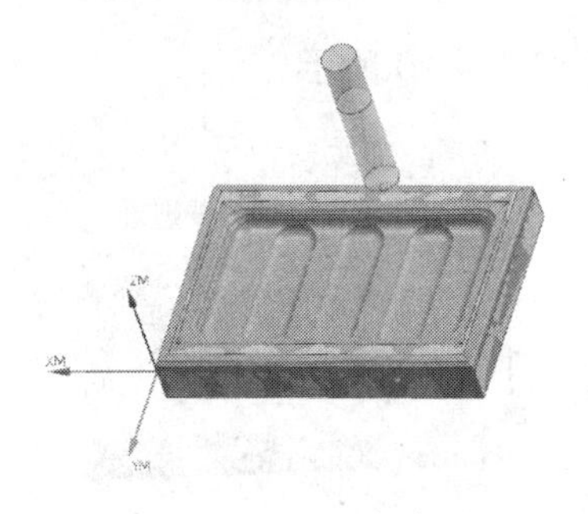

图 4-82　3D 动态演示

（15）2D 效果图。单击【刀轨可视化】中的【2D 动态】，单击【播放】图标 ▶，可显示动画演示刀轨，如图 4-83 所示。单击【确定】按钮完成粗加工工序。

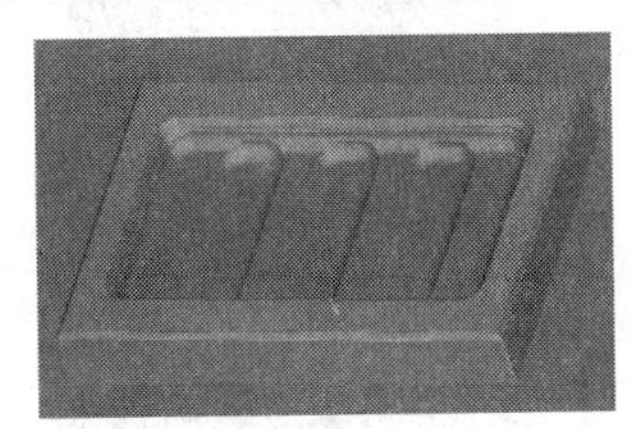

图 4-83　2D 效果图

（16）创建半精加工程序。在【工序导航器-程序顺序】下，选择【CAVITY_MILL_ROUGH】粗加工程序，右击选择【复制】，再右击选择【粘贴】，则复制了一个程序【CAVITY_MILL_ROUGH_COPY】，如图 4-84 所示。

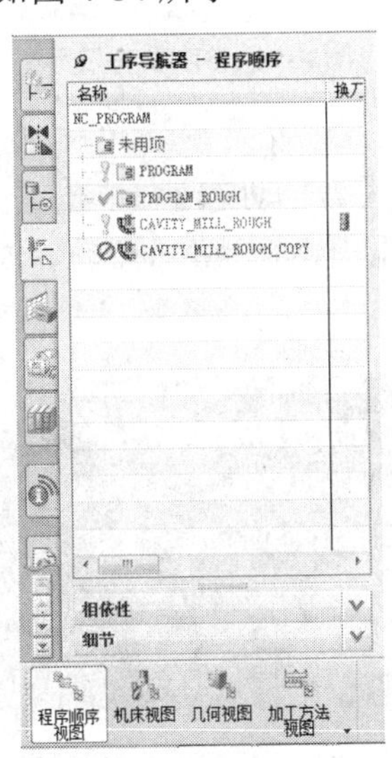

图 4-84　复制程序

（17）再选中复制的程序，右击【重命名】为【CAVITY_MILL_SEMI_ FINISH】，单击【确定】按钮完成半精加工程序的创建，如图 4-85 所示。

图 4-85　半精加工程序

（18）创建半精加工工序。双击【CAVITY_MILL_SEMI_FINISH】，系统将自动弹出【型腔铣】对话框。在粗加工工序上修改相应的参数，即可生成半精加工工序。

① 刀具的选择。在【型腔铣】对话框中的【刀具】的下拉菜单中选择 2 号半精加工刀具【MILL_D10R2（铣刀-5 参数）】，如图 4-86 所示。

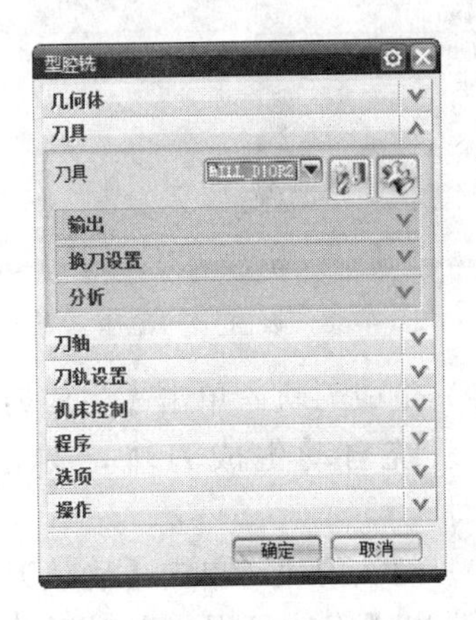

图 4-86　半精加工刀具

② 加工方法的选择。在【方法】的下拉菜单中选择【MILL_SEMI_FINISH】。

③ 步距的选择。设置【步距】的【平面直径百分比】值为 50。

④ 每刀公共深度的设置。设置【每刀公共深度】的【最大距离】值为 1，如图 4-87 所示。

图 4-87 半精加工刀轨参数

⑤ 切削参数的设置。单击【切削参数】图标，弹出【切削参数】对话框，设置【空间范围】选项卡下的参数，如图 4-88 所示。其余参数采用系统默认值，单击【确定】按钮完成切削参数的设置。

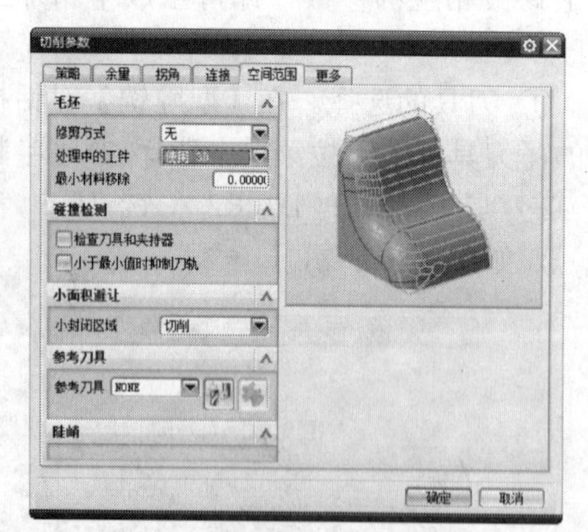

图 4-88 设置空间范围参数

（19）生成刀轨。单击【生成刀轨】图标，系统自动生成刀轨，如图 4-89 所示。

（20）确认刀轨。单击【确认刀轨】图标，弹出【刀轨可视化】对话框，出现刀轨，如图 4-90 所示。

图 4-89 生成半精加工刀轨

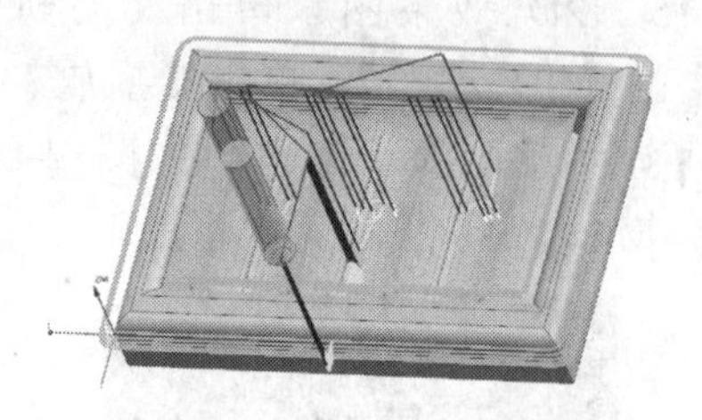

图 4-90 确认半精加工刀轨

（21）3D 效果图。单击【刀轨可视化】中的【3D 动态】，单击【播放】图标，可显示动画演示刀轨，如图 4-91 所示。

图 4-91 3D 动态演示

（22）2D 效果图。单击【刀轨可视化】中的【2D 动态】，单击【播放】图标，可显示动画演示刀轨，如图 4-92 所示。

图 4-92 2D 效果图

（23）显示所得的 IPW。单击【型腔铣】对话框中的【操作】下的显示所得的 IPW 图标，如图 4-93 所示。

图 4-93　所得的 IPW

（24）显示程序代码。单击【型腔铣】对话框中的【操作】下的【列表】图标，如图 4-94 所示。

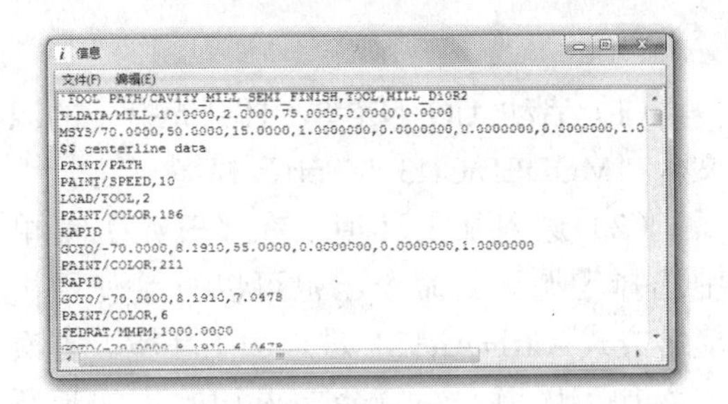

图 4-94　程序代码

（25）单击【确定】按钮完成半精加工工序。

4.7　实例 • 练习——创意巧克力凸模加工

分析零件，该零件是一个型芯类模型。型腔铣可以快速去除封闭区域内大量的材料，可以通过使用型腔铣对该类零件进行加工，可通过两级粗加工和底面精加工三个工序来保证该型芯模型的底面精度。模型的图形如图 4-95 所示。

图 4-95　模型文件

思路·点拨

利用型腔铣可以快速去除大量的材料，为后续的精加工做准备。创建该型腔铣操作大致分为 7 个步骤：（1）创建粗加工刀具、半精加工刀具和精加工刀具；（2）创建加工坐标系和安全平面；（3）创建加工几何体；（4）设置半精加工的余量和底面精加工的余量；（5）指定相应的切削参数和非切削移动参数；（6）设置粗加工、半精加工和精加工的进给率和速度；（7）生成刀轨即可完成型腔铣的创建。

【光盘文件】

——参见附带光盘中的“MODEL\CH4\4-7.prt”文件。

——参见附带光盘中的“END\CH4\4-7.prt”文件。

——参见附带光盘中的“AVI\CH4\4-7.avi”文件。

【操作步骤】

（1）启动 UG NX 8，打开光盘中的源文件“MODEL\CH3\4-7.prt”模型。

（2）进入加工环境。在【开始】菜单中选择【加工】命令，也可以直接使用快捷键方式 Ctrl+Alt+M 进入加工环境。首次进入加工环境，系统会要求初始化加工环境。系统自动弹出【加工环境】对话框，在【CAM 会话配置】中选择【cam_general】，在【要创建的 CAM 设置】中选择【mill_contour】，单击【确定】按钮，如图 4-56 所示。

（3）创建程序。单击【创建程序】图标，弹出【创建程序】对话框。【类型】选择【mill_contour】，在【位置】的下拉菜单中选择【PROGRAM】，【名称】设置为【PROGRAM_ROUGH】，单击【确定】按钮，创建型腔铣粗加工程序，如图 4-96 所示。

图 4-96　创建粗加工程序

在【工序导航器】-【程序顺序视图】中显示新建的程序【PROGRAM_ROUGH】，如图 4-97 所示。

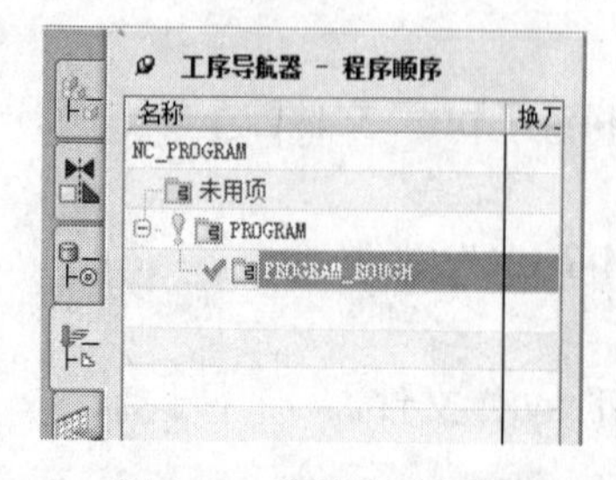

图 4-97　程序顺序视图

（4）创建粗加工刀具。单击【创建刀具】图标，弹出【创建刀具】对话框，【类型】选择【mill_contour】，【刀具子类型】选择【MILL】图标，【位置】选择【GENERIC_MACHINE】，【名称】设置为【MILL_ROUGH】，单击【确定】按钮，如图 4-98 所示。

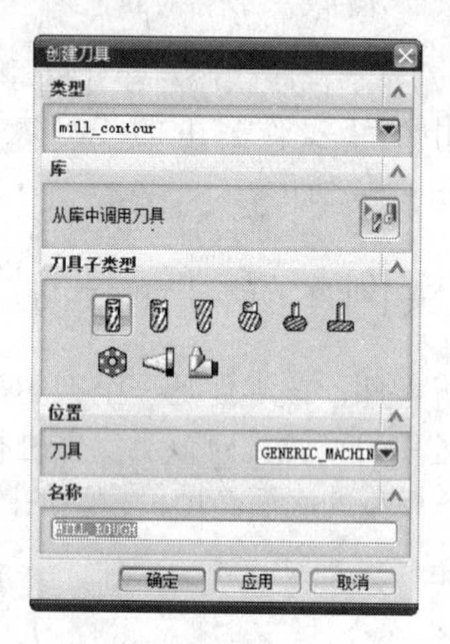

图 4-98　创建粗加工刀具

单击【确定】按钮后，弹出【铣刀-5 参数】对话框，设置刀具参数如图 4-99 所示。

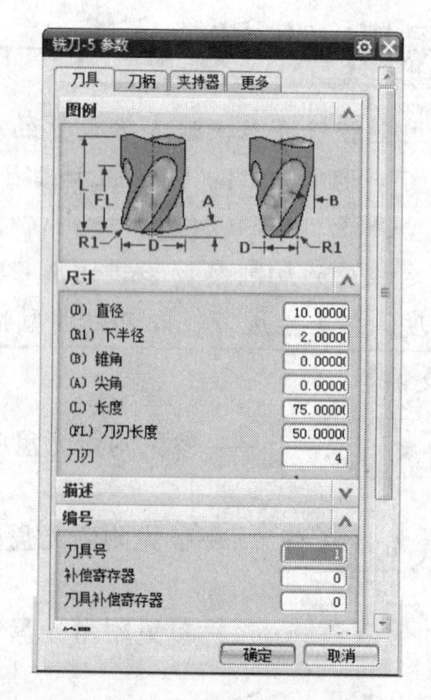

图 4-99　粗加工刀具参数

预览刀具，如图 4-100 所示。

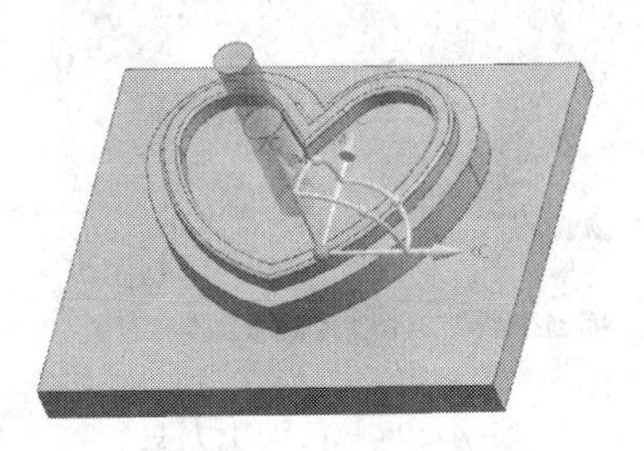

图 4-100　粗加工刀具

单击【确定】按钮，完成粗加工刀具的参数设置，在【工序导航器-机床】中查看新建的【MILL_ROUGH】刀具，如图 4-101 所示。

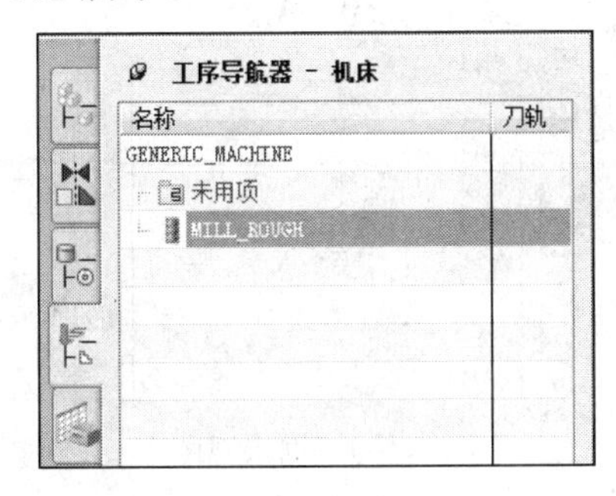

图 4-101　机床视图

（5）创建半精加工刀具。重复步骤（4），【名称】设置为【MILL_SEMI_FINISH】，单击【确定】按钮，如图 4-102 所示。

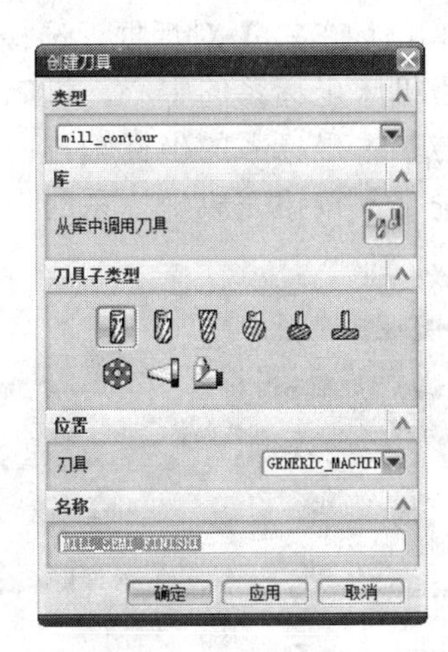

图 4-102　创建半精加工刀具

单击【确定】按钮后，弹出【铣刀-5 参数】对话框，设置刀具参数如图 4-103 所示。

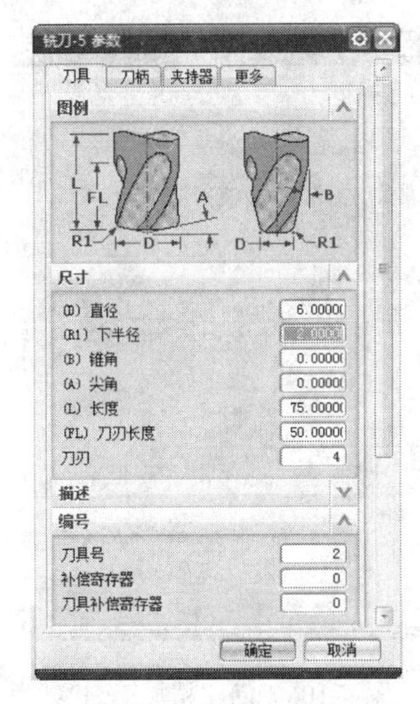

图 4-103　半精加工刀具参数

预览刀具，如图 4-104 所示。

图 4-104　半精加工刀具

单击【确定】按钮，完成半精加工刀具的参数设置，在【工序导航器-机床】中可以查看到新建的两把刀具，如图 4-105 所示。

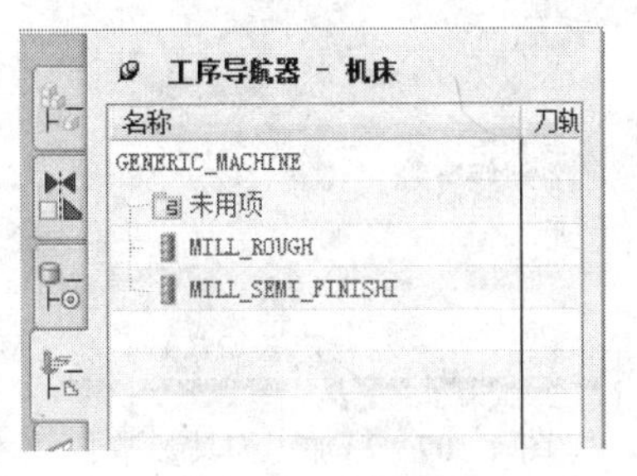

图 4-105　机床视图

（6）创建精加工刀具。重复步骤（4），【名称】设置为【MILL_ FINISH】，单击【确定】按钮，如图 4-106 所示。

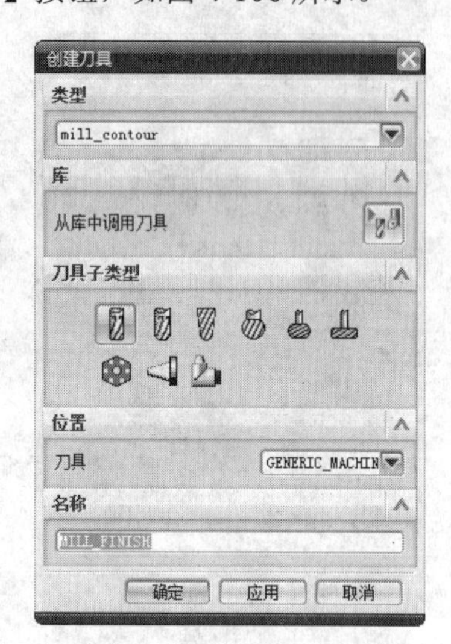

图 4-106　创建精加工刀具

单击【确定】按钮后，弹出 【铣刀-5 参数】对话框，设置刀具参数如图 4-107 所示。

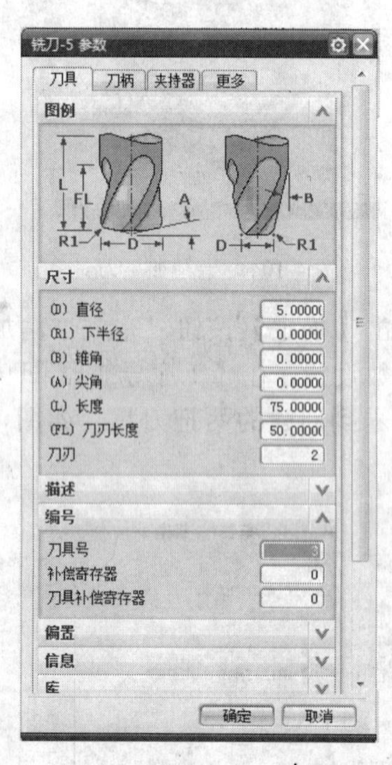

图 4-107　精加工刀具参数

预览刀具，如图 4-108 所示。

图 4-108　精加工刀具

单击【确定】按钮，完成精加工刀具的参数设置，在【工序导航器-机床】中可以查看到新建的三把刀具，如图 4-109 所示。

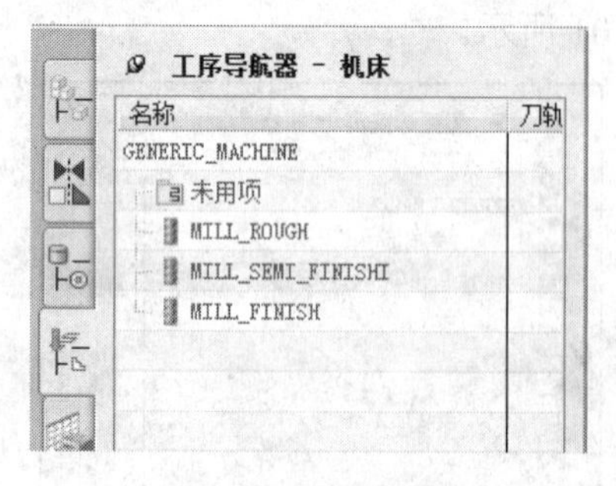

图 4-109　机床视图

（7）设置型腔铣削加工坐标系 MCS_MILL。双击【工序导航器-几何】中的【MCS_MILL】图标 MCS_MILL ，系统将自动弹出【Mill Orient】对话框，单击【指定 MCS】中的【CSYS】图标，系统将自动弹出【CSYS】对话框，选择图中所示位置为机床坐标系的中心，机床的坐标轴方向与基本坐标系的坐标轴方向一致，单击【确定】按钮完成坐标系的设置，如图 4-110 所示。

图 4-110　设置机床坐标系

（8）设置安全平面。单击【Mill Orient】对话框中的【安全设置选项】下拉菜单中的【平面】，单击【指定平面】中的【平面】图标，系统将自动弹出【平面】对话框，选中如图所示平面，输入安全距离为 30 ，单击【确定】按钮完成安全平面的设置，如图 4-111 所示。

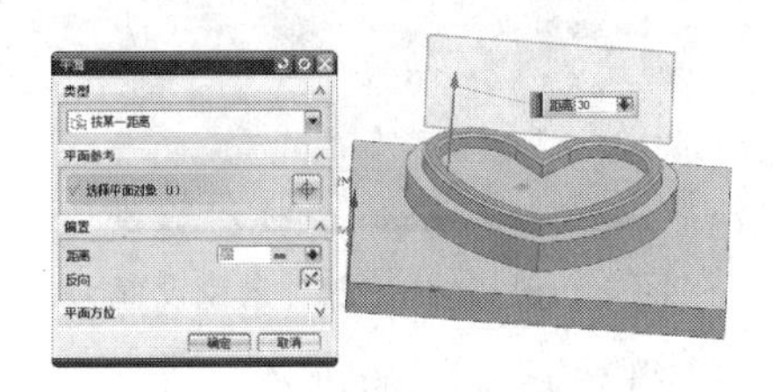

图 4-111　设置安全平面

（9）创建铣削几何体。双击【工序导航器-几何】中 【MCS_MILL】的子菜单【WORKPIECE】，弹出【铣削几何体】对话框，如图 4-67 所示。

① 指定部件。单击【指定部件】图标，弹出【部件几何体】对话框，选中整个部件体，单击【确定】按钮，如图 4-112 所示。

图 4-112　指定部件

② 指定毛坯。单击【指定毛坯】图标，弹出【毛坯几何体】对话框，单击【类型】的下拉菜单，选择【包容块】，单击【确定】按钮，如图 4-113 所示。

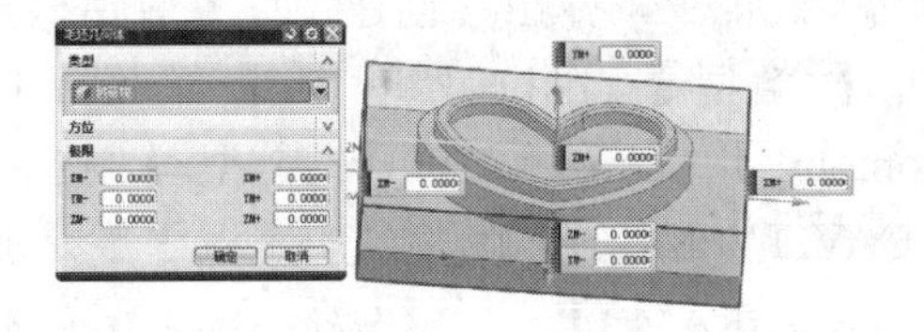

图 4-113　指定毛坯

（10）创建粗加工方法。双击【工序导航器-加工方法】中的【MILL_ROUGH】图标 MILL_ROUGH ，系统将自动弹出【铣削方法】对话框。

① 设置余量与公差。在【铣削方法】对话框中，设置【部件余量】为 1，【内公差】与【外公差】均为 0.08，如图 4-114 所示。

图 4-114　粗加工部件余量设置

② 设置粗加工的进给。在【铣削方法】对话框中，单击【刀轨设置】下的【进给】图标，系统将自动弹出【进给】对话框，设置【切削】进给率为 500，其余参数采用系统默认值，如图 4-115 所示。单击【确定】按钮完成粗加工方法的设置。

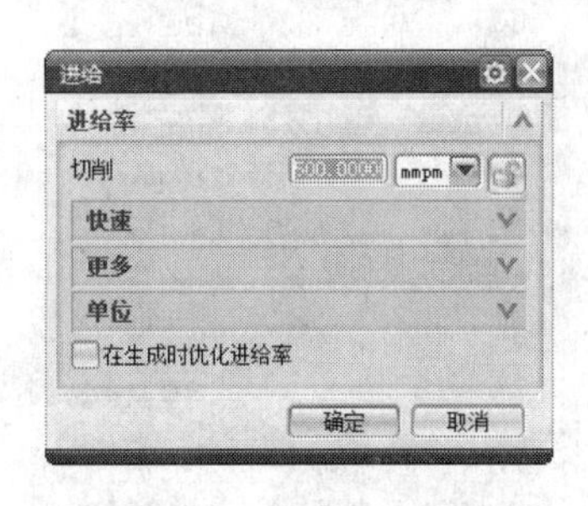

图 4-115　设置粗加工进给

（11）创建半精加工方法。双击【工序导航器-加工方法】中的【MILL_SEMI_FINISH】图标 MILL_SEMI_FINISH ，系统将自动弹出【铣削方法】对话框。

① 设置余量与公差。在【铣削方法】对话框中，设置【部件余量】为 0.3，【内

公差】与【外公差】均为 0.03，如图 4-116 所示。

图 4-116　半精加工部件余量设置

② 设置半精加工的进给。在【铣削方法】对话框中，单击【刀轨设置】下的【进给】图标，系统将自动弹出【进给】对话框，设置【切削】进给率为 850，进刀速度为 300mmpm，其余参数采用系统默认值，如图 4-117 所示。单击【确定】按钮完成半精加工方法的设置。

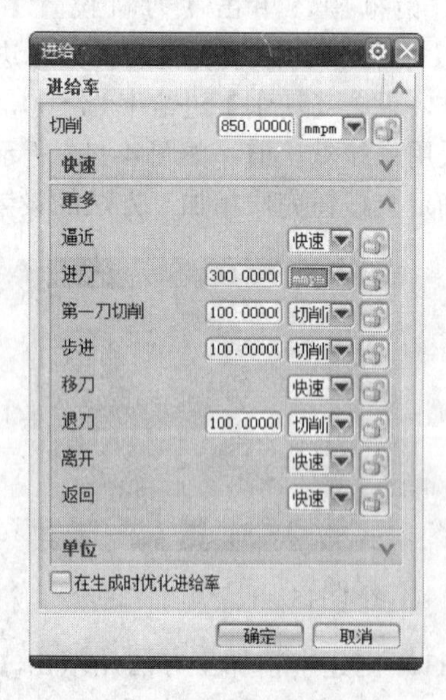

图 4-117　设置半精加工进给

（12）创建精加工方法。双击【工序导航器-加工方法】中的【MILL_ FINISH】图标 MILL_FINISH，系统将自动弹出【铣削方法】对话框。

① 设置余量与公差。在【铣削方法】对话框中，设置【部件余量】为 0,【内公差】与【外公差】均为 0.02，如图 4-118 所示。

图 4-118　精加工部件余量设置

② 设置精加工的进给。在【铣削方法】对话框中，单击【刀轨设置】下的【进给】图标，系统将自动弹出【进给】对话框，设置【切削】进给率为 1500，进刀速度为 300mmpm，其余参数采用系统默认值，如图 4-119 所示。单击【确定】按钮完成精加工方法的设置。

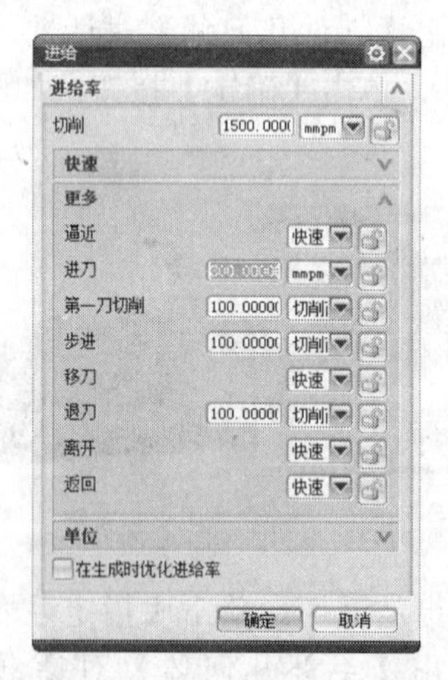

图 4-119　设置精加工进给

（13）创建粗加工工序。单击【创建工序】图标，弹出【创建工序】对话框，在【类型】下拉菜单中选择【mill_contour】，【工序子类型】选择【CAVITY_MILL】图标，【程序】选择【PROGRAM】，【刀具】选择【MILL_ROUGH（铣刀-5 参数）】，【几何体】选择【WORKPIECE】,【方法】选择【MILL_ROUGH】,【名称】设置为【CAVITY_MILL_ROUGH】,单击【确定】按钮,如图 4-120 所示。单击【确定】按钮后,弹出【型腔铣】对话框,设置型腔铣的参数。

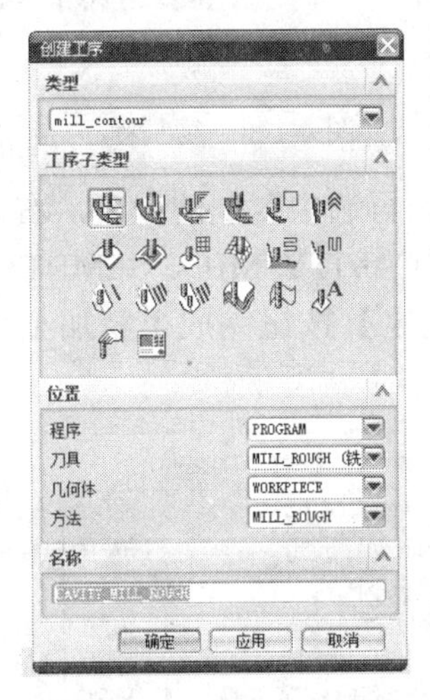

图 4-120 创建粗加工工序

① 在【几何体】下拉菜单中选择【WORKPIECE】,继承前面设置的部件几何体和毛坯几何体。

② 刀轨设置。在【切削模式】的下拉菜单中选择跟随周边,在【步距】的下拉菜单中选择【刀具平直百分比】,【平面直径百分比】设置为 75,在【每刀的公共深度】的下拉菜单中选择【恒定】,【最大距离】设置为 5mm,其余参数采用系统默认值,如图 4-121 所示。

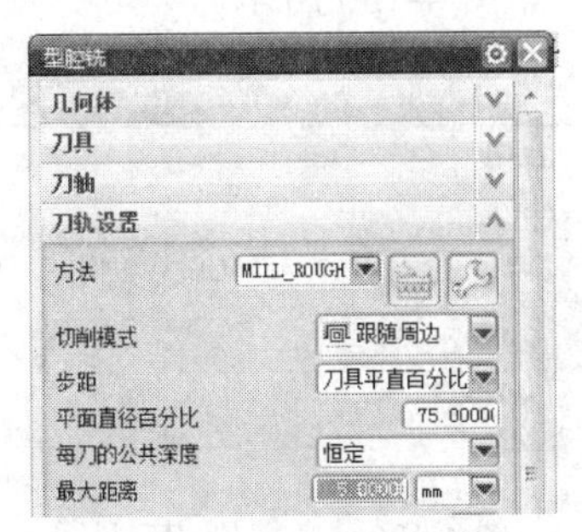

图 4-121 设置切削模式

③ 切削参数。单击【切削参数】图标,弹出【切削参数】对话框,设置【策略】选项卡下的参数,如图 4-122 所示。其余参数采用系统默认值,单击【确定】按钮完成切削参数的设置。

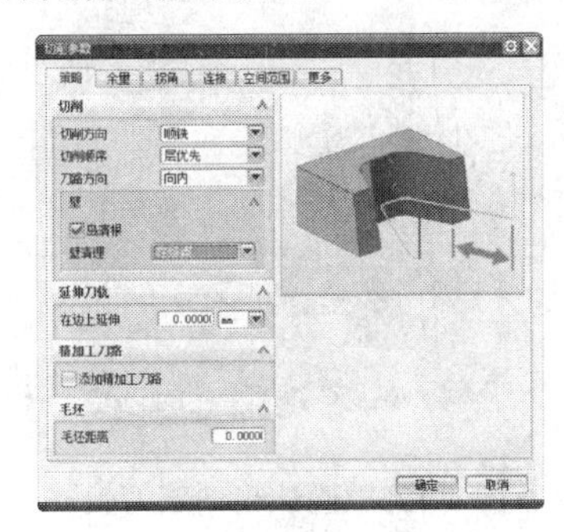

图 4-122 设置策略参数

④ 非切削移动。单击【非切削移动】图标,弹出【非切削移动】对话框。设置【进刀】选项卡下的参数,如图 4-123 所示。其余参数采用系统默认值,单击【确定】按钮完成非切削移动参数的设置。

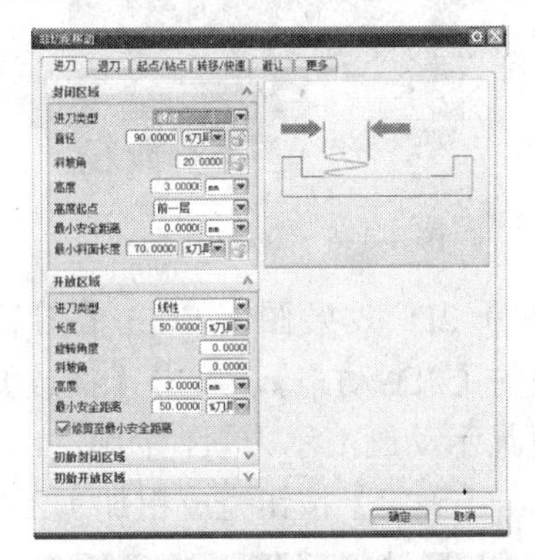

图 4-123 进刀参数的设置

(14) 生成刀轨。单击【生成刀轨】图标,系统自动生成刀轨,如图 4-124 所示。

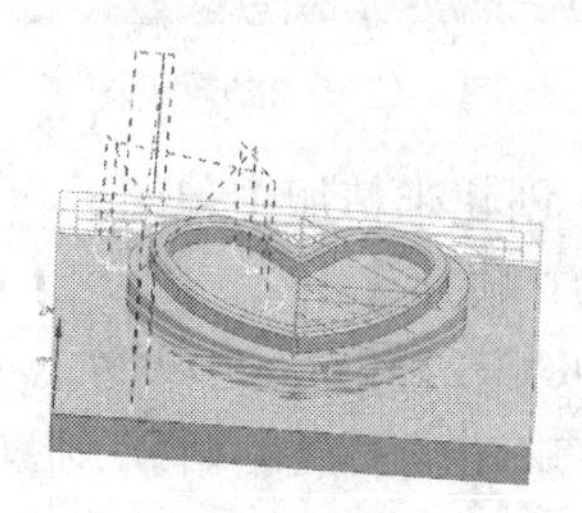

图 4-124 生成粗加工刀轨

（15）确认刀轨。单击【确认刀轨】图标，弹出【刀轨可视化】对话框，出现刀轨，如图 4-125 所示。

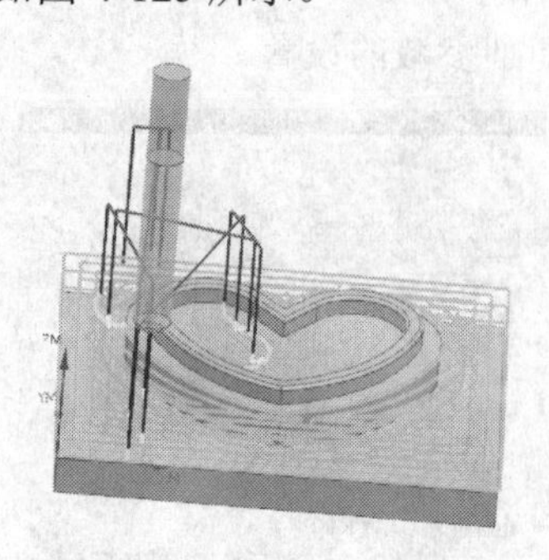

图 4-125　确认粗加工刀轨

（16）3D 效果图。单击【刀轨可视化】中的【3D 动态】，单击【播放】图标，可显示动画演示刀轨，如图 4-126 所示。

图 4-126　3D 动态演示

（17）2D 效果图。单击【刀轨可视化】中的【2D 动态】，单击【播放】图标，可显示动画演示刀轨，如图 4-127 所示。单击【确定】按钮完成粗加工工序。

图 4-127　2D 效果图

（18）创建半精加工程序。在【工序导航器-程序顺序】下，选中【CAVITY_MILL_ROUGH】粗加工程序，右击选择【复制】，再右击选择【粘贴】，则复制了一个程序【CAVITY_MILL_ROUGH_ COPY】，如图 4-128 所示。

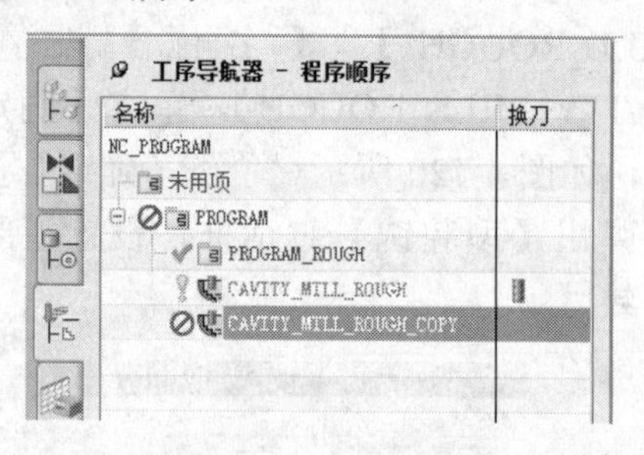

图 4-128　复制程序

（19）再选中复制的程序，右击【重命名】为【CAVITY_MILL_SEMI_FINISH】，单击【确定】按钮完成半精加工程序的创建，如图 4-129 所示。

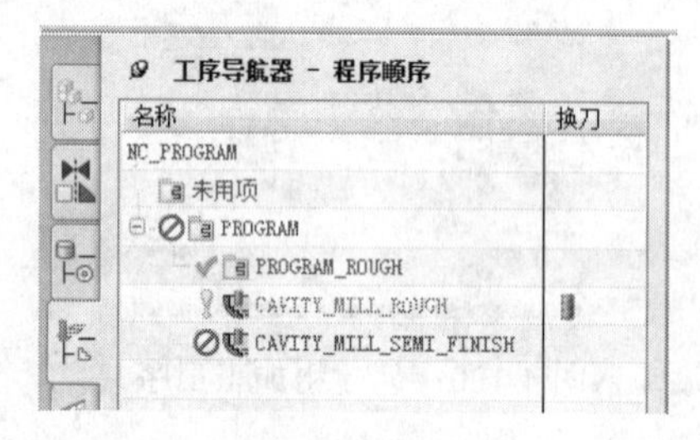

图 4-129　半精加工程序

（20）创建半精加工工序。双击【CAVITY_MILL_SEMI_FINISH】，系统将自动弹出【型腔铣】对话框。在粗加工工序上修改相应的参数，即可生成半精加工工序。

① 刀具的选择。在【型腔铣】对话框中的【刀具】的下拉菜单中选择 2 号半精加工刀具【MILL_SEMI_FINISH（铣刀-5 参数）】，如图 4-130 所示。

图 4-130　半精加工刀具

② 加工方法的选择。在【方法】的下

拉菜单中选择【MILL_SEMI_FINISH】。

③ 步距的选择。设置【步距】的【平面直径百分比】值为 55。

④ 每刀公共深度的设置。设置【每刀的公共深度】的【最大距离】值为 0.5，如图 4-131 所示。

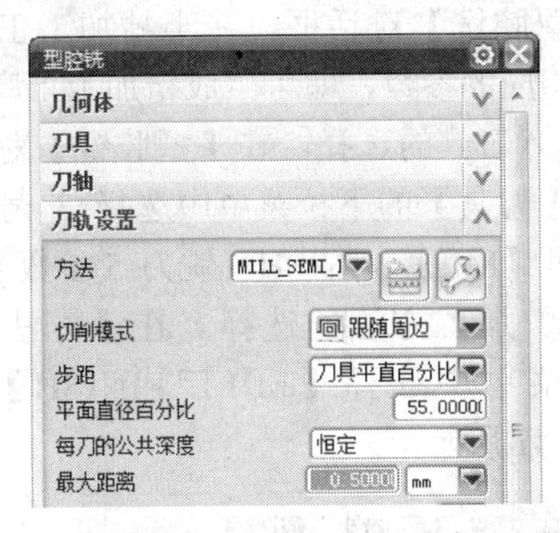

图 4-131　半精加工刀轨参数

⑤ 切削层参数设置。单击【切削层】图标，弹出【切削层】对话框，设置范围 1 的【每刀深度】值为 0.3，如图 4-132 所示。单击【确定】按钮，完成切削层参数的设置。

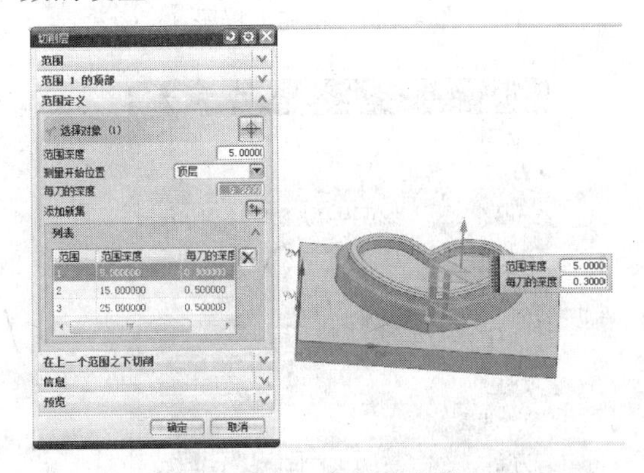

图 4-132　切削层参数

⑥ 切削参数的设置。单击【切削参数】图标，弹出【切削参数】对话框，设置【空间范围】选项卡下的参数，如图 4-133 所示。其余参数采用系统默认值，单击【确定】按钮完成切削参数的设置。

（21）生成刀轨。单击【生成刀轨】图标，系统自动生成刀轨，如图 4-134 所示。

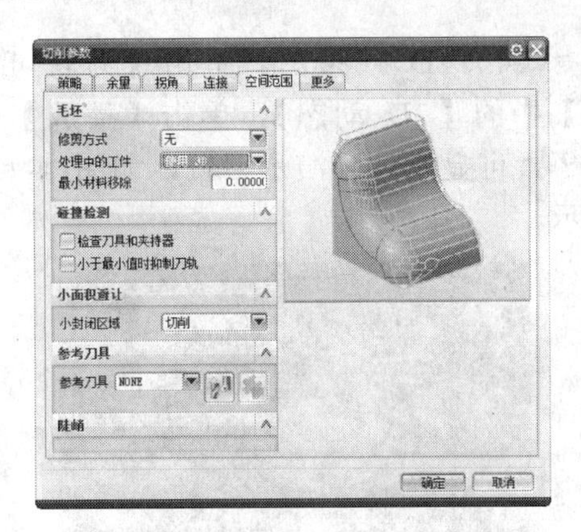

图 4-133　设置空间范围参数

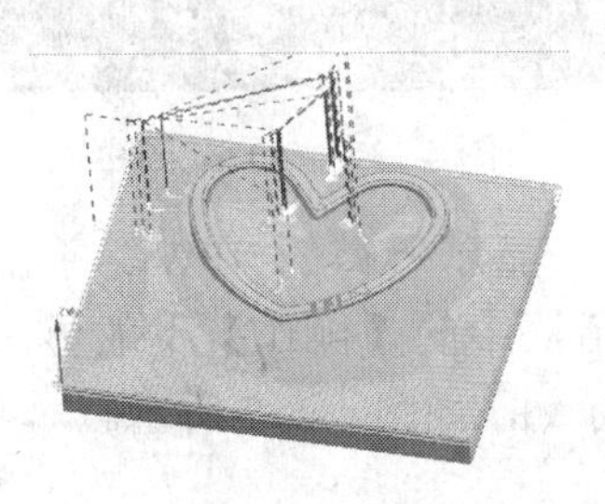

图 4-134　生成半精加工刀轨

（22）确认刀轨。单击【确认刀轨】图标，弹出【刀轨可视化】对话框，出现刀轨，如图 4-135 所示。

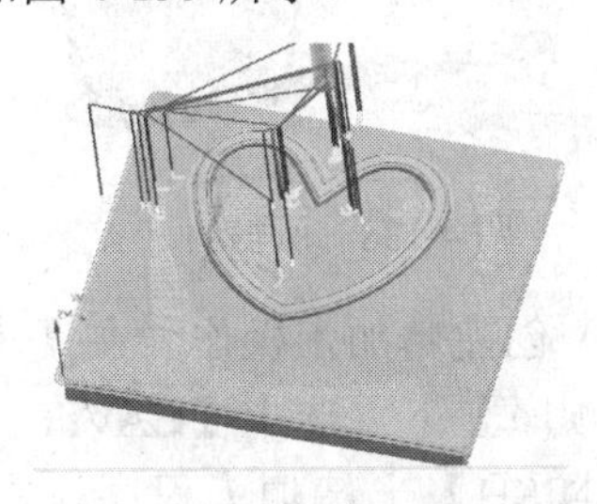

图 4-135　确认半精加工刀轨

（23）3D 效果图。单击【刀轨可视化】中的【3D 动态】，单击【播放】图标，可显示动画演示刀轨，如图 4-136 所示。

图 4-136　3D 动态演示

（24）2D 效果图。单击【刀轨可视化】中的【2D 动态】，单击【播放】图标，可显示动画演示刀轨，如图 4-137 所示。

图 4-137　2D 效果图

（25）显示所得的 IPW。单击【型腔铣】对话框中的【操作】下的显示所得的 IPW 图标，如图 4-138 所示。

图 4-138　所得的 IPW

（26）创建精加工操作。在【工序导航器-程序顺序】下，选中【CAVITY_MILL_SEMI_FINISH】半精加工程序，右击选择【复制】，再右击选择【粘贴】，则复制了一个程序【CAVITY_MILL_ SEMI_FINISH_COPY】，如图 4-139 所示。

图 4-139　复制程序

（27）再选中复制的程序，右击【重命名】为【CAVITY_MILL_FINISH】，单击【确定】按钮完成精加工程序的创建，如图 4-140 所示。

（28）创建精加工工序。双击【CAVITY_MILL_FINISH】，系统将自动弹出【型腔铣】对话框。在半精加工工序上修改相应的参数，即可生成精加工工序。

① 刀具的选择。在【型腔铣】对话框中的【刀具】的下拉菜单中选择 3 号精加工刀具【MILL_FINISH（铣刀-5 参数)】。

② 加工方法的选择。在【方法】的下拉菜单中选择【MILL_FINISH】，如图 4-141 所示。

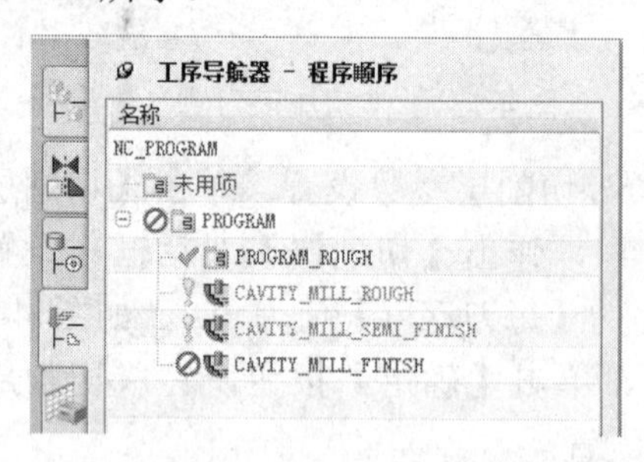

图 4-140　精加工程序

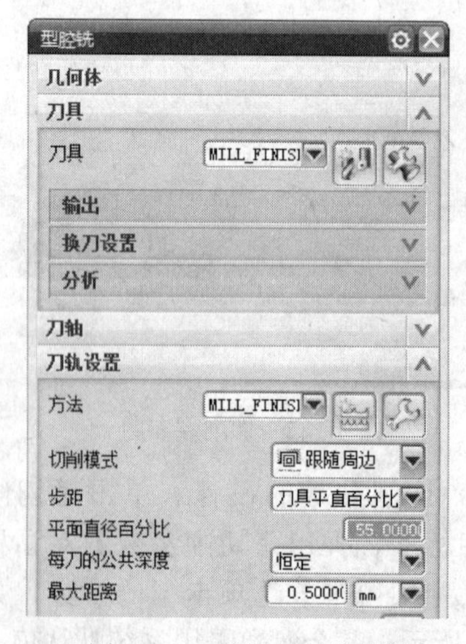

图 4-141　精加工刀轨参数

③ 切削层参数设置。单击【切削层】图标，弹出【切削层】对话框，在【切

削层】的下拉菜单中选择【仅在范围底部】，其余参数采用系统默认值，如图 4-142 所示。单击【确定】按钮，完成切削层参数的设置。

图 4-142　切削层参数

（29）生成刀轨。单击【生成刀轨】图标，系统自动生成刀轨，如图 4-143 所示。

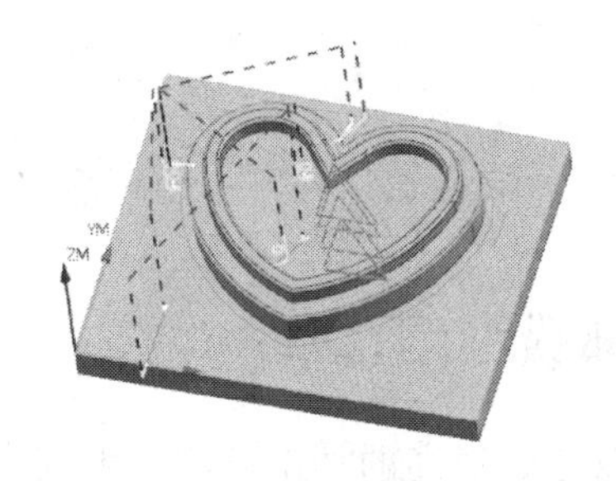

图 4-143　生成精加工刀轨

（30）确认刀轨。单击【确认刀轨】图标，弹出【刀轨可视化】对话框，出现刀轨，如图 4-144 所示。

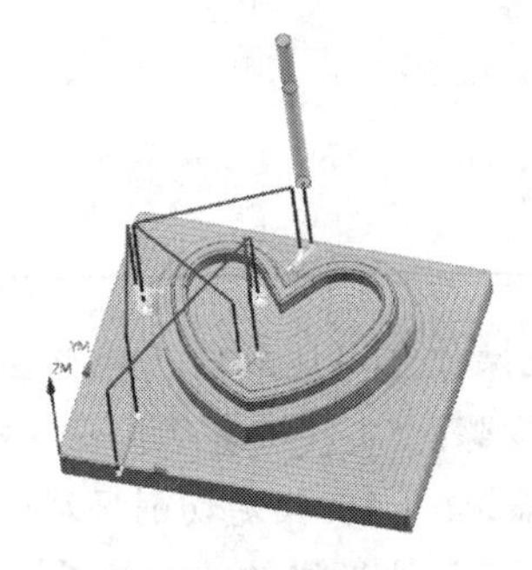

图 4-144　确认精加工刀轨

（31）3D 效果图。单击【刀轨可视化】中的【3D 动态】，单击【播放】图标，可显示动画演示刀轨，如图 4-145 所示。

图 4-145　3D 动态演示

（32）显示所得的 IPW。单击【型腔铣】对话框中的【操作】下的显示所得的 IPW 图标，显示如图 4-146 所示。

图 4-146　所得的 IPW

（33）显示程序代码。单击【型腔铣】对话框中的【操作】下的列表图标，显示如图 4-147 所示。

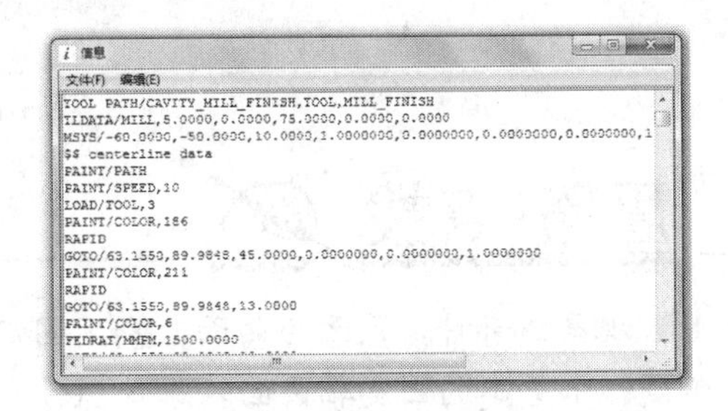

信息

文件(F)　编辑(E)

```
TOOL PATH/CAVITY_MILL_FINISH,TOOL,MILL_FINISH
TLDATA/MILL,5.0000,0.0000,75.0000,0.0000,0.0000
MSYS/-60.0000,-50.0000,10.0000,1.0000000,0.0000000,0.0000000,0.0000000,1
$$ centerline data
PAINT/PATH
PAINT/SPEED,10
LOAD/TOOL,3
PAINT/COLOR,186
RAPID
GOTO/63.1550,89.9848,45.0000,0.0000000,0.0000000,1.0000000
PAINT/COLOR,211
RAPID
GOTO/63.1550,89.9848,13.0000
PAINT/COLOR,6
FEDRAT/MMPM,1500.0000
```

图 4-147　程序代码

（34）单击【确定】按钮完成精加工工序。

第5章　固定轴曲面轮廓铣

固定轴曲面轮廓铣操作用于曲面工件的半精加工和精加工。在加工过程中，刀具的刀轴保持固定不变，操作允许通过精确控制刀轴和投影矢量，使刀轨沿着非常复杂的曲面轮廓移动。本章以典型实例介绍固定轴曲面轮廓铣的操作方法、各种驱动方式的作用及主要参数方法和步骤。

本章内容

- 实例·模仿——固定轴曲面轮廓铣加工
- 固定轴曲面轮廓铣概述
- 固定轴曲面轮廓铣的子类型
- 固定轴曲面轮廓铣的基本参数设置
- 实例·操作——异形凸模加工
- 实例·练习——吹风机凹模加工

5.1　实例·模仿——固定轴曲面轮廓铣加工

该零件的表面为曲面，利用固定轴曲面轮廓铣可以达到很高的加工精度。本例的加工零件如图 5-1 所示。

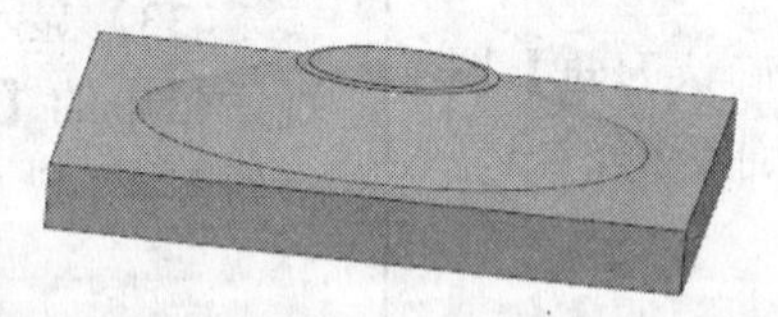

图 5-1　模型文件

思路·点拨

观察该部件，表面为曲面，利用固定轴曲面轮廓铣操作可以达到较高的曲面精度。创建一个基本的固定轴曲面轮廓铣操作大致分为 8 个步骤：（1）创建刀具——球铣刀；（2）创建加工几何体；（3）创建工序——固定轴曲面轮廓铣；（4）指定切削区域；（5）指定驱动方法——区域铣削；（6）指定相应的切削参数；（7）设置进给率和速度；（8）生成刀轨即可完成该零件的固定轴曲面轮廓铣削的创建。

视频教学

【光盘文件】

起始文件——参见附带光盘中的“MODEL\CH5\5-1.prt”文件。

结果文件——参见附带光盘中的“END\CH5\5-1.prt”文件。

动画演示——参见附带光盘中的“AVI\CH5\5-1.avi”文件。

【操作步骤】

（1）启动 UG NX8。打开光盘中的源文件“MODEL\CH5\5-1.prt”模型，单击【OK】按钮，如图 5-2 所示。

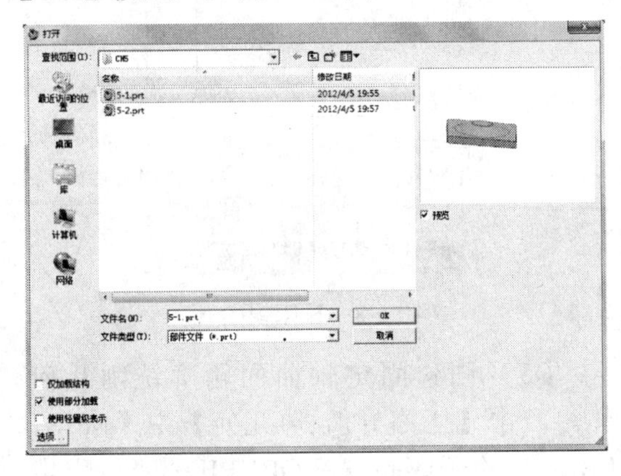

图 5-2　打开模型文件

（2）进入加工环境。单击【开始】—【加工】后出现 【加工环境】对话框（快捷键方式 Ctrl+Alt+M），设置【加工环境】如下参数后单击【确定】按钮，如图 5-3 所示。

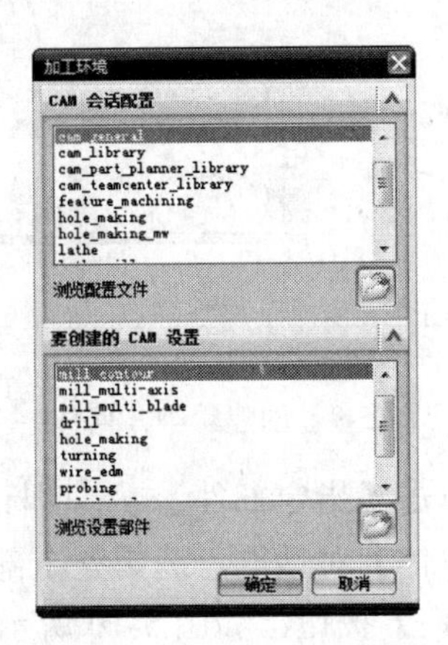

图 5-3　进入加工环境

（3）创建程序。单击【创建程序】图标，弹出【创建程序】对话框。【类型】选择【mill_contour】，【名称】设置为【PROGRAM_1】，其余选项采取默认参数，单击【确定】按钮，创建粗加工程序，如图 5-4 所示。

图 5-4　创建程序

在【工序导航器-程序顺序】中显示新建的程序，如图 5-5 所示。

图 5-5　程序顺序视图

（4）创建刀具。

单击【创建刀具】图标 ，弹出【创建刀具】对话框，【类型】选择【mill_contour】，【刀具子类型】选择【BALL_MILL】图标 ，【位置】选用默认选项，【名称】设置为【BALL_MILL】，单击【确定】按钮，如图5-6所示。

图5-6 创建刀具

单击【确定】按钮，弹出【铣刀-球头铣】对话框，设置球铣刀的参数如图5-7所示。

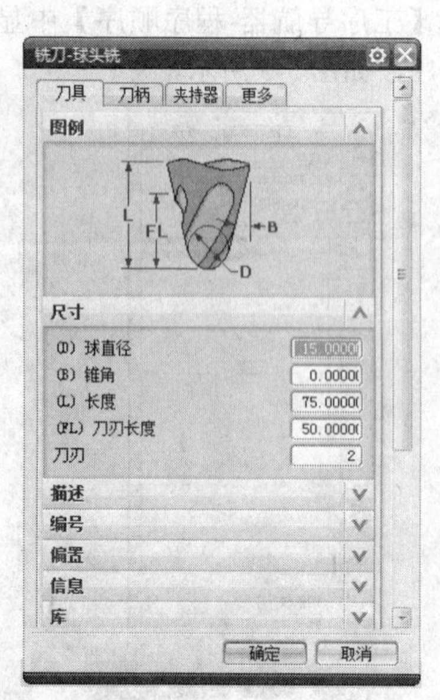

图5-7 球铣刀参数

在【工序导航器-机床】中显示新建的【BALL_MILL】刀具，如图5-8所示。

图5-8 机床视图

（5）创建固定轴曲面轮廓铣削几何体。双击【工序导航器-几何】中【MCS_MILL】的子菜单【WORKPIECE】，弹出【铣削几何体】对话框，如图5-9所示。

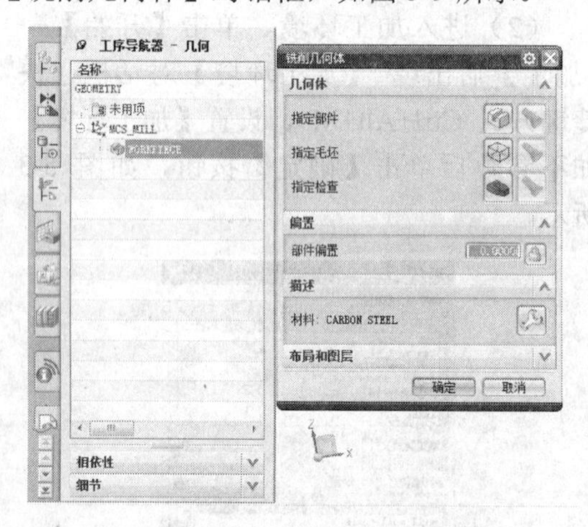

图5-9 创建铣削几何体

① 单击【指定部件】 图标，弹出【部件几何体】对话框，选中整个部件体，单击【确定】按钮，如图5-10所示。

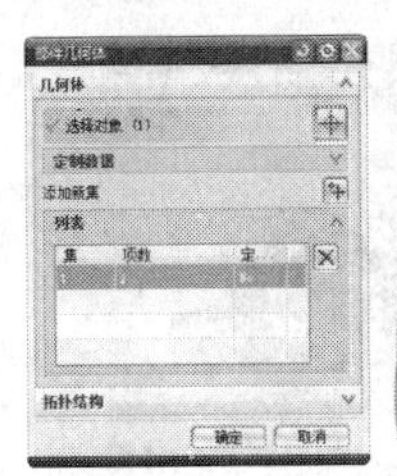
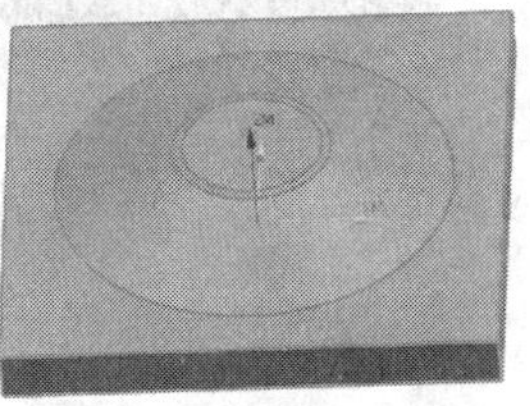

图 5-10　指定部件

② 单击【指定毛坯】图标，弹出【毛坯几何体】对话框，单击【类型】的下拉菜单，选择【部件的偏置】，偏置值设为1，单击【确定】按钮，如图 5-11 所示。再单击【确定】，完成铣削几何体的设置。

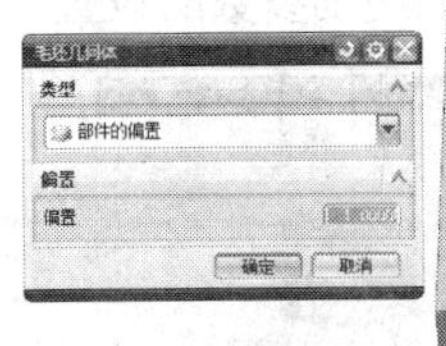
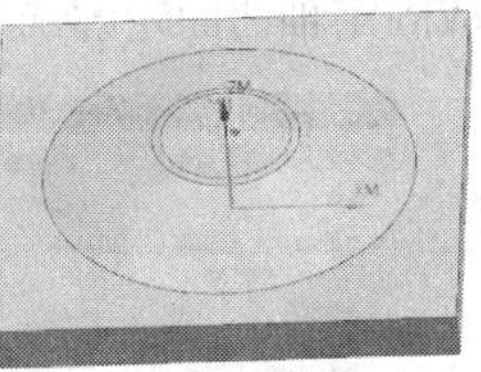

图 5-11　指定毛坯

（6）创建固定轴曲面轮廓铣工序。

单击【创建工序】图标，弹出【创建工序】对话框，在【类型】下拉菜单中选择【mill_contour】，【工序子类型】选择【FIXED_CONTOUR】图标，【程序】选择【NC_PROGRAM】，【刀具】选择【BALL_MILL（铣刀-球头铣）】，【几何体】选择【WORKPIECE】，【方法】采用系统默认值，【名称】设置为【FIXED_CONTOUR】，单击【确定】按钮，如图 5-12 所示。单击【确定】按钮后，弹出【固定轮廓铣】对话框，设置固定轮廓铣的参数。

① 在【几何体】下拉菜单中选择【WORKPIECE】，继承前面设置的部件几何体和毛坯几何体，如图 5-13 所示。

② 指定切削区域。单击【指定切削区域】图标，系统将自动弹出【切削区域】对话框，选中部件体上要加工的 3 个面，如图 5-14 所示。单击【确定】按钮，完成固定轮廓铣几何体的设置。

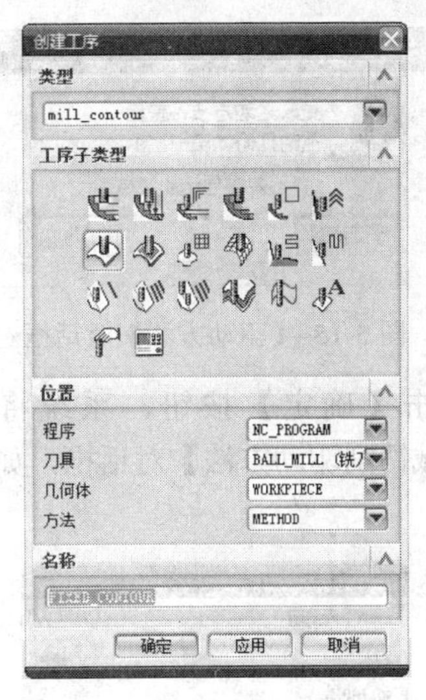

图 5-12　创建加工工序

图 5-13　设置固定轮廓铣参数

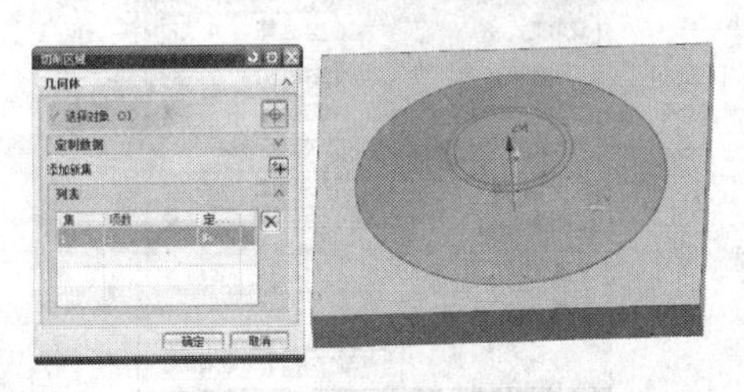

图 5-14　指定切削区域

③ 驱动方法。在【驱动方法】的【方法】的下拉菜单中选择【区域铣削】，系统将自动弹出【驱动方法】对话框，如图 5-15 所示。

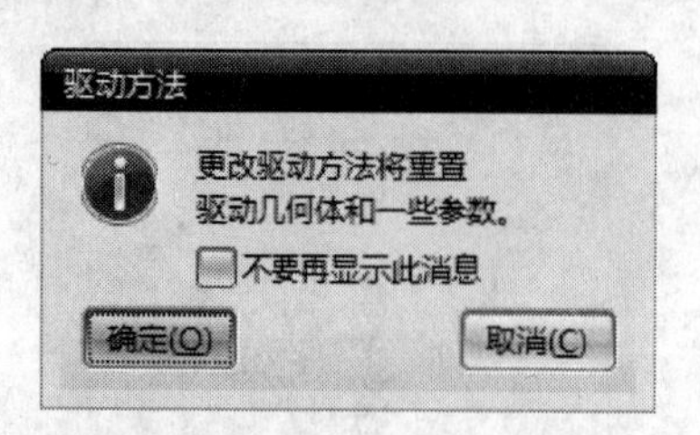

图 5-15 【驱动方法】对话框

单击【确定】按钮，系统将自动弹出【区域铣削驱动方法】对话框，如图 5-16 所示。

图 5-16 【区域铣削驱动方法】对话框

在【步距】的下拉菜单中选择【恒定】,【最大距离】设置为 0.4mm，其余参数采用系统默认值，单击【确定】按钮，如图 5-17 所示。

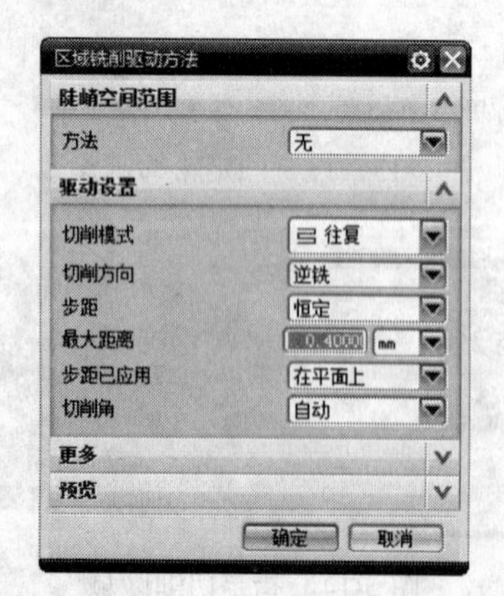

图 5-17 设置驱动方法

④ 切削参数。在【刀轨设置】下，单击【切削参数】图标，系统将自动弹出【切削参数】对话框，如图 5-18 所示。

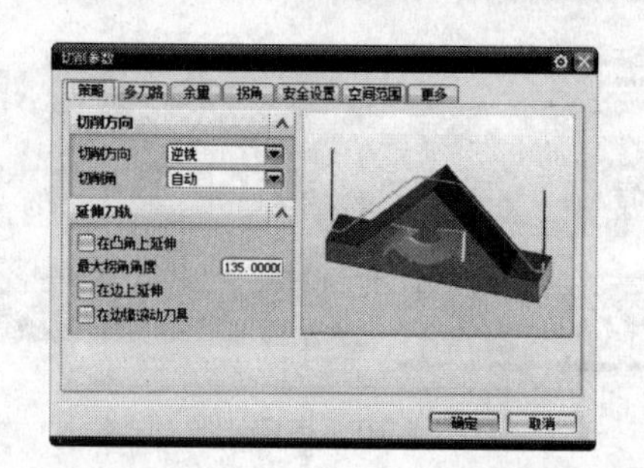

图 5-18 【切削参数】对话框

在【空间范围】选项卡下，在【毛坯】中的【处理中的工件】的下拉菜单中选择【使用 3D】，其余参数采用系统默认值，如图 5-19 所示。单击【确定】按钮，完成固定轴曲面轮廓铣的切削参数的设置。

图 5-19 切削参数-空间范围

⑤ 进给率和速度。单击【进给率和速度】图标，弹出【进给率和速度】对话框，【切削】进给率设置为 850，其余参数采用系统默认值，如图 5-20 所示。

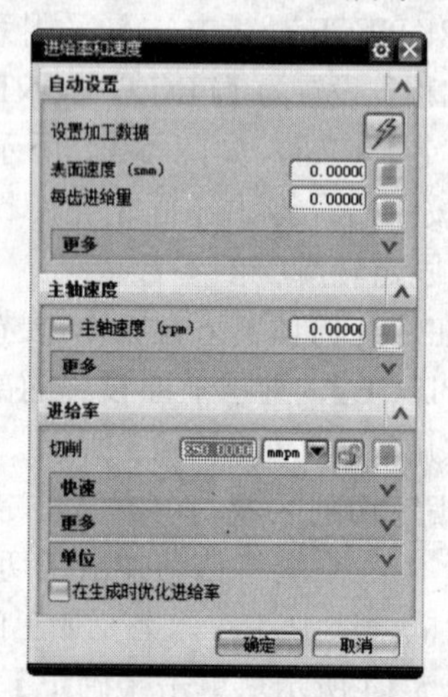

图 5-20 进给率和速度参数设置

（7）生成刀轨。单击【生成刀轨】图标，系统自动生成刀轨，如图 5-21 所示。

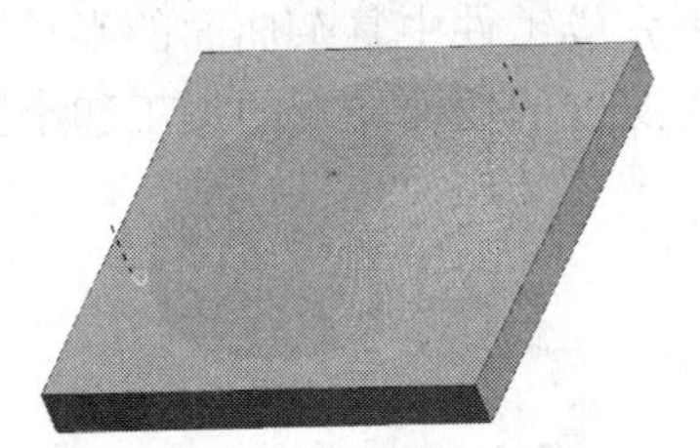

图 5-21　生成刀轨

（8）确认刀轨。单击【确认刀轨】图标，弹出【刀轨可视化】对话框，出现刀轨，如图 5-22 所示。

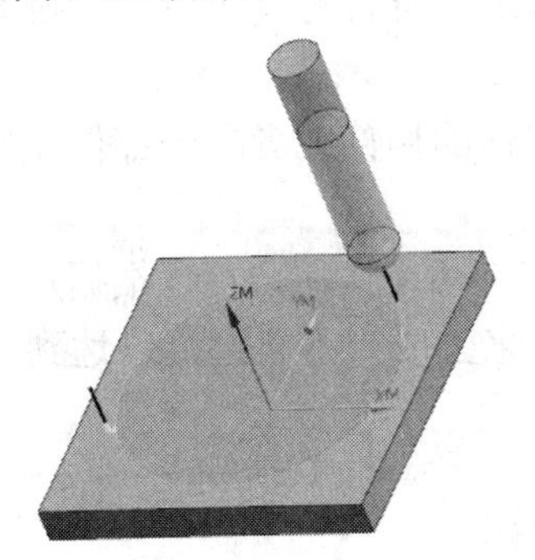

图 5-22　确认刀轨

（9）3D 效果图。单击【刀轨可视化】中的【3D 动态】，单击【播放】图标，可显示动画演示刀轨，如图 5-23 所示。

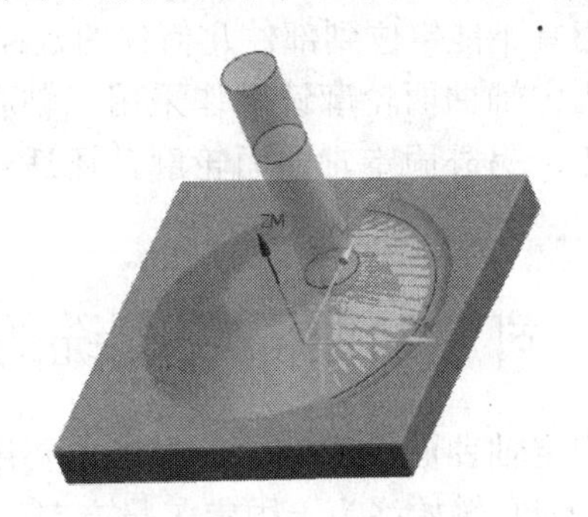

图 5-23　3D 动态演示

（10）2D 效果图。单击【刀轨可视化】中的【2D 动态】，单击【播放】图标，可显示动画演示刀轨，如图 5-24 所示。单击【确定】按钮完成固定轴曲面轮廓铣加工操作。

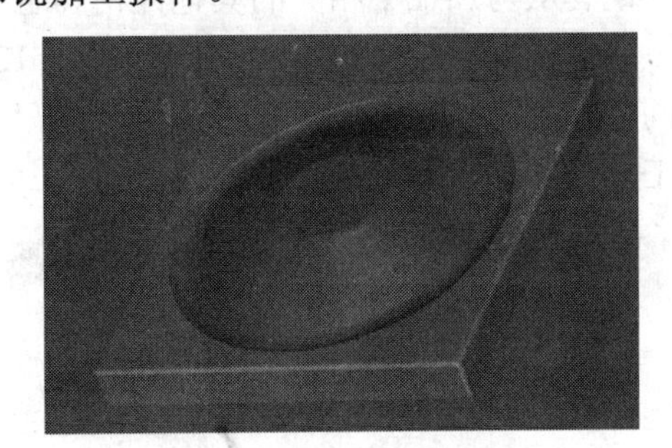

图 5-24　2D 效果图

5.2　固定轴曲面轮廓铣概述

在 UG CAM 加工模块中，固定轴曲面轮廓铣刀轨是通过将驱动点投影至零件几何体上进行创建的，在固定轴曲面轮廓铣操作中需要定义工件几何体、驱动几何体和投影矢量。驱动点是从曲线、边界、面或曲面到驱动几何体生成的，并沿着指定的投影矢量投影到部件几何体上，然后，刀具定位到部件几何体以生成刀轨。

在固定轴曲面轮廓铣操作中，可以通过驱动方法来创建生成刀轨时所需的驱动点。有些驱动方法允许沿着曲线创建一系列驱动点，而其他方法则允许在一个区域内创建驱动点阵列。一旦定义了驱动点，就可以将其用于创建刀轨。若没有选择部件几何体，则刀轨直接从驱动点处创建。否则，可通过将驱动点沿投影矢量投影到部件表面来创建刀轨。另外，在固定轴曲面轮廓铣操作中，还可以通过投影矢量来定义如何将驱动点投影到部件表面，以及定义刀具将接触的部件表面的侧面，刀具位于与部件表面接触的点上，从一个点运动到下一个切削点。

在固定轴曲面轮廓铣操作中，所有部件几何体都是作为有界实体处理的。但是，由于曲面轮廓铣实体是有限的，因此刀具只能定位到部件几何体（包括实体的边）上现有的位置。刀具不能定位到部件几何体的延伸部分，但是驱动几何体时是可以延伸的。

固定轴曲面轮廓铣操作采用三轴联动的加工方式来完成零件中复杂曲面的半精加工和精加工，另外固定轴曲面轮廓铣还适合零件中处于不同深度的曲面轮廓的加工和小圆角的加工。

5.3 固定轴曲面轮廓铣的子类型

固定轴曲面轮廓铣加工方法主要用于对曲面部件进行半精加工和精加工，在此加工过程中，刀具轴始终为一固定矢量方向。在 UG CAM 的仿真加工模块中，固定轴曲面轮廓铣刀轨的创建需要通过两个步骤完成。

（1）从驱动几何体上产生驱动点。

（2）将产生的驱动点沿投影方向投影到部件几何体上，再将刀具跟随这些投影点进行加工。

在 UG CAM 仿真模块中，驱动点可以从部件几何体的局部或者整个部件几何体上产生，或者从与加工不相关的其他几何体上产生。

固定轴曲面轮廓铣的加工子类型有 12 种，如图 5-25 所示。用户可以根据加工工件的不同，选择不同的加工子类型，再配合不同的驱动方式来生成刀具轨迹，以达到不同的加工工艺要求。

图 5-25　固定轴曲面轮廓铣子类型

- FIXED_CONTOUR（固定轴曲面轮廓铣）：是最基本的固定轴曲面轮廓铣形式，其他固定轴曲面轮廓铣操作均可以看做固定轴曲面轮廓铣操作方式的不同的驱动方式演变的形式。
- CONTOUR_AREA（区域轮廓铣）：区域的驱动方式，使用选定的面或者切削区域。
- CONTOUR_SURFACE_AREA（曲面区域轮廓铣）：使用单一驱动曲面的 U-V 方

向，或者曲面的笛卡儿坐标栅格。

- STREAMLINE（流线曲面加工）：曲面区域的驱动方式，以曲线、边缘、点和曲面作为驱动几何体，允许刀路外延。
- CONTOUR_AREA_NON_STEEP（非陡峭区域轮廓铣）：只对非陡峭区域进行加工，默认的非陡峭角度为 65°。在加工过程中可以控制残余高度，以确保加工表面的质量。
- CONTOUR_AREA_DIR_STEEP（陡峭区域轮廓铣）：只对陡峭区域进行加工，默认的陡峭角度为 35°。
- FLOWCUT_SINGLE（单路径清根铣）：自动清根驱动方式，选择单一路径，用于精加工操作或者为了减少拐角和凹谷。
- FLOWCUT_MULTIPLE（多路径清根铣）：自动清根驱动方式，选择多路径，用于精加工操作或者为了减少拐角和凹谷。
- FLOWCUT_REF_TOOL（参考刀具清根铣）：自动清根驱动方式，选择多路径，且以前一个工序中的参考刀具的直径为基础，用于对拐角和凹谷进行剩余铣削。
- SOLID_PROFILE_3D（3D 实体轮廓铣）：特殊的 3D 实体轮廓铣切削类型。
- PROFILE_3D（3D 轮廓铣）：特殊的 3D 轮廓铣切削类型，深度取决于边界中的边或者曲线，常用于修边模。
- CONTOUR_TEXT（文本轮廓铣）：用于对切削制图中的文本进行 3D 雕刻加工。

5.4 固定轴曲面轮廓铣的基本参数设置

【光盘文件】

——参见附带光盘中的“AVI\CH5\5-4.avi”文件。

固定轴曲面轮廓铣的基本参数比较多，在介绍常用的基本操作参数之前，先明确一些在固定轴曲面轮廓铣加工中的基本术语。

- 零件几何体：指即将要加工的表面，一般都是在加工操作中直接选择需要达到的工件的实际表面。零件几何体可以是实体、片体、实体表面或者表面区域。直接选择实体或者实体表面作为零件几何体。可以保持刀轨与这些表面之间的相关性。
- 检查几何体：指切削过程中刀具不能干涉的对象。刀具在遇到检查几何体时会自动避开，在下一个安全的切削位置再开始切削。
- 切削区域：若采用区域铣和清根铣的驱动方式，则会存在切削区域的概念。每一个切削区域都是零件几何体的一个子集，若不指定，系统将默认整个零件几何体的外形轮廓作为切削区域。
- 修剪几何体：若采用区域铣和清根铣的驱动方式，则要指定修剪边界，其用于进一步约束切削区域。修剪边界必须是封闭的，并且是沿着刀轴矢量投影到零件几何体上以确定切削区域。
- 驱动几何体：用于驱动刀轨的几何对象。将驱动刀轨投影到零件几何体上即生成刀轨。若使用表面驱动方式，可以不指定零件几何体，直接在确定几何体上生成刀轨。

- 驱动点：在驱动几何体上尝试的，并按照投影矢量的方向投影到零件几何体上的点。
- 驱动方法：定义生成刀轨所需要的驱动点的方法。固定轴曲面轮廓铣的驱动方法有很多种，常用的为曲线/点驱动方法、边界驱动方法、区域铣驱动方法和表面积驱动方法等。
- 投影矢量：用来限定驱动点如何向零件几何映射，还决定了刀具接触的是零件的哪一侧。无论投影在零件表面的内侧还是外侧，刀具总是沿着投影矢量和零件表面的一侧接触。另外，需要注意的是，驱动方法的不同会导致投影矢量方法的不同。
- 刀轴：用来定义固定轴曲面轮廓铣和可变轴曲面轮廓铣的刀轴方向。固定刀轴与指导的矢量平行，可变刀轴是指刀具在沿刀轨移动时可以随时改变方向。在固定轴曲面轮廓铣中，只能选择固定轴方向；而在可变轴曲面轮廓铣中，既可以选择固定轴，也可以选择可变轴。

5.4.1 加工几何体的设置

要创建一个固定轴曲面轮廓铣，首先要指定加工几何体。加工几何体类型有四个：部件几何体、毛坯几何体、检查几何体和切削区域几何体。由于固定轴曲面轮廓铣的加工几何体与第 4 章中的型腔铣的几何体基本一致，在此不再赘述。

5.4.2 刀轴的设置

刀轴矢量定义为由刀具顶点指向刀柄。固定轴曲面轮廓铣的刀轴不可以变化，即在整个固定轮廓铣中刀轴矢量不会发生改变。

在 UG CAM 仿真加工中，针对固定轴曲面轮廓铣，系统提供了三种确定刀轴矢量的方法，分别为【+ZM 轴】、【指定矢量】和【动态】。

- 【+ZM 轴】：以加工坐标系的 Z 轴的正方向为刀轴矢量。
- 【指定矢量】：使用矢量构造器来构造刀轴矢量。
- 【动态】：通过创建一个动态的矢量来构造刀轴矢量。

一般常用的为【+Z 轴】和【指定矢量】两种方式。

5.4.3 投影矢量的设置

投影矢量使用户可以控制驱动点以何种方式投影到零件几何体，同时控制刀具接触到零件的哪个表面。驱动点沿着投影矢量投影到零件表面，有时会沿着相反方向，但是方向总是在投影矢量所在的线上。对于固定轴曲面轮廓铣来说，不同的驱动方式，系统提供的投影矢量也不尽相同。

在 UG CAM 仿真加工中，针对固定轴曲面轮廓铣，系统提供了多种确定投影矢量的方法。下面将以【曲面】为驱动方式来介绍确定投影矢量的方式，有【指定矢量】、【刀轴】、【远离点】、【朝向点】、【远离直线】、【朝向直线】、【垂直于驱动体】和【朝向驱动体】8 种。

- 【指定矢量】：使用矢量构造器来确定投影矢量。
- 【刀轴】：使用刀轴矢量为投影矢量。
- 【远离点】：指定一个焦点，投影矢量为远离指定焦点的方向。
- 【朝向点】：指定一个焦点，投影矢量为朝向指定焦点的方向。
- 【远离直线】：指定一条直线，投影矢量为远离指定直线的方向。
- 【朝向直线】：指定一条直线，投影矢量为朝向指定直线的方向。
- 【垂直于驱动体】：投影矢量始终垂直于驱动几何体的法线。
- 【朝向驱动体】：投影矢量始终朝向驱动体。

应用·技巧

在固定轴曲面轮廓铣中，刀轴矢量始终是保持在指定的方向上的，不会发生改变。用户在选择投影矢量时，比较容易出现投影矢量平行于刀轴矢量或者垂直于部件表面法向的情况，出现这种情况时，刀轨可能会出现竖直波动的情况。

5.4.4 驱动方法的设置

驱动方法用于确定刀轨所需要的驱动点。某些驱动方法可以沿一条曲线来确定一串驱动点，而其他驱动方法可以在边界内或者在所选曲面上确定驱动点阵列。确定的驱动点，就可以用于创建刀轨。若没有指定【部件几何体】，则系统直接从【驱动点】来创建【刀轨】；否则，系统将从指定的【部件几何体】的表面的【驱动点】来创建【刀轨】。

用户应该根据加工工件表面的外形轮廓及复杂程度，以及刀轴和投影矢量的要求来决定选择何种驱动方法。在 UG CAM 仿真加工中，系统将根据所选择的驱动方法配备可选择的驱动几何体的类型、投影矢量、刀轴和切削类型。固定轴曲面轮廓铣中，有【曲线/点】、【螺旋式】、【边界】、【区域铣削】、【曲面】、【流线】、【刀轨】、【径向切削】、【清根】、【文本】和【用户定义】11 种驱动方法。

1.【曲线/点】驱动方法

【曲线/点】驱动方法通过指定点和选择曲线来定义【驱动几何体】。指定点后，“驱动路径”生成指定点之间的线段。指定曲线后，“驱动点”沿着所指定的曲线生成。在这两种情况下，【驱动几何体】投影到部件表面上，再在部件表面上生成刀轨。曲线可以是开放的、闭合的、连续的或者非连续的，以及平面或者非平面的。该种驱动方法常用于在工件表面上加工轮廓图案。

（1）点驱动方法：当由点定义【驱动几何体】时，刀具沿着刀轨按照指定的顺序从一个点移至下一个点，在移动的过程中形成刀轨。

（2）曲线驱动方法：当由曲线定义【驱动几何体】时，系统将沿着所选择的曲线生成驱动点，刀具按照曲线的指定顺序子各曲线之间移动，形成刀轨。所选择的曲线可以是连续的，也可以是不连续的。对于开放曲线，所选的端点决定起点；对于闭合曲线，起点和切削方向是由选择时采取的顺序决定的。同一个点可以使用多次，只要它在序列中没有被定义为连续的，就可以通过将同一个点定义为序列中的第一个点和最后一个点来定义闭合的驱动路径。

（3）驱动方法的编辑：在【固定轮廓铣】对话框中，当选择驱动方法为【曲线/点】时，单击【方法】右边的【编辑】图标，系统将自动弹出【曲线/点驱动方法】对话框，有【驱动几何体】、【驱动设置】和【预览】3 个内容，如图 5-26 所示。

- 驱动几何体：选择并编辑将用于定义刀轨的点和曲线。勾选【定制切削进给率】前面的复选框，系统将提供用户自定义【切削进给率】的文本框，如图 5-27 所示。

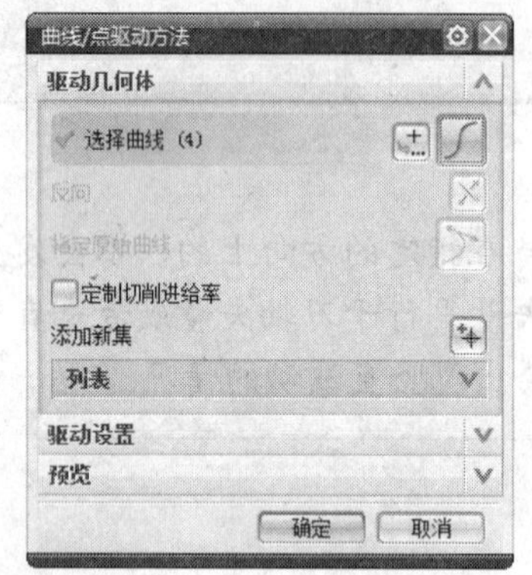

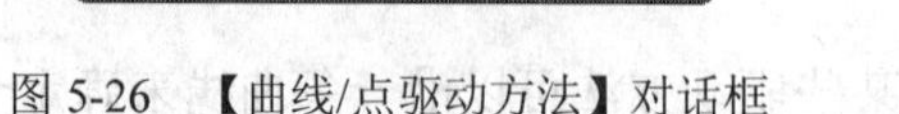

图 5-26 【曲线/点驱动方法】对话框

图 5-27 定制切削进给率

- 驱动设置：【切削步长】用于控制沿着驱动曲线创建的驱动点之间的距离。【切削步长】越小，生成的驱动点就越近，产生的刀具轨迹将越精确于驱动曲线。有指定【公差】和【数量】两种方式来确定【切削步长】。【公差】用于指定驱动曲线和两个连续点之间延伸线之间允许的最大垂直距离。如果该法向距离不超过指定的公差值，则系统生成驱动点，如图 5-28 所示。【数量】用于指定要沿着驱动曲线创建的驱动点的最小数量来控制【切削步长】。数量越多，则生成的驱动点越多；反之，则越少，如图 5-29 所示。

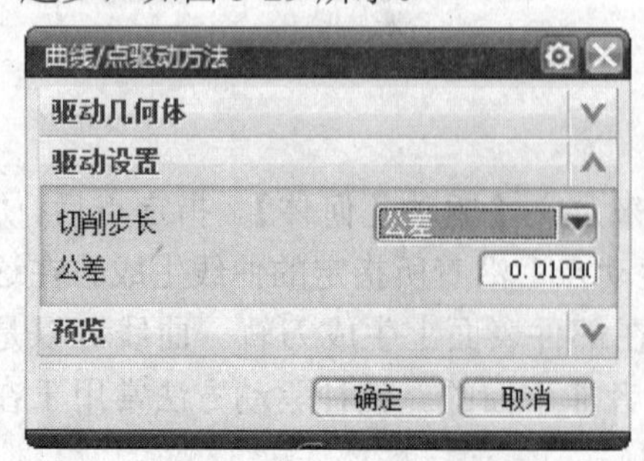

图 5-28 定制切削步长公差

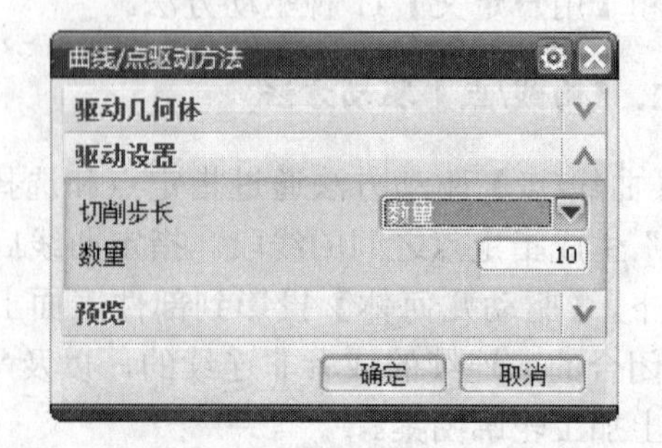

图 5-29 定制切削步长数量

- 预览：用于显示生成刀轨的驱动路径。

应用·技巧

曲线/点驱动方法中可以使用插补。

2.【螺旋式】驱动方法

【螺旋式】驱动方法通过指定的中心点向外螺旋生成驱动点。驱动点在垂直于投影矢量并包含中点的平面上生成，然后驱动点沿着投影矢量投影到所选择的部件表面上。指定的中心点即为螺旋的中心，是刀具切削的起始位置。若不指定中心点，则系统将默认绝对坐标系的原点为螺旋的中心；若中心点不在部件表面上，它将沿着已指定的投影矢量移动到部件表面上。由于【螺旋式】驱动方法步距产生的效果是光顺、稳定的且向外过渡的，不存在横向进刀和切削方向上的突变。该种驱动方法保持一个恒定的切削速度和光顺运动，因此常用于高速加工程序中。

在【固定轮廓铣】对话框中，当选择驱动方法为【螺旋式】时，单击【方法】右边的【编辑】图标，系统将自动弹出【螺旋式驱动方法】对话框，有【驱动设置】和【预览】两项内容，如图 5-30 所示。

【驱动设置】：选择并编辑将用于定义螺旋的中心点，并且设置【最大螺旋半径】、【步距】和【切削方向】，如图 5-31 所示。

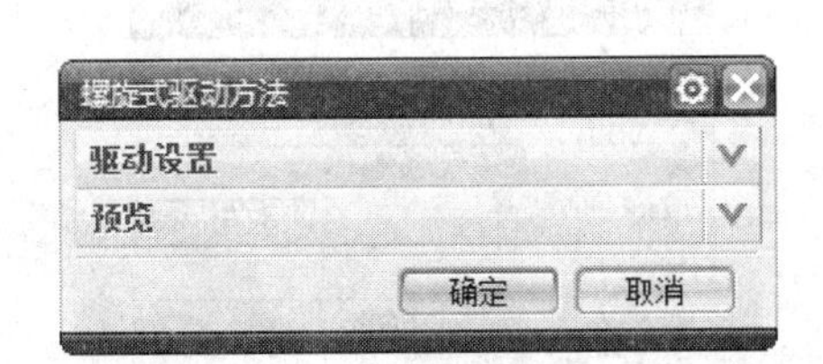

图 5-30 【螺旋式驱动方法】对话框

图 5-31 驱动设置

- 指定点：通过点构造器来创建螺旋中心。
- 最大螺旋半径：用于指定螺旋式驱动方法的最大螺旋半径值，以限制切削的区域。【最大螺旋半径】通过限制生成的驱动点的数量来减少处理的时间。半径在垂直于投影矢量的平面上测量。若设置的半径包含在部件表面内，则退刀之前刀具的中心按该半径定位；若设置的半径不在部件表面内，则刀具将继续切削直到它不再在部件表面上，再退出部件，当它可以再次在部件表面上时再进入部件。
- 步距：用于指定连续刀路之间的距离。螺旋式切削方式的步距是一个光顺且恒定的向外移动的螺旋曲线，方向不会突变。指定【步距】有【恒定】和【刀具平直百分比】2 种方式。【恒定】是指设置一个恒定值来确定连续刀路之间的距离。【刀具平直百分比】是指设置刀具直径的百分比数值来确定连续刀路之间的距离。

- 切削方向：根据主轴的旋转来确定驱动路径的切削方向。指定【切削方向】有【顺铣】和【逆铣】2 种方式。【顺铣】是指切削方向与主轴旋转的方向相同。【逆铣】是指切削方向与主轴旋转的方向相反。

3. 【边界】驱动方法

【边界】驱动方法通过指定边界和内环来定义切削区域。切削区域由边界、内环或者两者的组合来定义。边界可以由一系列曲线、点、现有的永久边界或者面创建，与零件的表面既可以有关联性，也可以没有关联性。它们可以定义切削区域外部，如岛和腔体；可以为每个边界成员指定【对中】、【相切】或者【接触】刀具位置属性。系统将已定义的切削区域的驱动点按照指定的投影矢量的方向投影到部件表面，从而生成刀轨。【边界】驱动方法在加工部件表面时很有用，因为它需要最少的对刀轴和投影矢量的控制。

【边界】驱动方法的工作方式与【平面铣】大致相同，不同的是【边界】驱动方法可以用来创建沿复杂表面轮廓移动刀具的精加工操作；与【曲面】驱动方法相同的是，它可以创建包含在某一区域内的驱动点的阵列。在边界内定义驱动点一般比选择驱动曲面更为快捷和方便，但是它不能控制刀轴或者相对于驱动曲面的投影矢量。

在【固定轮廓铣】对话框中，当选择驱动方法为【边界】时，单击【方法】右边的【编辑】图标，系统将自动弹出【边界驱动方法】对话框，有【驱动几何体】、【公差】、【偏置】、【空间范围】、【驱动设置】、【更多】和【预览】7 个内容，如图 5-32 所示。

（1）驱动几何体：选择或者编辑驱动几何体边界。在【驱动几何体】内容下，单击【指定驱动几何体】图标，系统将自动弹出【边界几何体】对话框，如图 5-33 所示。该【边界几何体】的设置与平面铣中的【边界几何体】的设置基本一致，在此不再赘述。

图 5-32 【边界驱动方法】对话框

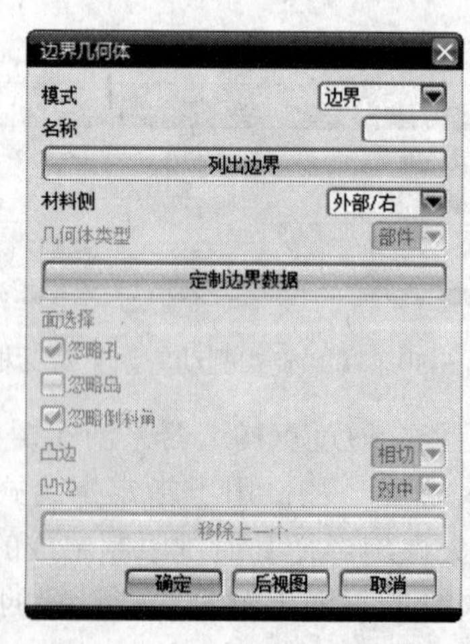

图 5-33 边界几何体

（2）公差：用于指定刀具偏离实际边界的最大距离，边界公差的值越小，则刀轨偏离边界的距离越小，精度越高，但同时系统需要的处理时间越长。因此，用户应该根据工件的工艺要求来确定合适的公差值，以保证较高的加工效率和加工质量。【公差】有【边界内公差】和【边界外公差】2 种，如图 5-34 所示。

图 5-34　公差

应用·技巧

接触刀具位置只在具有刀具轴的边界驱动方式中，且在边界模式为曲线/边或者点时方可使用。若指定了刀具位置，则接触不能与对中和相切同时使用。

（3）偏置：用于设置边界上预留材料的多少，即边界余量，在粗加工中为精加工预留的材料。

（4）空间范围：通过沿着所选择的部件表面和表面区域的外部边缘创建环来定义切削区域。环类似于边界，可以定义切削区域，但环是在部件表面上直接生成的且无须投影。环可以是平面或者非平面的且总是封闭的，它们沿着所有的部件外表面边界生成。【部件空间范围】的定义有【无】、【最大的环】和【所有的环】3 种方式。【无】是指不使用空间范围包容功能。【最大的环】是指系统将使用零件中最大的封闭区域的环来确定切削区域。【所有的环】是指系统将使用零件中所有的封闭区域的环来确定切削区域。

应用·技巧

在空间范围中，当选择体时，由于体包括多个可能的外部边界，因此系统将不会生成环。

（5）驱动设置：设置【切削模式】、【切削方向】、【步距】和【切削角】，如图 5-35 所示。

切削模式：用于定义刀具从一个切削刀路运动到下一个切削刀路的方式。有【跟随周边】、【轮廓加工】、【标准驱动】、【单向】、【往复】、【单向轮廓】、【单向步进】、【同心单向】、【同心往复】、【同心单向轮廓】、【同心单向步进】、【径向单向】、【径向往复】、【径向单向轮廓】和【径向单向步进】共 15 种切削模式。其中【跟随周边】、【轮廓加工】、【标准驱动】、【单向】、【往复】、【单向轮廓】和【单向步进】7 种切削模式与平面铣中的相同，在此不再赘述。

图 5-35　驱动设置

“同心圆弧”是指可以从用户指定的或者系统计算的最优中心点来创建逐渐增大的或者逐渐减小的圆形切削模式。此类的切削模式需要指定【阵列中心】且指定加工腔体的方法为【向内】或者【向外】。在全路径模式无法生成拐角部分，系统在刀具运动至下一个拐角前生成同心圆弧。同心圆弧下有【同心单向】、【同心往复】、【同心单向轮廓】和【同心单向步进】4 种切削模式。【阵列中心】的指定有【自动】和【指定】2 种方式，【刀路方向】也有【向内】和【向外】2 种方向。

- 【阵列中心】：可以交互式的或者自动定义“同心圆弧”和“径向线”切削模式的中心，有【自动】和【指定】2 种方式。【自动】是指允许系统根据切削区域的形状和大小来确定“同心圆弧”和“径向线”最有效的切削模式的中心位置。【指定】是指用户自定义“径向线”的辐射中心点和“同心圆弧”的圆心。
- 【刀路方向】：用于指定在加工腔体时，确定刀路运动的方向，可以是由内向外，也可以是由外向内，如图 5-36 所示。

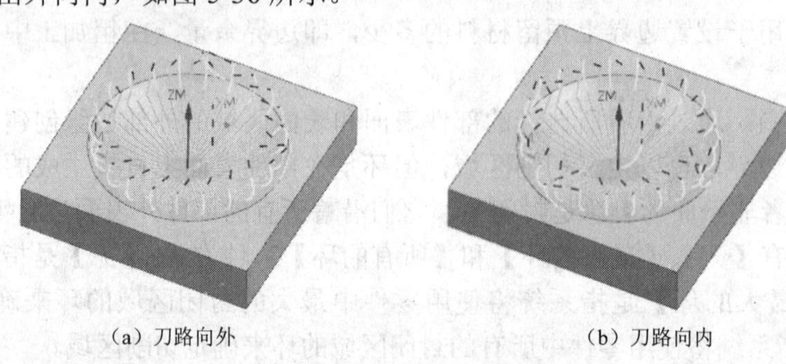

（a）刀路向外　　（b）刀路向内

图 5-36　刀路方向

下面就以【刀路方向】均为【向内】，但使用两种不同的【阵列中心】的确定方式，来图解同心圆弧下不同的切削模式生成的刀轨。

- 【同心单向】：生成的刀轨如图 5-37 所示。

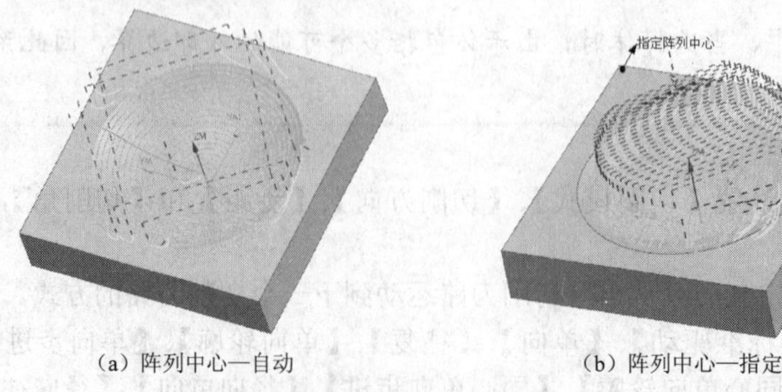

（a）阵列中心—自动　　（b）阵列中心—指定

图 5-37　同心单向刀轨

- 【同心往复】：生成的刀轨如图 5-38 所示。

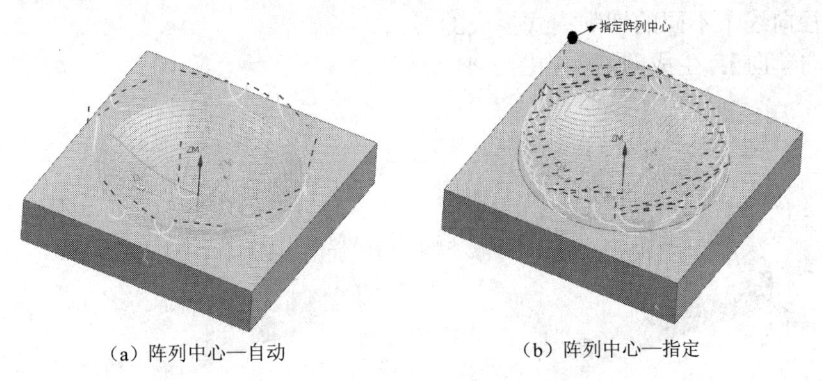

（a）阵列中心—自动　　（b）阵列中心—指定

图 5-38　同心往复刀轨

- 【同心单向轮廓】：生成的刀轨如图 5-39 所示。
- 【同心单向步进】：生成的刀轨如图 5-40 所示。

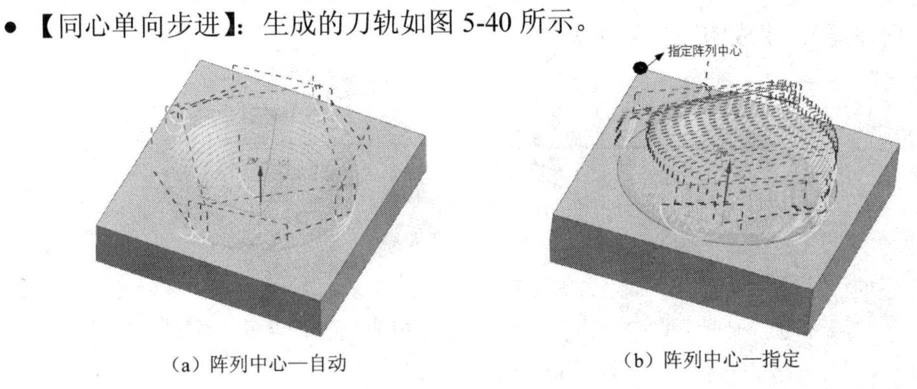

（a）阵列中心—自动　　（b）阵列中心—指定

图 5-39　同心单向轮廓刀轨

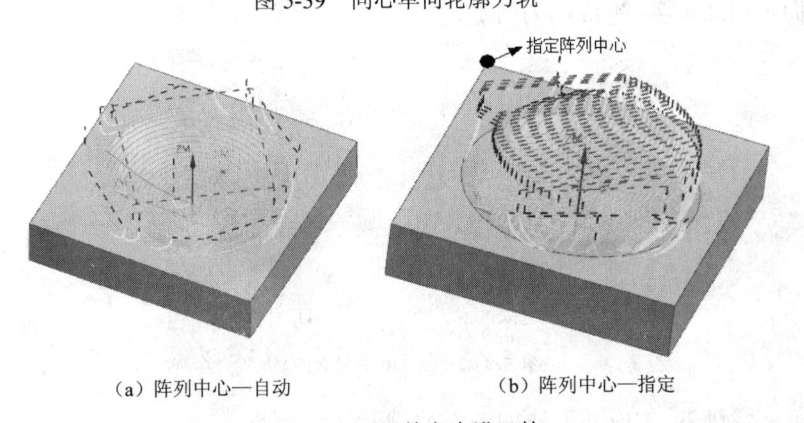

（a）阵列中心—自动　　（b）阵列中心—指定

图 5-40　同心单向步进刀轨

“径向线”是指可以创建线性切削模式且可以从用户指定的或者计算机计算的最优中心点，沿径向产生辐射状的刀轨。该种切削模式也需要指定【阵列中心】，指定加工腔体的方法【向内】或者【向外】，但【步距】是在距中心最远的边界点处沿着圆弧测量的。径向线下有【径向单向】、【径向往复】、【径向单向轮廓】和【径向单向步进】4 种切削模式。【阵列中心】的指定有【自动】和【指定】2 种方式，【刀路方向】也有【向内】和【向外】2

种方向。下面就以【刀路方向】均为【向内】，但使用两种不同的【阵列中心】的确定方式，来图解径向线下不同的切削模式生成的刀轨。

- 【径向单向】：生成的刀轨如图 5-41 所示。

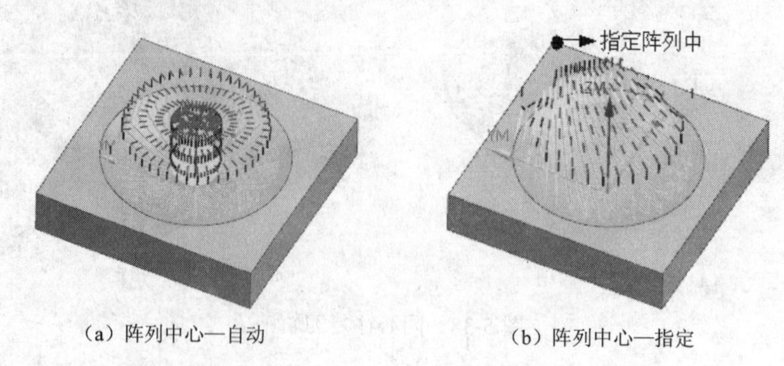

（a）阵列中心—自动　　（b）阵列中心—指定

图 5-41　径向单向刀轨

- 【径向往复】：生成的刀轨如图 5-42 所示。

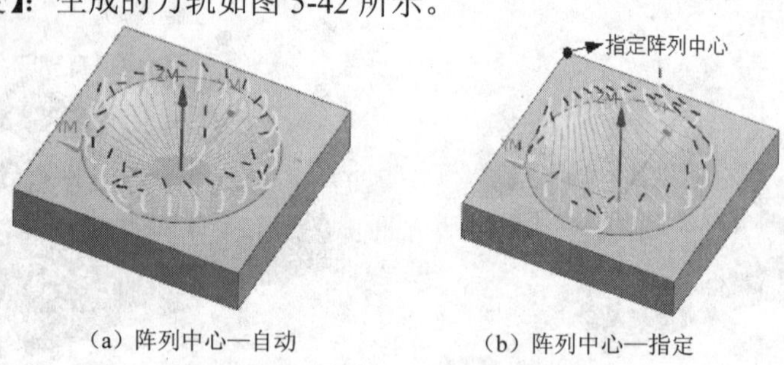

（a）阵列中心—自动　　（b）阵列中心—指定

图 5-42　径向往复刀轨

- 【径向单向轮廓】：生成的刀轨如图 5-43 所示。

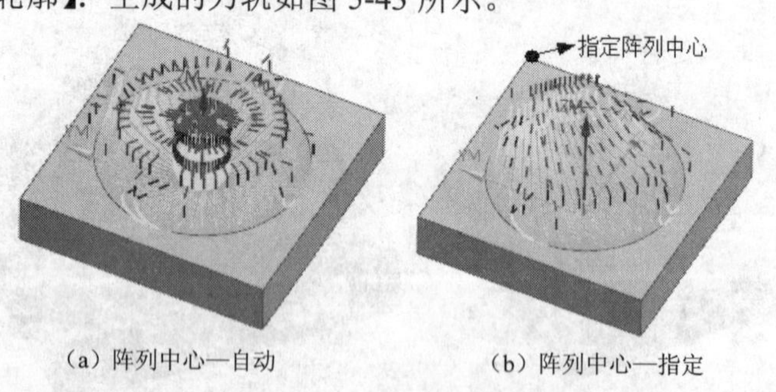

（a）阵列中心—自动　　（b）阵列中心—指定

图 5-43　径向单向轮廓刀轨

- 【向单向步进】：生成的刀轨如图 5-44 所示。

切削方向：与【螺旋式】驱动方法中的【切削方向】一致，在此不再赘述。

步距：连续切削刀路之间的距离。在同心圆弧下的切削模式，【步距】值的设置有【恒定】、【残余高度】、【刀具平直百分比】和【变量平均值】4 种。【恒定】和【刀具平直百分比】2 种方式在【螺旋式】驱动方法中已作介绍，在此不再赘述。【残余高度】是指系统将根据用户自定义的【残余高度】值来计算【步距】值。【变量平均值】是指用于使用介于指定的最小值和最大值之间的不同步距的平均值。

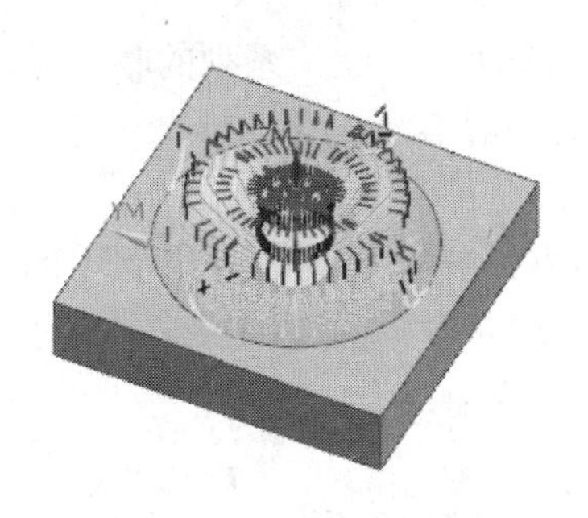
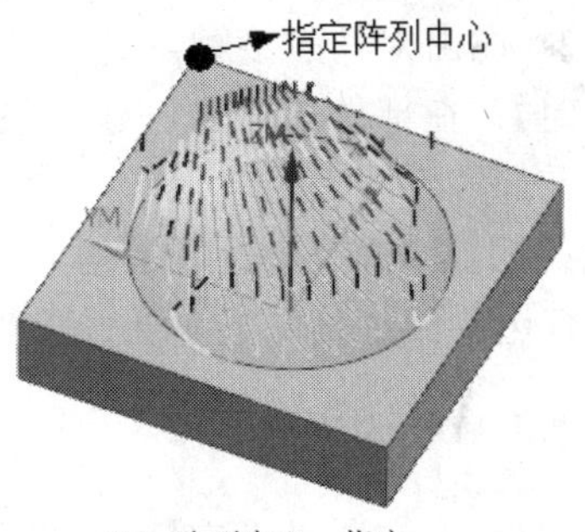

（a）阵列中心—自动　　（b）阵列中心—指定

图 5-44　径向单向步进刀轨

在径向线下的切削模式，【步距】值的设置有【恒定】、【残余高度】、【刀具平直百分比】和【角度】4 种。【恒定】、【残余高度】和【刀具平直百分比】3 种方式已作介绍，在此不再赘述。【角度】方式确定的【步距】值是指相邻刀轨之间的角度值。此时通过该步距值控制生成的刀轨数量则为“360/步距值”。

（6）一些其他的关于驱动方式的参数可以在“更多”栏目中设置，有【区域连接】、【边界逼近】、【岛清根】、【壁清理】和【切削区域】5 个参数，前面 4 个参数在【型腔铣】中已作了详细介绍，在此不再赘述，如图 5-45 所示。

- 【切削区域】：用于定义切削区域的起点和显示切削区域。单击【切削区域】图标，系统将自动弹出【切削区域选项】对话框，如图 5-46 所示。

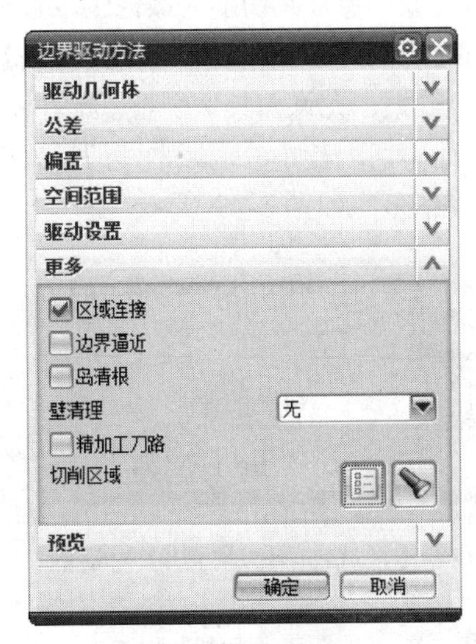

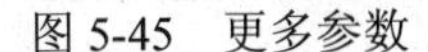
图 5-45　更多参数

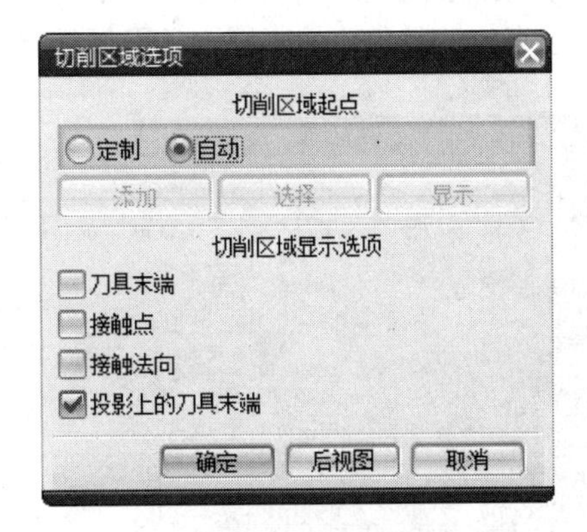

图 5-46 【切削区域选项】对话框

【切削区域起点】：指刀具切削工件的起始点，有【定制】和【自动】2 种方式。【定制】是指用户自定义切削区域的起点位置。【自动】是指允许系统自动为切削区域确定一个起点位置。

【切削区域显示选项】：用于定义切削区域的显示方式和内容，有【刀具末端】、【接触点】、【接触法向】和【投影上的刀具末端】4 个参数。

- 【刀具末端】：在由追踪刀尖定义的部件表面上创建临时的显示曲线。

- 【接触点】：在由刀具的接触点定义的部件表面上创建一系列的临时显示点。
- 【接触法向】：在部件表面上创建一系列的临时显示矢量。这些矢量由刀具接触点定义，垂直于部件表面。
- 【投影上的刀具末端】：投影上的刀具端点创建投影到边界平面上的临时显示曲线上。若没有边界，则临时显示曲线投影到与 WCS 原点处的投影矢量垂直的平面上。

4.【区域铣削】驱动方法

【区域铣削】驱动方法通过指定切削区域并且在需要的情况下添加【陡峭空间范围】和【修剪边界】约束来生成刀轨。这种驱动方法与【边界】驱动方法相似，但是它不用指定【驱动几何体】，且使用“固定的自动冲突避免计算”方法，可以有效地降低生成错误刀轨的概率，因此，在加工中应尽可能使用【区域铣削】驱动方法代替【边界】驱动方法，如图 5-47 所示。

在【区域铣削】驱动方法中，用户可以通过选择【曲面区域】、【片体】或者【面】来定义【切削区域】。若不指定【切削区域】，则系统将默认完整的【部件几何体】的外形轮廓为切削区域。

在【固定轮廓铣】对话框中，当选择驱动方法为【区域铣削】时，单击【方法】右边的【编辑】图标，系统将自动弹出【区域铣削驱动方法】对话框，有【陡峭空间范围】、【驱动设置】、【更多】和【预览】4 个内容，如图 5-48 所示。

（1）【陡峭空间范围】栏目：用户可以设置陡峭角度进一步限制切削区域范围，且可以用于控制波峰高度和避免向陡峭曲面上的材料冲削进刀，有【无】、【非陡峭】和【定向陡峭】3 种方式。【无】是指切削整个区域。在刀具轨迹上不使用陡峭约束，允许刀具切削整个工件表面。【非陡峭】是指切削非陡峭区域。刀具只切削平缓的区域，而不切削陡峭的区域，即刀具只切削陡峭角度不大于指定的陡角值的区域。常用做等高轮廓铣的补充，如图 5-49 所示。

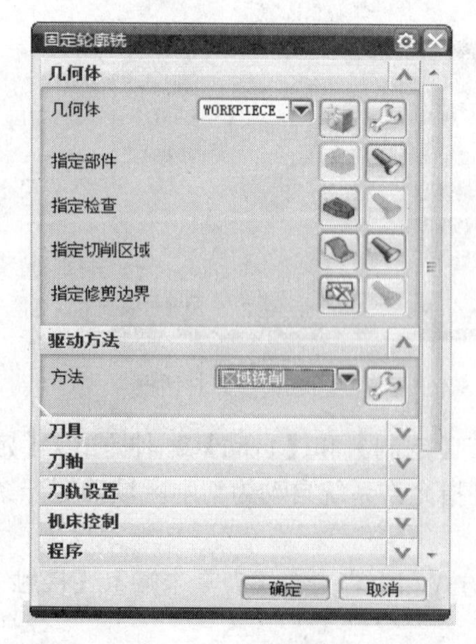

图 5-47　区域铣削

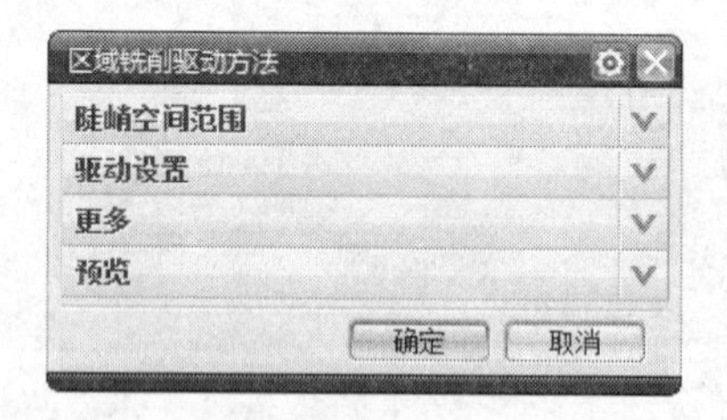

图 5-48　【区域铣削驱动方法】对话框

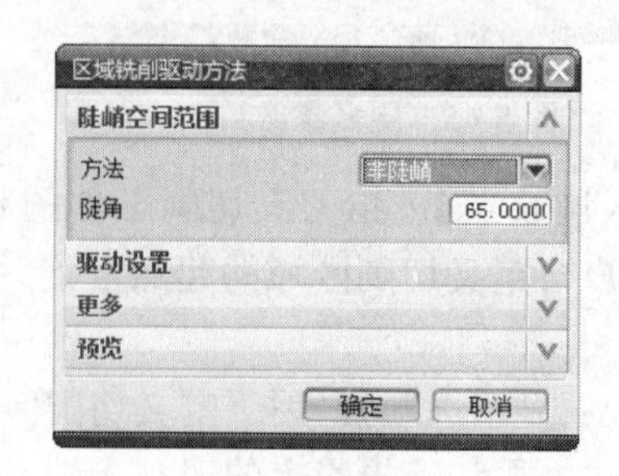

图 5-49　非陡峭

【定向陡峭】是指定向切削陡峭区域，由【切削模式】和【切削角度】共同确定，从 WCS 的 XC 轴开始，绕 ZC 轴旋转指定的切削角度就是路径模式方向。用于切削陡峭区域，即刀具只切削陡峭角度大于指定的陡角值的区域，如图 5-50 所示。

（2）【驱动设置】栏目：用于定义所选择的驱动方法中一些其他的参数。其中的参数与【边界】驱动方法中的参数大致相同，有【切削模式】、【切削方向】、【步距】、【最大距离】、【步距已应用】和【切削角】6 项内容，如图 5-51 所示。

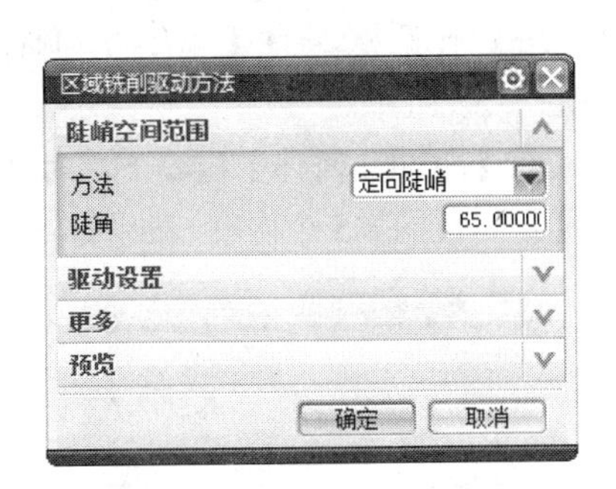

图 5-50　定向陡峭

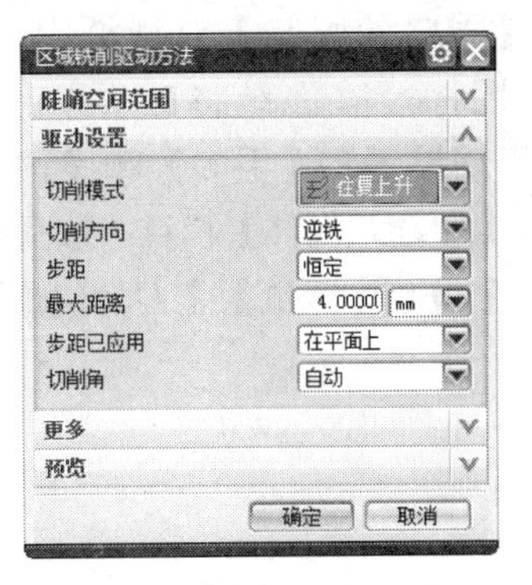

图 5-51　驱动设置

【切削模式】：用于定义刀具从一个切削刀路运动到下一个切削刀路的方式。系统在【区域铣削】驱动方法中提供的切削模式与【边界】驱动方法中的相比，多了一个【往复上升】切削模式，其他的全部相同，因此，下面将仅介绍【往复上升】切削模式，其余的将不再赘述。【往复上升】是指根据指定的局部“进刀”、“退刀”和“移刀”运动，在刀路之间抬刀。

【步距已应用】：步距使用的区域。有【在平面上】和【在部件上】2 种方式。【在平面上】是指系统生成用于操作的刀轨时，【步距】是在垂直于刀轴的平面上测量的。若将此刀轨应用在具有陡峭壁的部件，则部件上实际的步距不相等。所以，【在平面上】最适用于非陡峭区域。【在部件上】是指系统生成用于操作的刀轨时，【步距】是沿着部件测量的。因此【在部件上】最适用于具有陡峭壁的部件。通过对部件几何体较陡峭的部分维持更紧密的步距，以实现对残余波峰的附加控制。

【切削方向】、【步距】和【切削角】与【边界】驱动方法中的相同，在此不再赘述。

应用・技巧

步距是部件上允许的最大距离，根据部件的曲面曲率的不同可以设置不同的步距值，但是这些步距值都必须遵循小于指定的步距的原则。

5.【曲面】驱动方法

【曲面】驱动方法通过指定曲面作为驱动几何体，再指定驱动曲面网格内的驱动点阵列，最后将这些驱动点按照指定的投影矢量方向投影在部件表面上，最终生成刀轨。该种驱动方法提供了对【刀轴】和【投影矢量】的附加控制，更加适合用于加工具有复杂曲面的工件。所选择的驱动表面可以是平面或曲面。当选择曲面时，必须是按照行列网格的顺序进行选择的，且相邻的曲面之间必须是共边的，且不能包含超出在【预设置】中定义的【链公差】的缝隙。系统允许用户使用裁剪过的曲面来定义驱动曲面，只要裁剪过的曲面具有 4 个侧。裁剪过的曲面的每一侧可以是单个边界曲线，也可以由多条相切的边界曲线组成，这些相切的边界曲线可以看做单条曲线。

在【固定轮廓铣】对话框中，当选择驱动方法为【曲面】时，单击【方法】右边的【编辑】图标，系统将自动弹出【曲面区域驱动方法】对话框，有【驱动几何体】、【偏置】、【驱动设置】、【更多】和【预览】5 个内容，如图 5-52 所示。

(1)【驱动几何体】栏目：选择或者编辑驱动曲面。在【驱动几何体】内容下，有【指定驱动几何体】、【切削区域】、【刀具位置】、【切削方向】和【材料反向】5 个内容，如图 5-53 所示。

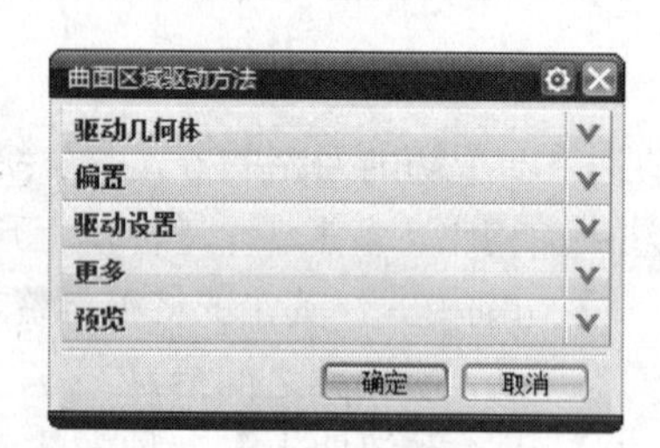

图 5-52　曲面驱动方法

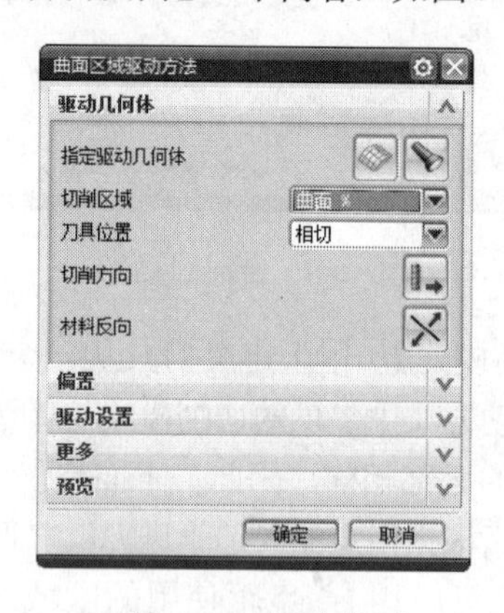

图 5-53　驱动曲面

【指定驱动几何体】：单击【指定驱动几何体】图标，系统将自动弹出【驱动几何体】对话框，如图 5-54 所示。

驱动曲面的选择必须按照有序序列进行选择。在选择曲面时，相邻曲面的序列可以用来定义行。选择完第一行上的曲线后，再选择第二行上的曲线，后续行的选择顺序也应该与第一行的选择顺序相同，这样才能定义出有效的驱动曲面。在指定了【驱动几何体】后，系统会弹出【切削区域】、【切削方向】和【材料反向】3 个内容。

【切削区域】：用于定义在操作中要使用指定的整个驱动曲面的多少区域。有【曲面%】和【对角点】2 种方式。【曲面%】是指利用作为驱动曲面的曲面的百分比例来定义要使用的区域的大小。选择该种方式确定使用驱动曲面的区域面积时，系统将自动弹出【曲面百分比方法】对话框，如图 5-55 所示。

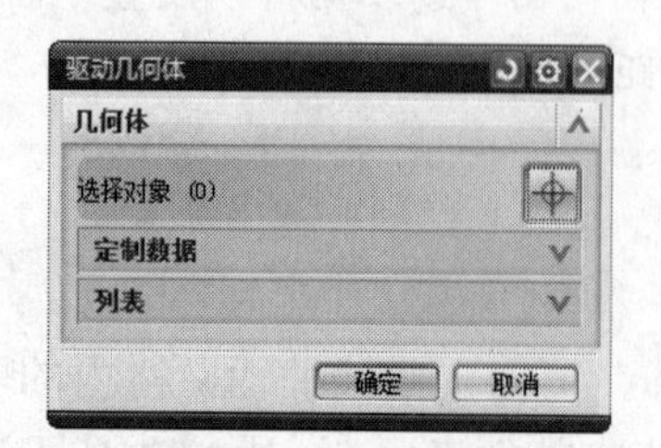

图 5-54 【驱动几何体】对话框

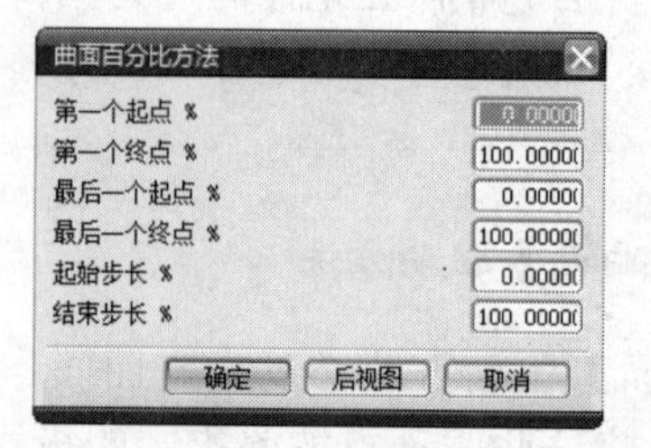

图 5-55 【曲面百分比方法】对话框

通过设置第一个刀路的起点和终点、最后一个刀路的起点和终点、起始步长和结束步长的百分比值来确定要使用的驱动曲面区域的大小。当驱动曲面使用的曲面数只有一个时，整个曲面就是 100%，而当使用的曲面数量为多个时，不管每个曲面实际面积的大小，每个曲面所占的整个驱动曲面的百分比例都是平均分配的。

【对角点】：利用作为驱动曲面的曲面上的指定点来定义区域的对角点，以定义使用区域的大小。选择该种方式确定使用驱动曲面的区域面积时，系统将自动弹出【指定点】对话框，如图 5-56 所示。

图 5-56 【对角点】对话框

使用【对角点】方式的步骤如下所述。

（1）选择驱动曲面的面，单击【确定】按钮。

（2）在该曲面上，指定一个点，作为第一个对角点。

（3）选择驱动曲面的面，单击【确定】按钮。

（4）在该曲面上，再指定一个点，作为要确定的这个曲面区域的另外一个对角点，单击【确定】按钮，完成驱动曲面区域的选择。

应用•技巧

若指定了多个驱动曲面，则最后一个起点和最后一个终点将不被激活。

【刀具位置】：控制着系统该如何计算部件表面上的接触点。刀具通过从驱动点处沿着投影矢量的方向移动从而定位到部件表面，有【对中】和【相切】两种方式。【对中】是指系统先将刀具的刀尖直接定位到驱动点，再沿着【投影矢量】将其投影到部件表面上，在该表面中，系统将计算部件表面上的接触点。【相切】是指系统先将刀具放置于与驱动曲面相切的位置，再沿着【投影矢量】将其投影到部件表面上，在该表面中，系统将计算部件表面上的接触点。该种方式常用于陡峭曲面的加工，做最大化部件表面清理。若未定义部件表面时，应选择【刀具位置】为【相切】方式，因为根据使用的【刀轴】，【对中】方式会偏离驱动曲面；若驱动曲面和部件表面为同一曲面时，应选择【刀具位置】为【相切】方式，则刀轨从刀具上直接与切削曲面相接触的点处开始计算，刀轨沿着曲面移动时，刀具上的接触点将随曲面形状的改变而改变。

【切削方向】：用于指定切削方向和第一个切削将开始的象限。可以通过选择在曲面拐角处成对出现的矢量箭头之一来指定切削方向。单击【切削方向】图标，系统将显示矢量箭头，可以选择其中的一个箭头矢量作为第一刀的切削方向。

【材料反向】：用于改变驱动曲面材料侧的法向矢量方向。此矢量确定刀具沿着驱动路径移动时接触驱动曲面的哪一侧，材料侧法向矢量必须指向要去除的材料。

（2）【驱动设置】栏目：用于定义所选择的驱动方法中一些其他的参数。其中的参数与【边界】驱动方法中的参数大致相同，有【切削模式】和【步距】2 个内容，如图 5-57 所示。

【切削模式】：用于定义刀具从一个切削刀路运动到下一个切削刀路的方式。所涉及的切削模式在【区域铣削】驱动方法中已完整介绍，在此不再赘述。【步距】是指用于确定每个连续刀路之间的距离，有【残余高度】和【数量】2 种方式。【残余高度】是指系统将根据用户定义的切削曲面的【残余高度值】、【竖直限制】和【水平限制】值来计算步距值。【数量】是指系统将根据用户定义的步距的数量来计算步距值。

（3）【更多】参数栏目：有【切削步长】和【过切时】两个参数。【切削步长】用于确定在驱动曲面的切削方向上驱动点之间的距离，有【公差】和【数量】2 种方式，如图 5-58 所示。【公差】是指通过定义【内公差】和【外公差】来确定两个连续驱动点之间延伸的直线之间允许的最大法向距离。【数量】是指通过定义在刀轨生成过程中，要沿着切削刀路创建的驱动点的最小数量来确定切削步长，由【第一刀切削】和【最后一刀切削】的数量共同控制。

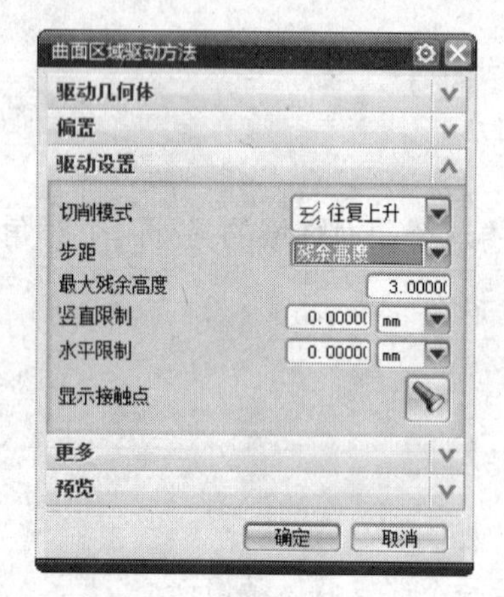

图 5-57　驱动设置

图 5-58　更多参数

【过切时】用于定义在刀轨运动过程中刀轨过切驱动曲面时系统如何响应。有【无】、【警告】、【跳过】和【退刀】4 种响应方式。【无】是指系统将不响应刀轨对驱动曲面的过切情况，即忽略过切情况。【警告】是指系统将会发出警告，但是不会通过改变刀轨来避免过切情况。【跳过】是指系统将移除导致发生过切的驱动点来避免过切情况。【退刀】是指系统在发生过切情况时将退刀或者越过运动来避免过切情况。

6.【流线】驱动方法

【流线】驱动方法通过指定曲面的流曲线和交叉曲线来形成网格驱动，加工时刀具沿着曲面的网格方向加工，其中流曲线确定刀具的单个行走路径，交叉曲线确定刀具的行走范围。驱动方法的编辑：在【固定轮廓铣】对话框中，当选择驱动方法为【流线】时，单击【方法】右边的【编辑】图标，系统将自动弹出【流线驱动方法】对话框，有【驱动曲线选择】、【流曲线】、【交叉曲线】、【切削方向】、【修剪和延伸】、【驱动设置】和【预览】7 个内容，如图 5-59 所示。

【驱动曲线选择】：选择或者编辑驱动曲线。在【驱动曲线选择】内容下，【选择方法】

有【自动】和【指定】2 种方式。【自动】是指系统将在选定的切削区域自动确定【流曲线】和【交叉曲线】。【指定】是指用户可以自定义【流曲线】和【交叉曲线】。

【流曲线】：选择流曲线来确定驱动刀轨中的单个行走路径，如图 5-60 所示。单击【选择曲线】右边的【点构造器】图标，系统将自动弹出【点】对话框，如图 5-61 所示。

图 5-59 【流线驱动方法】对话框

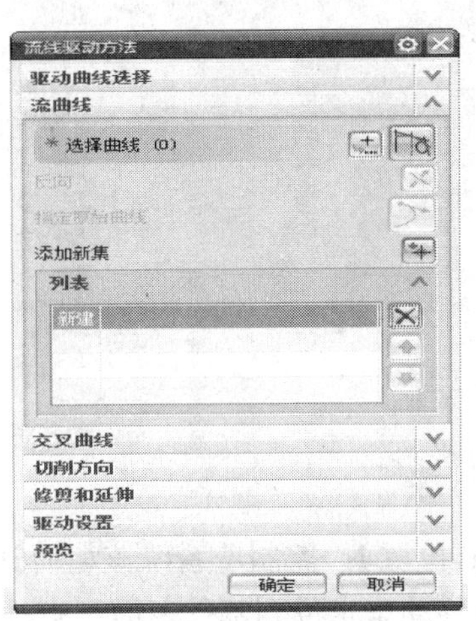

图 5-60 流曲线

用户可以通过【点构造器】来选择第一条【流曲线】，再在【流曲线】对话框中的【添加新集】中添加一个新集，再选择第二条【流曲线】。

【交叉曲线】：选择交叉曲线来确定驱动刀轨中的行走范围，步骤与选择【流曲线】一致。【切削方向】用于限制刀轨的方向和进刀时的位置。【修剪和延伸】用于调整切削刀轨的长度和步进。由【开始切削%】、【结束切削%】、【起始步长%】和【结束步长%】4 个参数共同控制，如图 5-62 所示。

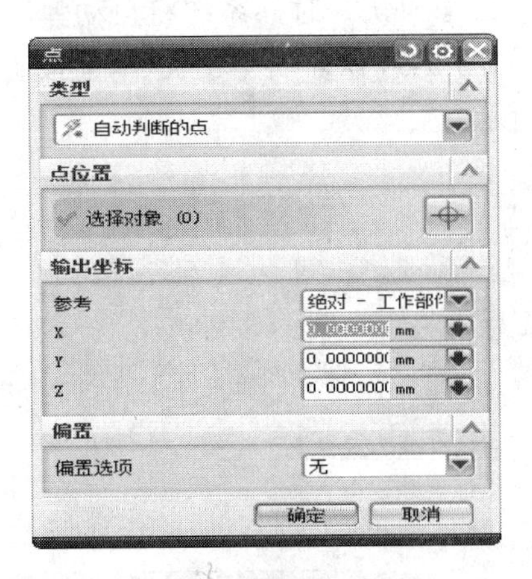

图 5-61 【点】对话框

图 5-62 修剪和延伸

【开始切削%】、【结束切削%】为正值时，【修剪和延伸】方向与【切削方向】相同；为负值时，则【修剪和延伸】方向与【切削方向】相反。【起始步长%】、【结束步长%】为正值时，【修剪和延伸】方向与【步进】方向相同；为负值时，则【修剪和延伸】方向与【步进】方向相反。

【驱动设置】：用于定义所选择的驱动方法中一些其他的参数。其中的参数与【曲面】驱动方法中的参数大致相同，有【刀具位置】、【切削模式】和【步距】3 个内容，如图 5-63 所示。

图 5-63　驱动设置

【刀具位置】：控制着系统该如何计算部件表面上的接触点。刀具通过从驱动点处沿着投影矢量移动来定位到部件表面。有【对中】、【相切】和【接触】3 种方式。【切削模式】用于定义刀具从一个切削刀路运动到下一个切削刀路的方式。所涉及的切削模式在【区域铣削】驱动方法中已完整介绍，在此不再赘述。【步距】用于确定每个连续刀路之间的距离，有【恒定】、【残余高度】和【数量】3 种方式。

7. 【刀轨】驱动方法

【刀轨】驱动方法通过指定现有的刀轨来定义驱动点，创建一个与该刀轨类似的固定轴曲面轮廓铣操作。

在【固定轮廓铣】对话框中，当选择驱动方法为【刀轨】时，系统将自动弹出【指定 CLSF】对话框，系统要求要指定一个 CLS 文件，如图 5-64 所示。单击【OK】按钮，系统将自动弹出【刀轨驱动方法】对话框，如图 5-65 所示。

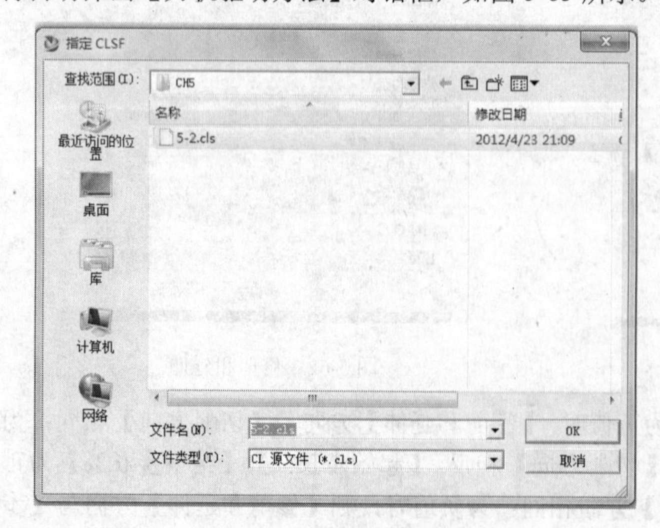

图 5-64　指定刀轨

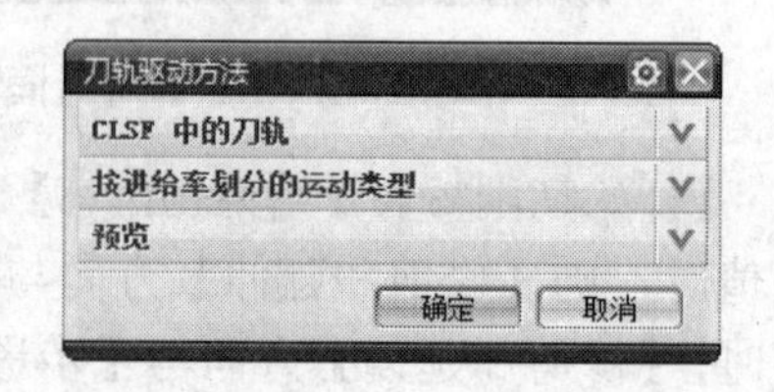

图 5-65 【刀轨驱动方法】对话框

在【刀轨驱动方法】对话框中，有【CLSF 中的刀轨】、【按进给率划分的运动类型】和【预览】3 个内容。【CLSF 中的刀轨】：选择现有的刀轨。【按进给率划分的运动类型】：根据所选刀轨中列出的各个相关联的进给率，来决定所选刀轨的哪个部分将投影到驱动几何体上。

8.【径向切削】驱动方法

【径向切削】驱动方法可以生成沿着并垂直于给定边界的驱动轨迹。

在【固定轮廓铣】对话框中，当选择驱动方法为【径向切削】时，单击【方法】右边的【编辑】图标，系统将自动弹出【径向切削驱动方法】对话框，有【驱动几何体】、【驱动设置】和【预览】3 个内容，如图 5-66 所示。

【驱动几何体】：选择或者编辑径向边界或者临时边界。【驱动设置】：用于定义所选择的驱动方法中一些其他的参数，有【切削类型】、【切削方向】、【步距】、【条带】和【刀轨方向】5 个内容，如图 5-67 所示。

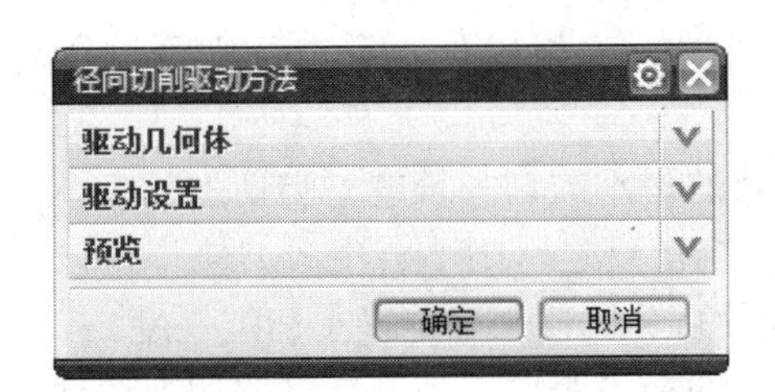

图 5-66 【径向切削驱动方法】对话框

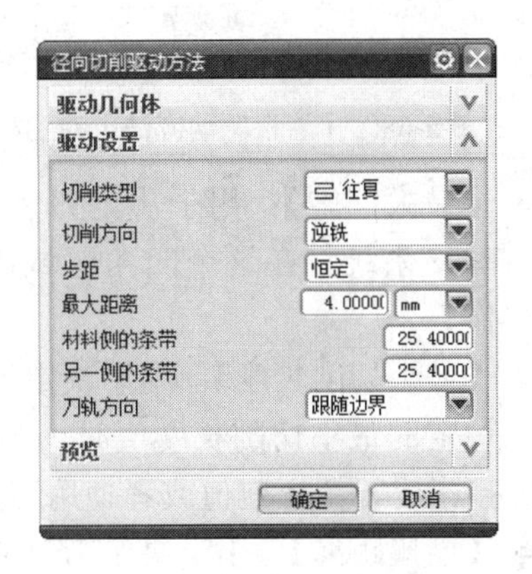

图 5-67 驱动设置

【条带】：控制着在边界平面上测量的加工区域的总宽度，是【材料侧的条带】和【另一侧的条带】的总和。【材料侧的条带】是指边界的右手侧方向加工区域的宽度。【另一侧的条带】是指边界的左手侧方向加工区域的宽度。

【刀轨方向】：用于定义刀具沿着边界移动的方向。有【跟随边界】和【边界反向】两个方向。【跟随边界】是指刀具沿着边界方向移动。【边界反向】是指刀具沿着与边界相反的方向移动。

9.【清根】驱动方法

【清根】驱动方法可在部件表面的凹处生成刀轨，是固定轴曲面轮廓铣操作中特有的一种驱动方法。使用该种驱动方法，系统将会自动搜寻前一操作中切削不到的区域，再自动计算自动清根的方向和顺序。

在【固定轮廓铣】对话框中，当选择驱动方法为【清根】时，单击【方法】右边的【编辑】图标，系统将自动弹出【清根驱动方法】对话框，有【驱动几何体】、【驱动设置】、【陡峭空间范围】、【非陡峭切削】、【陡峭切削】、【参考刀具】和【输出】7 个内容，如图 5-68 所示。

【驱动几何体】：定义驱动几何体，由【最大凹腔】、【最小切削长度】和【连接距离】3 个参数共同控制，如图 5-69 所示。

图 5-68 【清根驱动方法】对话框

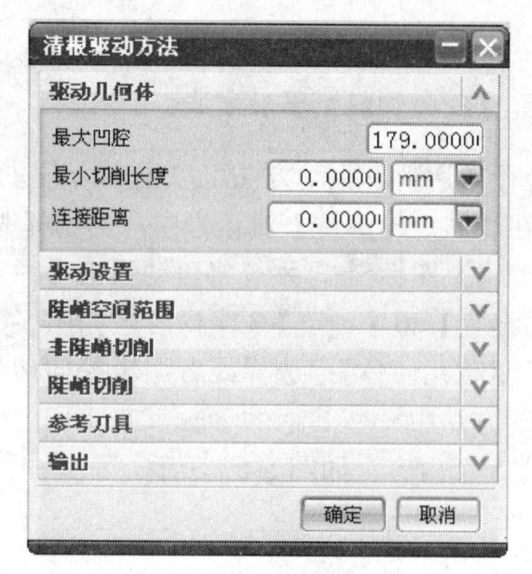

图 5-69 驱动几何体

- 【最大凹腔】：用于决定刀轨生成的凹处区域范围。当凹角不大于所设定的凹度值时，系统将在这个凹角区域内生成刀轨，执行清根操作，反之，则不进行清根操作。
- 【最小切削长度】：用于决定刀具生成刀轨的最小的切削长度。当切削长度不大于所设定的最小切削长度值时，系统将生成刀轨，反之，则不会生成刀轨。可以通过直接指定一个恒定值或者使用刀具平面直径的百分比值来确定最小切削长度。
- 【连接距离】：用于决定刀轨的不连续运动的最小距离。当不连贯的切削运动之间的距离不大于所设定的连接距离值时，系统将通过线性延伸来连接两条刀路，反之，则会在两个刀路之间生成一个不连续的或者不需要的缝隙。可以通过直接指定一个恒定值或者使用刀具平面直径的百分比值来确定连接距离。

【驱动设置】：用于定义所选择的驱动方法中的【清根类型】参数，有【单刀路】、【多刀路】和【参考刀具偏置】3 种方式，如图 5-70 所示。

- 【单刀路】：在凹处生成一个切削刀路。
- 【多刀路】：在凹处生成多个刀路。
- 【参考刀具偏置】：使用参考刀具的直径来决定加工区域的整个宽度。

【陡峭空间范围】：用于定义陡峭的区域，由【陡角】决定，如图 5-71 所示。当加工区域的陡角大于所设定的陡角值时，系统才会生成清根刀轨。

【非陡峭切削】：用于定义非陡峭区域的切削参数，有【非陡峭切削模式】、【切削方向】、【步距】和【顺序】4 个内容，如图 5-72 所示。

【非陡峭切削模式】：用于定义非陡峭区域的切削模式，有【单向】、【往复】、【往复上升】、【单向横向切削】、【往复横向切削】和【往复上升横向切削】6 种方式。由于前面两种切削模式已经详细介绍过了，在此就不再赘述。

图 5-70　驱动设置

图 5-71　陡峭空间范围

图 5-72　非陡峭切削

- 【往复上升】：刀具以一个方向步进时创建相反方向的刀路，且在平行刀路之间退刀、移刀和进刀。
- 【单向横向切削】：刀具以单一方向步进，且为横向切削。
- 【往复横向切削】：刀具以一个方向步进时创建相反方向的刀路，且为横向切削。
- 【往复上升横向切削】：刀具以一个方向步进时创建相反方向的刀路，且在平行刀路之间横向退刀、移刀和进刀。

【切削方向】：刀具切削运动的方向，有【混合】、【顺铣】和【逆铣】3 种方式。

【顺序】：用于定义刀路的顺序，有【由内向外】、【由外向内】、【后陡】、【先陡】、【由内向外交替】和【由外向内交替】6 种方式。

- 【由内向外】：刀具从清根的中心点由内向外开始切削。
- 【由外向内】：刀具从外部向清根的中心点移动切削。
- 【后陡】：刀具优先完成所有非陡峭区域的切削后再切削陡峭区域。
- 【先陡】：刀具优先完成所有陡峭区域的切削后再切削非陡峭区域。
- 【由内向外交替】：刀具从中心刀路开始切削至一个内侧刀路，再向着另一侧的一个内侧刀路切削。
- 【由外向内交替】：刀具从一个外侧刀路开始切削至中心刀路，再向着另一侧的一个外侧刀路切削。

【陡峭切削】：用于定义非陡峭区域的切削参数，有【陡峭切削模式】、【陡峭切削方向】、【步距】和【顺序】4 个内容，如图 5-73 所示。

【陡峭切削模式】：用于定义陡峭区域的切削模式，有【单向】、【往复】、【往复上升】、【单向横向切削】、【往复横向切削】和【往复上升横向切削】6 种方式，与非陡峭切削中的一致。

图 5-73　陡峭切削

【陡峭切削方向】：刀具切削运动的方向，有【混合】、【高到低】和【低到高】3 种方式。

- 【混合】：系统将自动计算刀具由高到低和由低到高交替运动生成最短路径的刀轨。
- 【高到低】：刀轨由刀具从高端到低端运动生成，且刀具从高处到低处进行自动清根操作。
- 【低到高】：刀轨由刀具从低端到高端运动生成，且刀具从低处到高处进行自动清根操作。

【顺序】：用于定义刀路的顺序，有【由内向外】、【由外向内】、【后陡】、【先陡】、【由内向外交替】和【由外向内交替】6 种方式，与非陡峭切削中的一致。

【参考刀具】：用于定义非陡峭区域的切削参数，有【参考刀具直径】和【重叠距离】2 个内容，如图 5-74 所示。【参考刀具直径】用于定义参考刀具的直径。参考刀具的直径直接控制着精加工切削区域的宽度。【重叠距离】用于定义沿着相切曲面延伸的区域宽度。

【输出】：用于定义切削顺序，有【自动】和【用户自定义】2 种方式，如图 5-75 所示。

图 5-74　参考刀具

图 5-75　输出

10.【文本】驱动方法

【文本】驱动方法用于创建一个文本驱动。在【固定轮廓铣】对话框中，当选择驱动方法为【文本】时，单击【方法】右边的【编辑】图标，系统将自动弹出【文本驱动方法】对话框，如图 5-76 所示。

图 5-76 【文本驱动方法】对话框

单击【确定】按钮，系统将返回【固定轮廓铣】对话框，如图 5-77 所示。

单击【指定制图文本】图标 A，系统将自动弹出【文本几何体】对话框，如图 5-78 所示。

特别注意的是，选择相应的文本后，在设置相应的切削参数时，在【策略】选项卡下应给文本设置一个切削深度，如图 5-79 所示。

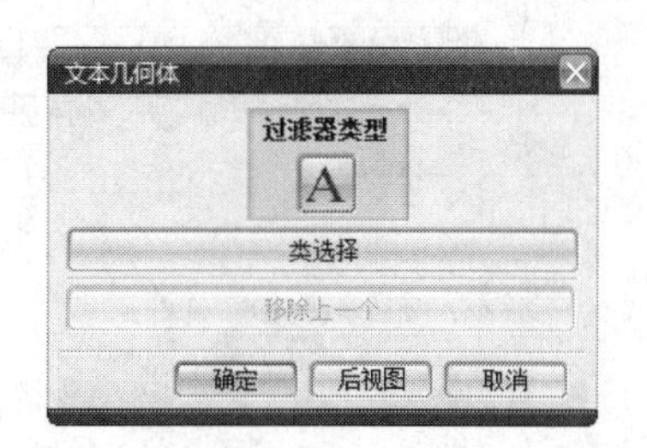

图 5-78　文本几何体

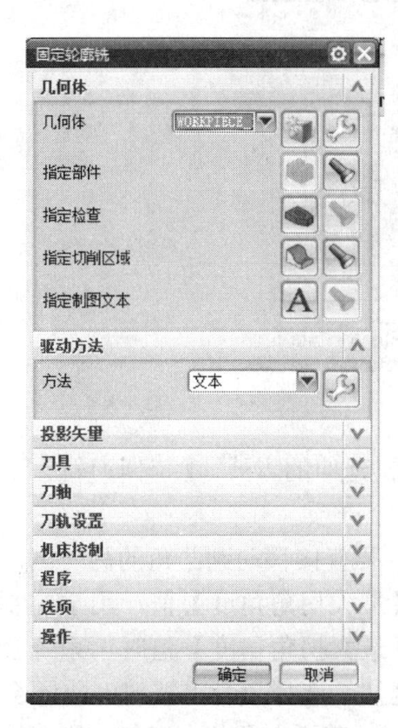

图 5-77　【固定轮廓铣】对话框

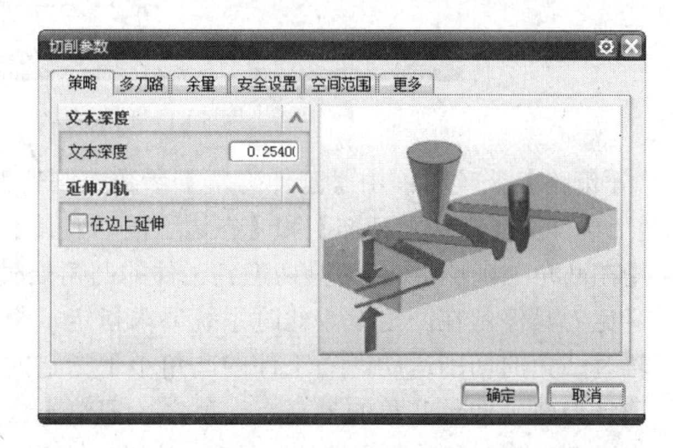

图 5-79　文本深度

11.【用户定义】驱动方法

用户自定义驱动方法。在【固定轮廓铣】对话框中，当选择驱动方法为【用户定义】时，单击【方法】右边的【编辑】图标，系统将自动弹出【用户定义驱动方法】对话框，在该对话框中，用户可以根据实际工件的加工需求，自定义一个固定轮廓铣驱动方法，如图 5-80 所示。

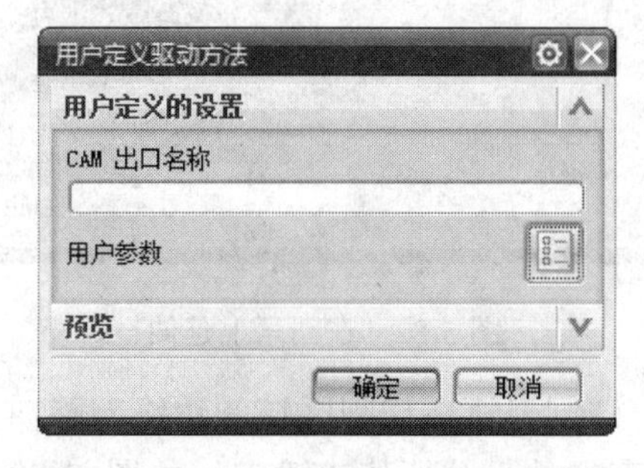

图 5-80　【用户定义驱动方法】对话框

5.4.5　切削参数的设置

指定固定轴曲面轮廓铣的切削参数，由【策略】、【多刀路】、【余量】、【安全设置】、

【空间范围】和【更多】6 项参数共同控制，如图 5-81 所示。其中【余量】和【空间范围】2 个参数与型腔铣中的一致，在此不再赘述。

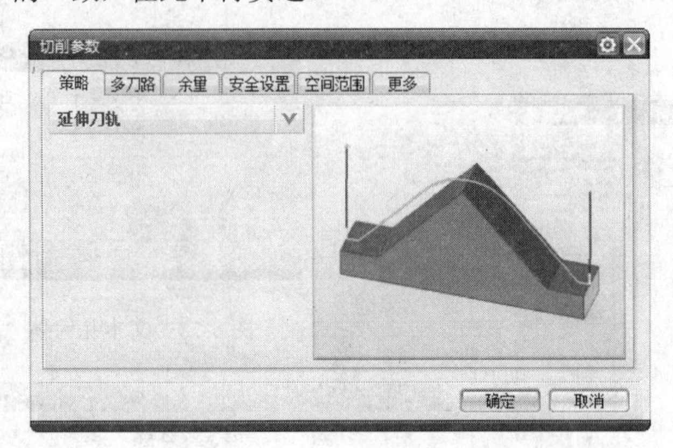

图 5-81　切削参数

（1）【策略】选项卡：由【延伸刀轨】参数控制着刀轨延伸的方式。【延伸刀轨】下有【在凸角上延伸】、【在边上延伸】和【在边缘滚动刀具】3 个选项。

- 【在凸角上延伸】：当刀具切削到工件的凸角处时，要直接移动到凸角的另一侧，以避免刀具停留在凸角上。此时系统要求指定一个【最大拐角角度】值，用于控制刀轨对凸角的切削运动。当工件的凸角小于指定的【最大拐角角度】值时，系统会自动将刀轨延伸至凸角的最高点，反之，刀轨不会延伸。选择该种方式时，将不会产生退刀、跨越和进刀等非切削运动，如图 5-82 所示。若不在凸角上延伸，则刀轨如图 5-81 所示。

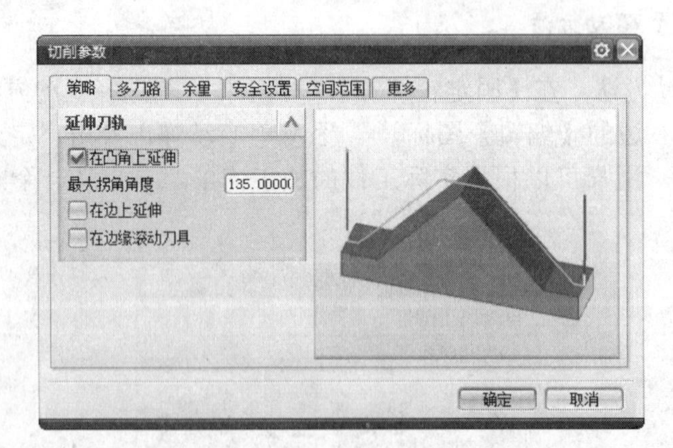

图 5-82　在凸角上延伸

- 【在边上延伸】：用于控制刀轨在切削区域的边缘刀路向外相切延伸。延伸的距离可以由恒定值或者刀具直径的百分比值来确定，如图 5-83 所示。【在边上延伸】的距离，如图 5-84 所示。若是不选择【在边上延伸】，则刀轨如图 5-85 所示。
- 【在边缘滚动刀具】：用于控制刀具在工件边缘处滚动，即刀轨超出工件外缘，有时在边缘滚动刀具会擦伤工件表面，如图 5-86 所示。若是不选择【在边缘滚动刀具】，则刀轨如图 5-87 所示。

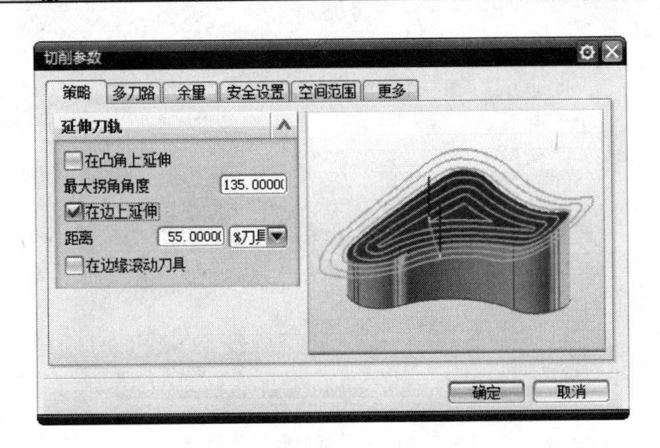

图 5-83　在边上延伸

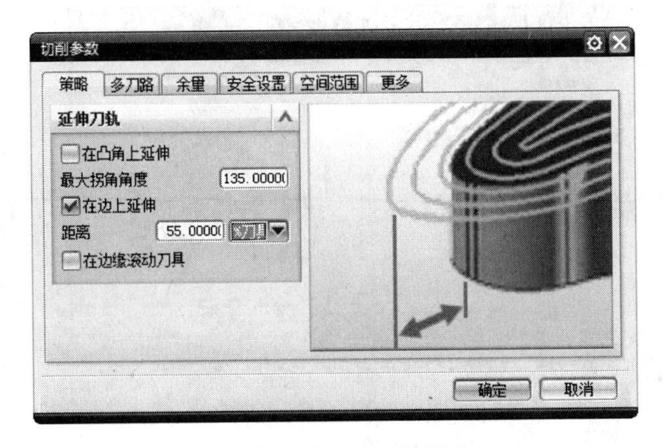

图 5-84　在边上延伸距离

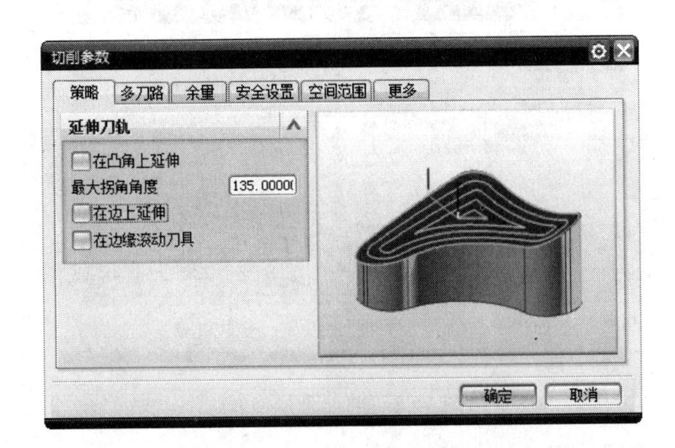

图 5-85　不在边上延伸

（2）【多刀路】选项卡：用于设置多层切削时的参数，由【多重深度】参数控制。【多重深度】下有【部件余量偏置】和【多重深度切削】2 个选项。

- 【部件余量偏置】：用于定义部件余量的偏置值，如图 5-88 所示。部件余量与部件余量偏置的总和就是工件的余量。

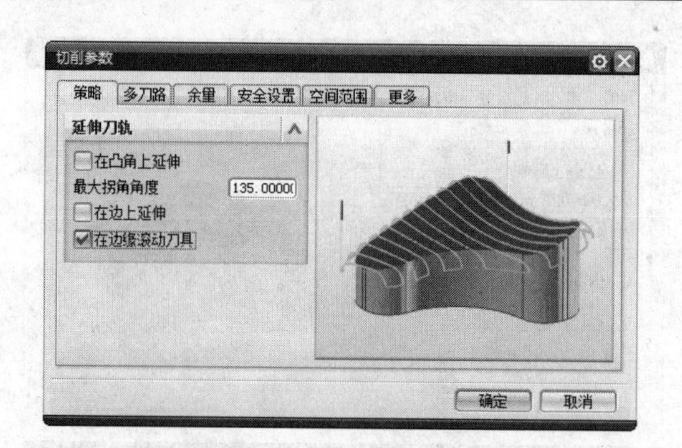

图 5-86　在边缘滚动刀具

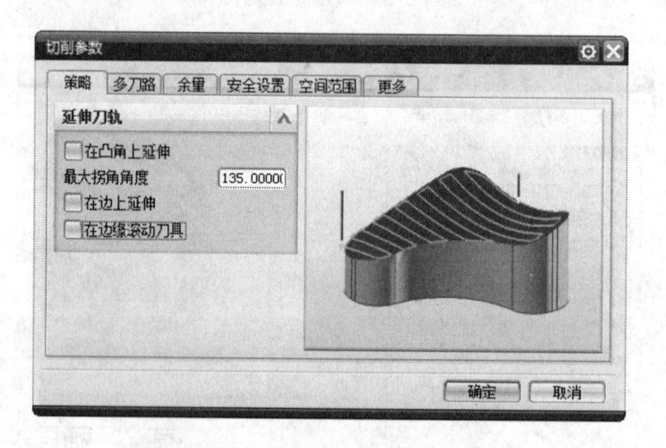

图 5-87　不在边缘滚动刀具

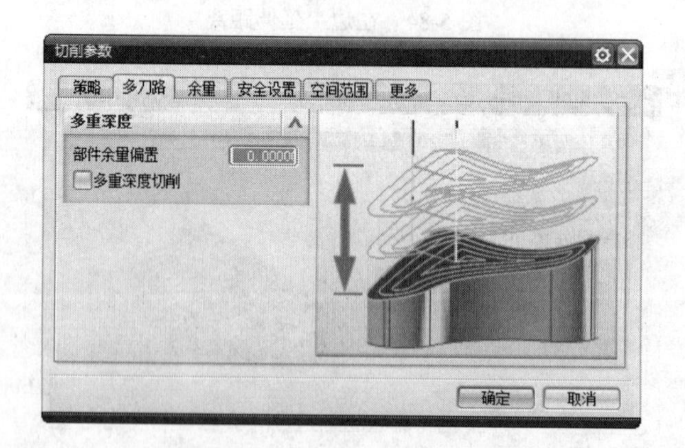

图 5-88　部件余量偏置

- 【多重深度切削】：用于将工件余量分成多层切削。【步进方法】有【增量】和【刀路】2 种方式。【增量】用于定义切削层之间的距离，如图 5-89 所示。【刀路】用于定义切削层的数量，如图 5-90 所示。

（3）【安全设置】选项卡：用于定义安全设置的参数，有【检查几何体】和【部件几何体】2 项参数。【检查几何体】用于检查几何体的安全设置。当刀具过切部件几何体时，系统提供了【警告】、【跳过】和【退刀】3 种处理方式。【警告】是指当刀具过切部件几何体时，系统将发出警告，如图 5-91 所示。【跳过】是指当刀具过切部件几何体时，系统将作跳过处理，如图 5-92 所示。【退刀】是指当刀具过切部件几何体时，系统将作退刀处理，如图 5-93 所示。【部件几何体】用于设置部件几何体的参数，有【刀具夹持器】、【刀柄】和【刀颈】3 个参数，这 3 个参数在前面章节中已详细介绍过，在此不再赘述。

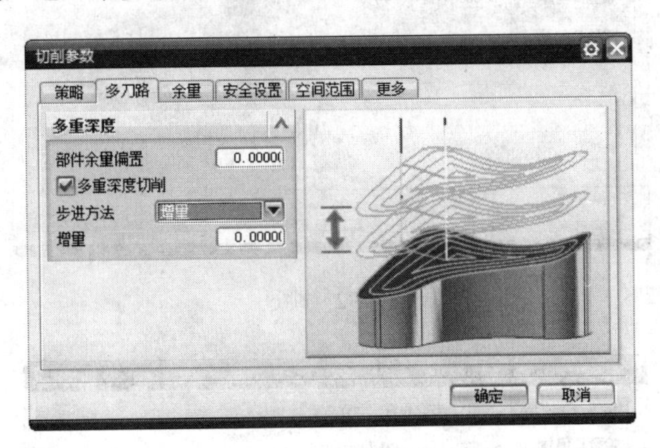

图 5-89　增量

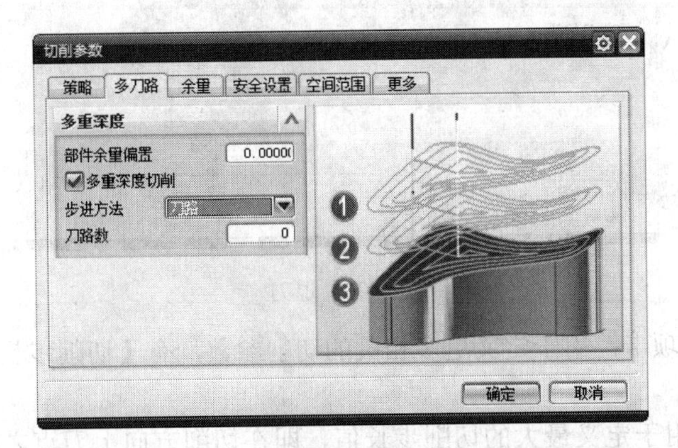

图 5-90　刀路

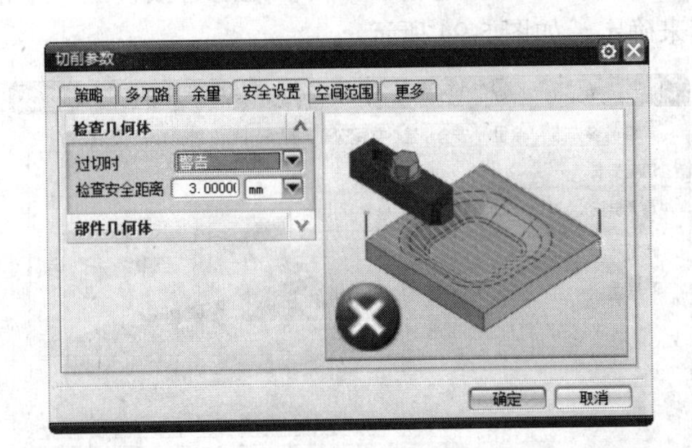

图 5-91　警告

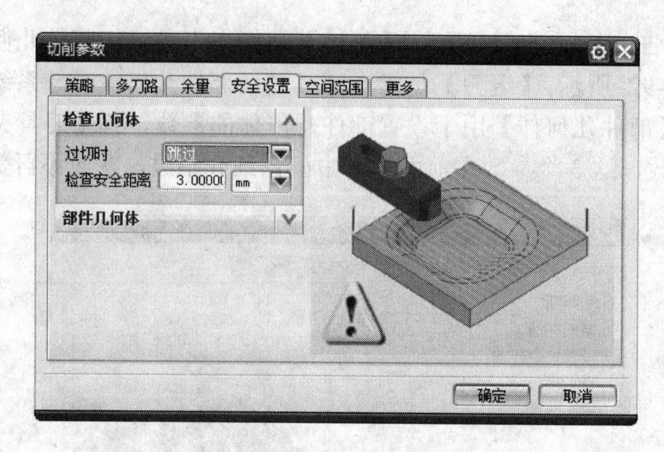

图 5-92　跳过

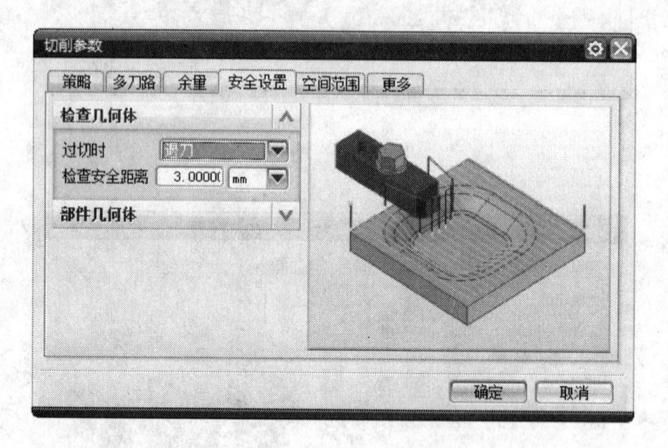

图 5-93　退刀

（4）【更多】选项卡：用于定义更多相关的切削参数，有【切削步长】、【倾斜】和【清理】3 项参数。

【切削步长】：用于定义最大的切削步长值，即在切削方向上刀点之间的线性距离，步长越小，则刀轨与部件几何体的轮廓越精确，可以通过直接设定一个常数值或者利用刀具平面直径的百分比值来确定，如图 5-94 所示。

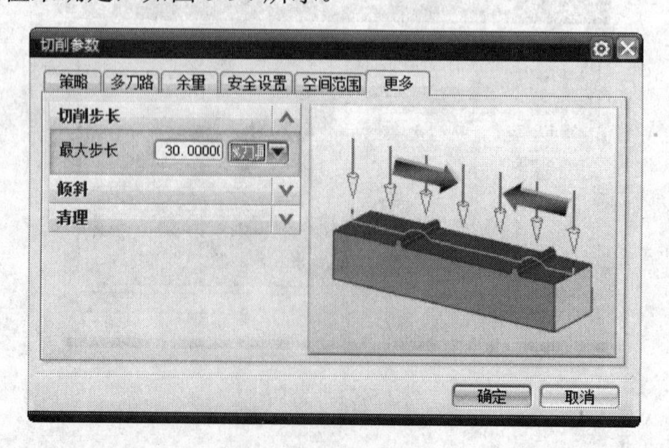

图 5-94　切削步长

【倾斜】：用于控制刀具在角度方向上的运动。有【斜向上角】、【斜向下角】、【优化刀轨】和【延伸至边界】4 种。【斜向上角】用于控制刀具向上运动的角度，如图 5-95 所示。【斜向下角】用于控制刀具向下运动的角度，如图 5-96 所示。【优化刀轨】是指在保持刀具与工件尽可能接触，使刀路之间的非切削移动量最小的情况下计算刀轨，优化刀轨但不应用于步距，如图 5-97 所示。【应用于步距】用于定义【斜向上角】和【斜向下角】应用于步距中，优化刀轨并应用于步距，如图 5-98 所示。【延伸至边界】将切削刀路延伸至部件边界，如图 5-99 所示。

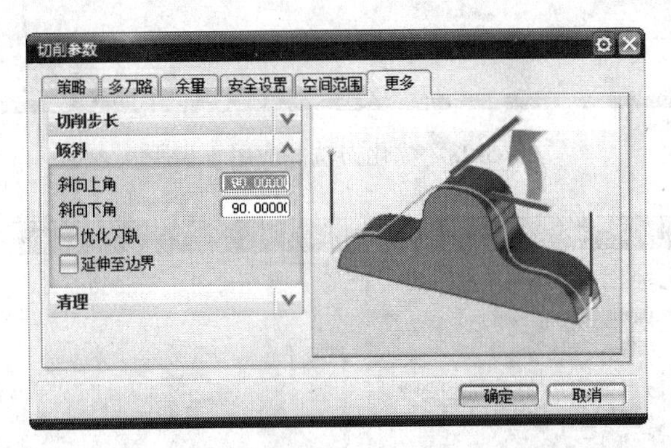

图 5-95　斜向上角

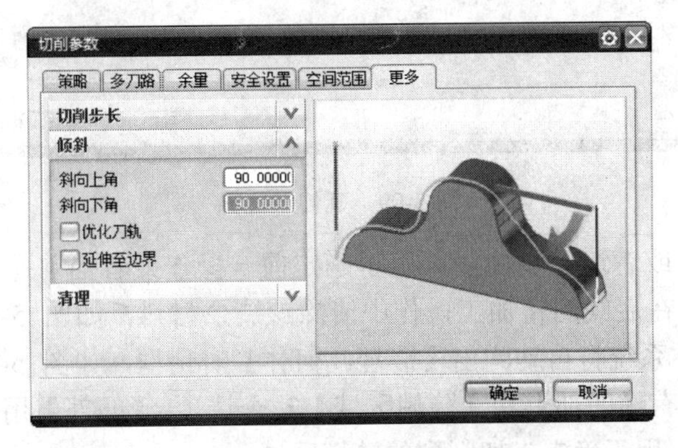

图 5-96　斜向下角

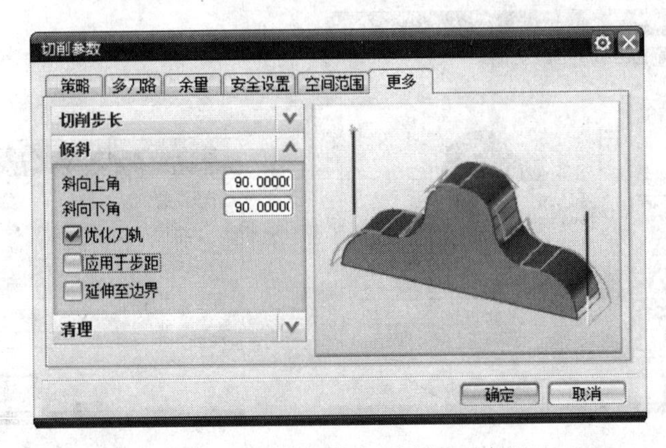

图 5-97　优化刀轨但不应用于步距

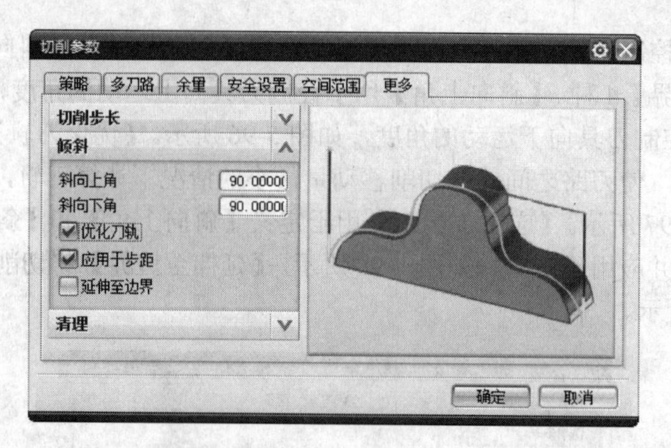

图 5-98　优化刀轨并应用于步距

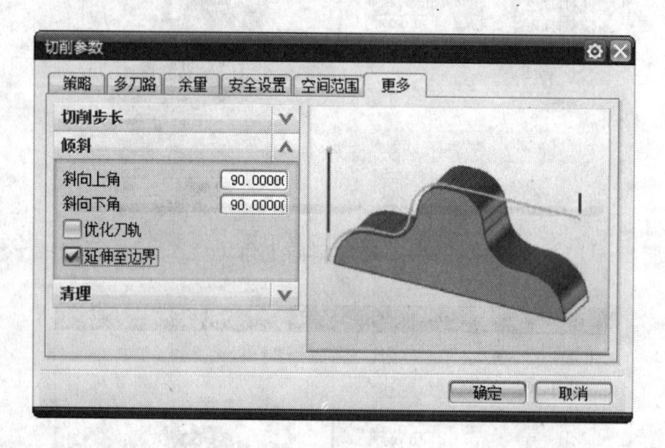

图 5-99　延伸至边界

【清理】：创建点或者边界和曲线，用于确定前一操作或者当前操作中未切削到的材料的凹角和陡峭曲面，在后续的精加工操作中清除该剩余材料，如图 5-100 所示。单击【清理几何体】图标，系统将自动弹出【清理几何体】对话框，如图 5-101 所示。在【清理几何体】对话框中，有【凹部】和【陡峭区域】2 个选项。【凹部】用于确定未切削到的凹部区域。【陡峭区域】用于确定未切削到的陡峭区域。

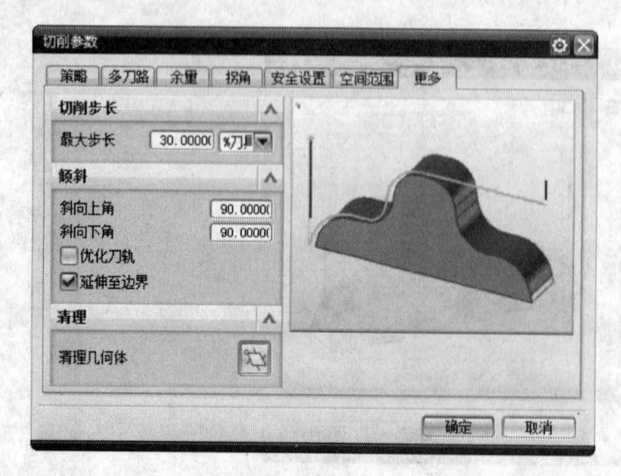

图 5-100　清理几何体

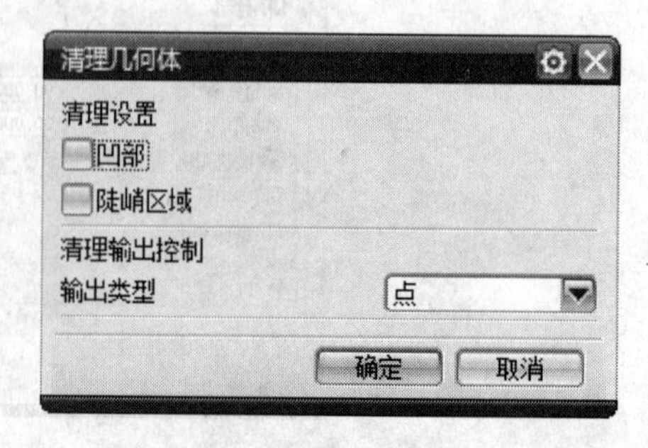

图 5-101　【清理几何体】对话框

5.4.6 非切削移动

指定固定轴曲面轮廓铣的非切削移动参数，由【进刀】、【退刀】、【转移/快速】、【避让】和【更多】5 项参数共同控制，其中【转移/快速】、【避让】和【更多】3 项参数与型腔铣中的基本一致，在此不再赘述，如图 5-102 所示。

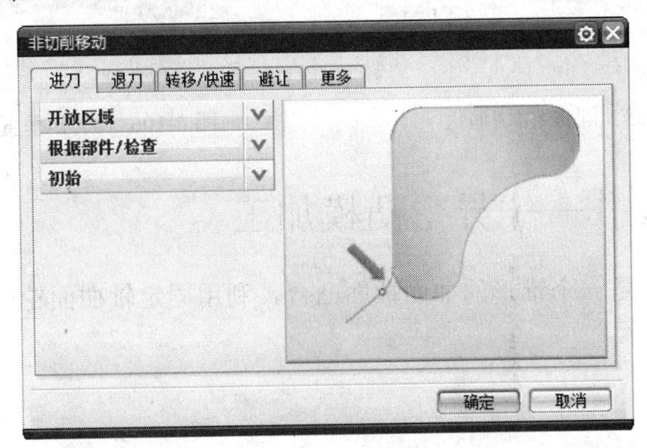

图 5-102 非切削移动

【进刀】选项卡：定义进刀的相关参数，有【开放区域】、【根据部件/检查】和【初始】3 个参数。

- 【开放区域】：定义开放区域的进刀类型。有【线性】、【线性-沿矢量】、【线性-垂直于部件】、【圆弧-平行于刀轴】、【圆弧-垂直于刀轴】、【圆弧-相切逼近】、【圆弧-垂直于部件】、【点】、【顺时针螺旋】、【逆时针螺旋】、【插削】和【无】12 种类型。在前面章节中，已经详细介绍过的进刀类型，在此不再赘述。【圆弧-平行于刀轴】是指在与刀轴平行的平面内创建圆弧进刀，如图 5-103 所示。【圆弧-垂直于刀轴】是指在与刀轴垂直的平面内创建圆弧进刀，如图 5-104 所示。【圆弧-相切逼近】是指在与切削矢量与相切矢量的平面内创建逼近运动末端的圆弧进刀，如图 5-105 所示。【圆弧-垂直于部件】是指在与部件垂直的平面内创建圆弧进刀，如图 5-106 所示。

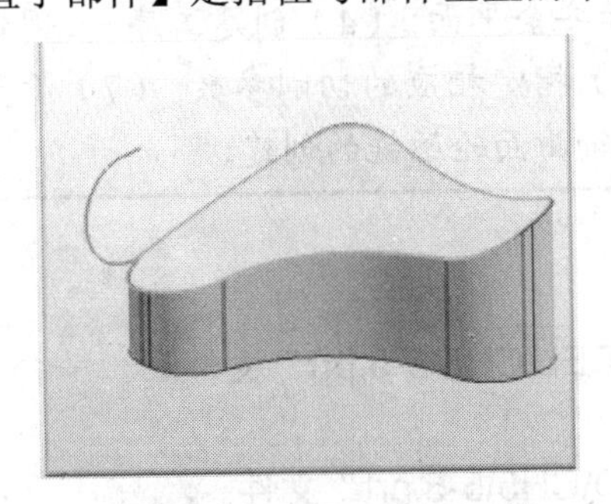

图 5-103 圆弧-平行于刀轴

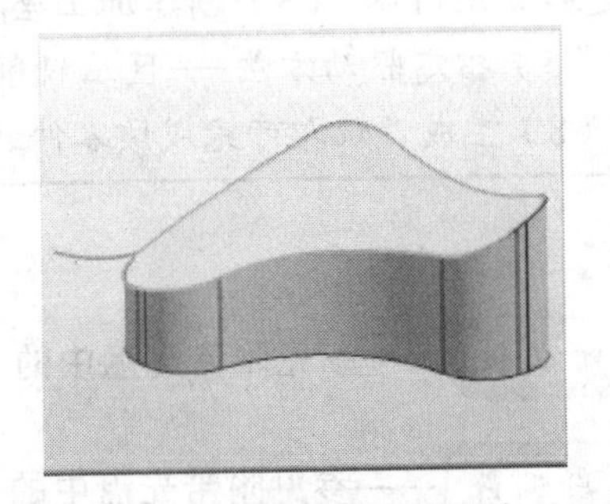

图 5-104 圆弧-垂直于刀轴

- 【根据部件/检查】：以部件几何体和检查几何体作为参考几何体来定义进刀的类型，与【开放区域】的设置相似。
- 【初始】：使用切削运动的第一刀切削的进刀类型。

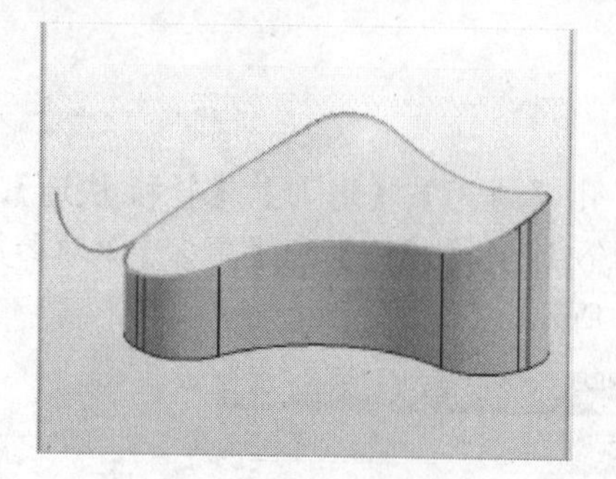
图 5-105　圆弧-相切逼近

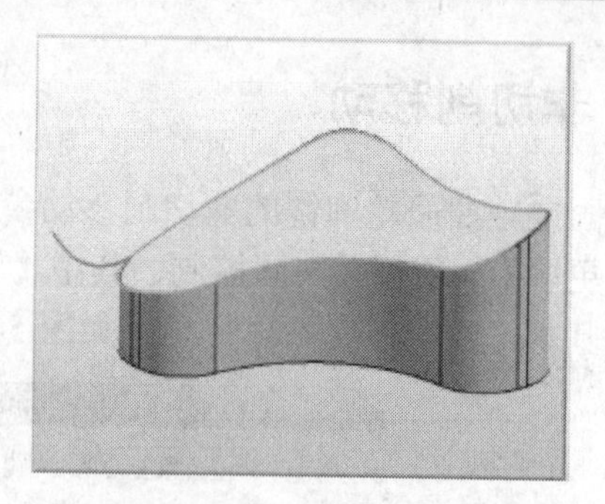
图 5-106　圆弧-垂直于部件

5.5　实例 · 操作——异形凸模加工

分析零件，整体是一个锥形的曲面顶面凸台，利用固定轴曲面轮廓铣进行加工，工件的图形如图 5-107 所示。

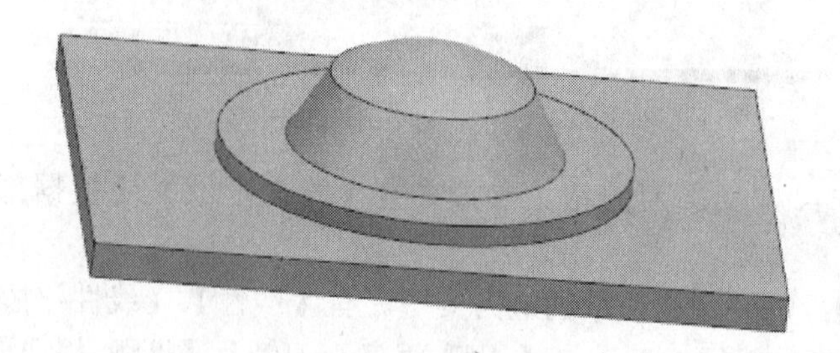
图 5-107　异形凸模

思路·点拨

顶部是一个曲面，为了简化操作，利用固定轴曲面轮廓铣操作可以达到较高的曲面精度。创建该固定轴曲面轮廓铣操作大致分为 8 个步骤：（1）创建刀具——球铣刀；（2）创建加工几何体；（3）创建加工坐标系和安全平面；（4）创建工序——固定轴曲面轮廓铣；（5）指定驱动方法——区域铣削；（6）指定相应的切削参数；（7）设置进给率和速度；（8）生成刀轨即可完成该零件的固定轴曲面轮廓铣的创建。

【光盘文件】

起始文件——参见附带光盘中的“MODEL\CH5\5-5.prt”文件。

结果文件——参见附带光盘中的“END\CH5\5-5.prt”文件。

动画演示——参见附带光盘中的“AVI\CH5\5-5.avi”文件。

【操作步骤】

（1）启动 UG NX8，打开光盘中的源文件“MODEL\CH5\5-5.prt”模型。

（2）进入加工环境。在【开始】菜单中选择【加工】命令，也可以直接使用快捷键方式 Ctrl+Alt+M 进入加工环境。首次进入加工环境，系统会要求初始化加工环境。系统自动弹出【加工环境】对话框，在【CAM 会话配置】中选择【cam_general】，在【要创建的 CAM 设置】中选择【mill_contour】，单击【确定】按钮，如图 5-108 所示。

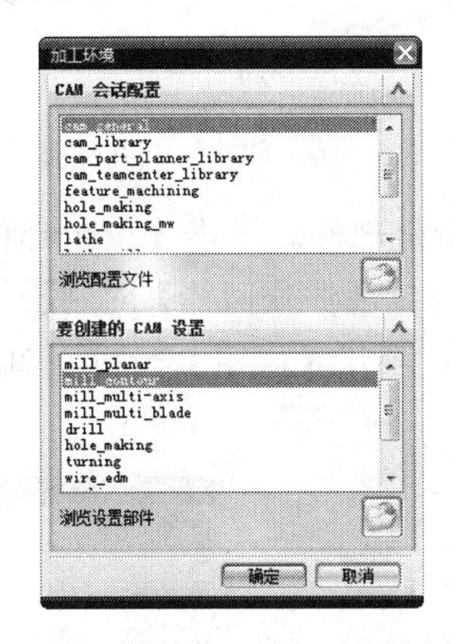

图 5-108　进入加工环境

（3）创建程序。单击【创建程序】图标，弹出【创建程序】对话框。【类型】选择【mill_contour】，【名称】设置为【PROGRAM_1】，其余选项采取默认参数，单击【确定】按钮，创建粗加工程序，如图 5-109 所示。

图 5-109　创建程序

在【工序导航器-程序顺序】中显示新建的程序，如图 5-110 所示。

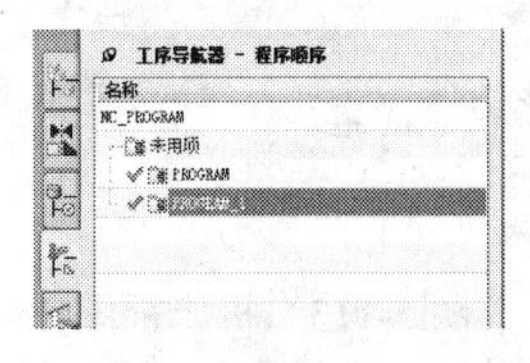

图 5-110　程序顺序视图

（4）创建刀具。单击【创建刀具】图标，弹出【创建刀具】对话框，【类型】选择【mill_contour】，【刀具子类型】选择 BALL_MILL 图标，【位置】选用默认选项，【名称】设置为【BALL_ MILL】，单击【确定】按钮，如图 5-111 所示。

图 5-111　创建刀具

单击【确定】按钮后，弹出【铣刀-球头铣】对话框，设置刀具参数如图 5-112 所示。

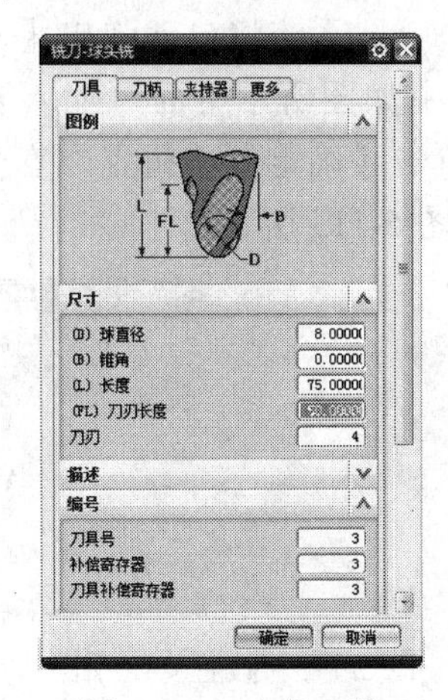

图 5-112　刀具参数

在【工序导航器-机床】中显示新建的【BALL_MILL】刀具，如图 5-113 所示。

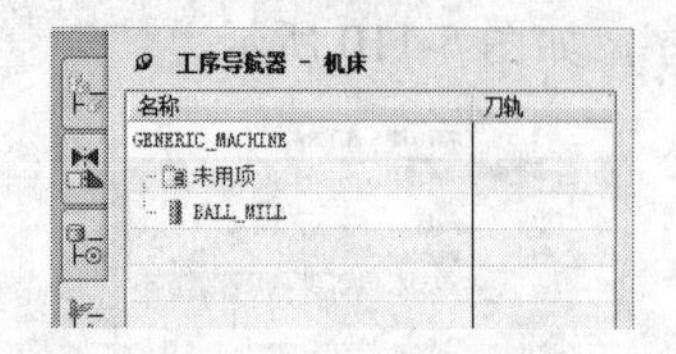

图 5-113　机床视图

（5）设置型腔铣削加工坐标系 MCS_MILL。双击【工序导航器-几何】中的【MCS_MILL】图标 MCS_MILL，系统将自动弹出【Mill Orient】对话框，单击【指定MCS】中的【CSYS】图标，系统将自动弹出【CSYS】对话框，选择图中所示位置为机床坐标系的中心，机床的坐标轴方向与基本坐标系的坐标轴方向一致，单击【确定】按钮完成坐标系的设置，如图 5-114 所示。

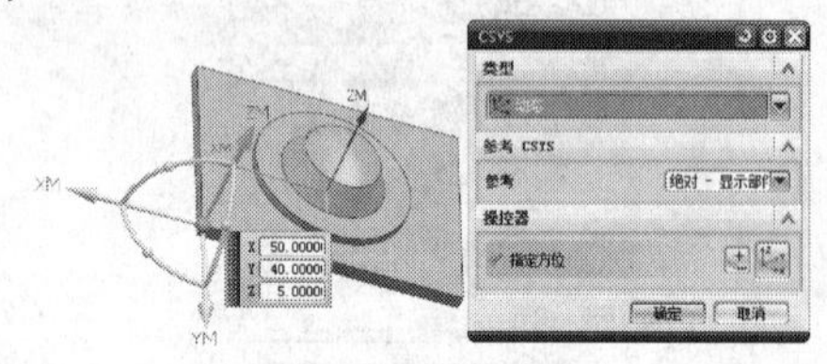

图 5-114　设置机床坐标系

（6）设置安全平面。单击【Mill Orient】对话框中的【安全设置选项】下拉菜单中的【平面】，单击【指定平面】中的【平面】图标，系统将自动弹出【平面】对话框，选中如图所示平面，输入安全距离为 30，单击【确定】按钮完成安全平面的设置，如图 5-115 所示。

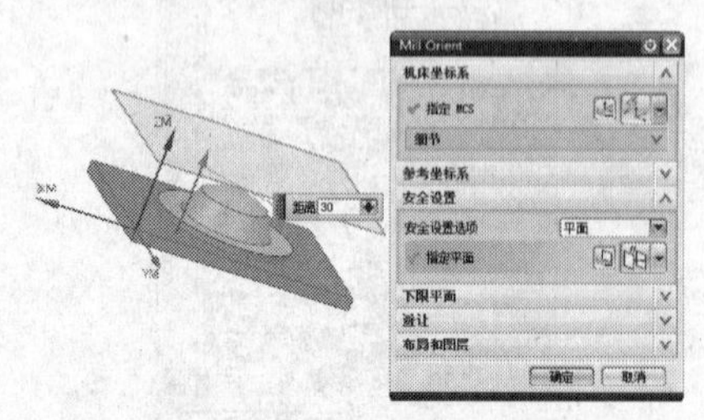

图 5-115　设置安全平面

（7）创建铣削几何体。双击【工序导航器-几何】中【MCS_MILL】的子菜单【WORKPIECE】，弹出【铣削几何体】对话框，如图 5-116 所示。

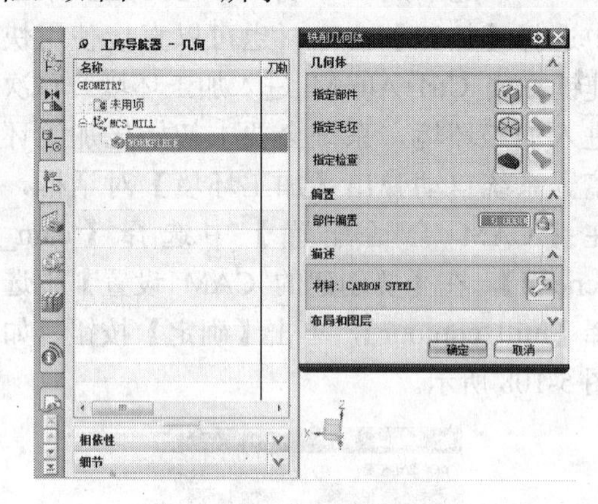

图 5-116　创建铣削几何体

① 指定部件。单击【指定部件】图标，弹出【部件几何体】对话框，选中整个部件体，单击【确定】按钮，如图 5-117 所示。

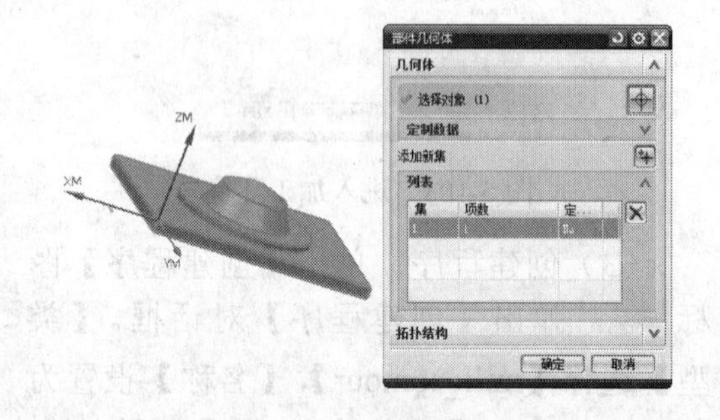

图 5-117　指定部件

② 指定毛坯。单击【指定毛坯】图标，弹出【毛坯几何体】对话框，单击【类型】的下拉菜单，选中【部件偏置】，偏置值设为 2，单击【确定】按钮，如图 5-118 所示。

图 5-118　指定毛坯

（8）创建工序。单击【创建工序】图标，弹出【创建工序】对话框，在【类型】下拉菜单中选择【mill_contour】，【工序子类型】选择【FIXED_CONTOUR】图标，【程序】选择【NC_PROGRAM】，【刀具】选择【BALL_MILL（铣刀-球头铣）】，【几何体】选择【WORKPIECE】，【方法】选择【NONE】，【名称】设置为【FIXED_CONTOUR】，单击【确定】按钮，如图 5-119 所示。单击【确定】按钮后，弹出【固定轮廓铣】对话框，设置固定轮廓铣的参数。

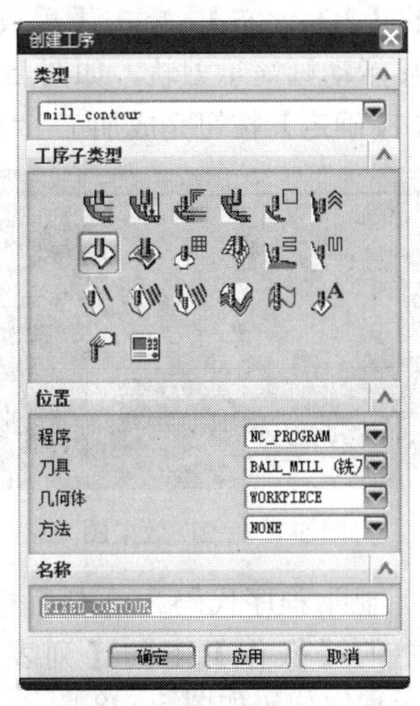

图 5-119　创建工序

① 在【几何体】下拉菜单中选择【WORKPIECE】，继承前面设置的部件几何体和毛坯几何体，如图 5-120 所示。

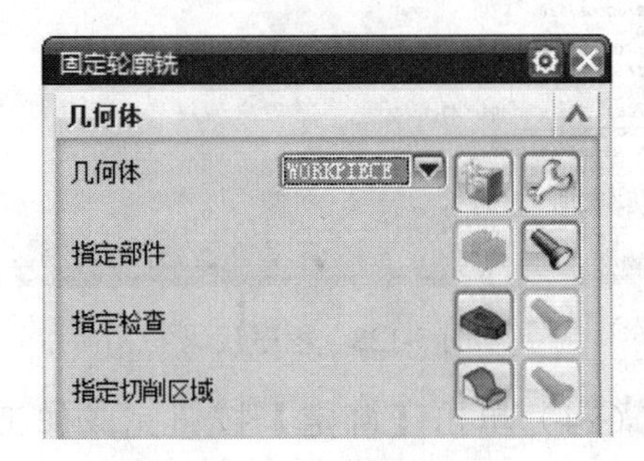

图 5-120　继承几何体

② 驱动设置。在【方法】的下拉菜单中选择【区域铣削】，单击右边的【编辑】图标，系统将自动弹出【区域铣削驱动方法】对话框，设置如下参数，如图 5-121 所示。单击【确定】按钮完成驱动方法的设置。

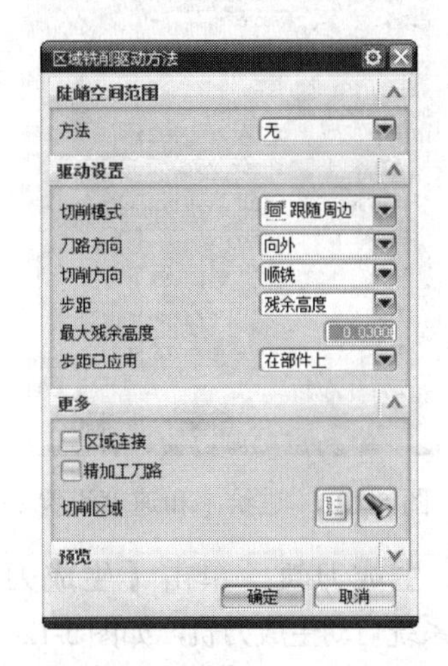

图 5-121　区域铣削驱动方法

③ 切削参数。单击【切削参数】图标，弹出【切削参数】对话框，设置【策略】选项卡下的参数，如图 5-122 所示。其余参数采用系统默认值，单击【确定】按钮完成切削参数的设置。

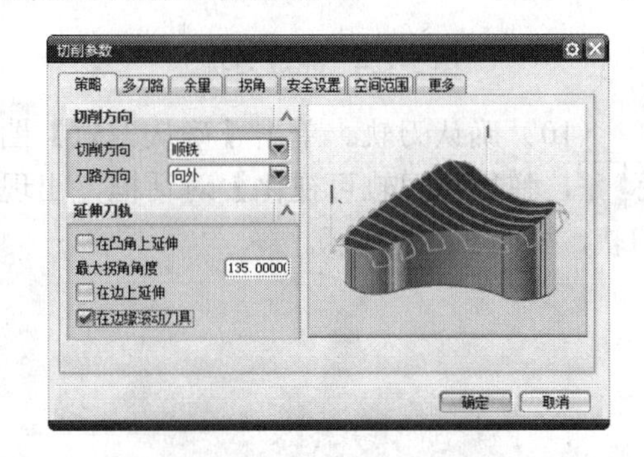

图 5-122　设置策略参数

④ 进给率和速度。单击【进给率和速度】图标，弹出【进给率和速度】对话框，设置如下参数，如图 5-123 所示。其余参数采用系统默认值，单击【确定】按钮完成进给率和速度参数的设置。

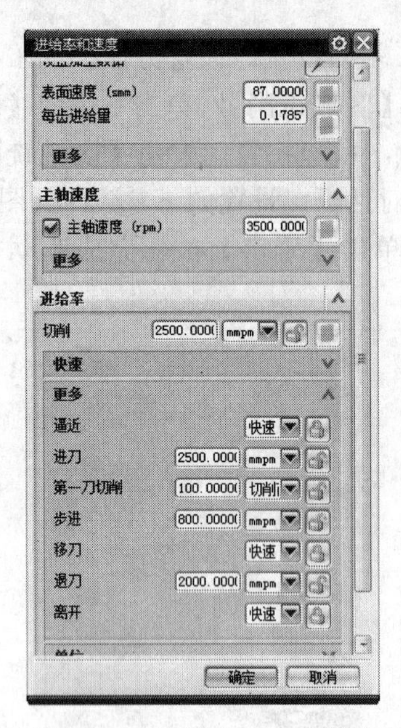

图 5-123　进给率和速度设置

（9）生成刀轨。单击【生成刀轨】图标，系统自动生成刀轨，如图5-124所示。

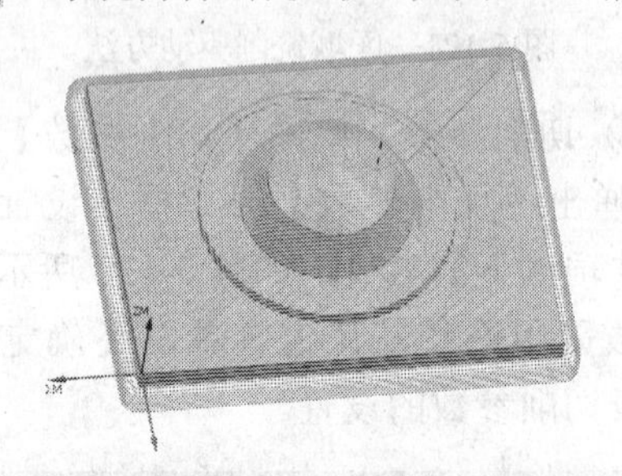

图 5-124　生成刀轨

（10）确认刀轨。单击【确认刀轨】图标，弹出【刀轨可视化】对话框，出现刀轨，如图5-125所示。

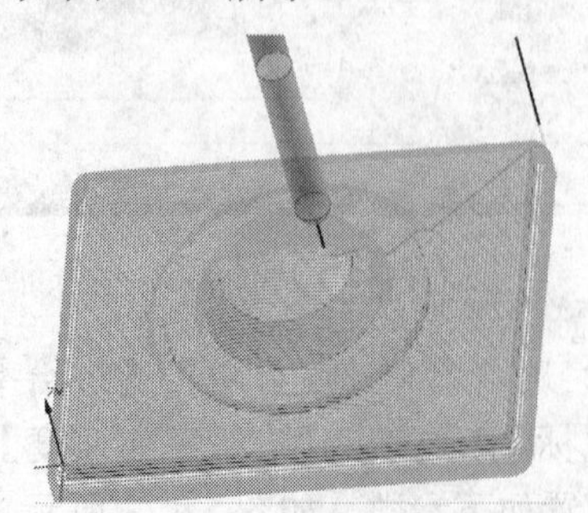

图 5-125　确认刀轨

（11）3D 效果图。单击【刀轨可视化】中的【3D 动态】，单击【播放】图标，可显示动画演示刀轨，如图5-126所示。

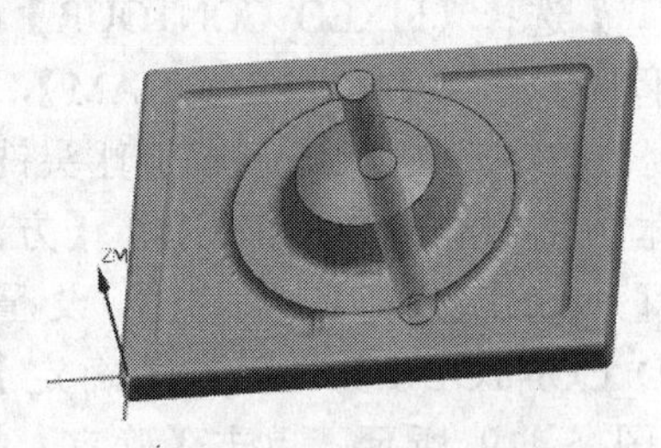

图 5-126　3D 动态演示

（12）2D 效果图。单击【刀轨可视化】中的【2D 动态】，单击【播放】图标，可显示动画演示刀轨，如图 5-127 所示。单击【确定】按钮完成加工工序。

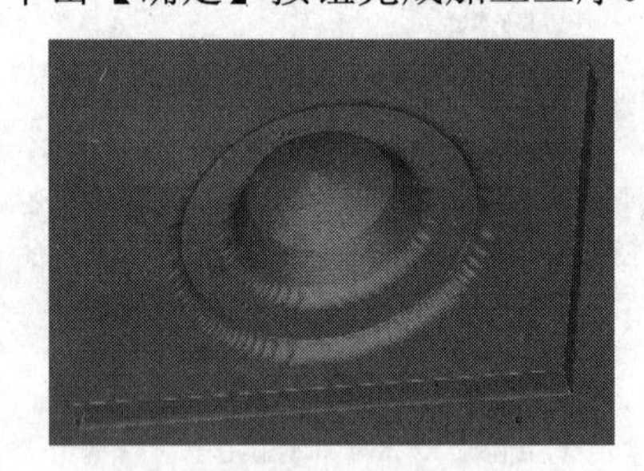

图 5-127　2D 效果图

（13）显示程序代码。单击【型腔铣】对话框中的【操作】下的【列表】图标，显示程序代码如图5-128所示。

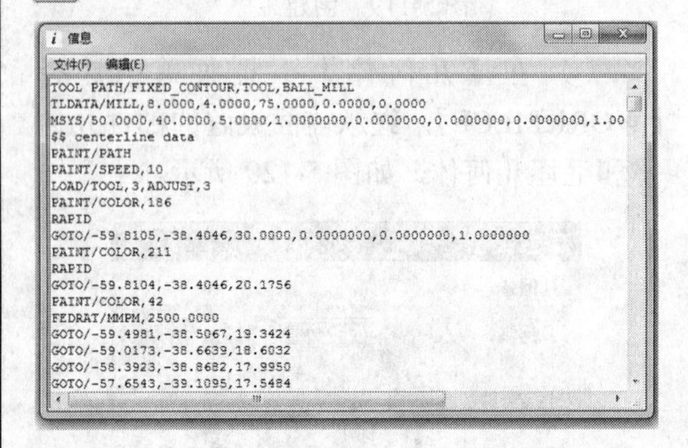

图 5-128　程序代码

（14）单击【确定】按钮完成加工工序。

5.6 实例·练习——吹风机凹模加工

分析零件，属于一个型腔类零件，型腔壁面为曲面，可以通过型腔铣进行粗铣，去除大量的材料，再利用固定轴曲面轮廓铣进行精铣，以达到更高精度的要求，工件的图形如图 5-129 所示。

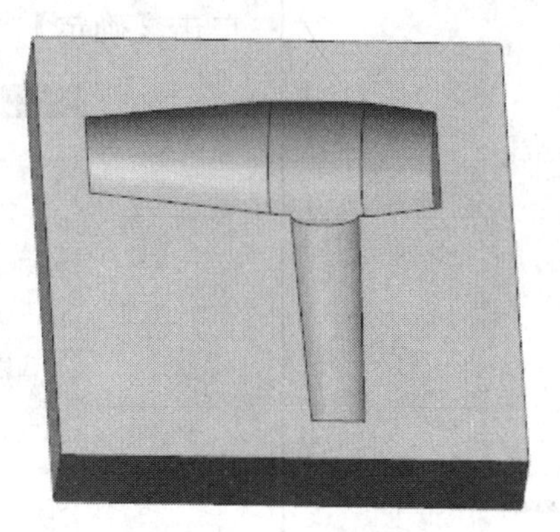

图 5-129 吹风机凹模

思路·点拨

型腔壁面为曲面，为了简化操作，首先利用型腔铣进行粗加工操作，再利用固定轴曲面轮廓铣操作达到较高的曲面精度。创建该零件的加工操作大致分为 13 个步骤：（1）创建型腔铣刀具和固定轴曲面轮廓铣刀具；（2）创建加工几何体；（3）创建加工坐标系和安全平面；（4）创建工序——型腔铣；（5）指定切削模式；（6）设置型腔铣操作的进给率和速度；（7）生成型腔铣刀轨；（8）创建工序——固定轴曲面轮廓铣；（9）指定切削区域；（10）指定驱动方法——区域铣削；（11）指定相应的切削参数；（12）设置进给率和速度；（13）生成固定轴曲面轮廓铣刀轨即可完成该零件的粗加工和精加工操作。

【光盘文件】

——参见附带光盘中的“MODEL\CH5\5-6.prt”文件。

结果文件——参见附带光盘中的“END\CH5\5-6.prt”文件。

动画演示——参见附带光盘中的“AVI\CH5\5-6.avi”文件。

【操作步骤】

（1）启动 UG NX8，打开光盘中的源文件“MODEL\CH5\5-6.prt”模型。

（2）进入加工环境。在【开始】菜单中选择【加工】命令，也可以直接使用快捷键方式 Ctrl+Alt+M 进入加工环境。首次进入加工环境，系统会要求初始化加工环境。系统自动弹出【加工环境】对话框，在【CAM 会话配置】中选择【cam_ general】，在【要创建的 CAM 设置】中选择【mill_contour】，单击【确定】按钮，如图 5-130 所示。

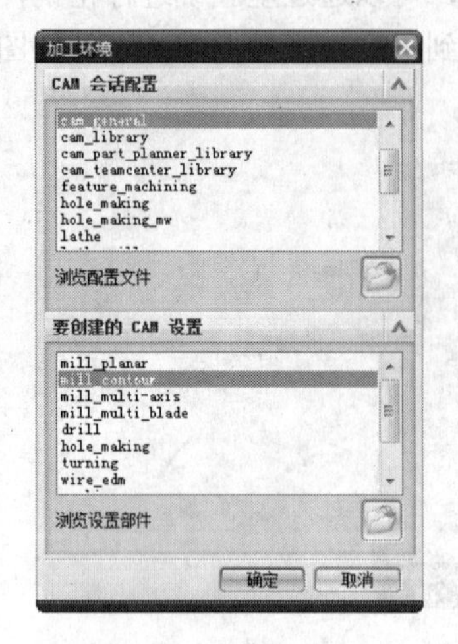

图 5-130　进入加工环境

（3）创建程序。单击【创建程序】图标，弹出【创建程序】对话框。【类型】选择【mill_contour】，【名称】设置为【PROGRAM_ROUGH】，其余选项采取默认参数，单击【确定】按钮，创建型腔铣粗加工程序，如图 5-131 所示。

图 5-131　创建程序

在【工序导航器-程序顺序】中显示新建的程序，如图 5-132 所示。

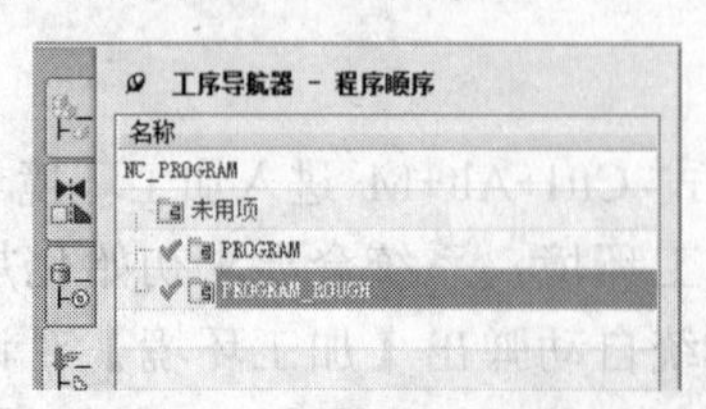

图 5-132　程序顺序视图

（4）创建粗加工刀具。单击【创建刀具】图标，弹出【创建刀具】对话框，【类型】选择【mill_contour】，【刀具子类型】选择【立铣刀】图标，【位置】选用默认选项，【名称】设置为【MILL_D8】，单击【确定】按钮，如图 5-133 所示。

图 5-133　创建粗加工刀具

单击【确定】按钮后，弹出【铣刀-5 参数】对话框，设置刀具参数如图 5-134 所示。

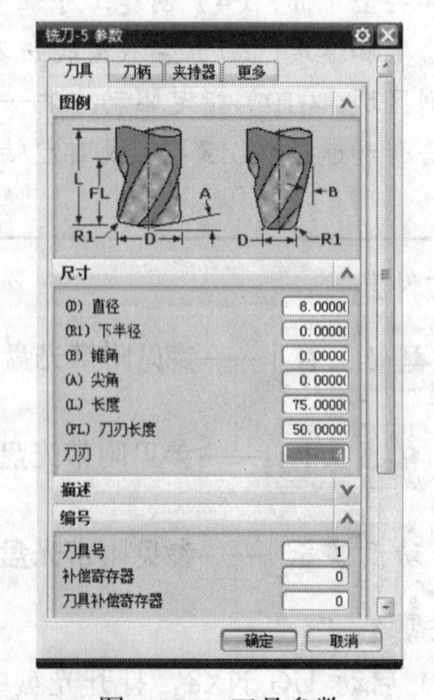

图 5-134　刀具参数

在【工序导航器-机床】中显示新建的 MILL_D8 刀具，如图 5-135 所示。

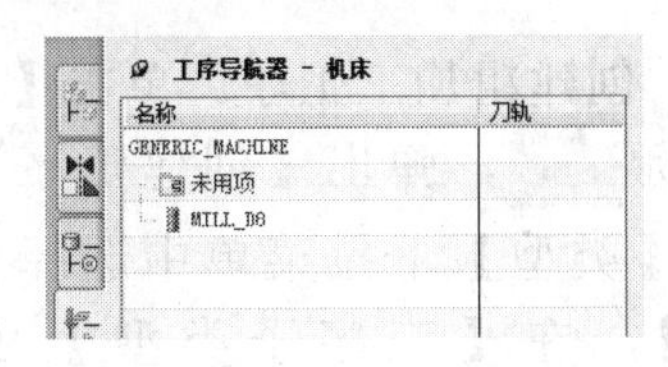

图 5-135 机床视图

（5）创建精加工刀具。单击【创建刀具】图标，弹出【创建刀具】对话框，【类型】选择【mill_contour】，【刀具子类型】选择【BALL-MILL】图标，【位置】选用默认选项，【名称】设置为【BALL_MILL_D6】，单击【确定】按钮，如图 5-136 所示。

图 5-136 创建精加工刀具

单击【确定】按钮后，弹出【铣刀-球头铣】对话框，设置刀具参数如图 5-137 所示。

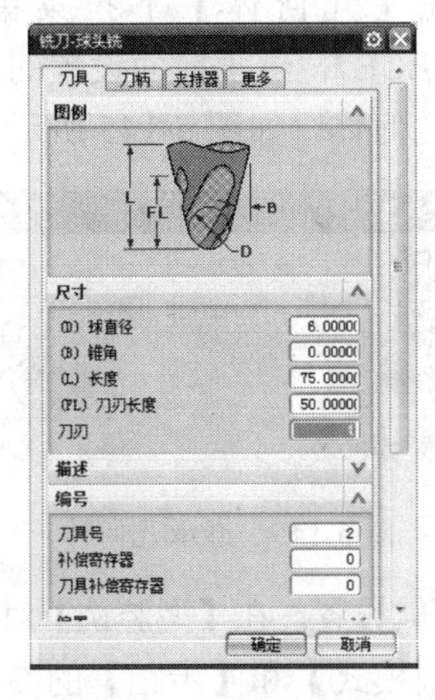

图 5-137 刀具参数

在【工序导航器-机床】中显示新建的【MILL_D8】刀具，如图 5-138 所示。

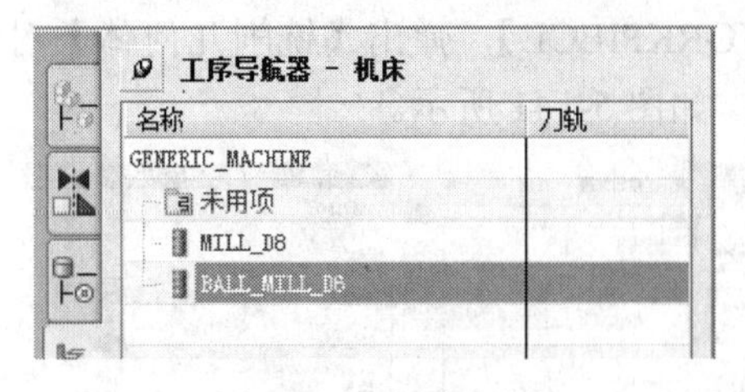

图 5-138 机床视图

（6）设置型腔铣削加工坐标系 MCS_MILL。双击【工序导航器-几何】中的【MCS_MILL】图标，系统将自动弹出【Mill Orient】对话框，在【指定 MCS】的下拉菜单中选择【Z 轴，X 轴，原点】图标，在部件中确定 Z 轴、X 轴和原点位置，如图 5-139 所示。单击【确定】按钮完成坐标系的设置。

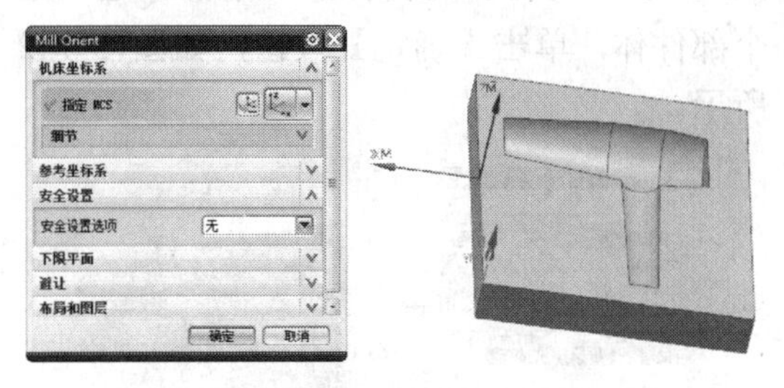

图 5-139 设置机床坐标系

（7）设置安全平面。单击【Mill Orient】对话框中的【安全设置选项】下拉菜单中的【平面】，单击【指定平面】中的【平面】图标，系统将自动弹出【平面】对话框，选中如图所示平面，输入安全距离为 20，单击【确定】按钮完成安全平面的设置，如图 5-140 所示。

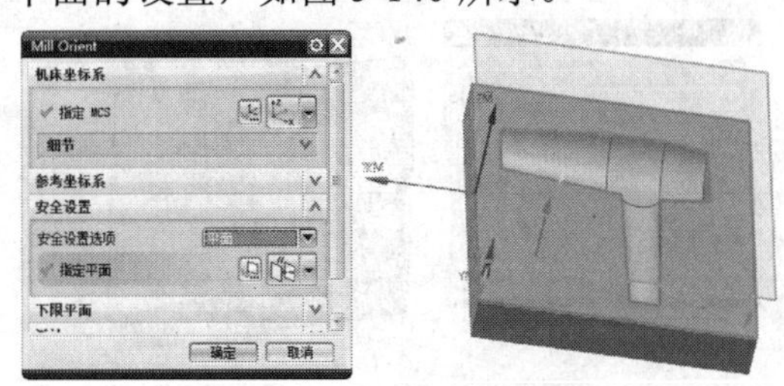

图 5-140 设置安全平面

（8）创建铣削几何体。双击【工序导航器-几何】中【MCS_MILL】的子菜单【WORKPIECE】，弹出【铣削几何体】对话框，如图 5-141 所示。

图 5-141　创建铣削几何体

① 指定部件。单击【指定部件】图标，弹出【部件几何体】对话框，选中整个部件体，单击【确定】按钮，如图 5-142 所示。

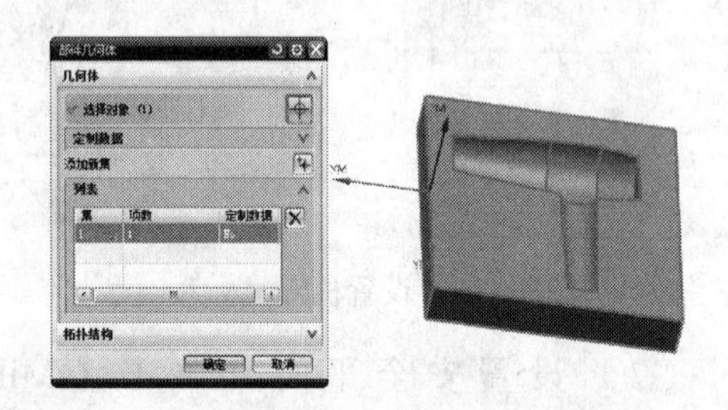

图 5-142　指定部件

② 指定毛坯。单击【指定毛坯】图标，弹出【毛坯几何体】对话框，单击【类型】的下拉菜单，选中【包容块】，单击【确定】按钮，如图 5-143 所示。

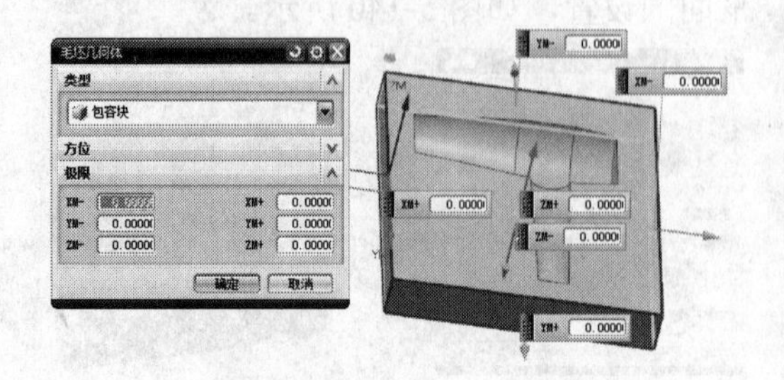

图 5-143　指定毛坯

（9）创建粗加工工序。单击【创建工序】图标，弹出【创建工序】对话框，在【类型】下拉菜单中选择【mill_contour】，在【工序子类型】中选择【CAVITY_MILL】图标，【程序】选择【PROGRAM_ROUGH】，【刀具】选择【MILL_D8（铣刀-5 参数）】，【几何体】选择【WORKPIECE】，【方法】选择【MILL_ROUGH】，【名称】设置为【CAVITY_MILL】，单击【确定】按钮，如图 5-144 所示。单击【确定】按钮后，弹出【型腔铣】对话框，设置型腔铣的参数。

图 5-144　创建粗加工工序

① 在【几何体】下拉菜单中选择【WORKPIECE】，继承前面设置的部件几何体和毛坯几何体，如图 5-145 所示。

图 5-145　继承几何体

② 刀轨设置。在【型腔铣】对话框中，设置【切削模式】和【步距】的参数，如图

5-146 所示。

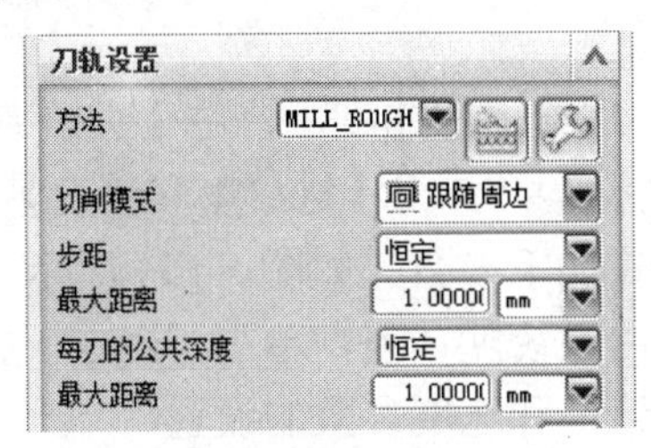

图 5-146 刀轨设置

③ 进给率和速度。单击【进给率和速度】图标，弹出【进给率和速度】对话框，设置如下参数，如图 5-147 所示。其余参数采用系统默认值，单击【确定】按钮完成进给率和速度参数的设置。

图 5-147 进给率和速度设置

（10）生成刀轨。单击【生成刀轨】图标，系统自动生成刀轨，如图 5-148 所示。

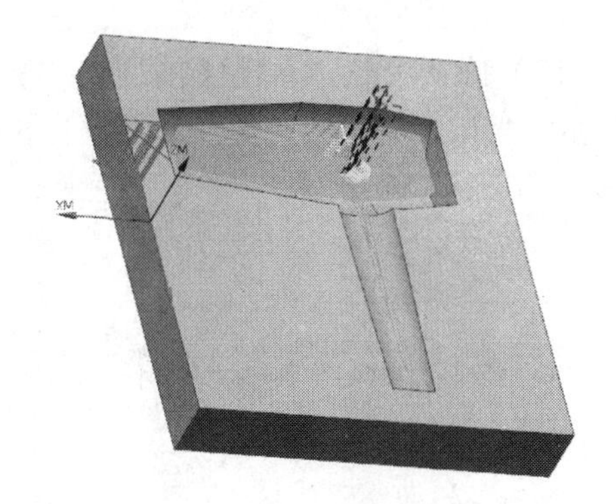

图 5-148 生成刀轨

（11）确认刀轨。单击【确认刀轨】图标，弹出【刀轨可视化】对话框，单击【刀轨可视化】中的【2D 动态】，单击【播放】图标，可显示动画演示刀轨如图 5-149 所示。

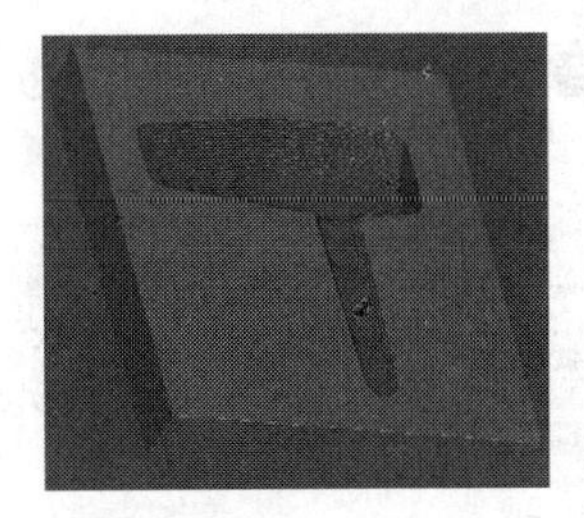

图 5-149 2D 效果图

（12）单击【确定】按钮完成粗加工工序。

（13）创建精加工工序。单击【创建工序】图标，弹出【创建工序】对话框，在【类型】下拉菜单中选择【mill_contour】，【工序子类型】中选择【FIXED_CONTOUR】图标，【程序】选择【NC_PROGRAM】，【刀具】选择【BALL_MILL_D6（铣刀-球头铣）】，【几何体】选择【WORKPIECE】，【方法】选择【MILL_FINISH】，【名称】设置为【FIXED_CONTOUR】，单击【确定】按钮，如图 5-150 所示。单击【确定】按钮后，弹出【固定轮廓铣】对话框，设置固定轮廓铣的参数。

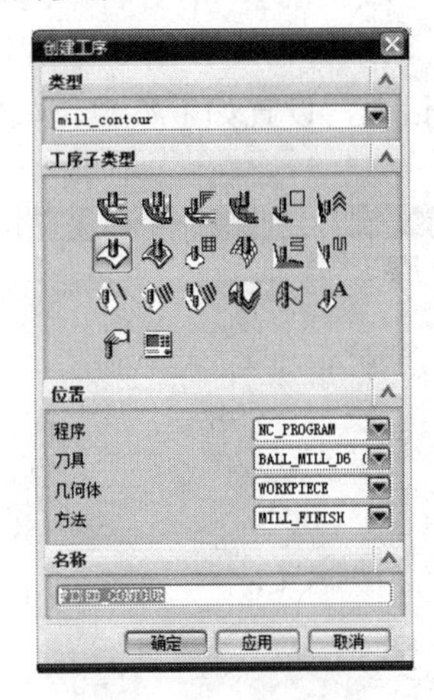

图 5-150 创建工序

① 在【几何体】下拉菜单中选择【WORKPIECE】，继承前面设置的部件几何体和毛坯几何体，如图 5-151 所示。

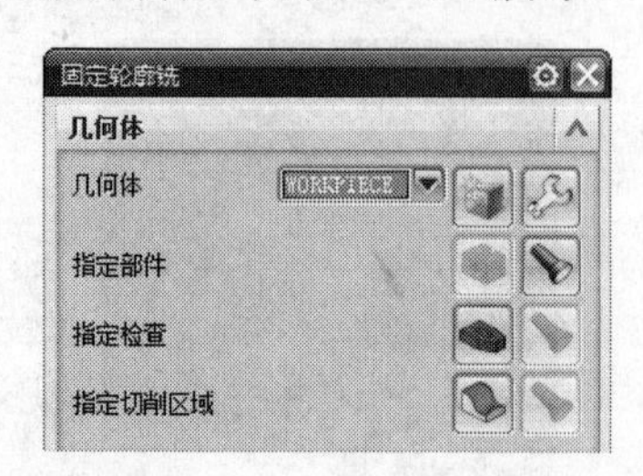

图 5-151　继承几何体

② 指定切削区域。单击【指定切削区域】图标，系统将自动弹出【切削区域】对话框，选中要切削的区域，如图 5-152 所示。单击【确定】按钮，完成切削区域的指定。

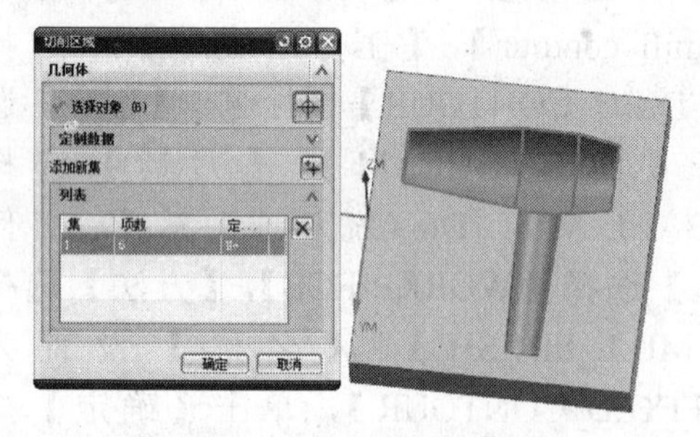

图 5-152　指定切削区域

③ 驱动设置。在【方法】的下拉菜单中选择【区域铣削】，单击右边的【编辑】图标，系统将自动弹出【区域铣削驱动方法】对话框，设置如下参数，如图 5-153 所示。

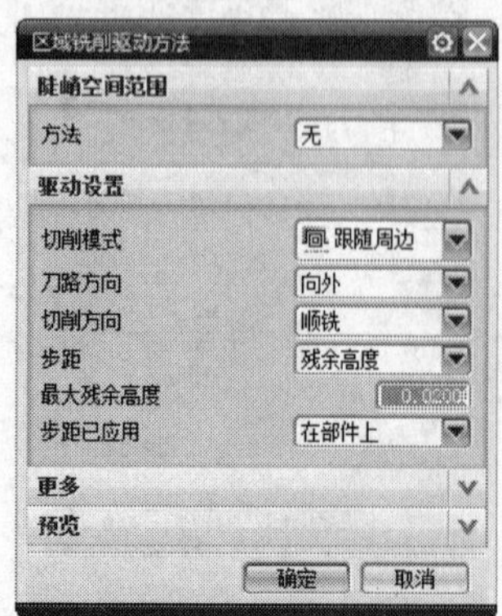

图 5-153　【区域铣削驱动方法】对话框

单击【确定】按钮完成驱动方法的设置。

④ 进给率和速度。单击【进给率和速度】图标，弹出【进给率和速度】对话框，设置如下参数，如图 5-154 所示。其余参数采用系统默认值，单击【确定】按钮完成进给率和速度参数的设置。

图 5-154　进给率和速度设置

（14）生成刀轨。单击生成刀轨图标，系统自动生成刀轨，如图 5-155 所示。

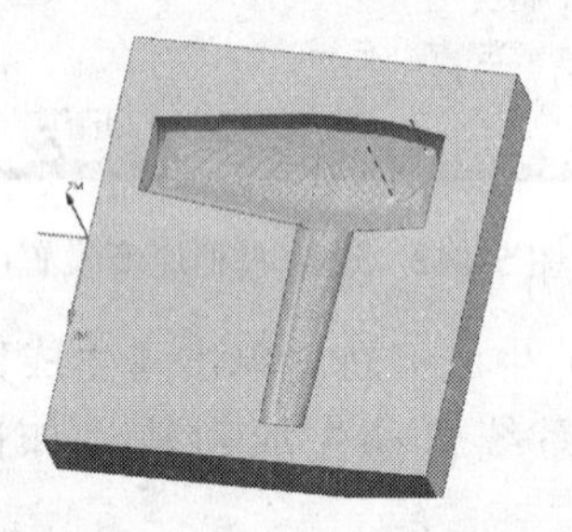

图 5-155　生成刀轨

（15）确认刀轨。单击【确认刀轨】图标，弹出【刀轨可视化】对话框，出现刀轨，如图 5-156 所示。

图 5-156　确认刀轨

（16）3D 效果图。单击【刀轨可视化】中的【3D 动态】，单击【播放】图标▶，可显示动画演示刀轨，如图 5-157 所示。

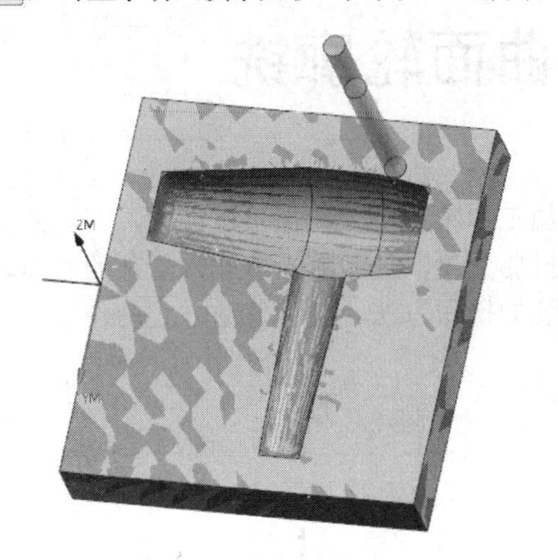

图 5-157　3D 动态演示

（17）2D 效果图。单击【刀轨可视化】中的【2D 动态】，单击【播放】图标▶，可显示动画演示刀轨，如图 5-158 所示。单击【确定】按钮完成加工工序。

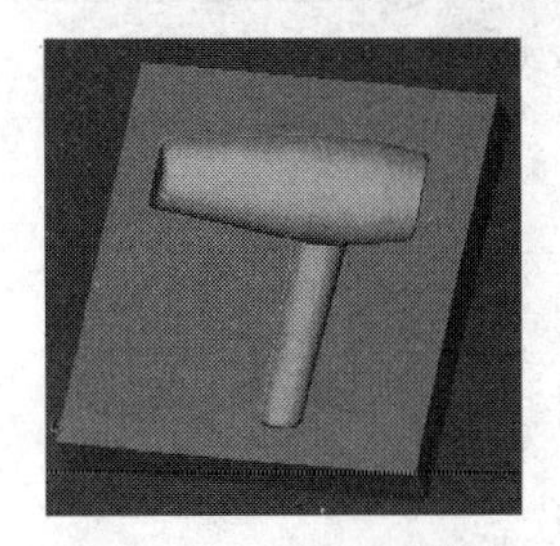

图 5-158　2D 效果图

（18）显示程序代码。单击【型腔铣】对话框中的【操作】下的【列表】图标，显示程序代码如图 5-159 所示。

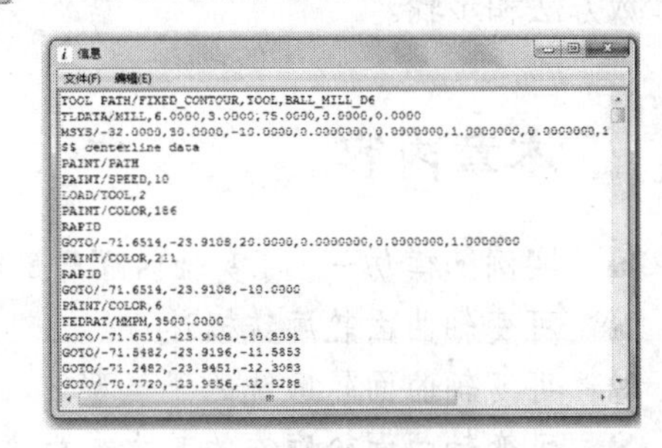


```
TOOL PATH/FIXED_CONTOUR,TOOL,BALL_MILL_D6
TLDATA/MILL,6.0000,3.0000,75.0000,0.0000,0.0000
MSYS/-32.0000,30.0000,-10.0000,0.0000000,0.0000000,1.0000000,0.0000000,1
$$ centerline data
PAINT/PATH
PAINT/SPEED,10
LOAD/TOOL,2
PAINT/COLOR,186
RAPID
GOTO/-71.6514,-23.9108,20.0000,0.0000000,0.0000000,1.0000000
PAINT/COLOR,211
RAPID
GOTO/-71.6514,-23.9108,-10.0000
PAINT/COLOR,6
FEDRAT/MMPM,3500.0000
GOTO/-71.6514,-23.9108,-10.8091
GOTO/-71.5482,-23.9196,-11.5853
GOTO/-71.2482,-23.9451,-12.3083
GOTO/-70.7720,-23.9856,-12.9288
```

图 5-159　程序代码

（19）最后单击【确定】按钮，完成工件的仿真加工操作。

第6章　可变轴曲面轮廓铣

可变轴曲面轮廓铣操作用于曲面工件的半精加工和精加工。在加工过程中，刀具的刀轴保持固定不变，操作允许通过精确控制刀轴和投影矢量，使刀轨沿着非常复杂的曲面轮廓移动。本章以典型实例来介绍可变轴曲面轮廓铣的操作方法、各种驱动方式的作用及主要参数方法和步骤。

本章内容

- 实例·模仿——可变轴曲面轮廓铣加工
- 可变轴曲面轮廓铣概述
- 可变轴曲面轮廓铣的子类型
- 可变轴曲面轮廓铣的基本参数设置
- 实例·操作——风扇后盖凸模加工
- 实例·练习——类球体零件凸模加工

6.1　实例·模仿——可变轴曲面轮廓铣加工

本例的加工零件如图 6-1 所示。

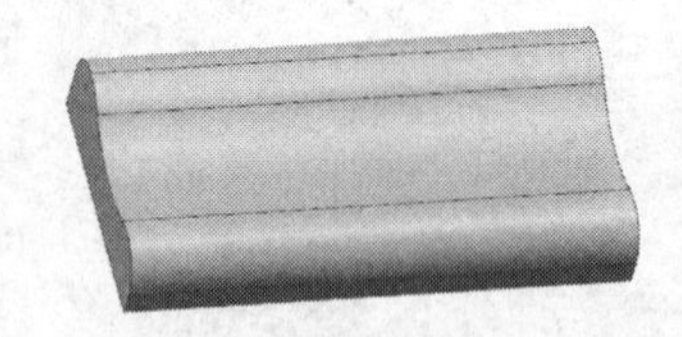

图 6-1　模型文件

思路·点拨

观察该零件，是一个记忆枕模型，上表面由曲面构成，可利用可变轴曲面轮廓铣进行加工。创建该零件的可变轴曲面轮廓铣操作分为 12 个步骤:（1）创建刀具——球铣刀；（2）创建加工坐标系和安全平面；（3）创建加工几何体；（4）创建工序——可变轴曲面轮廓铣；（5）指定切削区域；（6）指定驱动方法——曲面；（7）指定驱动几何体；（8）指定投影矢量；（9）指定刀轴；（10）指定相应的切削参数；（11）设置进给率和速度；（12）生成刀轨即可完成该零件的可变轴曲面轮廓铣削的创建。

视频教学

【光盘文件】

——参见附带光盘中的“MODEL\CH6\6-1.prt”文件。

——参见附带光盘中的“END\CH6\6-1.prt”文件。

——参见附带光盘中的“AVI\CH6\6-1.avi”文件。

【操作步骤】

（1）启动 UG NX8。打开光盘中的源文件“MODEL\CH6\6-1.prt”模型，单击【OK】按钮，如图 6-2 所示。

（2）进入加工环境。单击【开始】—【加工】后出现 【加工环境】对话框（快捷键方式 Ctrl+Alt+M），设置【加工环境】如下参数后单击【确定】按钮，如图 6-3 所示。

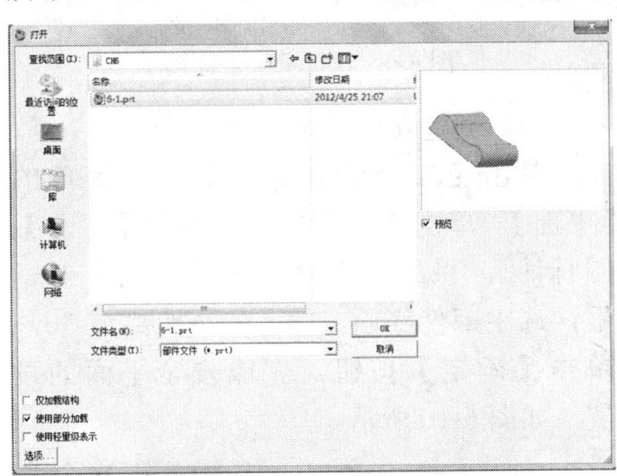

图 6-2　打开模型文件

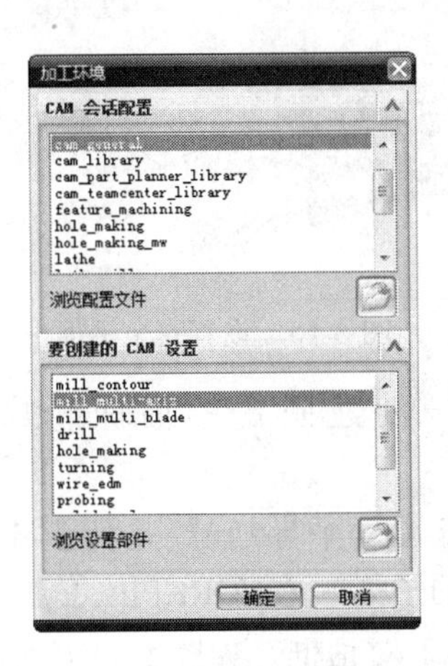

图 6-3　进入加工环境

（3）创建程序。单击【创建程序】图标，弹出【创建程序】对话框。【类型】选择【mill_multi-axis】，【名称】设置为【VARIABLE_CONTOUR】，其余选项采取默认参数，单击【确定】按钮，创建可变轴曲面轮廓铣程序，如图 6-4 所示。

图 6-4　创建程序

在【工序导航器-程序顺序】中显示新建的程序，如图 6-5 所示。

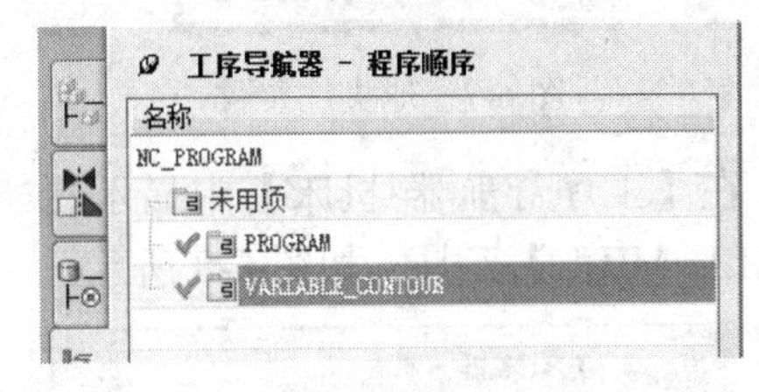

图 6-5　程序顺序视图

（4）创建刀具。单击【创建刀具】图标，弹出【创建刀具】对话框，【类型】选择【mill_multi-axis】，【刀具子类型】选择【BALL_MILL】图标，【位置】选用默认选项，【名称】设置为【BALL_MILL】，单击【确定】按钮，如图6-6所示。

图6-6 创建刀具

单击【确定】按钮后，弹出【铣刀-球头铣】对话框，设置球头铣的参数如图6-7所示。

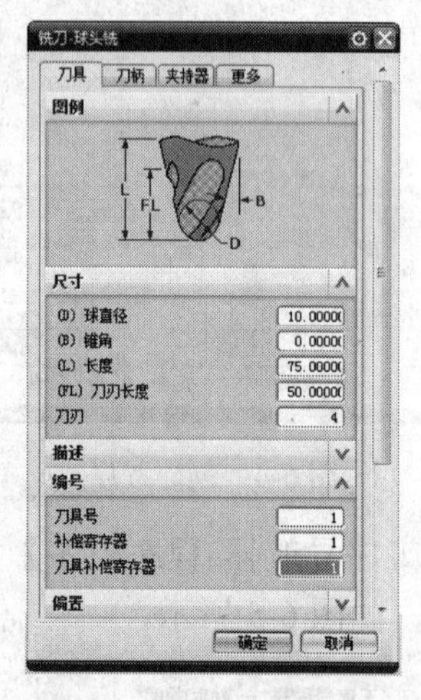

图6-7 球头铣参数

在【工序导航器-机床】中显示新建的【BALL_MILL】刀具，如图6-8所示。

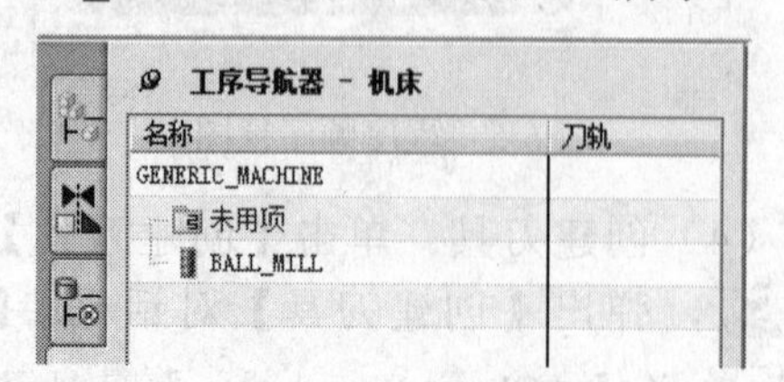

图6-8 机床视图

（5）设置可变轴曲面轮廓铣削加工坐标系MCS_MILL。

双击【工序导航器-几何】中的【MCS_MILL】图标，系统将自动弹出【Mill Orient】对话框，单击【指定MCS】中的【CSYS】图标，系统将自动弹出【CSYS】对话框，选择部件底面的中心点为机床坐标系的中心，机床的坐标轴方向与基本坐标系的坐标轴方向一致，单击【确定】按钮完成坐标系的设置，如图6-9所示。

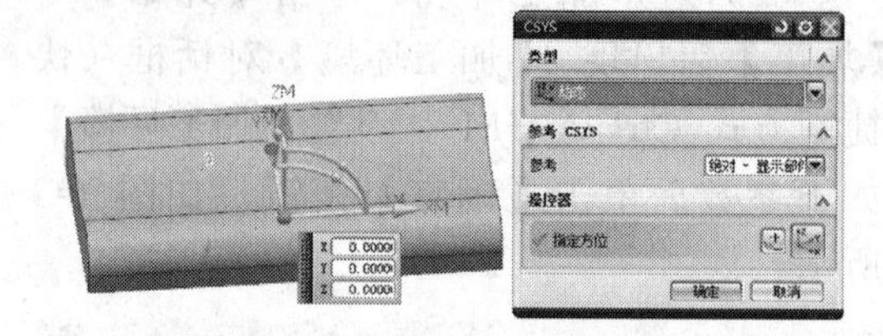

图6-9 设置机床坐标系

（6）创建安全平面。

单击【安全设置选项】下拉菜单的【平面】，单击【指定平面】中的【平面】图标，系统将自动弹出【平面】对话框，选中部件底面，输入安全距离为-30，单击【确定】按钮，完成安全平面的设置，如图6-10所示。

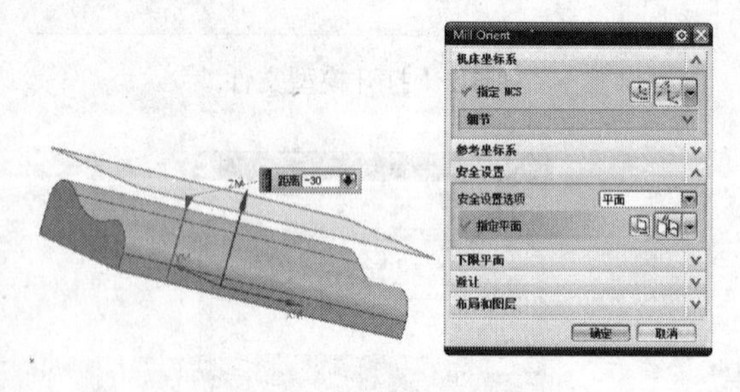

图6-10 设置安全平面

（7）创建固定轴曲面轮廓铣削几何体。

双击【工序导航器-几何】中【MCS_MILL】的子菜单【WORKPIECE】，弹出【铣削几何体】对话框，如图6-11所示。

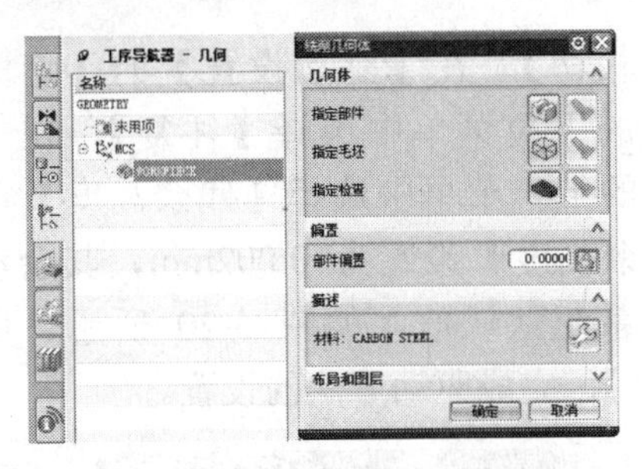
图 6-11　创建铣削几何体

① 单击【指定部件】图标，弹出【部件几何体】对话框，选中整个部件体，单击【确定】按钮，如图 6-12 所示。

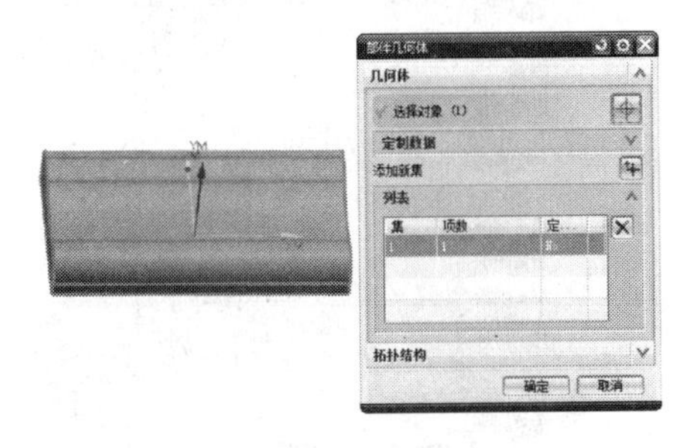
图 6-12　指定部件

② 单击【指定毛坯】图标，弹出【毛坯几何体】对话框，单击【类型】的下拉菜单，选中【包容块】，在 Z 轴的正方向上设置偏置为 3，如图 6-13 所示。单击【确定】按钮后，再单击【确定】按钮，完成铣削几何体的设置。

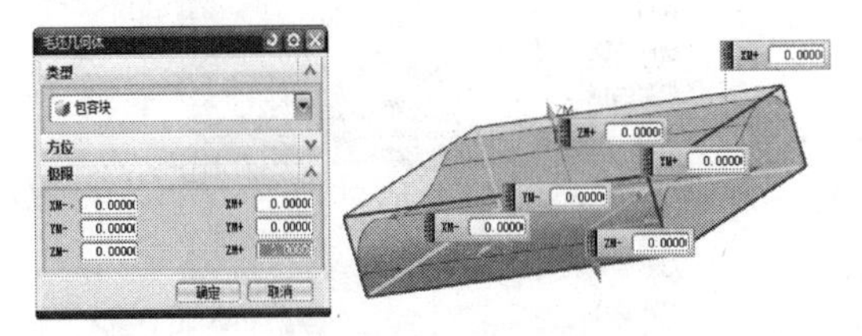
图 6-13　指定毛坯

（8）创建固定轴曲面轮廓铣工序。

单击【创建工序】图标，弹出【创建工序】对话框，在【类型】下拉菜单中选择【mill_multi-axis】，【工序子类型】选择【VARIABLE_CONTOUR】图标，【程序】选择【VARIABLE_CONTOUR】，【刀具】选择【BALL_MILL（铣刀-球头铣）】，【几何体】选择【WORKPIECE】，【方法】采用系统默认值，【名称】设置为【VARIABLE_ CONTOUR_ROUGH】，单击【确定】按钮，如图 6-14 所示。单击【确定】按钮后，弹出【可变轮廓铣】对话框，设置可变轮廓铣的参数。

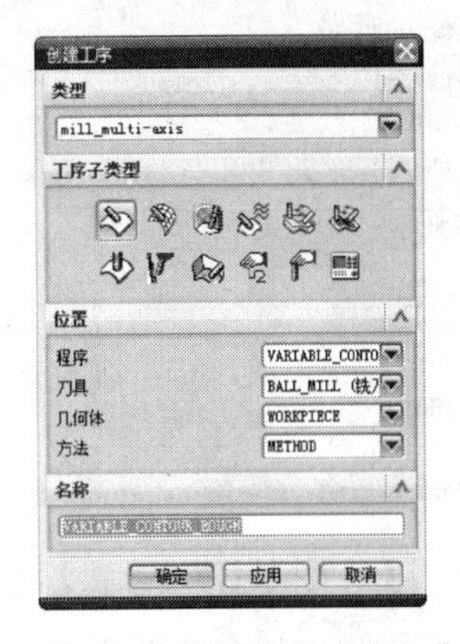
图 6-14　创建加工工序

① 在【几何体】下拉菜单中选择【WORKPIECE】，继承前面设置的部件几何体和毛坯几何体，如图 6-15 所示。

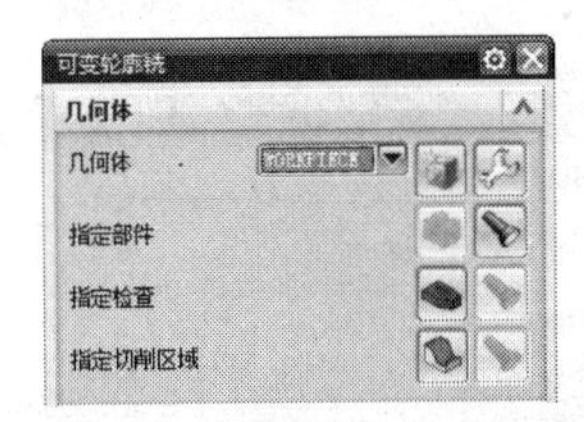
图 6-15　设置可变轮廓铣参数

② 指定切削区域。单击【指定切削区域】图标，系统将自动弹出【切削区域】对话框，选中部件中所要切削的曲面，如图 6-16 所示。单击【确定】按钮，完成切削区域的指定。

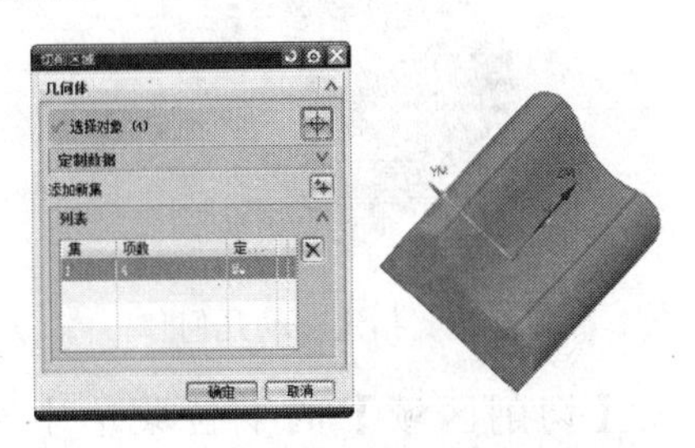
图 6-16　切削区域

③ 驱动方法。在【驱动方法】的【方法】的下拉菜单中选择【曲面】，单击旁边的【编辑】图标，系统将自动弹出【曲面区域驱动方法】对话框，如图6-17所示。

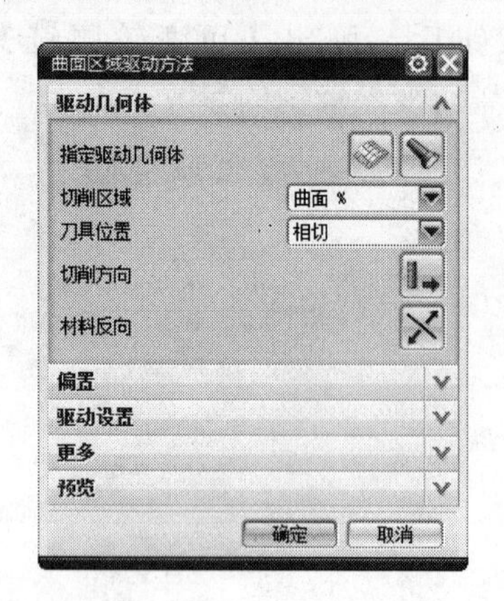

图6-17 【曲面区域驱动方法】对话框

单击【指定驱动几何体】图标，系统将自动弹出【驱动几何体】对话框，如图6-18所示。选中部件的4个曲面，如图6-19所示。单击【确定】按钮，完成驱动几何体的设置。

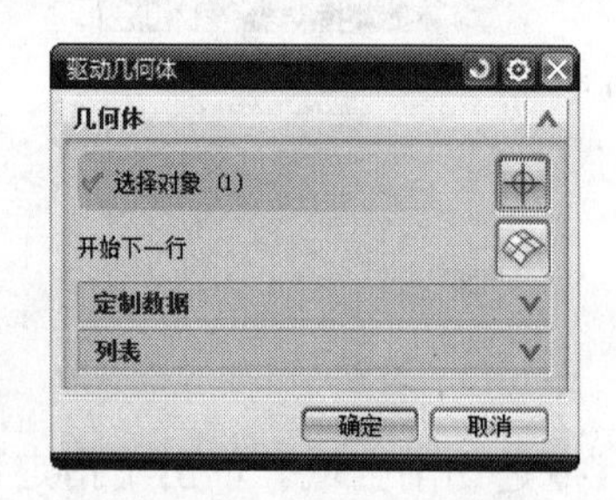

图6-18 驱动几何体

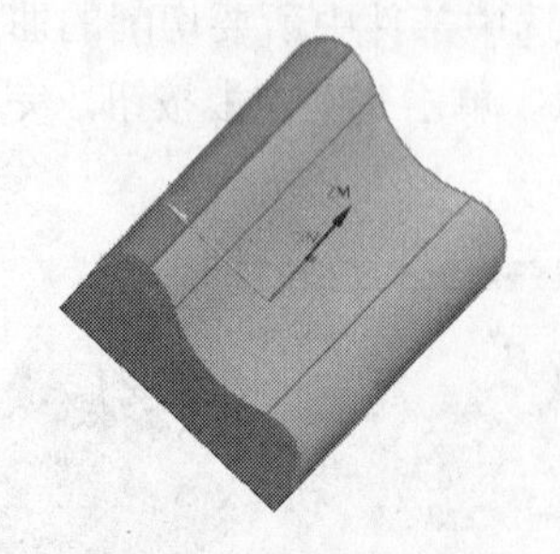

图6-19 指定驱动几何体

在【切削区域】的下拉菜单中选择【曲面%】，在【刀具位置】的下拉菜单中选择【相切】；在【驱动设置】的【切削模式】的下拉菜单中选择【往复】，在【步距】的下拉菜单中选择【残余高度】，【最大残余高度】设置为0.002mm，其余参数采用系统默认值，如图6-20所示。单击【确定】，完成驱动方法的设置。

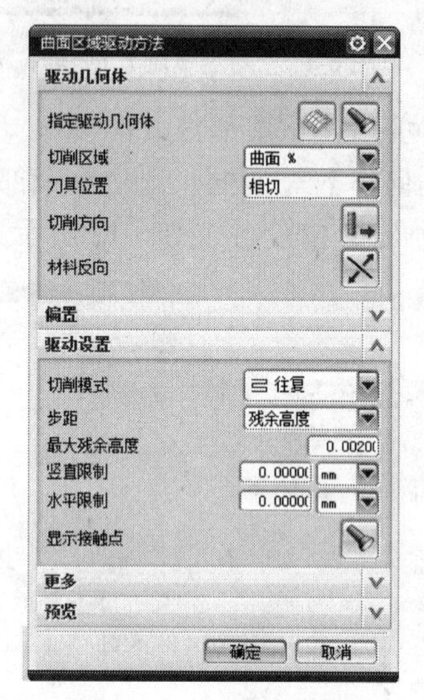

图6-20 驱动设置

④ 投影矢量。在【矢量】的下拉菜单中选择【刀轴】，如图6-21所示。单击【确定】按钮，完成矢量的指定。

图6-21 指定矢量

⑤ 刀轴。在【轴】的下拉菜单中选择【相对于矢量】，系统将自动弹出【相对于矢量】对话框，如图6-22所示。

图 6-22 指定轴

设置如下参数，如图 6-23 所示。单击【确定】按钮，完成【刀轴】的设置。

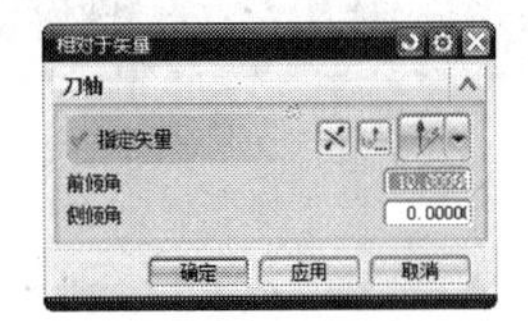

图 6-23 【相对于矢量】对话框

⑥ 切削参数。单击【切削参数】图标，系统将自动弹出【切削参数】对话框，如图 6-24 所示。

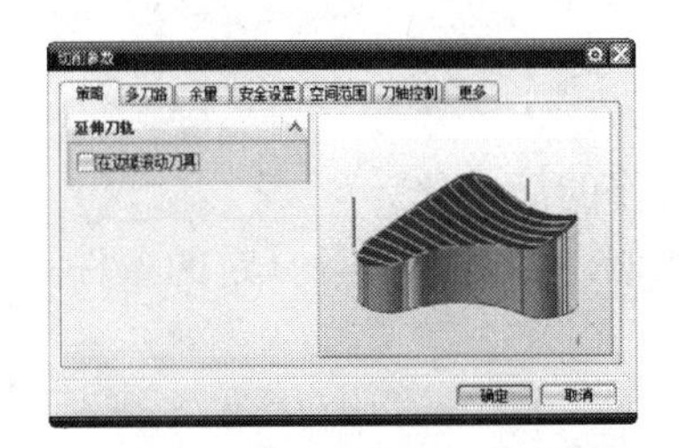

图 6-24 【切削参数】对话框

在【安全设置】选项卡下，在【过切时】的下拉菜单中选择【跳过】，如图 6-25 所示。其余参数采用系统默认值，单击【确定】按钮，完成可变轴曲面轮廓铣的切削参数的设置。

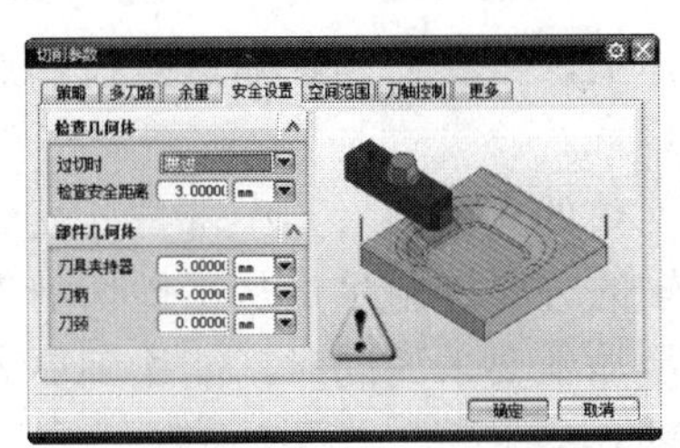

图 6-25 安全设置

⑦ 进给率和速度。单击【进给率和速度】图标，弹出【进给率和速度】对话框，【主轴速度】设置为 2000，【切削】进给率设置为 500，其余参数采用系统默认值，如图 6-26 所示。

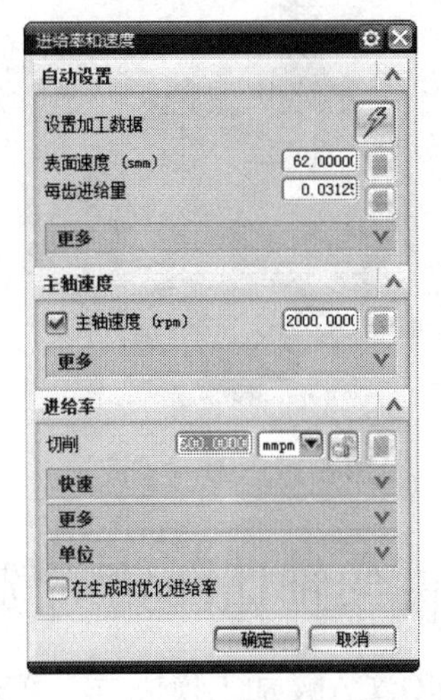

图 6-26 进给率和速度参数设置

（9）生成刀轨。单击【生成刀轨】图标，系统自动生成刀轨，如图 6-27 所示。

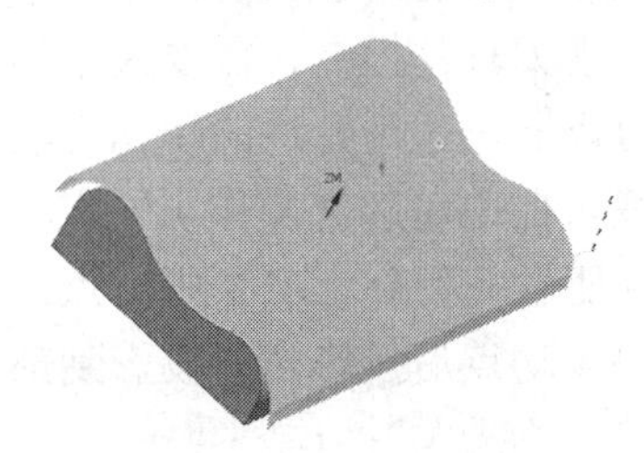

图 6-27 生成刀轨

（10）确认刀轨。单击【确认刀轨】图标，弹出【刀轨可视化】对话框，出现刀轨，如图 6-28 所示。

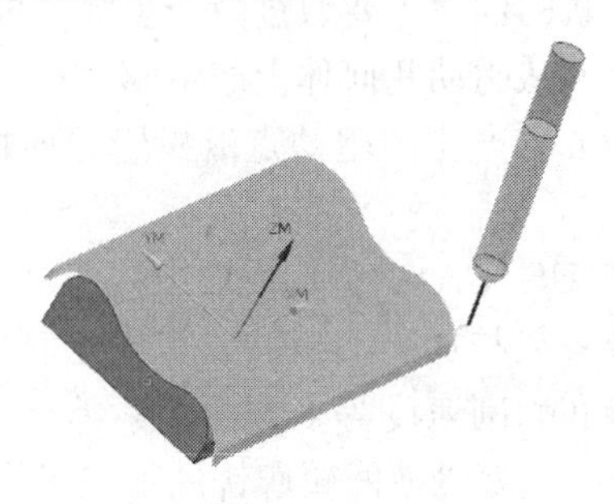

图 6-28 确认刀轨

（11）3D 效果图。单击【刀轨可视化】中的【3D 动态】，单击【播放】图标▶，可显示动画演示刀轨，如图 6-29 所示。

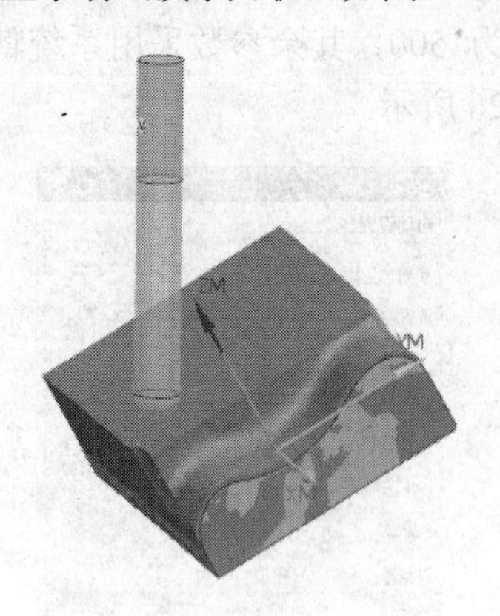

图 6-29　3D 动态演示

（12）2D 效果图。单击【刀轨可视化】中的【2D 动态】，单击【播放】图标▶，可显示动画演示刀轨，如图 6-30 所示。单击【确定】按钮完成可变轴曲面轮廓铣加工操作。

图 6-30　2D 效果图

6.2　可变轴曲面轮廓铣概述

在 UG CAM 加工模块中，可变轴曲面轮廓铣操作可以为 4 轴、5 轴的加工中心提供有效的编程工具。可变轴曲面轮廓铣的多种刀轴类型和驱动方法使得可以实现从简单部件到复杂部件的加工。

可变轴曲面轮廓铣具有两个明显的特点。

- 实现刀轴的控制，需要最小的刀具和工作台旋转。
- 可以通过选用合适的驱动方法，使得零件加工操作的简单化。

可变轴曲面轮廓铣操作与固定轴曲面轮廓铣操作相似，都需要具备一定的条件。

- 从驱动几何体上产生驱动点。
- 将驱动点沿投影方向投影到部件几何体上。

6.3　可变轴曲面轮廓铣的子类型

可变轴曲面轮廓铣加工方法主要用于对曲面部件进行精加工，在此加工过程中，刀具轴会沿着刀轨移动的过程不断地变换方向。在 UG CAM 的仿真加工模块中，可变轴曲面轮廓铣刀轨的创建需要通过两个步骤完成。

（1）从驱动几何体上产生驱动点；

（2）将产生的驱动点沿投影方向投影到部件几何体上，再将刀具跟随这些投影点进行加工。

在 UG CAM 仿真模块中，驱动点可以从部件几何体的局部或者整个部件几何体处产生，或者从与加工不相关的其他几何体处产生。刀具轴的方向选用尽量从平衡切削力、加工干涉和切削速度等多方面因素综合考虑，使得在满足加工要求的同时，能达到更大的加工效率。可变轴曲面轮廓铣的加工子类型有 12 种，如图 6-31 所示。

- VARIABLE_CONTOUR（可变轴曲面轮廓铣）：是最基本的可变轴曲面轮廓铣形式，有多轴刀轴控制选项。
- VARIABLE_STREAMLINE（可变轴流线铣）：用于相对较短的刀轨或者比较满意的加工效果。

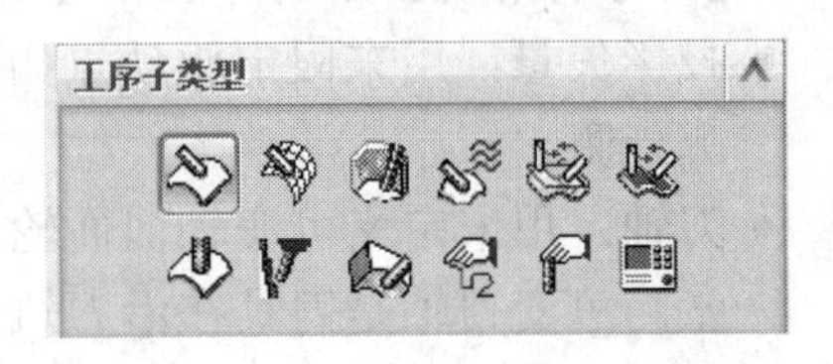

图 6-31　可变轴曲面轮廓铣子类型

- CONTOUR_PROFILE（外形轮廓铣）：使用外形轮廓铣驱动方法，可以加工工件的侧面。
- VC_MULTI_DEPTH（多轴深度偏置铣）：设置多条刀路且均偏离工件。
- VC_BOUNDARY_ZZ_LEAD_LAG（边界驱动多轴曲面轮廓铣）：用边界驱动的驱动方法，切削模式为往复，且通过切削角度的设置来定义刀轴方向。
- VC_SURF_AREA_ZZ_LEAD_LAG（曲面驱动多轴曲面轮廓铣）：用曲面驱动的驱动方法，切削模式为往复，且通过前倾角和侧倾角的设置来定义刀轴方向。
- FIXED_CONTOUR（固定轴曲面轮廓铣）：是最基本的固定轴曲面轮廓铣形式。
- ZLEVEL_5AXIS（深度加工 5 轴铣）：用于加工陡峭的深壁和小圆角的拐角，但是允许使用的刀具较短。
- SEQUENTIAL_MILL（顺序铣）：用于需要对刀具运动、刀轴和循环进行全面控制，刀具是借助部件曲面、检查曲面和驱动曲面共同来驱动的。
- GENERIC_MOTION（一般运动铣）：一般的运动铣削加工。
- MILL_USER（用户铣削）：用于用户自定义铣削加工。
- MILL_CONTROL（控制面板铣削）：用于使用控制面板的铣削加工。

6.4　可变轴曲面轮廓铣的基本参数设置

【光盘文件】

——参见附带光盘中的“AVI\CH6\6-4.avi”文件。

可变轴曲面轮廓铣的基本参数比较多，在介绍常用的基本操作参数之前，先明确一些在可变轴曲面轮廓铣加工中的基本术语。

- 部件几何体：指在加工操作中需要达到的实际工件。
- 检查几何体：指切削过程中刀具不能干涉的对象。
- 切削区域：每一个切削区域都是零件几何体的一个子集，若不指定，系统将默认整个零件几何体的外形轮廓作为切削区域。
- 修剪几何体：要指定修剪边界，用于进一步约束切削区域。
- 驱动几何体：用于产生驱动点的几何体。
- 驱动点：在驱动几何体上产生，并按照投影矢量的方向投影到零件几何体上的点。
- 驱动方法：定义生成刀轨所需要的驱动点的方法。可变轴曲面轮廓铣的驱动方法有很多种，常用的有【曲线/点】驱动方法、【螺旋式】驱动方法、【边界】驱动方法、【曲面】驱动方法、【流线】驱动方法、【刀轨】驱动方法、【径向切削】驱动方法、

【外形轮廓铣】驱动方法和【用户定义】驱动方法。

- 投影矢量：用来限定驱动点如何向部件几何体映射，还决定了刀具接触的是零件的哪一侧。
- 刀轴：用来定义可变轴曲面轮廓铣的刀轴方向，指的是刀尖方向指向刀柄方向的矢量。可变刀轴是刀具在沿刀轨移动时可以随时改变方向。在可变轴曲面轮廓铣中，既可以选择固定轴，也可以选择可变轴。

6.4.1 加工几何体的设置

要创建一个可变轴曲面轮廓铣，首先要指定加工几何体。加工几何体类型有 4 个：部件几何体、毛坯几何体、检查几何体和切削区域几何体。由于可变轴曲面轮廓铣的加工几何体与第 5 章中的固定轴曲面轮廓铣的几何体的设置基本一致，在此不再赘述，下面只是介绍在可变轴曲面轮廓铣中所特有的加工几何体。

在使用【外形轮廓铣】的驱动方法时，需要指定【指定辅助底面】和【指定壁】2 个几何体，如图 6-32 所示。

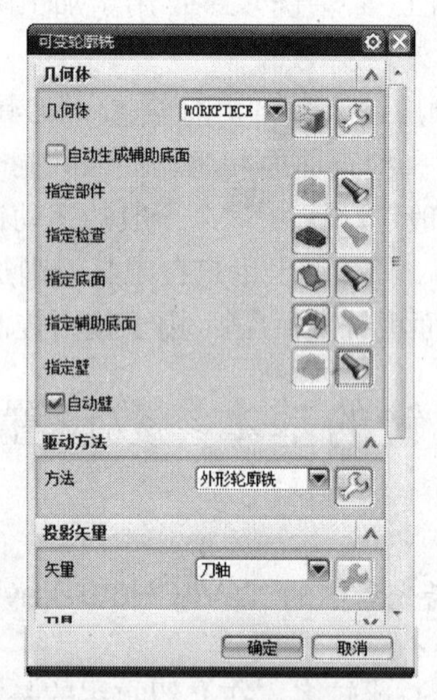

图 6-32 外形轮廓铣

（1）指定辅助底面：用于在加工有立壁的几何体时限制刀具位置，且不需要附加到壁。辅助底面的指定有【自动生成辅助底面】和【指定辅助底面】2 种方式。

- 【自动生成辅助底面】：系统将自动生成立壁的底部与进刀矢量垂直的平面。当使用自动生成辅助平面时，用户可以通过指定一个距离值来控制系统自动生成的平面上下偏置。
- 【指定辅助底面】：用于自定义辅助底面。

（2）指定壁：用于在加工立壁时指定壁几何体。壁的指定有【自动壁】和【指定壁】2 种方式。

- 【自动壁】：系统将根据底部自动确定壁。
- 【指定壁】：用于自定义壁。

6.4.2 驱动方法的设置

定义生成刀轨所需要的驱动点的方法。用户应该根据加工工件表面的外形轮廓和复杂程度及刀轴和投影矢量的要求来决定选择何种驱动方法。在 UG CAM 仿真加工中，系统将根据所选择的驱动方法配备可选择的驱动几何体的类型、投影矢量、刀轴和切削类型。可变轴曲面轮廓铣的驱动方法有【曲线/点】驱动方法、【螺旋式】驱动方法、【边界】驱动方法、【曲面】驱动方法、【流线】驱动方法、【刀轨】驱动方法、【径向切削】驱动方法、【外形轮廓铣】驱动方法和【用户定义】驱动方法 9 种。

- 【曲线/点】驱动方法：通过指定点和选择曲线来定义驱动几何体。在第 5 章的固定轴曲面轮廓铣中已经详细介绍，在此不再赘述。
- 【螺旋式】驱动方法：通过指定的中心点向外螺旋生成驱动点。在第 5 章的固定轴曲面轮廓铣中已经详细介绍，在此不再赘述。
- 【边界】驱动方法：通过指定边界和内环来定义切削区域。在第 5 章的固定轴曲面轮廓铣中已经详细介绍，在此不再赘述。
- 【曲面】驱动方法：首先指定曲面作为驱动几何体，其次指定驱动曲面网格内的驱动点阵列，然后将这些驱动点按照指定的投影矢量方向投影在部件表面上，最后生成刀轨。在第 5 章的固定轴曲面轮廓铣中已经详细介绍，在此不再赘述。
- 【流线】驱动方法：通过指定曲面的流曲线和交叉曲线形成网格驱动，加工时刀具沿着曲面的网格方向加工，其中流曲线确定刀具的单个行走路径，交叉曲线确定刀具的行走范围。在第 5 章的固定轴曲面轮廓铣中已经详细介绍，在此不再赘述。
- 【刀轨】驱动方法：通过指定现有的刀轨来定义驱动点，其类似于固定轴曲面轮廓铣操作。在第 5 章的固定轴曲面轮廓铣中已经详细介绍，在此不再赘述。
- 【径向切削】驱动方法：可以生成沿着并垂直于给定边界的驱动轨迹。在第 5 章的固定轴曲面轮廓铣中已经详细介绍，在此不再赘述。
- 【外形轮廓铣】驱动方法：利用刀具的外侧刀刃加工型腔零件的立壁。用户可以指定一条或者多条的加工路径。

下面重点介绍【外形轮廓铣】驱动方法。在【固定轮廓铣】对话框中，当选择驱动方法为【外形轮廓铣】时，单击【方法】右边的【编辑】图标，系统将自动弹出【外形轮廓铣驱动方法】对话框，有【切削起点】、【切削终点】、【驱动设置】、【显示】和【预览】5 个内容，如图 6-33 所示。

（1）【切削起点】：指定切削的起点位置。有【起点选项】、【延伸】和【刀轴】3 个参数共同控制着起点，如图 6-34 所示。

【起点选项】：有【用户定义】和【自动】2 种方式。【用户定义】是指起点的指定通过用户自定义的方式确定。【自动】是指起点的指定通过系统自动确定。

【延伸】选项：刀轨在起点处延伸，有【无】、【指定】和【刀具直径】3 种方式。【无】是指刀轨在起点处不延伸。【指定】是指刀轨在起点处延伸，通过指定一个距离值来控制刀轨的延伸距离。【刀具直径】是指刀轨在起点处延伸，通过刀具直径的百分比值来控制刀轨延伸的距离。

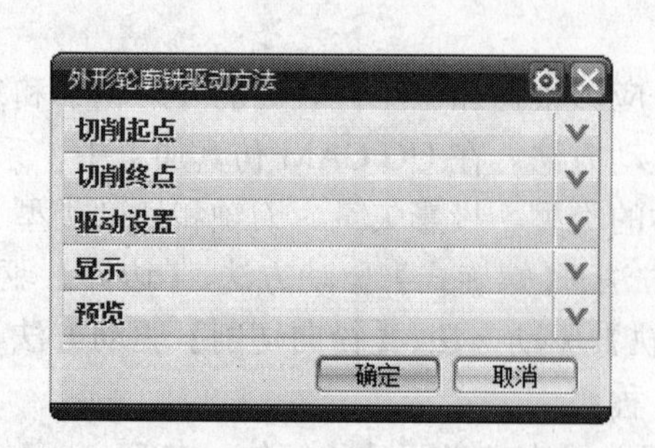

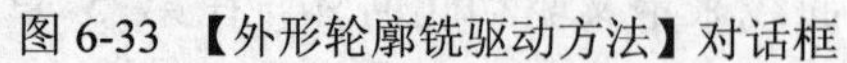
图 6-33 【外形轮廓铣驱动方法】对话框

图 6-34 切削起点

【刀轴】选项：确定刀轴方向，有【自动】和【带导轨】2 种方式。【自动】是指系统将自动从壁的底部的追踪曲线的法向计算刀轴的方向。【带导轨】是指通过指定一个矢量方向来引导刀轴方向。

（2）【切削终点】：与【切削起点】的设置一致，在此不再赘述。

（3）【驱动设置】：指定进刀矢量。有【+ZM】、【-ZM】和【指定】3 个进刀矢量方向，如图 6-35 所示。

图 6-35 驱动设置

（4）【显示】：显示起点和终点位置。

（5）【预览】：用于显示生成刀轨的驱动路径。

6.4.3 投影矢量的设置

投影矢量使用户可以控制驱动点以何种方式投影到零件几何体，同时控制刀具接触到零件的哪个表面。驱动点沿着投影矢量投影到零件表面，有时会沿着相反方向，但是方向总是在投影矢量所在的线上。对于可变轴曲面轮廓铣来说，不同的驱动方式，系统提供的投影矢量也不尽相同。

在 UG CAM 仿真加工中，针对可变轴曲面轮廓铣，系统提供了多种确定投影矢量的方法。下面将以【曲面】为驱动方式来介绍确定投影矢量的方式，有【指定矢量】、【刀轴】、【远离点】、【朝向点】、【远离直线】、【朝向直线】、【垂直于驱动体】和【朝向驱动体】8 种。与第 5 章固定轴曲面轮廓铣中所提供的投影矢量的类型一致，在此不再赘述。

6.4.4 刀轴的设置

刀轴矢量定义为由刀尖方向指向刀柄方向。可变轴曲面轮廓铣的刀轴刀具在沿刀轨移动时会随时改变方向。

在 UG CAM 仿真加工中，针对可变轴曲面轮廓铣，系统提供了多种确定刀轴矢量的方法，有【朝向点】、【远离直线】、【朝向直线】、【相对于矢量】、【垂直于部件】、【相对于部件】、【4 轴，垂直于部件】、【4 轴，相对于部件】、【双 4 轴在部件上】、【插补矢量】、【插补角度至部件】、【插补角度至驱动】、【优化后驱动】、【垂直于驱动体】、【侧刃驱动体】、【相对于驱动体】、【4 轴，垂直于驱动体】、【4 轴，相对于驱动体】和【双 4 轴在驱动体上】19 种。

（1）【朝向点】：指定一个焦点，允许刀尖在限制的范围内切削，刀具轴方向为刀柄朝向该指定焦点的方向，如图 6-36 所示。

（2）【远离直线】：指定一条直线，刀具轴方向为远离该指定直线并始终与该直线垂直的方向，由该指定的方向离开并指向刀柄方向，如图 6-37 所示。

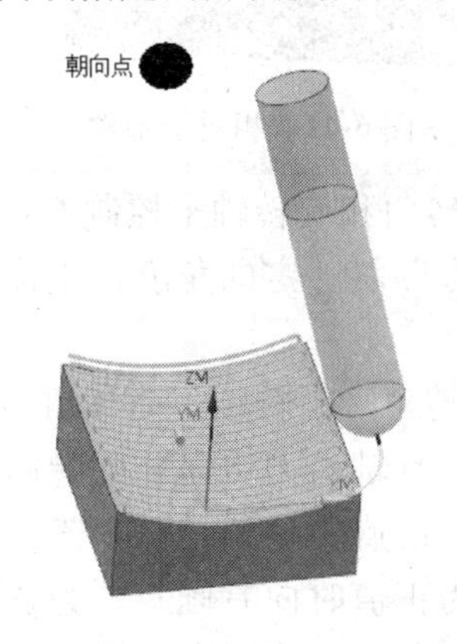

图 6-36 朝向点

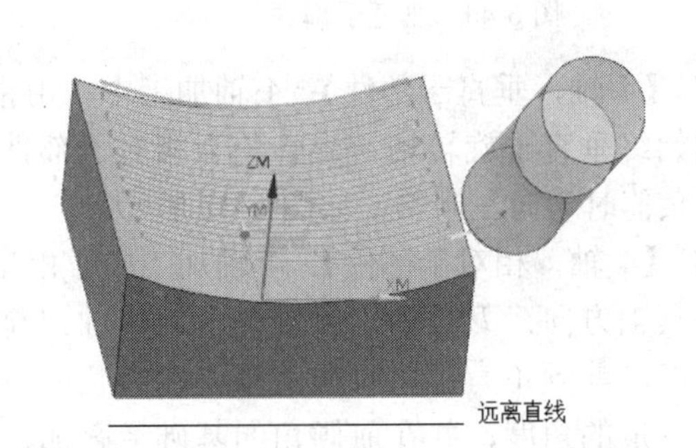

图 6-37 远离直线

（3）【朝向直线】：指定一条直线，刀具轴方向为指向该指定直线并始终与该直线垂直的方向，由该指定的方向聚集并指向刀柄方向，如图 6-38 所示。

（4）【相对于矢量】：由带有指定的前倾角和侧倾角的矢量来控制刀轴的方向。前倾角为刀具向前或者向后倾斜的角度；侧倾角为刀具向左或者向右倾斜的角度，如图 6-39 所示。

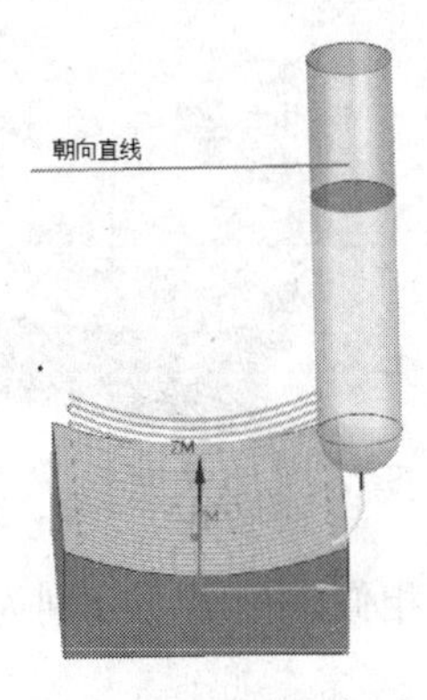

图 6-38 朝向直线

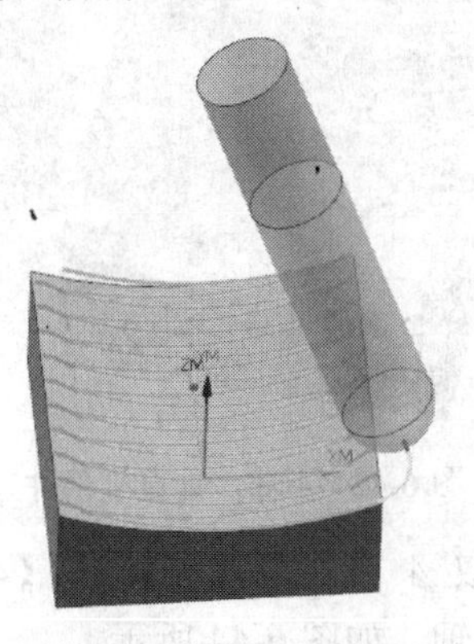

图 6-39 相对于矢量

（5）【垂直于部件】：指定刀轴方向始终与部件表面垂直，如图 6-40 所示。

（6）【相对于部件】：由带有指定的前倾角和侧倾角相对于部件的方法来控制刀轴的方向。前倾角为刀具向前或者向后倾斜的角度；侧倾角为刀具向左或者向右倾斜的角度，如图 6-41 所示。

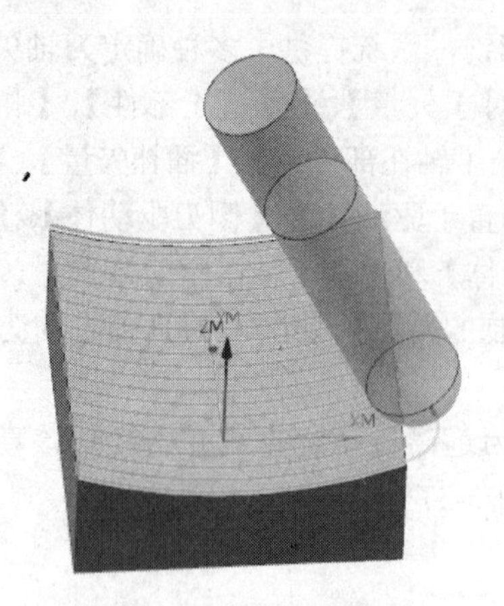

图 6-40　垂直于部件

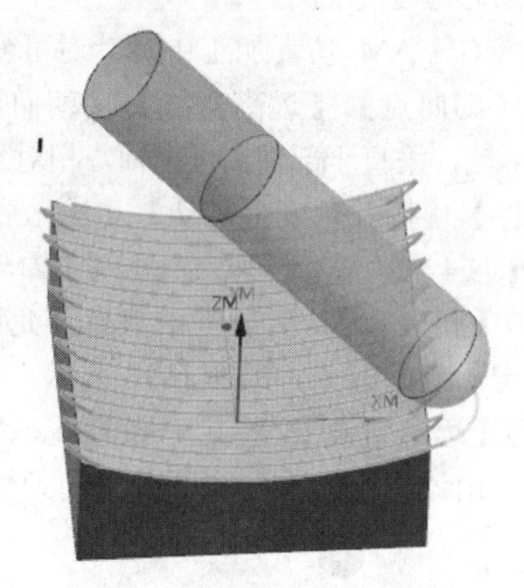

图 6-41　相对于部件

（7）【4 轴，垂直于部件】：4 轴加工中，由指定的旋转角和旋转轴来控制刀具轴方向，刀具轴始终垂直于旋转轴。旋转角为相对于部件的法向方倾斜一定的角度，正值时为向右倾斜，负值时为向左倾斜，如图 6-42 所示。

（8）【4 轴，相对于部件】：4 轴加工中，由指定的旋转角、旋转轴、前倾角和侧倾角来控制刀具轴方向，刀具轴始终垂直于旋转轴。前倾角为刀具轴沿刀轨向前或者向后倾斜的一个角度，前倾角为正值时向前倾斜，为负值时向后倾斜；旋转角为相对于部件的法向方向倾斜一定的角度，并在前倾角的基础上叠加，旋转角为正值时向右倾斜，为负值时向左倾斜；侧倾角为刀具轴从一侧运动到另一侧的角度，侧倾角为正值时向右倾斜，为负值时向左倾斜，如图 6-43 所示。

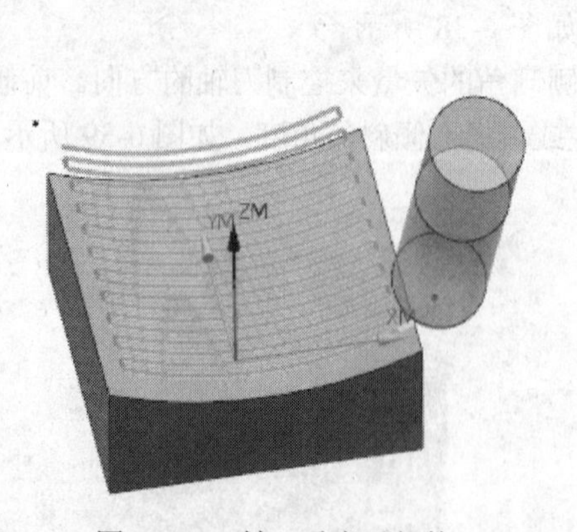

图 6-42　4 轴，垂直于部件

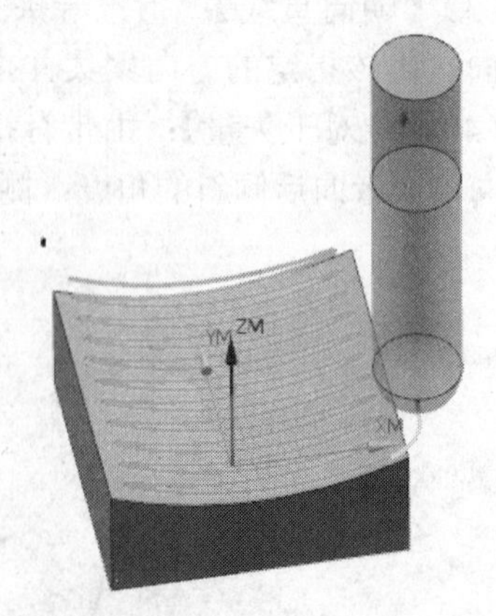

图 6-43　4 轴，相对于部件

（9）【双 4 轴在部件上】：与【4 轴，相对于部件】相似，但需要分别为单向和回转切削指定旋转轴，如图 6-44 所示。

（10）【插补矢量】：在加工刀具运动受到空间限制的工件时，必须要有效的控制刀具轴在特定点的方向以避免发生干涉的情况时使用插补矢量刀具轴，需要指定一个插补的矢量方向，如图 6-45 所示。

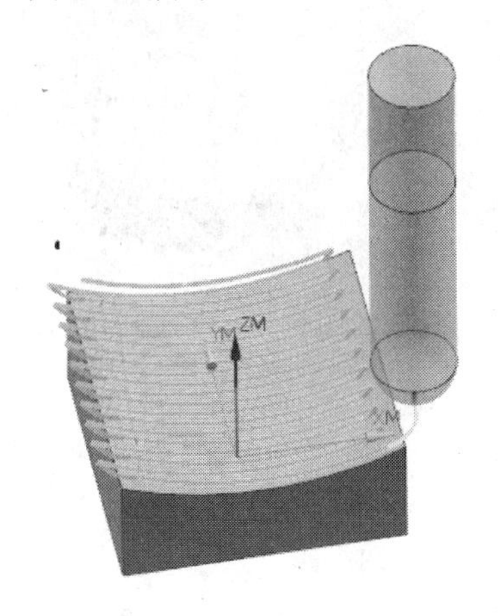

图 6-44　双 4 轴在部件上

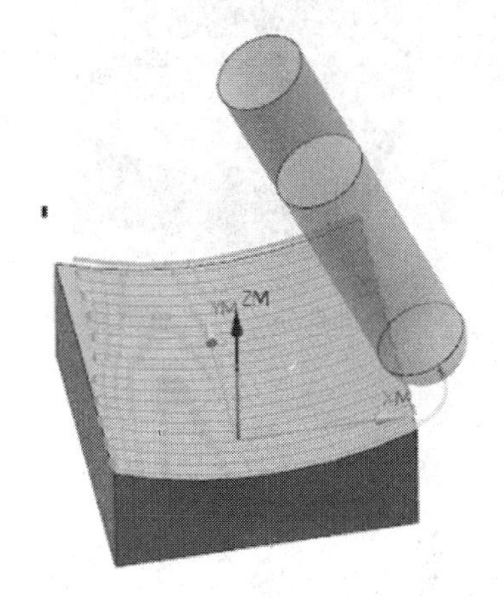

图 6-45　插补矢量

（11）【插补角度至部件】：通过点构造器在驱动几何体上指定一个点，再在刀具与部件表面的接触点处指定相对于驱动曲面法向的前倾角与侧倾角，如图 6-46 所示。

（12）【插补角度至驱动】：通过点构造器在驱动几何体上指定一个点，再在刀具与驱动曲面的接触点处指定相对于驱动曲面法向的前倾角与侧倾角，如图 6-47 所示。

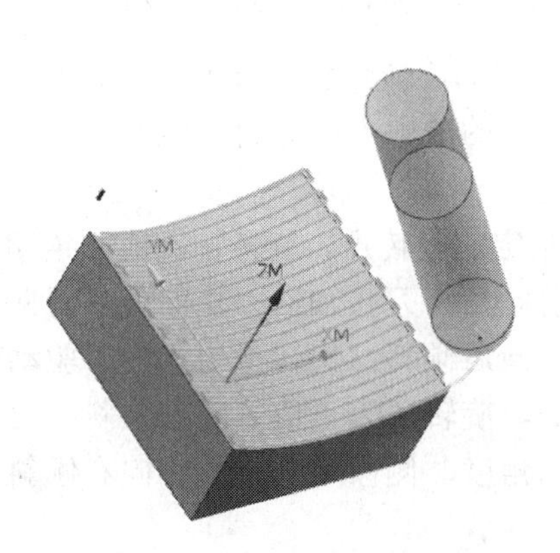

图 6-46　插补角度至部件

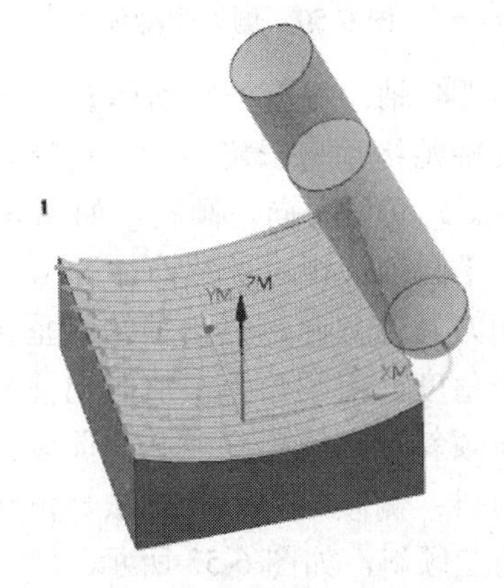

图 6-47　插补角度至驱动

（13）【优化后驱动】：优化后指定刀具轴方向，通过限制最小刀和安全距离、最大前倾角、名义前倾角与侧倾角来控制刀具轴方向，如图 6-48 所示。

（14）【垂直于驱动体】：投影矢量始终垂直于驱动几何体的法线，如图 6-49 所示。

（15）【侧刃驱动体】：通过指定刀具侧刃的矢量方向和侧倾角来确定刀具轴方向，如图 6-50 所示。

（16）【相对于驱动体】：由带有指定的前倾角和侧倾角相对于驱动体的方法来控制刀轴的方向。前倾角为刀具向前或者向后倾斜的角度；侧倾角为刀具向左或者向右倾斜的角度。当刀轨应用光顺时，前倾角必须大于 2°，侧倾角必须大于 10°，如图 6-51 所示。

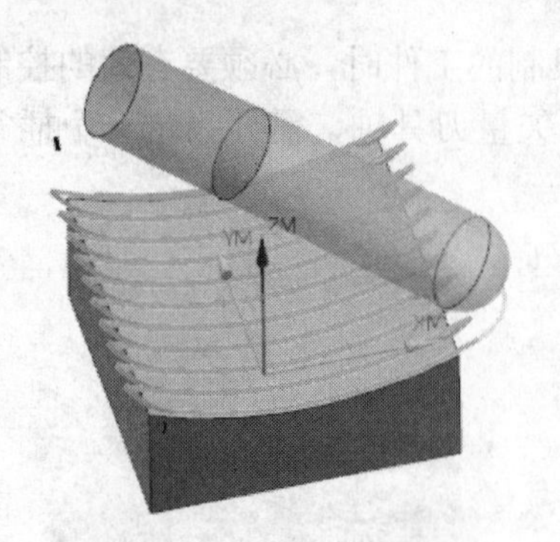

图 6-48　优化后驱动

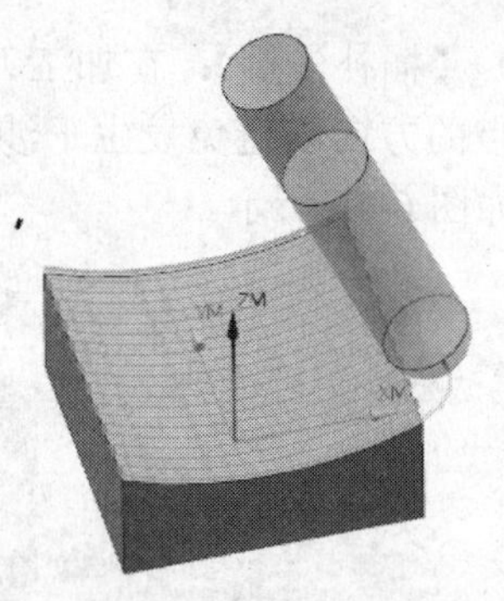

图 6-49　垂直于驱动体

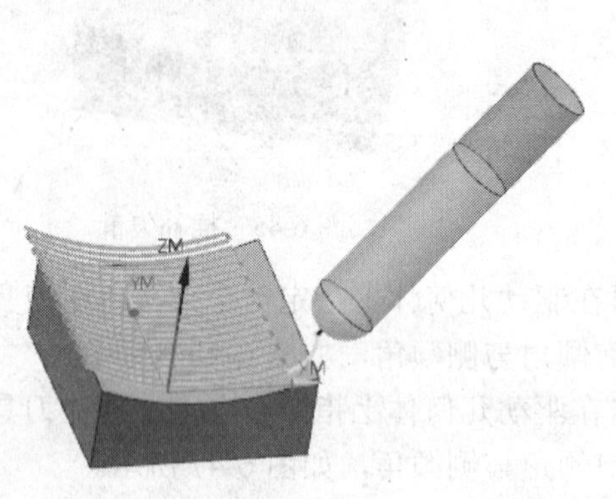

图 6-50　侧刃驱动体

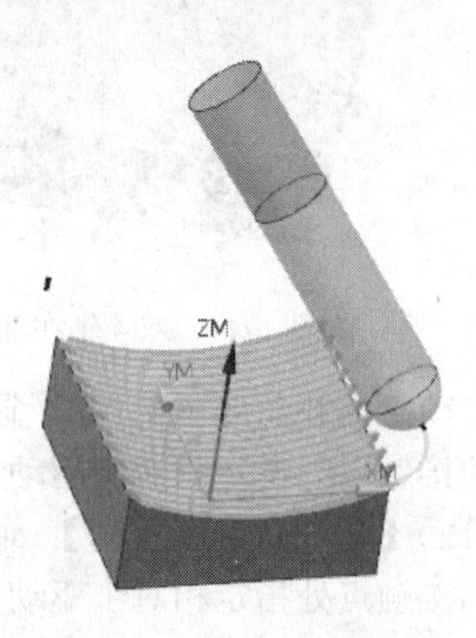

图 6-51　相对于驱动体

（17）【4 轴，垂直于驱动体】：4 轴加工中，由指定的旋转角和旋转轴来控制刀具轴方向，刀具轴始终垂直于旋转轴。旋转角为相对于驱动体的法向方向倾斜一定的角度，正值时向右倾斜，负值时向左倾斜，如图 6-52 所示。

（18）【4 轴，相对于驱动体】：4 轴加工中，由指定的旋转角、旋转轴、前倾角和侧倾角来控制刀具轴方向，刀具轴始终垂直于旋转轴。前倾角为刀具轴沿刀轨向前或者向后倾斜的一个角度，前倾角为正值时向前倾斜，为负值时向后倾斜；旋转角为相对于驱动体的法向方向倾斜一定的角度，并在前倾角的基础上叠加，旋转角为正值时向右倾斜，为负值时向左倾斜；侧倾角为刀具轴从一侧运动到另一侧的角度，侧倾角为正值时向右倾斜，为负值时向左倾斜，如图 6-53 所示。

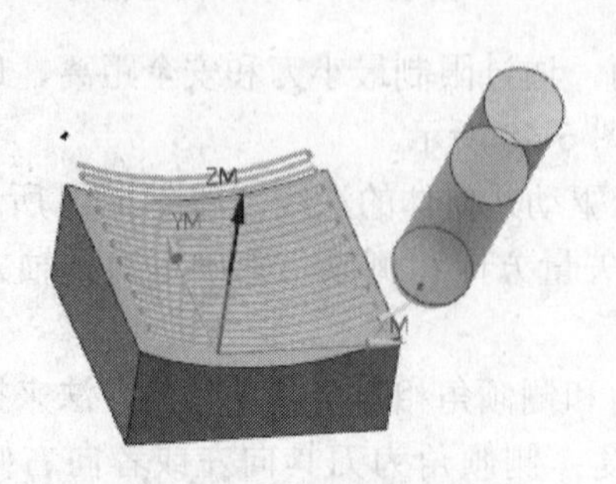

图 6-52　4 轴，垂直于驱动体

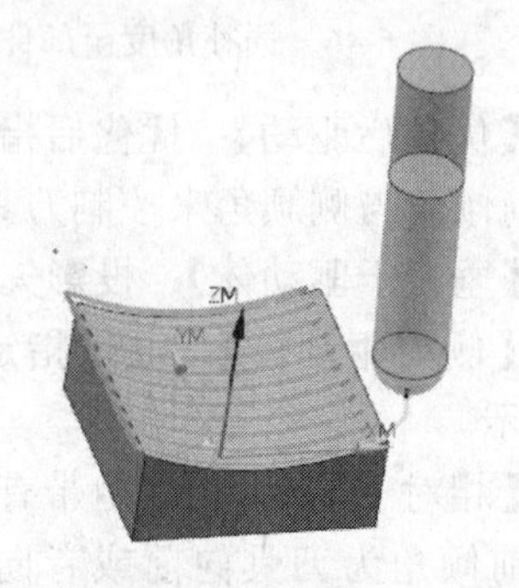

图 6-53　4 轴，相对于驱动体

（19）【双 4 轴在驱动体上】：与【4 轴，相对于驱动体】相似，但需要分别为单向和回转切削指定旋转轴，如图 6-54 所示。

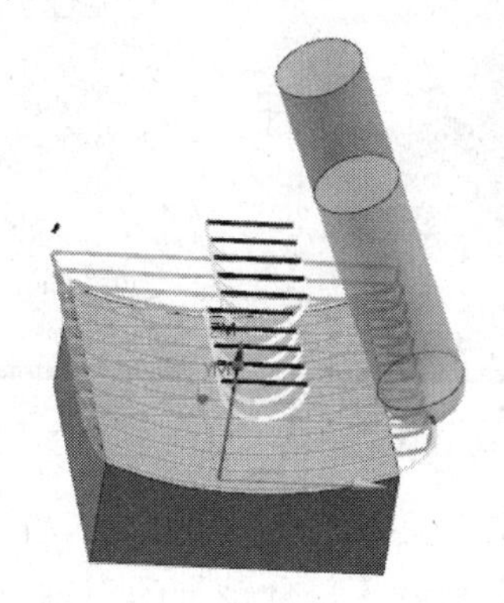

图 6-54　双 4 轴在驱动体上

6.4.5　切削参数的设置

指定可变轴曲面轮廓铣的切削参数，由【策略】、【多刀路】、【余量】、【安全设置】、【空间范围】、【刀轴控制】和【更多】7 项参数共同控制，如图 6-55 所示。其中【余量】和【空间范围】2 项参数与型腔铣中的一致，在此不再赘述。

（1）【策略】选项卡：由【延伸刀轨】参数控制着刀轨延伸的方式。【延伸刀轨】的方式为【在边缘滚动刀具】。【在边缘滚动刀具】用于控制刀具在工件边缘处滚动，即刀轨超出工件外缘，有时在边缘滚动刀具会擦伤工件表面，如图 6-56 所示。若是不选择【在边缘滚动刀具】，则刀轨不会超出工件外缘，如图 6-57 所示。

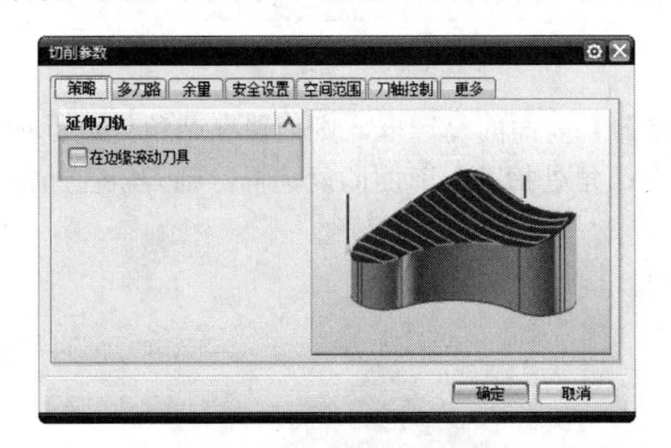

图 6-55　切削参数

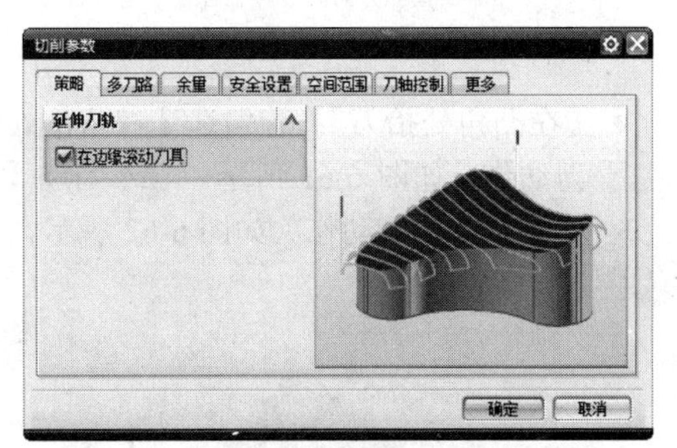

图 6-56　在边缘滚动刀具

（2）【多刀路】选项卡：用于设置多层切削时的参数，由【多重深度】参数控制，与固定轴曲面轮廓铣一致，在此不再赘述。

（3）【安全设置】选项卡：用于定义安全设置的参数，有【检查几何体】和【部件几何体】2 个参数，与固定轴曲面轮廓铣一致，在此不再赘述。

（4）【刀轴控制】选项卡：用于进一步控制刀具轴方向，有【最大角度更改】选项，【最大角度更改】选项下的参数有【最大刀轴更改】、【方法】、【在凸角处抬刀】和【最小刀轴更改】4 个，如图 6-58 所示。

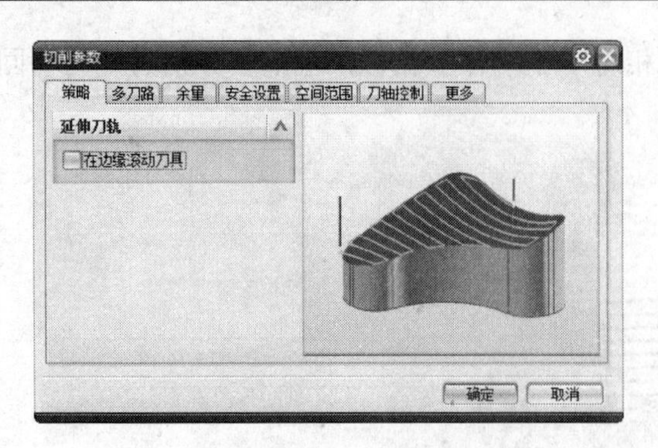

图 6-57　不在边缘滚动刀具

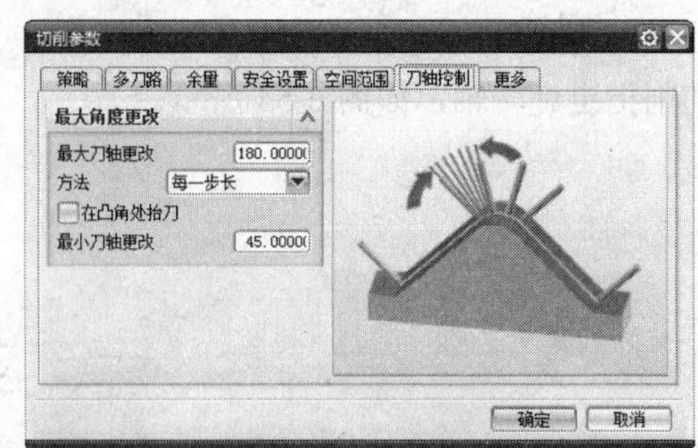

图 6-58　刀轴控制

- 【最大刀轴更改】：控制在短距离中曲面法向突然改变导致部件表面上刀轴的剧烈变化，可以用【每一步长】或者【每分钟】的刀轴变化的控制量来控制刀具轴角度突变的最大角度值。
- 【每一步长】：通过控制每一步长值的大小来限制刀具轴角度的更改，如图 6-59 所示。
- 【每分钟】：通过控制每分钟允许刀具轴转过的角度值来限制刀具轴角度的更改，如图 6-60 所示。

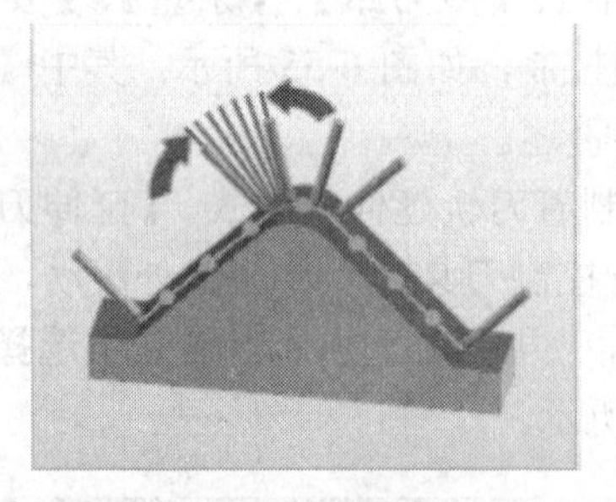

图 6-59　每一步长

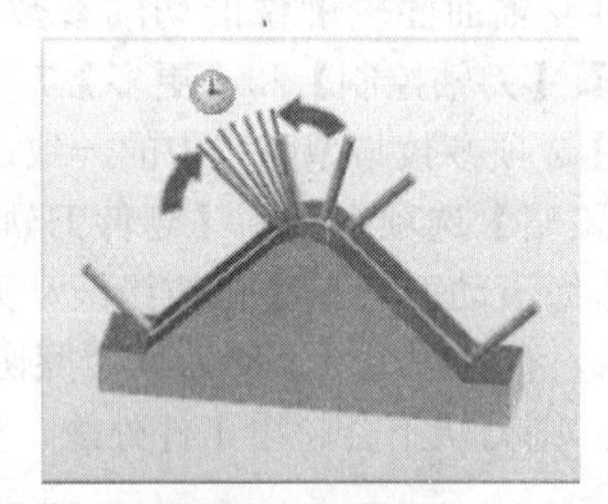

图 6-60　每分钟

- 【在凸角处抬刀】：若勾选【在凸角处抬刀】前面的复选框，则刀轨在凸角处进行抬刀动作，如图 6-61 所示。若不勾选【在凸角处抬刀】前面的复选框，则刀轨在凸角处不进行抬刀动作，如图 6-62 所示。

图 6-61　在凸角处抬刀

图 6-62　在凸角处不抬刀

- 【最小刀轴更改】：控制刀具轴角度变化的最小角度，如图 6-63 所示。

（5）【更多】选项卡：用于定义更多相关的切削的参数，有【切削步长】1 个参数。【切削步长】用于定义最大的切削步长值，即在切削方向上刀点之间的线性距离。步长越小，则刀轨与部件几何体的轮廓越精确，可以通过直接设定一个常数值或者利用刀具平面直径的百分比值来确定，如图 6-64 所示。

图 6-63　最小刀轴更改

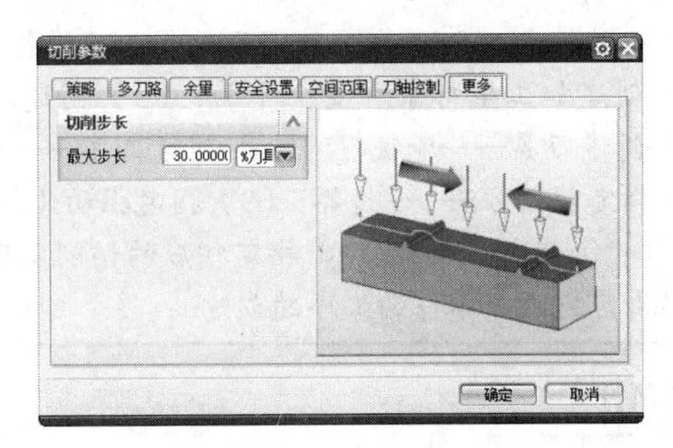

图 6-64　切削步长

6.4.6　非切削移动

指定可变轴曲面轮廓铣的非切削移动参数，由【进刀】、【退刀】、【转移/快速】、【避让】和【更多】5 项参数共同控制，与固定轴曲面轮廓铣中的设置基本一致，在此不再赘述，如图 6-65 所示。

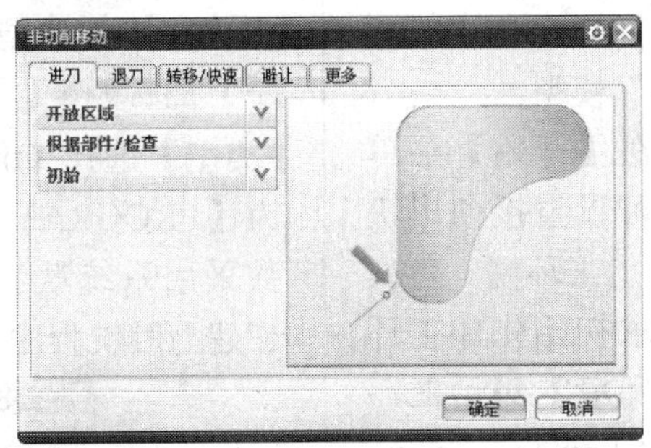

图 6-65　非切削移动

6.5　实例・操作——风扇后盖凸模加工

分析零件，该工件的中间有一个型腔，外形轮廓是一个曲面。因此，采用可变轴曲面轮廓铣操作，可分为一个型腔铣和一个曲面驱动可变轴曲面轮廓铣来加工该零件。工件的图形如图 6-66 所示。

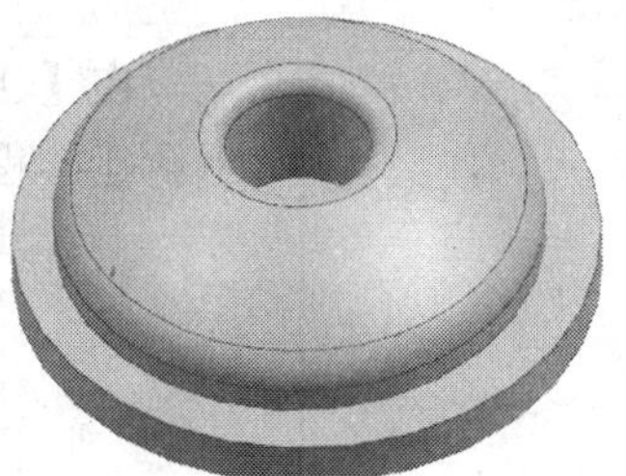

图 6-66　风扇后盖凸模

视频教学

思路·点拨

型腔铣和一个曲面驱动可变轴曲面轮廓铣操作：（1）创建型腔铣刀具——平铣刀；（2）创建加工坐标系和安全平面；（3）创建加工几何体；（4）创建工序——型腔铣；（5）创建刀具——球铣刀；（6）创建工序——可变轴曲面轮廓铣；（7）指定切削区域；（8）指定驱动方法——边界；（9）指定驱动几何体，指定边界几何体；（10）指定投影矢量；（11）指定刀轴；（12）指定相应的切削参数；（13）设置进给率和速度；（14）生成刀轨即可完成该零件的工序的创建。

【光盘文件】

起始文件——参见附带光盘中的“MODEL\CH6\6-5.prt”文件。

结果文件——参见附带光盘中的“END\CH6\6-5.prt”文件。

动画演示——参见附带光盘中的“AVI\CH6\6-5.avi”文件。

【操作步骤】

（1）启动 UG NX8，打开光盘中的源文件“MODEL\CH6\6-5.prt”模型。

（2）进入加工环境。在【开始】菜单中选择【加工】命令，也可以直接使用快捷键方式 Ctrl+Alt+M 进入加工环境。首次进入加工环境，系统会要求初始化加工环境。系统自动弹出【加工环境】对话框，在【CAM 会话配置】中选择【cam_general】，在【要创建的 CAM 设置】中选择【mill_contour】，单击【确定】按钮，如图 6-67 所示。

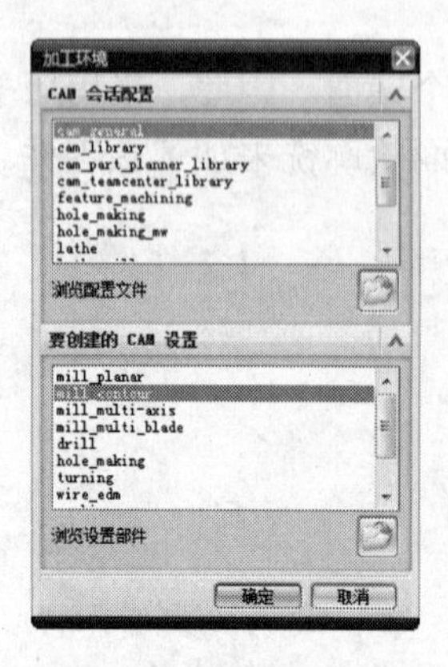

图 6-67 进入加工环境

（3）创建型腔铣程序。单击【创建程序】图标 创建程序，弹出【创建程序】对话框。【类型】选择【mill_contour】，【名称】设置为【PROGRAM_CAVITY_MILL】，其余参数采用系统默认值，单击【确定】按钮，创建型腔铣程序，如图 6-68 所示。

图 6-68 【创建程序】对话框

在【工序导航器】-【程序顺序】中显示新建的程序，如图 6-69 所示。

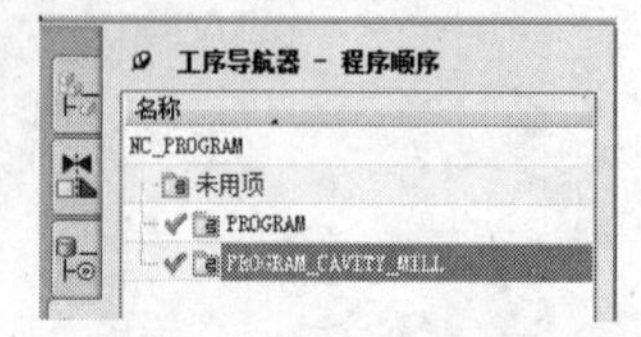

图 6-69 程序顺序视图

（4）创建型腔铣刀具。

单击【创建刀具】图标，弹出【创建刀具】对话框，【类型】选择【mill_contour】，【刀具子类型】选择【MILL】图标，【位置】选用默认选项，【名称】设置为【MILL_CAVITY】，如图 6-70 所示。

图 6-70　创建铣刀

单击【确定】按钮后，弹出【铣刀-5 参数】对话框，设置刀具参数，如图 6-71 所示。

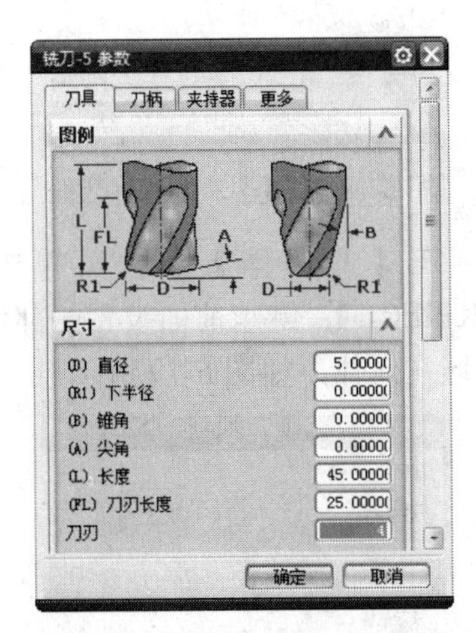

图 6-71　刀具参数

在【工序导航器-机床】中显示新建的【MILL_CAVITY】刀具，如图 6-72 所示。

（5）设置型腔铣削加工坐标系 MCS_MILL。双击【工序导航器-几何】中的【MCS_MILL】图标，系统将自动弹出【Mill Orient】对话框，单击【指定 MCS】中的【CSYS】图标，系统将自动弹出【CSYS】对话框，选择图中所示位置为机床坐标系的中心，机床的坐标轴方向与基本坐标系的坐标轴方向一致，单击【确定】按钮完成坐标系的设置，如图 6-73 所示。

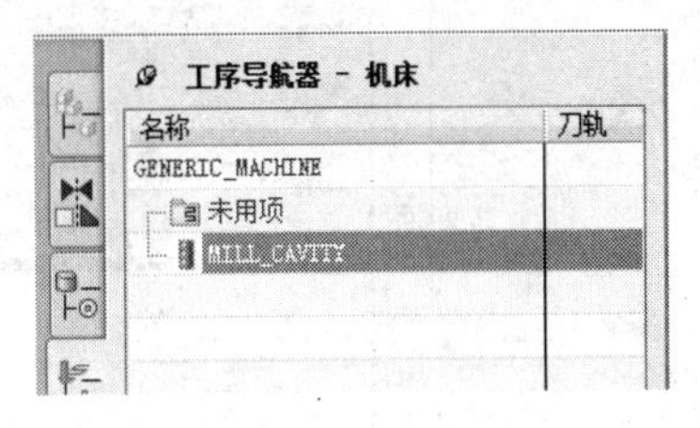

图 6-72　机床视图

图 6-73　设置机床坐标系

（6）设置安全平面。单击【Mill Orient】对话框中的【安全设置选项】下拉菜单中的【平面】，单击【指定平面】中的【平面】图标，系统将自动弹出【平面】对话框，选中如图所示平面，输入安全距离为 30，单击【确定】按钮完成安全平面的设置，如图 6-74 所示。

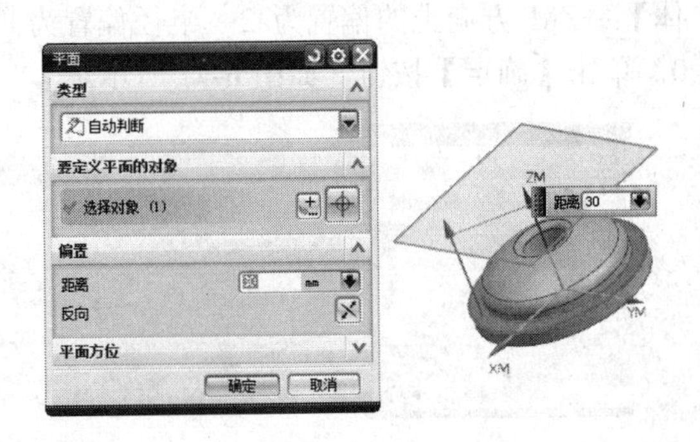

图 6-74　设置安全平面

（7）创建铣削几何体。双击【工序导航器-几何】中【MCS_MILL】的子菜单【WORKPIECE】，弹出【铣削几何体】对话框，如图6-75所示。

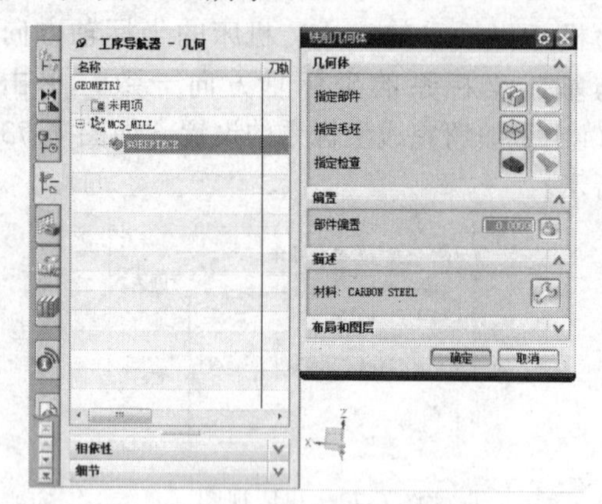

图6-75 创建铣削几何体

① 指定部件。单击【指定部件】图标，弹出【部件几何体】对话框，选中整个部件体，单击【确定】按钮，如图6-76所示。

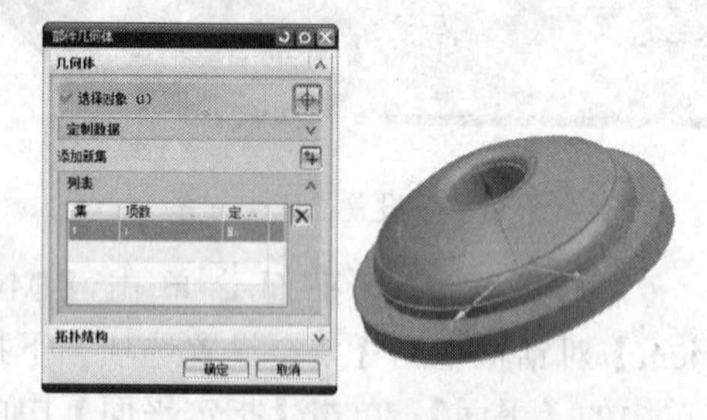

图6-76 指定部件

② 指定毛坯。单击【指定毛坯】图标，弹出【毛坯几何体】对话框，单击【类型】的下拉菜单，选中【包容圆柱体】，+ZM方向上的偏置为2，半径偏置为0，单击【确定】按钮，如图6-77所示。

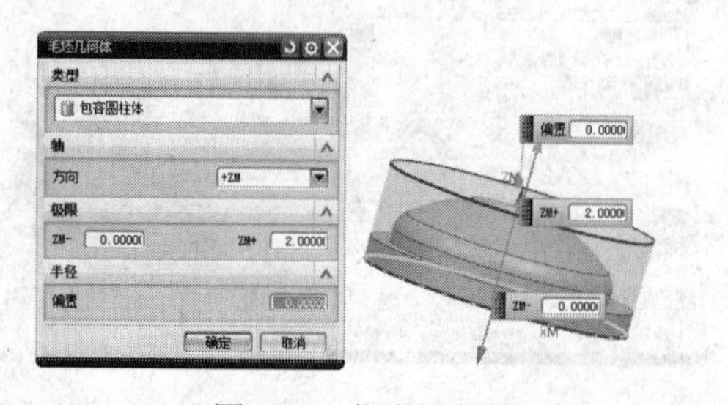

图6-77 指定毛坯

（8）创建工序。单击【创建工序】图标，弹出【创建工序】对话框，在【类型】下拉菜单中选择【mill_contour】，【工序子类型】选择【CAVITY_MILL】图标，【程序】选择【PROGRAM_CAVITY】，【刀具】选择【MILL_CAVITY（铣刀-5参数）】，【几何体】选择【WORKPIECE】，【方法】选择【MILL_ROUGH】，【名称】设置为【CAVITY_MILL】，单击【确定】按钮，如图6-78所示。单击【确定】按钮后，弹出【型腔铣】对话框，设置型腔铣的参数。

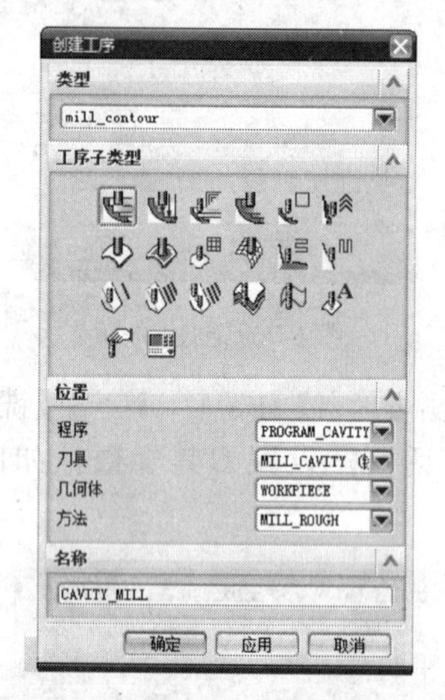

图6-78 【创建工序】对话框

① 在【几何体】下拉菜单中选择【WORKPIECE】，继承前面设置的部件几何体和毛坯几何体，如图6-79所示。

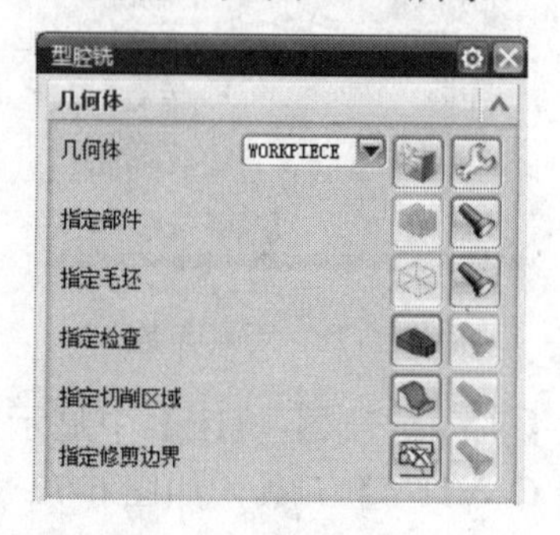

图6-79 继承几何体

② 指定切削区域。单击【指定切削区域】图标，系统将自动弹出【切削区域】对话框，选中部件体上要加工的 7 个面，如图 6-80 所示。单击【确定】按钮，完成切削区域的设置。

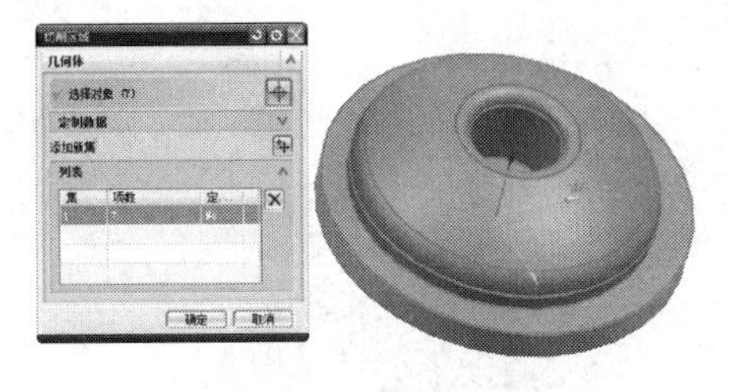

图 6-80 指定切削区域

③ 刀轨设置。在【切削模式】的下拉菜单中选择 跟随周边，在【步距】的下拉菜单中选择【刀具平直百分比】，【平面直径百分比】设置为 70，在【每刀的公共深度】的下拉菜单中选择【恒定】，【最大距离】设置为 2mm，其余参数采用系统默认值，如图 6-81 所示。

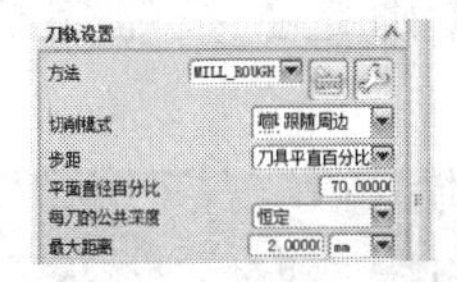

图 6-81 设置切削模式

④ 切削参数。单击【切削参数】图标，弹出【切削参数】对话框，在【余量】选项卡下，勾选【使底面余量与侧面余量一致】前面的复选框，【部件侧面余量】设置为 0，其余参数采用系统默认值，单击【确定】按钮，如图 6-82 所示。

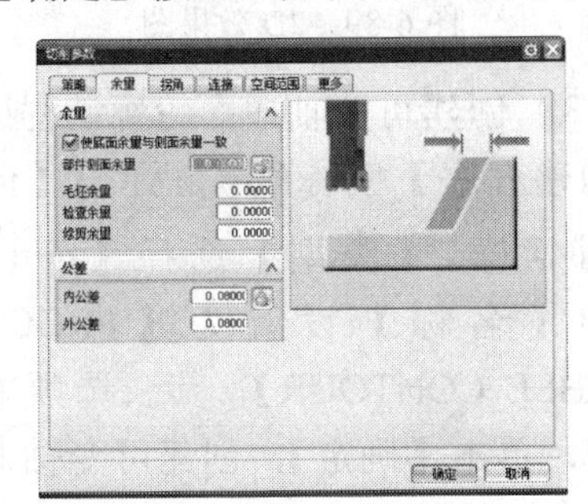

图 6-82 切削参数的设置

⑤ 非切削移动。单击【非切削移动】图标，弹出【非切削移动】对话框。在【进刀】选项卡下，在【封闭区域】中【进刀类型】的下拉菜单中选择【螺旋】；在【开放区域】中【进刀类型】的下拉菜单中选择【线性】，其余参数采用系统默认值，如图 6-83 所示。

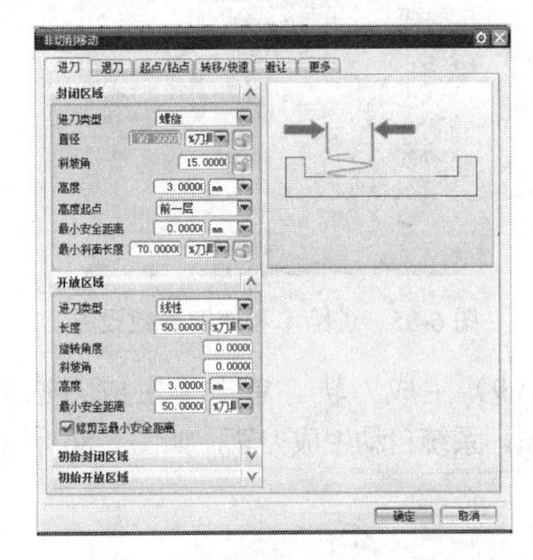

图 6-83 进刀参数的设置

在【退刀】选项卡下，在【退刀类型】的下拉菜单中选择【与进刀相同】，其余参数采用系统默认值，如图 6-84 所示。单击【确定】按钮完成非切削移动参数的设置。

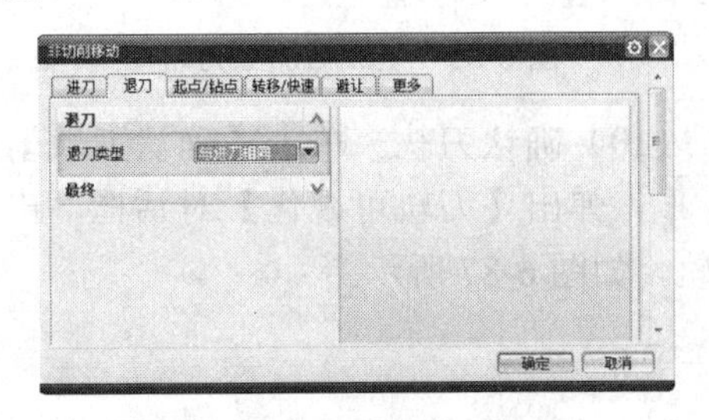

图 6-84 退刀参数的设置

⑥ 进给率和速度。单击【进给率和速度】图标，弹出【进给率和速度】对话框，勾选【主轴速度】前面的复选框，【主轴速度】设置为 1500，单击【主轴速度】后面的计算器图标，系统自动计算出【表面速度】为 23 和【每齿进给量】为 0.0416，其余参数采用系统默认值，如图 6-85 所示。

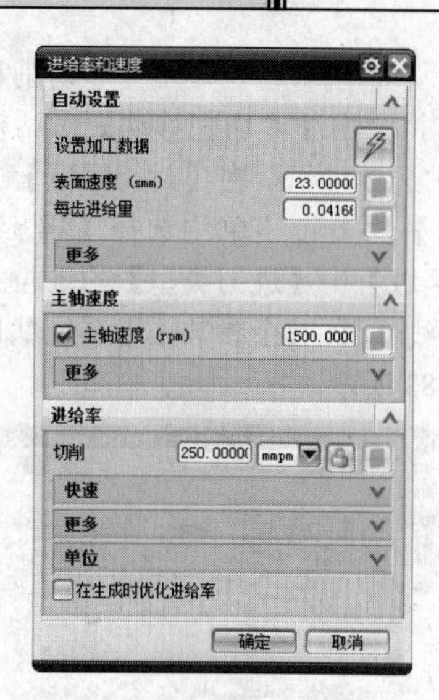

图 6-85　进给率和速度参数设置

（9）生成刀轨。单击【生成刀轨】图标，系统自动生成刀轨，如图 6-86 所示。

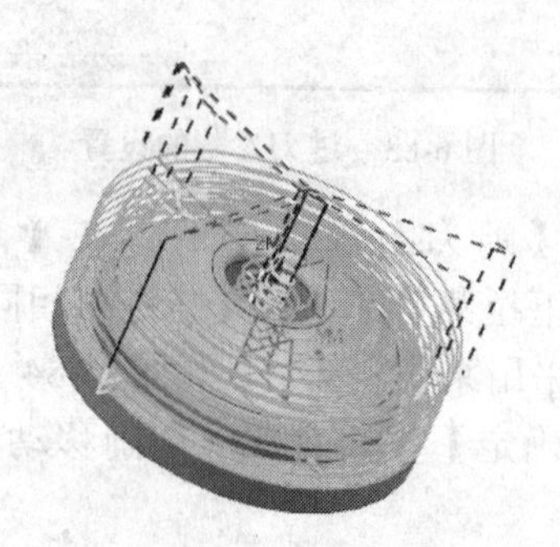

图 6-86　生成粗加工刀轨

（10）确认刀轨。单击【确认刀轨】图标，弹出【刀轨可视化】对话框，出现刀轨，如图 6-87 所示。

图 6-87　确认粗加工刀轨

（11）3D 效果图。单击【刀轨可视化】中的【3D 动态】，单击【播放】图标，可显示动画演示刀轨，如图 6-88 所示。

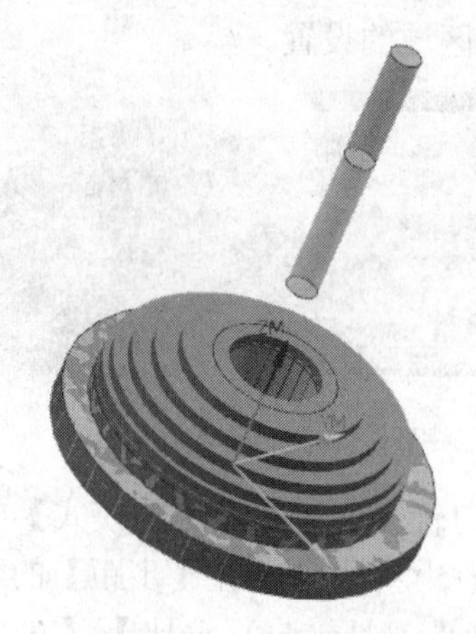

图 6-88　3D 动态演示

（12）2D 效果图。单击【刀轨可视化】中的【2D 动态】，单击【播放】图标，可显示动画演示刀轨，如图 6-89 所示。单击【确定】按钮完成加工操作设置。

图 6-89　2D 效果图

（13）创建可变轴曲面轮廓铣程序。单击【创建程序】图标，弹出【创建程序】对话框。【类型】选择【mill_multi-axis】，【名称】设置为【PROGRAM_VARIABLE_CONTOUR】，其余选项采取默认参数，单击【确定】，创建可变轴曲面轮廓铣程序，如图 6-90 所示。

图 6-90 【创建程序】对话框

在【工序导航器-程序顺序】中显示新建的程序，如图 6-91 所示。

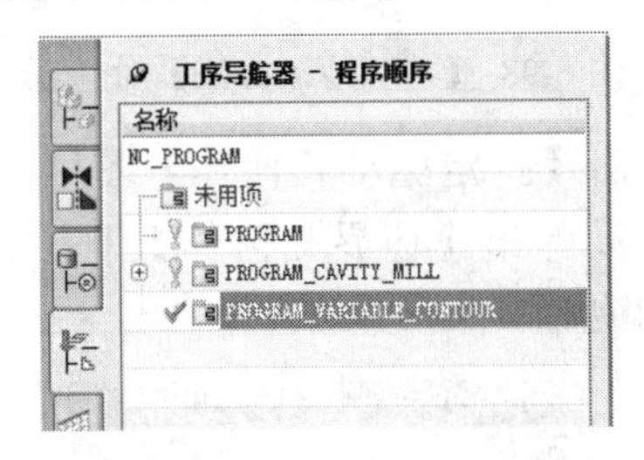

图 6-91 程序顺序视图

（14）创建可变轴曲面轮廓铣刀具。单击【创建刀具】图标，弹出【创建刀具】对话框，【类型】选择【mill_multi-axis】，【刀具子类型】选择【BALL_MILL】图标，【位置】选用默认选项，【名称】设置为【BALL_MILL】，单击【确定】按钮，如图 6-92 所示。

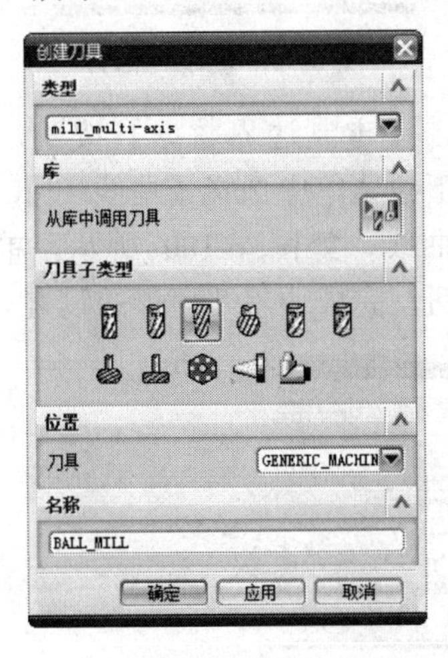

图 6-92 【创建刀具】对话框

单击【确定】按钮后，弹出【铣刀-球头铣】对话框，设置球铣刀的参数如图 6-93 所示。

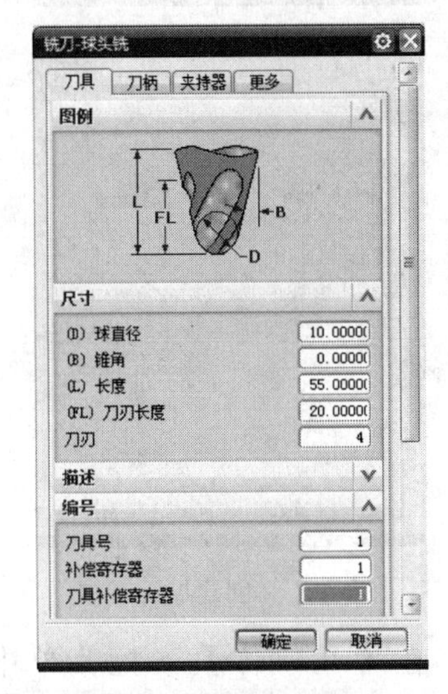

图 6-93 球铣刀参数

在【工序导航器-机床】中显示新建的【BALL_MILL】刀具，如图 6-94 所示。

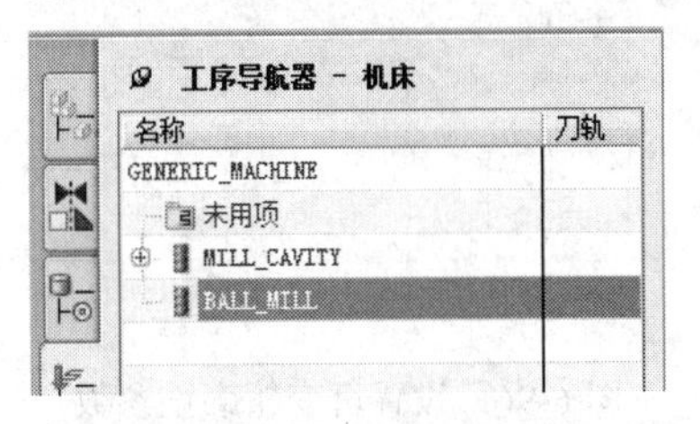

图 6-94 机床视图

（15）创建固定轴曲面轮廓铣工序。单击【创建工序】图标，弹出【创建工序】对话框，在【类型】下拉菜单中选择【mill_multi-axis】，【工序子类型】选择【VARIABLE_ CONTOUR】图标，【程序】选择【PROGRAM_VARIABLE_CONTOUR】，【刀具】选择【BALL_ MILL（铣刀-球头铣）】，【几何体】选择【WORKPIECE】，【方法】采用系统默认值，【名称】设置为【VARIABLE_CONTOUR_FINISHI】，单击【确定】按钮，如图 6-95 所示。单击【确定】按钮后，弹出【可变轮廓铣】对话框，设置可变轮廓铣的参数。

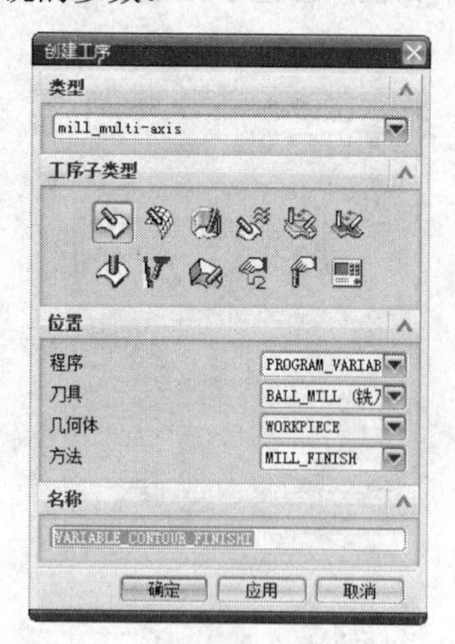

图 6-95　创建加工工序

① 在【几何体】下拉菜单中选择【WORKPIECE】，继承前面设置的部件几何体和毛坯几何体，如图 6-96 所示。

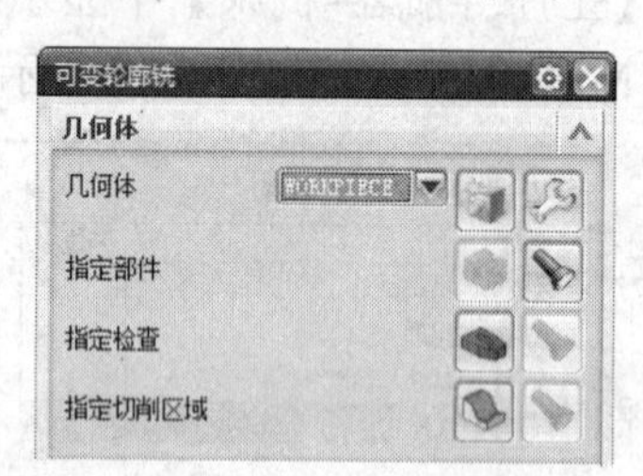

图 6-96　设置可变轮廓铣参数

② 指定切削区域。单击【指定切削区域】图标，系统将自动弹出【切削区域】对话框，选中部件中所要切削的曲面，如图 6-97 所示。单击【确定】按钮，完成切削区域的指定。

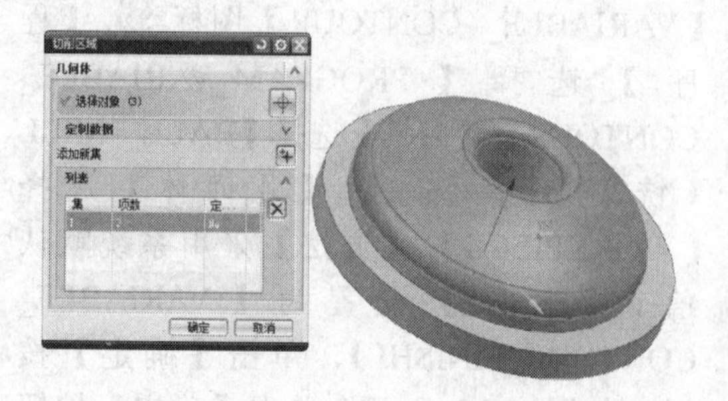

图 6-97　切削区域

③ 驱动方法。在【驱动方法】的【方法】的下拉菜单中选择【边界】，单击旁边的【编辑】图标，系统将自动弹出【边界驱动方法】对话框，如图 6-98 所示。

图 6-98　【边界驱动方法】对话框

单击【指定驱动几何体】图标，系统将自动弹出【边界几何体】对话框，如图 6-99 所示。

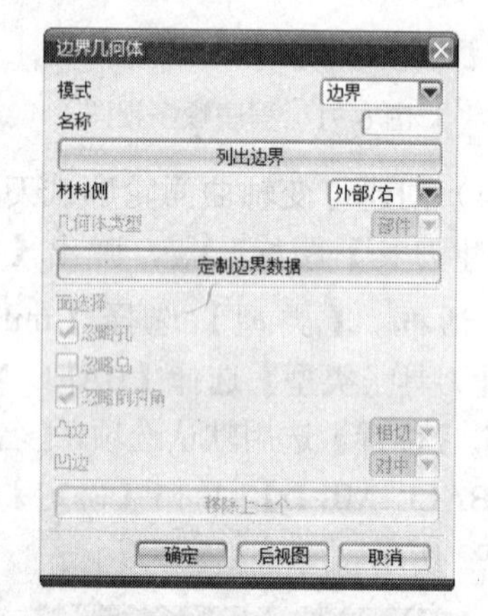

图 6-99　驱动几何体

单击【定制边界数据】按钮，在【模式】的下拉菜单中选择【曲线/边】，选中部件边界曲线，如图 6-100 所示。单击【确定】按钮，完成边界几何体的设置。

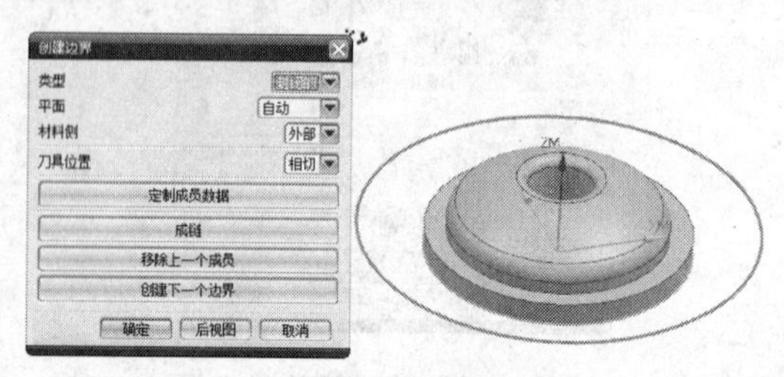

图 6-100　指定边界几何体

在【驱动设置】下，在【切削模式】的下拉菜单中选择【往复】，在【切削方向】的下拉菜单中选择【逆铣】，在【步距】的下拉菜单中选择【残余高度】，【最大残余高度】设置为 0.002mm，其余参数采用系统默认值，如图 6-101 所示。单击【确定】按钮，完成边界驱动方法的设置。

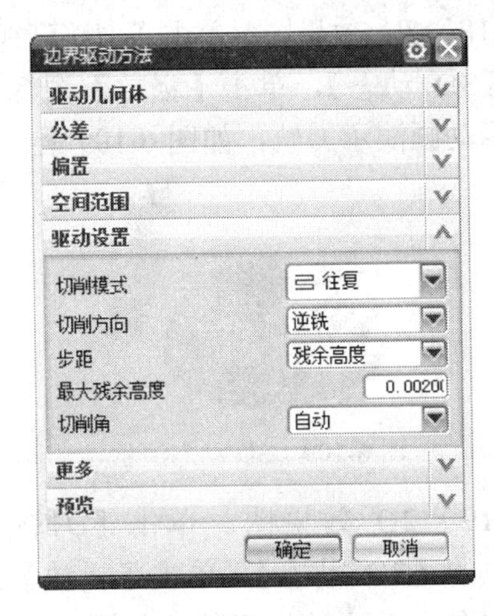

图 6-101　驱动设置

④ 投影矢量。在【矢量】的下拉菜单中选择【刀轴】，如图 6-102 所示。单击【确定】按钮，完成矢量的指定。

图 6-102　指定投影矢量

⑤ 刀轴。在【轴】的下拉菜单中选择【朝向点】，通过点构造器创建的点的坐标如图 6-103 所示。单击【确定】按钮，完成刀轴的设置。

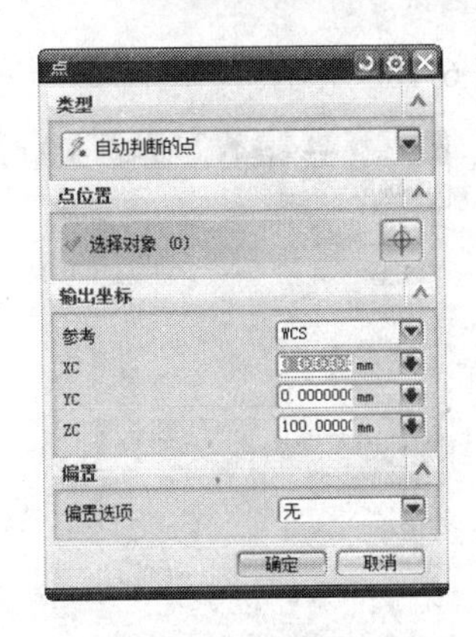

图 6-103　朝向点

⑥ 切削参数。单击【切削参数】图标，系统将自动弹出【切削参数】对话框，如图 6-104 所示。

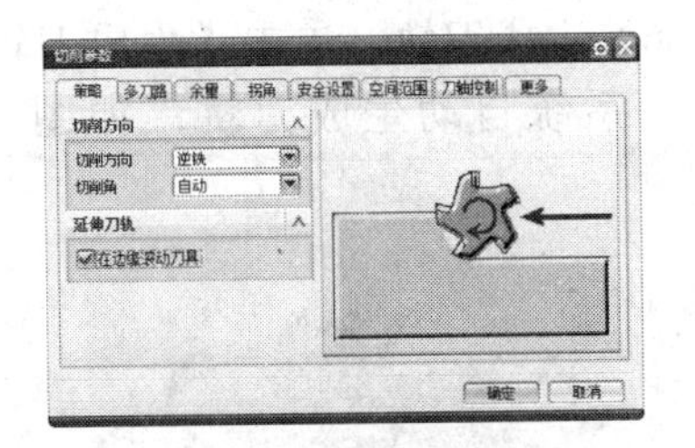

图 6-104 【切削参数】对话框

在【安全设置】选项卡下，在【过切时】的下拉菜单中选择【跳过】，如图 6-105 所示。其余参数采用系统默认值，单击【确定】按钮，完成可变轴曲面轮廓铣的切削参数的设置。

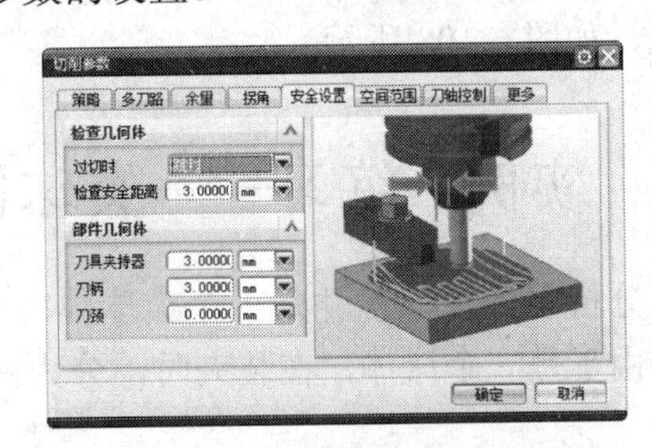

图 6-105　安全设置

⑦ 进给率和速度。单击【进给率和速度】图标，弹出【进给率和速度】对话框，【主轴速度】设置为 2000，【切削】进给率设置为 500，其余参数采用系统默认

值，如图 6-106 所示。

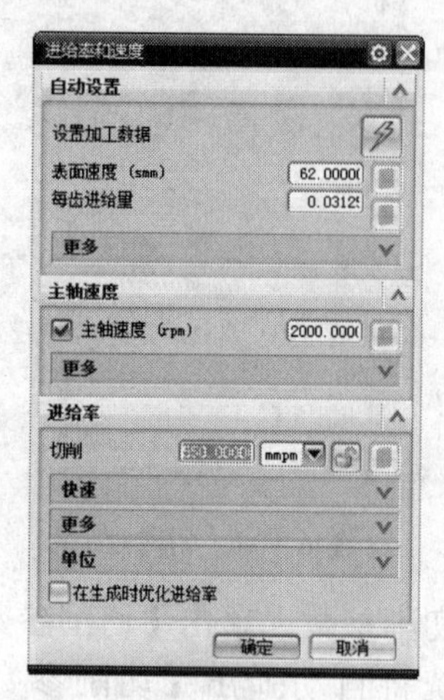

图 6-106　进给率和速度参数设置

（16）生成刀轨。单击【生成刀轨】图标，系统自动生成刀轨，如图 6-107 所示。

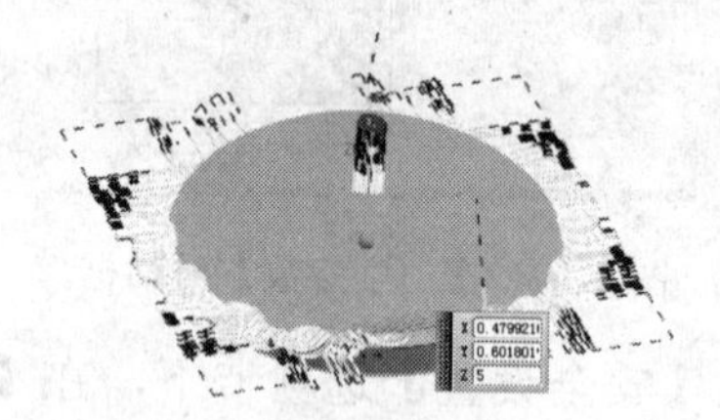

图 6-107　生成刀轨

（17）确认刀轨。单击【确认刀轨】图标，弹出【刀轨可视化】对话框，出现刀轨，如图 6-108 所示。

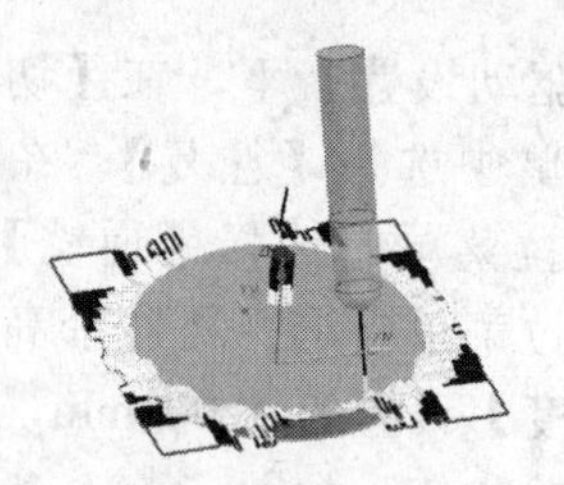

图 6-108　确认刀轨

（18）3D 效果图。单击【刀轨可视化】中的【3D 动态】，单击【播放】图标，可显示动画演示刀轨，如图 6-109 所示。

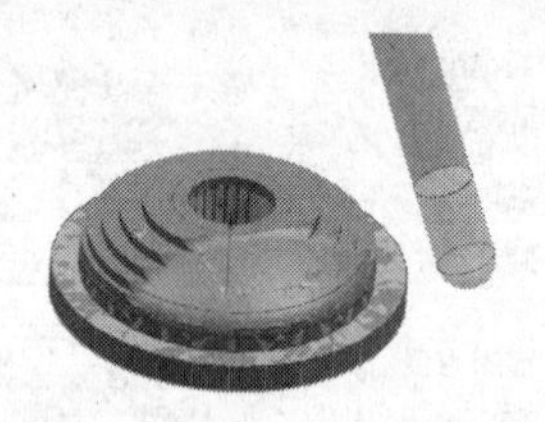

图 6-109　3D 动态演示

（19）2D 效果图。单击【刀轨可视化】中的【2D 动态】，单击【播放】图标，可显示动画演示刀轨，如图 6-110 所示。单击【确定】按钮完成可变轴曲面轮廓铣加工操作。

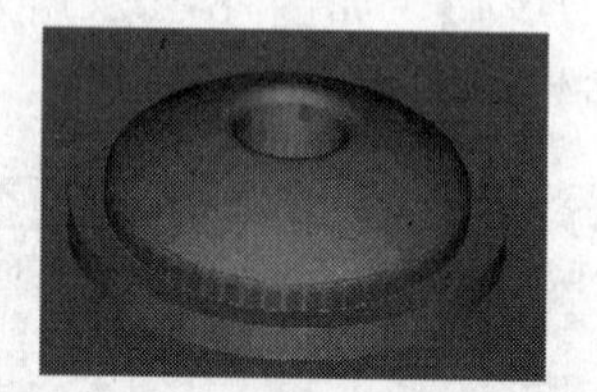

图 6-110　2D 效果图

6.6　实例 • 练习——类球体零件凸模加工

分析零件，该工件是一个类球体的模型，因此，可采用曲面驱动可变轴曲面轮廓铣操作，由于是一个球体，在装夹时，分为两次加工。工件的图形如图 6-111 所示。

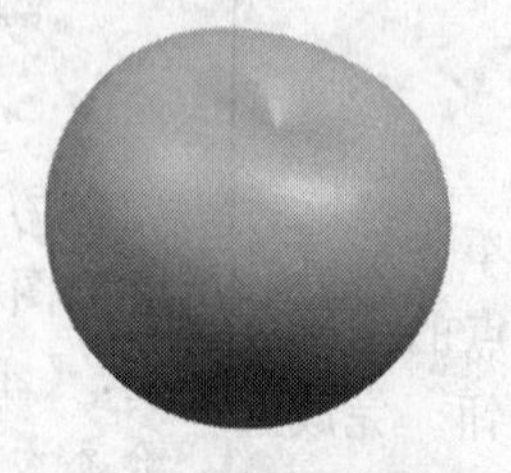

图 6-111　类球体零件凸模

视频教学

思路·点拨

分析该零件，因为是一个类球体模型，需要夹具进行装夹，因此加工整个球体表面，需要分为两次操作，先加工上半部表面，再加工下半部表面。在加工过程中，如果需要达到很高的表面精度，则残余高度值应尽可能小，但是过度地追求表面光滑度的话，则系统需要的计算时间会过长，将大大降低加工的效率。创建该零件的曲面驱动可变轴曲面轮廓铣操作分为 11 个步骤：（1）创建刀具——球铣刀；（2）创建加工坐标系和安全选项；（3）创建加工几何体；（4）创建工序——曲面驱动可变轴曲面轮廓铣；（5）指定切削区域；（6）指定驱动方法——曲面；（7）指定驱动几何体；（8）指定投影矢量；（9）指定刀轴；（10）设置进给率和速度；（11）生成刀轨即可完成该零件的加工。

【光盘文件】

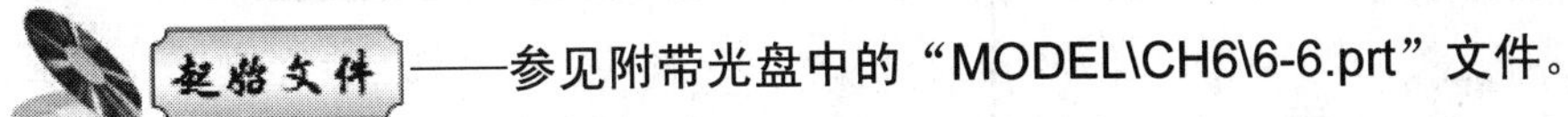

起始文件——参见附带光盘中的“MODEL\CH6\6-6.prt”文件。

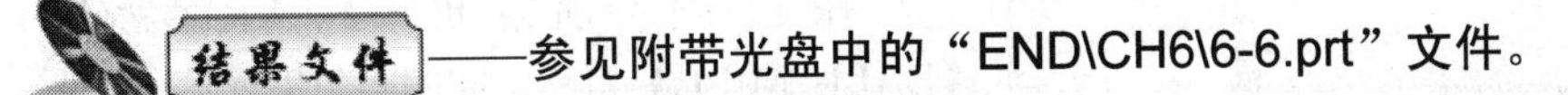

结果文件——参见附带光盘中的“END\CH6\6-6.prt”文件。

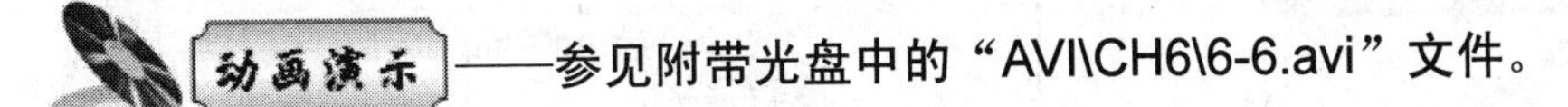

动画演示——参见附带光盘中的“AVI\CH6\6-6.avi”文件。

【操作步骤】

（1）打开光盘中的源文件“MODEL\CH6\6-6.prt”模型，单击【OK】按钮，如图 6-112 所示。

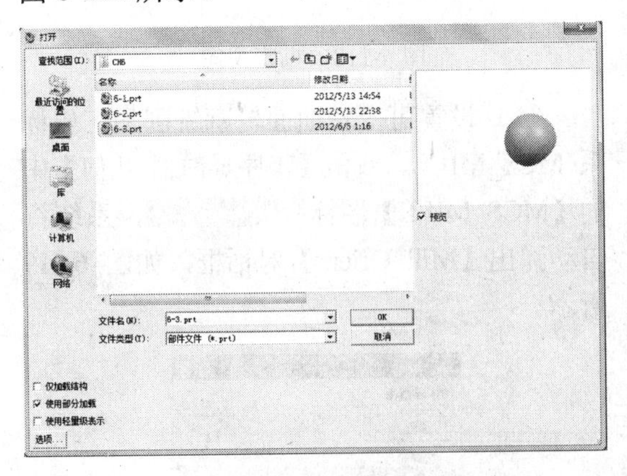

图 6-112　打开模型文件

（2）进入加工环境。单击【开始】—【加工】后出现【加工环境】对话框（快捷键方式 Ctrl+Alt+M），设置【加工环境】如下参数后单击【确定】按钮，如图 6-113 所示。

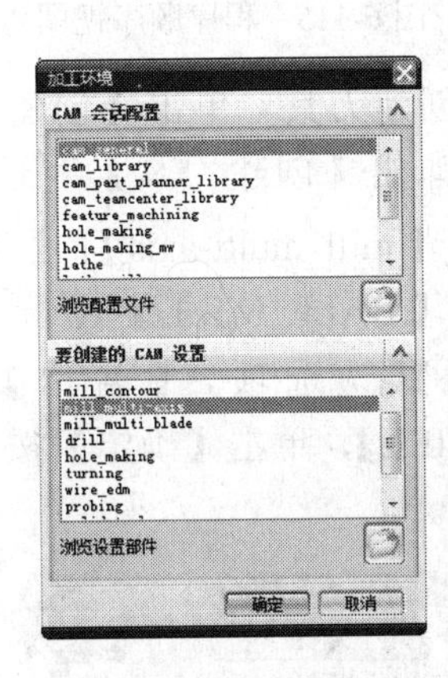

图 6-113　进入加工环境

（3）创建程序。单击【创建程序】图标 ，弹出【创建程序】对话框。【类型】选择【mill_multi-axis】，【名称】设置为【VC_SURF_AREA_ZZ_LEAD_LAG】，其余选项采取默认参数，单击【确定】按钮，创建曲面驱动可变轴曲面轮廓铣程序，如图 6-114 所示。

图 6-114　创建程序

在【工序导航器-程序顺序】中显示新建的程序，如图 6-115 所示。

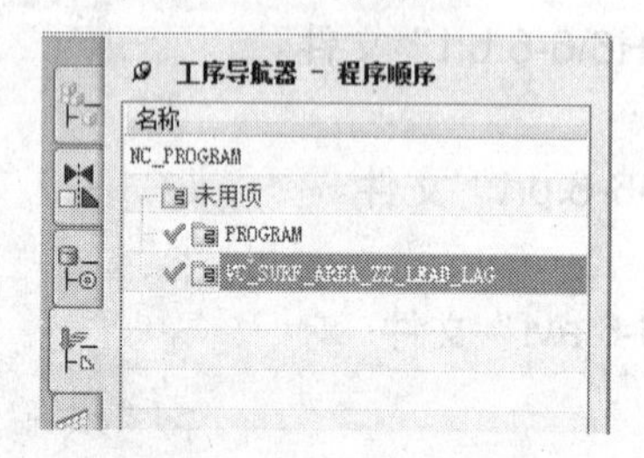

图 6-115　程序顺序视图

（4）创建刀具。单击【创建刀具】图标，弹出【创建刀具】对话框，【类型】选择【mill_multi-axis】，【刀具子类型】选择【BALL_MILL】图标，【位置】选用默认选项，【名称】设置为【BALL_MILL】，单击【确定】按钮，如图 6-116 所示。

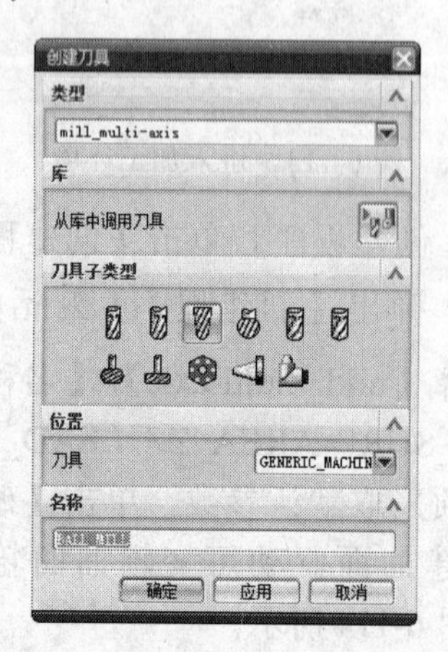

图 6-116　创建刀具

单击【确定】按钮后，弹出【铣刀-球头铣】对话框，设置球铣刀的参数如图 6-117 所示。

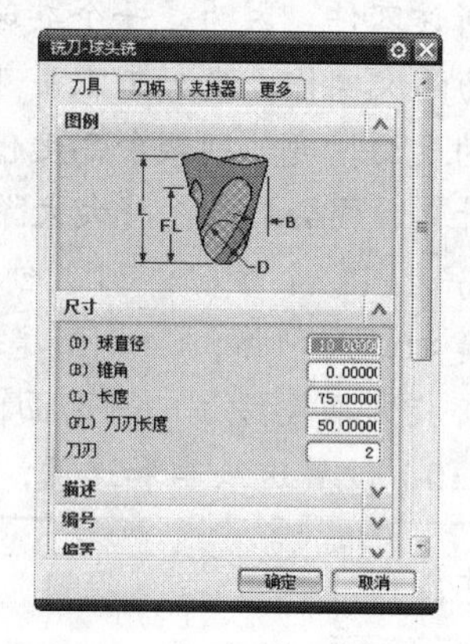

图 6-117　球铣刀参数

在【工序导航器-机床】中显示新建的【BALL_MILL】刀具，如图 6-118 所示。

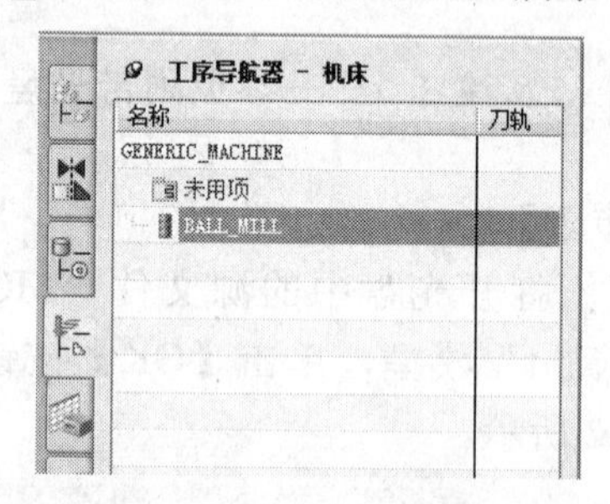

图 6-118　机床视图

（5）设置可变轴曲面轮廓铣削加工坐标系 MCS_MILL。双击【工序导航器-几何】中的【MCS_MILL】图标 MCS_MILL，系统将自动弹出【Mill Orient】对话框，如图 6-119 所示。

图 6-119　设置机床坐标系

单击【指定 MCS】中的【CSYS】图标，系统将自动弹出【CSYS】对话框，如图 6-120 所示。

图 6-120 【CSYS】对话框（一）

在【类型】的下拉菜单中选择【Z 轴，X 轴，原点】，通过指定 Z 轴，X 轴和原点重新定义加工坐标系，如图 6-121 所示。

图 6-121 【CSYS】对话框（二）

单击【原点】下的【指定点】图标，系统将自动弹出【点】对话框，选择原坐标的原点位置为加工坐标系的原点位置；在【Z 轴】下的【指定矢量】的下拉菜单中选择【YC】轴为加工坐标系的 Z 轴；在【X 轴】下的【指定矢量】的下拉菜单中选择【XC】轴为加工坐标系的 X 轴；单击【确定】按钮，完成机床加工坐标系的指定，如图 6-122 所示。

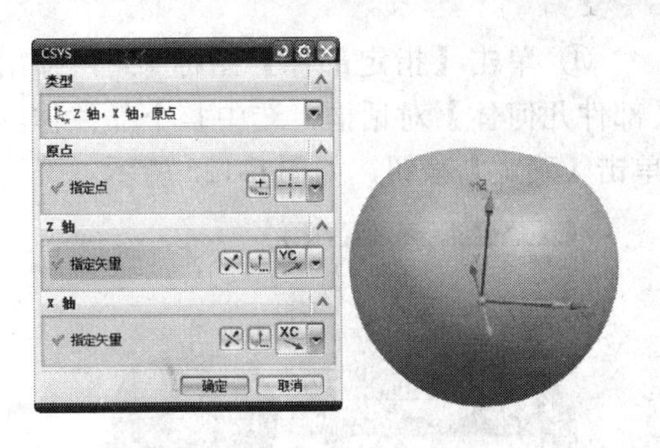

图 6-122 【CSYS】对话框（三）

（6）创建安全选项。单击【安全设置选项】下拉菜单中的【球】，单击【指定点】图标，系统将自动弹出【点】对话框，选择机床坐标系的原点作为球心位置，输入半径为 35 ，单击【确定】按钮，完成安全选项的设置，如图 6-123 所示。

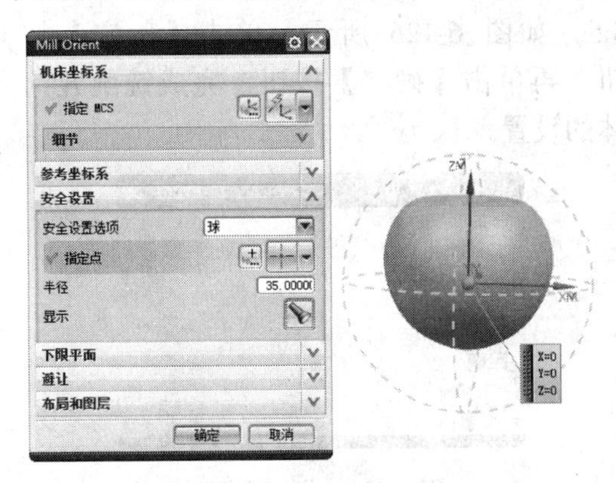

图 6-123 设置安全选项

（7）创建可变轴曲面轮廓铣削几何体。双击【工序导航器-视图】中【MCS_ MILL】的子菜单【WORKPIECE】，弹出【铣削几何体】对话框，如图 6-124 所示。

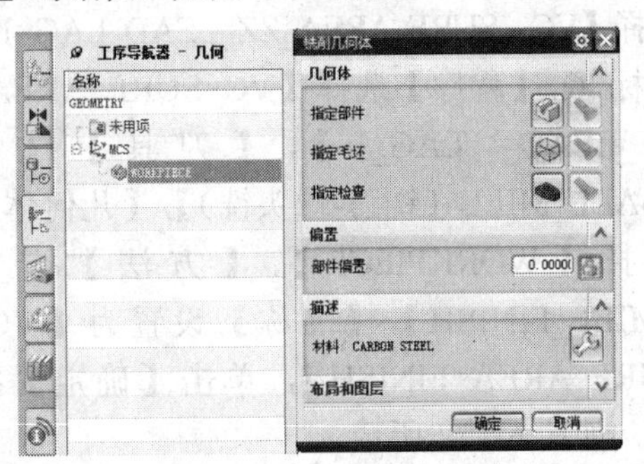

图 6-124 创建铣削几何体

① 单击【指定部件】图标，弹出【部件几何体】对话框，选中整个部件体，单击【确定】按钮，如图 6-125 所示。

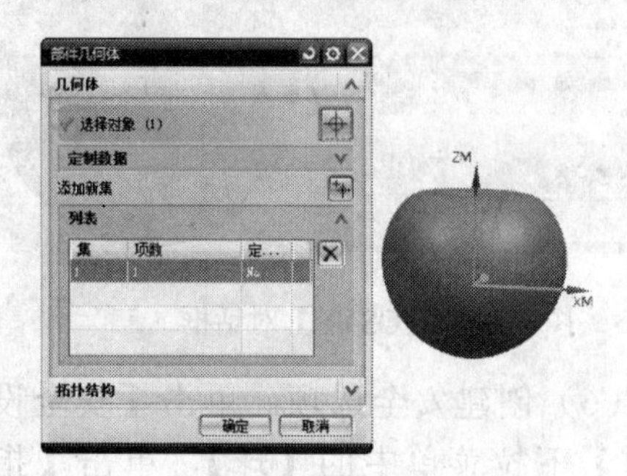

图 6-125 指定部件

② 单击【指定毛坯】图标，弹出【毛坯几何体】对话框，单击【类型】的下拉菜单，选中【部件偏置】，偏置距离为 0.5，如图 6-126 所示。单击【确定】按钮，再单击【确定】按钮，完成铣削几何体的设置。

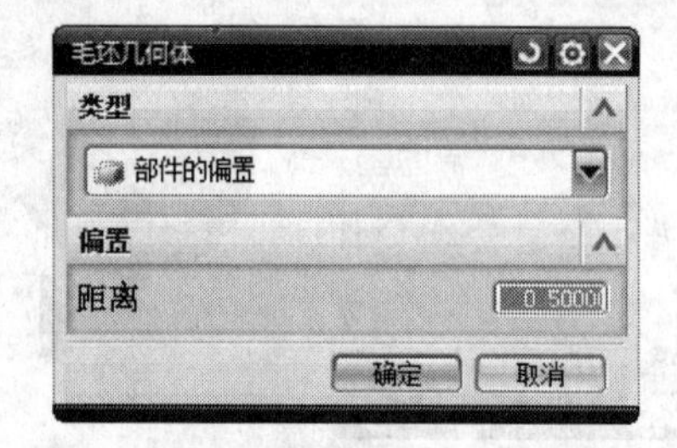

图 6-126 指定毛坯

（8）创建曲面驱动多轴曲面轮廓铣工序。单击【创建工序】图标，弹出【创建工序】对话框，在【类型】下拉菜单中选择【mill_multi-axis】，【工序子类型】选择【VC_ SURF_AREA_ZZ_LEAD_LAG_1】图标，【程序】选择【VC_SURF_AREA_ZZ_LEAD_ LAG_1】，【刀具】选择【BALL_MILL（铣刀-球头铣）】，【几何体】选择【WORKPIECE】，【方法】选择【MILL_FINISH】，【名称】设置为【VC_SURF_AREA_FINISH】，单击【确定】按钮，如图 6-127 所示。

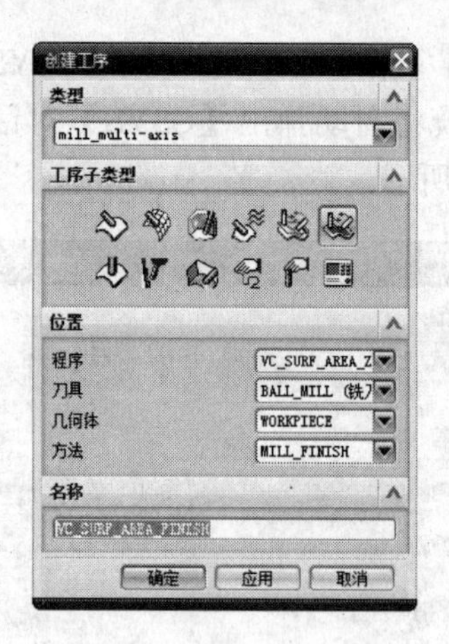

图 6-127 创建加工工序

单击【确定】按钮后，弹出【VC Surf Area ZZ lead Lag】对话框，设置曲面驱动多轴曲面轮廓铣的参数。

① 在【几何体】下拉菜单中选择【WORKPIECE】，继承前面设置的部件几何体和毛坯几何体，如图 6-128 所示。

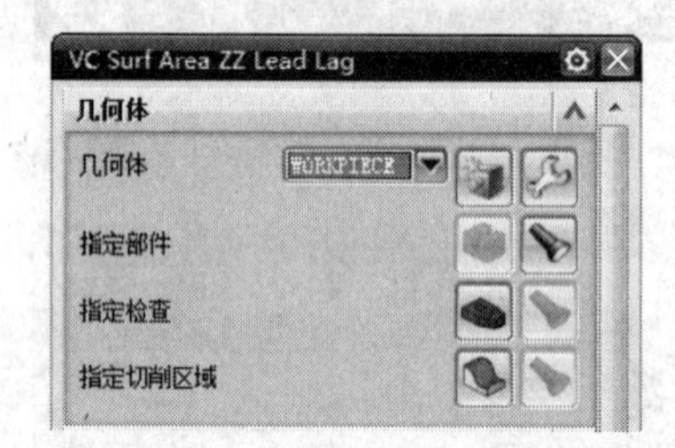

图 6-128 设置曲面驱动多轴曲面轮廓铣参数

② 指定切削区域。单击【指定切削区域】图标，系统将自动弹出【切削区域】对话框，选中部件中所要切削的曲面，如图 6-129 所示。单击【确定】按钮，完成切削区域的指定。

图 6-129 切削区域

③ 驱动方法。在【驱动方法】的【方法】的下拉菜单中选择【曲面】，单击旁边的【编辑】图标，系统将自动弹出【曲面区域驱动方法】对话框，如图 6-130 所示。

图 6-130　曲面区域驱动方法

单击【指定驱动几何体】图标，系统将自动弹出【驱动几何体】对话框，选中部件的曲面，如图 6-131 所示。单击【确定】按钮，完成驱动几何体的设置。

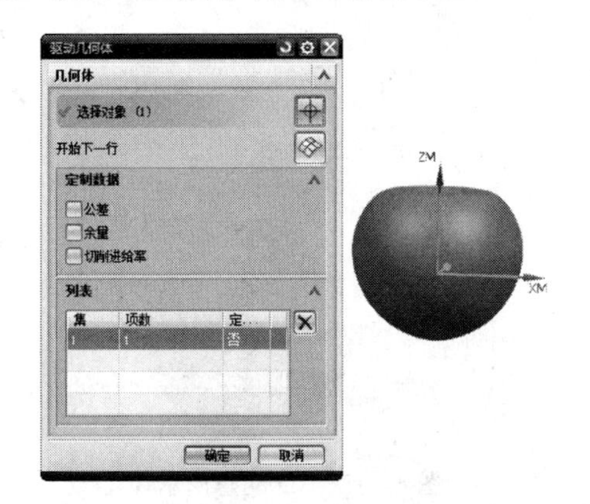

图 6-131　驱动几何体

在【切削区域】的下拉菜单中选择【曲面%】，在【刀具位置】的下拉菜单中选择【相切】；在【驱动设置】下，在【切削模式】的下拉菜单中选择【螺旋】，在【步距】的下拉菜单中选择【残余高度】，【最大残余高度】设置为 0.01mm，在【更多】下，在【切削步长】的下拉菜单中选择【公差】，【内公差】和【外公差】均设置为 0.1，在【过切时】的下拉菜单中选择【跳过】，如图 6-132 所示。单击【确定】按钮，完成曲面驱动方法的设置。

图 6-132　驱动设置

④ 投影矢量。在【矢量】的下拉菜单中选择【刀轴】，如图 6-133 所示。单击【确定】按钮，完成矢量的指定。

图 6-133　指定矢量

⑤ 刀轴。在【轴】的下拉菜单中选择【相对于矢量】，系统将自动弹出【相对于矢量】对话框，如图 6-134 所示。

图 6-134　【相对于矢量】对话框（一）

在【指定矢量】的下拉菜单中选择 YC 轴，如图 6-135 所示。单击【确定】按钮，完成【刀轴】的设置。

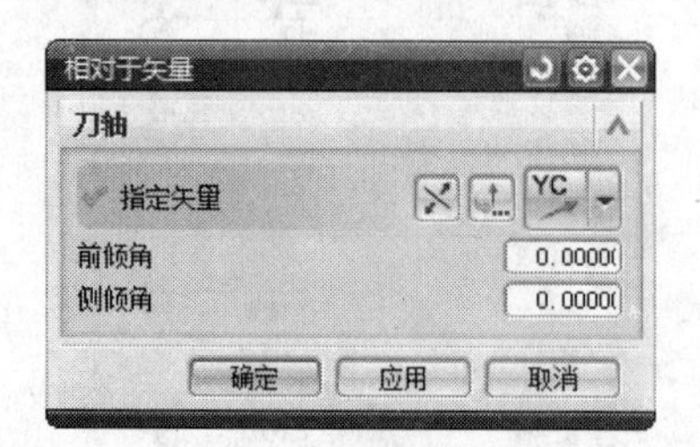

图 6-135 【相对于矢量】对话框（二）

⑥ 进给率和速度。单击【进给率和速度】图标，弹出【进给率和速度】对话框，【主轴速度】设置为 2000，【切削】进给率设置为 450，其余参数采用系统默认值，如图 6-136 所示。

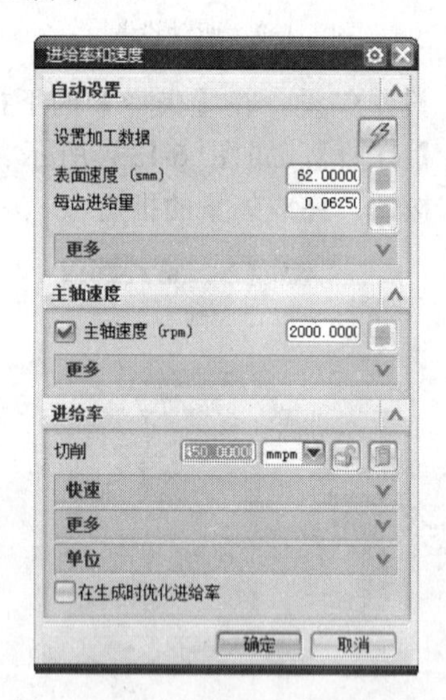

图 6-136 进给率和速度参数设置

（9）生成刀轨。单击【生成刀轨】图标，系统自动生成刀轨，如图 6-137 所示。

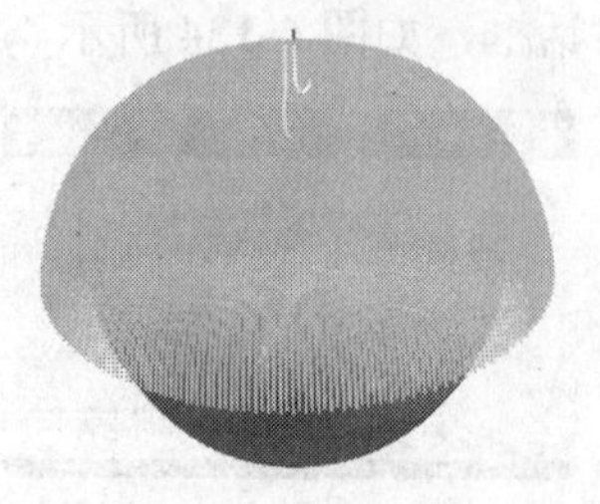

图 6-137 生成刀轨

（10）确认刀轨。单击【确认刀轨】图标，弹出【刀轨可视化】对话框，出现刀轨，如图 6-138 所示。

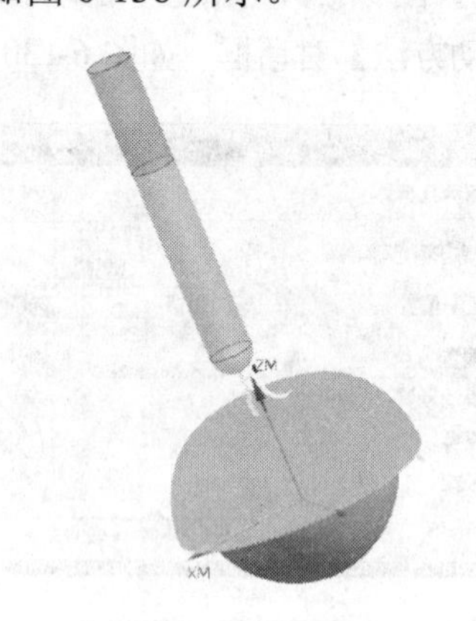

图 6-138 确认刀轨

（11）3D 效果图。单击【刀轨可视化】中的【3D 动态】，单击【播放】图标，可显示动画演示刀轨，如图 6-139 所示。

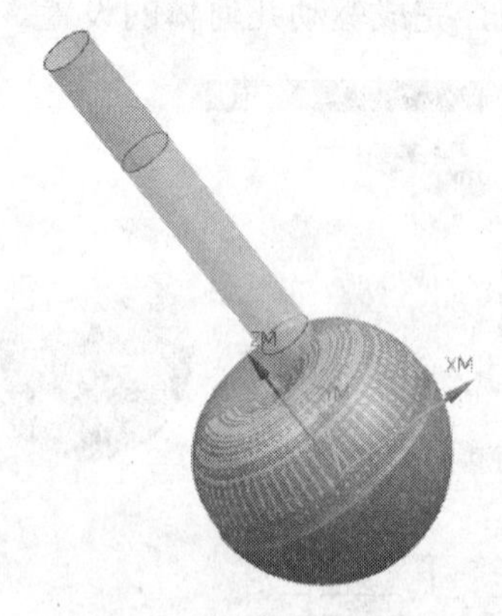

图 6-139 3D 动态演示

（12）2D 效果图。单击【刀轨可视化】中的【2D 动态】，单击【播放】图标，可显示动画演示刀轨，如图 6-140 所示。

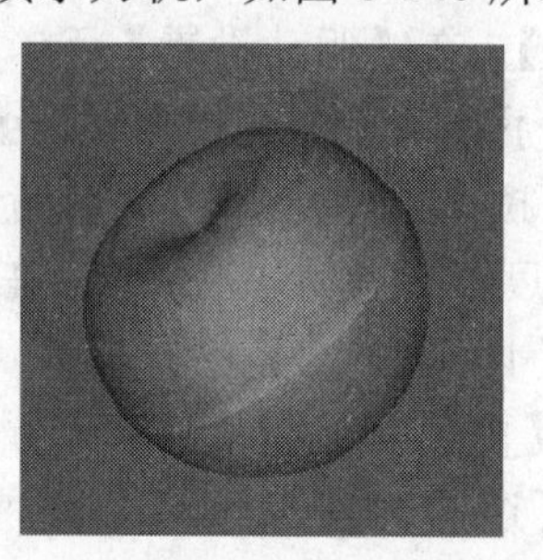

图 6-140 2D 效果图

（13）创建第二步操作。在【工序导航器-几何】下，选中工序【VC_ SURF_AREA_FINISH】，单击鼠标右键选择【复制】，再单击鼠标右键选择【粘贴】，就复制了一个新的程序【VC_SURF_AREA_FINISH_COPY】，选中该新程序，单击鼠标右键选择【重命名】，设置新的工序名为【VC_SURF_AREA_ FINISH_1】，单击【确定】按钮，就得到一个工序内容与工序【VC_SURF_AREA_ FINISH】完全一样的工序，如图 6-141 所示。

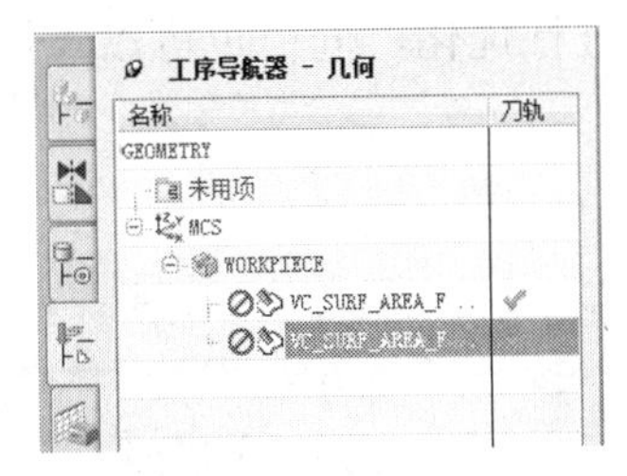

图 6-141　复制工序

（14）选择新建的工序，双击鼠标左键进入【VC_SURF_AREA _LAG】对话框，设置曲面驱动多轴曲面轮廓铣的参数。单击【刀轴】的【编辑】图标，系统将自动弹出【相对于矢量】对话框，单击【指定矢量】的【反向】图标，单击【确定】按钮，使得刀轴方向与前一操作的刀轴反向刚好相反。其余参数继承前一操作的参数。

（15）生成刀轨。单击【生成刀轨】图标，系统自动生成刀轨，如图 6-142 所示。

图 6-142　生成刀轨

（16）确认刀轨。单击【确认刀轨】图标，弹出【刀轨可视化】对话框，出现刀轨，如图 6-143 所示。

图 6-143　确认刀轨

（17）3D 效果图。单击【刀轨可视化】中的【3D 动态】，单击【播放】图标，可显示动画演示刀轨，如图 6-144 所示。

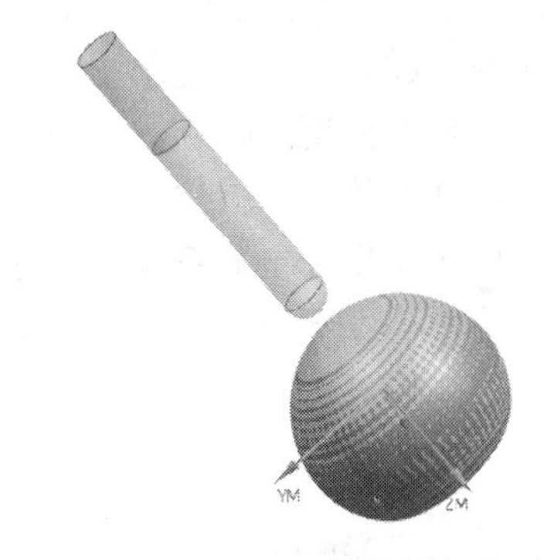

图 6-144　3D 动态演示

（18）2D 效果图。单击【刀轨可视化】中的【2D 动态】，单击【播放】图标，可显示动画演示刀轨，如图 6-145 所示。

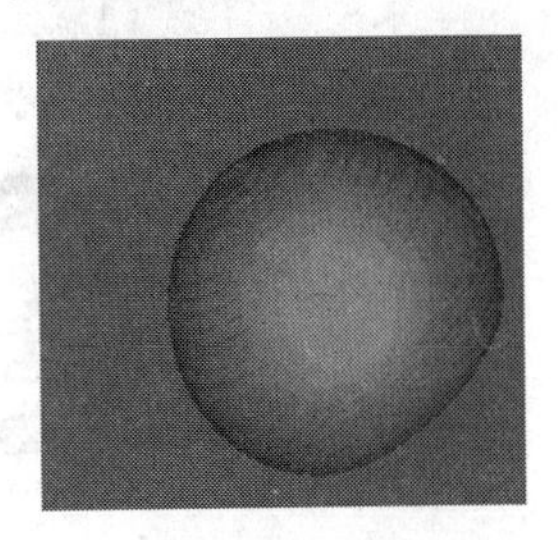

图 6-145　2D 效果图

（19）单击【确定】按钮，完成该零件的加工。

第 7 章　点位加工

点位加工用于完成对工件中的孔的加工，包括钻孔、镗孔、攻丝、扩孔等加工方式，其他用途还包括点焊和铆接。针对不同类型的孔，需要选择合适的加工方法并配置合适的加工参数才能够达到最好的效果。一般来说，孔的加工相对比较简单，通常可以通过在普通机床上输入简单的程序来实现，但是对于使用 UG 编程的工件来说，使用 UG 进行钻孔的模拟加工，不仅可以看出哪里有瑕疵，还可以对加工进行优化，同样也可以直接生成完整的程序，从而提高机床的利用率。

本章内容

- 实例・模仿——点位加工
- 点位加工的概述
- 点位加工的基本操作
- 实例・操作——复杂多孔系零件加工
- 实例・练习——法兰孔位加工

7.1　实例・模仿——点位加工

该零件为一个简单的点位加工的零件，有通孔和沉头孔，本例的加工零件如图 7-1 所示。

（a）部件上表面　　　　（b）部件下表面

图 7-1　模型文件

视频教学

思路·点拨

观察该零件模型，需要利用点位加工来加工各个孔。两边有 6 个直径为 15mm 的通孔，中间一排有 3 个沉头通孔，通孔直径为 15mm，沉孔直径为 25mm，相邻两孔之间的距离均相等。在该点位加工中，可以分为两个操作：

首先，创建一个循环操作，加工 9 个直径为 15mm 的通孔。

其次，再创建一个循环操作，加工 3 个直径为 25mm 的沉头孔。

创建该点位加工操作，可以分为 10 个步骤：（1）创建通孔刀具和沉头孔刀具；（2）创建加工几何体；（3）创建通孔工序；（4）指定孔、顶面和底面；（5）选择循环类型；（6）生成通孔操作刀轨；（7）创建沉头孔工序；（8）指定孔、顶面、底面和深度偏置；（9）选择循环类型；（10）生成沉头孔操作刀轨即可完成该零件的点位加工操作。

【光盘文件】

——参见附带光盘中的“MODEL\CH7\7-1.prt”文件。

——参见附带光盘中的“END\CH7\7-1.prt”文件。

——参见附带光盘中的“AVI\CH7\7-1.avi”文件。

【操作步骤】

（1）启动 UG NX 8.0。打开光盘中的源文件“MODEL\CH7\7-1.prt”模型，单击【OK】按钮，如图 7-2 所示。

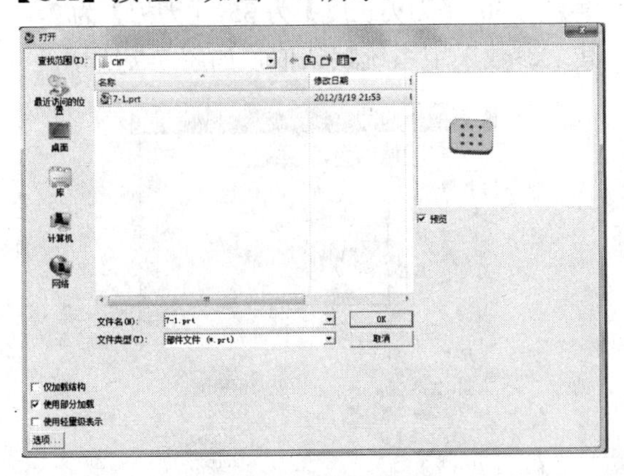

图 7-2 打开模型文件

（2）进入加工环境。单击【开始】—【加工】后出现 【加工环境】对话框（快捷键方式 Ctrl+Alt+M），在【CAM 会话环境】中选择【cam general】，在【要创建的 CAM 设置】中选择【drill】，单击【确定】按钮进入点位加工环境，如图 7-3 所示。

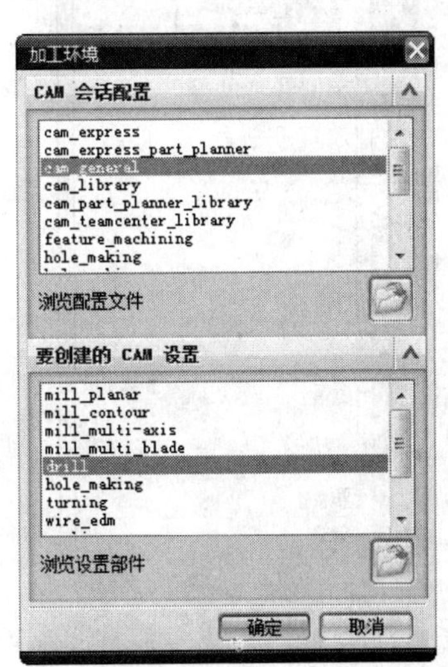

图 7-3 进入加工环境

（3）创建程序。单击【创建程序】图标，弹出【创建程序】对话框。在【类型】的下拉菜单中选择【drill】，在【位置】的下拉菜单中选择【NC_PROGRAM】，【名称】设置为

【PROGRAM_1】，单击【确定】按钮，创建点位加工程序，如图7-4所示。

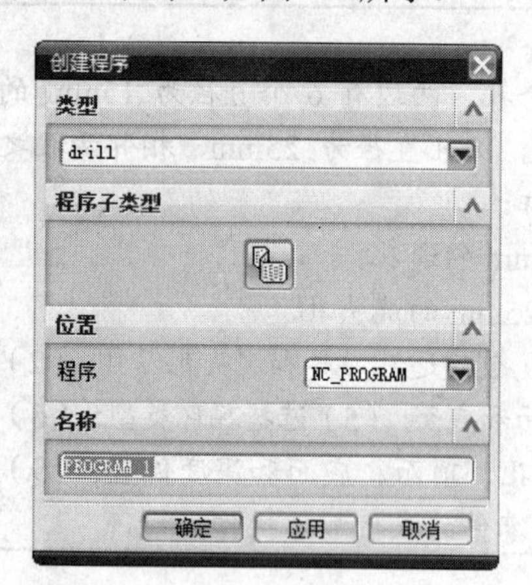

图7-4　创建程序

在【工序导航器-程序顺序】中显示新建的程序，如图7-5所示。

图7-5　程序顺序视图

（4）创建刀具。

① 创建直径为15mm的通孔的刀具。单击【创建刀具】图标，弹出【创建刀具】对话框，在【类型】的下拉菜单中选择【drill】，在【刀具子类型】中选择【DRILLING_TOOL】图标，在【位置】的下拉菜单中选择【GENERIC_MACHINE】，【名称】设置为【DRILLING_TOOL_15】，单击【确定】按钮，如图7-6所示。

图7-6　创建刀具1

单击【确定】按钮后，系统自动弹出【钻刀】对话框，设置钻刀的具体参数：【直径】为15，【刀尖角度】为118，【长度】为50，【刀刃长度】为35，【刀刃】为2，其余参数采用系统默认值，如图7-7所示。

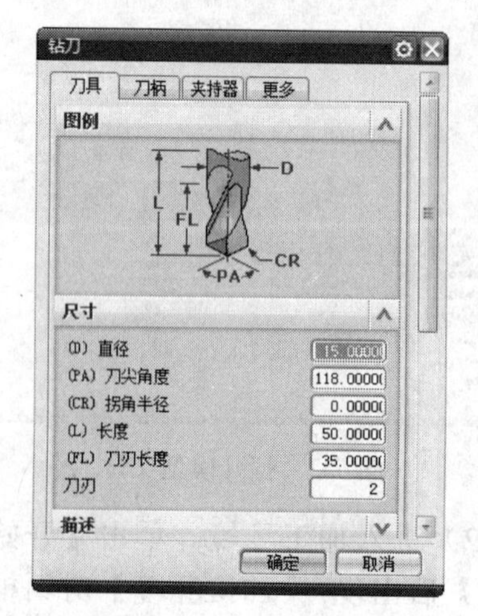

图7-7　刀具1参数

单击【确定】按钮，在【工序导航器-机床】中显示新建的刀具

【DRILLING_TOOL_15】，如图 7-8 所示。

图 7-8　机床视图

② 创建直径为 25mm 的沉头孔的刀具。单击【创建刀具】图标，弹出【创建刀具】对话框，在【类型】的下拉菜单中选择【drill】，在【刀具子类型】中选择【COUNTERBORING_TOOL】图标，在【位置】的下拉菜单中选择【GENERIC_MACHINE】，【名称】设置为【COUNTERBORING_TOOL_25】，单击【确定】按钮，如图 7-9 所示。

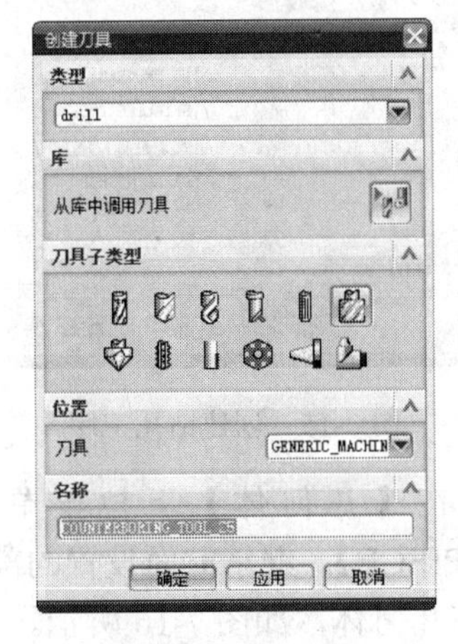

图 7-9　创建刀具 2

单击【确定】按钮后，系统自动弹出【铣刀-5 参数】对话框，设置刀具的具体参数；【直径】为 25，【长度】为 75，【刀刃长度】为 50，【刀刃】为 4，其余参数采用系统默认值，如图 7-10 所示。

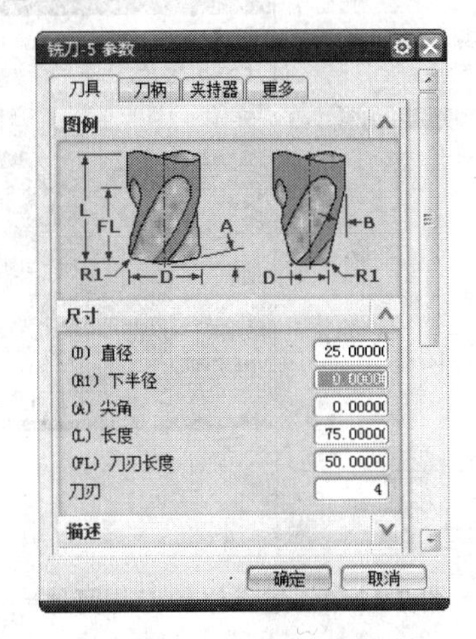

图 7-10　刀具 2 参数

单击【确定】按钮，在【工序导航器-机床】中显示新建的刀具【COUNTERBORING_TOOL_25】，如图 7-11 所示。

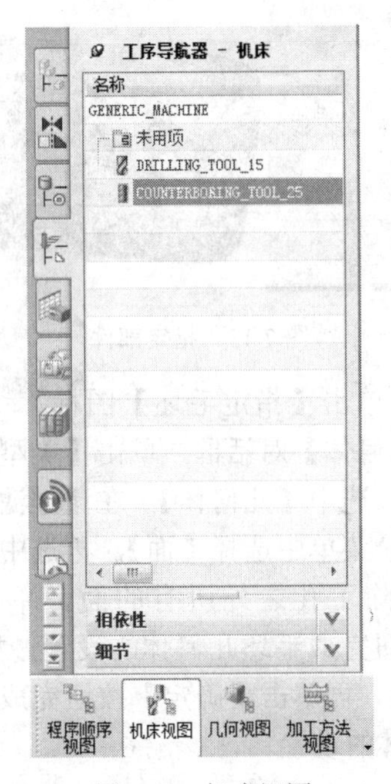

图 7-11　机床视图

（5）设置点位加工几何体。双击【工序导航器-几何】中【MCS_MILL】的子菜单【WORKPIECE】，系统自动弹出【工件】对话框，如图7-12所示。

图7-12　创建点位加工几何体

① 单击【指定部件】图标，弹出【部件几何体】对话框，选中整个部件体，单击【确定】按钮完成部件几何体的设置，如图7-13所示。

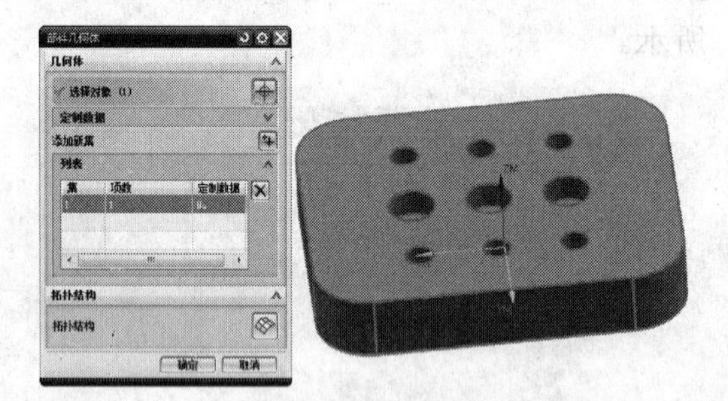

图7-13　指定部件

② 单击【指定毛坯】图标，弹出【毛坯几何体】对话框，单击【类型】的下拉菜单，选中【几何体】，在【过滤器】类型的下拉菜单中选择【面】，再选中部件几何体中除了孔之外所有的面，单击【确定】按钮完成毛坯几何体的设置，如图7-14所示。再单击【确定】按钮完成点位加工几何体的设置。

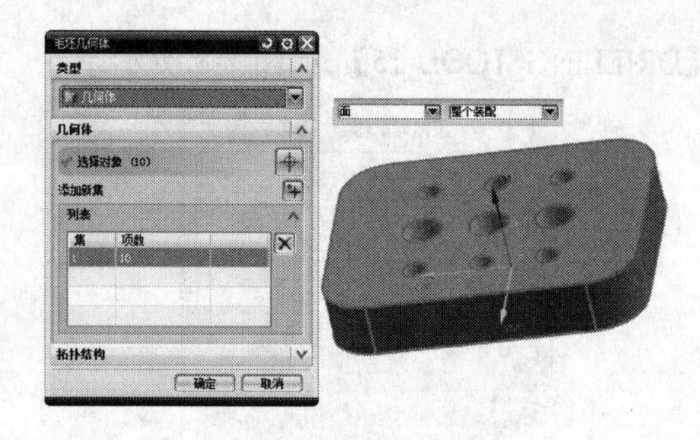

图7-14　指定毛坯

（6）创建点位加工工序。

创建钻孔直径为15mm的通孔工序。单击【创建工序】图标，弹出【创建工序】对话框，在【类型】下拉菜单中选择【drill】，【工序子类型】选择【DRILLING】图标，【程序】选择【NC_PROGRAM】，【刀具】选择【DRILLING_TOOL_15（钻刀）】，【几何体】选择【WORKPIECE】，【方法】选择【DRILL_METHOD】，【名称】设置为【DRILLING】，单击【确定】按钮，如图7-15所示。单击【确定】按钮后，弹出【钻】对话框，设置钻孔的参数。

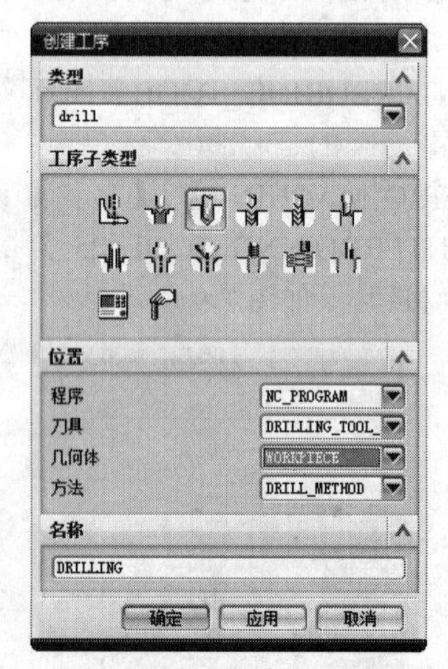

图7-15　创建钻孔工序

① 在【几何体】下拉菜单中选择【WORKPIECE】，继承前面设置的部件几何体和毛坯几何体，如图7-16所示。

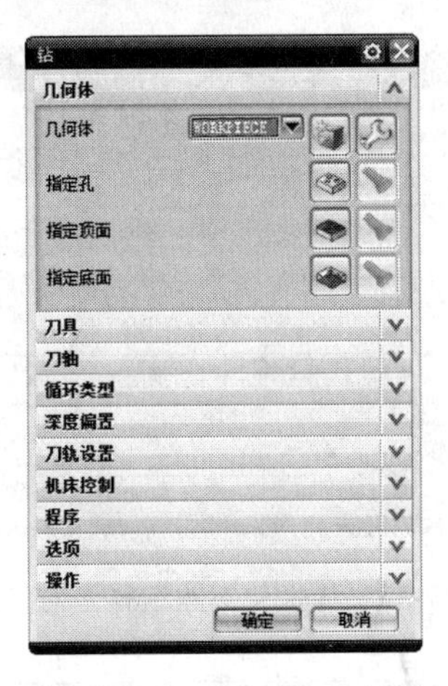

图 7-16　继承几何体

② 指定孔。单击【指定孔】图标，系统将自动弹出【点到点几何体】对话框，如图 7-17 所示。

图 7-17　【点到点几何体】对话框

在【点到点几何体】对话框中选择【选择】，系统将自动弹出【加工位置】对话框，如图 7-18 所示。

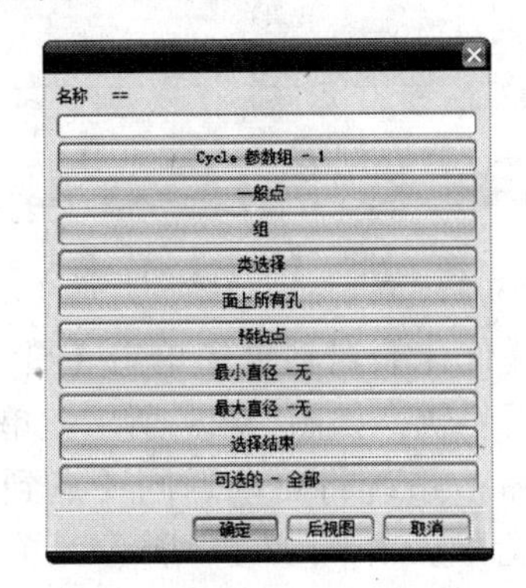

图 7-18　【加工位置】对话框

在【加工位置】对话框中选择【Cycle 参数组-1】，系统将自动弹出【参数组】对话框，如图 7-19 所示。

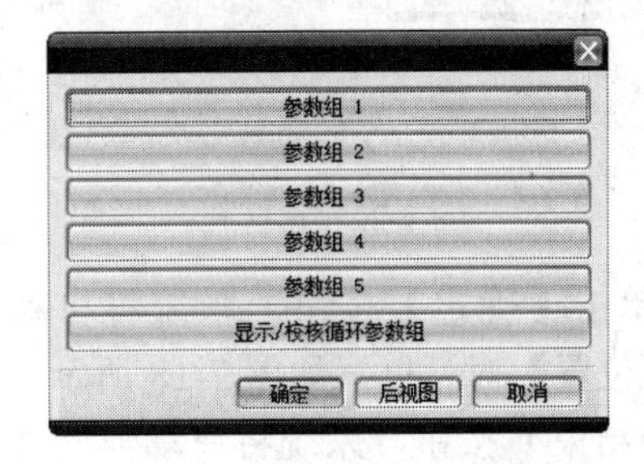

图 7-19　【参数组】对话框

在【参数组】对话框中单击【参数组 1】，系统将自动返回【加工位置】对话框，如图 7-18 所示。在【加工位置】对话框中单击【面上所有孔】，系统将自动弹出【面上孔参数】对话框，如图 7-20 所示。

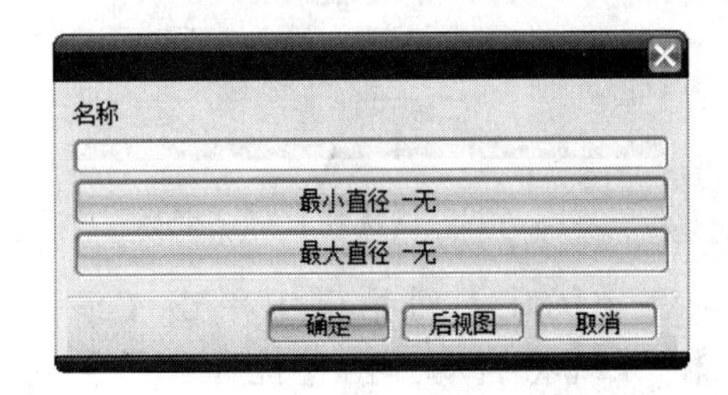

图 7-20　【面上孔参数】对话框

单击对话框中的【最大直径-无】，系统将自动弹出【输入直径参数】对话框，直径输入 15，如图 7-21 所示。

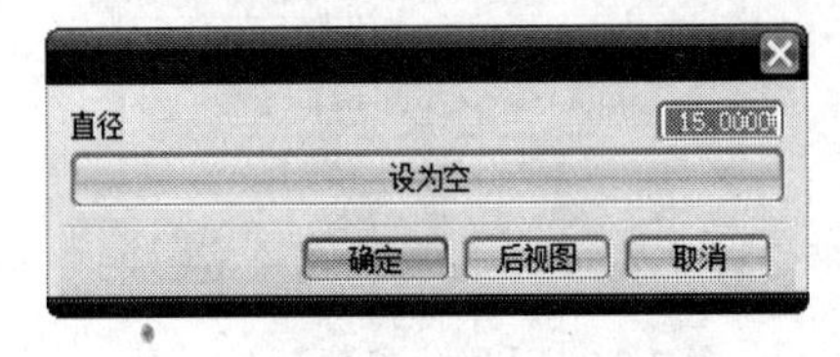

图 7-21　【输入直径参数】对话框

单击【确定】按钮，系统将自动返回【面上孔参数】对话框，选中部件表面，则该表面上所有直径不超过 15mm 的孔全部被选中，再选中沉头孔中直径为 15mm 的孔，如图 7-22 所示。

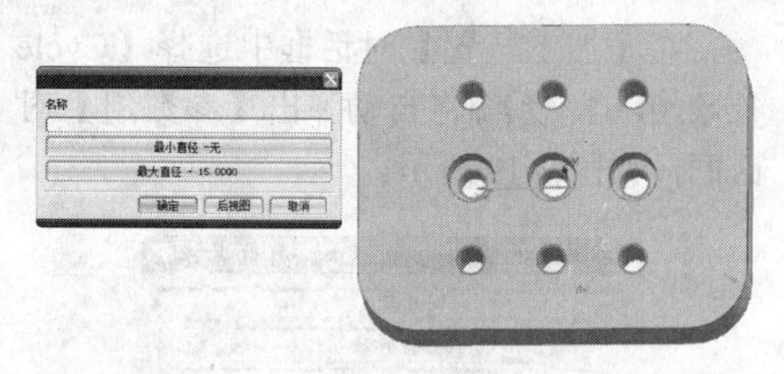

图 7-22　选择孔

单击【确定】按钮，系统将自动返回【加工位置】对话框，如图 7-18 所示。单击【选择结束】按钮，系统将自动返回【点到点几何体】对话框，在【点到点几何体】对话框中选择【优化】，系统将自动弹出【优化】对话框，如图 7-23 所示。

图 7-23　【优化】对话框

在【优化】对话框中单击【最短刀轨】，系统将自动弹出【优化参数】对话框，如图 7-24 所示。

图 7-24　【优化参数】对话框

在【优化参数】对话框中单击【Level-标准】，系统将自动弹出【优化参数选择】对话框，如图 7-25 所示。

在【优化参数选择】对话框中单击【Level-高阶】，系统将自动弹出【优化高阶】对话框，如图 7-26 所示。

图 7-25　【优化参数选择】对话框

图 7-26　优化高阶

在【优化参数选择】对话框中单击【优化】，系统将自动弹出【优化】对话框，如图 7-27 所示。

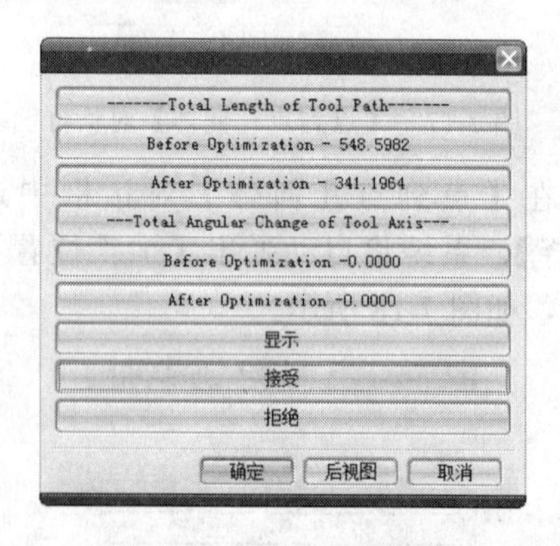

图 7-27　【优化】对话框

在【优化】对话框中单击【显示】，查看优化后刀轨，如图 7-28 所示。单击【确定】按钮，系统将自动返回【点到点几何体】对话框，如图 7-17 所示。单击【确定】按钮完成孔的指定。

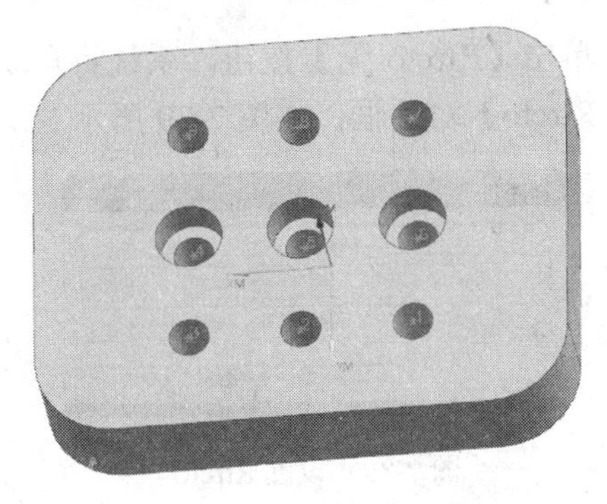

图 7-28　查看优化刀轨

③ 指定顶面。单击【指定顶面】图标，系统将自动弹出【顶面】对话框，如图 7-29 所示。

图 7-29　顶面设置

在【顶面选项】的下拉菜单中，选择【面】，再选中部件的上表面，如图 7-30 所示。单击【确定】按钮完成顶面的指定。

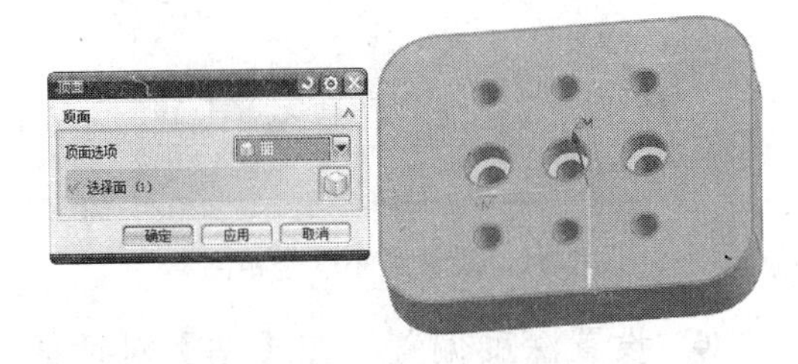

图 7-30　选择顶面

④ 指定底面。单击【指定底面】图标，系统将自动弹出【底面】对话框，如图 7-31 所示。

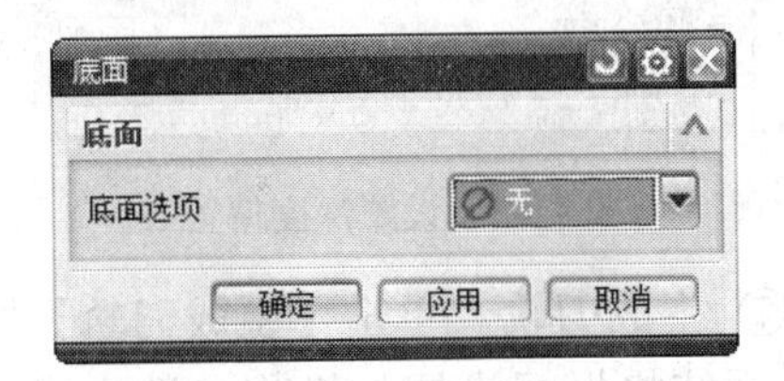

图 7-31　底面设置

在【底面选项】的下拉菜单中，选择【面】，再选中部件的下表面，如图 7-32 所示。单击【确定】按钮，完成底面的指定。

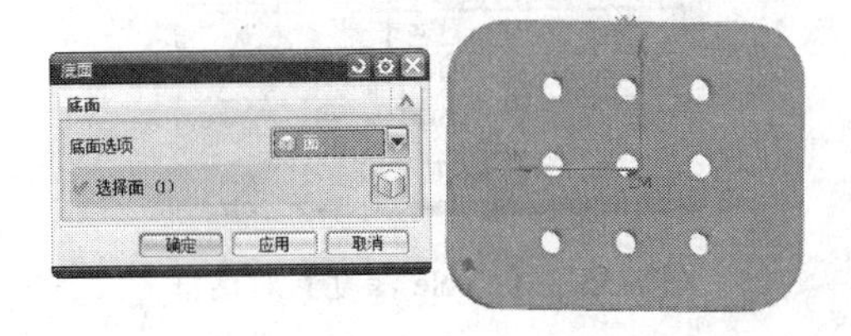

图 7-32　选择底面

⑤ 设置循环类型。在【钻】对话框中，在【循环类型】的【循环】下拉菜单中选择【标准钻】，再单击【标准钻】的【参数编辑】图标，系统将自动弹出【指定参数组】对话框，在【Number of Sets】文本框中输入 1，设置一个循环参数组，如图 7-33 所示。

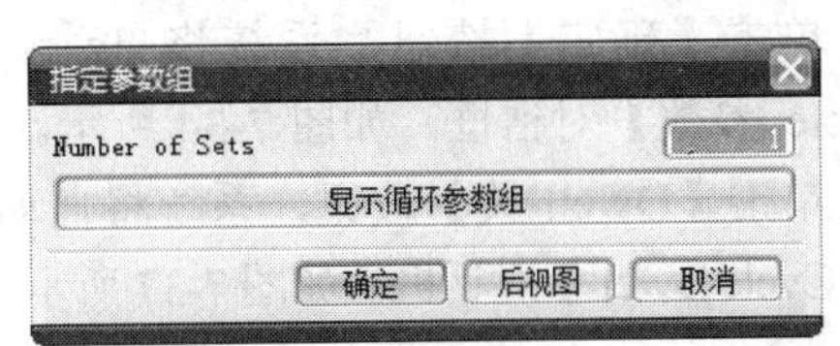

图 7-33　循环次数设置

单击【确定】按钮，系统将自动弹出【Cycle 参数】对话框，如图 7-34 所示。

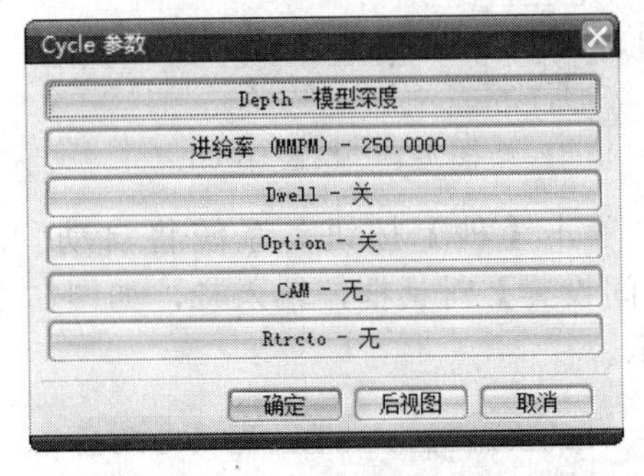

图 7-34　【Cycle 参数】对话框

单击【Depth-模型深度】按钮，系统将自动弹出【Cycle 深度】对话框，如图 7-35 所示。

单击【模型深度】按钮，系统将自动

返回【Cycle 参数】对话框，如图7-34所示。

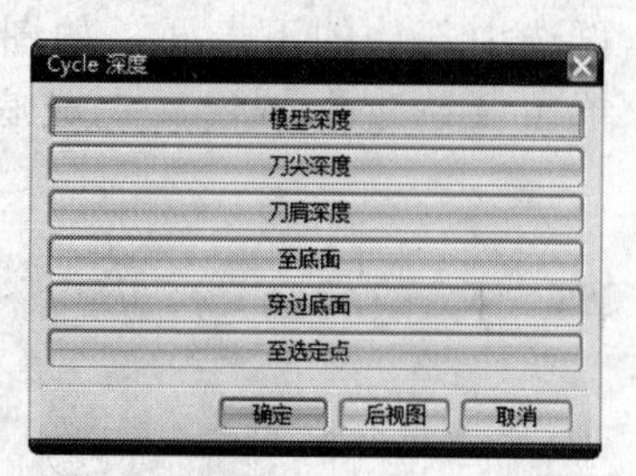

图7-35 【Cycle 深度】对话框

单击【进给率（MMPM）-250.0000】，系统将自动弹出【Cycle 进给率】对话框，设置进给率为200，如图7-36所示。

图7-36 设置进给率

单击【确定】按钮，系统将自动返回【Cycle 参数】对话框，如图7-34所示。

单击【Dwell-关】按钮，系统将自动弹出【Cycle Dwell】对话框，如图7-37所示。

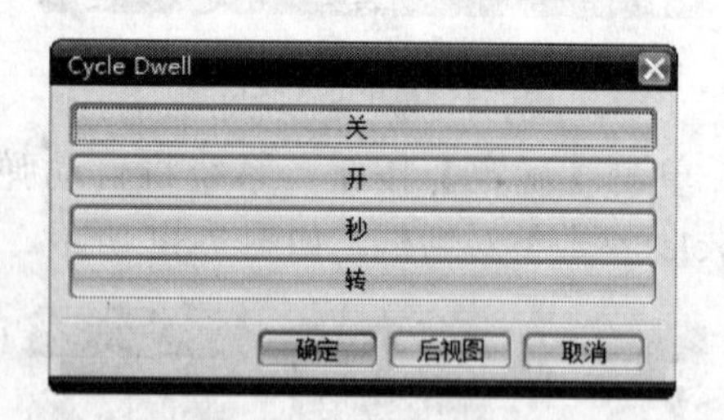

图7-37 设置 Dwell

单击【秒】按钮，系统将自动弹出【时间设置】对话框，输入2，如图7-38所示。

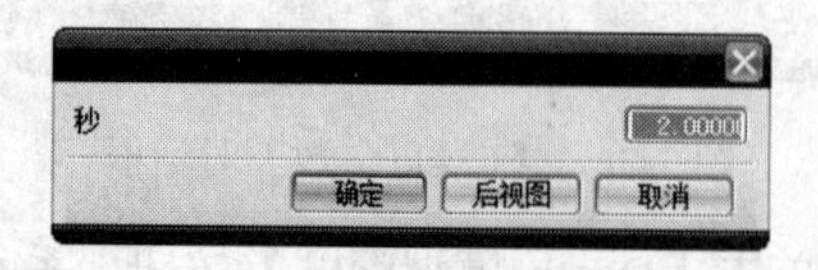

图7-38 设置时间

单击【确定】按钮，系统将自动返回【Cycle 参数】对话框，如图7-34所示。

单击【Rtrcto-无】按钮，系统将自动弹出【Rtrcto】对话框，如图7-39所示。

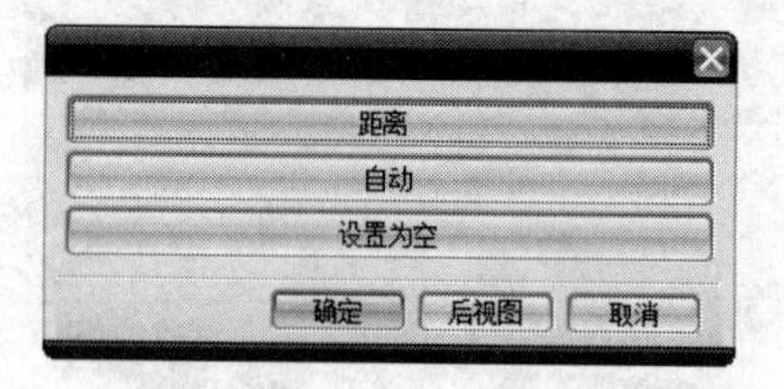

图7-39 设置 Rtrcto

单击【距离】按钮，系统将自动弹出【退刀】对话框，输入40，如图7-40所示。

图7-40 设置退刀距离

单击【确定】按钮，系统将自动返回【Cycle 参数】对话框，如图7-34所示。再单击【确定】按钮完成【循环】参数的设置。

在系统自动返回的【钻】对话框中，【循环类型】下的【最小安全距离】设置为25，如图7-41所示。

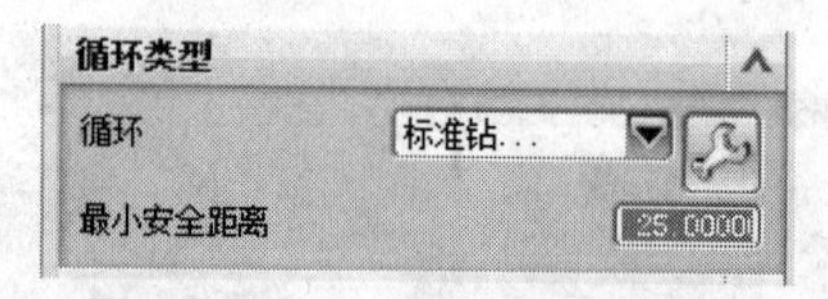

图7-41 设置最小安全距离

⑥ 设置深度偏置。在【钻】对话框中，【深度偏置】的【通孔安全距离】设置为4.5，【盲孔余量】设置为0，如图7-42所示。

图7-42 设置深度偏置

⑦ 生成刀轨。单击【生成刀轨】图标，系统将根据设置的操作参数生成相应的刀轨，如图7-43所示。

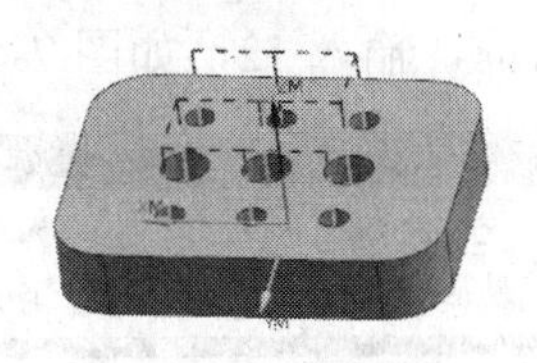

图 7-43　生成刀轨

⑧ 确认刀轨。单击【确认刀轨】图标，系统将确认操作生成的刀轨，通过【刀轨可视化】对话框，用户可对刀轨进行可视化播放，包括 3D 和 2D 动画演示，且可以进行过切和碰撞检查，如图 7-44 所示。

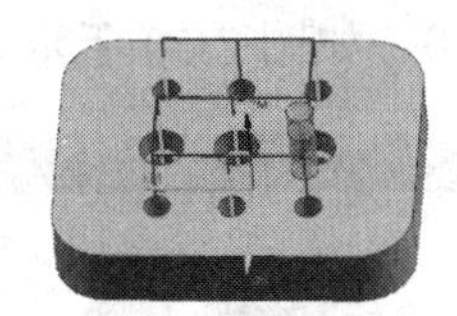

图 7-44　确认刀轨

（7）创建第二道循环。

① 创建钻孔直径为 25mm 的沉头工序。单击【创建工序】图标，弹出【创建工序】对话框，在【类型】的下拉菜单中选择【drill】，【工序子类型】选择【COUNTERBORING】图标，【程序】选择【NC_PROGRAM】，【刀具】选择【COUNTERBORING _TOOL_25（铣刀-5 参数）】，【几何体】选择【WORKPIECE】，【方法】选择【METHOD】，【名称】设置为【COUNTERBORING】，单击【确定】按钮，如图 7-45 所示。

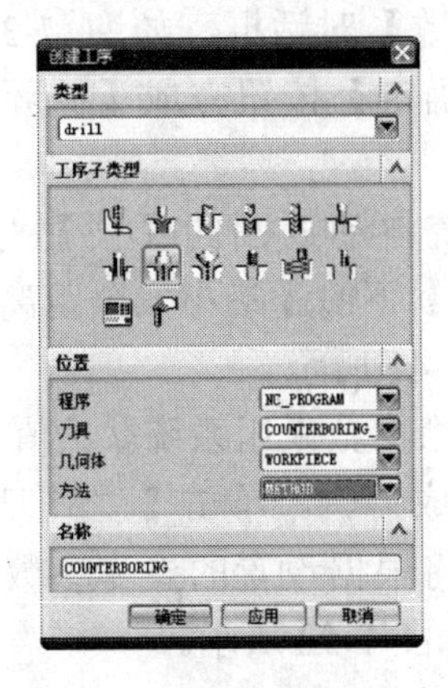

图 7-45　创建沉头孔工序

单击【确定】按钮后，弹出【沉头孔加工】对话框，设置沉头孔加工的参数。

② 在【几何体】下拉菜单中选择【WORKPIECE】，继承前面设置的部件几何体和毛坯几何体，如图 7-46 所示。

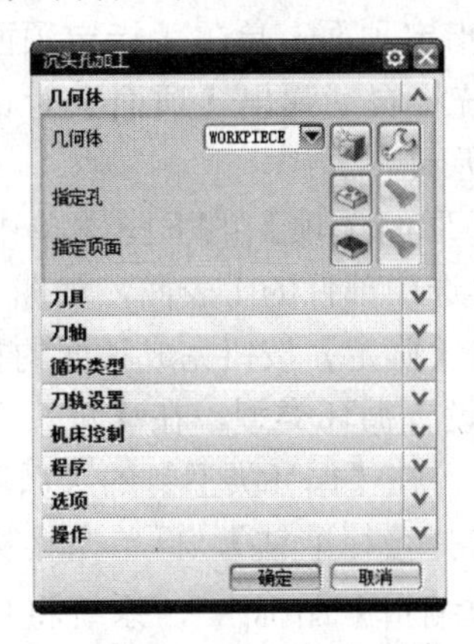

图 7-46　继承几何体

③ 指定孔。单击【指定孔】图标，系统将自动弹出【点到点几何体】对话框，如图 7-17 所示。

在【点到点几何体】对话框中选择【选择】，系统将自动弹出【加工位置】对话框，如图 7-18 所示。

在【加工位置】对话框中选择【Cycle 参数组-1】，系统将自动弹出【参数组】对话框，如图 7-19 所示。

在【参数组】对话框中选择【参数组 1】，系统将自动返回【加工位置】对话框，如图 7-18 所示。

在【加工位置】对话框中选择中间的 3 个直径为 25mm 的孔，如图 7-47 所示。

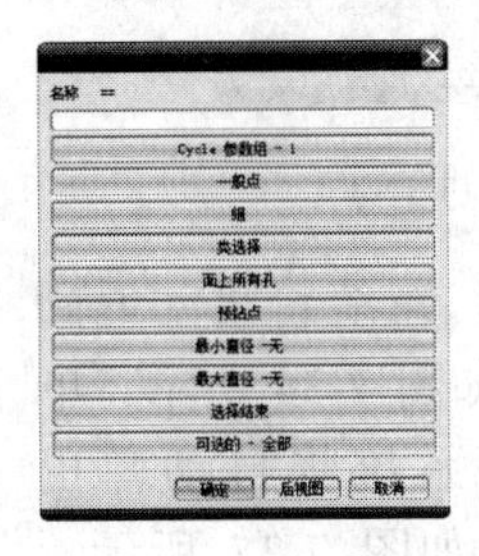

图 7-47　选择孔

单击【选择结束】按钮，系统将自动返回【点到点几何体】对话框，在【点到点几何体】对话框中选择【规划完成】，系统将自动返回【沉头孔加工】对话框，如图 7-46 所示。

④ 指定顶面。单击【指定顶面】图标，系统将自动弹出【顶面】对话框，如图 7-29 所示。

在【顶面选项】的下拉菜单中，选择【面】，再选中部件的上表面，如图 7-30 所示。单击【确定】按钮完成顶面的指定。

⑤ 设置循环类型。在【沉头孔加工】对话框中，在【循环类型】的【循环】下拉菜单中选择【标准钻】，再单击【标准钻】的【参数编辑】图标，系统将自动弹出【指定参数组】对话框，在【Number of Sets】文本框中输入 1，设置一个循环参数组，如图 7-33 所示。

单击【确定】按钮，系统将自动弹出【Cycle 参数】对话框，如图 7-34 所示。单击【Depth-模型深度】按钮，系统将自动弹出【Cycle 深度】对话框，如图 7-35 所示。单击【模型深度】按钮，系统将自动返回【Cycle 参数】对话框，如图 7-34 所示。单击【进给率（MMPM）-250.0000】按钮，系统将自动弹出【Cycle 进给率】对话框，设置进给率为 250，如图 7-48 所示。

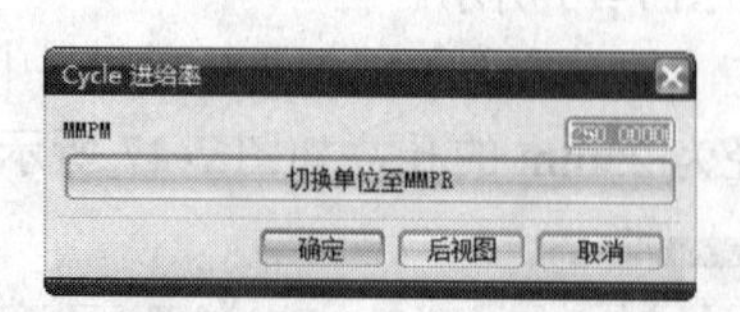

图 7-48 设置进给率

单击【确定】按钮，系统将自动返回【Cycle 参数】对话框，如图 7-34 所示。单击【Dwell-关】按钮，系统将自动弹出【Cycle Dwell】对话框，如图 7-37 所示。单击【秒】按钮，系统将自动弹出【时间设置】对话框，输入 12，如图 7-49 所示。

图 7-49 设置时间

单击【确定】按钮，系统将自动返回【Cycle 参数】对话框，如图 7-34 所示。单击【Rtrcto-无】按钮，系统将自动弹出【Rtrcto】对话框，如图 7-39 所示。单击【距离】按钮，系统将自动弹出【退刀】对话框，输入 40，如图 7-50 所示。

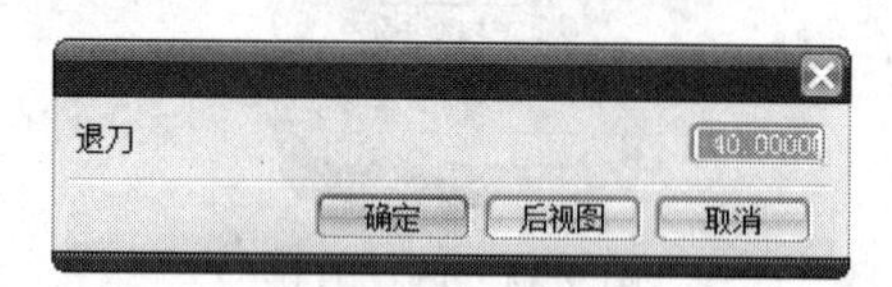

图 7-50 设置退刀距离

沉头孔的循环参数如图 7-51 所示。

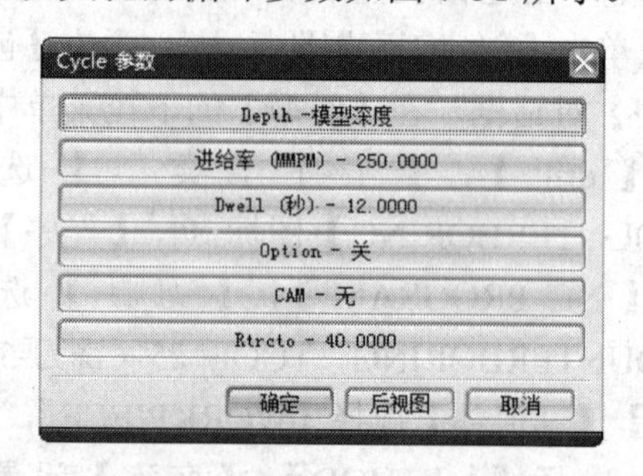

图 7-51 沉头孔循环参数

单击【确定】按钮，系统将自动返回【Cycle 参数】对话框，如图 7-34 所示。再单击【确定】按钮完成【循环】参数的设置。

在系统自动返回的【钻】对话框中，【循环类型】下的【最小安全距离】设置为 25，如图 7-41 所示。

⑥ 其余参数采用系统默认值。

⑦ 生成刀轨。单击【生成刀轨】图标，系统将根据设置的操作参数生成相应的刀轨，如图 7-52 所示。

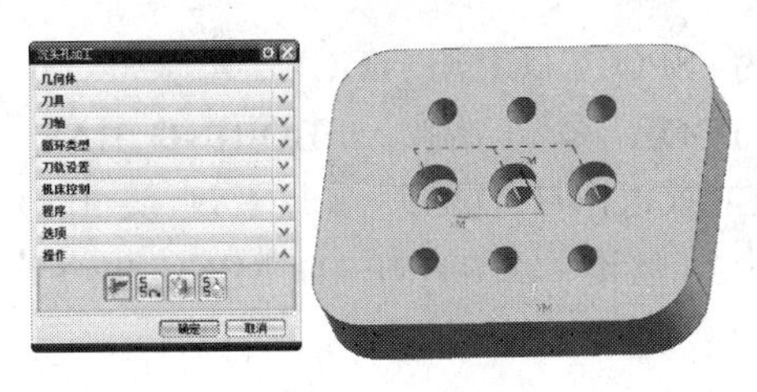

图 7-52　生成刀轨

⑧ 确认刀轨。单击【确认刀轨】图标，系统将确认操作生成的刀轨，通过【刀轨可视化】对话框，用户可对刀轨进行可视化播放，包括 3D 和 2D 动画演示，且可以进行过切和碰撞检查，如图 7-53 所示。

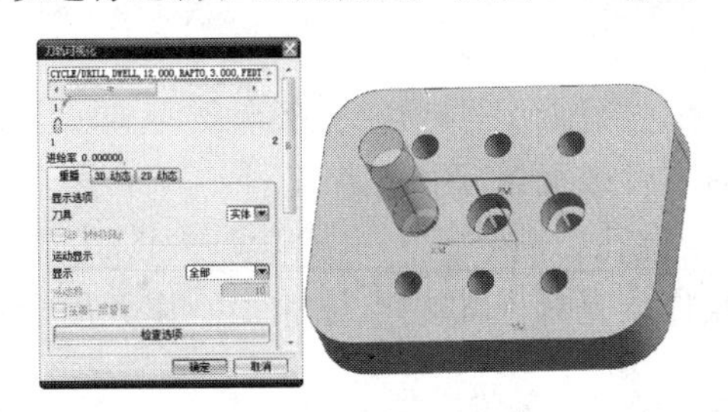

图 7-53　确认刀轨

⑨ 在【工序导航器-程序顺序】中会显示已经建立的两个程序，如图 7-54 所示。

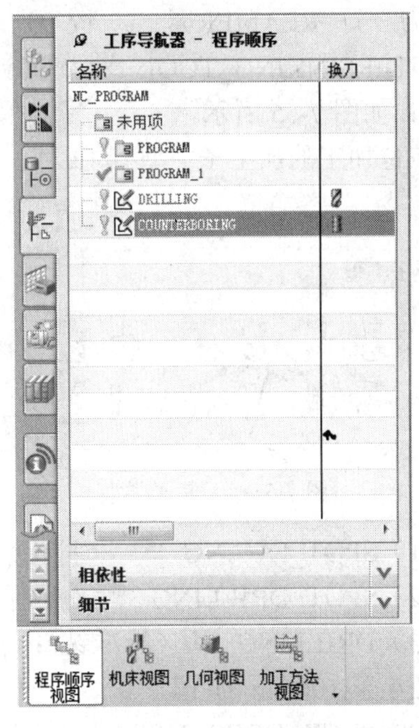

图 7-54　加工程序

7.2　点位加工的概述

在 UG CAM 加工模块中，点位加工是指刀具先在几何体上快速定位，然后以进给速度切入工件到指定的深度，最后快速退回到安全平面的加工过程。即定位到几何体——插入部件——退刀 3 个动作。该加工方式主要用于创建钻孔、镗孔、攻丝、铰孔、点焊和铆接等加工操作，所加工的孔可以是通孔、盲孔、中心孔和沉孔等。

点位加工与平面铣、型腔铣等加工操作，具有以下 3 个特点。

（1）点位加工的几何体设置相对简单，不需要指定部件几何体、毛坯几何体和检查几何体等，只需指定要加工的孔的位置和深度，即部件表面和底面。

（2）当工件中有许多相同直径的孔要加工时，可将这些孔按照加工工艺分成组，并为不同的组设定不同的循环参数，从而一次性完成这些孔的加工，不需要换刀和重新定位，这样可以大大节省加工的时间，提高加工的效率，同时也可提高各个孔的相对定位精度。

（3）点位加工的刀轨相对简单，也可以在机床上直接输入程序代码进行加工。

7.3　点位加工的基本操作

【光盘文件】

——参见附带光盘中的“AVI\CH7\7-3.avi”文件。

点位加工的刀具子类型有 9 种，分别为 SPOTFACING_TOOL （平钻）、SPOTDRILLING_TOOL （点钻）、DRILLING_TOOL （钻头）、BORING_BAR （镗刀）、REAMER （铰刀）、COUNTERBORING_TOOL （埋头孔）、COUNTERSINKING_TOOL （沉头孔）、TAP （丝锥）和 THREAD_MILL （螺丝铣刀），如图 7-55 所示。

点位加工的加工子类型有 12 种，如图 7-56 所示。

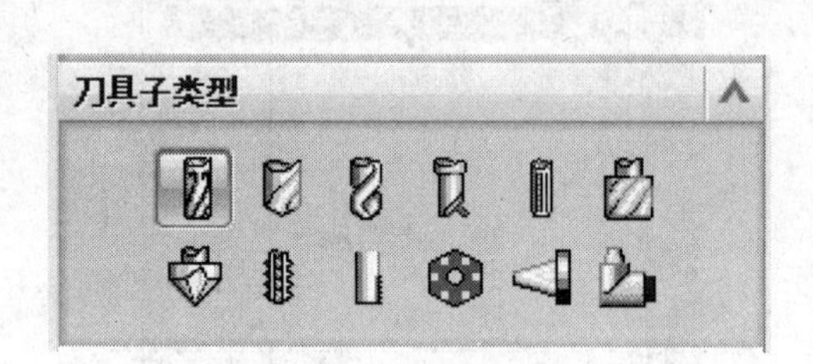

图 7-55 刀具子类型

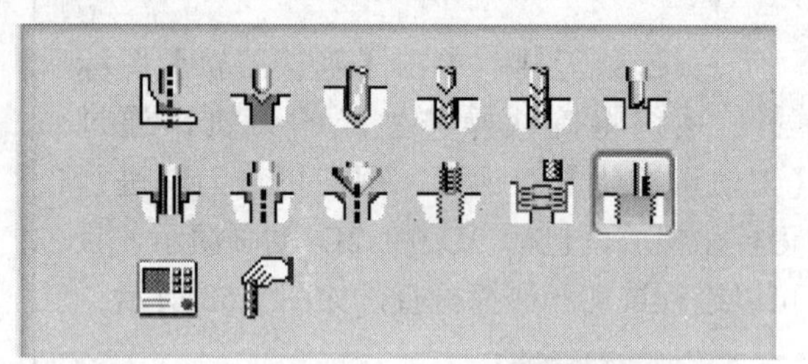

图 7-56 加工子类型

（1）SPOT_FACING （扩孔）：使用铣刀对零件表面进行扩孔加工。

（2）SPOT_DRILLING （点钻）：用于加工定位孔。

（3）DRILLING （标准钻）：普通的钻孔操作，是最基本的点位加工操作。用于加工直径小于 100mm 的孔。

（4）PECK_DRILLING （断削钻）：用于对韧性材料进行钻孔加工，加工产生的铁屑被撕裂成碎片。

（5）BREAKCHIP_DRILLING （啄钻）：采用啄食的方式来加工较深的孔。

（6）BORING （镗孔）：使用镗刀进行镗孔加工。可以加工出尺寸、形状和位置精度较高的孔。

（7）REAMING （铰孔）：使用铰刀将孔扩大。

（8）COUNTERBORING （锪沉头孔）：用于加工沉头孔，将沉孔锪平。

（9）COUNTERSINKING （锪锥形沉孔）：用于加工锥形沉孔。

（10）TAPPING （攻螺丝）：使用丝锥攻螺纹，用于加工螺纹。

（11）HOLE_MILLING （铣孔）：使用铣刀加工孔。

（12）THREAD_MILLING （铣螺纹）：用铣刀来加工螺纹。

7.3.1 加工几何体的设置

要创建一个点位加工操作，首先要指定加工几何体。几何体类型有 4 个：指定孔、指定顶面、指定底面和切削区域几何体。

1. 指定孔

指定孔用来指定要加工孔的位置。单击【创建工序】图标，创建钻孔操作，系统将自动弹出【钻】对话框，如图 7-57 所示。

在【钻】对话框中，单击【指定孔】图标，系统将自动弹出【点到点几何体】对话框，如图 7-58 所示。

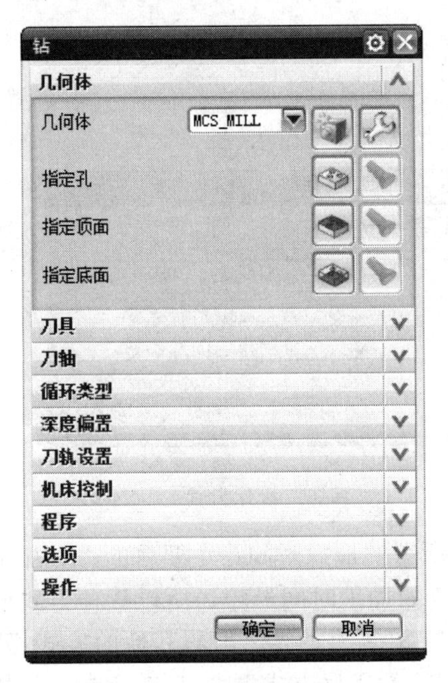

图 7-57 【钻】对话框

图 7-58 【点到点几何体】对话框

下面将逐一介绍在【点到点几何体】对话框中，各个选项参数的作用。

（1）【选择】：单击该选项，系统将自动弹出一个加工孔的方式的对话框，给用户提供了选择加工孔的方式，用户可以通过实际的要加工的部件中的孔的具体位置与参数来选择适合的加工方式，如图 7-59 所示。

- 【Cycle 参数组-1】：用于控制当前循环参数组与要指定的加工位置相关联。
- 【一般点】：用于通过点构造器来定义关联的或者非关联的 CL 点。
- 【组】：用于选择之前成组的点、圆弧，也可以直接选择组或者输入组名来选择组。
- 【类选择】：用于通过类选择来选择要加工的几何对象。
- 【面上所有孔】：用于通过选择一个面，在该面上所有符合在指定的直径值范围内的完整圆柱形孔。
- 【预钻点】：用于指定钻孔预进刀点。
- 【最小直径-无】、【最大直径 无】：用于指定一个直径范围内的孔，用于【面上所有孔】方式。
- 【选择结束】：结束孔的选择。
- 【可选的】：用于控制可选的孔对象类型，有【仅点】、【仅圆弧】、【仅孔】、【点和圆弧】和【全部】5 种可选的对象类型。【附加】用于将新选择的加工位置添加到先前选定的加工位置几何体中。【省略】用于控制先前选定的不需要的加工点位。在生成刀轨时，系统将自动不考虑在【省略】中选定的点。【优化】用于对选定的加工位置进行优化。用户通过直接选定的加工位置有可能不满足要求，需重新安排所选加工位置在刀轨中的顺序，以提高加工效率。

（2）【优化】在该选项下，系统提供了【最短刀轨】、【Horizontal Bands】、【Vertical

Bands】和【Repaint Points】4 种优化方式，如图 7-60 所示。

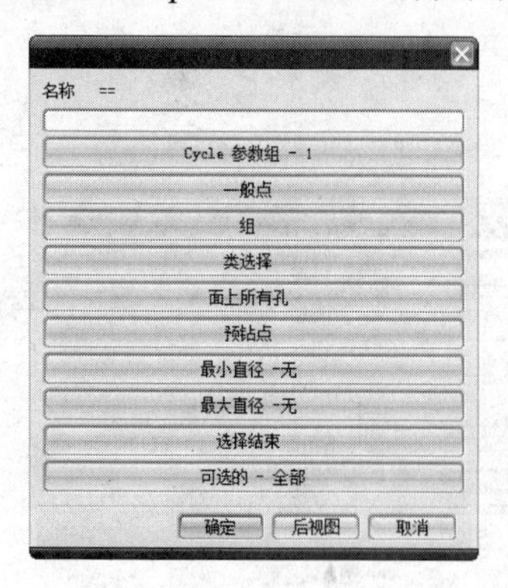

图 7-59　孔加工方式的选择

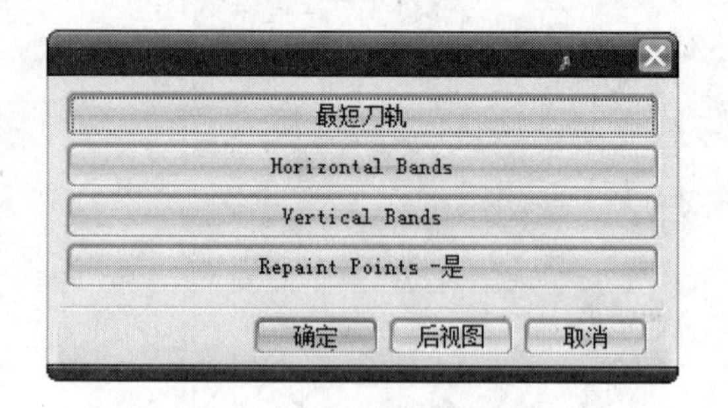

图 7-60　优化方式

①【最短刀轨】：选择该种方式，系统将以加工所需的最短时间为主要目的，对加工位置重新排列，以完成点位加工的路径优化。因为需要的加工时间最短，所以该种方式通常被作为首选方式，特别是在当需要加工的孔的数量特别多的时候。但与其他的方式相比，【最短刀轨】优化方式需要较长的处理时间。【最短刀轨】优化方式下，有 7 个参数，如图 7-61 所示。

- 【Level】：用于定义系统在确定最短刀轨时使用的时间级别，有【标准】和【高阶】两种。
- 【Based on-距离】：用于设置刀轨优化时出发点的参数。
- 【Start Piont】：用于指定刀轨优化时刀轨的起点，有【自动】和【选定的】两种。
- 【End Piont】：用于指定刀轨优化时的终点，有【自动】和【选定的】两种。
- 【Start Tool Axis-N/A】：用于指定在变轴点位加工中刀轨起点处的刀轴方向。
- 【End Tool Axis-N/A】：用于指定在变轴点位加工中刀轨终点处的刀轴方向。
- 【优化】：系统将根据最短刀轨的优化方式对刀轨进行优化，且弹出优化前后的结果对比，用户可以通过显示的结果对比，选择接受或者拒绝该优化后的刀轨，如图 7-62 所示。

图 7-61　最短刀轨优化参数

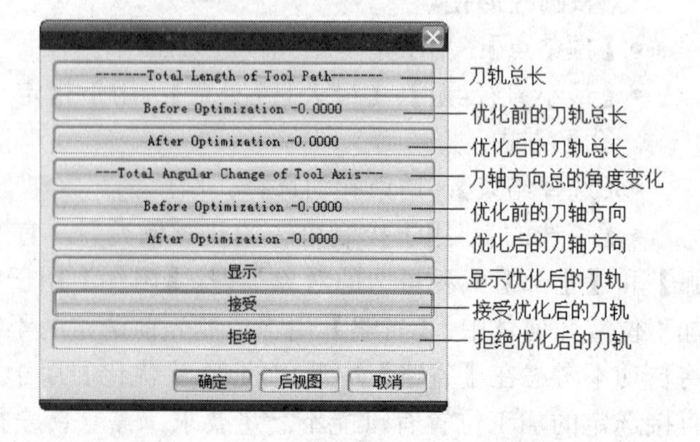

图 7-62　【最短刀轨优化结果】对话框

②【Horizontal Bands】：水平路径。选择该种方式，系统将以指定的水平带状区域来优化刀轨，刀具的运动方向与 XC 轴的方向大致平行。水平路径带由成对的水平直线组成，每组水平直线之间的加工位置按照指定的顺序排序。有【升序】和【降序】两种方式。

③【Vertical Bands】：垂直路径。选择该种方式，系统将以指定的垂直带状区域来优化刀轨，刀具的运动方向与 YC 轴的方向大致平行。垂直路径带由成对的垂直直线组成，每组垂直直线之间的加工位置按照指定的顺序排序。有【升序】和【降序】两种方式。

④【Repaint Points】：重新绘制加工位置。该选项可以控制每次优化后所有选定点的重新绘制。有【是】和【否】两种方式。若选择重新绘制加工位置，则系统将会重新显示每个加工点的刀轨顺序编号。

（3）【显示点】：该选项可以显示在使用【选择】、【省略】、【避让】和【优化】选项后刀轨点的选择情况。使用该选项，系统将显示所选加工点的新顺序，用户可以坚持加工位置是否正确。

（4）【避让】：用于设置可以越过的部件中夹具或者障碍的刀具间距。选择该选项，系统要求必须指定【起点】、【终点】和【避让距离】。【起点】是指设置加工位置的起点。【终点】是指设置加工位置的终点。【避让距离】是指设置刀具避让的距离，使得刀具可以越过【起点】和【终点】之间的区域。该距离值可以通过指定【安全平面】或者直接设置一个【距离】值。

（5）【反向】：用于点到先前选定的加工位置的顺序。

（6）【圆弧轴控制】：用于控制圆弧或者片体上孔的轴线方向，有【显示】和【反向】两种方式。【显示】是指可以选择圆弧，并显示所选圆弧的轴线方向，有【单个】和【全体】两种方式。【反向】是指可以选择圆弧，但是选择的圆弧的轴线方向将与先前的方向相反，有【单个】和【全体】两种方式。

（7）【Rapto 偏置】：用于为每个指定的点、圆弧或者孔指定一个 Rapto 值。在该点处，进给率将由快速变为切削，可以使用正值或者负值。指定负值时，可以使刀具从孔中退出至指定的安全距离值处，再将刀具定位到后续的孔位置处。

（8）【规划完成】：用于确定加工位置的指定。

（9）【显示/校核循环参数组】：用于显示和校核循环参数组，但不能修改循环参数组。

2. 指定顶面

顶面用来指定要加工孔的起点位置。在【钻】对话框中，单击【指定顶面】图标，系统将自动弹出【顶面】对话框，如图 7-63 所示。

在【顶面选项】的下拉菜单中，有【无】、【面】、【平面】和【ZC 常数】4 种方式。

- 【无】：不指定顶面。若不指定顶面，则系统将自动按照选择的点所在的高度位置作为顶面。
- 【面】：可以通过选择一个现有的面作为顶面。
- 【平面】：可以通过平面构造器创建一个平面作为顶面。
- 【ZC 常数】：可以通过设置一个平面，垂直于 WCS 的 ZC 轴的偏置距离面作为顶面。

3. 指定底面

底面用来指定要加工孔的终点位置。在【钻】对话框中，单击【指定底面】图标，系统将自动弹出【底面】对话框，如图 7-64 所示。

图 7-63 【顶面】对话框

图 7-64 【底面】对话框

在【底面选项】的下拉菜单中，有【无】、【面】、【平面】和【ZC 常数】4 种方式，与【指定顶面】的参数设置相同，在此不再赘述。

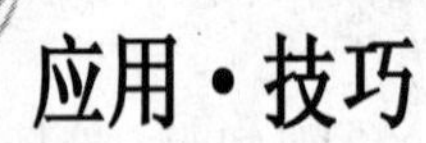

一般的通孔加工中，通过指定加工几何体，系统则可以自动计算出加工孔的深度。

7.3.2 循环类型的选择

在点位加工中，为了达到加工工艺的要求，对于不同类型的孔，需要的加工方式也不同。点位加工中，有 14 种不同的循环类型，分别为【无循环】、【啄钻】、【断屑】、【标准文本】、【标准钻】、【标准钻，埋头孔】、【标准钻，深孔】、【标准钻，断屑】、【标准攻丝】、【标准镗】、【标准镗，快退】、【标准镗，横向偏置后快退】、【标准背镗】、【标准镗，手工退刀】。

1. 无循环

【无循环】方式，是将所有活动的加工循环取消，当没有活动的加工循环时，系统只生成一个刀轨，将生成以下序列的运动。

（1）以进刀进给率将刀具移到第一个操作安全点处。

（2）以切削进给率沿刀轴将刀具移动到允许刀肩越过【底面】活动状态的点处。

（3）以退刀进给率将刀具退到操作安全点处。

以快速进给率将刀具移到每一个后续操作安全点处，若【底面】没有激活，刀具将以切削进给率移至每一个后续操作安全点处。

2. 啄钻

【啄钻】方式，是在每个加工的点处生成啄钻循环。啄钻方式不是一次切削到指定的加工深度，而是先钻削到一个中间深度后退刀至该加工孔上方的安全点，这样可以将钻削排出，且可以使得冷却液进入加工孔内，然后钻削至下一个中间深度，再退刀，直到完成整个孔的加工。此种方式适合钻深孔，刀轨产生的顺序。

（1）刀具以循环进给率移至第一个中间深度值。

（2）刀具以退刀进给率退至操作安全点处。

（3）刀具以进刀进给率移至前一个深度值上面的一个安全点处，该深度由选择啄钻方式的步距间隙来定义。

（4）刀具以循环进给率移至下一个中间深度处，该深度由增量选项定义。【增量】有【无】、【常量】和【变量】3 种方式。

- 【无】：无增量。
- 【常量】：每次啄钻的深度值都与上一次相等。
- 【变量】：每次啄钻的深度值可以与上一次相等，也可以重新设置新的深度值进行重复啄钻。

（5）刀具以快速进给率定位到下一个钻削的孔的位置，开始下一个钻孔循环。

当选择【啄钻】的循环类型时，系统将自动弹出一个【距离设置】对话框，即需要设置一个安全距离值，如图 7-65 所示。该距离值可以是正值，也可以是负值，但是不能为 0。当输入的值为负值时，刀具将会以进刀进给率钻至上一个孔深度下的一点处，这样可能会损坏刀具或者工件。

3. 断屑

【断屑】方式，是在每个加工的点处生成断屑循环。该种方式与前面介绍的【啄钻】循环类型基本相同，其区别在于：完成每次的增量钻孔深度后，系统并不使刀具从钻孔中完全退出然后返回至距上一深度一定距离的位置处，而是生成一个退刀运动使刀具退至距当前深度之上一定距离的点处。该种循环方式生成刀轨的顺序如下。

（1）刀具以循环进给率沿刀轴钻至第一个中间增量位置处。

（2）刀具从当前位置以退刀进给率返回至当前深度之上的一个安全点处，这段距离由设置的距离值控制。

（3）刀具以循环进给率继续钻至下一个中间深度。这一系列刀具运动将不断继续，直至刀具钻至指定的孔深度，此时刀具将以退刀进给率退至操作安全点处。

（4）刀具以快速进给率定位到后续的操作安全点处。

4. 标准文本

【标准文本】方式，是在每个加工位置上生成一个标准循环。选择【标准文本】循环方式时，系统将自动弹出一个文本框，需要用户输入循环文本。但是该循环文本必须是 APT 语言的关键字和数字，且中间用逗号隔开，长度在 1～20 个字符之间，如图 7-66 所示。

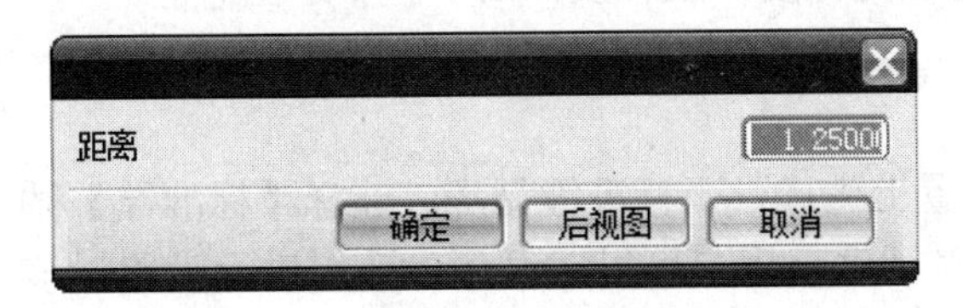

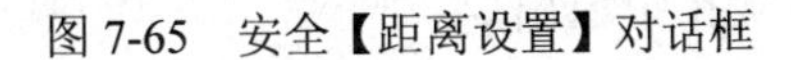
图 7-65　安全【距离设置】对话框

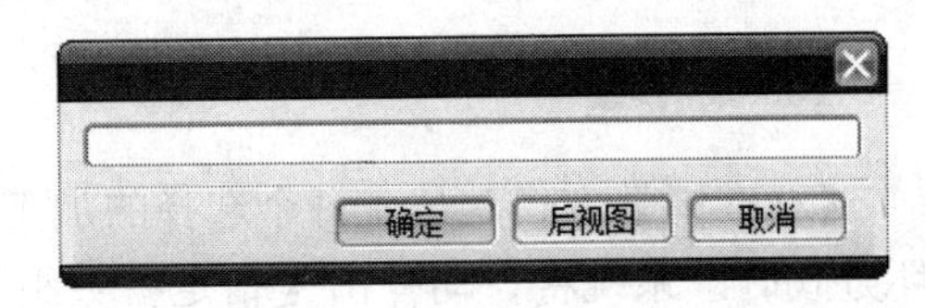

图 7-66　【标准文本】对话框

5. 标准钻

【标准钻】方式，是在每个选择的加工位置上生成一个标准钻循环。选择【标准钻】循环方式时，单击【循环】右边的一个【编辑参数】图标，系统将自动弹出【指定参数组】对话框，用户可以对循环参数组进行设置，如图 7-67 所示。

图 7-67 【指定参数组】对话框

6. 标准钻，埋头孔

【标准钻，埋头孔】方式，是在每个选择的加工位置上生成一个标准钻埋头孔循环。选择【标准钻，埋头孔】循环方式时，系统将自动弹出【指定参数组】对话框，用户可以对循环参数组进行设置。该种循环方式生成的刀轨包含进刀至指定深度，该深度由系统自动根据埋头孔的直径和刀具顶角的参数计算获得，然后沿刀轴以快速进给率退刀。

7. 标准钻，深孔

【标准钻，深孔】方式，是在每个选择的加工位置上生成一个标准钻——深孔循环。选择【标准钻，深孔】循环方式时，系统将自动弹出【指定参数组】对话框，用户可以对循环参数组进行设置。该种循环方式生成的刀轨包含一系列增量将刀具进给至指定深度，刀具到达每个新的增量深度后以快速进给率从孔中退出。

8. 标准钻，断屑

【标准钻，断屑】方式，是在每个选择的加工位置上生成一个标准钻——断屑循环。选择【标准钻，断屑】循环方式时，系统将自动弹出【指定参数组】对话框，用户可以对循环参数组进行设置。该种循环方式生成的刀轨包含一系列增量将刀具进给至指定深度，完成每个增量后退刀至安全间隙距离，刀具钻至最终深度后以快速进给率从孔中退出。

9. 标准攻丝

【标准攻丝】方式，是在每个选择的加工位置上生成一个标准攻丝循环。选择【标准攻丝】循环方式时，系统将自动弹出【指定参数组】对话框，用户可以对循环参数组进行设置。该种循环方式生成的刀轨包含刀具进给至指定深度，主轴反向后从孔中退出。

10. 标准镗

【标准镗】方式，是在每个选择的加工位置上生成一个标准镗循环。选择【标准镗】循环方式时，系统将自动弹出【指定参数组】对话框，用户可以对循环参数组进行设置。该种循环方式生成的刀轨包含刀具进给至指定深度，再从孔中退出。

11. 标准镗，快退

【标准镗，快退】方式，是在每个选择的加工位置上生成一个标准镗——快退循环。选择【标准镗，快退】循环方式时，系统将自动弹出【指定参数组】对话框，用户可以对循环参数组进行设置。该种循环方式生成的刀轨包含刀具进给至指定深度，主轴停止且以快速进给率从孔中退出。

12. 标准镗，横向偏置后快退

【标准镗，横向偏置后快退】方式，是在每个选择的加工位置上生成一个主轴停止和定向的标准镗——横向偏置后快退循环。选择【标准镗，横向偏置后快退】循环方式时，系统将自动弹出【Cycle/Bore,Nodrag】对话框，如图 7-68 所示。

单击【无】按钮，则系统在生成的循环中，将忽略主轴方向值，系统将返回【指定参数组】对话框；单击【指定】按钮，则系统要求用户输入一个方位值来控制主轴方位，或为偏置运动指定一个距离，如图 7-69 所示。

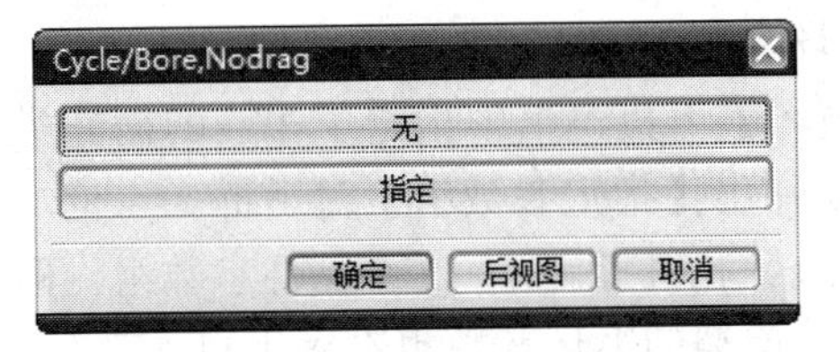

图 7-68 【Cycle/Bore,Nodrag】对话框

图 7-69 指定主轴方位

【标准镗，横向偏置后快退】循环方式生成的刀轨包含刀具进给至指定深度，在退刀前，主轴先停止在指定位置处，主轴横向偏置一定距离后再退刀。

13. 标准背镗

【标准背镗】方式，是在每个选择的加工位置上生成一个标准背镗循环。选择【标准背镗】循环方式时，系统将自动弹出【Cycle/Bore,Nodrag】对话框，设置与【标准镗，横向偏置后退刀】循环方式类似。该种循环方式生成的刀轨包含主轴停止和定向、垂直于刀轴的偏置运动、沿主轴定位方向的偏置运动、静止主轴送入孔中、返回孔中心的偏置运动、主轴启动和退出孔外。

14. 标准镗，手工退刀

【标准镗，手工退刀】方式，是在每个选择的加工位置上生成一个标准镗——手工退刀循环。选择【标准镗，手工退刀】循环方式时，系统将自动弹出【指定参数组】对话框，用户可以对循环参数组进行设置。该种循环方式生成的刀轨包含刀具进给至指定深度，主轴停止和程序停止，退刀过程由操作人员手动退刀。

应用·技巧

对于不同类型的孔，选择合适的循环类型，既可以保护刀具，也可以保证加工孔的表面质量。

7.3.3 循环参数的设置

【循环参数】是精确定义刀具运动和状态的加工特征，其包括钻削深度、进给率、停留时间、退刀时间和切削增量等。在点位加工中，可以为类型相同但加工工艺不同的孔指定不同的循环参数组，并通过设置其中的循环参数来达到加工的要求。在每一个循环参数组中都可以根据具体的加工工艺要求来设置不同的循环参数。

在【钻】对话框中，在【循环类型】下的【循环】下拉菜单中指定了相应的循环类型后，单击旁边的【编辑参数】图标，系统将自动弹出【指定参数组】对话框。点位加工中，有循环式和非循环式两种加工类型。每个循环式钻孔可指定1～5个循环参数组，但必须至少指定1个循环参数组。对于不同的循环类型，所需的循环参数也不尽相同。

在【指定参数组】对话框中，输入1，单击【确定】按钮，系统将自动弹出【Cycle 参数】对话框，不同的循环类型，【Cycle 参数】对话框中的参数也不一样。下面将介绍在点位加工中，不同的循环类型的【Cycle 参数】。

1.【啄钻】和【断屑】

【啄钻】和【断屑】的【Cycle 参数】，如图7-70所示。

（1）【Depth】：用于定义点位加工中孔的总深度，即从部件表面到刀尖的距离。单击【Depth-模型深度】按钮，系统将自动弹出【Cycle 深度】对话框，如图7-71所示。

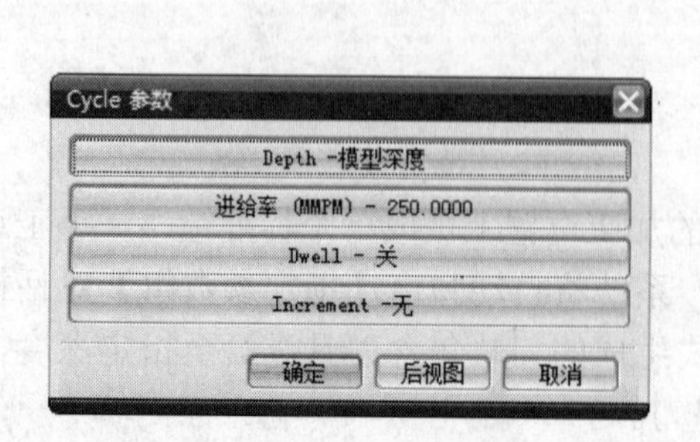

图7-70 Cycle 参数

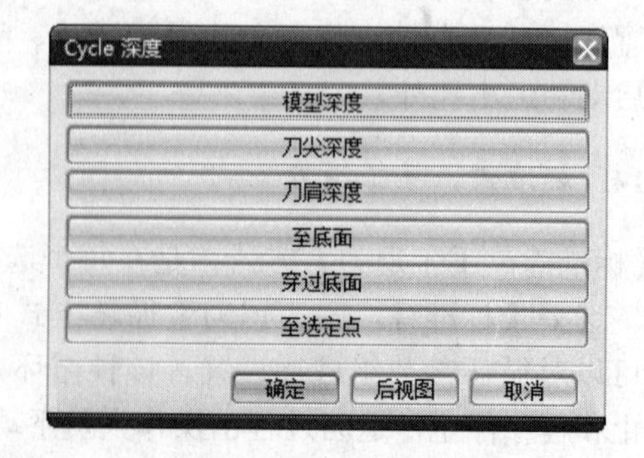

图7-71 Cycle 深度

- 【模型深度】：系统将默认实体模型中每个孔的深度作为孔加工的深度。
- 【刀尖深度】：系统将把加工部件表面与刀尖之间在刀轴方向上的距离作为孔加工的

深度，也可以直接输入一个深度值，如图 7-72 所示。

- 【刀肩深度】：系统将把加工部件表面与刀具刀肩之间在刀轴方向上的距离作为孔加工的深度，也可以直接输入一个深度值，如图 7-73 所示。
- 【至底面】：系统将把刀尖刚好接触加工底面时的深度作为孔加工的深度。
- 【穿过底面】：系统将把刀肩刚好接触加工底面时的深度作为孔加工的深度。
- 【至选定点】：系统将把部件表面到指定的点之间在刀轴方向上的距离作为孔加工的深度。

（2）【进给率】：用于定义在点位加工时刀具的运动速率。单击【进给率（MMPM）-250】按钮，系统将自动弹出【Cycle 进给率】对话框，如图 7-73 所示，用于可以自定义钻削的进给率。

图 7-72　刀尖深度值

图 7-73　Cycle 进给率

（3）【Dwell】：用于定义点位加工中，刀具在到达指定的切削深度时停留的时间。单击【Dwell】按钮，系统将指定弹出【Cycle Dwell】对话框，有【关】、【开】、【秒】和【转】4 个选项，如图 7-74 所示。【关】表示刀具在到达指定的切削深度时不作停留。【开】表示刀具在到达指定的切削深度时稍作停留，停留时间由系统自动计算。【秒】设置刀具在到达指定的切削深度时停留的时间，如图 7-75 所示。【转】设置刀具在到达指定的切削深度时主轴停留的转数，通过指定的主轴转数，系统将自动计算出停留的时间，如图 7-76 所示。

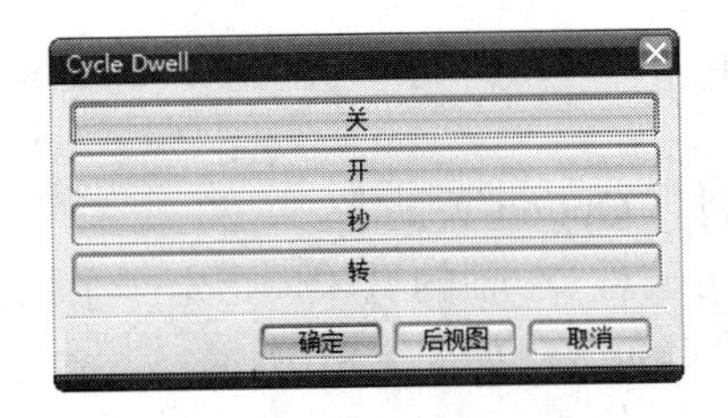

图 7-74　Cycle Dwell

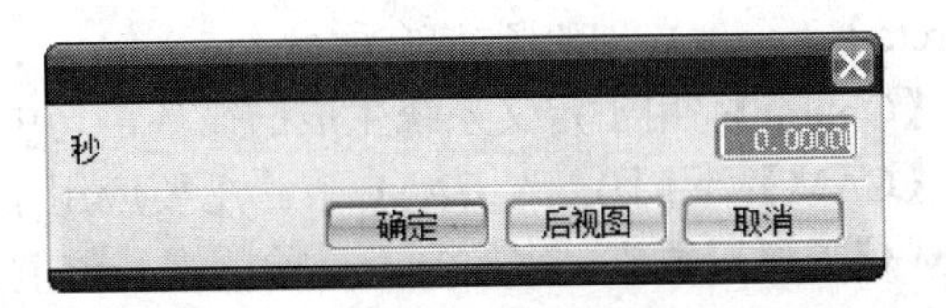

图 7-75　停留的秒数

（4）【Increment】：在两次钻削深度之间的增量值，有【空】、【恒定】和【可变的】3 个选项，如图 7-77 所示。

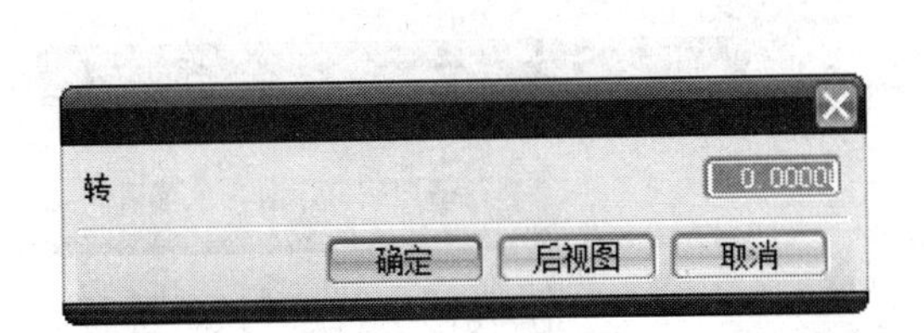

图 7-76　停留的主轴转数

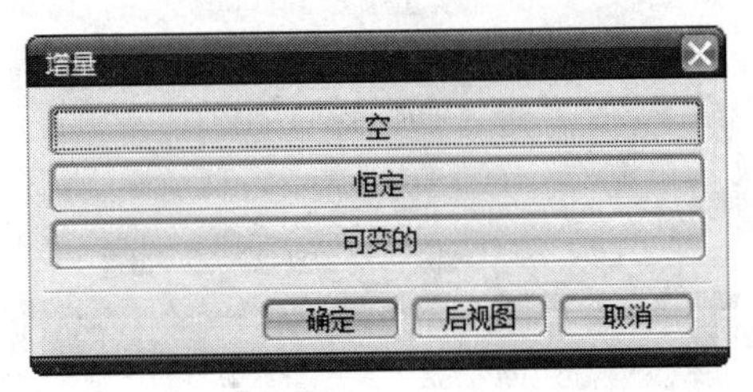

图 7-77　增量

- 【空】：表示系统将不生成任何中间点，刀具一次进刀至指定深度。
- 【恒定】：表示增量值为恒定的正值，系统将生成一系列具有恒定增量的进刀运动，可分多次进行切削至指定的深度。如果设置的增量值不能平均分割指定的深度值，则系统将尽可能多次的使用增量距离，但不会超出指定的深度。在最后一次的进给中，如果实际深度小于该增量值，则刀具只切削剩余的部分，不会导致零件过切，如图 7-78 所示。
- 【可变的】：表示增量的值为可变的，最多可以设置 7 个不同的增量值，使用可变的增量值时，可以设置刀具使用该增量值切削的重复的次数，如图 7-79 所示。

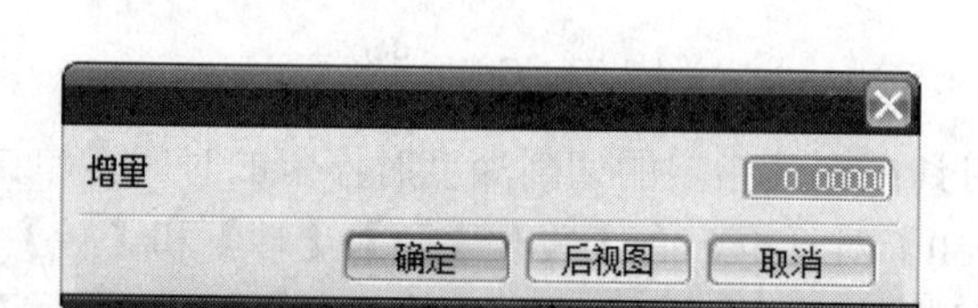

图 7-78　恒定的增量值

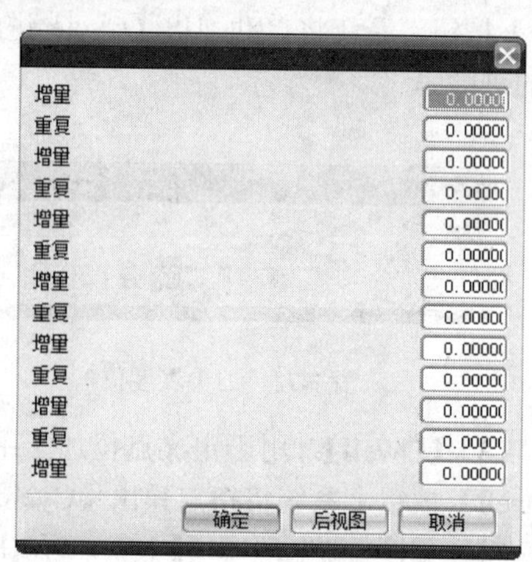

图 7-79　可变的增量值

2.【标准钻】

【标准钻】的【Cycle 参数】，与【啄钻】和【断屑】相比，多了【Option】、【CAM】和【Rtrcto】3 个参数，如图 7-80 所示。

【Option】：用于定义系统生成的循环语句中是否包含 Option 关键字。

【CAM】：用于定义 CAM 值。主要应用于没有可编程 Z 轴的机床，指定一个预置的 CAM 停刀位置数值，来控制刀具的深度。该值必须为非负数，如图 7-81 所示。

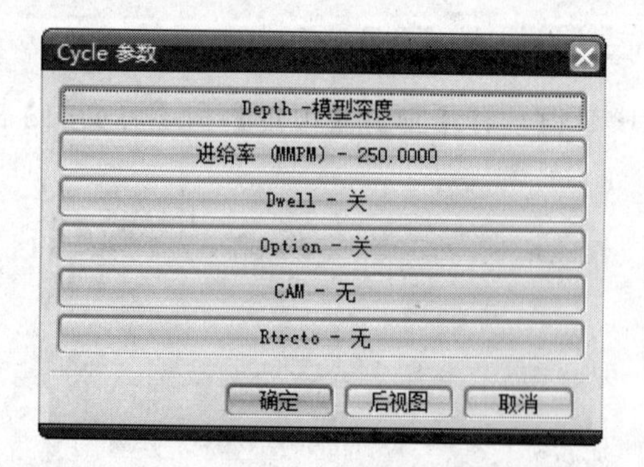

图 7-80　Cycle 参数

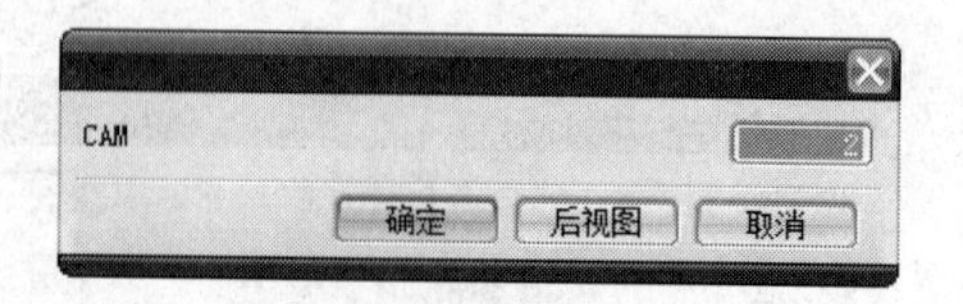

图 7-81　CAM 文本框

【Rtrcto】：用于定义点位加工中的退刀距离。退刀距离是指部件表面与退刀点之间在刀轴方向的距离，有【距离】、【自动】和【设置为空】3 种方式，如图 7-82 所示。

- 【距离】：直接指定一个退刀距离值，如图 7-83 所示。

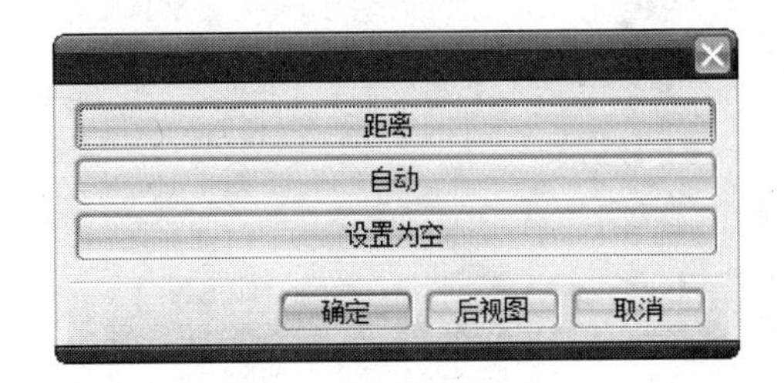

图 7-82　退刀方式

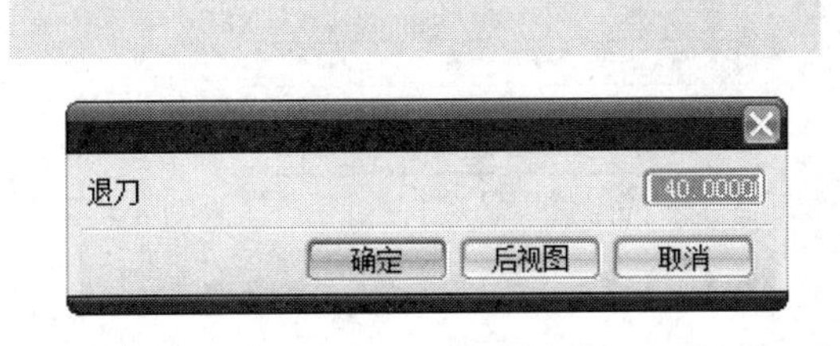

图 7-83　距离值

- 【自动】：由系统自动确定一个退刀距离值。
- 【设置为空】：系统不使用退刀距离。

3.【标准钻，埋头孔】

【标准钻，埋头孔】的【Cycle 参数】，如图 7-84 所示。先前已经介绍过的参数将不再赘述，下面将特别介绍【Csink 直径】和【入口直径】。

【Csink 直径】：用于定义埋头孔的直径，如图 7-85 所示。

【入口直径】：用于定义一个已有孔的直径，在沉头孔钻削中用于扩孔，如图 7-86 所示。

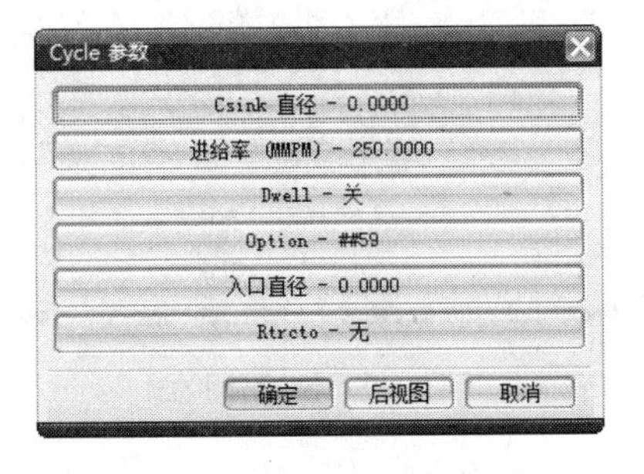

图 7-84　Cycle 参数

图 7-85　Csink 直径文本框

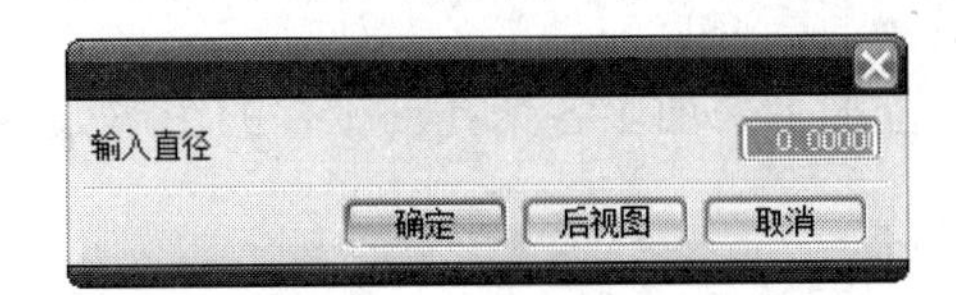

图 7-86　入口直径

4.【标准钻，深孔】

【标准钻，深孔】的【Cycle 参数】，如图 7-87 所示。先前已经介绍过的参数将不再赘述，下面将特别介绍【Step 值】这个参数。

【Step 值】：用于定义钻孔操作中深度方向递增的一系列规律尺寸值，可以设定 7 个不同的非零步进值，如图 7-88 所示。

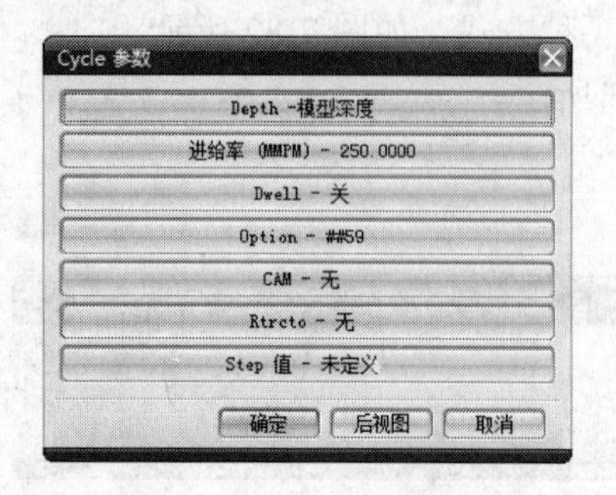

图 7-87　Cycle 参数

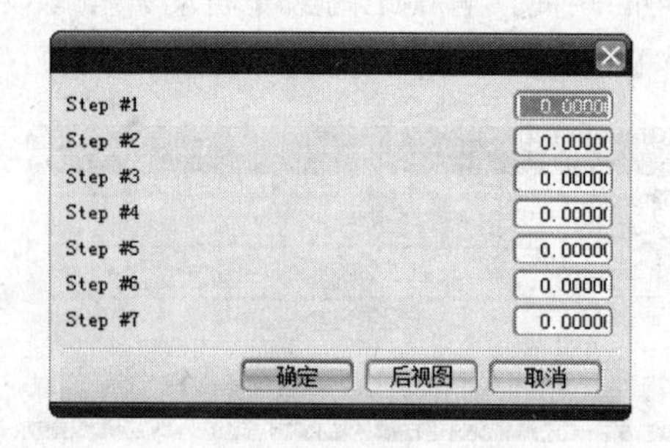

图 7-88　步进值

以上就是点位加工中的所有循环类。不同的循环类型，就是以不同的循环参数组合而成的。

7.3.4　避让参数的设置

在点位加工操作中的避让动作，通过【避让】参数来控制。【避让】的控制方式有【From 点】、【Start Point】、【Return Point】、【Gohome 点】、【Clearance Plane】和【Lower Limit Plane】6 种。

在【钻】对话框中，单击【刀轨设置】下的【避让】图标，系统将自动弹出【铣避让控制】对话框，如图 7-89 所示。

- 【From 点-无】：跟随点。
- 【Start Point-无】：起点。
- 【Return Point-无】：返回点。
- 【Gohome 点-无】：回零。
- 【Clearance Plane-无】：安全平面。
- 【Lower Limit Plane-无】：下限平面。

图 7-89　铣避让控制

7.4　实例·操作——复杂多孔系零件加工

分析零件，需要利用点位加工来加工各个孔。工件的图形如图 7-90 所示。

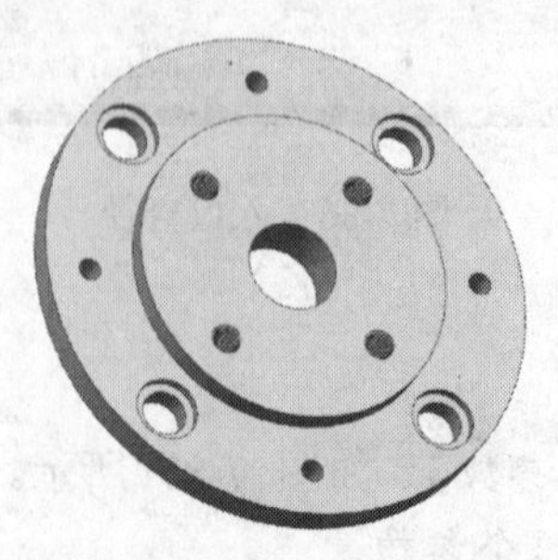

图 7-90　复杂多孔系零件

思路·点拨

如图 7-90 所示的部件模型，由 4 个沉头孔、4 个盲孔、4 个螺纹孔和中间一个大通孔组成。4 个沉头孔的直径为 28mm，通孔直径为 20mm；4 个盲孔直径为 10mm，深度为 8mm；4 个螺纹孔大径为 14mm，小径为 12mm，螺距为 2；中间的大通孔直径为 40mm。在该点位加工中，可以分为 7 个操作来完成孔的加工。

（1）创建一个点钻循环，准确定位所有的孔。

（2）创建一个标准钻循环操作，加工 4 个沉头孔中直径为 20mm 的通孔。

（3）创建一个标准钻循环操作，加工 4 个直径为 10mm 的通孔。

（4）创建一个标准钻循环操作，加工 4 个直径为 12mm 的通孔。

（5）创建一个标准钻循环操作，加工 4 个直径为 28mm，深度为 4mm 的沉头孔。

（6）创建一个标准钻循环操作，加工中间直径为 40mm 的通孔。

（7）创建一个标准攻丝循环操作，加工 4 个大径为 14mm，小径为 12mm，螺距为 2 的螺纹孔。

创建一个基本的点位加工操作，可以分为 6 个步骤：（1）创建通孔刀具和沉头孔刀具；（2）创建加工几何体；（3）创建点位加工工序；（4）指定孔、顶面、底面和深度偏置；（5）选择循环类型；（6）生成刀轨即可完成该零件的点位加工操作。

【光盘文件】

起始文件——参见附带光盘中的“MODEL\CH7\7-4.prt”文件。

结果文件——参见附带光盘中的“END\CH7\7-4.prt”文件。

动画演示——参见附带光盘中的“AVI\CH7\7-4.avi”文件。

【操作步骤】

（1）启动 UG NX 8.0。打开光盘中的源文件“MODEL\CH7\7-4.prt”模型，单击【OK】按钮，如图 7-91 所示。

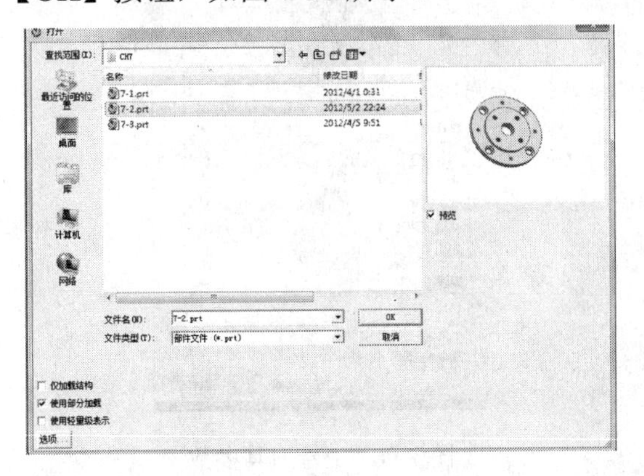

图 7-91　打开模型文件

（2）进入加工环境。单击【开始】—【加工】后出现 【加工环境】对话框（快捷键方式 Ctrl+Alt+M），在【CAM 会话环境】中选择【cam general】，在【要创建的 CAM 设置】中选择【drill】,单击【确定】按钮进入点位加工环境，如图 7-92 所示。

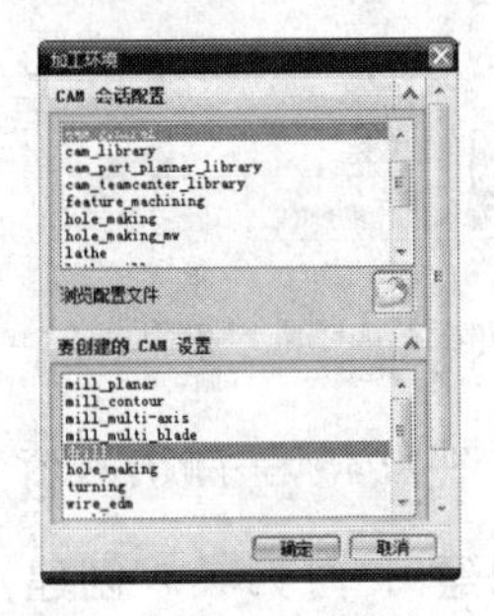

图 7-92　进入加工环境

（3）创建第一个程序。单击【创建程序】图标，弹出【创建程序】对话框。在【类型】的下拉菜单中选择【drill】，在【位置】的下拉菜单中选择【NC_PROGRAM】，【名称】设置为【PROGRAM_1】,单击【确定】按钮，创建点位加工程序，如图 7-93 所示。

图 7-93　创建程序

在【工序导航器-程序顺序】中显示新建的程序，如图 7-94 所示。

图 7-94　程序顺序视图

（4）创建 1 号刀具。创建点钻刀具。单击【创建刀具】图标，弹出【创建刀具】对话框，在【类型】的下拉菜单中选择【drill】，在【刀具子类型】中选择【SPOTDRILLING_TOOL】图标，在【位置】的下拉菜单中选择【GENERIC_MACHINE】，【名称】设置为【SPOTDRILLING_TOOL_D10】，单击【确定】按钮，如图 7-95 所示。

图 7-95　创建 1 号刀具

单击【确定】按钮后，系统自动弹出【钻刀】对话框，设置钻刀的具体参数：【直径】为 10，【刀尖角度】为 120，【长度】为 50，【刀刃长度】为 35，【刀刃】为 2，【刀具号】为 1，其余参数采用系统默认值，如图 7-96 所示。

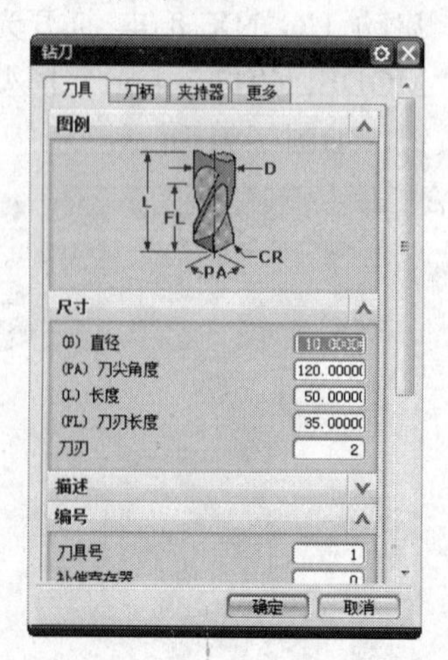

图 7-96　1 号刀具参数

单击【确定】按钮，在【工序导航器-机床】中显示新建的刀具【SPOTDRILLING_TOOL_D10】，如图 7-97 所示。

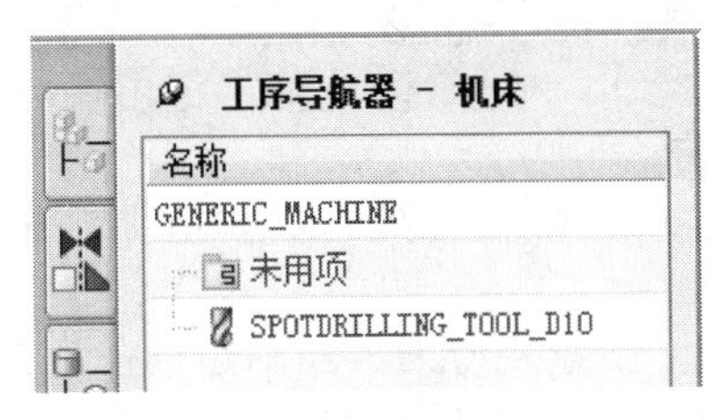

图 7-97　机床视图

（5）创建 2 号刀具。创建直径为 10mm 的标准钻刀。单击【创建刀具】图标，弹出【创建刀具】对话框，在【类型】的下拉菜单中选择【drill】，在【刀具子类型】中选择【DRILLING_TOOL】图标，在【位置】的下拉菜单中选择【GENERIC_MACHINE】，【名称】设置为【DRILLING_TOOL_D10】，单击【确定】按钮，如图 7-98 所示。

图 7-98　创建 2 号刀具

单击【确定】按钮后，系统自动弹出【钻刀】对话框，设置刀具的具体参数：【直径】为 10，【刀尖角度】为 118，【长度】为 50，【刀刃长度】为 35，【刀刃】为 2，【刀具号】为 2，其余参数采用系统默认值，如图 7-99 所示。

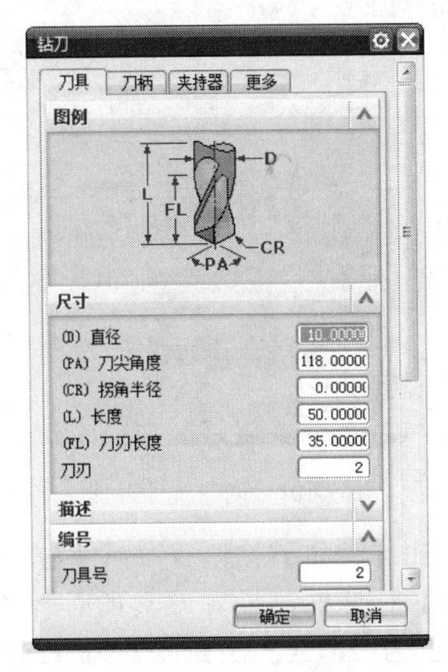

图 7-99　2 号刀具参数

单击【确定】按钮，在【工序导航器-机床】中显示新建的刀具【DRILLING_TOOL_D10】，如图 7-100 所示。

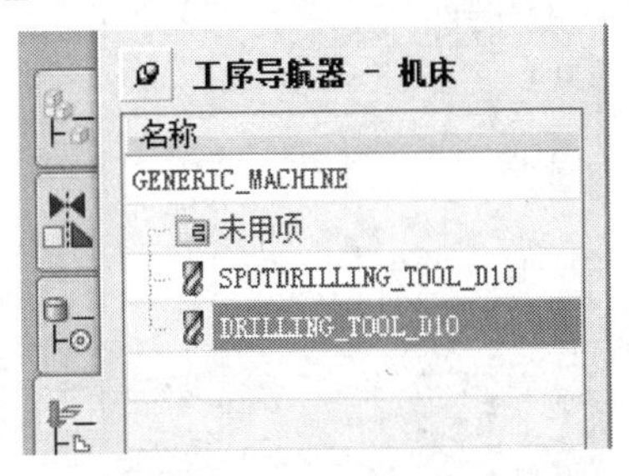

图 7-100　机床视图

（6）创建 3 号刀具。创建直径为 20mm 的标准钻刀。单击【创建刀具】图标，弹出【创建刀具】对话框，在【类型】的下拉菜单中选择【drill】，在【刀具子类型】中选择【DRILLING_TOOL】图标，在【位置】的下拉菜单中选择【GENERIC_MACHINE】，【名称】设置为【DRILLING_TOOL_D20】，单击【确定】按钮，如图 7-101 所示。

图 7-101　创建 3 号刀具

单击【确定】按钮后，系统自动弹出【钻刀】对话框，设置刀具的具体参数：【直径】为 20，【刀尖角度】为 118，【长度】为 50，【刀刃长度】为 35，【刀刃】为 2，【刀具号】为 3，其余参数采用系统默认值，如图 7-102 所示。

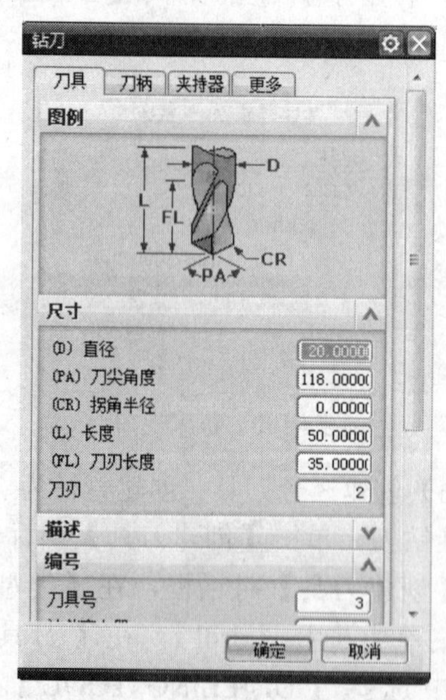

图 7-102　3 号刀具参数

单击【确定】按钮，在【工序导航器-机床】中显示新建的刀具【DRILLING_TOOL_D20】，如图 7-103 所示。

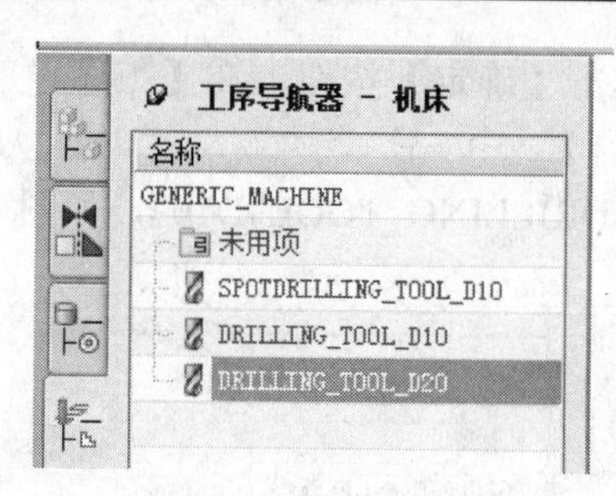

图 7-103　机床视图

（7）创建 4 号刀具。创建直径为 12mm 的标准钻刀。单击【创建刀具】图标，弹出【创建刀具】对话框，在【类型】的下拉菜单中选择【drill】，在【刀具子类型】中选择【DRILLING_TOOL】图标，在【位置】的下拉菜单中选择【GENERIC_MACHINE】，【名称】设置为【DRILLING_TOOL_D12】，单击【确定】皖钮，如图 7-104 所示。

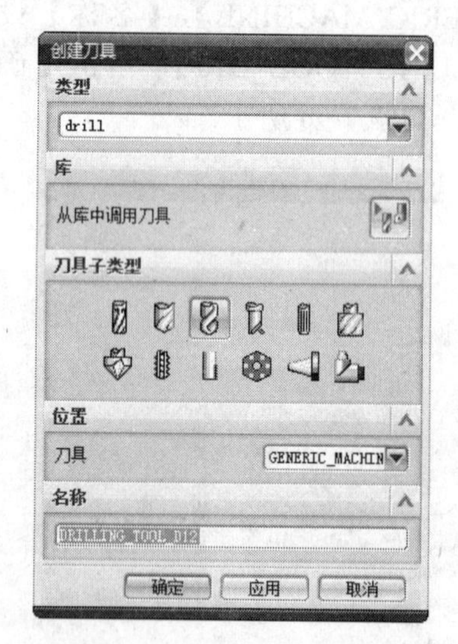

图 7-104　创建 4 号刀具

单击【确定】按钮后，系统自动弹出【钻刀】对话框，设置刀具的具体参数：【直径】为 12，【刀尖角度】为 118，【长度】为 50，【刀刃长度】为 35，【刀刃】为 2，【刀具号】为 4，其余参数采用系统默认值，如图 7-105 所示。

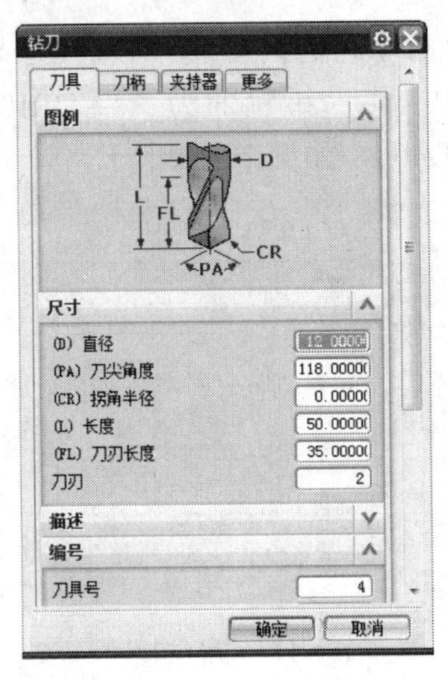

图 7-105　4 号刀具参数

单击【确定】按钮，在【工序导航器】-【机床视图】中显示新建的刀具【DRILLING_TOOL_D12】，如图 7-106 所示。

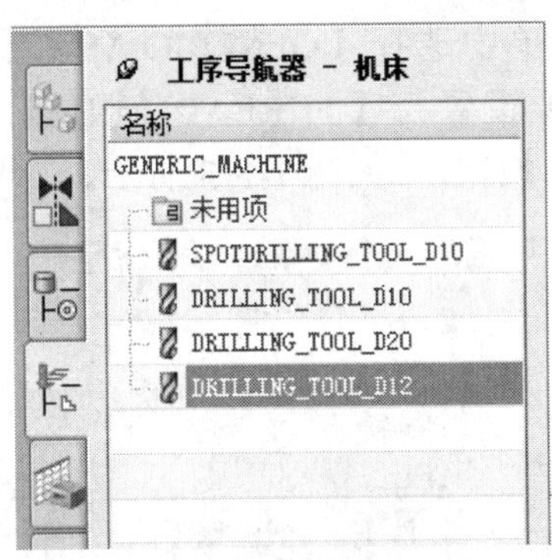

图 7-106　机床视图

（8）创建 5 号刀具。创建直径为 28mm 的沉头孔刀具。单击【创建刀具】图标，弹出【创建刀具】对话框，在【类型】的下拉菜单中选择【drill】，在【刀具子类型】中选择【COUNTERBORING_TOOL】图标，在【位置】的下拉菜单中选择【GENERIC_MACHINE】，【名称】设置为【COUNTERBORING_TOOL_D28】，单击【确定】按钮，如图 7-107 所示。

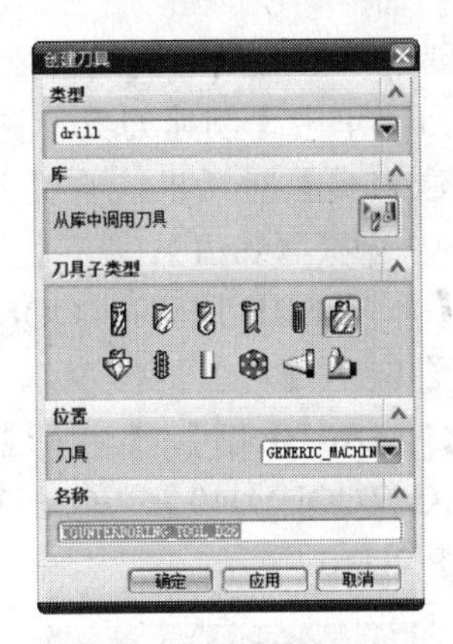

图 7-107　创建 5 号刀具

单击【确定】按钮后，系统自动弹出【铣刀-5 参数】对话框，设置刀具的具体参数：【直径】为 28，【下半径】为 0，【长度】为 75，【刀刃长度】为 50，【刀刃】为 4，【刀具号】为 5，其余参数采用系统默认值，如图 7-108 所示。

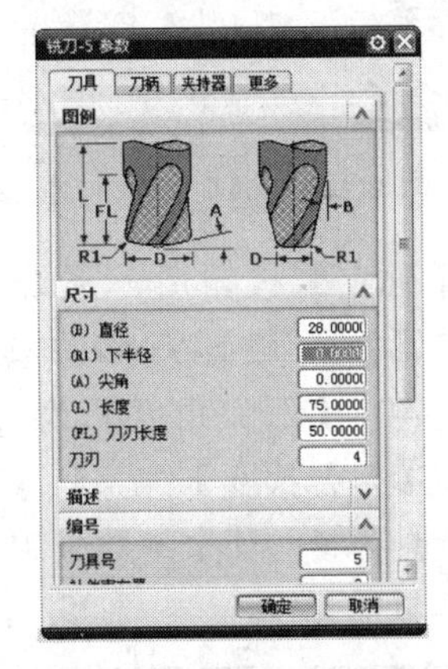

图 7-108　5 号刀具参数

单击【确定】按钮，在【工序导航器-机床】中显示新建的刀具【COUNTERBORING_TOOL_D28】，如图 7-109 所示。

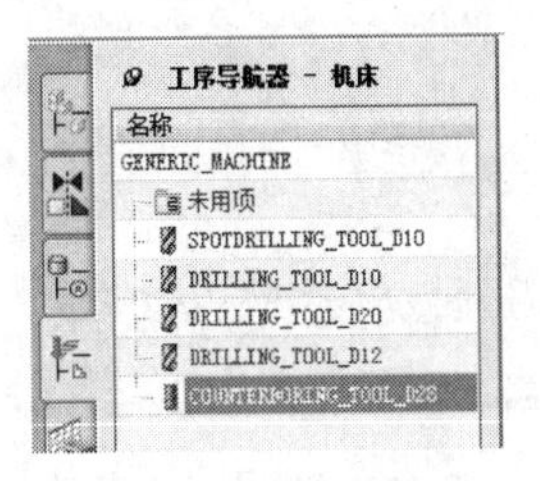

图 7-109　机床视图

（9）创建 6 号刀具。创建直径为 40mm 的标准钻刀。单击【创建刀具】图标，弹出【创建刀具】对话框，在【类型】的下拉菜单中选择【drill】，在【刀具子类型】中选择【DRILLING_TOOL】图标，在【位置】的下拉菜单中选择【GENERIC_MACHINE】，【名称】设置为【DRILLING_TOOL_D40】，单击【确定】按钮，如图 7-110 所示。

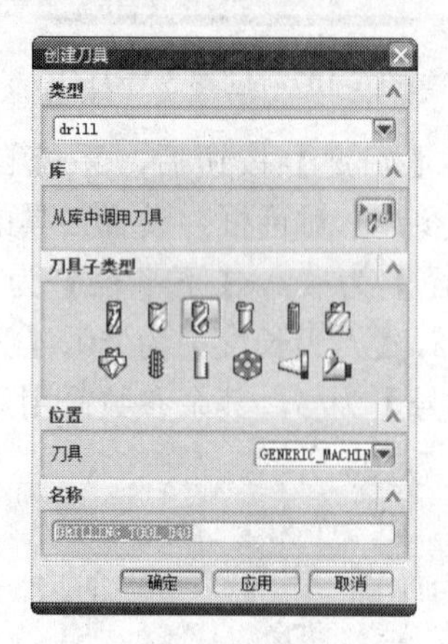

图 7-110　创建 6 号刀具

单击【确定】按钮后，系统自动弹出【钻刀】对话框，设置刀具的具体参数：【直径】为 40，【刀尖角度】为 118，【长度】为 50，【刀刃长度】为 35，【刀刃】为 2，【刀具号】为 6，其余参数采用系统默认值，如图 7-111 所示。

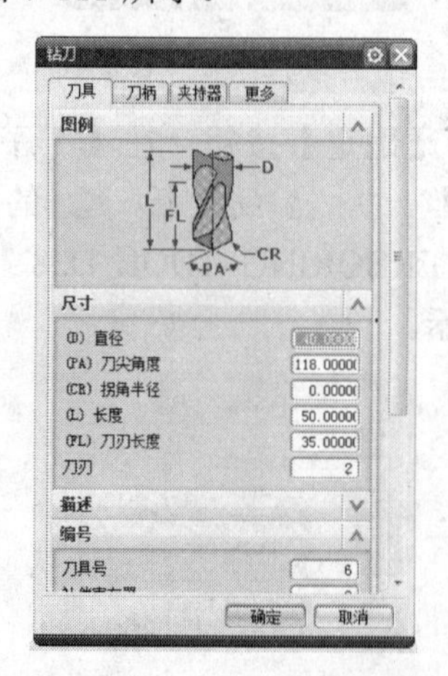

图 7-111　6 号刀具参数

单击【确定】按钮，在【工序导航器-机床】中显示新建的刀具【DRILLING_TOOL_D40】，如图 7-112 所示。

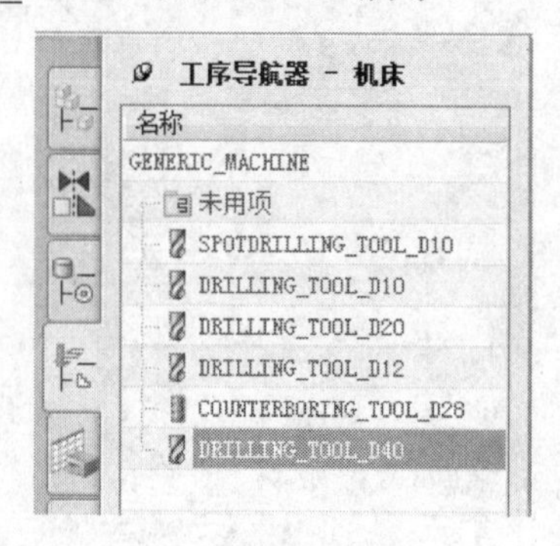

图 7-112　机床视图

（10）创建 7 号刀具。创建螺纹刀。单击【创建刀具】图标，弹出【创建刀具】对话框，在【类型】的下拉菜单中选择【drill】，在【刀具子类型】中选择【THREAD_MILL】图标，在【位置】的下拉菜单中选择【GENERIC_MACHINE】，【名称】设置为【THREAD_MILL】，单击【确定】按钮， 如图 7-113 所示。

图 7-113　创建 7 号刀具

单击【确定】按钮后，系统自动弹出【螺纹铣】对话框，设置刀具的具体参数：【直径】为 12，【颈部直径】为 10，【长度】为 70，【刀刃长度】为 40，【刀刃】为 2，【螺距】为 2，【刀具号】为 7，其余参数采用系统默认值，如图 7-114 所示。

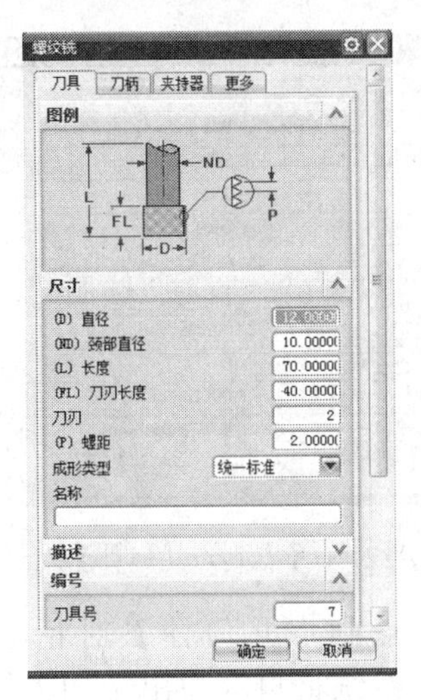

图 7-114　7 号刀具参数

单击【确定】按钮，在【工序导航器-机床】中显示新建的刀具【THREAD_MILL】，如图 7-115 所示。

图 7-115　机床视图

（11）设置点位加工几何体。双击【工序导航器-几何】中 【MCS_MILL】的子菜单【WORKPIECE】，系统自动弹出【工件】对话框，如图 7-116 所示。

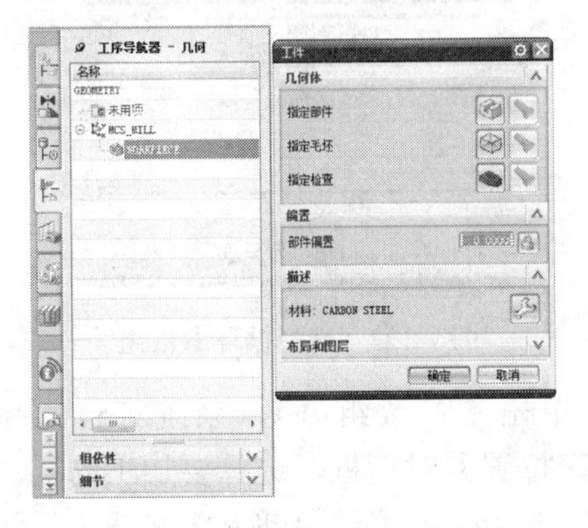

图 7-116　创建点位加工几何体

① 单击【指定部件】图标，弹出【部件几何体】对话框，选中整个部件体，单击【确定】按钮完成部件几何体的设置，如图 7-117 所示。

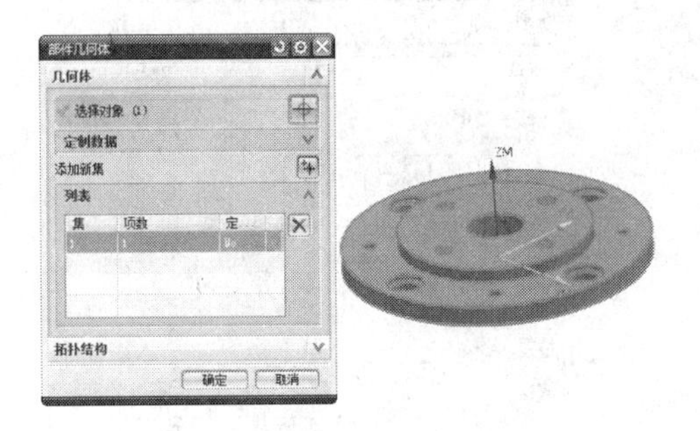

图 7-117　指定部件

② 单击【指定毛坯】图标，弹出【毛坯几何体】对话框，单击【类型】的下拉菜单，选中【几何体】，在【过滤器】类型的下拉菜单中选择【面】，再选中部件几何体中除了孔之外的所有面，单击【确定】按钮完成毛坯几何体的设置，如图 7-118 所示。再单击【确定】按钮完成点位加工几何体的设置。

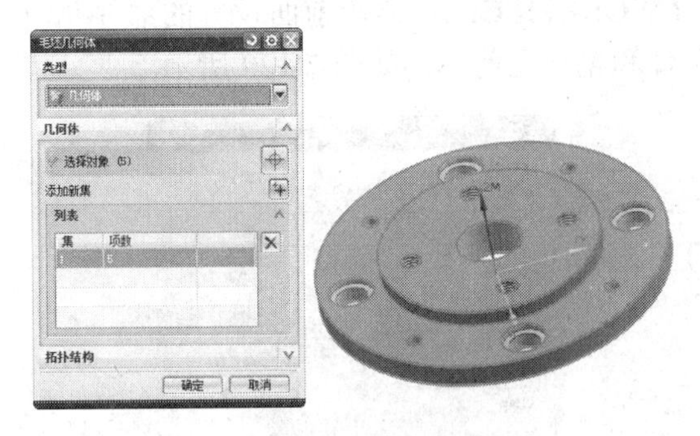

图 7-118　指定毛坯

（12）创建点钻工序。创建点钻工序，精确定位所有的孔。单击【创建工序】图标，弹出【创建工序】对话框，在【类型】下拉菜单中选择【drill】，【工序子类型】选择【SPOT_DRILLING】图标，【程序】选择【NC_PROGRAM】，【刀具】选择【SPOTDRILLING_TOOL_D10（钻刀）】，【几何体】选择【WORKPIECE】，

【方法】选择【DRILL_METHOD】,【名称】设置为【SPOT_DRILLING】,单击【确定】按钮,如图 7-119 所示。

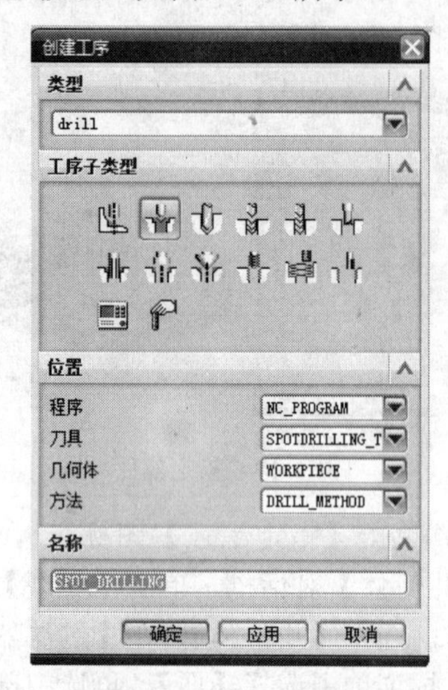

图 7-119 创建点钻工序

单击【确定】按钮后,弹出【定心钻】对话框,设置钻孔的参数。

① 在【几何体】下拉菜单中选择【WORKPIECE】,继承前面设置的部件几何体和毛坯几何体,如图 7-120 所示。

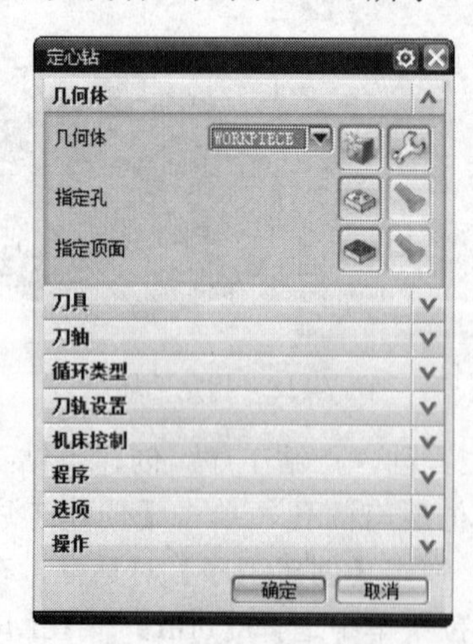

图 7-120 继承几何体

② 指定孔。单击【指定孔】图标,系统将自动弹出【点到点几何体】对话框,如图 7-121 所示。

图 7-121 【点到点几何体】对话框

在【点到点几何体】对话框中单击【选择】,系统将自动弹出【加工位置】对话框,如图 7-122 所示。

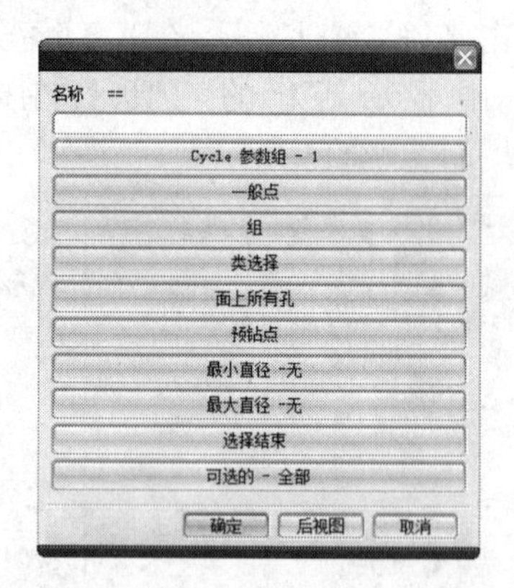

图 7-122 【加工位置】对话框

在【加工位置】对话框中单击【Cycle 参数组-1】,系统将自动弹出【选择循环参数组】对话框,如图 7-123 所示。

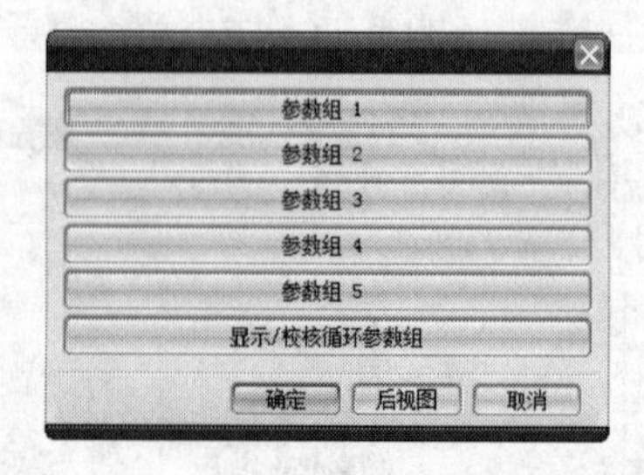

图 7-123 选择循环参数组

单击【参数组 1】,系统将自动弹出【加工位置】对话框,选择要加工的孔,如图 7-124 所示。单击【确定】按钮,系统将自动返回到【点到点几何体】对话框。

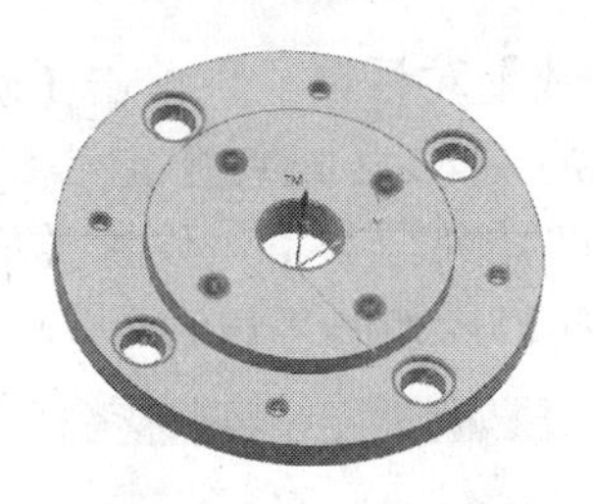

图 7-124　选择孔

在【点到点几何体】对话框中单击【优化】，系统将自动弹出【优化】对话框，如图 7-125 所示。

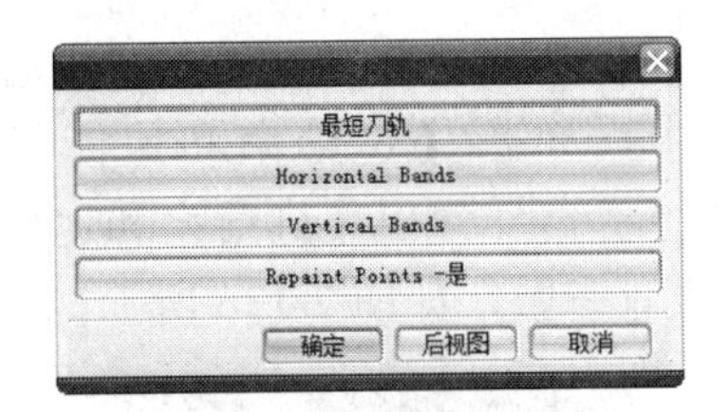

图 7-125　【优化】对话框

单击对话框中的【最短刀轨】，系统将自动弹出【优化参数】对话框，如图 7-126 所示。

图 7-126　【优化参数】对话框

在对话框中单击【优化】，系统将自动弹出【优化结果】对话框，如图 7-127 所示。

图 7-127　【优化结果】对话框

单击【确定】按钮，系统将自动返回到【点到点几何体】对话框，再单击【确定】按钮，系统将自动返回到【定心钻】对话框。

③ 指定顶面。单击【指定顶面】图标，系统将自动弹出【顶面】对话框，如图 7-128 所示。

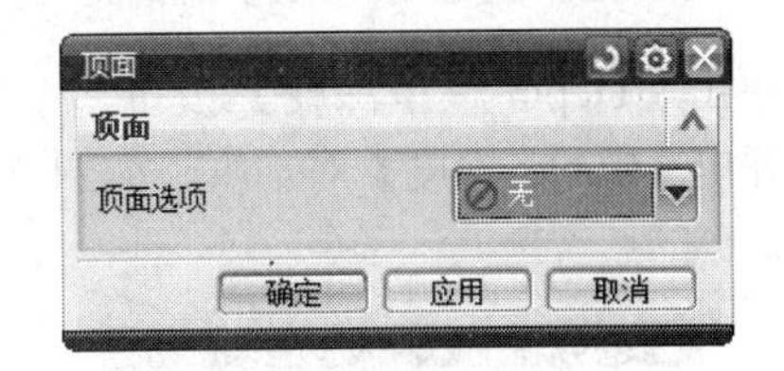

图 7-128　顶面设置

在【顶面选项】的下拉菜单中，选择【面】，再选中部件的上表面，如图 7-129 所示，单击【确定】按钮完成顶面的指定。

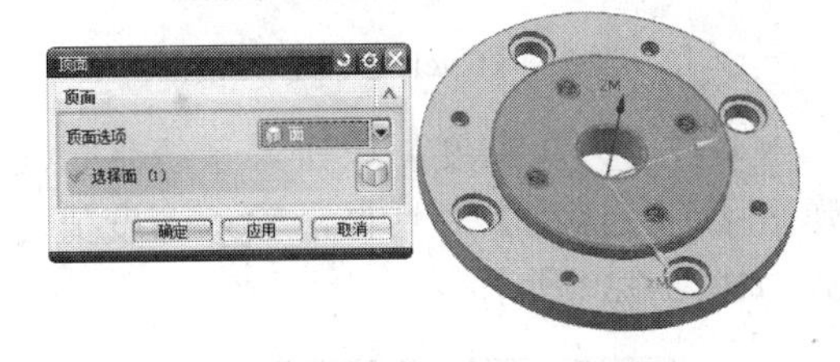

图 7-129　选择顶面

④ 设置循环类型。在【定心钻】对话框中，在【循环类型】的【循环】下拉菜单中选择【标准钻】，再单击【标准钻】的【参数编辑】图标，系统将自动弹出【指定参数组】对话框，在【Number of Sets】文本框中输入 1，设置一个循环参数组，如图 7-130 所示。单击【确定】按钮，系统将自动弹出【Cycle 参数】对话框，如图 7-131 所示。

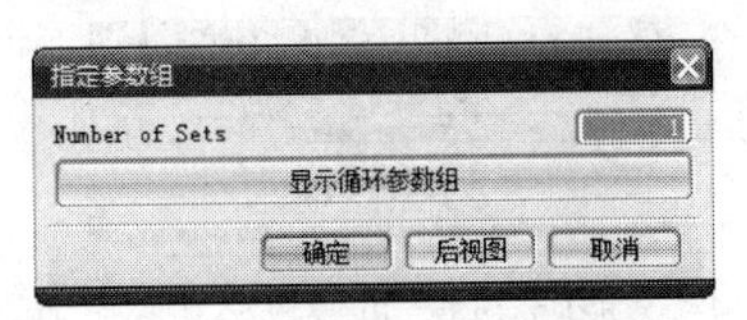

图 7-130　循环次数设置

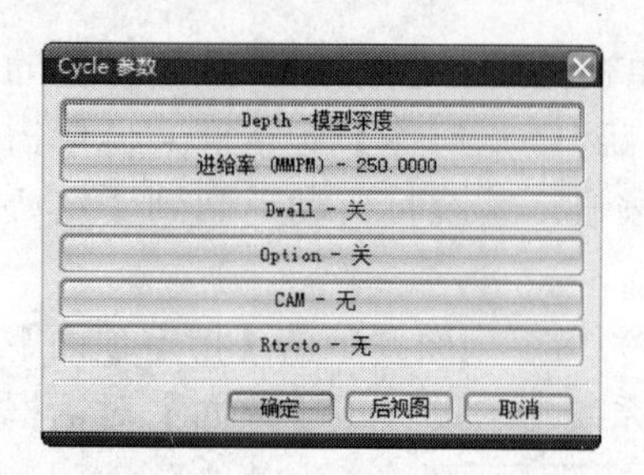

图 7-131　【Cycle 参数】对话框

单击【Depth-模型深度】按钮，系统将自动弹出【Cycle 深度】对话框，如图 7-132 所示。

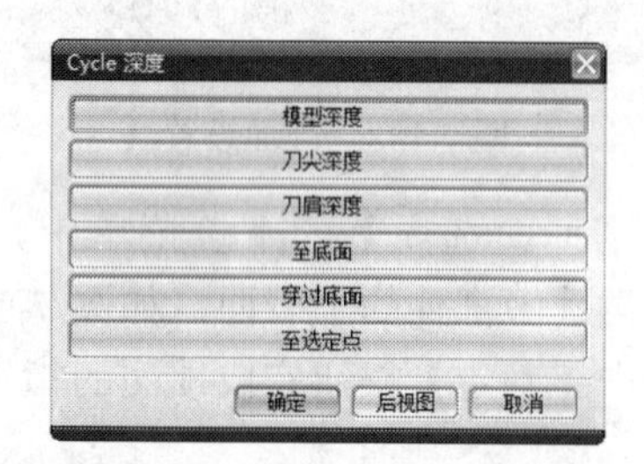

图 7-132　【Cycle 深度】对话框

单击【刀尖深度】按钮，系统将自动弹出【刀尖深度】对话框，输入深度值为 3，如图 7-133 所示。

图 7-133　【刀尖深度】对话框

单击【确定】按钮，系统将自动返回【Cycle 参数】对话框。

在【Cycle 参数】对话框中单击【进给率（MMPM）-250.0000】，系统将自动弹出【Cycle 进给率】对话框，设置进给率为 200，如图 7-134 所示。

图 7-134　设置进给率

单击【确定】按钮，系统将自动返回【Cycle 参数】对话框，再单击【确定】按钮，系统将自动返回到【定心钻】对话框，在【循环类型】下，设置【最小安全距离】值为 15，如图 7-135 所示。

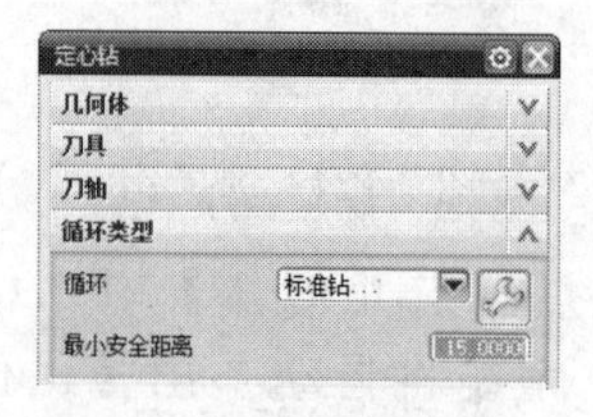

图 7-135　设置最小安全距离

⑤ 设置进给率和速度。在【定心钻】对话框中，单击【进给率和速度】图标，系统将自动弹出【进给率和速度】对话框，设置参数，如图 7-136 所示。

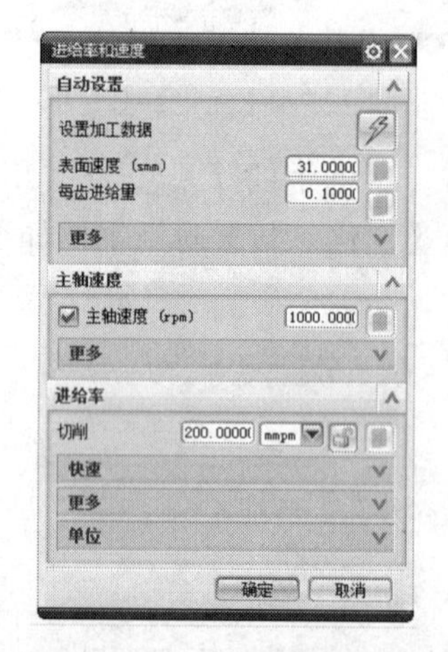

图 7-136　设置进给率和速度

单击【确定】按钮，完成进给率和速度的设置。

⑥ 生成刀轨。单击【生成刀轨】图标，系统将根据设置的操作参数生成相应的刀轨，如图 7-137 所示。

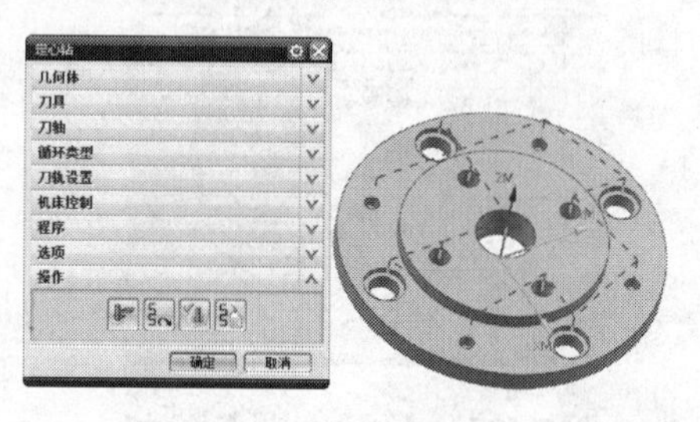

图 7-137　生成刀轨

⑦ 确认刀轨。单击【确认刀轨】图标，系统将确认操作生成的刀轨，通过【刀轨可视化】对话框，用户可对刀轨进行可视化播放，包括 3D 和 2D 动画演示，且可以进行过切和碰撞检查，如图 7-138 所示。单击【确定】按钮，完成定位钻孔的加工。

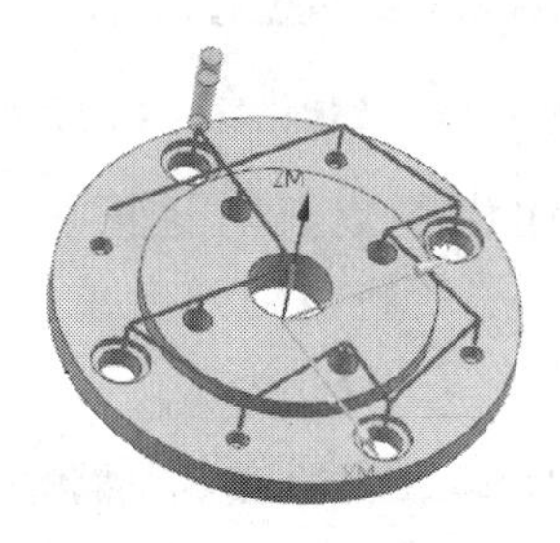

图 7-138　确认刀轨

（13）创建钻孔直径为 20mm 的通孔工序。单击【创建工序】图标，弹出【创建工序】对话框，在【类型】下拉菜单中选择【drill】，【工序子类型】选择【DRILLING】图标，【程序】选择【NC_PROGRAM】，【刀具】选择【DRILLING_TOOL_D20（钻刀）】，【几何体】选择【WORKPIECE】，【方法】选择【DRILL_METHOD】，【名称】设置为【DRILLING】，单击【确定】按钮，如图 7-139 所示。单击【确定】按钮后，弹出【钻】对话框，设置钻孔的参数。

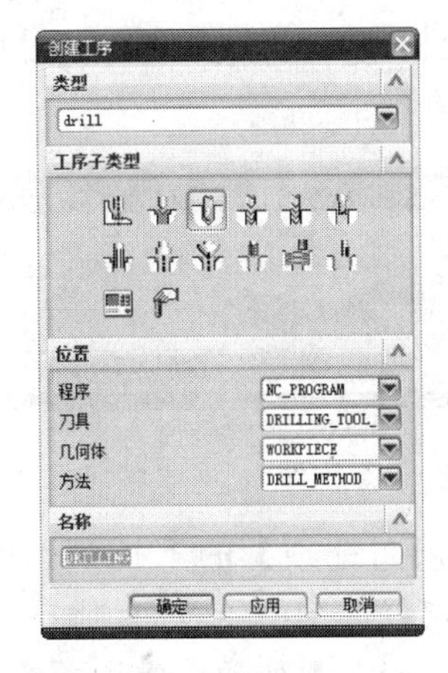

图 7-139　创建钻孔工序

① 在【几何体】下拉菜单中选择【WORKPIECE】，继承前面设置的部件几何体和毛坯几何体，如图 7-140 所示。

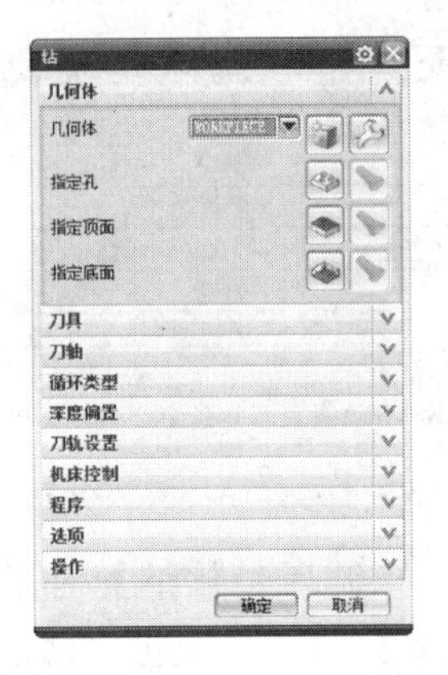

图 7-140　继承几何体

②【指定孔】。单击【指定孔】图标，系统将自动弹出【点到点几何体】对话框，如图 7-141 所示。

图 7-141　【点到点几何体】对话框

在【点到点几何体】对话框中单击【选择】按钮，系统将自动弹出【加工位置】对话框，如图 7-142 所示。

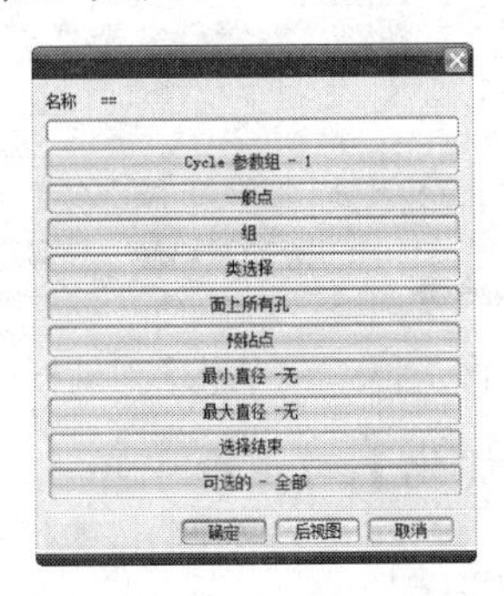

图 7-142　【加工位置】对话框

在【加工位置】对话框中单击【Cycle 参数组-1】按钮，系统将自动弹出【选择循环参数组】对话框，如图 7-143 所示。

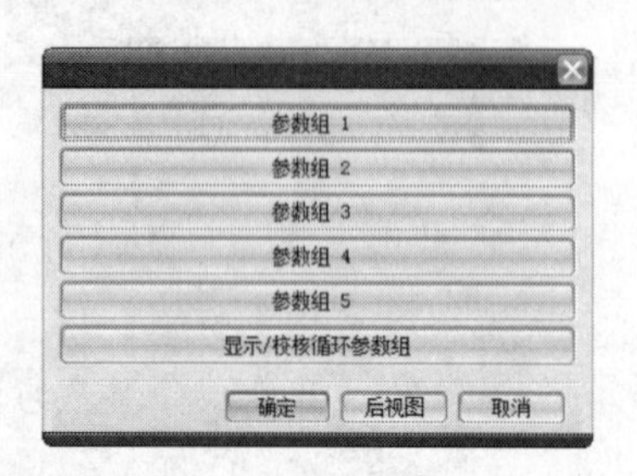

图 7-143 【选择循环参数组】对话框

在【选择循环参数组】对话框中单击【参数组 1】按钮，系统将自动返回到【加工位置】对话框，选择部件上直径为 20mm 的孔，如图 7-144 所示。

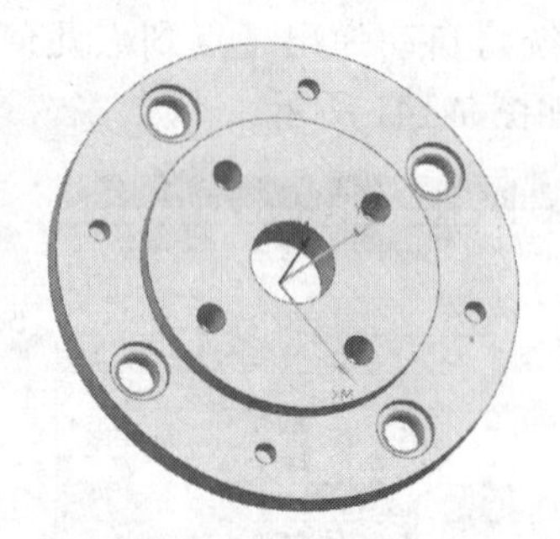

图 7-144 选择孔

单击【确定】按钮，系统将自动返回到【点到点几何体】对话框，在【点到点几何体】对话框中选择【优化】，系统将自动弹出【优化】对话框，如图 7-145 所示。

图 7-145 【优化】对话框

在【优化】对话框中单击【最短刀轨】按钮，系统将自动弹出【优化参数】对话框，如图 7-146 所示。

图 7-146 【优化参数】对话框

在【优化参数】对话框中单击【优化】按钮，系统将自动弹出【优化结果】对话框，如图 7-147 所示。

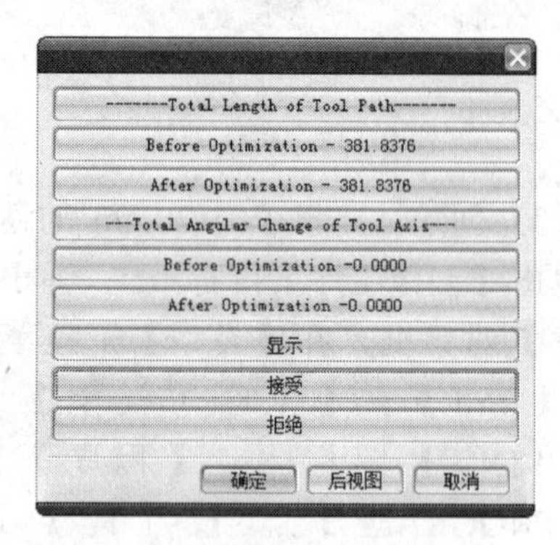

图 7-147 【优化结果】对话框

单击【确定】按钮，系统将自动返回到【点到点几何体】对话框，再单击【确定】按钮，完成孔的指定，系统将自动返回到【钻】对话框。

③ 指定顶面。单击【指定顶面】图标，系统将自动弹出【顶面】对话框，如图 7-148 所示。

图 7-148 顶面设置

在【顶面选项】的下拉菜单中，选择【面】，再选择如图所示表面，如图 7-149 所示。单击【确定】按钮完成顶面的指定。

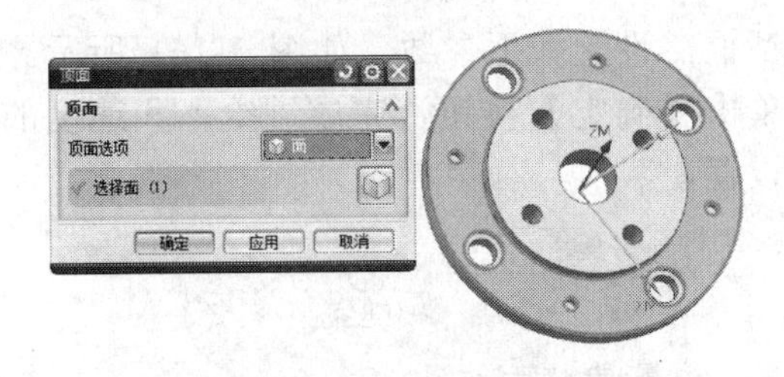

图 7-149　选择顶面

④ 指定底面。单击【指定底面】图标，系统将自动弹出【底面】对话框，如图 7-150 所示。

图 7-150　底面设置

在【底面选项】的下拉菜单中，选择【面】，再选中部件的下表面，如图 7-151 所示。单击【确定】按钮，完成底面的指定。

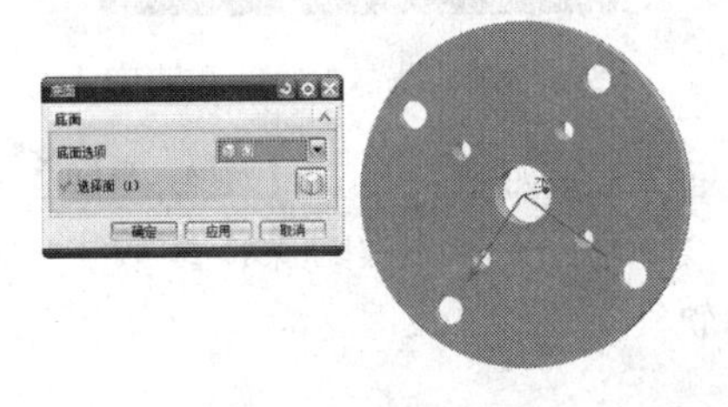

图 7-151　选择底面

⑤ 设置循环类型。在【钻】对话框中，在【循环类型】的【循环】下拉菜单中选择【标准钻】，再单击【标准钻】的【参数编辑】图标，系统将自动弹出【指定参数组】对话框，在【Number of Sets】文本框中输入 1，设置一个循环参数组，如图 7-152 所示。

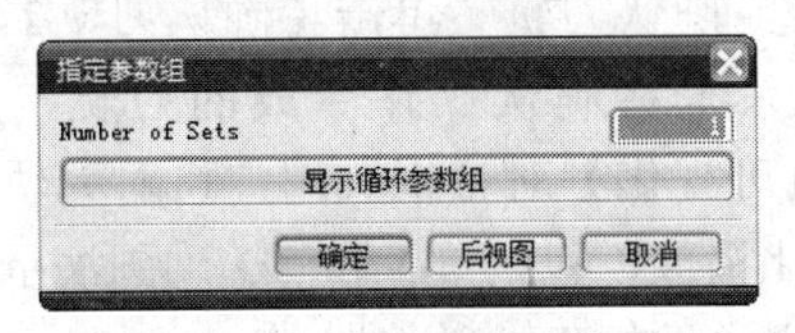

图 7-152　循环次数设置

单击【确定】按钮，系统将自动弹出【Cycle 参数】对话框，如图 7-153 所示。

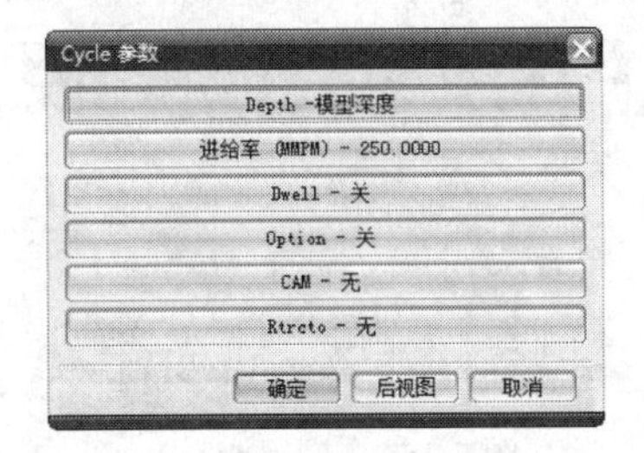

图 7-153　【Cycle 参数】对话框

单击【Depth-模型深度】按钮，系统将自动弹出【Cycle 深度】对话框，如图 7-154 所示。单击【模型深度】按钮，系统将自动返回【Cycle 参数】对话框。

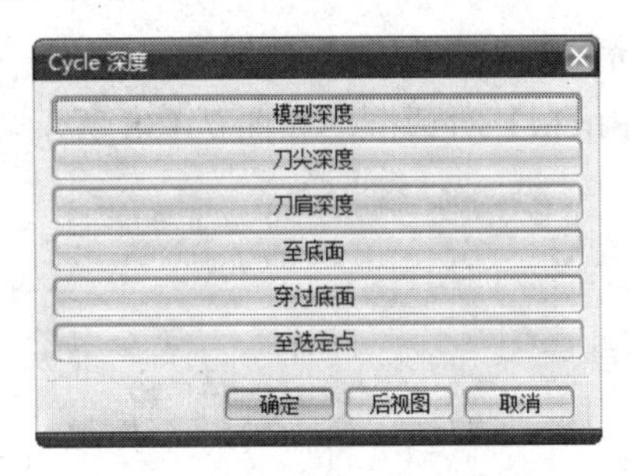

图 7-154　【Cycle 深度】对话框

单击【进给率（MMPM）-250.0000】按钮，系统将自动弹出【Cycle 进给率】对话框，设置进给率为 200，如图 7-155 所示。单击【确定】按钮，系统将自动返回【Cycle 参数】对话框。

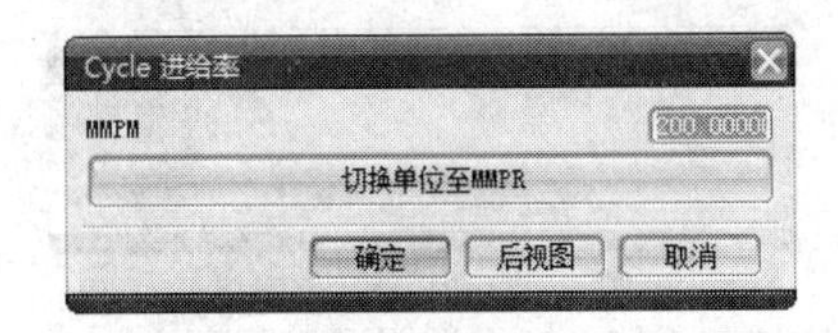

图 7-155　设置进给率

单击【Dwell-关】按钮，系统将自动弹出【Cycle Dwell】对话框，如图 7-156 所示。

单击【秒】按钮，系统将自动弹出【时间设置】对话框，输入 2，如图 7-157

所示。单击【确定】按钮，系统将自动返回【Cycle 参数】对话框。

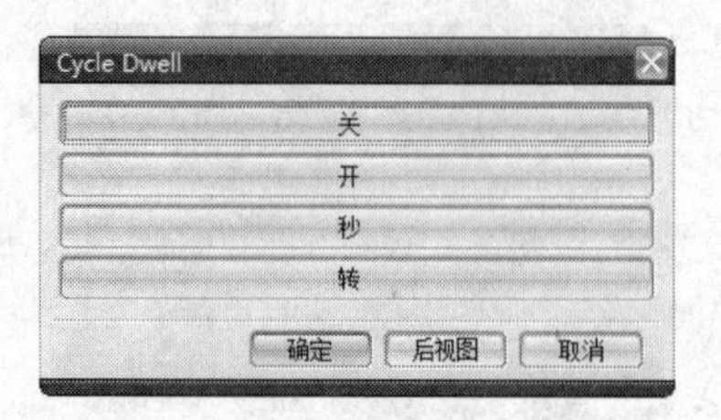

图 7-156　设置 Dwell

图 7-157　设置时间

单击【Rtrcto-无】按钮，系统将自动弹出【Rtrcto】对话框，如图 7-158 所示。

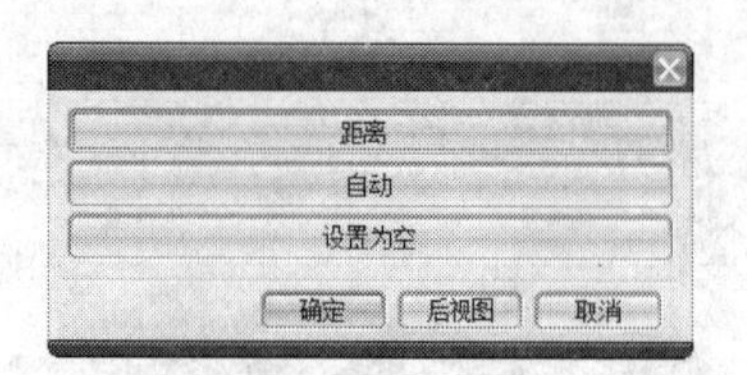

图 7-158　设置 Rtrcto

单击【距离】按钮，系统将自动弹出【退刀】对话框，输入 30，如图 7-159 所示。单击【确定】按钮，系统将自动返回【Cycle 参数】对话框，再单击【确定】按钮完成【循环】参数的设置。

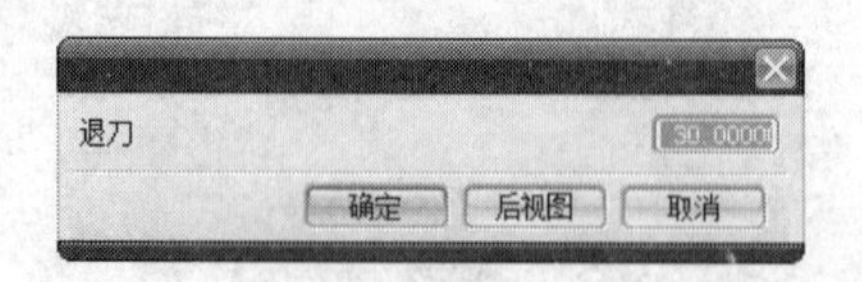

图 7-159　设置退刀距离

在系统自动返回的【钻】对话框中，【循环类型】下的【最小安全距离】设置为 25，如图 7-160 所示。

⑥ 设置进给率和速度。在【定心钻】对话框中，单击【进给率和速度】图标，系统将自动弹出【进给率和速度】对话框，设置如下参数，如图 7-161 所示。单击【确定】按钮，完成进给率和速度的设置。

图 7-160　设置最小安全距离

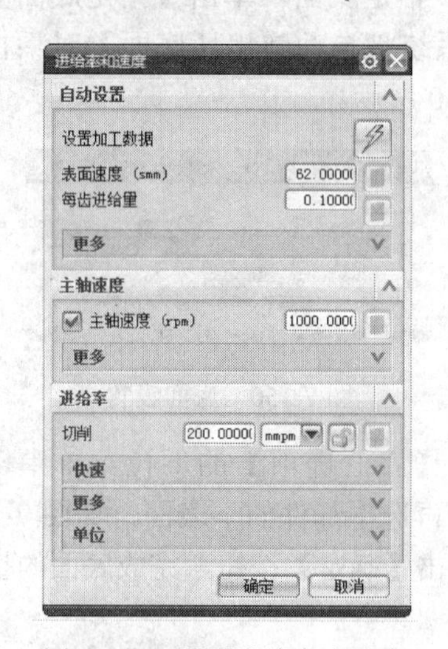

图 7-161　设置进给率和速度

⑦ 生成刀轨。单击【生成刀轨】图标，系统将根据设置的操作参数生成相应的刀轨，如图 7-162 所示。

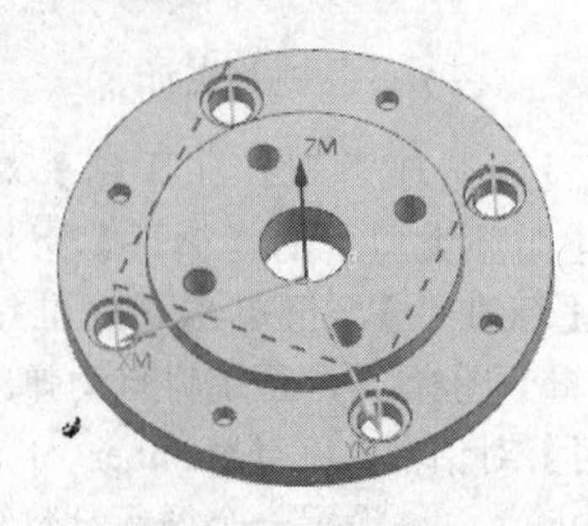

图 7-162　生成刀轨

⑧ 确认刀轨。单击【确认刀轨】图标，系统将确认操作生成的刀轨，通过【刀轨可视化】对话框，用户可对刀轨进行可视化播放，包括 3D 和 2D 动画演示，且可以进行过切和碰撞检查，如图 7-163

所示。单击【确定】按钮，完成通孔的加工。

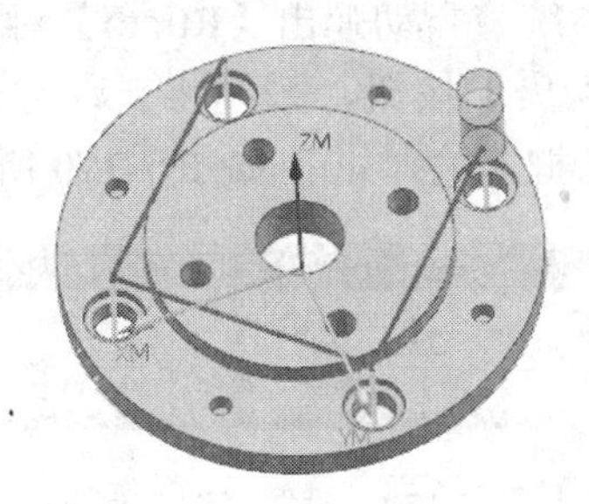

图 7-163　确认刀轨

（14）创建钻孔直径为 28mm 的沉头孔孔工序。单击【创建工序】图标，弹出【创建工序】对话框，在【类型】下拉菜单中选择【drill】，【工序子类型】选择【COUNTERBORING】图标，【程序】选择【NC_PROGRAM】，【刀具】选择【COUNTERBORING _TOOL_D28（铣刀-5 参数）】，【几何体】选择【WORKPIECE】，【方法】选择【DRILL_METHOD】，【名称】设置为【COUNTERBORING】，单击【确定】按钮，如图 7-164 所示。

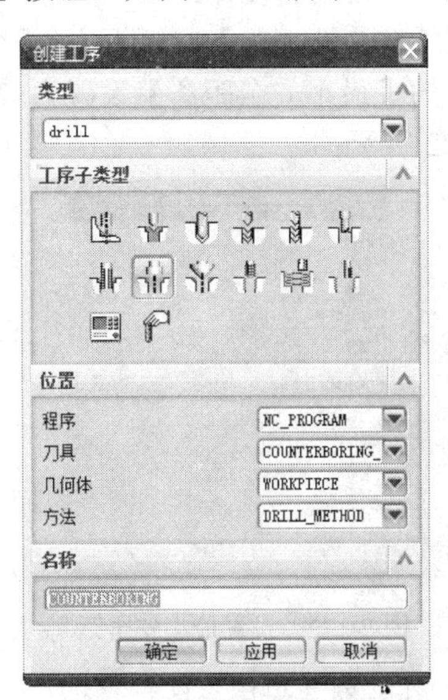

图 7-164　创建沉头孔工序

单击【确定】按钮后，弹出【沉头孔加工】对话框，设置沉头孔加工的参数。

① 在【几何体】下拉菜单中选择【WORKPIECE】，继承前面设置的部件几何体和毛坯几何体，如图 7-165 所示。

图 7-165　继承几何体

② 指定孔。单击【指定孔】图标，系统将自动弹出【点到点几何体】对话框，选择【选择】，系统将自动弹出【加工位置】对话框，选择【Cycle 参数组-1】，系统将自动弹出【参数组】对话框，选择【参数组 1】，系统将自动返回到【加工位置】对话框，选择直径为 28mm 的沉头孔，如图 7-166 所示。

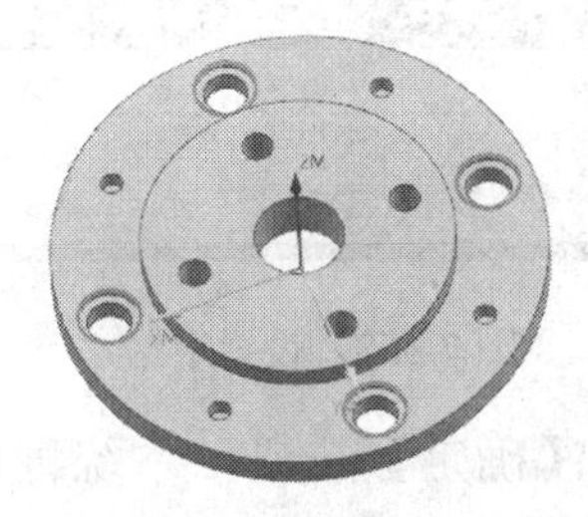

图 7-166　选择孔

单击【确定】按钮，系统将自动返回到【点到点几何体】对话框，选择【规划完成】，系统将自动返回【沉头孔加工】对话框，完成孔的指定。

③ 指定顶面。单击【指定顶面】图标，系统将自动弹出【顶面】对话框，在【顶面选项】的下拉菜单中，选择【面】，再选中如图所示的面，如图 7-167 所示。单

击【确定】按钮完成顶面的指定。

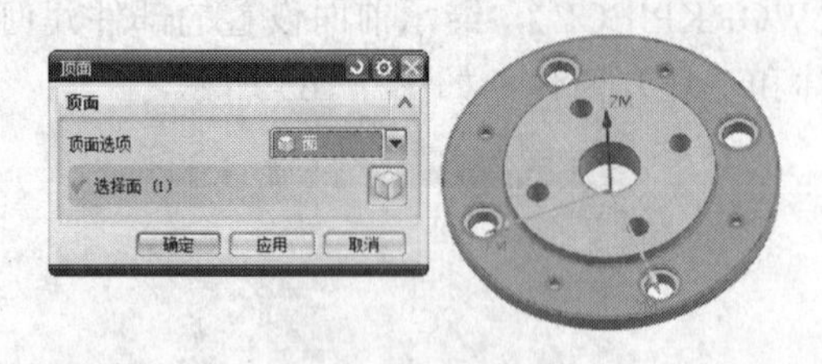

图 7-167　选择顶面

④ 设置循环类型。在【沉头孔加工】对话框中，在【循环类型】的【循环】下拉菜单中选择【标准钻】，再单击【标准钻】的【参数编辑】图标，系统将自动弹出【指定参数组】对话框，在【Number of Sets】文本框中输入 1，设置一个循环参数组。单击【确定】按钮，系统将自动弹出【Cycle 参数】对话框，单击【Depth-模型深度】，系统将自动弹出【Cycle 深度】对话框，单击【模型深度】按钮，系统将自动返回【Cycle 参数】对话框。单击【进给率（MMPM）-250.0000】按钮，系统将自动弹出【Cycle 进给率】对话框，设置进给率为 250，如图 7-168 所示。

图 7-168　设置进给率

单击【确定】按钮，系统将自动返回【Cycle 参数】对话框，单击【Dwell-关】按钮，系统将自动弹出【Cycle Dwell】对话框，单击【秒】按钮，系统将自动弹出【时间设置】对话框，输入 10，如图 7-169 所示。

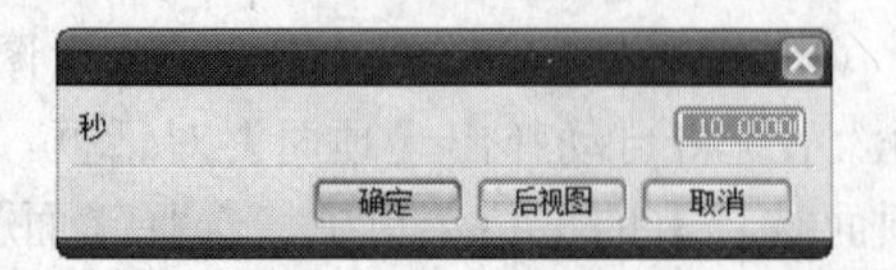

图 7-169　设置时间

单击【确定】按钮，系统将自动返回【Cycle 参数】对话框，单击【Rtrcto-无】按钮，系统将自动弹出【Rtrcto】对话框，单击【距离】按钮，系统将自动弹出【退刀】对话框，输入 40，如图 7-170 所示。

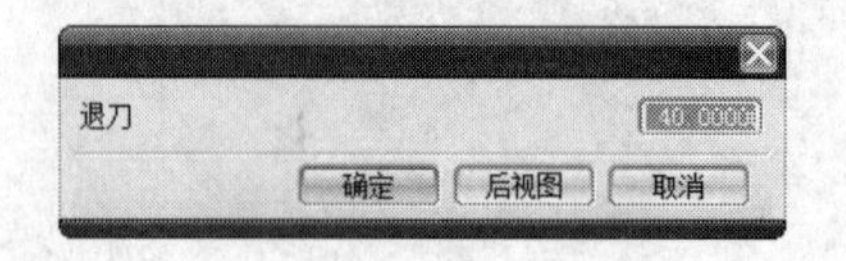

图 7-170　设置退刀距离

沉头孔的循环参数如图 7-171 所示。

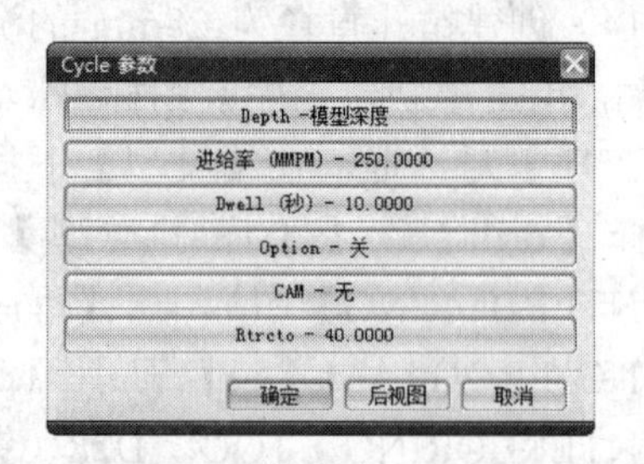

图 7-171　沉头孔循环参数

单击【确定】按钮，系统将自动返回【Cycle 参数】对话框，再单击【确定】按钮完成循环参数的设置。

在【沉头孔加工】对话框中，【循环类型】下的【最小安全距离】设置为 20，如图 7-172 所示。

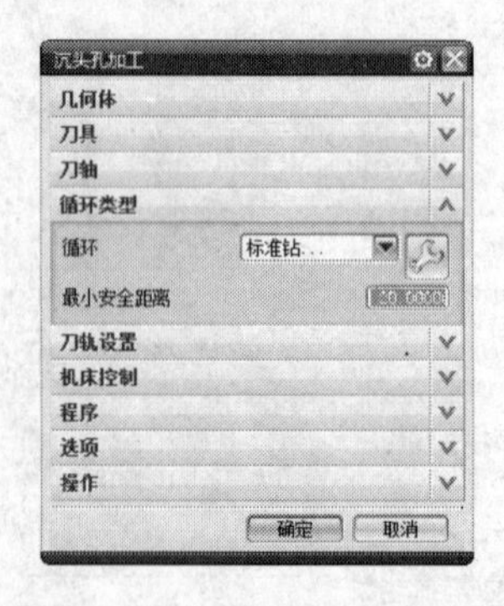

图 7-172　设置最小安全距离

⑤ 其余参数采用系统默认值。

⑥ 生成刀轨。单击【生成刀轨】图标，系统将根据设置的操作参数生成相应的刀轨，如图 7-173 所示。

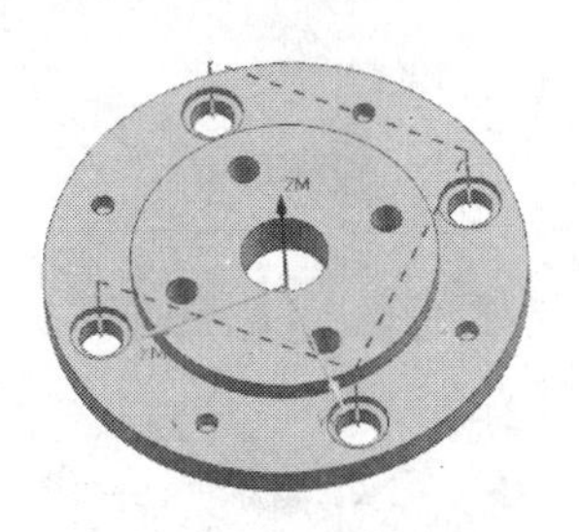

图 7-173　生成刀轨

⑦ 确认刀轨。单击【确认刀轨】图标，系统将确认操作生成的刀轨，通过【刀轨可视化】对话框，用户可对刀轨进行可视化播放，包括 3D 和 2D 动画演示，且可以进行过切和碰撞检查，如图 7-174 所示。单击【确定】按钮，完成沉头孔的加工。

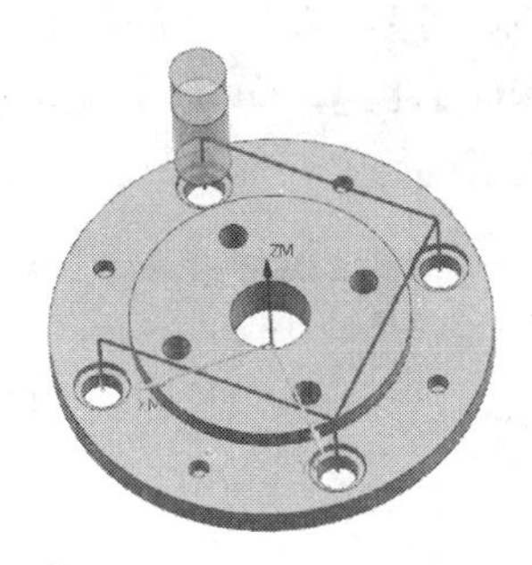

图 7-174　确认刀轨

（15）创建钻孔直径为 10mm 的盲孔工序。在【工序导航器-几何】下，选中 DRILLING 工序程序，单击鼠标右键，选择【复制】，再右击选择【粘贴】，复制一个标准钻程序 DRILLING_COPY，再右击选择【重命名】，设置复制的程序名称为【DRILLING_D10】，单击【确定】按钮，如图 7-175 所示。

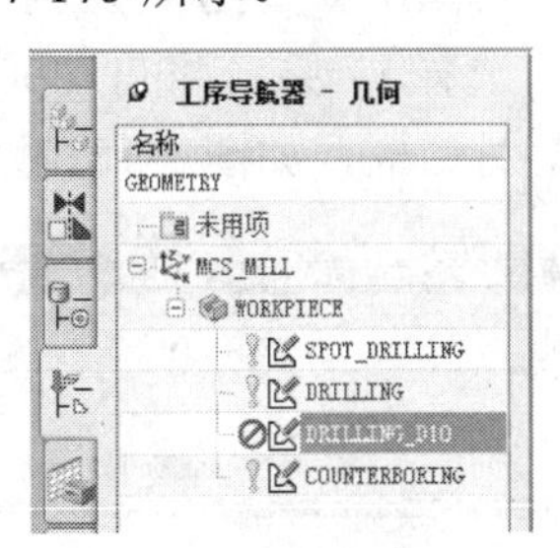

图 7-175　复制程序

鼠标双击选中复制所得的程序【DRILLING_D10】，系统将自动弹出【钻】对话框，设置标准钻孔加工的参数。

① 指定孔。单击【指定孔】图标，系统将自动弹出【点到点几何体】对话框，单击【选择】按钮，系统将自动弹出【省略现有点吗】对话框，如图 7-176 所示。

图 7-176　【省略现有点吗】对话框

单击【是】按钮，系统将自动弹出【加工位置】对话框，选择直径为 10mm 的盲孔，如图 7-177 所示。

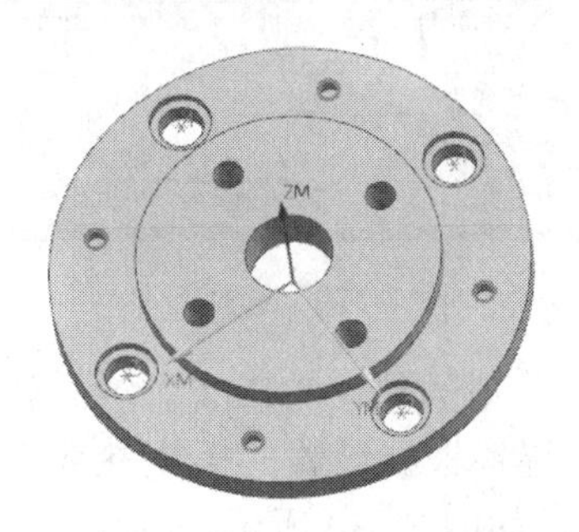

图 7-177　选择孔

单击【确定】按钮，系统将自动返回到【点到点几何体】对话框，再单击【确定】按钮，系统将自动返回到【钻】对话框，完成孔的指定。

② 指定底面。单击【指定底面】图标，系统将自动弹出【底面】对话框，在【底面选项】的下拉菜单中，选择【面】，再选中如图所示的面，如图 7-178 所示。单击【确定】按钮完成底面的指定。

③ 设置刀具。在【钻】对话框中，在【刀具】的下拉菜单中选择【DRILLING_TOOL_D10（钻刀）】，如图 7-179 所示。

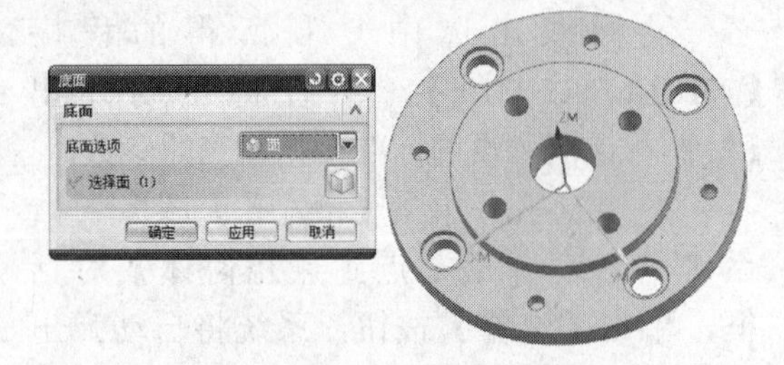

图 7-178　选择底面

图 7-179　选择刀具

④ 生成刀轨。单击【生成刀轨】图标，系统将根据设置的操作参数生成相应的刀轨，如图 7-180 所示。

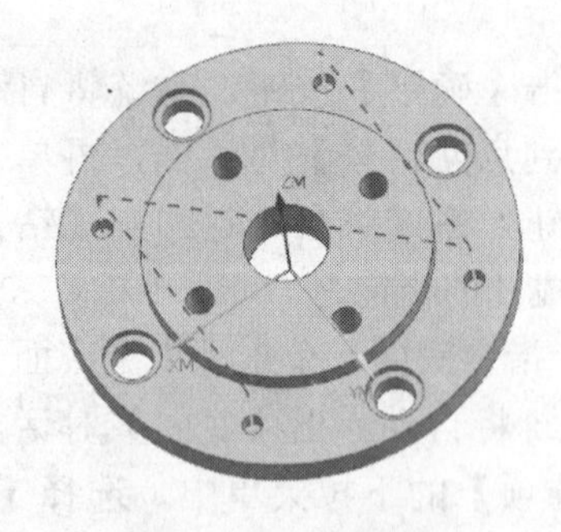

图 7-180　生成刀轨

⑤ 确认刀轨。单击【确认刀轨】图标，系统将确认操作生成的刀轨，通过【刀轨可视化】对话框，用户可对刀轨进行可视化播放，包括 3D 和 2D 动画演示，且可以进行过切和碰撞检查，如图 7-181 所示。单击【确定】按钮，完成盲孔的加工。

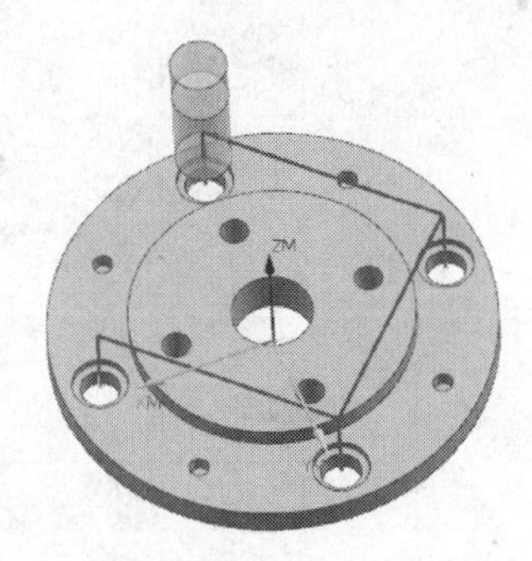

图 7-181　确认刀轨

（16）创建钻孔直径为 12mm 的通孔工序。在【工序导航器-几何】下，选中 DRILLING 工序程序，单击鼠标右键，选择【复制】，再右击选择【粘贴】，复制一个标准钻程序 DRILLING_COPY，再右击选择【重命名】，设置复制的程序名称为【DRILLING_D12】，单击【确定】按钮，如图 7-182 所示。

图 7-182　复制程序

鼠标双击选中复制所得的程序【DRILLING_D12】，系统将自动弹出【钻】对话框，设置标准钻孔加工的参数。

① 指定孔。单击【指定孔】图标，系统将自动弹出【点到点几何体】对话框，单击【选择】，系统将自动弹出【省略现有点吗】对话框，如图 7-183 所示。

图 7-183　【省略现有点吗】对话框

单击【是】按钮，系统将自动弹出【加工位置】对话框，选择直径为 12mm 的通孔，如图 7-184 所示。

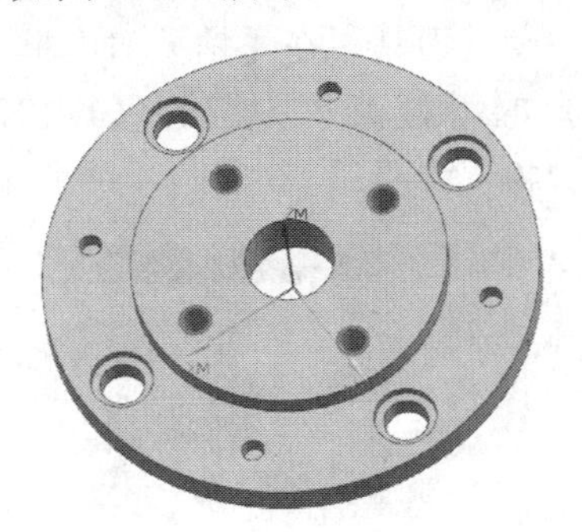

图 7-184　选择孔

单击【确定】按钮，系统将自动返回到【点到点几何体】对话框，再单击【确定】按钮，系统将自动返回到【钻】对话框，完成孔的指定。

② 指定顶面。单击【指定顶面】图标，系统将自动弹出【顶面】对话框，在【顶面选项】的下拉菜单中，选择【面】，再选中如图所示的面，如图 7-185 所示。单击【确定】按钮完成顶面的指定。

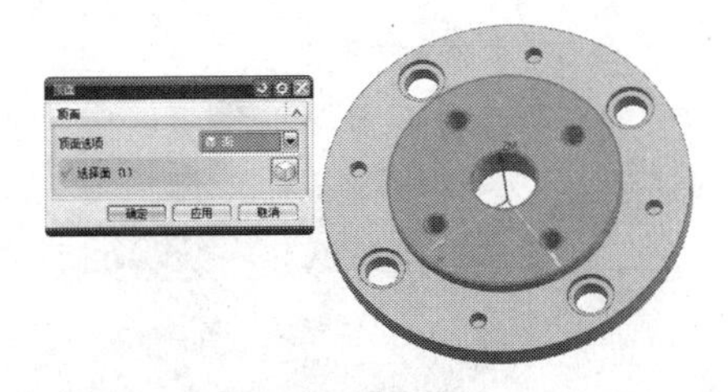

图 7-185　选择顶面

③ 设置刀具。在【钻】对话框中，在【刀具】的下拉菜单中选择【DRILLING_TOOL_D12 （钻刀)】，如图 7-186 所示。

④ 生成刀轨。单击【生成刀轨】图标，系统将根据设置的操作参数生成相应的刀轨，如图 7-187 所示。

⑤ 确认刀轨。单击【确认刀轨】图标，系统将确认操作生成的刀轨，通过【刀轨可视化】对话框，用户可对刀轨进行可视化播放，包括 3D 和 2D 动画演示，且可以进行过切和碰撞检查，如图 7-188 所示。单击【确定】按钮，完成通孔的加工。

图 7-186　选择刀具

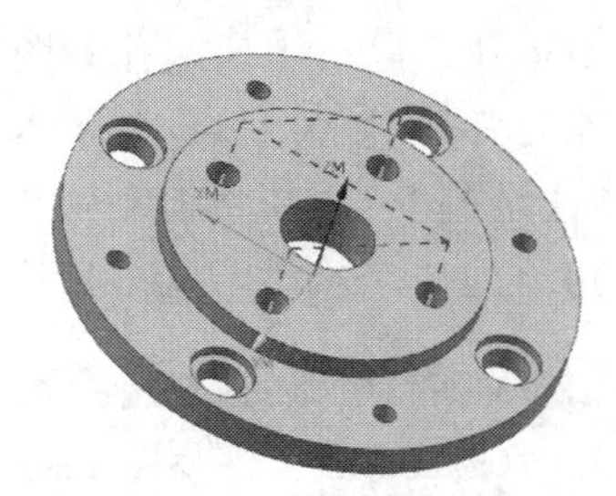

图 7-187　生成刀轨

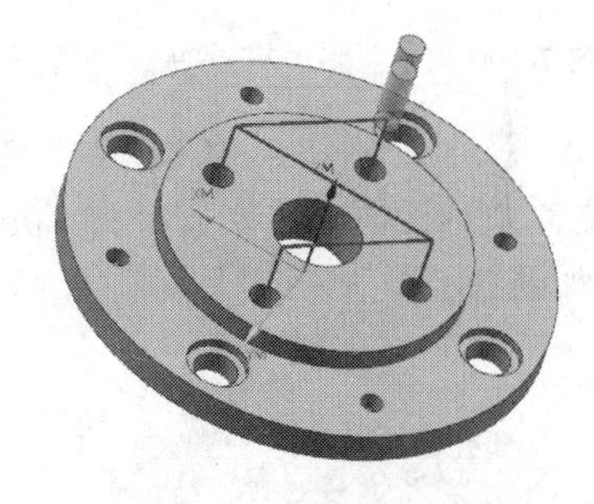

图 7-188　确认刀轨

（17）创建钻孔直径为 40mm 的通孔工序。

在【工序导航器-几何】下，选中 DRILLING_D12 工序程序，单击鼠标右键，选择【复制】，再右击选择【粘贴】，复制一个标准钻程序 DRILLING_D12_COPY，再右击选择【重命名】，设置复制的程序名称为【DRILLING_D40】，单击【确定】按钮，如图 7-189 所示。鼠标双击选中复制所得的程序【DRILLING_D40】，系统将自动弹出【钻】对话框，设置标准钻孔加工的参数。

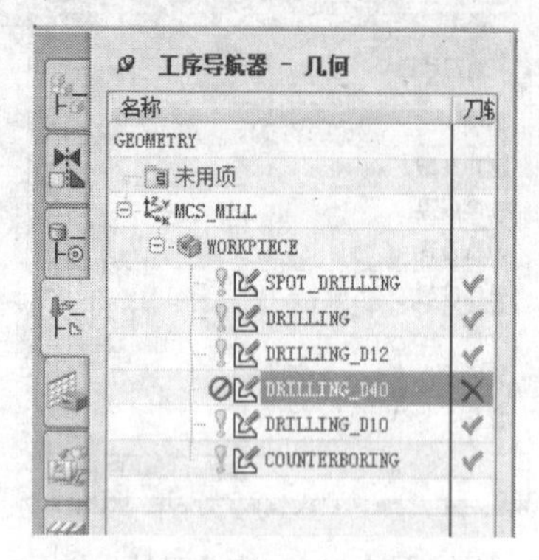

图 7-189　复制程序

① 指定孔。单击【指定孔】图标，系统将自动弹出【点到点几何体】对话框，单击【选择】，系统将自动弹出【省略现有点吗】对话框，如图 7-190 所示。

图 7-190　【省略现有点吗】对话框

单击【是】按钮，系统将自动弹出【加工位置】对话框，选择直径为 40mm 的通孔，如图 7-191 所示。

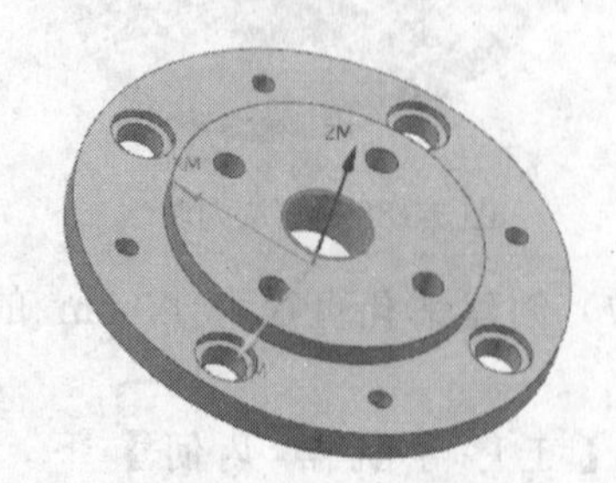

图 7-191　选择孔

单击【确定】按钮，系统将自动返回到【点到点几何体】对话框，再单击【确定】按钮，系统将自动返回到【钻】对话框，完成孔的指定。

② 设置刀具。在【钻】对话框中，在【刀具】的下拉菜单中选择【DRILLING_TOOL_D40（钻刀）】，如图 7-192 所示。

图 7-192　选择刀具

③ 生成刀轨。单击【生成刀轨】图标，系统将根据设置的操作参数生成相应的刀轨，如图 7-193 所示。

图 7-193　生成刀轨

④ 确认刀轨。单击【确认刀轨】图标，系统将确认操作生成的刀轨，通过【刀轨可视化】对话框，用户可对刀轨进行可视化播放，包括 3D 和 2D 动画演示，且可以进行过切和碰撞检查，如图 7-194 所示。单击【确定】按钮，完成通孔的加工。

（18）创建攻螺纹工序。单击【创建工序】图标，弹出【创建工序】对话框，在【类型】下拉菜单中选择【drill】，【工序子类型】选择【TAPPING】图标，【程序】选择【NC_PROGRAM】，【刀具】选择【TAPPING_MILL（螺纹铣）】，【几何体】选择【WORKPIECE】，【方法】选择【DRILL_METHOD】，【名称】设置为【TAPPING】，单击【确定】按钮，如图 7-195 所示。

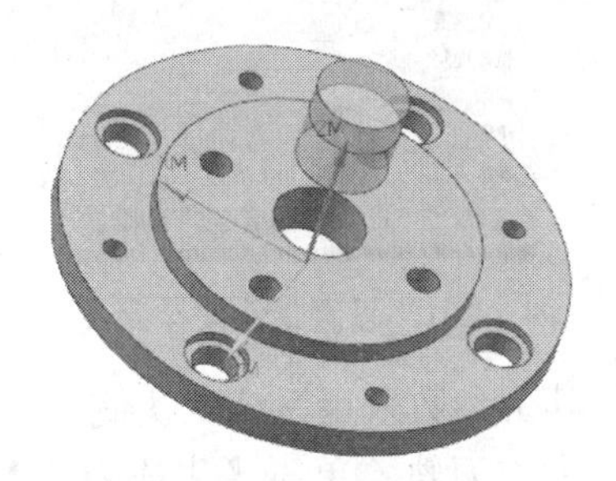

图 7-194　确认刀轨

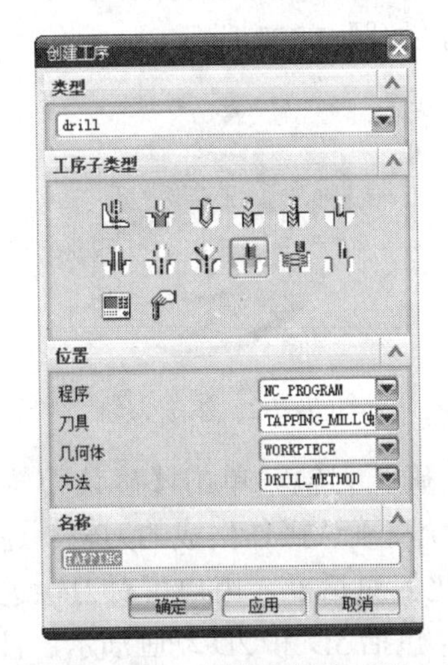

图 7-195　创建攻螺纹工序

单击【确定】按钮后，弹出【出屑】对话框，设置攻螺纹的参数。

① 在【几何体】下拉菜单中选择【WORKPIECE】，继承前面设置的部件几何体和毛坯几何体，如图 7-196 所示。

② 指定孔。单击【指定孔】图标，系统将自动弹出【点到点几何体】对话框，单击【选择】，系统将自动弹出【选择点/圆弧/孔】对话框，选择直径为 12mm 的螺纹孔，如图 7-197 所示。单击【确定】按钮，系统将自动返回【点到点几何体】对话框，再单击【确定】按钮，完成孔的指定。

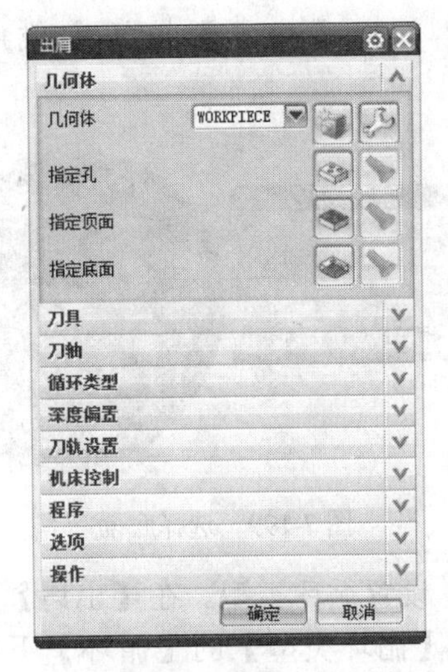

图 7-196　继承几何体

图 7-197　选择孔

③ 指定顶面。单击【指定顶面】图标，系统将自动弹出【顶面】对话框，在【顶面选项】的下拉菜单中，选择【面】，再选中如图所示的面，如图 7-198 所示。单击【确定】按钮完成顶面的指定。

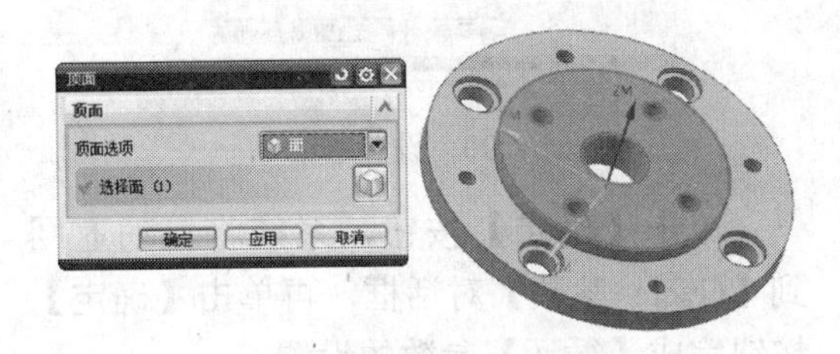

图 7-198　选择顶面

④ 指定底面。单击【指定底面】图标，系统将自动弹出【底面】对话框，在【底面选项】的下拉菜单中，选择【面】，再选中部件的下表面，如图 7-199 所示。单击【确定】按钮完成底面的指定。

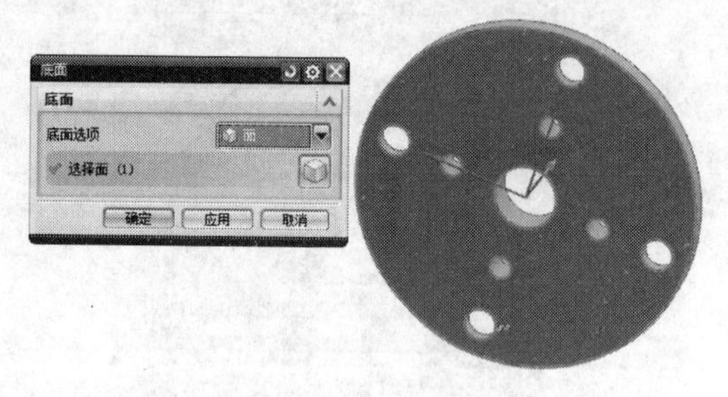

图 7-199 选择底面

⑤ 设置循环类型。在【出屑】对话框中，在【循环类型】的【循环】下拉菜单中选择【标准攻丝】，再单击【标准攻丝】的【参数编辑】图标，系统将自动弹出【指定参数组】对话框，在【Number of Sets】文本框中输入 1，设置一个循环参数组。单击【确定】按钮，系统将自动弹出【Cycle 参数】对话框，单击【Depth-模型深度】按钮，系统将自动弹出【Cycle 深度】对话框，单击【模型深度】按钮，系统将自动返回【Cycle 参数】对话框。单击【进给率（MMPM）-250.0000】按钮，系统将自动弹出【Cycle 进给率】对话框，设置进给率为 200，如图 7-200 所示。

图 7-200 设置进给率

单击【确定】按钮，系统将自动返回到【Cycle 参数】对话框，再单击【确定】按钮完成【循环】参数的设置。

在【出屑】对话框中，【循环类型】下的【最小安全距离】设置为 15，如图 7-201 所示。

图 7-201 设置最小安全距离

⑥ 其余参数采用系统默认值。

⑦ 生成刀轨。单击【生成刀轨】图标，系统将根据设置的操作参数生成相应的刀轨，如图 7-202 所示。

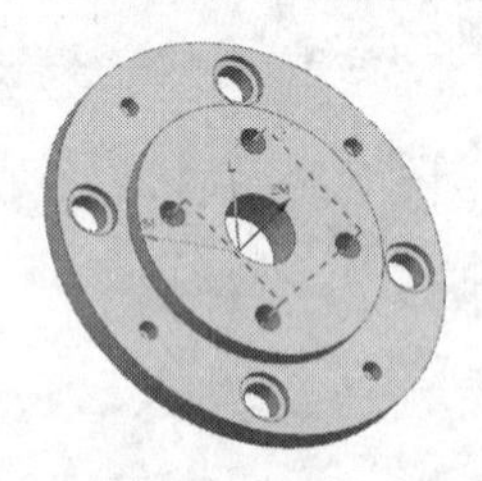

图 7-202 生成刀轨

⑧ 确认刀轨。单击【确认刀轨】图标，系统将确认操作生成的刀轨，通过【刀轨可视化】对话框，用户可对刀轨进行可视化播放，包括 3D 和 2D 动画演示，且可以进行过切和碰撞检查，如图 7-203 所示。单击【确定】按钮，完成标准攻丝的加工。

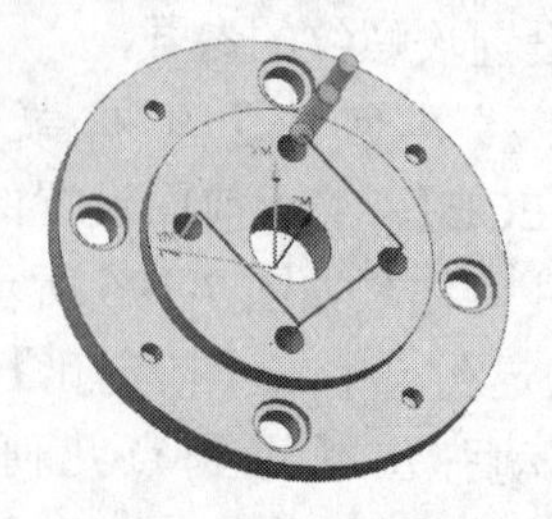

图 7-203 确认刀轨

7.5 实例・练习——法兰孔位加工

本例的加工零件如图 7-204 所示。

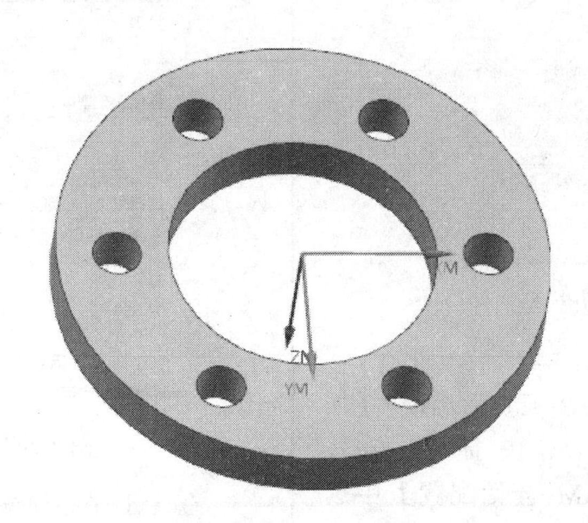

图 7-204 法兰模型

思路·点拨

观察该零件模型，需要利用点位加工来加工各个孔。如图 7-200 所示的部件模型，部件的孔位由 6 个直径为 12mm 的通孔和中间 1 个直径为 65mm 的通孔组成。在该点位加工中，可以利用两个操作完成孔的加工。

（1）利用一个标准钻循环操作，加工 6 个直径为 12mm 的通孔，以及在中间先钻一个直径为 12mm 的通孔。

（2）最后利用一个镗孔操作，加工中间 1 个直径为 65mm 的通孔。

创建一个基本的点位加工操作，可以分为 6 个步骤：（1）创建通孔刀具和沉头孔刀具；（2）创建加工几何体；（3）创建点位加工工序；（4）指定孔、顶面、底面和深度偏置；（5）选择循环类型；（6）生成刀轨即可完成该零件的点位加工操作。

【光盘文件】

起始文件——参见附带光盘中的“MODEL\CH7\7-5.prt”文件。

结果文件——参见附带光盘中的“END\CH7\7-5.prt”文件。

动画演示——参见附带光盘中的“AVI\CH7\7-5.avi”文件。

【操作步骤】

（1）启动 UG NX 8.0。

打开光盘中的源文件“MODEL\CH7\7-5.prt”模型，单击【OK】按钮，如图 7-205

所示。

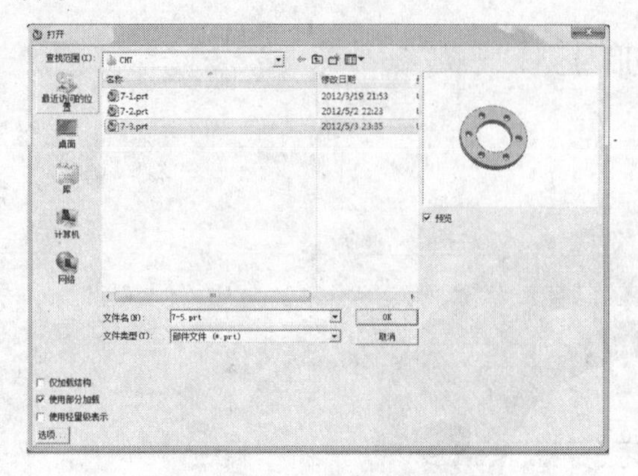

图 7-205 打开模型文件

（2）进入加工环境。

单击【开始】—【加工】后出现【加工环境】对话框（快捷键方式 Ctrl+Alt+M），在【CAM 会话配置】中选择【cam general】，在【要创建的 CAM 设置】中选择【drill】，单击【确定】按钮进入点位加工环境，如图 7-206 所示。

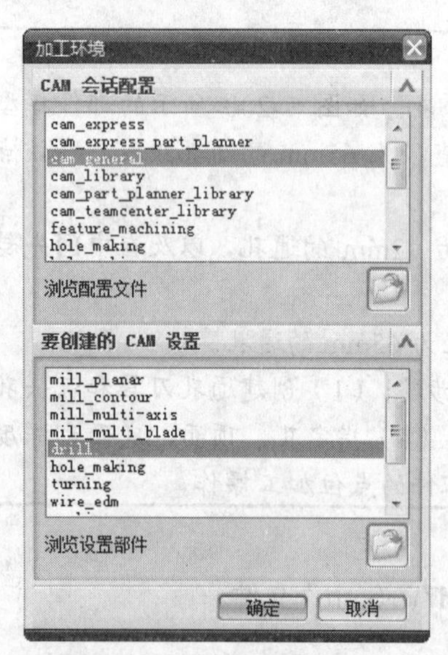

图 7-206 进入加工环境

（3）创建程序。

单击【创建程序】图标，弹出【创建程序】对话框。在【类型】的下拉菜单中选择【drill】，在【位置】的下拉菜单中选择【NC_ PROGRAM】，【名称】设置为【PROGRAM_1】，单击【确定】按钮，创建点位加工程序，如图 7-207 所示。

图 7-207 创建程序

在【工序导航器-程序顺序】中显示新建的程序，如图 7-208 所示。

图 7-208 程序顺序视图

（4）创建刀具。

① 创建直径为 12mm 的通孔的钻刀。单击【创建刀具】图标，弹出【创建刀具】对话框，在【类型】的下拉菜单中选

择【drill】，在【刀具子类型】中选择【DRILLING_TOOL】图标，在【位置】的下拉菜单中选择【GENERIC_MACHINE】，【名称】设置为【DRILLING_TOOL_D12】，单击【确定】按钮，如图 7-209 所示。

图 7-209　创建刀具 1

单击【确定】按钮后，系统自动弹出【钻刀】对话框，设置钻刀的具体参数：【直径】为 12，【刀尖角度】为 118，【长度】为 50，【刀刃长度】为 35，【刀刃】为 2，其余参数采用系统默认值，如图 7-210 所示。

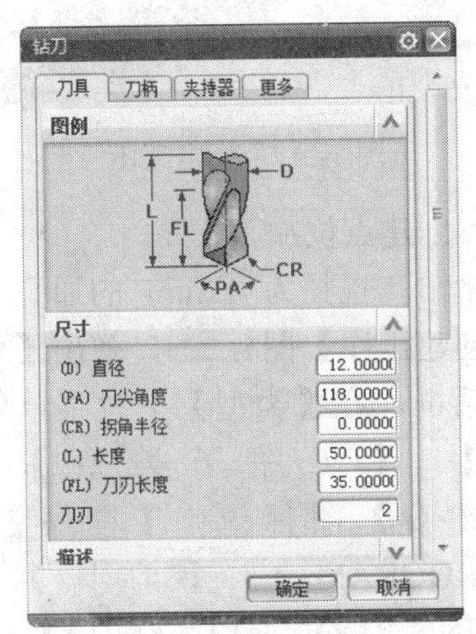

图 7-210　刀具 1 参数

单击【确定】按钮，在【工序导航器-机床】中显示新建的刀具【DRILLING_TOOL_D12】，如图 7-211 所示。

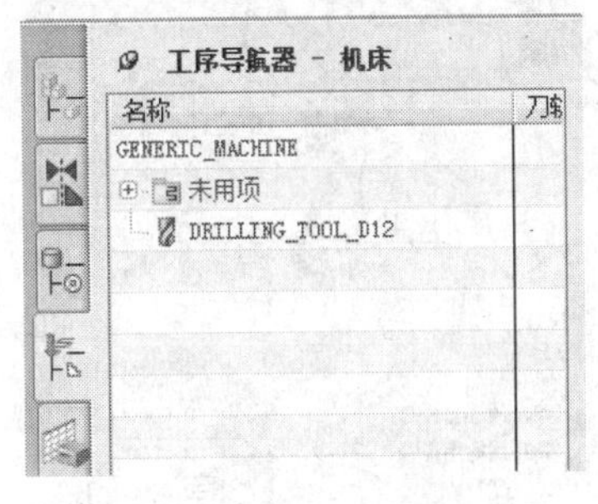

图 7-211　机床视图

② 创建直径为 65mm 的通孔的镗刀。单击【创建刀具】图标，弹出【创建刀具】对话框，在【类型】的下拉菜单中选择【drill】，在【刀具子类型】中选择【BORING_BAR】图标，在【位置】的下拉菜单中选择【GENERIC_MACHINE】，【名称】设置为【BORING_BAR】，单击【确定】按钮，如图 7-212 所示。

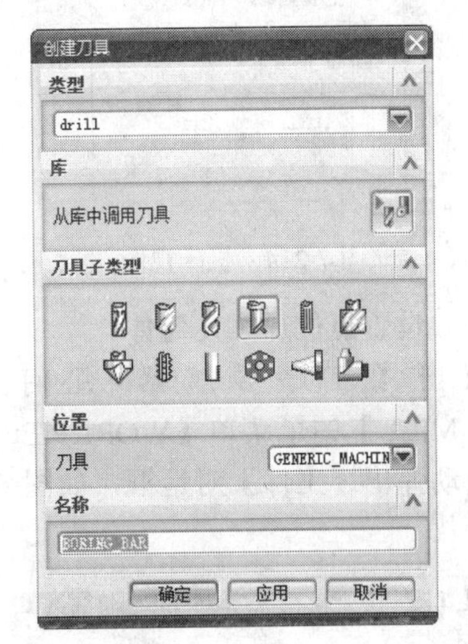

图 7-212　创建刀具 2

单击【确定】按钮，系统自动弹出【钻刀】对话框，设置刀具的具体参数：【直径】为 65，【长度】为 50，【刀刃长度】为 35，【刀刃】为 1，其余参数采用系统默认值，如图 7-213 所示。

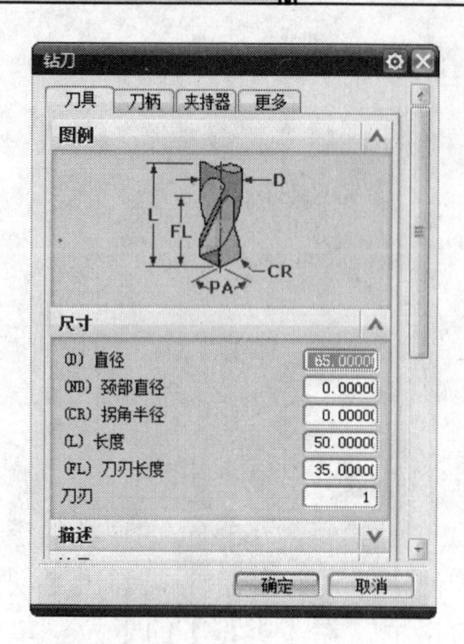

图 7-213　刀具 2 参数

单击【确定】按钮，在【工序导航器-机床】中显示新建的刀具【BORING_BAR】，如图 7-214 所示。

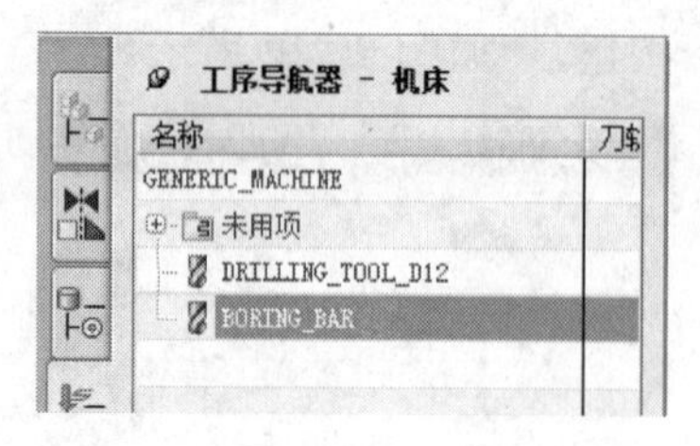

图 7-214　机床视图

（5）设置点位加工几何体。

双击【工序导航器-几何】中【MCS_MILL】的子菜单【WORKPIECE】，系统自动弹出【工件】对话框，如图 7-215 所示。

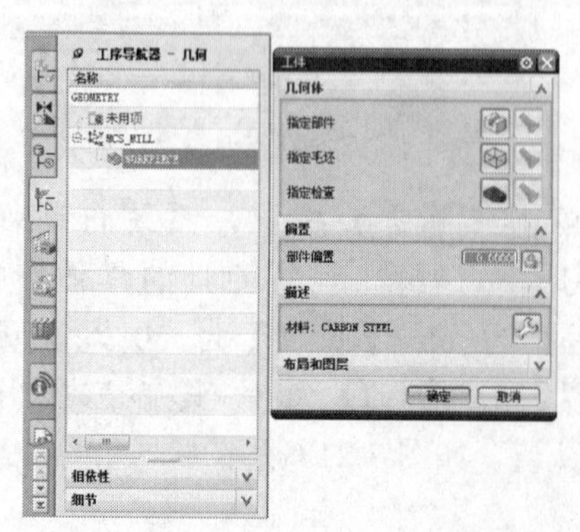

图 7-215　创建点位加工几何体

① 单击【指定部件】图标，弹出【部件几何体】对话框，选中整个部件体，单击【确定】按钮完成部件几何体的设置，如图 7-216 所示。

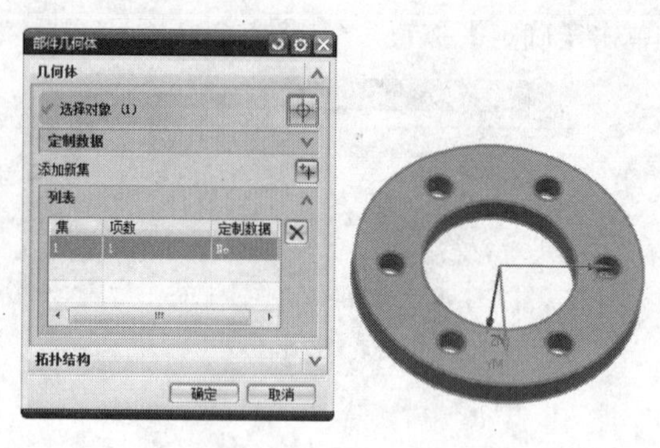

图 7-216　指定部件

② 单击【指定毛坯】图标，弹出【毛坯几何体】对话框，单击【类型】的下拉菜单，选中【包容圆柱体】，单击【确定】按钮完成毛坯几何体的设置，如图 7-217 所示。再单击【确定】按钮完成点位加工几何体的设置。

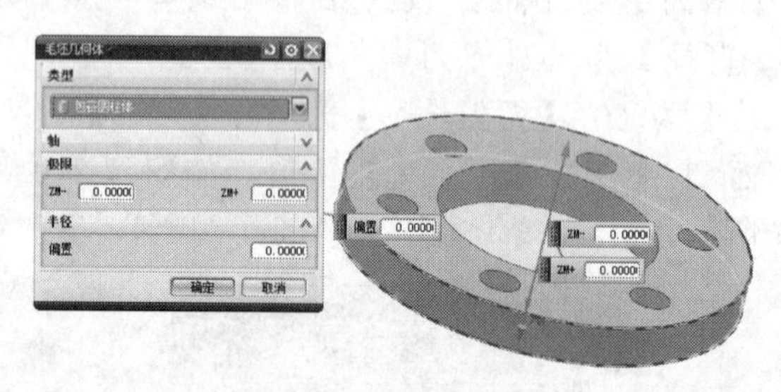

图 7-217　指定毛坯

（6）创建点位加工工序。

创建钻孔直径为 12mm 的通孔工序。单击【创建工序】图标，弹出【创建工序】对话框，在【类型】下拉菜单中选择【drill】，【工序子类型】选择【DRILLING】图标，【程序】选择【NC_PROGRAM】，【刀具】选择【DRILLING_TOOL_D12（钻刀）】，【几何体】选择【WORKPIECE】，【方法】选择【DRILL_METHOD】，【名称】设置为【DRILLING_1】，单击【确定】按钮，如图

7-218 所示。单击【确定】按钮后，弹出【钻】对话框，设置钻孔的参数。

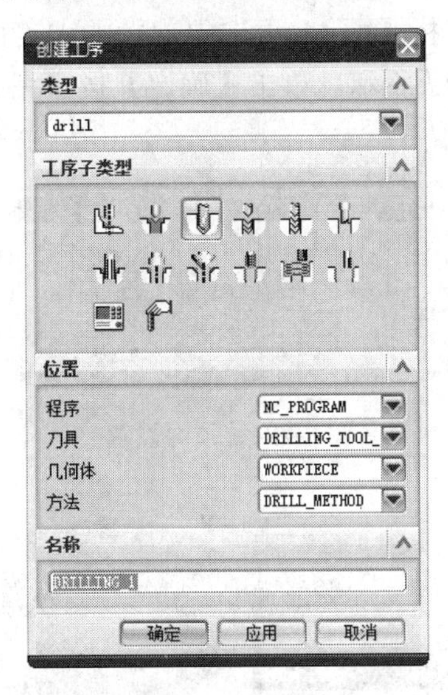

图 7-218　创建钻孔工序

① 在【几何体】下拉菜单中选择【WORKPIECE】，继承前面设置的部件几何体和毛坯几何体，如图 7-219 所示。

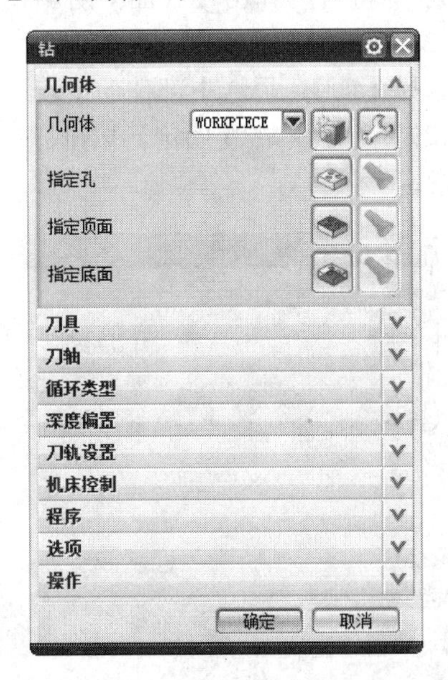

图 7-219　继承几何体

② 指定孔。单击【指定孔】图标，系统将自动弹出【点到点几何体】对话框，如图 7-220 所示。

在【点到点几何体】对话框中单击【选择】按钮，系统将自动弹出【加工位置】对话框，如图 7-221 所示。

图 7-220　【点到点几何体】对话框

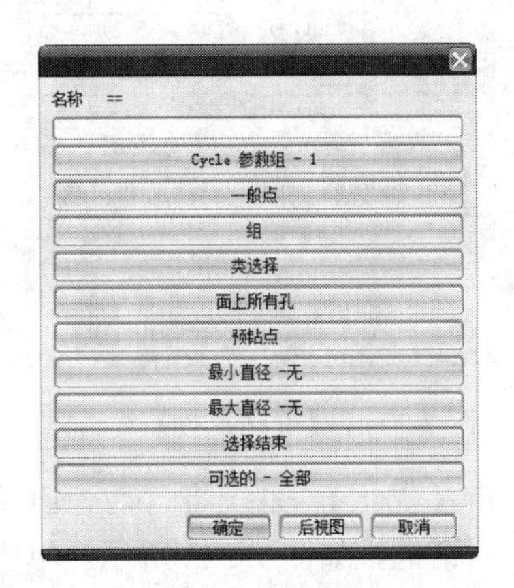

图 7-221　【加工位置】对话框

在【加工位置】对话框中单击【面上所有孔】按钮，系统将自动弹出【选择面】对话框，选择部件的上表面，如图 7-222 所示。

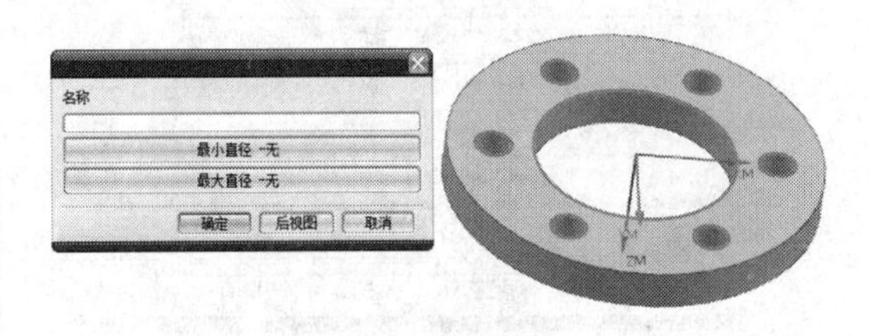

图 7-222　选择面

单击【确定】按钮，系统将自动返回到【加工位置】对话框，再单击【确定】

按钮，系统将自动返回到【点到点几何体】对话框，再单击【优化】按钮，系统将自动弹出【优化】对话框，如图 7-223 所示。

图 7-223　【优化】对话框

单击【最短刀轨】，系统将自动弹出【优化参数】对话框，如图 7-224 所示。

图 7-224　【优化参数】对话框

单击【优化】，系统将自动弹出【优化结果】对话框，如图 7-225 所示。单击【确定】按钮，系统将自动返回到【点到点几何体】对话框，再单击【确定】按钮，完成孔的指定。

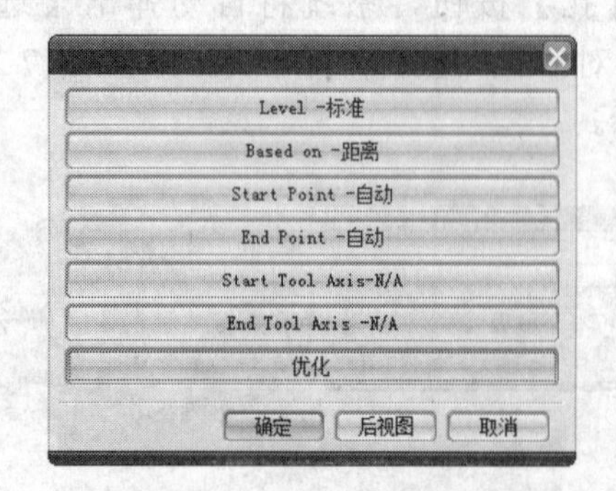

图 7-225　【优化结果】对话框

③ 指定顶面。单击【指定顶面】图标，系统将自动弹出【顶面】对话框，如图 7-226 所示。在【顶面选项】的下拉菜单中，选择【面】，再选中部件的上表面，如图 7-227 所示。单击【确定】按钮完成顶面的指定。

图 7-226　顶面设置

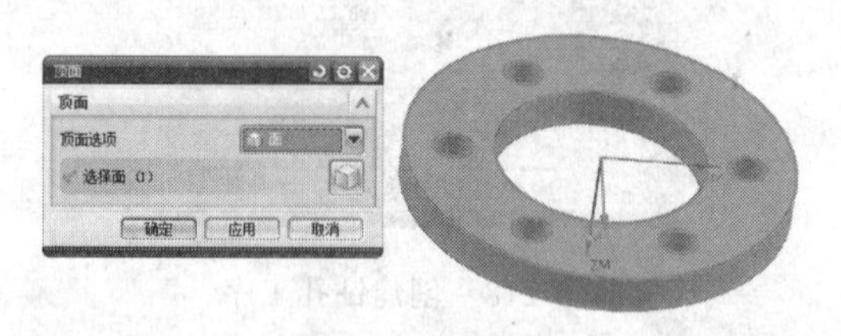

图 7-227　选择顶面

④ 指定底面。单击【指定底面】图标，系统将自动弹出【底面】对话框，如图 7-228 所示。在【底面选项】的下拉菜单中，选择【面】，再选中部件的下表面，如图 7-229 所示。单击【确定】按钮，完成底面的指定。

图 7-228　底面设置

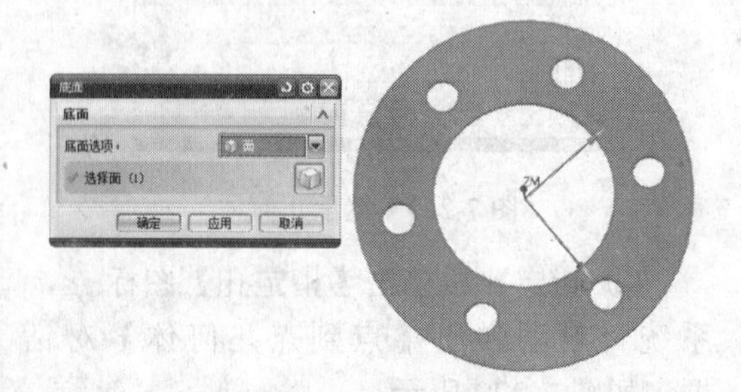

图 7-229　选择底面

⑤ 设置循环类型。在【钻】对话框中，在【循环类型】的【循环】下拉菜单中选择【标准钻】，再单击【标准钻】的【参数编辑】图标，系统将自动弹出【指定参数组】对话框，在【Number of Sets】文本框中输入 1，设置一个循环参数组，如图 7-230 所示。

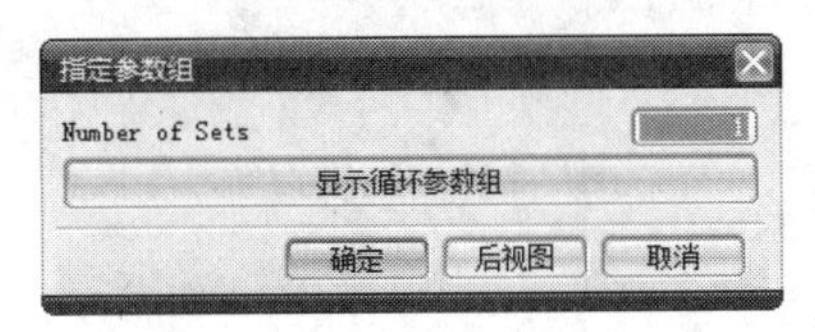

图 7-230　循环次数设置

单击【确定】按钮，系统将自动弹出【Cycle 参数】对话框，如图 7-231 所示。

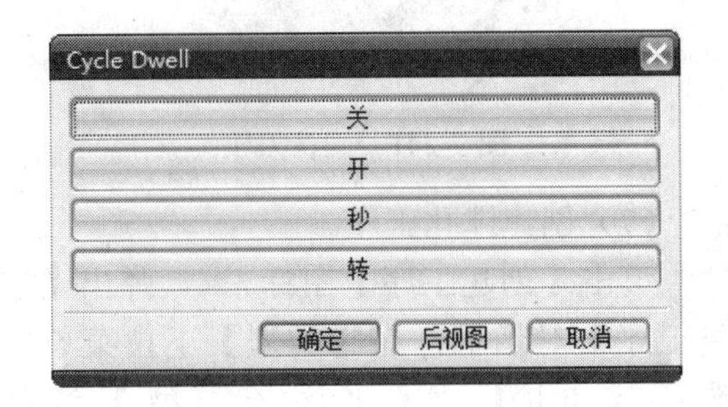

图 7-231　【Cycle 参数】对话框

单击【Depth-模型深度】按钮，系统将自动弹出【Cycle 深度】对话框，如图 7-232 所示。

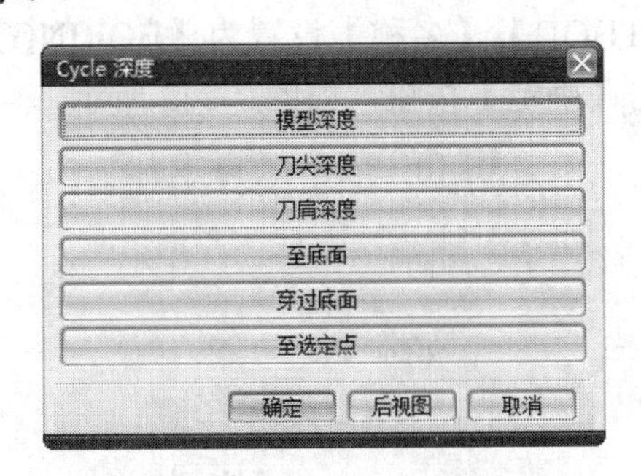

图 7-232　【Cycle 深度】对话框

单击【模型深度】按钮，系统将自动返回【Cycle 参数】对话框，单击【进给率（MMPM）-250.0000】按钮，系统将自动弹出【Cycle 进给率】对话框，设置进给率为 200，如图 7-233 所示。

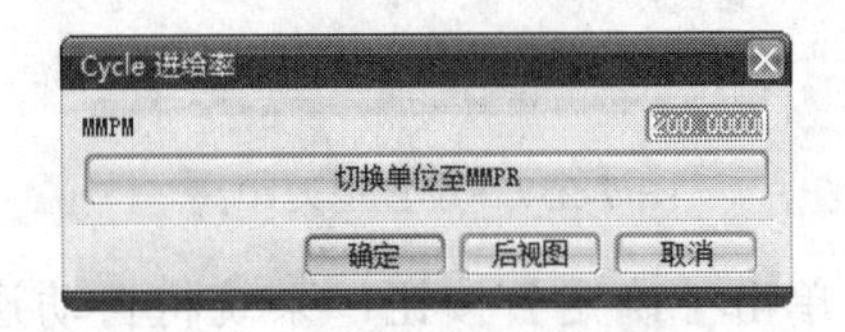

图 7-233　设置进给率

单击【确定】按钮，系统将自动返回【Cycle 参数】对话框，单击【Dwell-关】按钮，系统将自动弹出【Cycle Dwell】对话框，如图 7-234 所示。

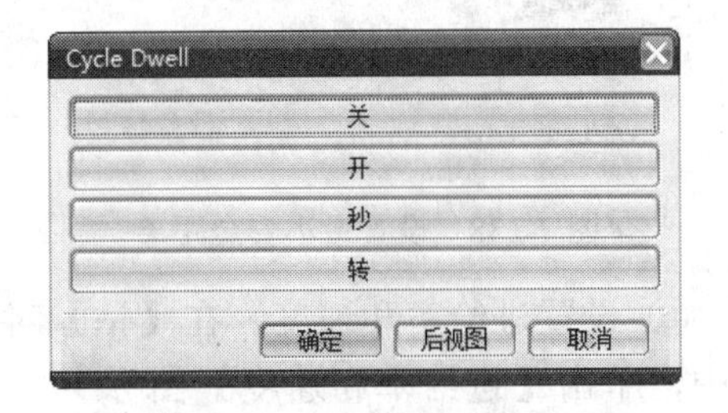

图 7-234　设置 Dwell

单击【秒】按钮，系统将自动弹出【时间设置】对话框，输入 2，如图 7-235 所示。

图 7-235　设置时间

单击【确定】按钮，系统将自动返回【Cycle 参数】对话框，单击【Rtrcto-无】按钮，系统将自动弹出【Rtrcto】对话框，如图 7-236 所示。

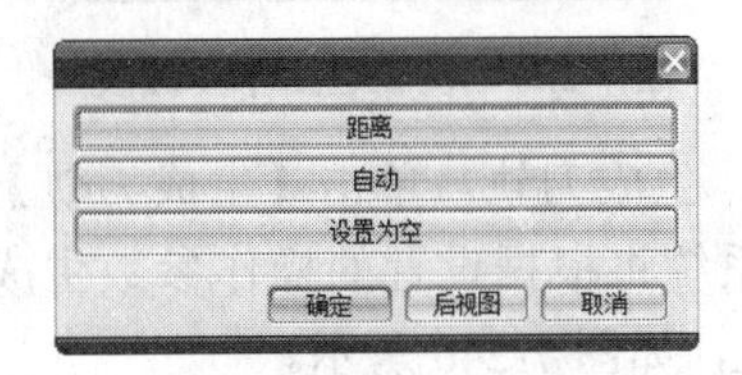

图 7-236　设置 Rtrcto

单击【距离】按钮，系统将自动弹出【退刀】对话框，输入 40，如图 7-237 所示。

图 7-237　设置退刀距离

单击【确定】按钮，系统将自动返回【Cycle 参数】对话框，再单击【确定】按钮完成循环参数的设置。

在【钻】对话框中，【循环类型】下的【最小安全距离】设置为 25，如图 7-238 所示。

图 7-238　设置最小安全距离

⑥ 设置进给率和速度。在【钻】对话框中，单击【进给率和速度】图标，系统将自动弹出【进给率和速度】对话框，设置参数如图 7-239 所示。

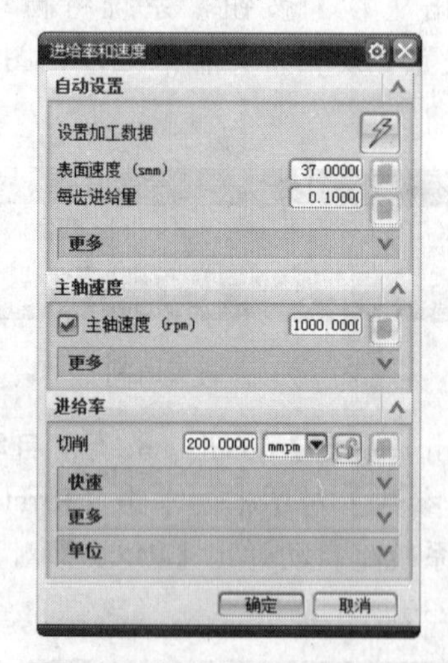

图 7-239　设置进给率和速度

⑦ 生成刀轨。单击【生成刀轨】图标，系统将根据设置的操作参数生成相应的刀轨，如图 7-240 所示。

⑧ 确认刀轨。单击【确认刀轨】图标，系统将确认操作生成的刀轨，通过【刀轨可视化】对话框，用户可对刀轨进行可视化播放，包括 3D 和 2D 动画演示，且可以进行过切和碰撞检查，如图 7-241 所示。

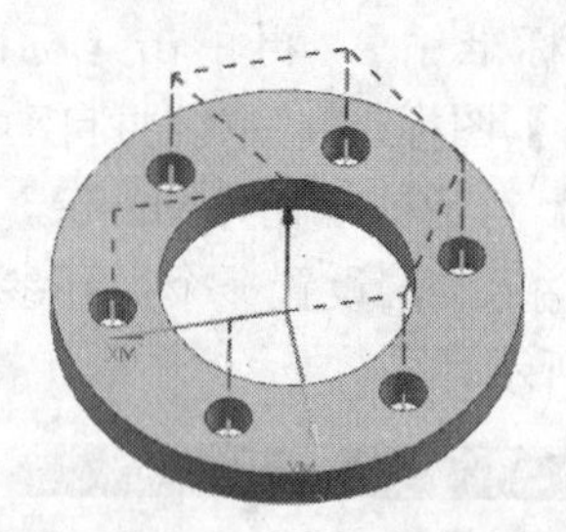

图 7-240　生成刀轨

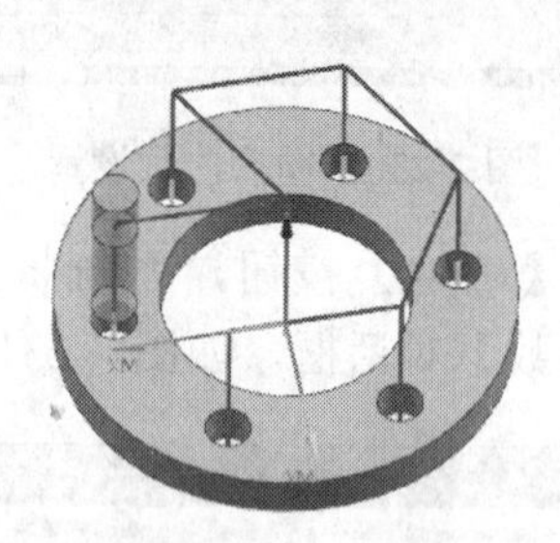

图 7-241　确认刀轨

（7）创建镗孔工序。

单击【创建工序】图标，弹出【创建工序】对话框，在【类型】下拉菜单中选择【drill】，【工序子类型】选择【BORING】图标，【程序】选择【NC_PROGRAM】，【刀具】选择【BORING（钻刀）】，【几何体】选择【WORKPIECE】，【方法】选择【DRILL-METHOD】，【名称】设置为【BORING】，单击【确定】按钮，如图 7-242 所示。

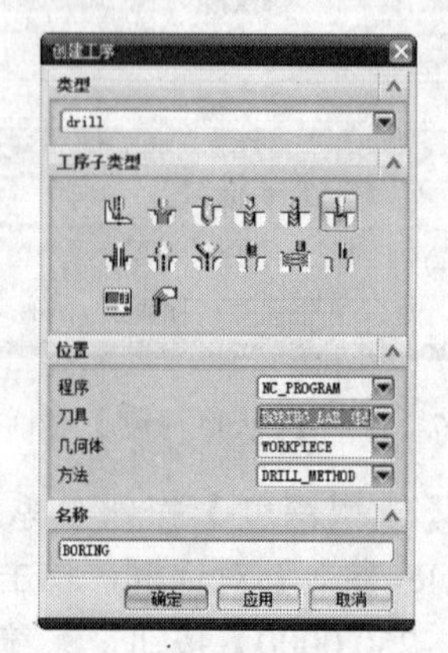

图 7-242　创建镗孔工序

单击【确定】按钮后，弹出【镗孔】对话框，设置镗孔加工的参数。

① 在【几何体】下拉菜单中选择【WORKPIECE】，继承前面设置的部件几何体和毛坯几何体，如图 7-243 所示。

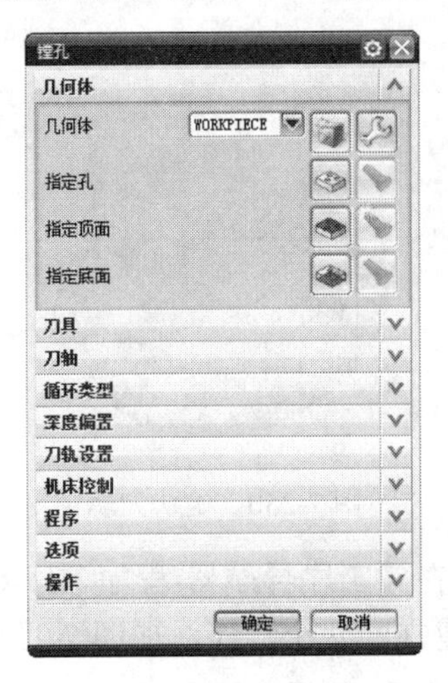

图 7-243　继承几何体

② 指定孔。单击【指定孔】图标，系统将自动弹出【点到点几何体】对话框，如图 7-17 所示。

在【点到点几何体】对话框中单击【选择】，系统将自动弹出【加工位置】对话框，选中部件中间的大孔，如图 7-244 所示。

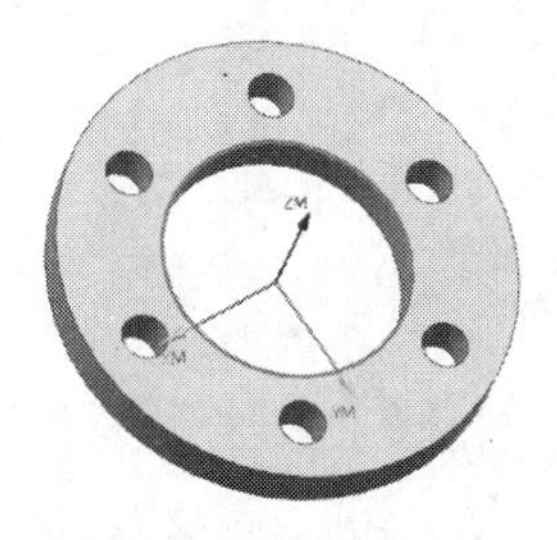

图 7-244　选择孔

单击【确定】按钮，系统将自动返回【点到点几何体】对话框，再单击【确定】按钮，系统将自动返回到【镗孔】对话框，单击【确定】按钮，完成孔的指定。

③ 指定顶面。单击【指定顶面】图标，系统将自动弹出【顶面】对话框，在【顶面选项】的下拉菜单中，选择【面】，再选中部件的上表面，如图 7-245 所示。单击【确定】按钮完成顶面的指定。

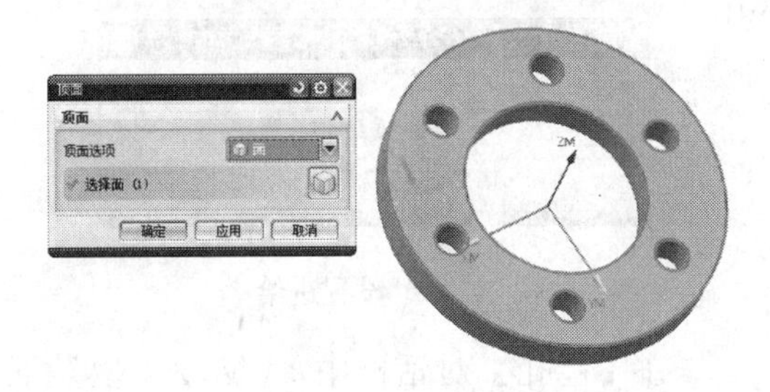

图 7-245　选择顶面

④ 指定底面。单击【指定底面】图标，系统将自动弹出【底面】对话框，在【底面选项】的下拉菜单中，选择【面】，再选中部件的下表面，如图 7-246 所示。单击【确定】按钮完成底面的指定。

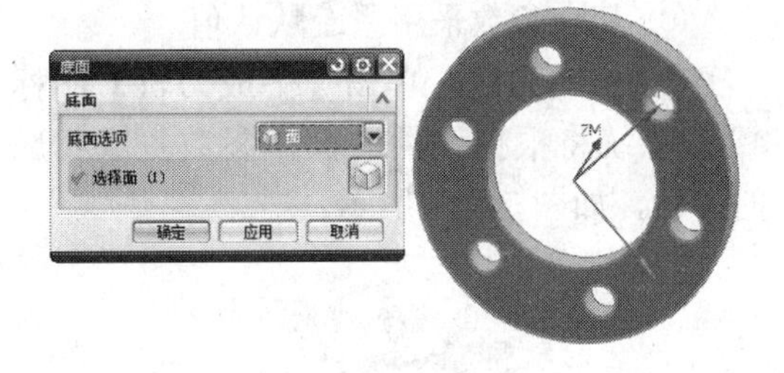

图 7-246　选择底面

⑤ 设置循环类型。在【沉头孔加工】对话框中，在【循环类型】的【循环】下拉菜单中选择【标准镗】，再单击【标准镗】的【参数编辑】图标，系统将自动弹出【指定参数组】对话框，在【Number of Sets】文本框中输入 1，设置一个循环参数组，单击【确定】按钮，系统将自动弹出【Cycle 参数】对话框，单击【Depth-模型深度】按钮，系统将自动弹出【Cycle 深度】对话框，单击【模型深度】按钮，系统将自动返回【Cycle 参数】对话框。单击【进给率（MMPM）-250.0000】按钮，系统将自动弹出【Cycle 进给率】对话框，设置进给率为 250，如图 7-247 所示。单击【确

定】按钮，系统将自动返回【Cycle 参数】对话框，再单击【确定】按钮完成循环参数的设置。

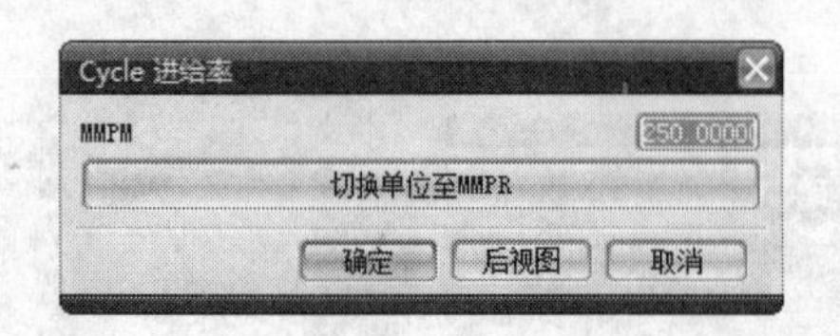

图 7-247　设置进给率

在【镗孔】对话框中，【循环类型】下的【最小安全距离】设置为 20，如图 7-248 所示。

图 7-248　设置最小安全距离

⑥ 其余参数采用系统默认值。

⑦ 生成刀轨。单击【生成刀轨】图标，系统将根据设置的操作参数生成相应的刀轨，如图 7-249 所示。

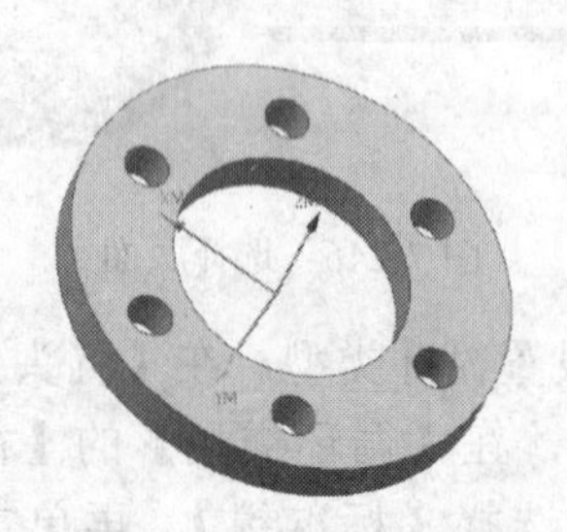

图 7-249　生成刀轨

⑧ 确认刀轨。单击【确认刀轨】图标，系统将确认操作生成的刀轨，通过【刀轨可视化】对话框，用户可对刀轨进行可视化播放，包括 3D 和 2D 动画演示，且可以进行过切和碰撞检查，如图 7-250 所示。

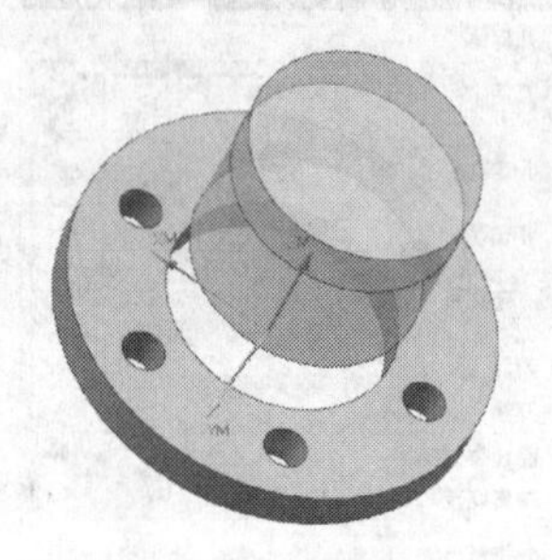

图 7-250　确认刀轨

⑨ 在【工序导航器-程序顺序】中会显示已经建立的两个程序，如图 7-251 所示。

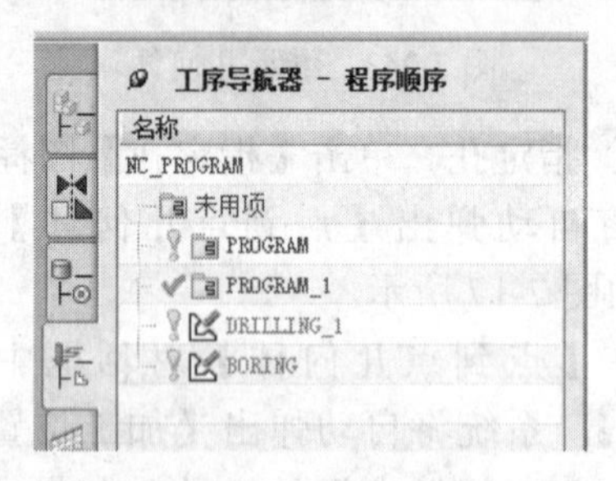

图 7-251　加工程序

第 8 章　车削加工

参数（如主轴定义、工件几何体、加工方式和刀具）按组指定，这些参数在操作中共享，而其他的参数是在单独的操作中定义的。当工件通过整个加工程序时，处理中的工件跟踪计算并以图形显示所有要移除的剩余材料。生成每个操作后，【车削】模块使用户能够以图形的方式显示处理中的工件。处理中的工件定义为材料总量减去工序中到目前选定的操作为止的所有操作中使用的材料。

由于操作的工序非常重要，因此最好在【工序导航器】中的【程序顺序】视图中选择操作。如果操作进行了重新排序，系统会在需要时重新计算处理中的工件。

【车削】模块主要侧重于下列方面的改进。

（1）使用固定切削刀具加强并合并基本切削操作，这为车削机床提供了更强大的粗加工、精加工、割槽、螺纹和钻孔功能。该模块使用方便，具备了车削的核心功能。

（2）粗加工和精加工的切削区域是自动检测的，能更快地获得结果，尤其是连续操作的时候。

（3）【教学模式】操作具有最大的灵活性，特别是希望手动将刀具控制到位的时候。该操作提供了动画功能，如刀轨回放中的材料移除过程显示和处理中的工件的 3D 显示。可以更好地支持一个编程会话及为加工刀具创建车削、铣削和钻孔操作。

允许为多个主轴设置创建 NC 程序。系统能够连续规划每个单独主轴组的加工工艺，然后重新排列操作顺序。

本章内容

- 实例 · 模仿——曲轴加工
- 车削加工的概述
- 粗加工
- 中心线钻孔
- 车螺纹
- 实例 · 操作——螺栓加工
- 实例 · 练习——曲面轴车加工

8.1　实例 · 模仿——曲轴加工

该零件是一个简单的车削加工的曲轴。本例的加工零件如图 8-1 所示。

视频教学

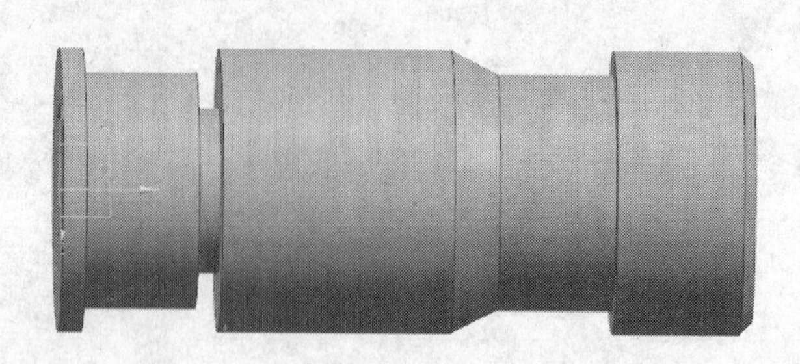

图 8-1　曲轴模型

思路·点拨

观察该零件，是一根曲轴模型，需创建 3 个操作完成曲轴的加工。

（1）创建一个粗车外圆操作，去除大量的材料。

（2）再创建一个车外圆槽操作，加工槽。

（3）最后创建一个中心线孔操作，进行钻孔。

创建该车削加工操作，可以分为 15 个步骤：（1）创建外圆车刀；（2）创建加工坐标系和安全平面；（3）创建车削边界——部件边界和毛坯边界；（4）创建粗车外圆工序；（5）指定切削区域、切削策略；（6）刀轨设置；（7）生成粗车外圆操作刀轨；（8）创建外圆槽车刀；（9）创建车外圆槽工序——创建切削区域；（10）设置切削参数；（11）生成车外圆槽操作刀轨；（12）创建钻刀；（13）创建中心线钻孔操作；（14）指定循环类型、起点和深度及进行刀轨设置；（15）生成中心线钻孔操作刀轨，即完成该零件的车削加工操作。

【光盘文件】

起始文件——参见附带光盘中的“MODEL\CH8\8-1.prt”文件。

结果文件——参见附带光盘中的“END\CH8\8-1.prt”文件。

动画演示——参见附带光盘中的“AVI\CH8\8-1.avi”文件。

【操作步骤】

（1）启动 UG NX 8。打开光盘中的源文件“MODEL\CH8\8-1.prt”模型，单击【OK】按钮，如图 8-2 所示。

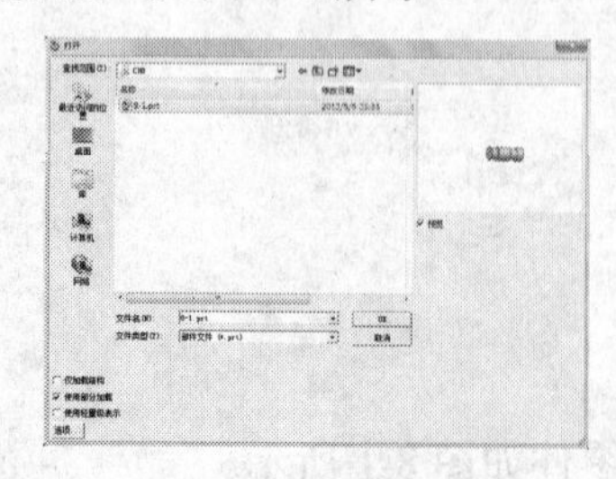

图 8-2　打开模型文件

（2）进入加工环境。单击【开始】—【加工】后出现【加工环境】对话框（快捷键方式 Ctrl+Alt+M），在【CAM 会话配置】中选择【cam general】，在【要创建的 CAM 设置】中选择【turning】，如图 8-3 所示。单击【确定】按钮，进入车削加工环境。

（3）创建程序。单击【创建程序】图标，弹出【创建程序】对话框。【类型】选择【turning】，【名称】设置为【PROGRAM_ROUGH】，其余选项采取默认参数，单击【确定】按钮，创建车削粗加工程序，如图 8-4 所示。

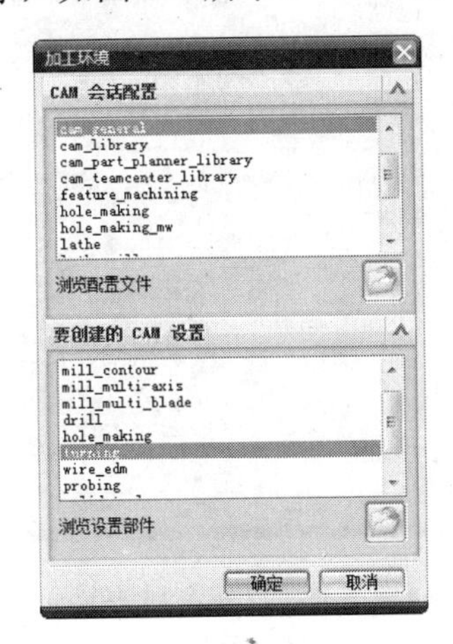

图 8-3　进入加工环境

图 8-4　创建程序

在【工序导航器-程序顺序】中显示新建的程序，如图 8-5 所示。

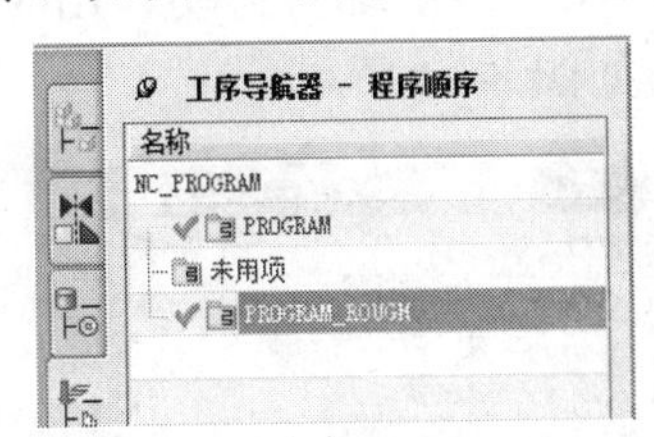

图 8-5　程序顺序视图

（4）创建刀具。单击【创建刀具】图标，弹出【创建刀具】对话框，【类型】选择【turning】，【刀具子类型】选择【OD_80_L】图标，【位置】选用默认选项，【名称】设置为【OD_80_L】，单击【确定】按钮，如图 8-6 所示。

图 8-6　创建刀具

单击【确定】按钮后，弹出【车刀-标准】对话框，如图 8-7 所示。

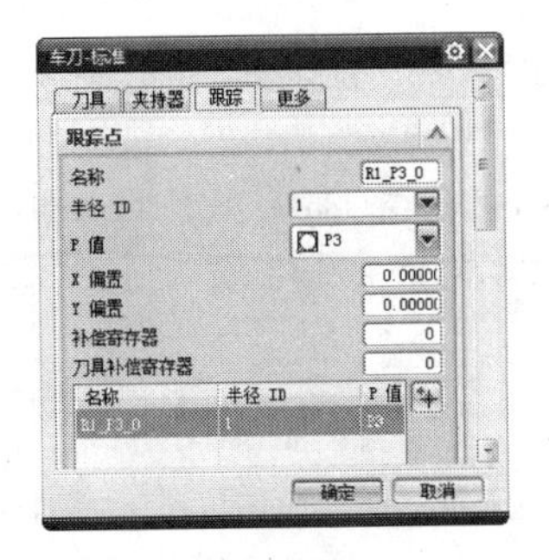

图 8-7　【车刀-标准】对话框

在【车刀-标准】对话框中，单击【刀具】选项卡，设置外圆车刀的参数，如图 8-8 所示。单击【确定】按钮，完成刀具的创建。在【工序导航器-机床】中显示新建的【OD_80_L】刀具，如图 8-9 所示。

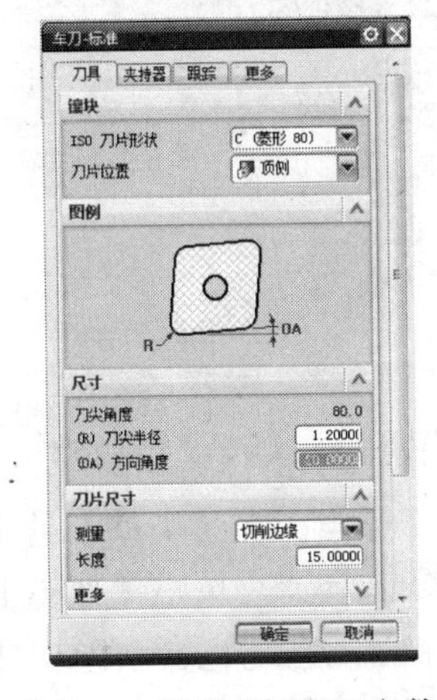

图 8-8　设置外圆车刀参数

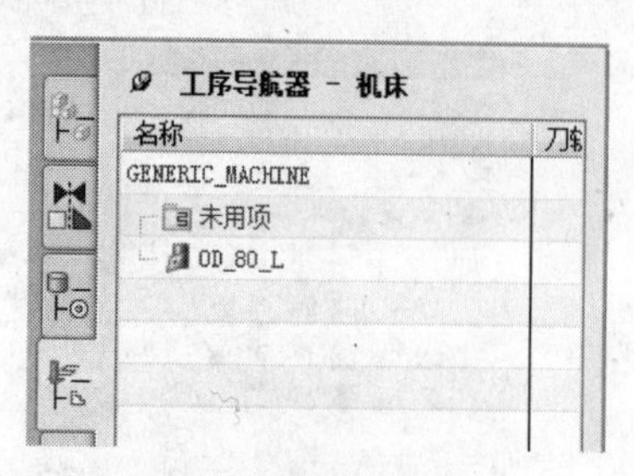

图 8-9 机床视图

（5）设置车削加工坐标系 MCS_MILL。双击【工序导航器-几何】中的【MCS_SPINDLE】图标 MCS_SPINDLE，系统将自动弹出【Turn Orient】对话框，如图 8-10 所示。

图 8-10 【Turn Orient】对话框

单击【指定 MCS】中的【CSYS】图标，系统将自动弹出【CSYS】对话框，如图 8-11 所示。

图 8-11 【CSYS】对话框

① 选择原点。在【类型】的下拉菜单中选择 Z 轴, X 轴, 原点，单击【原点】的【指定点】图标，系统将自动弹出【点】对话框，如图 8-12 所示。

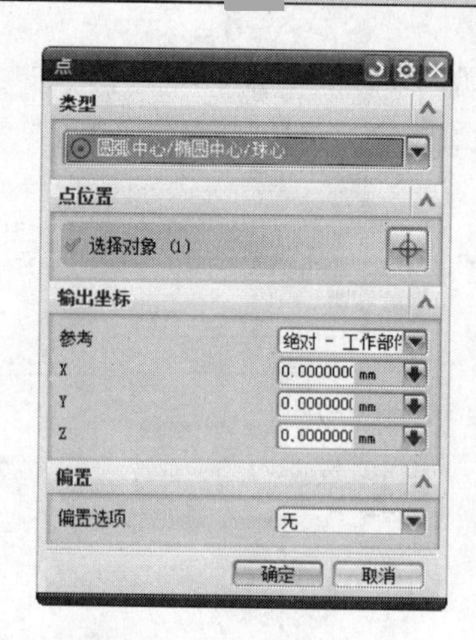

图 8-12 【点】对话框

在【类型】的下拉菜单中选择 圆弧中心/椭圆中心/球心，选中图中所示的圆心作为机床坐标系的原点位置，如图 8-13 所示。单击【确定】按钮，完成机床坐标系的原点设置。

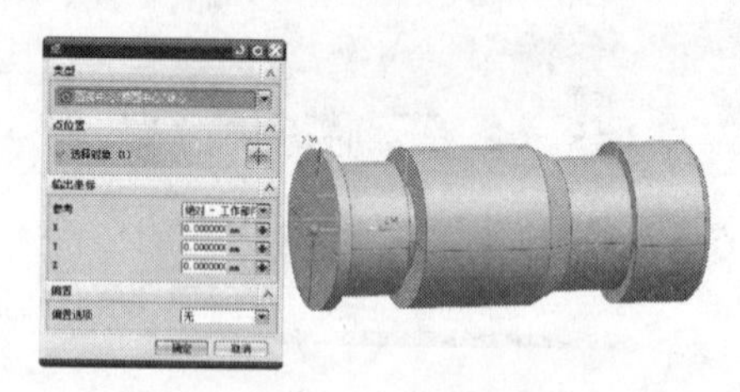

图 8-13 选择原点

② 选择 Z 轴。单击【Z 轴】的【指定矢量】图标，系统将自动弹出【矢量】对话框，如图 8-14 所示。

图 8-14 【矢量】对话框

在【类型】的下拉菜单中选择【XC 轴】，如图 8-15 所示。单击【确定】按钮，完成机床坐标系的 Z 轴设置。

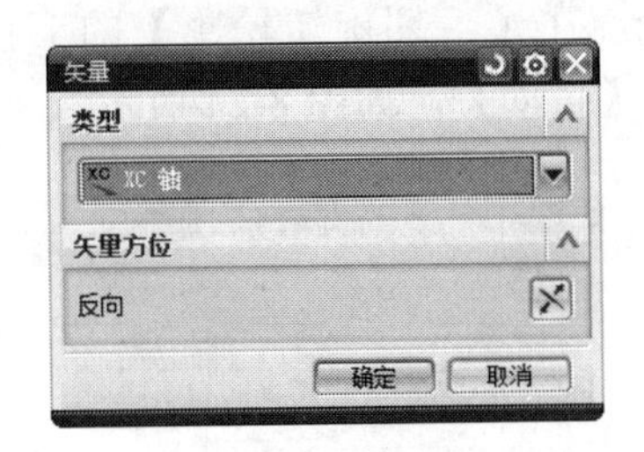

图 8-15　选择 Z 轴

③ 选择 X 轴。单击【X 轴】的【指定矢量】图标，系统将自动弹出【矢量】对话框，如图 8-16 所示。

图 8-16　【矢量】对话框

在【类型】的下拉菜单中选择【ZC 轴】，如图 8-17 所示。单击【确定】按钮，完成机床坐标系的 X 轴设置。

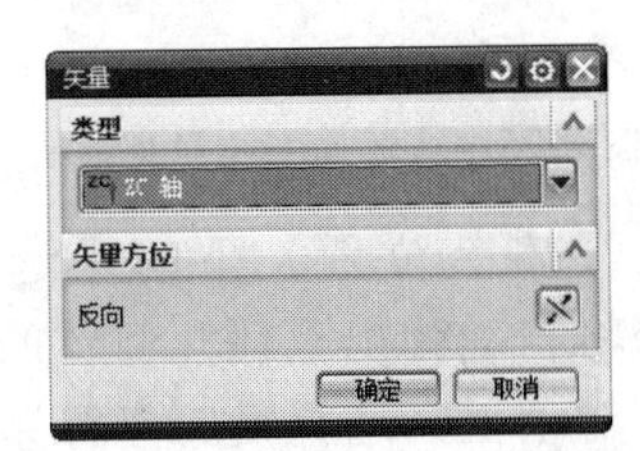

图 8-17　选择 X 轴

设置的机床坐标系如图 8-18 所示。

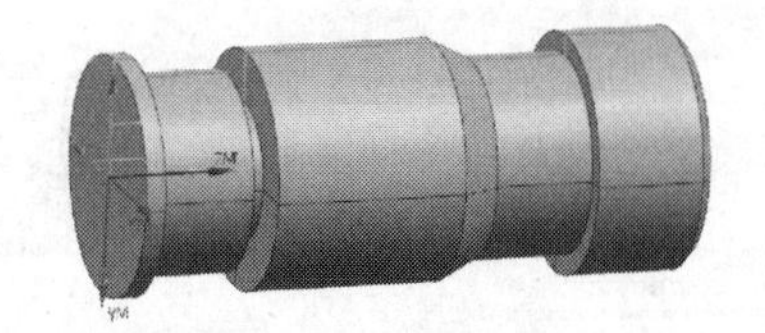

图 8-18　机床坐标系

（6）创建车床工作平面。在【Turn Orient】对话框中，在【车床工作平面】下的【指定平面】的下拉菜单中选择【ZM-XM】，单击【确定】按钮，完成机床工作平面的设置，如图 8-19 所示。单击【确定】按钮，完成机床坐标系和机床工作平面的设置。

图 8-19　机床工作平面

（7）创建车削边界。在【工序导航器-几何】中【MCS_SPINDLE】的子菜单【WORKPIECE】下，双击【WORKPIECE】下的子菜单【TURNING_ WORKPIECE】，系统将自动弹出【Turn Bnd】对话框，如图 8-20 所示。

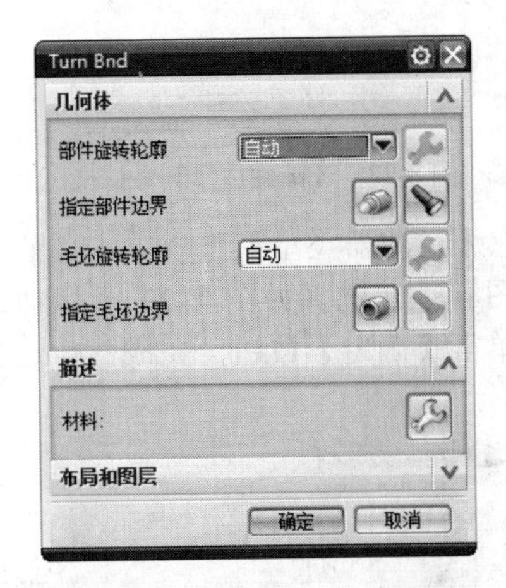

图 8-20　【Turn Bnd】对话框

① 指定部件边界。在【Turn Bnd】对话框中，在【部件旋转轮廓】的下拉菜单中选择【无】，如图 8-21 所示。

图 8-21　部件旋转轮廓

单击【指定部件边界】图标，系统将自动弹出【部件边界】对话框，如图 8-22 所示。

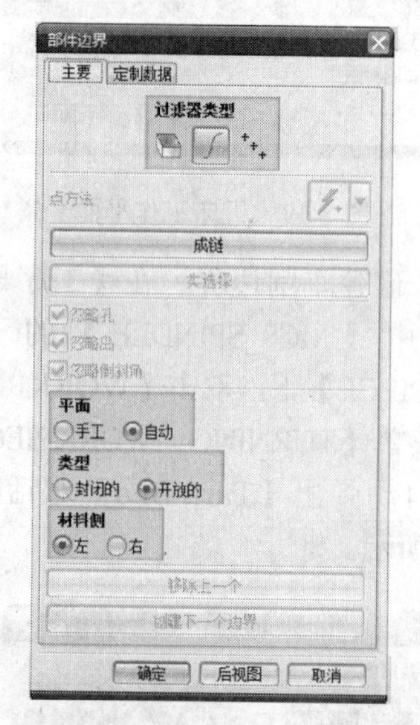

图 8-22　【部件边界】对话框

在【过滤器类型】下，单击【曲线边界】图标，选择如图 8-23 所示曲线边界。单击【确定】按钮，完成部件边界的指定。

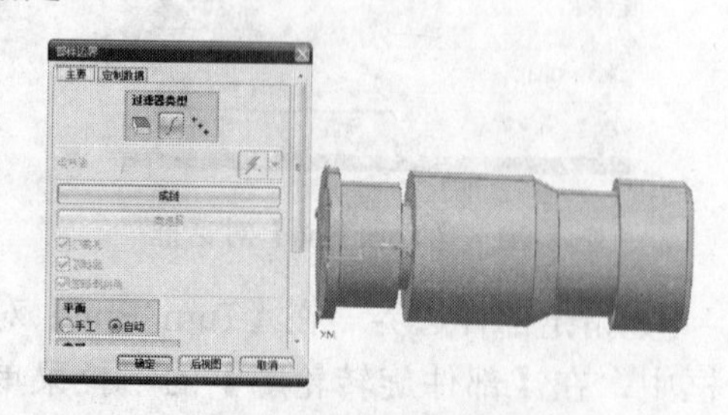

图 8-23　部件边界

② 指定毛坯边界。在【Turn Bnd】对话框中，在【毛坯旋转轮廓】的下拉菜单中选择【自动】，如图 8-24 所示。

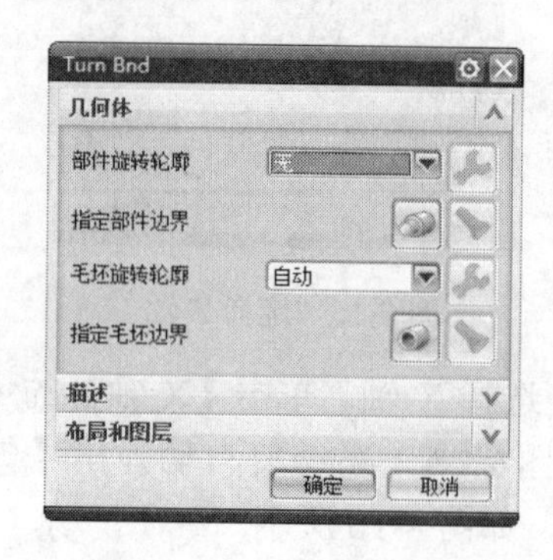

图 8-24　毛坯旋转轮廓

单击【指定毛坯边界】图标，系统将自动弹出【选择毛坯】对话框，如图 8-25 所示。

图 8-25　【选择毛坯】对话框

单击【安装位置】下的【选择】按钮，系统将自动弹出毛坯几何体的生成位置起始点对话框，选择机床坐标系原点为毛坯几何体的起始点，如图 8-26 所示。

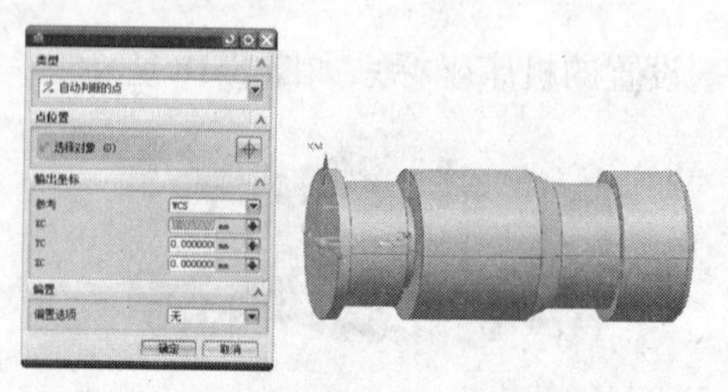

图 8-26　选择毛坯几何体的起始点

在【毛坯】类型下选择【棒料】图标

，在【点位置】下选择【在主轴箱处】，【长度】设置为 300，【直径】设置为 140，如图 8-27 所示。单击【确定】按钮，完成毛坯边界的指定。

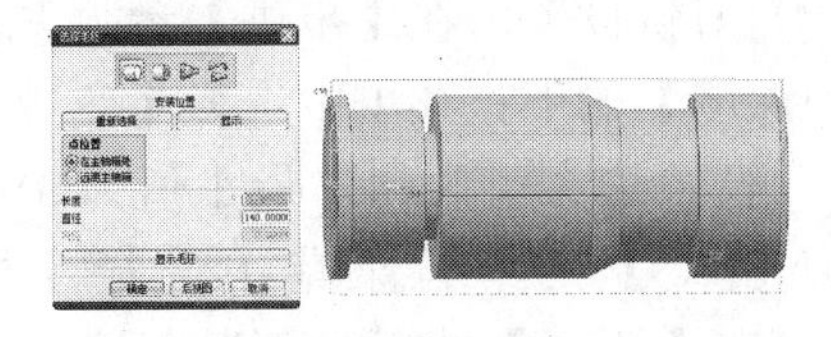

图 8-27　毛坯边界

（8）创建车削加工工序。单击【创建工序】图标，弹出【创建工序】对话框，在【类型】下拉菜单中选择【turning】，在【工序子类型】中选择【ROUGH_TURN_OD】图标，【程序】选择【PROGRAM_ROUGH】，【刀具】选择【OD_80_L（车刀-标准）】，【几何体】选择【TURNING_WORKPIECE】，【方法】选择【LATHE_ROUGH】，【名称】设置为【ROUGH_TURN_OD】，如图 8-28 所示。单击【确定】按钮，系统将自动弹出【粗车 OD】对话框，如图 8-29 所示。

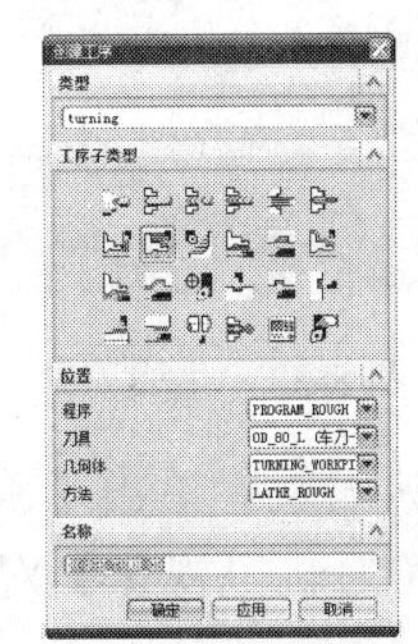

图 8-28　【创建工序】对话框

图 8-29　【粗车 OD】对话框

① 在【几何体】的下拉菜单中选择【TURNING_WORKPIECE】，继承前面设置的部件几何体和毛坯几何体，如图 8-30 所示。

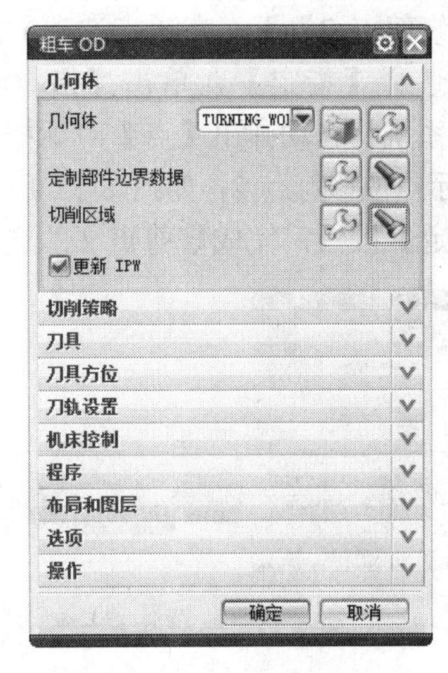

图 8-30　继承几何体

② 切削区域。单击【切削区域】的【编辑】图标，系统将自动弹出【切削区域】对话框，如图 8-31 所示。

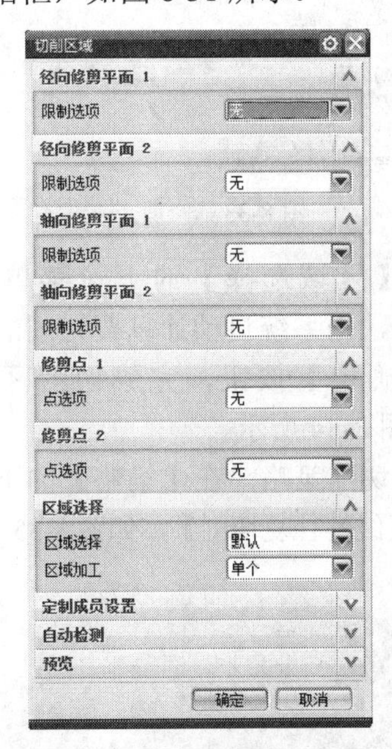

图 8-31　【切削区域】对话框

使用两个修剪点来创建切削区域。【修剪点 1】下，在【点选项】的下拉菜单中选择【指定】，单击【指定点】图标，系统将自动弹出【点】对话框，选中如图所示点位修剪点 1，如图 8-32 所示。单击【确定】按钮，完成修剪点 1 的选择。【修剪点 2】下，在【点选项】的下拉菜单中选择【指定】，单击【指定点】图标，系统将自动弹出【点】对话框，选中如图所示点位修剪点 2，如图 8-33 所示。单击【确定】按钮，完成修剪点 2 的选择。

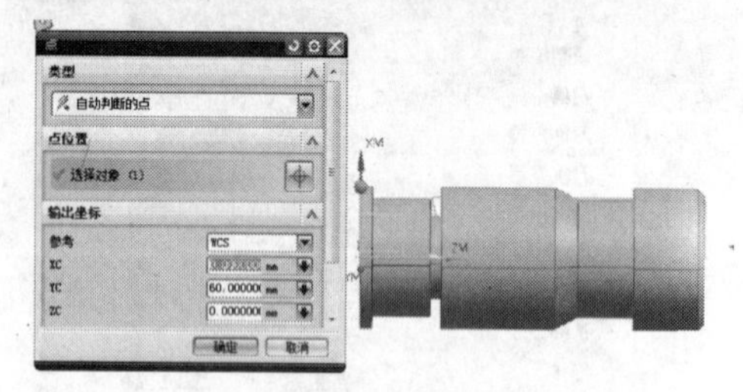

图 8-32　修剪点 1

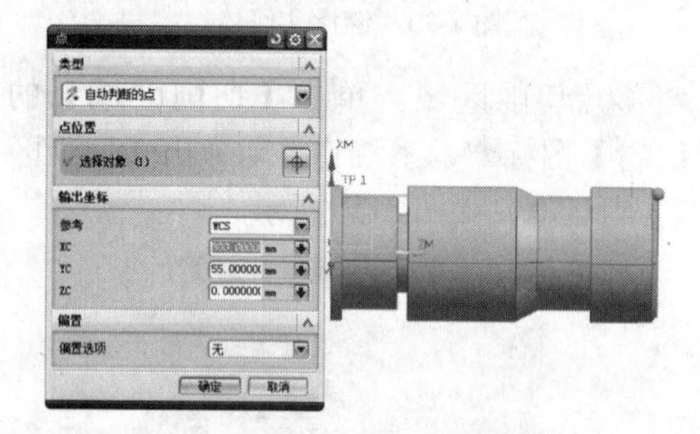

图 8-33　修剪点 2

在【区域选择】的下拉菜单中选择【默认】，由系统自动计算要切削的区域，单击【确定】按钮，完成切削区域的指定，如图 8-34 所示。

③ 切削策略。在【策略】的下拉菜单下选择【线性往复切削】，如图 8-35 所示。

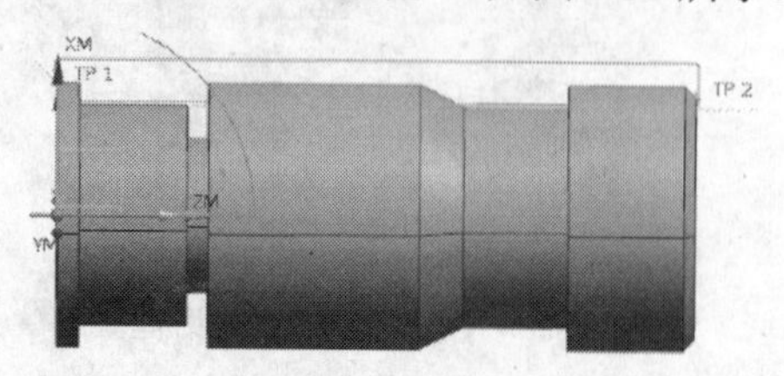

图 8-34　切削区域

图 8-35　切削策略

④ 刀轨设置。在【步进】参数下，在【切削深度】的下拉菜单中选择【变量平均值】，设置最大值为 4，最小值为 0；在【变换模式】的下拉菜单中选择【根据层】，在【清理】的下拉菜单中选择【全部】；如图 8-36 所示。其余参数采用系统默认值。

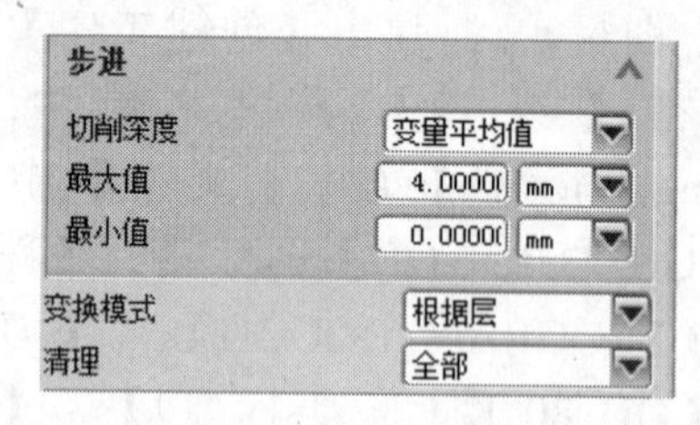

图 8-36　步进参数

（9）生成刀轨。单击【生成刀轨】图标，系统自动生成刀轨，如图 8-37 所示。

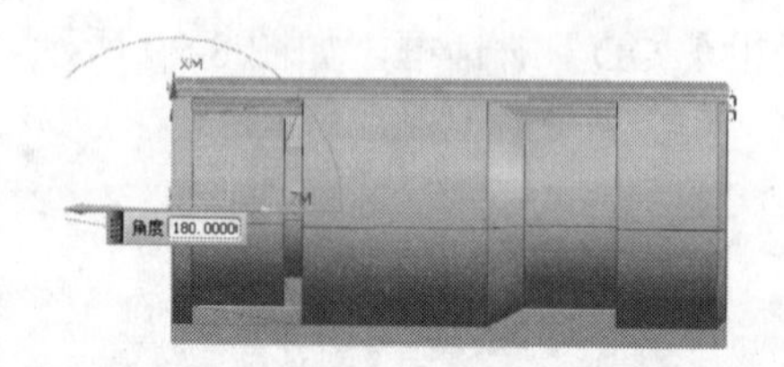

图 8-37　生成刀轨

（10）确认刀轨。单击【确认刀轨】图标，弹出【刀轨可视化】对话框，出现刀轨，如图 8-38 所示。

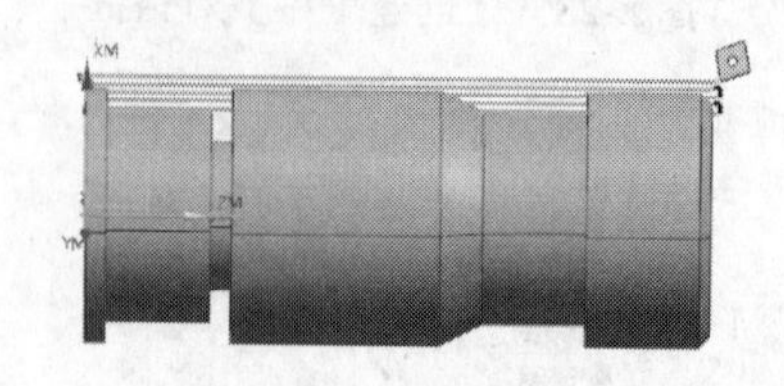

图 8-38　确认刀轨

（11）3D 效果图。单击【刀轨可视化】中的【3D 动态】，单击【播放】图标，可显示动画演示刀轨，如图 8-39 所示。

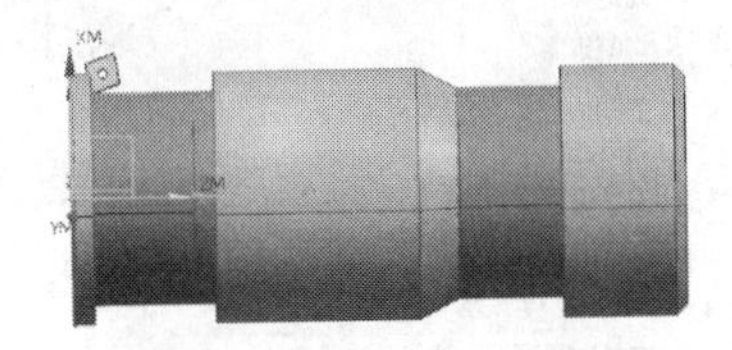

图 8-39　3D 动态演示

（12）创建槽车削程序。单击【创建程序】图标，弹出【创建程序】对话框。【类型】选择【turning】，【名称】设置为【PROGRAM_ROUGH_GROOVE_OD】，其余选项采取默认参数，单击【确定】按钮，创建车削粗加工程序，如图 8-40 所示。

图 8-40　【创建程序】对话框

在【工序导航器】-【程序顺序视图】中显示新建的程序，如图 8-41 所示。

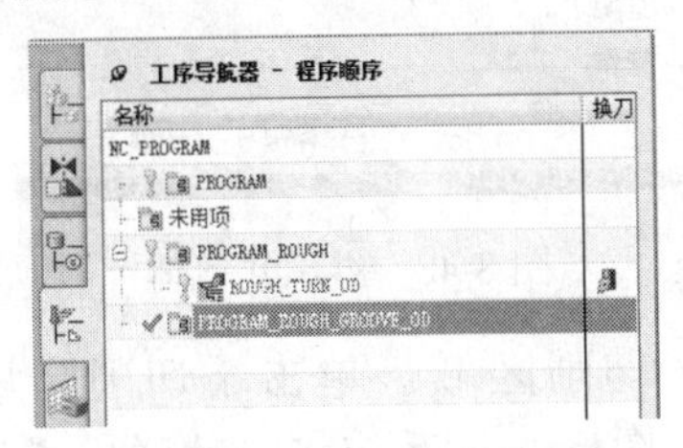

图 8-41　程序顺序视图

（13）创建槽刀。单击【创建刀具】图标，弹出【创建刀具】对话框，【类型】选择【turning】，【刀具子类型】选择【OD_GROOVE_L】图标，【位置】选用默认选项，【名称】设置为【OD_GROOVE_L】，单击【确定】按钮，如图 8-42 所示。

图 8-42　【创建刀具】对话框

单击【确定】按钮后，弹出【槽刀-标准】对话框，如图 8-43 所示。

图 8-43　【槽刀-标准】对话框

在【槽刀-标准】对话框中，单击【刀具】选项卡，设置外圆槽刀的参数，如图 8-44 所示。

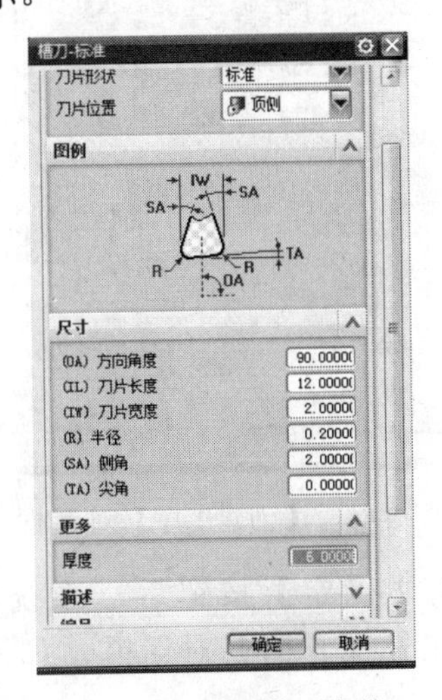

图 8-44　外圆槽刀参数

单击【确定】按钮，完成刀具的创建。在【工序导航器-机床】中显示新建的【OD_GROOVE_L】刀具，如图 8-45 所示。

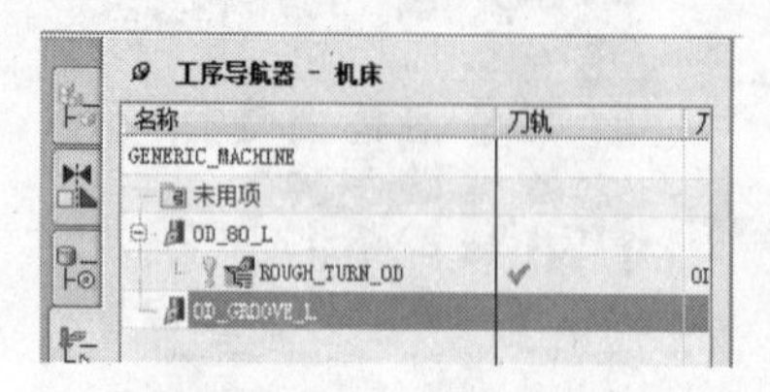

图 8-45　机床视图

（14）创建槽车削工序。单击【创建工序】图标，弹出【创建工序】对话框，【类型】选择【turning】，【工序子类型】选择【GROOVE_OD】图标，在【程序】的下拉菜单中选择【PROGRAM_ROUGH_GROOVE_OD】，在【刀具】的下拉菜单中选择【OD_GROOVE_L（槽刀-标准）】，在【几何体】的下拉菜单中选择【TURNING_WORKPIECE】，在【方法】的下拉菜单中选择【LATHE_GROOVE】，【名称】设置为【GROOVE_OD】，单击【确定】按钮，如图 8-46 所示。

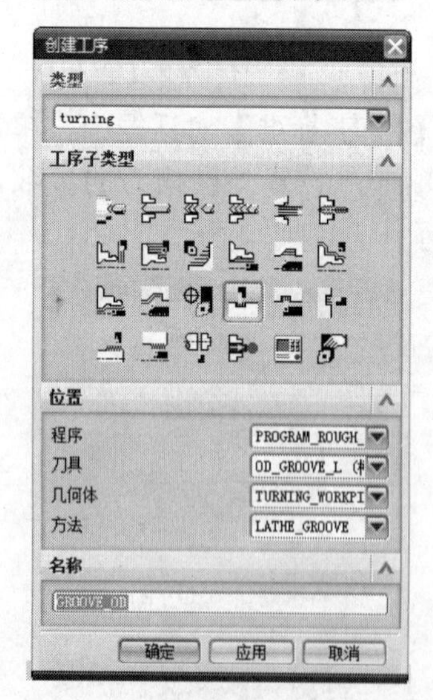

图 8-46　【创建工序】对话框

单击【确定】按钮后，系统将自动弹出【在外径开槽】对话框，如图 8-47 所示。

图 8-47　【在外径开槽】对话框

① 在【几何体】的下拉菜单中选择【TURNING_WORKPIECE】，继承前面设置的部件几何体和毛坯几何体，如图 8-48 所示。

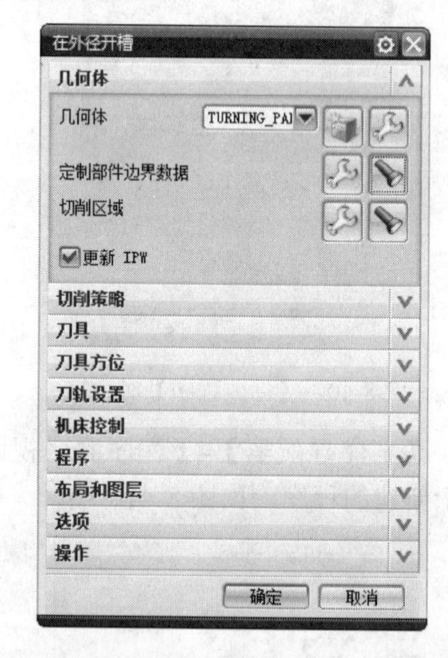

图 8-48　继承几何体

② 切削区域。单击【切削区域】的【编辑】图标，系统将自动弹出【切削区域】对话框，如图 8-49 所示。使用一个径向修剪平面和两个轴向修剪平面来创建车外圆槽的切削区域。

在【径向修剪平面 1】下，在【限制选项】的下拉菜单中选择【点】，单击【指定点】的图标，系统将自动弹出【点】对话框，选中如图所示点，如图 8-50 所

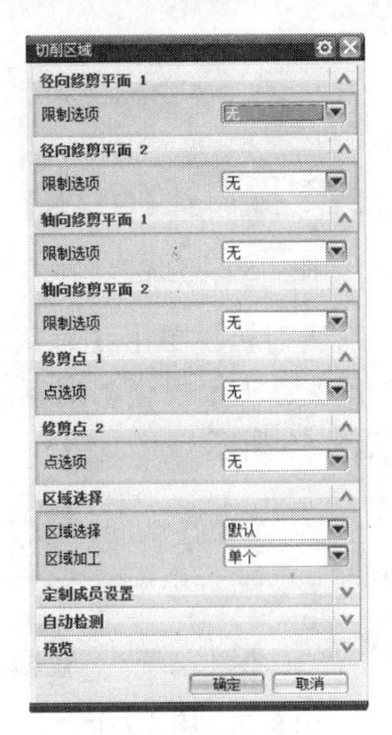

图 8-49 【切削区域】对话框

示。单击【确定】按钮，完成径向修剪平面 1 的选择。

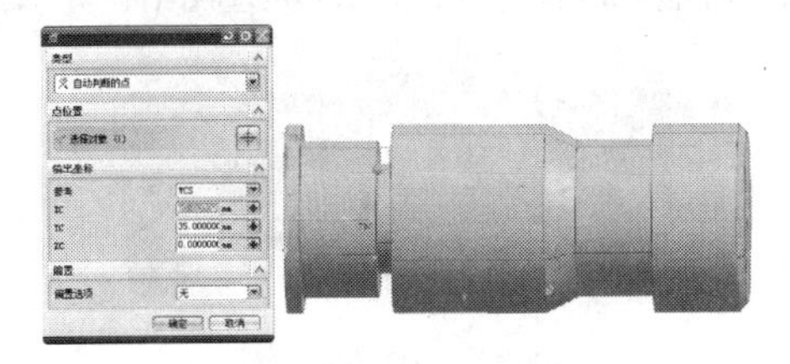

图 8-50 径向修剪平面 1

在【轴向修剪平面 1】下，在【限制选项】的下拉菜单中选择【点】，单击【指定点】图标，系统将自动弹出【点】对话框，选中如图所示点，如图 8-51 所示。单击【确定】按钮，完成轴向修剪平面 1 的选择。

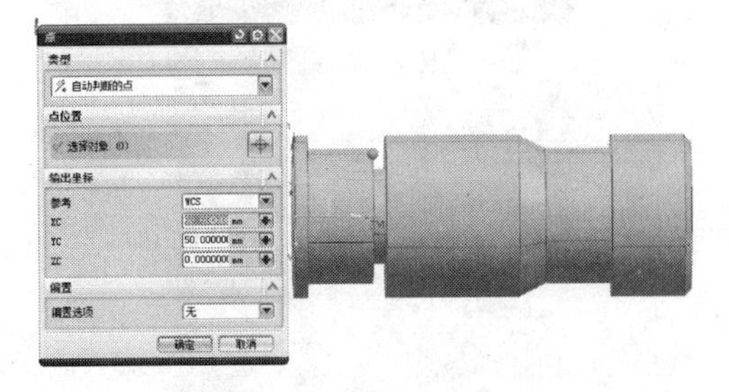

图 8-51 轴向修剪平面 1

在【轴向修剪平面 2】下，在【限制选项】的下拉菜单中选择【点】，单击【指定点】图标，系统将自动弹出【点】对话框，选中如图所示点，如图 8-52 所示。单击【确定】按钮，完成轴向修剪平面 2 的选择。

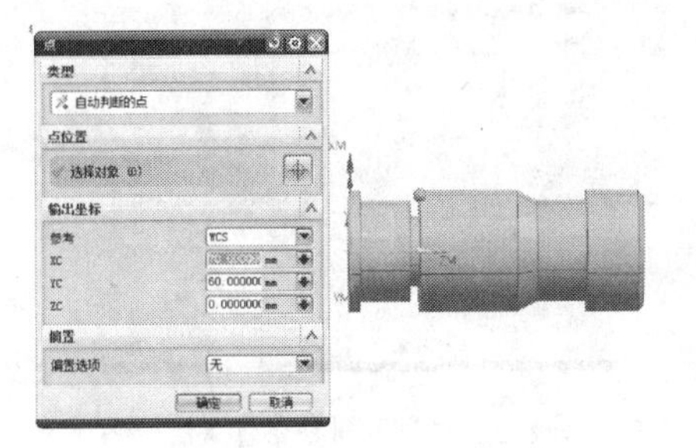

图 8-52 轴向修剪平面 2

单击【确定】按钮后，完成切削区域的指定，如图 8-53 所示。

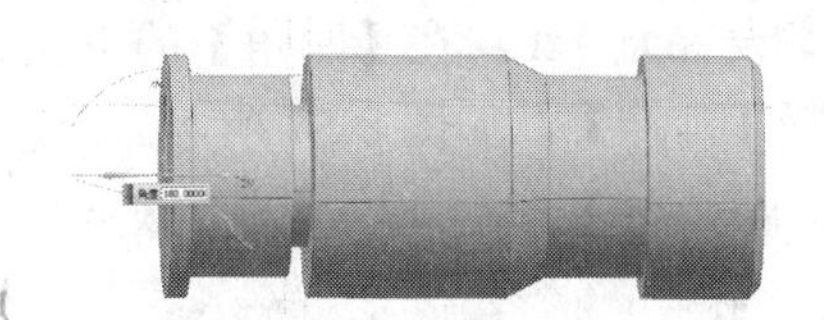

图 8-53 切削区域

③ 切削策略。在【策略】的下拉菜单下选择【交替插削】，如图 8-54 所示。

图 8-54 切削策略

④ 在【步进】参数下，在【步距】的下拉菜单中选择【变量平均值】，设置最大值为 25%刀具；在【清理】的下拉菜单中选择【全部】，如图 8-55 所示。

图 8-55 步进参数

⑤ 切削参数。单击【切削参数】图标，系统将自动弹出【切削参数】对话框，如图 8-56 所示。

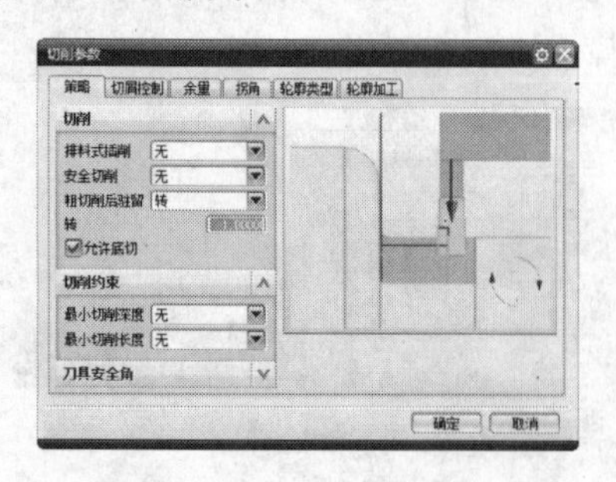

图 8-56 【切削参数】对话框

在【拐角】选项卡下，在【常规拐角】的下拉菜单中选择【延伸】，在【浅角】的下拉菜单中选择【延伸】，【最小浅角】设置为 120，在【凹角】的下拉菜单中选择【延伸】，如图 8-57 所示。

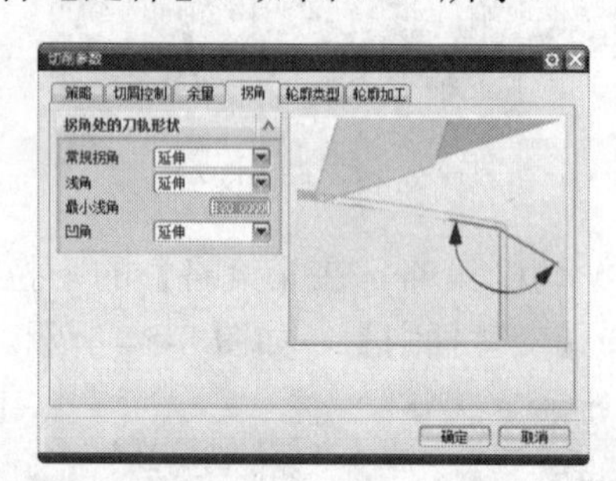

图 8-57 拐角参数

在【轮廓类型】选项卡下，设置如下参数，如图 8-58 所示，其余参数采用系统默认值。

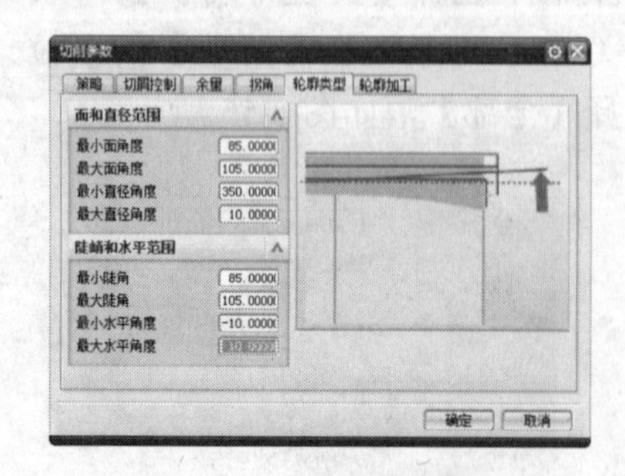

图 8-58 轮廓类型参数

（15）生成刀轨。单击【生成刀轨】图标，系统自动生成刀轨，如图 8-59 所示。

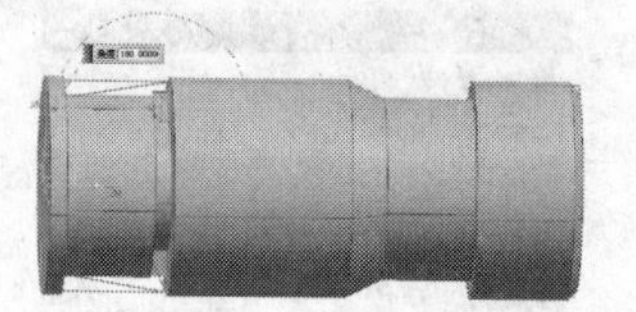

图 8-59 生成刀轨

（16）确认刀轨。单击【确认刀轨】图标，弹出【刀轨可视化】对话框，出现刀轨，如图 8-60 所示。

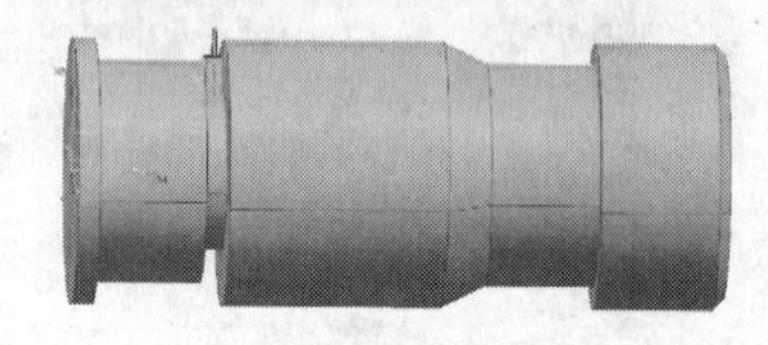

图 8-60 确认刀轨

（17）3D 效果图。单击【刀轨可视化】中的【3D 动态】，单击【播放】图标，可显示动画演示刀轨，如图 8-61 所示。

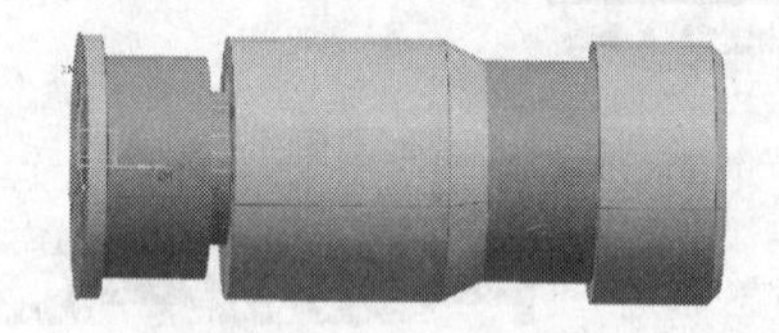

图 8-61 3D 动态演示

（18）创建中心线钻孔程序。单击【创建程序】图标，弹出【创建程序】对话框。【类型】选择【turning】，【名称】设置为【PROGRAM_DILLING】，其余选项采取默认参数，单击【确定】按钮，创建车削粗加工程序，如图 8-62 所示。

图 8-62 【创建程序】对话框

在【工序导航器-程序顺序】中显示新建的程序，如图 8-63 所示。

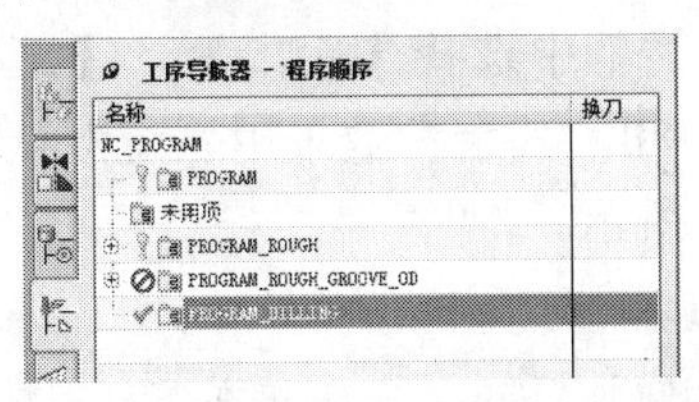

图 8-63　程序顺序视图

（19）创建钻刀。单击【创建刀具】图标，弹出【创建刀具】对话框，【类型】选择【turning】，【刀具子类型】选择【DRILLING_TOOL】图标，【位置】选用默认选项，【名称】设置为【DRILLING_TOOL】，单击【确定】按钮，如图 8-64 所示。

图 8-64　【创建刀具】对话框

单击【确定】按钮后，弹出【钻刀】对话框，设置钻刀的参数，如图 8-65 所示。

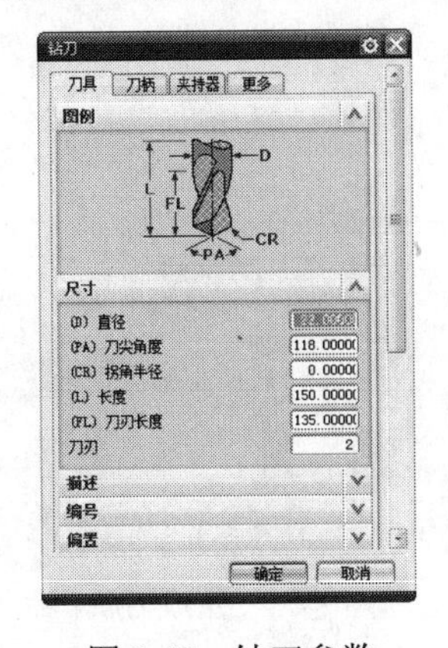

图 8-65　钻刀参数

单击【确定】按钮，完成刀具的创建。在【工序导航器-机床】中显示新建的【DRILLING_TOOL】刀具，如图 8-66 所示。

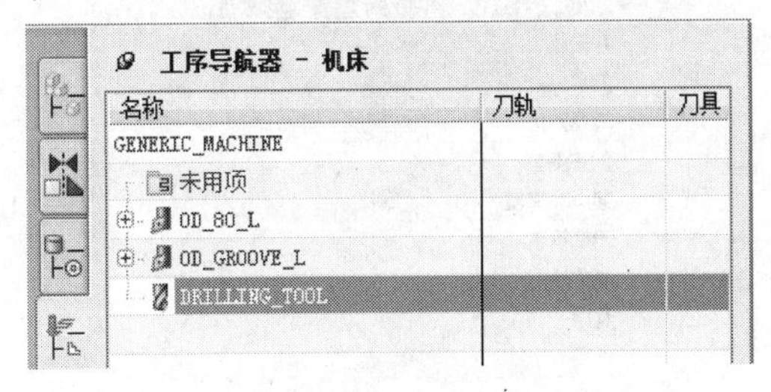

图 8-66　机床视图

（20）创建中心线钻孔工序。单击【创建工序】图标，弹出【创建工序】对话框，【类型】选择【turning】，【工序子类型】选择【CENTERLINE_ DRILLING】图标，在【程序】的下拉菜单中选择【PROGRAM_DILLING】，在【刀具】的下拉菜单中选择【DRILLING_TOOL（钻刀)】，在【几何体】的下拉菜单中选择【TURNING_WORKPIECE】，在【方法】的下拉菜单中选择【LATHE_CENTERLINE】，【名称】设置为【CENTERLINE_DRILLING】，单击【确定】按钮，如图 8-67 所示。

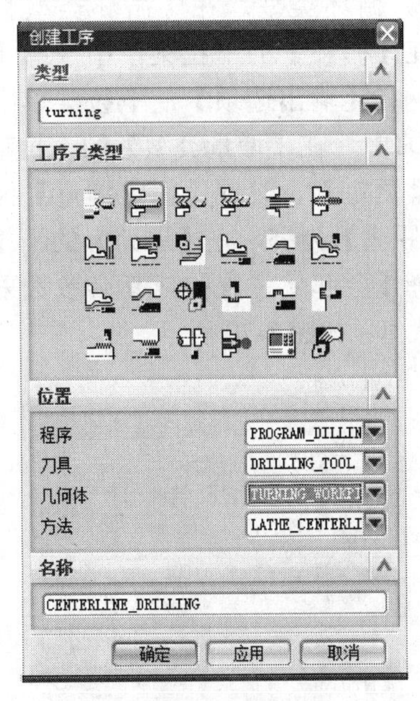

图 8-67　【创建工序】对话框

单击【确定】按钮，系统将自动弹出【中心线钻孔】对话框，如图 8-68 所示。

图 8-68 【中心线钻孔】对话框

① 在【几何体】的下拉菜单中选择【TURNING_WORKPIECE】，继承前面设置的部件几何体和毛坯几何体，如图 8-69 所示。

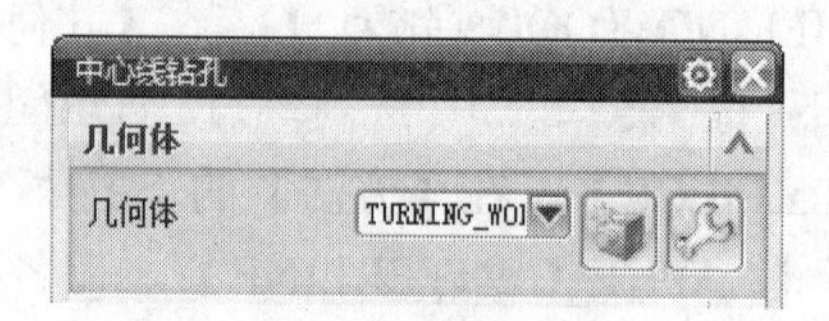

图 8-69 继承几何体

② 循环类型。在【循环类型】内容下，在【循环】的下拉菜单中选择【钻，深】，在【输出选项】的下拉菜单中选择【已仿真】，在【增量类型】的下拉菜单中选择【恒定】，设置【恒定增量】为 8，【安全距离】为 5，在【退刀】的下拉菜单中选择【至起始位置】，其余参数采用系统默认值，如图 8-70 所示。

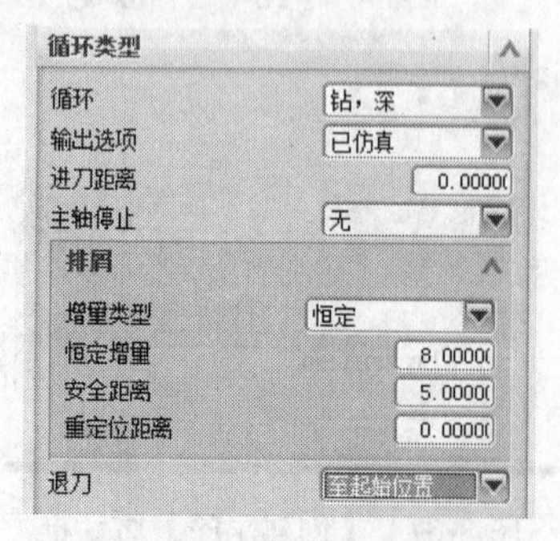

图 8-70 循环类型

③ 起点和深度。在【起始位置】的下拉菜单中选择【自动】，在【深度选项】的下拉菜单中选择【距离】，【距离】值设置为 80，其余参数采用系统默认值，如图 8-71 所示。

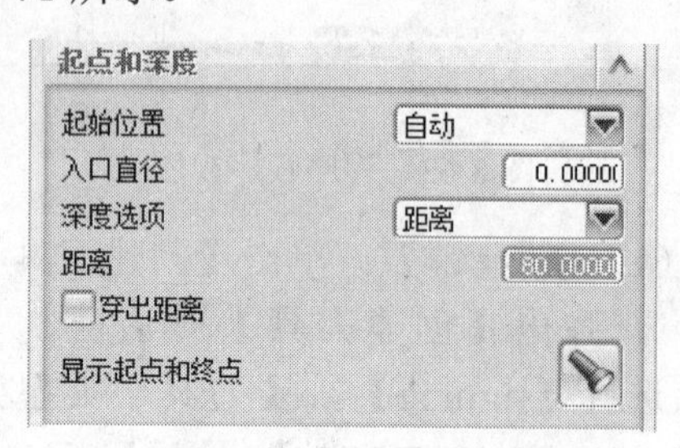

图 8-71 起点和深度

④ 刀轨设置。在【驻留】的下拉菜单中选择【时间】，【秒】设置为 3，在【钻孔位置】的下拉菜单中选择【在中心线上】，其余参数采用系统默认值，如图 8-72 所示。

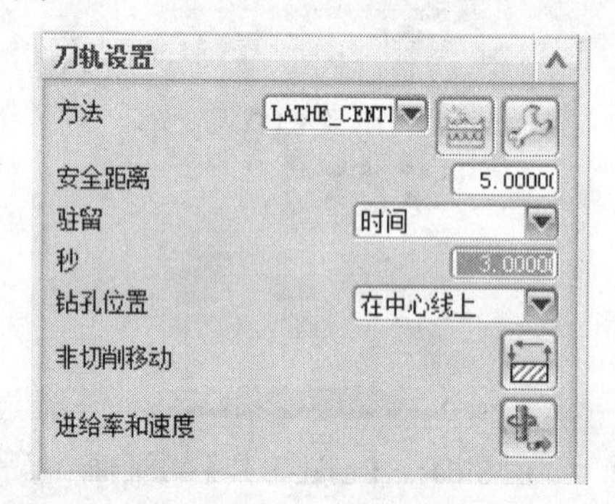

图 8-72 刀轨设置

（21）生成刀轨。单击【生成刀轨】图标，系统自动生成刀轨，如图 8-73 所示。

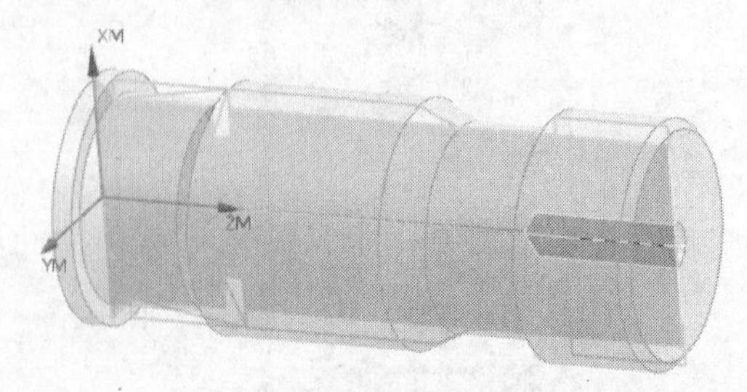

图 8-73 生成刀轨

（22）确认刀轨。单击【确认刀轨】图标，弹出【刀轨可视化】对话框，出现刀轨，如图 8-74 所示。单击【确定】按钮，完成车削加工操作。

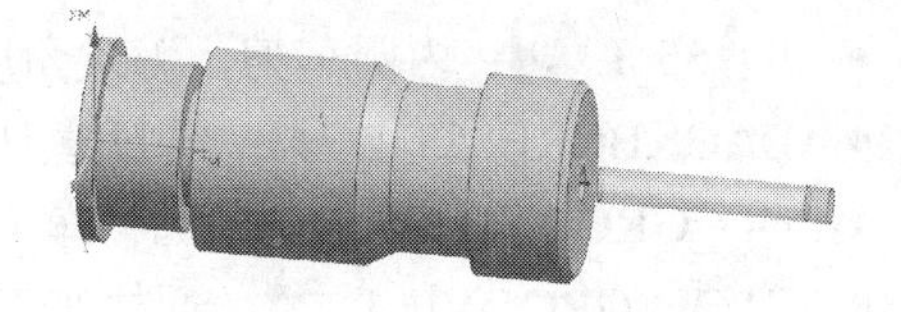

图 8-74　确认刀轨

8.2　车削加工的概述

参数（如主轴定义、工件几何体、加工方式和刀具）按组指定，这些参数在操作中共享，而其他的参数是在单独的操作中定义的。当工件通过整个加工程序时，处理中的工件跟踪计算并以图形显示所有要移除的剩余材料。生成每个操作后，【车削】模块使用户能够以图形的方式显示处理中的工件。处理中的工件定义为材料总量减去工序中到目前选定的操作为止的所有操作中使用的材料。

由于操作的工序非常重要，因此最好在【工序导航器】中的【程序顺序视图】中选择操作。如果操作进行了重新排序，则系统会在需要时重新计算处理中的工件。

【车削】模块主要侧重于下列方面的改进。

（1）使用固定切削刀具加强并合并基本切削操作。这为车削机床提供了更强大的粗加工、精加工、割槽、螺纹和钻孔功能。该模块使用方便，具备了车削的核心功能。

（2）粗加工和精加工的切削区域是自动检测的，能更快地获得结果，尤其是连续操作的时候。

（3）【教学模式操作】具有最大的灵活性，特别是希望手动将刀具控制到位的时候。该操作提供了动画功能，如刀轨回放中的材料移除过程显示和处理中的工件的 3D 显示。这样的模式可以更好地支持一个编程会话中及创建车削、铣削和钻孔操作。

允许为多个主轴设置创建 NC 程序。系统能够连续规划每个单独主轴组的加工工艺，然后重新排列操作顺序。

在 UG CAM 的车削加工模块中，创建一个车削加工程序的三大基本步骤就是：创建程序，创建使用的刀具，以及创建工序。

（1）创建程序就是新建一个程序，使其能够达到工件模型所需要达到的加工工艺要求。

（2）创建刀具就是要创建在加工中需要用到的刀具，并赋予合适的参数，创建合适的刀具，能使工件的精度得到满足的同时，又能缩短加工所用的时间，也就是常说的加工效率的体现。在车削加工中，刀具的子类型有 17 种。

- SPOTDRILLING_TOOL ：点钻刀具，用于中心孔定位。
- DRILLING_TOOL ：钻刀，用于中心孔钻孔。
- OD_80_L ：外圆车刀，刀尖角度为 80°，刀尖朝左。
- OD_80_R ：外圆车刀，刀尖角度为 80°，刀尖朝右。
- OD_55_L ：外圆车刀，刀尖角度为 55°，刀尖朝左。
- OD_55_R ：外圆车刀，刀尖角度为 55°，刀尖朝右。
- ID_80_L ：内圆车刀，刀尖角度为 80°，刀尖朝左。

- ID_55_L ：内圆车刀，刀尖角度为 55°，刀尖朝左。
- BACKBORE_55_L ：退刀镗刀，刀尖角度为 55°，刀尖朝左。
- OD_GROOVE_L ：外圆槽车刀，刀尖朝左。
- FACE_GROOVE_L ：面槽车刀，刀尖朝左。
- ID_GROOVE_L ：内圆槽车刀，刀尖朝左。
- OD_THREAD_L ：外螺纹车刀，刀尖朝左。
- ID_THREAD_L ：内螺纹车刀，刀尖朝左。
- FORM_TOOL ：成形刀。
- CARRIER ：刀架。
- MCT_POCKET ：刀槽。

（3）创建工序就是要创建在加工中需要的工序参数，创建合适的工序，使工件的精度得到满足的同时，能缩短加工所用的时间，且占用的程序空间又小，也就是常说的加工效率的体现。在车削加工中，工序的子类型有 24 种。

- CENTERLINE_SPOTDRILL ：用于中心钻点钻操作。
- CENTERLINE_DRILLING：用于中心线钻孔操作。
- CENTERLINE_PECKDRILL ：用于中心钻啄钻操作。
- CENTERLINE_BREAKCHIP ：用于中心钻断屑操作。
- CENTERLINE_REAMING ：用于中心钻铰刀操作。
- CENTERLINE_TAPPING ：用于螺纹加工操作。
- FACING ：用于面加工操作。
- ROUGH_TURN_OD ：用于外圆粗车操作。
- ROUGH_BACK_TURN ：用于退刀粗车操作。
- ROUGH_BORE_ID ：用于内圆粗镗操作。
- ROUGH_BACK_BORE ：用于退刀粗镗操作。
- FINISH_TURN_OD ：用于外圆精车操作。
- FINISH_BORE_ID ：用于外圆精镗操作。
- FINISH_BACK_BORE ：用于退刀精镗操作。
- TEACH_MODE ：教学模式。
- GROOVE_OD ：用于车外圆槽操作。
- GROOVE_ID ：用于车内圆槽操作。
- GROOVE_FACE ：用于车面槽操作。
- THREAD_OD ：用于外螺纹操作。
- THREAD_ID ：用于内螺纹操作。
- PARTOFF ：部件切除。
- BAR_FEED_STOP ：进给杆停止位。
- LATHE_CONTROL ：车削控制器。
- LATHE_USER ：用户自定义车削操作。

8.3 粗加工

【光盘说明】

——参见附带光盘中的“AVI\CH8\8-3.avi”文件。

粗加工是先对工件切除大量的材料，且剩余一定的切削余量，为下一步的精加工做准备。

8.3.1 几何体设置

车削粗加工需要设置的几何体有【部件几何体】和【毛坯几何体】2 个。

【部件几何体】由【部件旋转轮廓】和【部件边界】共同决定。【部件旋转轮廓】由【自动】、【成角度的平面】、【通过点的平面】和【无】4 种方式确定。【自动】：系统自动确定部件旋转轮廓。【成角度的平面】：通过径向剖切平面确定部件旋转轮廓，由【起始角】、【增量角度】和【平面的数量】来确定部件旋转轮廓，如图 8-75 所示。【通过点的平面】：通过径向剖切平面确定部件旋转轮廓，由【指定点】、【增量角度】和【平面的数量】来确定部件旋转轮廓，如图 8-76 所示。【无】：不设置部件旋转轮廓。

【部件边界】由【面边界】、【曲线边界】和【点边界】3 种方式确定。【面边界】：通过选择面确定部件边界。【曲线边界】：通过选择曲线确定部件边界。【点边界】：通过选择点确定部件边界。

【毛坯几何体】由【毛坯旋转轮廓】和【毛坯边界】共同决定。【毛坯旋转轮廓】由【自动】、【成角度的平面】、【通过点的平面】、【无】和【与部件相同】5 种方式确定。【与部件相同】：毛坯旋转轮廓与部件旋转轮廓相同。【毛坯边界】由【选择毛坯】、【毛坯位置】和【毛坯大小】3 个参数确定。

- 【选择毛坯】：由【棒料】、【管材】、【从曲线】和【从工作区】4 种方式确定毛坯。【棒料】是指毛坯为实心的棒料材料。【管材】是指毛坯为空心的管材材料。【从曲线】是指选择曲线生成毛坯。【从工作区】是指从工作区直接选择几何体作为毛坯。

图 8-75　成角度的平面

图 8-76　通过点的平面

- 【毛坯位置】：确定毛坯的起始位置。有【在主轴箱处】和【远离主轴箱】两种方式。【在主轴箱处】是指由起始点位置延主轴箱的正方向生成毛坯。【远离主轴箱】是指由起始点位置延主轴箱的反方向生成毛坯。
- 【毛坯大小】：由【长度】和【直径】2 个参数共同决定毛坯几何体的尺寸。

8.3.2 切削区域

切削区域就是加工过程中，确定要切除的材料的区域。设定了一个切削区域，就是现实在加工运动中，限制刀具切削进给的运动区域，防止刀具在切削区域以外的区域进行切削运动。在 UG CAM 车削模块中，能够确定切削区域的参数有【径向修剪平面 1】、【径向修剪平面 2】、【轴向修剪平面 1】、【轴向修剪平面 2】、【修剪点 1】、【修剪点 2】、【区域选择】和【自动检测】8 个。

（1）通过修剪平面，可以将切削区域限制在平面的一侧，有【径向修剪平面 1】、【径向修剪平面 2】、【轴向修剪平面 1】和【轴向修剪平面 2】4 种方式。通过使用不同的修剪平面，配合部件边界与毛坯边界，所得到的切削区域会有所不同。可以任意组合使用修剪平面，获得所需要的切削区域，有 3 种不同的组合方式确定切削区域。

- 使用 1 个径向或者轴向的修剪平面来限制切削区域。
- 使用 2 个修剪平面（2 个径向或者轴向修剪平面，或者 1 个径向修剪平面和 1 个轴向修剪平面）来限制切削区域。
- 使用 3 个修剪平面（2 个径向修剪平面和 1 个轴向修剪平面，或者 1 个径向修剪平面和 2 个轴向修剪平面）来限制切削区域。

（2）通过修剪点，可以限制切削区域的起点位置和终点位置，但最多能指定 2 个修剪点来限制切削区域，有【修剪点 1】和【修剪点 2】。

- 通过选择 2 个修剪点，配合部件边界和毛坯边界，系统就能确定切削区域。
- 通过选择 1 个修剪点，且该修剪点在部件边界上，如果再没有其他的空间范围限制的话，系统将只默认部件边界上修剪点所在的部分边界作为切削区域；若选择的修剪点不在部件边界上，系统将自动修正该修剪点在距该点最近的部件边界上，再确定切削区域。

（3）通过区域选择，用户可以自定义切削区域。区域的选择有【默认】和【指定】两种方式。【默认】：系统将通过设定的部件边界、毛坯边界和修剪平面或者修剪点确定的整个区域作为切削区域。【指定】：手动自定义切削区域，用户可以通过指定点来确定切削区域。

（4）通过自动检测，系统将根据设置的限制参数值确定切削区域，有【最小面积】、【最大面积】、【最大尺寸】、【最小尺寸】和【开放边界】5 个参数。

- 【最小面积】：若指定了最小面积，系统自动检测到的切削区域的面积小于该指定值时，系统将不在该切削区域内进行切削运动。由【无】、【部件单位】和【刀具】3 种方式设定最小面积值。
- 【最大面积】：若指定了最大面积，系统自动检测到的切削区域的面积大于该指定值时，系统将不在该切削区域内进行切削运动。由【无】、【部件单位】和【刀具】3 种方式设定最大面积值。

- 【最小尺寸】：若指定了最小尺寸，系统自动检测到的切削区域内的轴向或径向或者轴向和径向的尺寸均小于该指定值时，系统将不在该切削区域内进行切削运动。由【无】、【轴向】、【径向】和【轴向和径向】4 种方式设定最小尺寸值。
- 【最大尺寸】：若指定了最大尺寸，系统自动检测到的切削区域内的轴向或径向或者轴向和径向的尺寸均大于该指定值时，系统将不在该切削区域内进行切削运动。由【无】、【轴向】、【径向】和【轴向和径向】4 种方式设定最大尺寸值。
- 【开放边界】：选择开放部件边界时，切削区域将会向外延伸。【延伸模式】有【指定】和【相切】两种方式。

■【指定】是指向通过指定【起始偏置】、【终止偏置】、【起始角】和【终止角】来确定延伸的形状。【起始/终止偏置】：若工件与毛坯边界不接触时，则系统会自动将车削特征与 IPW 相连接；若车削特征与 IPW 边界不相交时，则系统会自动在部件几何体和毛坯几何体之间添加边界段将切削区域补充完整。系统默认从起点到毛坯边界的直线与切削方向平行，终点到毛坯边界间的直线与切削方向垂直。当起始/终止偏置值为正值时，切削区域会增大；当起始/终止偏置值为负值时，切削区域会减小。【起始/终止角】：利用起始/终止角可以避免切削区域和切削方向平行或垂直。当起始/终止角为正值时，切削区域会增大；当起始/终止角为负值时，切削区域会减小。

■【相切】是指系统将在边界的起点和终点位置沿切线方向延伸边界，使其与 IPW 的形状相连。用户可以不指定自动检测的参数值，这样，系统将对所有检测到的切削区域都进行切削运动。

应用·技巧

在粗车削加工操作中，由于任何空间范围、层、步长或者切削角的设置优先权均高于手动指定的切削区域，因此决定了系统可能对手动指定的切削区域不能完全识别。

8.3.3 切削策略

切削策略控制的是刀具对切削区域的切削形式，用户可以根据实际的切削形状来选择合适的切削策略。在车削粗加工操作中，【切削策略】有【单向线性切削】、【线性往复切削】、【倾斜单向切削】、【倾斜往复切削】、【单向轮廓切削】、【轮廓往复切削】、【单向插削】、【往复插削】、【交替插削】和【交替插削（余留塔台）】10 种。

（1）【单向线性切削】：根据层直层切削，其刀轨方向为单一方向且后一层切削均与前一层切削平行，如图 8-77 所示。

（2）【线性往复切削】：与【单向线性切削】相似，不同之处是其刀轨方向为后一层切削均与前一层切削平行但是方向相反，如图 8-78 所示。

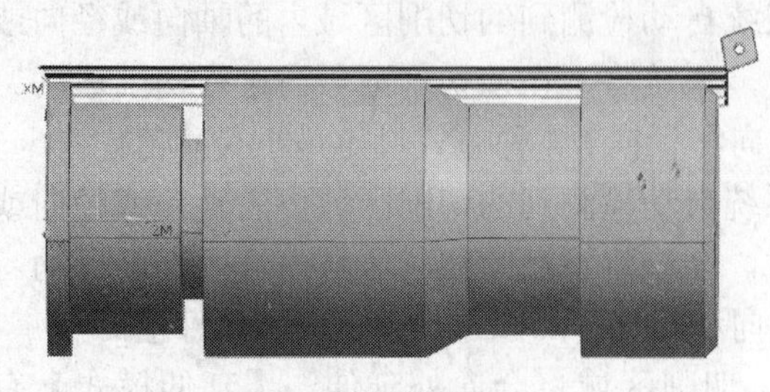

图 8-77　单向线性切削

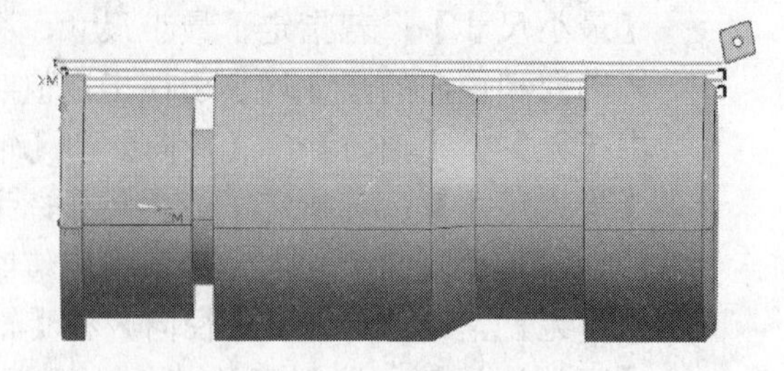

图 8-78　线性往复切削

(3)【倾斜单向切削】：是具有备选方向的直层切削，可以使得一个切削方向上的每个切削或每个备选切削的、从刀路起点到终点的切削深度不同。

当使用倾斜单向切削策略时，系统要求输入【倾斜模式】和【多个倾斜图样】2 个参数。【倾斜模式】有【每隔一条刀路向外】、【每隔一个刀路向内】、【先向外】和【先向内】4 种。

- 【每隔一条刀路向外】：刀具第一刀切削的深度最深，往后逐渐减小，形成向外倾斜的刀轨。
- 【每隔一个刀路向内】：刀具由曲面开始切削，刀轨由外向内倾斜运动，形成向内倾斜的刀轨。
- 【先向外】：是【每隔一条刀路向外】和【每隔一个刀路向内】两种方式的综合。即刀具的第一刀切削的深度最深，往后逐渐减小；下一刀又开始由曲面开始切削，刀轨由外向内倾斜运动。
- 【先向内】：与【先向外】相反。

【多个倾斜图样】有【无】、【仅向内倾斜】和【向外/内倾斜】3 种方式。

- 【仅向内倾斜】：刀具第一刀切削的深度最深，往后逐渐减小，当切削的深度减小到最小限制值时，刀具返回到插削材料，直到切削的最大深度，重复此运动，直到完成整个切削区域的切削运动。最大斜面长度限制了每次的切削长度。
- 【向外/内倾斜】：是【向外倾斜】和【向内倾斜】的综合，刀具第一刀切削的深度最深，往后逐渐减小，当切削的深度减小到最小限制值时，刀具又由此开始，返回插削材料，从最小的深度切削，往后组件增大，当切削的深度增大到最大限制值，重复此运动，直到完成整个切削区域的切削运动。最大斜面长度限制了每次的切削长度。
- 【最大斜面长度】：限制刀具每次切削的长度。

(4)【倾斜往复切削】：与【倾斜单向切削】相似，不同之处是在备选方向上进行上斜/下斜切削，相邻的两个切削方向是相反的。

(5)【单向轮廓切削】：根据部件的外部轮廓切削，其刀轨方向为单一方向且每一层切削刀轨都会逼近部件的轮廓，如图 8-79 所示。

(6)【轮廓往复切削】：与【单向轮廓切削】相似，不同之处是其刀轨方向为后一层切削均与前一层切削方向相反，如图 8-80 所示。

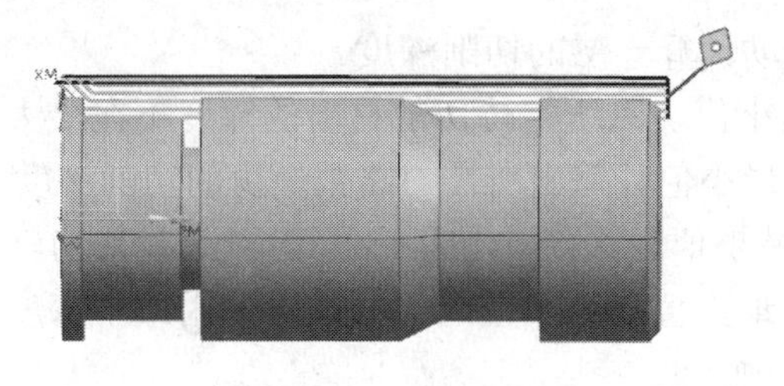

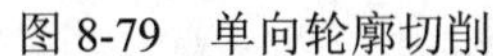

图 8-79　单向轮廓切削

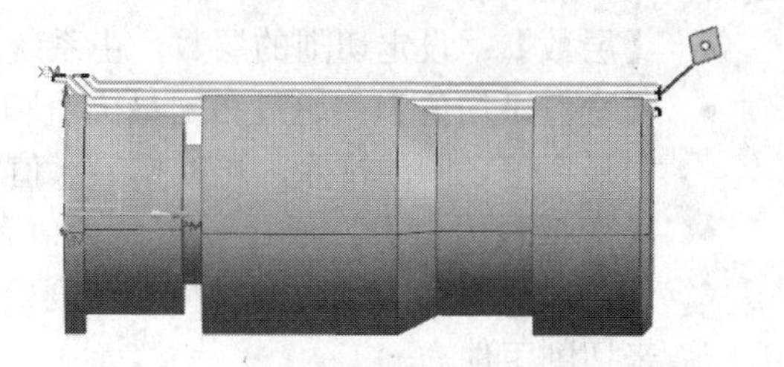

图 8-80　轮廓往复切削

（7）【单向插削】：对部件进行插削切削，刀轨方向为单一方向，前一刀切削方向与后一刀切削方向相同。该种切削策略与槽刀共同使用，对槽进行车削加工，如图 8-81 所示。

（8）【往复插削】：与【单向插削】相似，不同之处是刀轨的方向不是单一方向，而是往复切削，前一刀切削与后一刀切削的刀轨方向为相反方向，如图 8-82 所示。

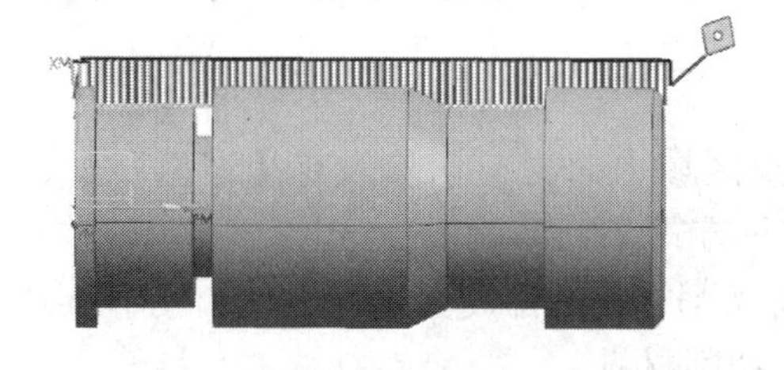

图 8-81　单向插削

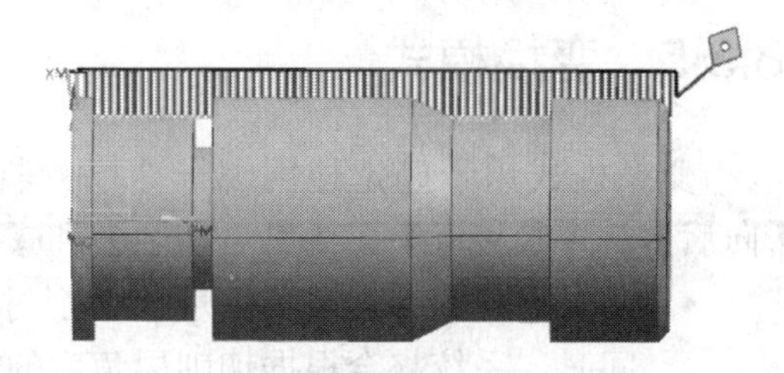

图 8-82　往复插削

（9）【交替插削】：步距方向交替插削，后一刀插削是在前一刀插削的另一侧方向进行的，如图 8-83 所示。

（10）【交替插削（余留塔台）】：与【交替插削】相似，但是在切除材料后剩余类似塔状的余量材料，留在下一刀插削与前一刀插削相反的一侧材料时切除，如图 8-84 所示。

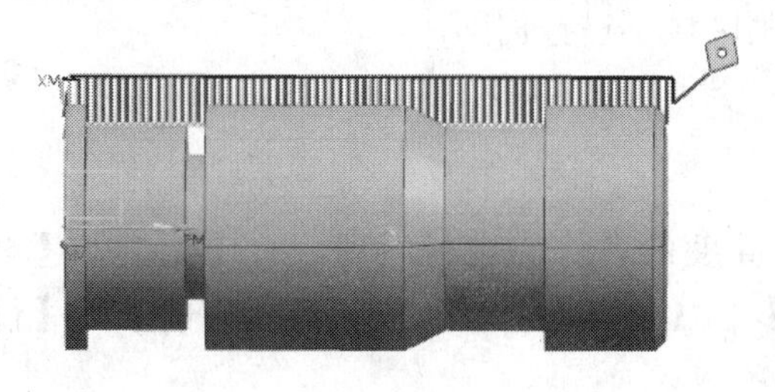

图 8-83　交替插削

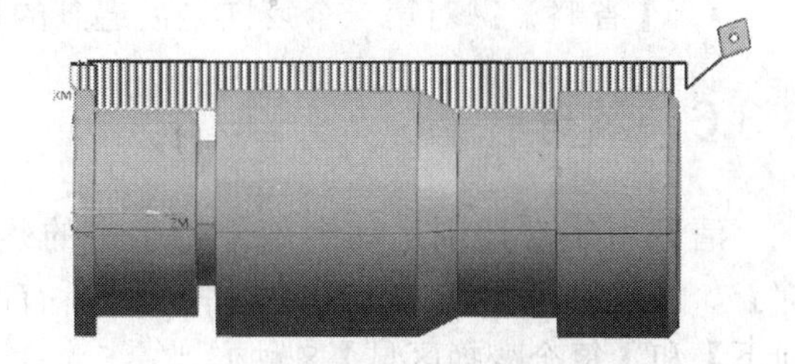

图 8-84　交替插削（余量塔台）

8.3.4　步进

步进参数控制的是每次切削进给的深度值。【切削深度】的确定有【恒定】、【多个】、【层数】、【变量平均值】和【变量最大值】5 种方式。

- 【恒定】：直接设定一个固定值，使得切削的深度始终为恒定值。可以是一个常数，也可以根据刀具的平面直接的百分比参数设定切削深度。
- 【多个】：创建多个刀路，各个刀路可以使用不同的切削深度。

- 【层数】：设定切削的层数，由系统自动计算一层的切削深度。
- 【变量平均值】：通过指定最大值和最小值，系统将待切削材料的深度不在最大值和最小值之间的排除，再根据最大值和最小值计算出所需刀路数最少的切削深度。
- 【变量最大值】：通过设定最大值和最小值，系统先使用最大切削深度来切削工件，最后剩余的待切削材料的深度处于最大值和最小值之间时，再使用最小深度值来切削工件。

应用·技巧

在控制步进参数的多种方式中，斜切和插削不能使用数字和多个。

8.3.5 变换模式

变换模式用于确定使用哪一个序列将切削变换区域中的材料切除。有【根据层】、【向后】、【最接近】、【以后切削】和【省略】5 种方式。

- 【根据层】：以最大深度值切削材料，当待切削材料的深度处于最大值和最小值之间时，系统将会根据切削层角度的方向继续切削材料。
- 【向后】：以最大深度值切削材料，当待切削材料的深度处于最大值和最小值之间时，系统将会根据切削层角度的反方向继续切削材料。
- 【最接近】：优先切削距离刀具最近的切削区域的材料。
- 【以后切削】：优先切削能以最大切削深度切削的切削区域，往后再对层深度较小的切削区域进行切削。
- 【省略】：对第一个反向之后遇到的切削区域不进行切削。

8.3.6 清理

清理用于对切削运动中部件轮廓中的残余高度或者阶梯进行清理。有【无】、【全部】、【仅陡峭的】、【除陡峭的以外所有的】、【仅层】、【除层以外所有的】、【仅向下】和【每个变换区域】8 种方式。

- 【无】：不进行清理操作。
- 【全部】：对部件轮廓中全部的残余高度和阶梯进行清理操作。
- 【仅陡峭的】：仅对陡峭的残余高度和阶梯进行清理操作。
- 【除陡峭的以外所有的】：对陡峭的以外的残余高度和阶梯进行清理操作。
- 【仅层】：仅对层的残余高度和阶梯进行清理操作。
- 【除层以外所有的】：对层以外的残余高度和阶梯进行清理操作。
- 【仅向下】：仅按向下的切削方向对所有的残余高度和阶梯进行清理操作。
- 【每个变换区域】：对每个切削变换区域的残余高度和阶梯进行清理操作。

8.3.7 切削参数

切削参数就是对切削进给运动的进一步限制的参数。有【策略】、【余量】、【拐角】、【轮廓类型】和【轮廓加工】5 个内容，如图 8-85 所示。

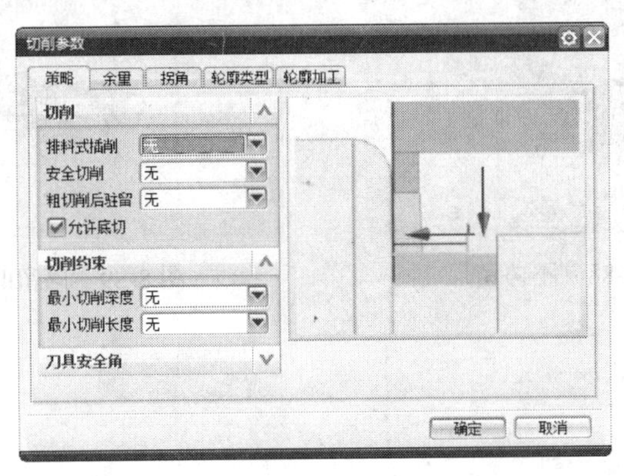

图 8-85 切削参数

1. 策略

【策略】选项卡下有【切削】、【切削约束】和【刀具安全角】3 个参数。

（1）【切削】：切削下有【排料式插削】、【安全切削】和【粗切削后驻留】3 个参数。

- 【排料式插削】：有【无】和【离壁距离】两种方式。【无】是指不进行排料式插削，如图 8-86 所示。【离壁距离】是指设置一个离壁距离值，插削时离壁一定距离进行排料式插削，如图 8-87 所示。

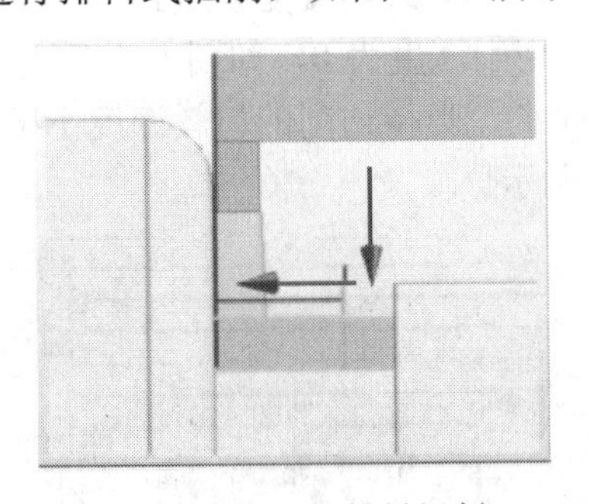

图 8-86 不排料插削

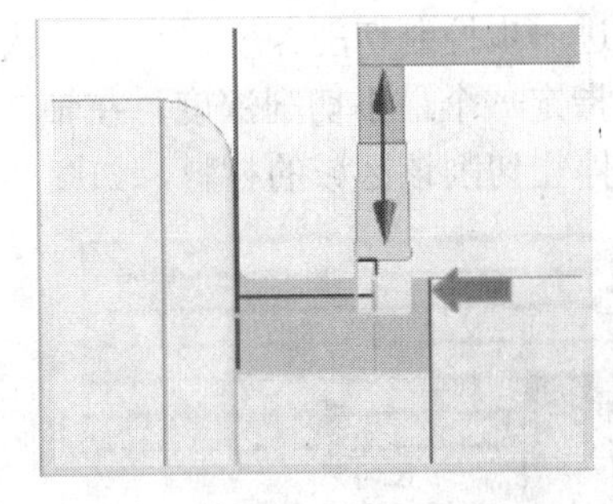

图 8-87 离壁距离

- 【安全切削】：有【无】、【切削数】、【切削深度】和【数量和深度】4 种方式。【无】是指不进行安全切削。【切削数】是指通过切削数量进行安全切削的控制。【切削深度】是指通过切削深度进行安全切削的控制。【数量和深度】是指通过切削数量和切削深度共同进行安全切削的控制。
- 【粗切削后驻留】：有【无】、【时间】和【转】3 种方式。【无】是指粗切削后刀具不停留，如图 8-88 所示。【时间】是指粗切削后刀具会停留一段时间，通过时间“秒数”来控制刀具停留的时间，如图 8-89 所示。【转】是指粗切削后刀具会停留一段时间，通过主轴旋转的“转数”来控制刀具停留的时间，如图 8-90 所示。

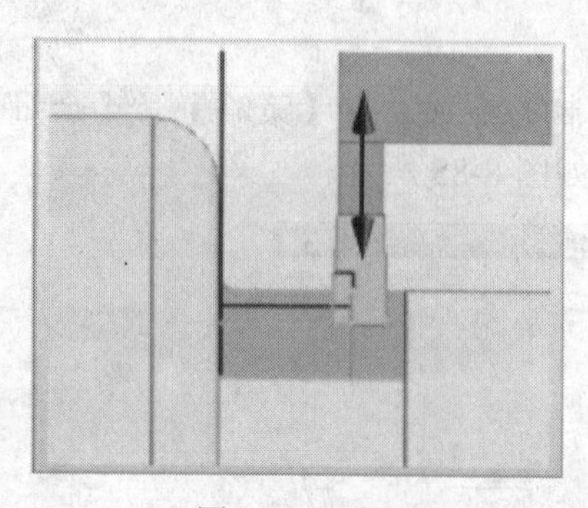
图 8-88 不停留

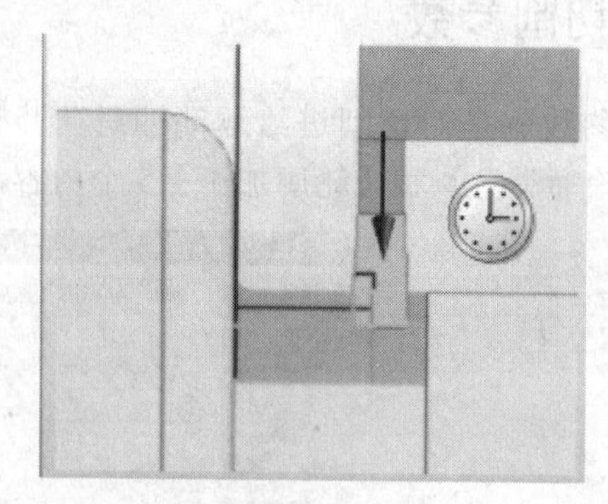
图 8-89 停留时间

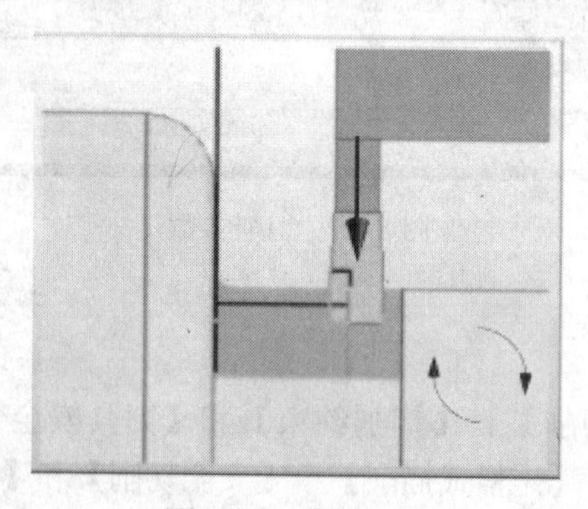
图 8-90 停留转数

（2）【切削约束】：切削约束下有【最小切削深度】和【最小切削长度】2 个参数。

- 【最小切削深度】：有【无】和【指定】两种方式。【无】是指不设置最小切削深度来进一步控制切削深度，系统默认最小切削深度为 0，如图 8-91 所示。【指定】是指指定一个最小切削深度，在轴向方向上，当待切削的材料深度小于该值时，系统将停止切削该区域的材料，如图 8-92 所示。

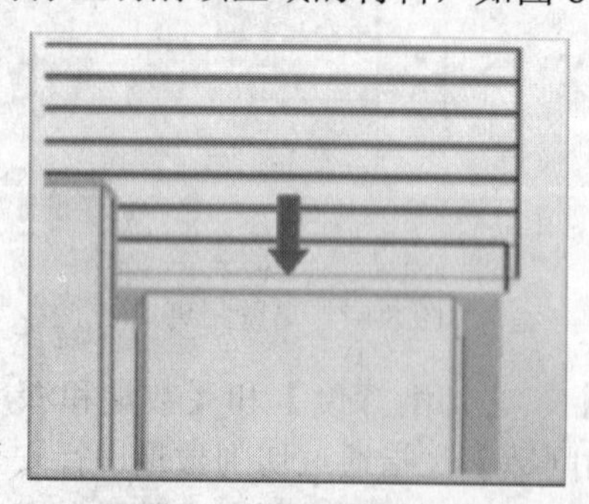
图 8-91 无最小切削深度

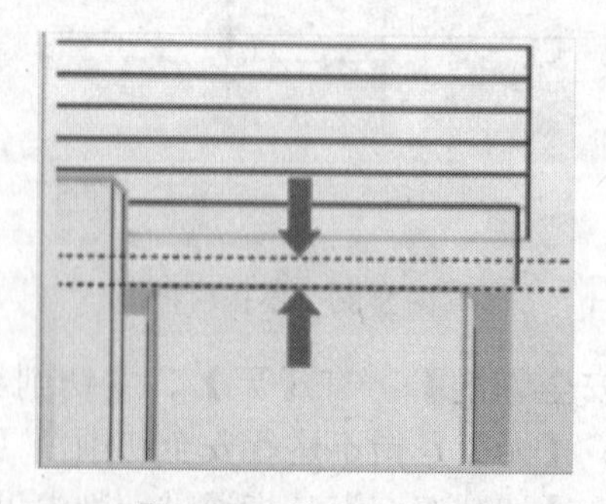
图 8-92 最小切削深度

- 【最小切削长度】：有【无】和【指定】两种方式。【无】是指不设置最小切削长度来进一步控制切削长度，系统默认最小切削长度为 0，如图 8-93 所示。【指定】是指指定最小切削长度来进一步控制切削长度，在径向方向上，当待切削的材料长度小于该值时，系统将停止切削该区域的材料，如图 8-94 所示。

图 8-93　无最小切削长度

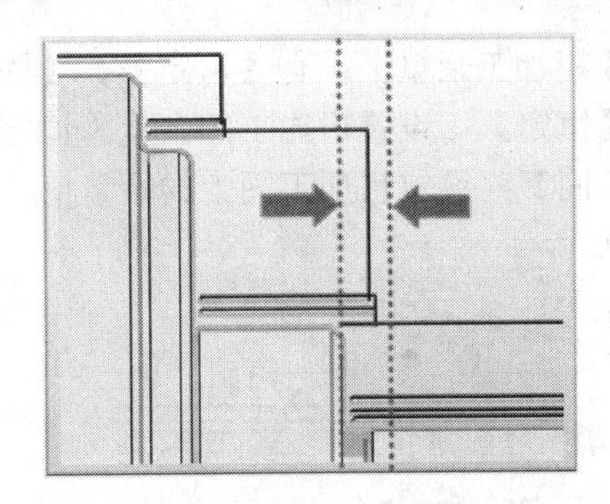

图 8-94　最小切削长度

（3）【刀具安全角】：刀具安全角下有【首先切削边】和【最后切削边】2 个参数。

- 【首先切削边】：指定一个首先切削的边在其延伸方向上与刀具之间的夹角值，以保护刀具，如图 8-95 所示。
- 【最后切削边】：指定一个最后切削的边在其延伸方向上与刀具之间的夹角值，如图 8-96 所示。

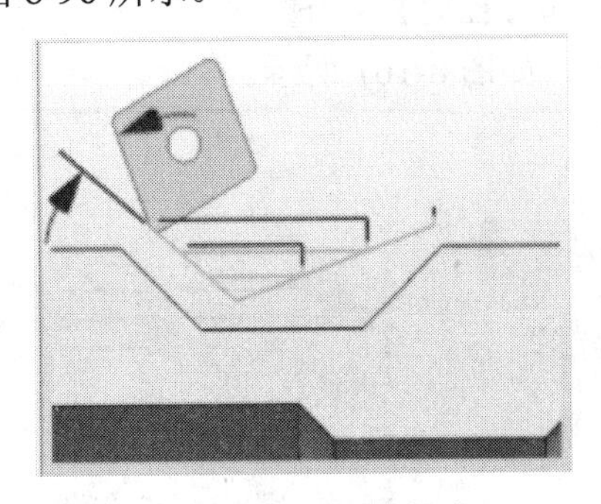

图 8-95　首先切削边

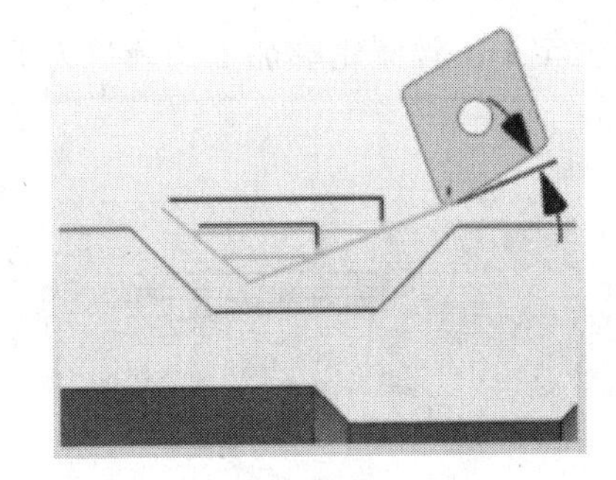

图 8-96　最后切削边

2．余量

粗加工中，需控制工件预留的材料余量。有【粗加工余量】、【轮廓加工余量】、【毛坯余量】和【公差】4 个余量值，如图 8-97 所示。

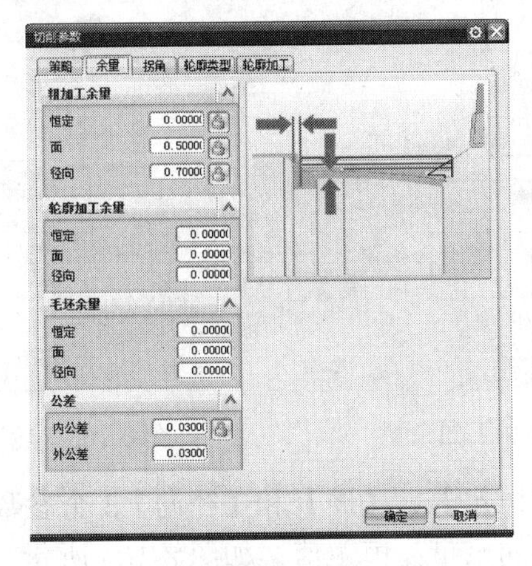

图 8-97　余量

（1）【粗加工余量】：有【恒定】、【面】和【径向】3 个参数。

- 【恒定】：设置粗加工的余量为恒定值，如图 8-98 所示。
- 【面】：设定粗加工面上的余量值，如图 8-99 所示。

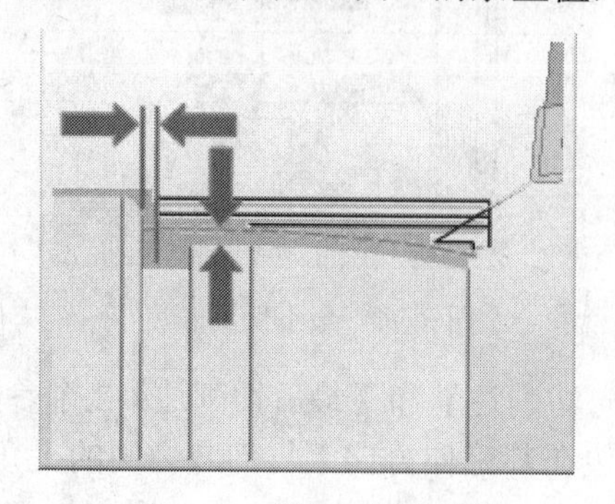

图 8-98　粗加工恒定余量

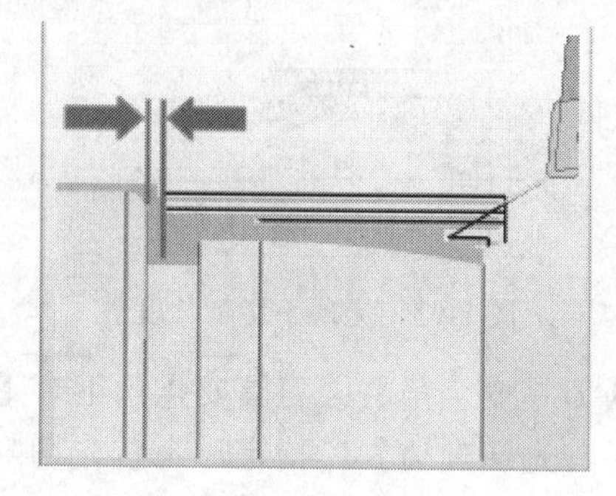

图 8-99　粗加工面余量

- 【径向】：设定粗加工径向的余量值，如图 8-100 所示。

（2）【轮廓加工余量】：有【恒定】、【面】和【径向】3 个参数。

- 【恒定】：设置轮廓加工的余量为恒定值，如图 8-101 所示。

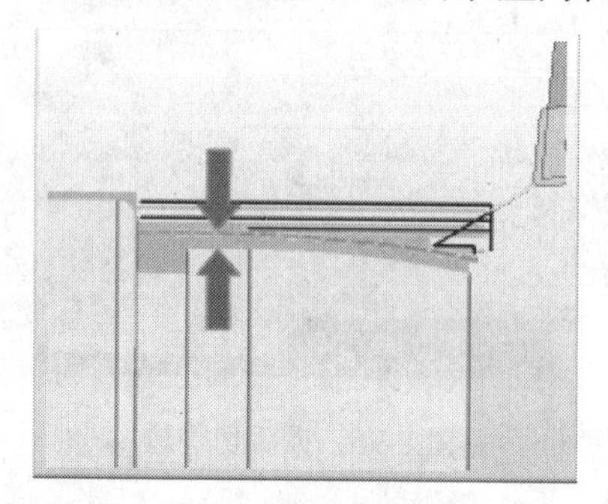

图 8-100　粗加工径向余量

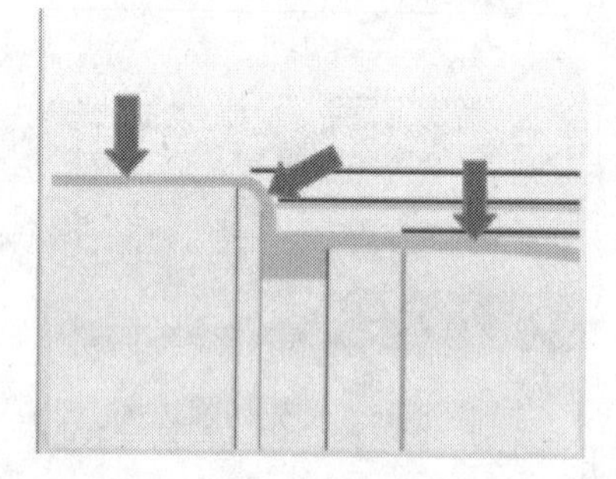

图 8-101　轮廓加工恒定余量

- 【面】：设定轮廓加工面上的余量值，如图 8-102 所示。
- 【径向】：设定轮廓加工径向的余量值，如图 8-103 所示。

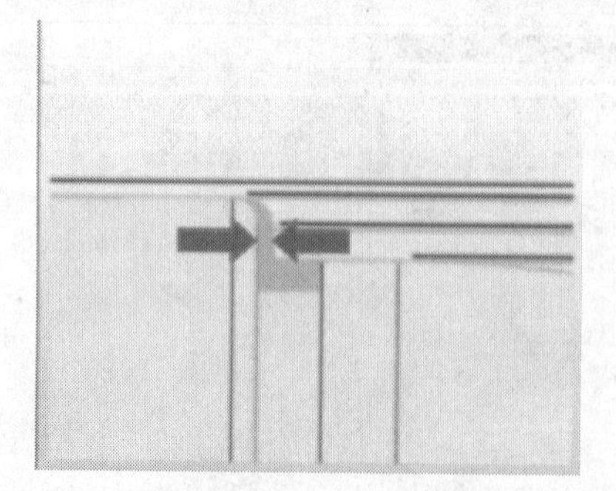

图 8-102　轮廓加工面余量

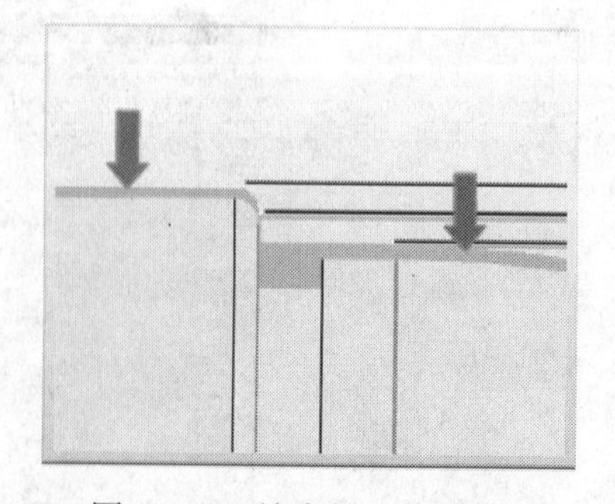

图 8-103　轮廓加工径向余量

（3）【毛坯余量】：有【恒定】、【面】和【径向】3 个参数。

- 【恒定】：设置毛坯的余量为恒定值，如图 8-104 所示。
- 【面】：设定毛坯面上的余量值，如图 8-105 所示。

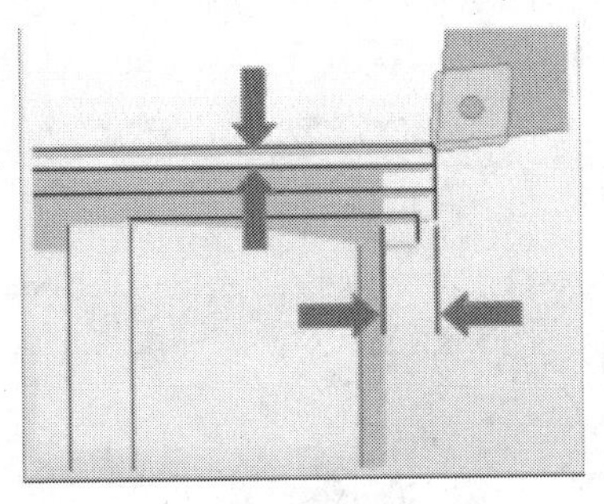

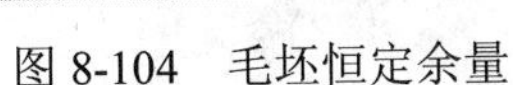

图 8-104　毛坯恒定余量

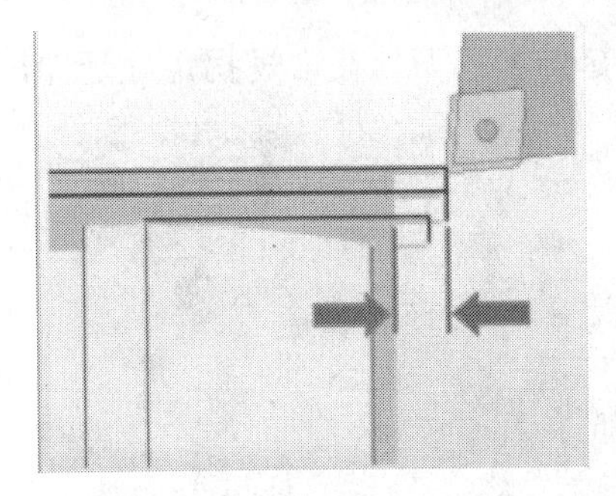

图 8-105　毛坯面余量

- 【径向】：设定毛坯径向的余量值，如图 8-106 所示。

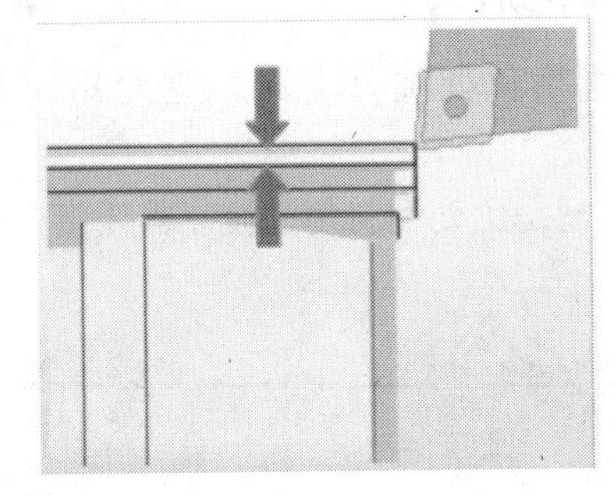

图 8-106　毛坯径向余量

3. 拐角

拐角控制是在进行轮廓切削加工时，控制拐角处的刀轨的形状。有【常规拐角】、【浅角】、【最小浅角】和【凹角】4 个参数，如图 8-107 所示。

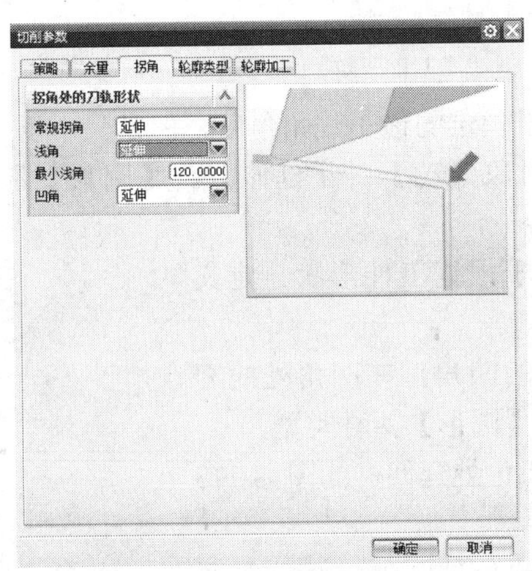

图 8-107　拐角

（1）【常规拐角】：在常规拐角处的刀轨形状的控制有【绕对象滚动】、【延伸】、【圆形】和【倒斜角】4 种类型。

- 【绕对象滚动】：刀轨在常规拐角处绕对象滚动，如图 8-108 所示。

- 【延伸】：刀轨在常规拐角处延伸，如图 8-109 所示。

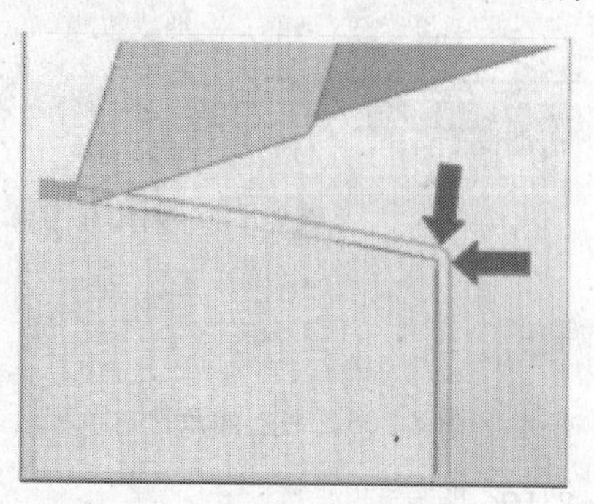

图 8-108 绕对象滚动

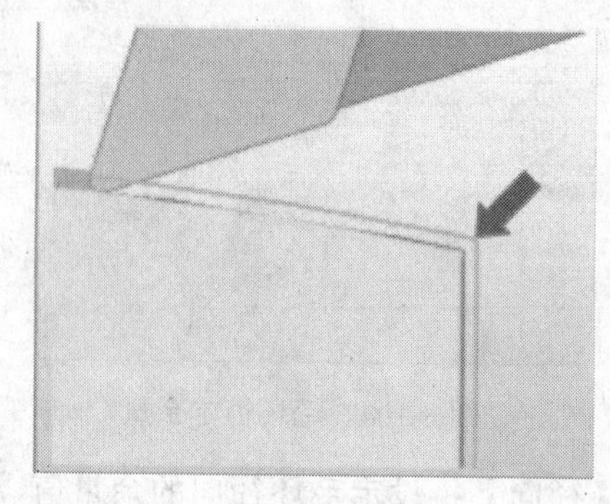

图 8-109 延伸

- 【圆形】：刀轨在常规拐角处圆弧过渡，需要指定圆弧的半径值，如图 8-110 所示。
- 【倒斜角】：刀轨在常规拐角处倒斜角过渡，需要指定倒斜角的距离值，如图 8-111 所示。

图 8-110 圆形

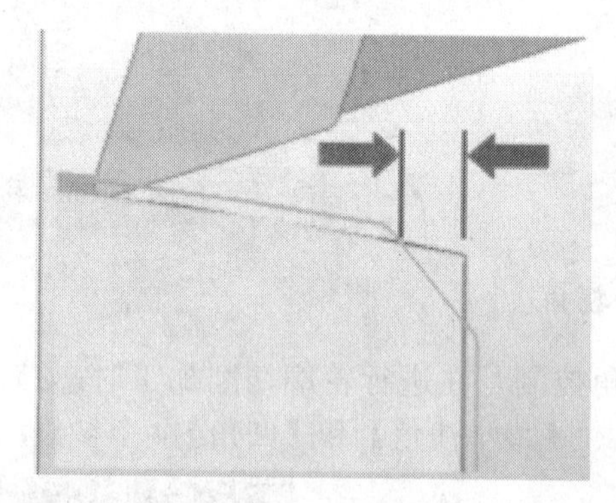

图 8-111 倒斜角

（2）【浅角】：是指大于指定的最小浅角角度，但是又小于 180° 角的凸角。在浅角处的刀轨形状的控制有【绕对象滚动】、【延伸】、【圆形】和【倒斜角】4 种类型，与【常规拐角】中的类型相同。

（3）【最小浅角】：用于根据工件形状自定义最小浅角，如图 8-112 所示。

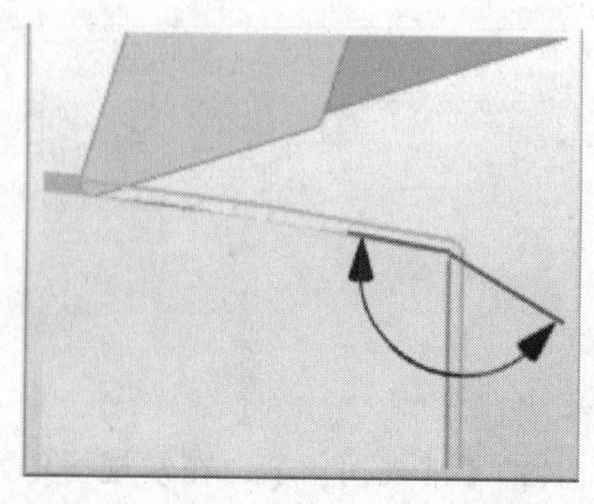

图 8-112 最小浅角

（4）【凹角】：工件中的凹角，在凹角处的刀轨形状的控制有【延伸】和【圆形】两种类型。

- 【延伸】：刀轨在凹角处延伸，如图 8-113 所示。
- 【圆形】：刀轨在凹角处圆弧过渡，需要指定过渡圆弧的半径值，半径的指定有【指定】、【刀具半径】和【添加到刀具半径】3 种方式，如图 8-114 所示。【指定】是指直接指定一个半径值为过渡圆弧的半径，如图 8-115 所示。【刀具半径】是指直接使用刀具的半径值为过渡圆弧的半径，如图 8-116 所示。【添加到刀具半径】是指直接设定一个半径递增值作为过渡圆弧的半径，如图 8-117 所示。

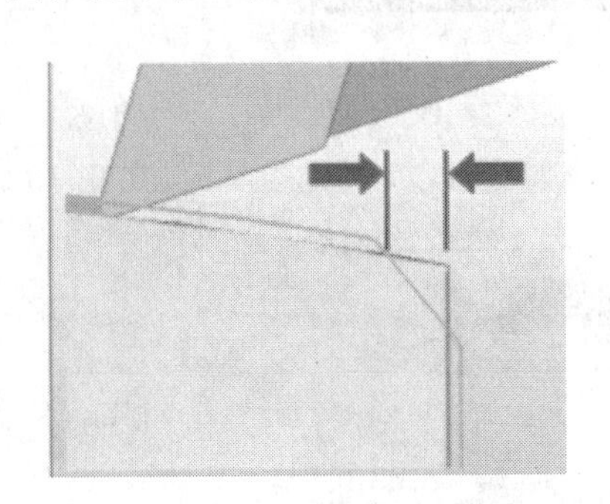

图 8-113 凹角处延伸

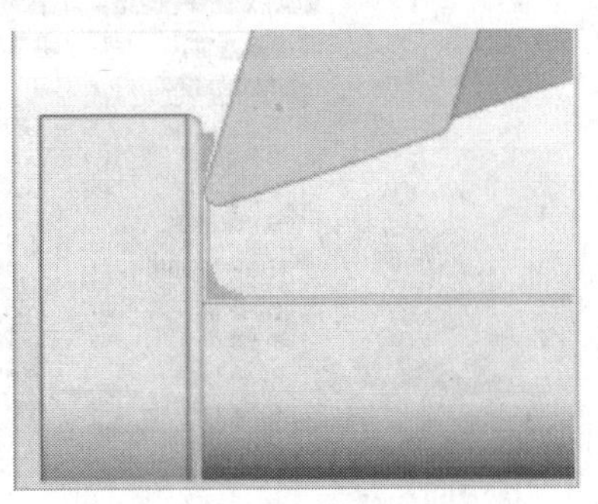

图 8-114 凹角处圆形

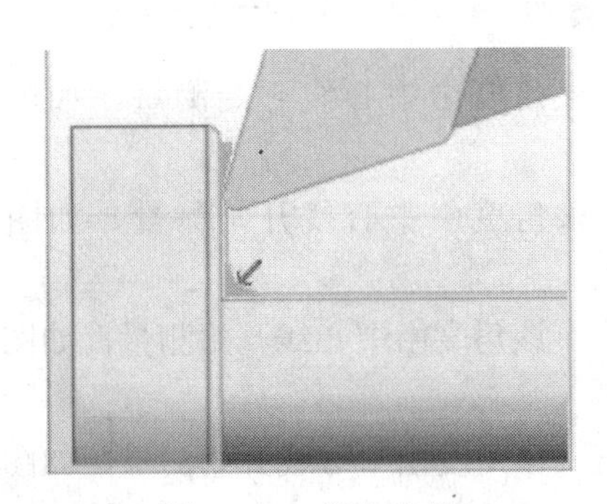

图 8-115 指定半径

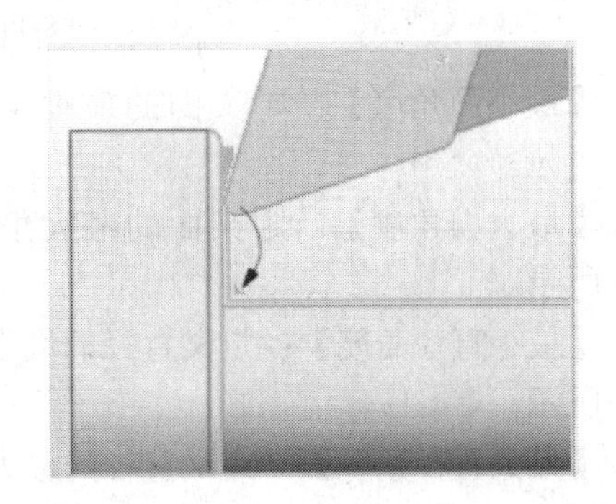

图 8-116 刀具半径

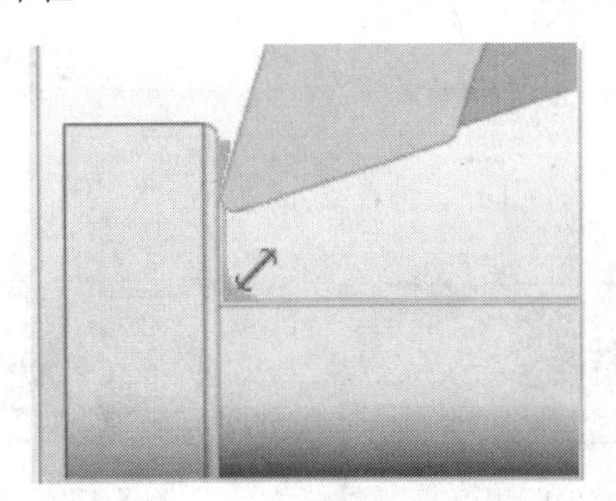

图 8-117 添加到刀具半径

4. 轮廓类型

轮廓类型是指定由面、直径、陡峭切削区域表示的特征轮廓情况，用户可以定义各个类别的最大角和最小角值。有【面和直径范围】和【陡峭和水平范围】两种类型，如图 8-118 所示。

(1)【面和直径范围】：用于定义面和直径的最大角和最小角值，以此形成了一个圆锥区域，这个区域可以过滤处于最大角和最小角之间的所有线段，将其划分到各自的轮廓类型中。面角度控制的是切削矢量在轴向上允许的最大圆锥区域范围；直径角度控制的是切削矢量在径向上允许的最大圆锥区域范围。有【最小面角度】、【最大面角度】、【最小直径角度】和【最大直径角度】4 个参数。

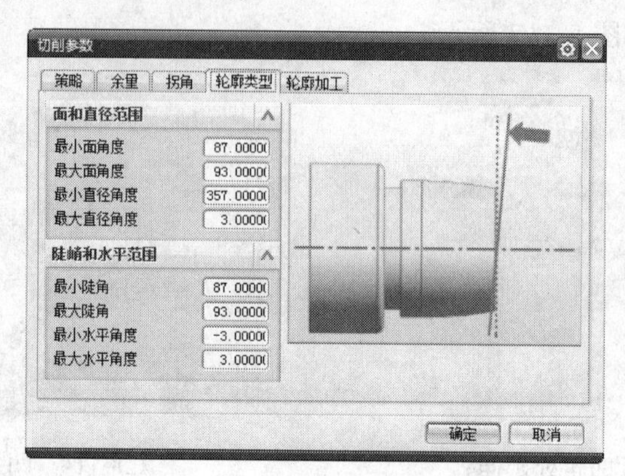

图 8-118　轮廓类型

- 【最小面角度】：定义面的最小角度值，该角度由中心线开始测量，如图 8-119 所示。
- 【最大面角度】：定义面的最大角度值，该角度由中心线开始测量，如图 8-120 所示。
- 【最小直径角度】：定义直径的最小角度值，该角度由中心线开始测量，如图 8-121 所示。
- 【最大直径角度】：定义直径的最大角度值，该角度由中心线开始测量，如图 8-122 所示。

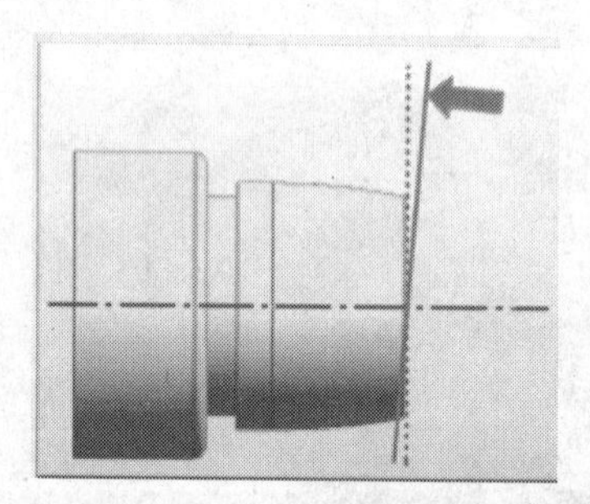

图 8-119　最小面角度

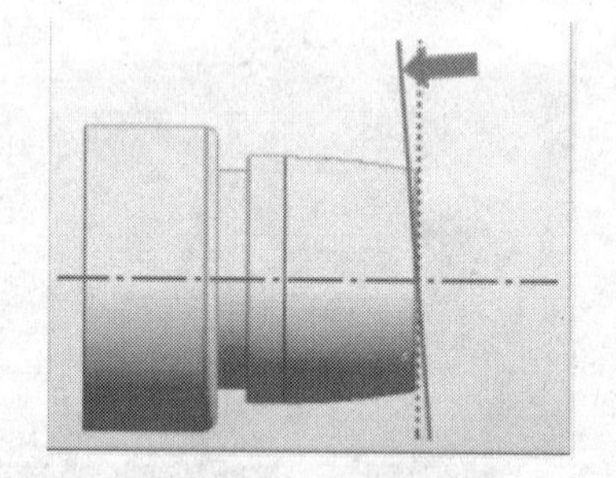

图 8-120　最大面角度

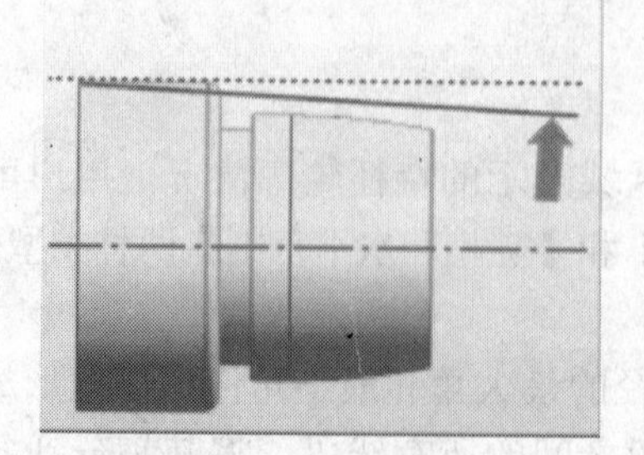

图 8-121　最小直径角度

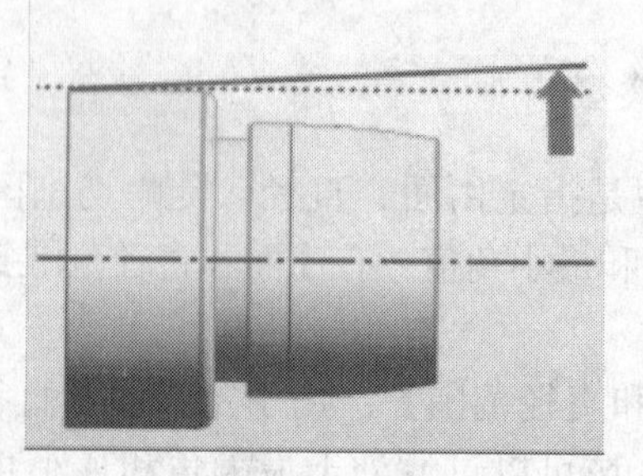

图 8-122　最大直径角度

（2）【陡峭和水平范围】：陡峭和水平范围用于指定陡峭和水平的范围。有【最小陡角】、【最大陡角】、【最小水平角度】和【最大水平角度】4 个参数。

- 【最小陡角】：定义陡峭的最小角度值，该角度由指定陡峭的直线开始测量，如图 8-123 所示。
- 【最大陡角】：定义陡峭的最大角度值，该角度由指定陡峭的直线开始测量，如图 8-124 所示。

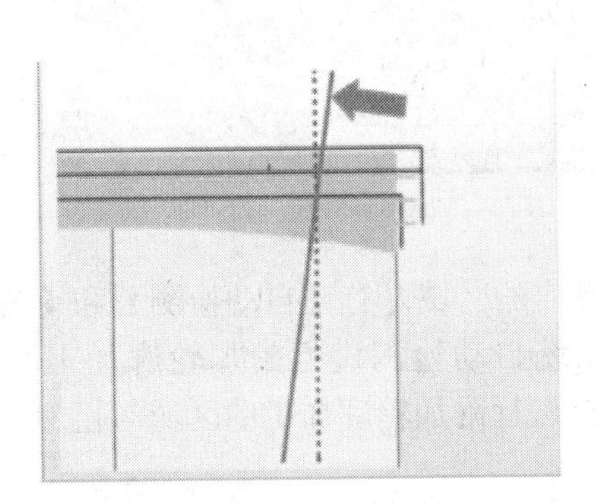

图 8-123　最小陡角

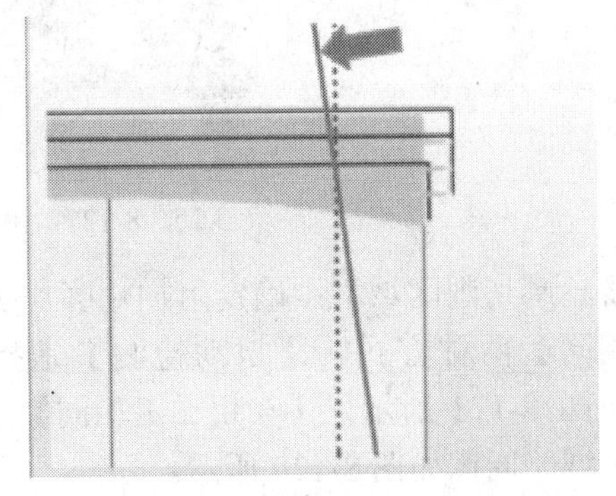

图 8-124　最大陡角

- 【最小水平角度】：定义水平范围的最小角度值，该角度由指定水平的直线开始测量，如图 8-125 所示。
- 【最大水平角度】：定义水平范围的最大角度值，该角度由指定水平的直线开始测量，如图 8-126 所示。

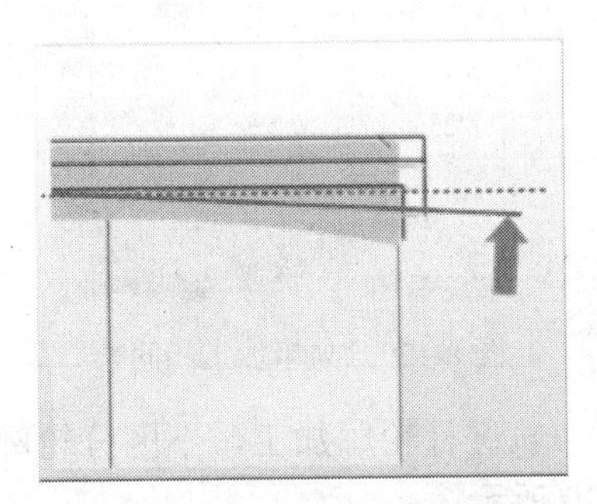

图 8-125　最小水平角度

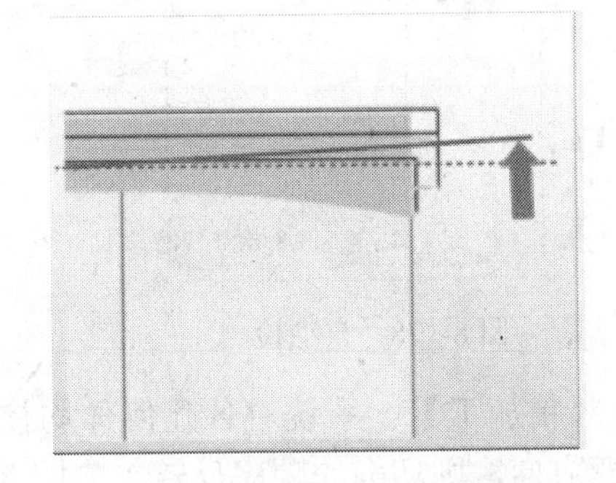

图 8-126　最大水平角度

5. 轮廓加工

轮廓加工里的【附加轮廓加工】是对粗加工后，部件轮廓表面的凹角和凸角进行清理操作的。与【清理】操作不同的是，【附加轮廓加工】不仅可以对整个部件的轮廓进行清理，也可以对指定的部件轮廓区域进行单独清理。【附加轮廓加工】下有【刀轨设置】、【多刀路】和【螺旋刀路】3 个内容，如图 8-127 所示。

（1）【刀轨设置】：对要进行附加轮廓加工的操作设置相关参数。有【轮廓切削区域】、【策略】、【方向】、【初始轮廓插削】、【切削圆角】和【轮廓切削后驻留】6 个参数。

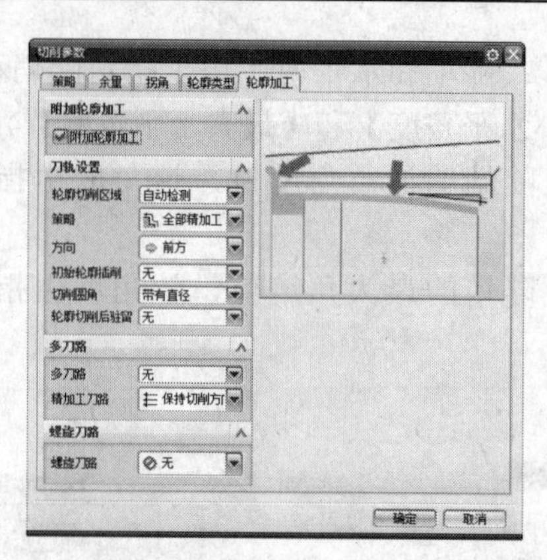

图 8-127　附加轮廓加工

- 【轮廓切削区域】：确定附加轮廓加工操作的区域，有【自动检测】和【与粗加工相同】两种方式。【自动检测】是指系统自动检测进行附加轮廓加工的区域，如图 8-128 所示。【与粗加工相同】是指进行附加轮廓加工的区域与粗加工的切削区域相同，如图 8-129 所示。
- 【策略】：进行附加轮廓加工操作的切削策略。有【全部精加工】、【仅向下】、【仅周面】、【仅面】、【首先周面，然后面】、【首先面，然后周面】、【指向拐角】和【离开拐角】8 种类型。

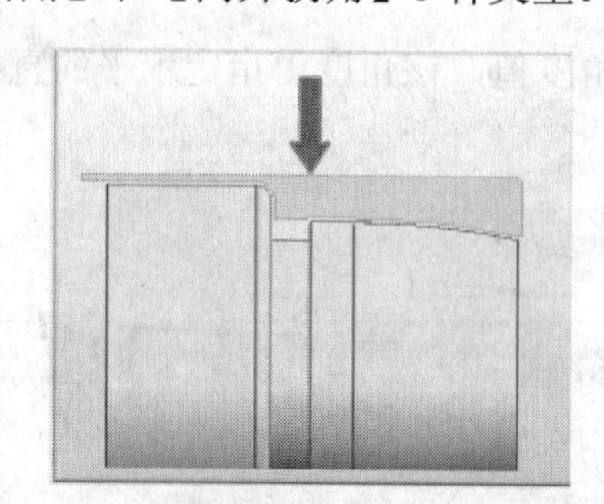

图 8-128　自动检测

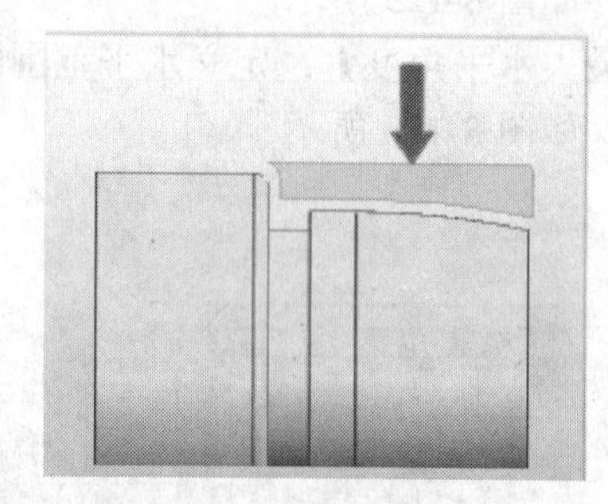

图 8-129　与粗加工相同

■【全部精加工】：系统对各几何体均按其刀轨进行轮廓加工，不区分轮廓类型，若改变方向，则切削的顺序反转，如图 8-130 所示。

■【仅向下】：切削运动始终由顶部运动到底部，若改变方向，则切削的顺序会反转，如图 8-131 所示。

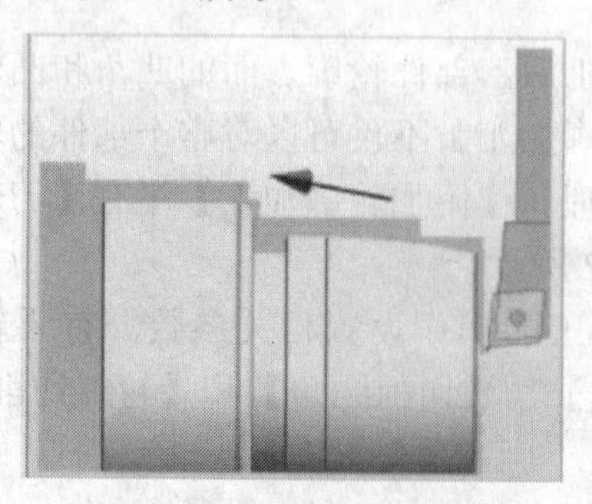

图 8-130　全部精加工

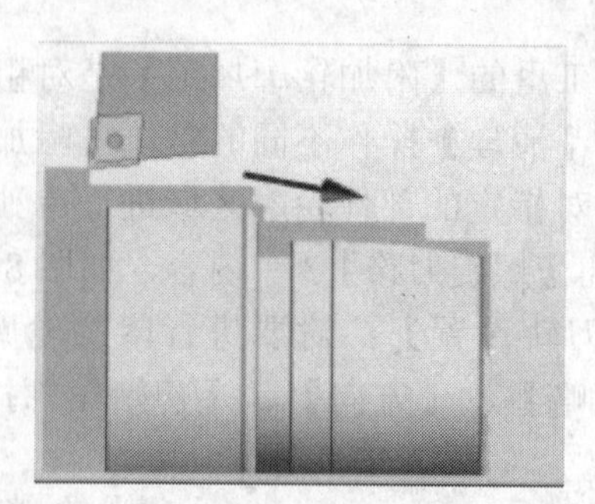

图 8-131　仅向下

■【仅周面】：附加轮廓加工操作的切削区域限制在指定为直径的几何体，如图 8-132 所示。

■【仅面】：附加轮廓加工操作的切削区域限制在指定为面的几何体，且限制切削运动始终由顶部运动到底部，若改变方向，则切削的顺序会反转，如图 8-133 所示。

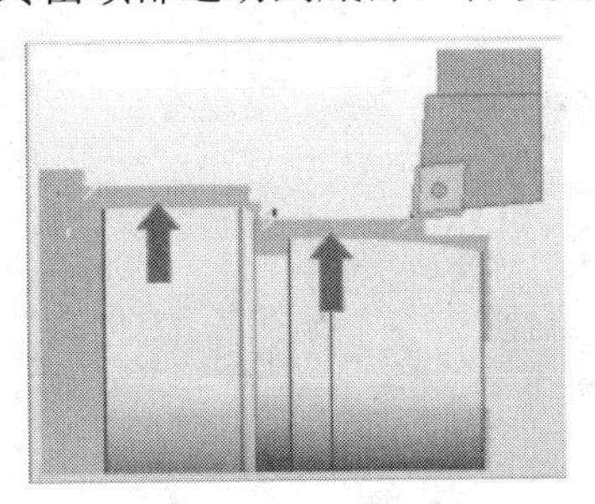

图 8-132　仅周面

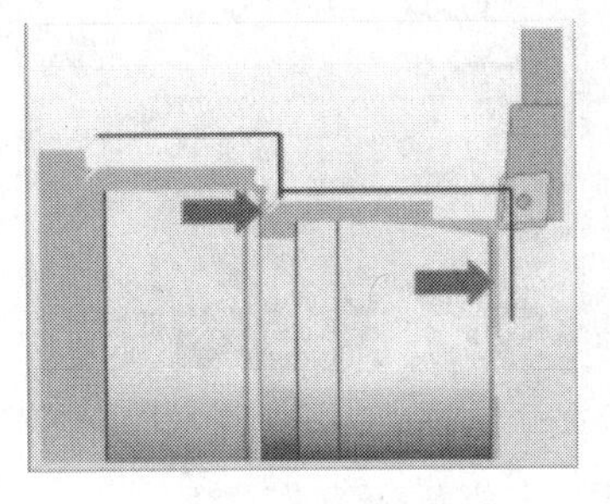

图 8-133　仅面

■【首先周面，然后面】：先切削指定为直径的几何体，再切削指定为面的几何体，若改变方向，则周面的切削运动会反转，而面的切削运动不会反转，如图 8-134 所示。

■【首先面，然后周面】：先切削指定为面的几何体，再切削指定为直径几何体，若改变方向，则周面的切削运动会反转，而面的切削运动不会反转，如图 8-135 所示。

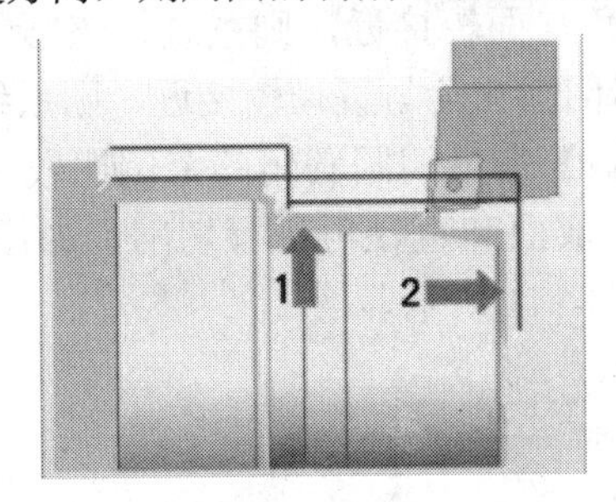

图 8-134　首先周面，然后面

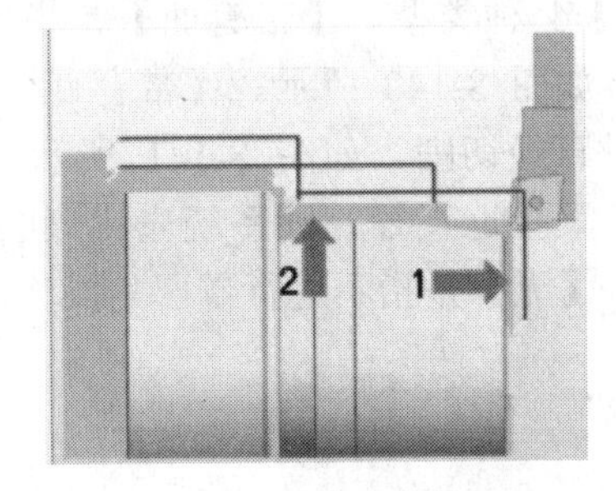

图 8-135　首先面，然后周面

■【指向拐角】：系统自动检测有凹角的面或者周面，并将在凹角角平分线的方向上进刀切削这些凹角，但不会切削在检测到的这些面或者周面以外的凸角，刀轨方向为接近拐角，如图 8-136 所示。

■【离开拐角】：系统自动检测有凹角的面或者周面，并将在凹角角平分线的方向上进刀切削这些凹角，但不会切削在检测到的这些面或者周面以外的凸角，刀轨方向为远离拐角，如图 8-137 所示。

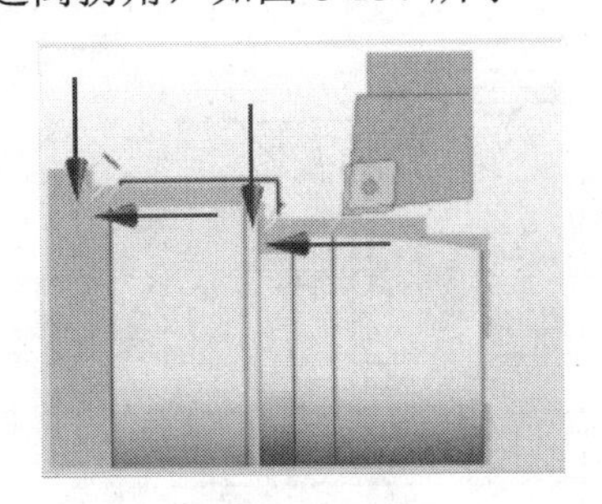

图 8-136　指向拐角

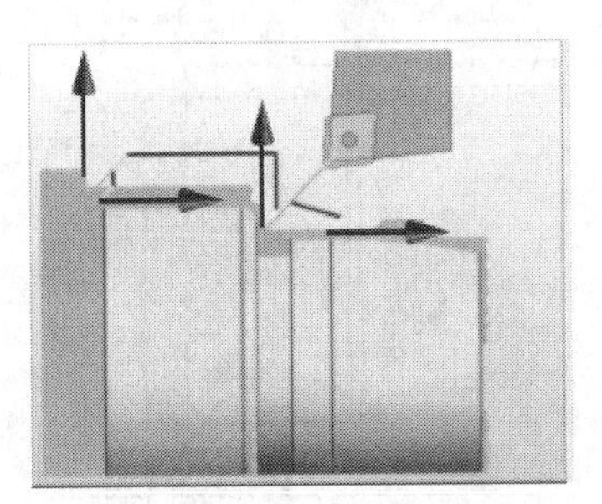

图 8-137　离开拐角

- 【方向】：切削运动的方向。有【反向】和【前方】两种方式。【反向】是指切削方向为反向，如图 8-138 所示。【前方】是指切削方向为前方，如图 8-139 所示。

图 8-138　反向

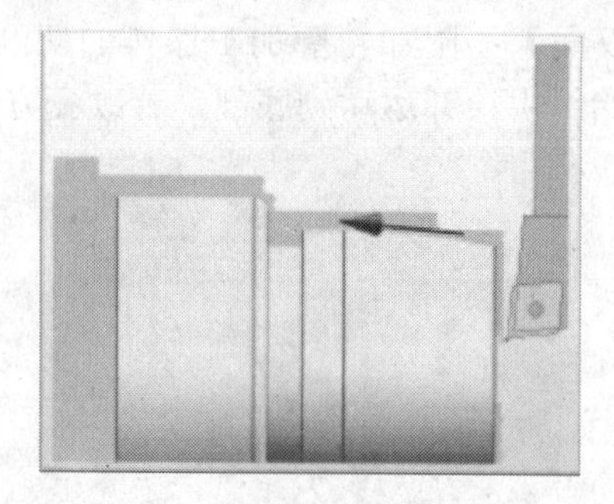
图 8-139　前方

- 【初始轮廓插削】：第一刀轮廓插削的位置。有【无】、【自动】、【径向/轴向】和【指定】4 种方式。【自动】是指通过延伸距离，系统自动计算第一刀轮廓插削点。【径向/轴向】是指通过径向、轴向和延伸距离指定第一刀轮廓插削点。【指定】是指直接通过现有点或者创建点指定第一刀轮廓插削点。
- 【切削圆角】：切削圆角的方式。有【带有面】、【带有直径】、【分割】和【无】4 种类型。【带有面】是指倒圆圆角与面较接近，则系统将该圆角当做面切削，如图 8-140 所示。【带有直径】是指倒圆圆角与直径较接近，则系统将该圆角当做直径切削，如图 8-141 所示。【分割】是指倒圆圆角的范围比较大，既接近面，又接近直径，则系统先将该圆角分割成面和直径再进行切削，如图 8-142 所示。【无】是指不进行倒圆角操作，如图 8-143 所示。

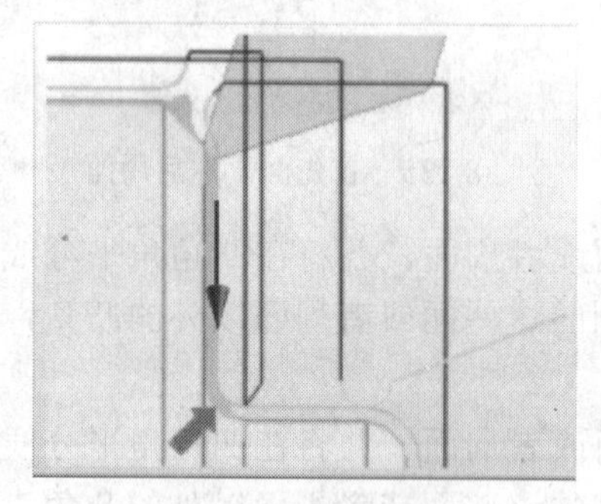
图 8-140　带有面

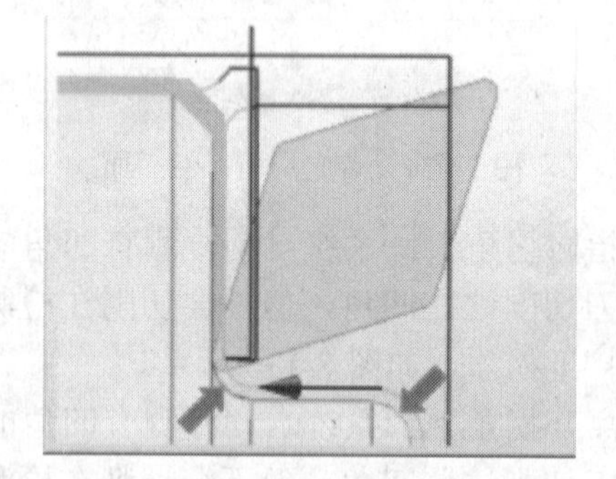
图 8-141　带有直径

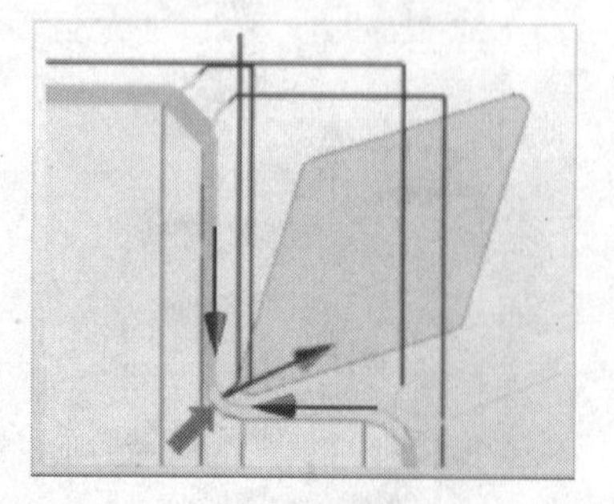
图 8-142　分割

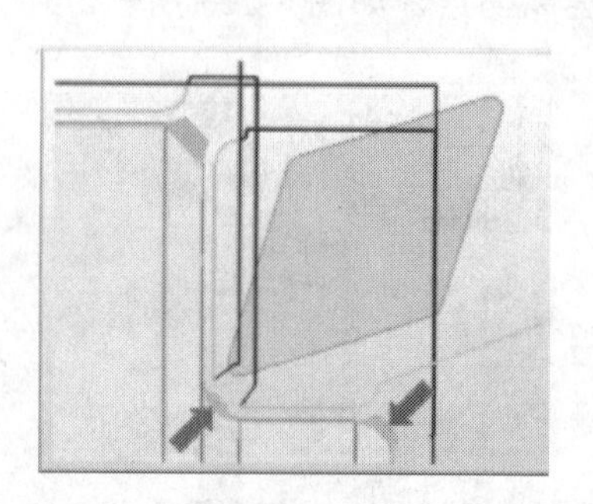
图 8-143　无

- 【轮廓切削后驻留】：轮廓切削后轮廓是否停留，若停留，则需要设置停留的时间，前面已经介绍，在此不再赘述。

（2）【多刀路】：操作有多个刀路，对各个刀路设置相应的切削深度。【多刀路】的切削深度的设置方式有【无】、【恒定深度】、【单个的】和【刀路数】4 种。【精加工刀路】用于控制刀路的切削方向，有【保持切削方向】和【变换切削方向】两种类型。

- 【无】：不指定切削深度，如图 8-144 所示。
- 【恒定深度】：指定一个恒定的切削深度值，各个刀路均使用该恒定切削深度值，第一个刀路的切削深度不能大于该指定的恒定深度值，如图 8-145 所示。
- 【单个的】：对各个刀路单独指定切削深度值，如图 8-146 所示。
- 【刀路数】：通过指定刀路的数量，由系统自动计算切削深度值，如图 8-147 所示。

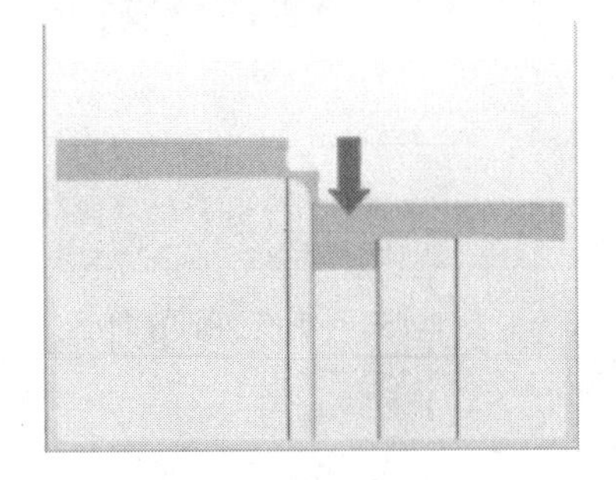

图 8-144　无

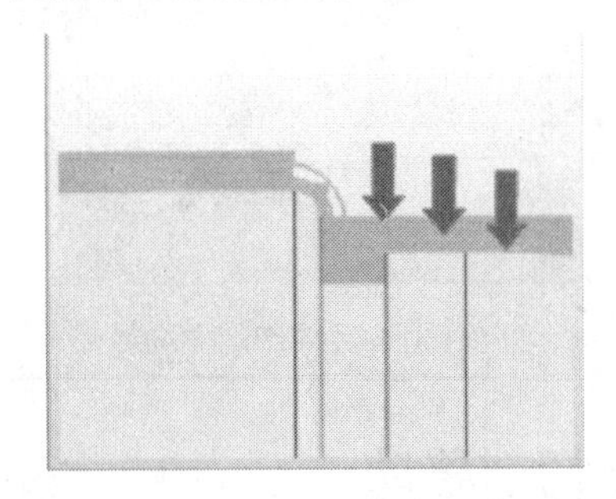

图 8-145　恒定深度

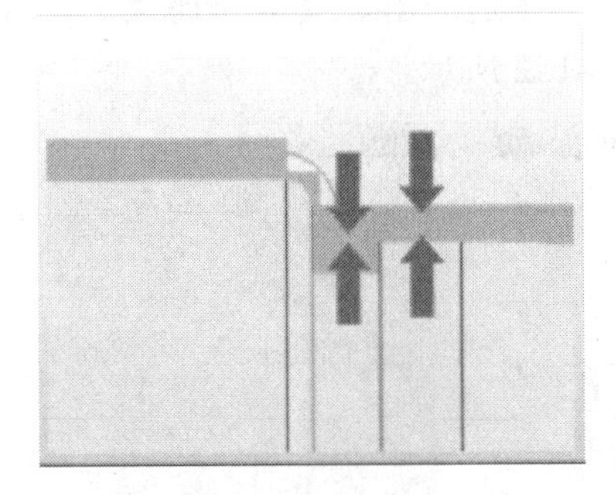

图 8-146　单个的

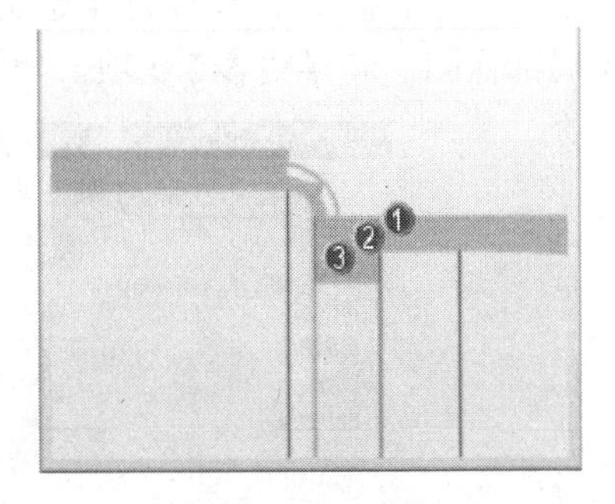

图 8-147　刀路数

- 【保持切削方向】：使连续刀路之间的切削方向保持一致，如图 8-148 所示。
- 【变换切削方向】：在连续刀路之间改变切削方向，如图 8-149 所示。

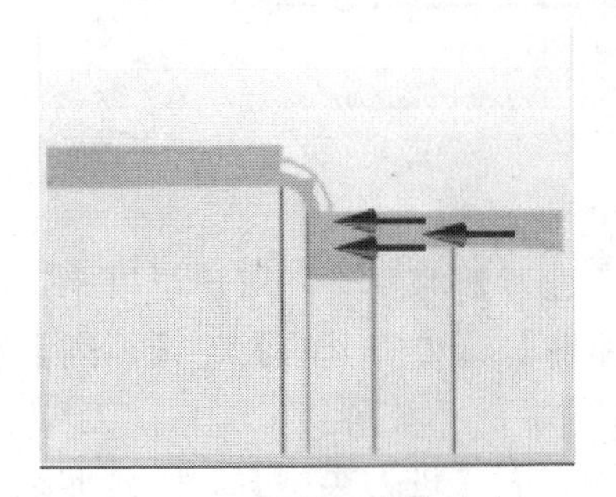

图 8-148　保持切削方向

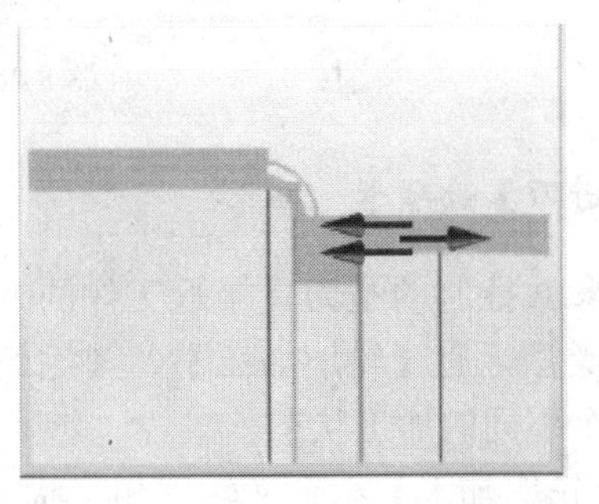

图 8-149　变换切削方向

（3）【螺旋刀路】：用于控制螺旋刀路的切削方向和数量，有【无】、【保持切削方向】和【变换切削方向】3 种方式。

- 【无】：没有螺旋刀路。
- 【保持切削方向】：定义螺旋刀路的数量，且使连续刀路之间的切削方向一致，如图 8-150 所示。
- 【变换切削方向】：定义螺旋刀路的数量，且使连续刀路之间的切削方向相反，如图 8-151 所示。

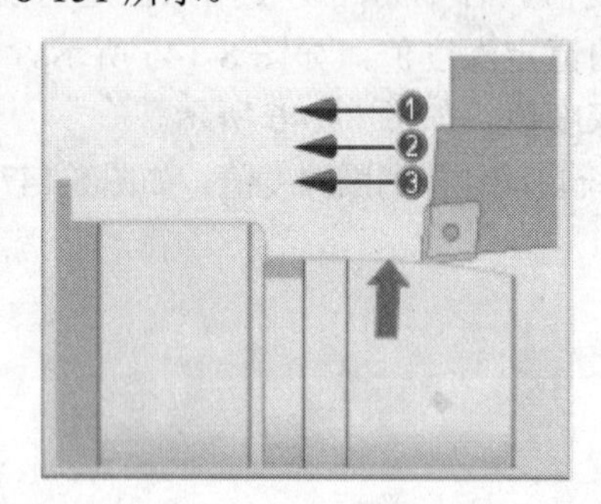

图 8-150　保持切削方向

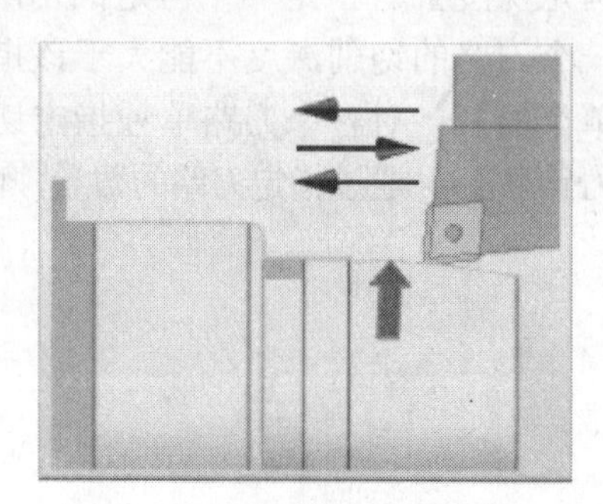

图 8-151　变换切削方向

8.3.8　非切削移动

控制刀具的非切削移动的参数有【进刀】、【退刀】、【安全距离】、【逼近】、【离开】、【局部返回】和【更多】7 项，如图 8-152 所示。

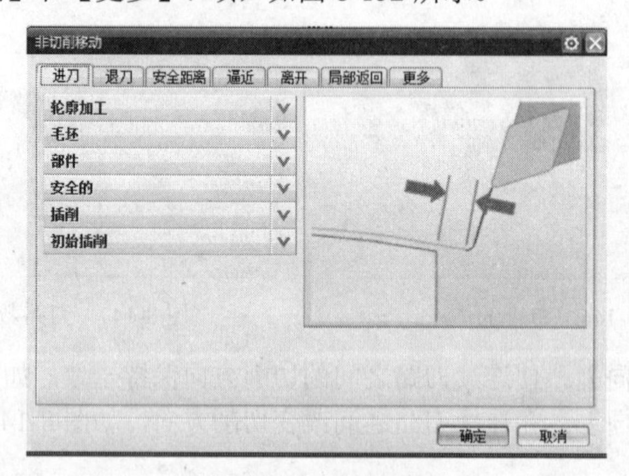

图 8-152　非切削移动

1.【进刀】选项卡

进刀参数控制的是刀具接近工件的方式，在【进刀】内容下，用户可以指定不同的进刀方式和类型，有【轮廓加工】、【毛坯】、【部件】、【安全的】、【插削】和【初始插削】6 个不同的加工状态。

（1）【轮廓加工】：定义轮廓加工状态下的进刀，有【进刀类型】、【延伸距离】、和【直接进刀到修剪点】3 个参数。

① 【进刀类型】：控制的是进刀的类型，有【圆弧-自动】、【线性-自动】、【线性-增量】、【线性】、【线性-相对于切削】和【点】6 种进刀类型。

- 【圆弧-自动】：系统自动以圆弧运动，使刀具平滑的移动，中间不会以驻留的方式接近工件，有【自动】和【用户定义】两种方式，【自动】就是系统会自动确定一个与工件垂直的角度方向，在这个方向上，以半径为刀具切削半径的 2 倍的圆弧运动接近工件；【用户定义】就是用户可以自定义进刀的方向，以角度确定，再指定进刀圆弧运动的半径，如图 8-153 所示。

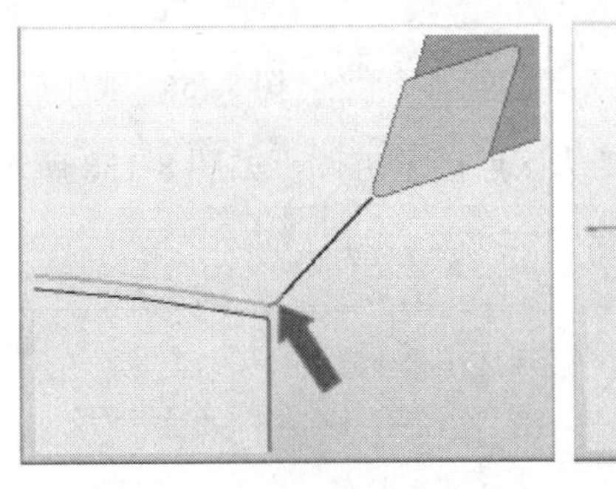

（a）自动

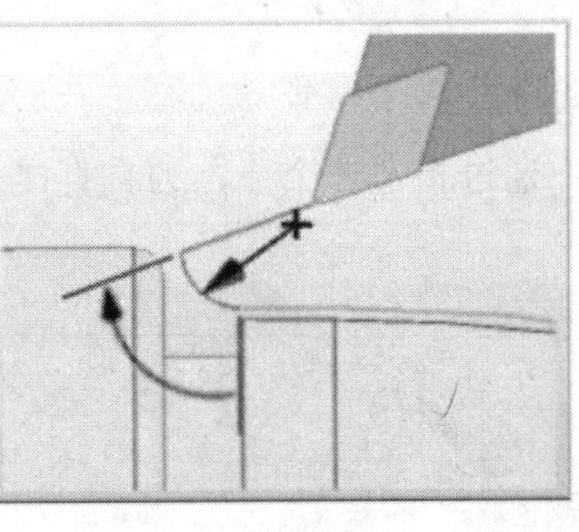

（b）用户定义

图 8-153　圆弧-自动

- 【线性-自动】：有【自动】和【用户定义】两种方式。【自动】就是系统自动以第一刀的切削方向接近工件，系统默认的长度为刀具刀尖的半径；【用户定义】就是用户自定义长度，如图 8-154 所示。

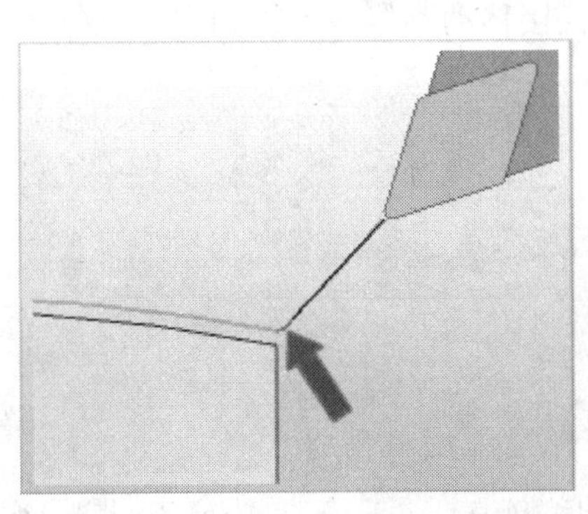

（a）自动

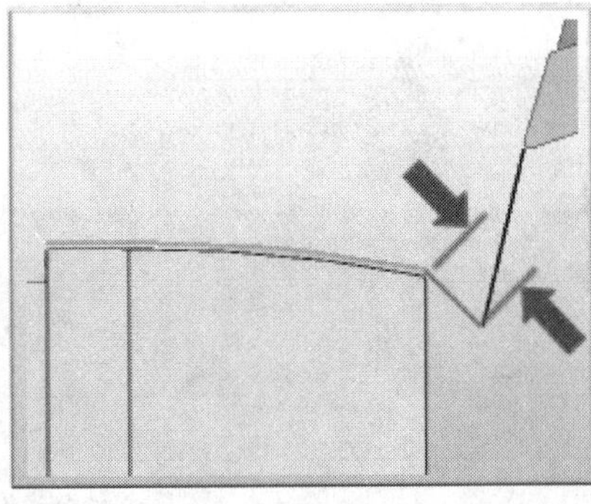

（b）用户定义

图 8-154　线性-自动

- 【线性-增量】：通过指定 X 轴和 Y 轴方向上的距离值，定义刀具接近工件的方向，如图 8-155 所示。
- 【线性】：通过指定一个角度值和一个长度值，定义刀具接近工件的方向，如图 8-156 所示。
- 【线性-相对于切削】：与【线性】方式相似，也是通过指定一个角度值和一个长度值，定义刀具接近工件的方向，但是该角度的测量是相对于相邻运动的，如图 8-157 所示。

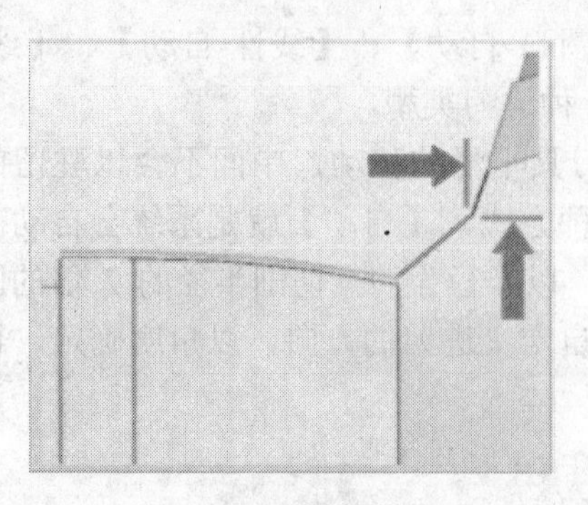
图 8-155　线性-增量

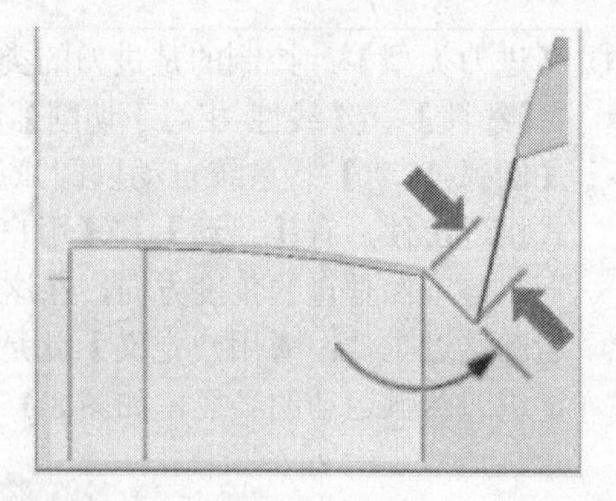
图 8-156　线性

- 【点】：通过指定一个点，刀具直接从该点接近工件，如图 8-158 所示。

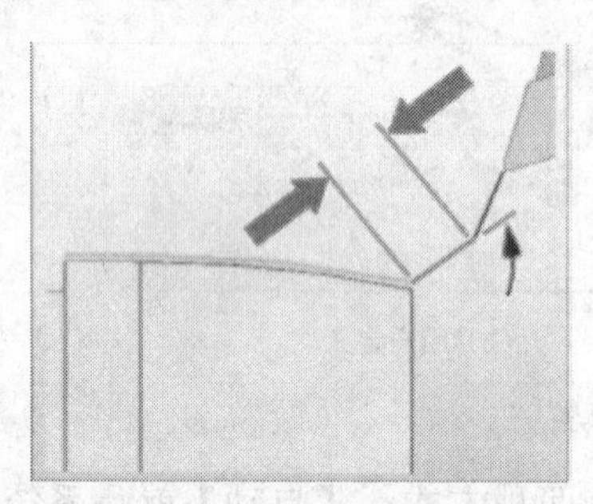
图 8-157　线性-相对于切削

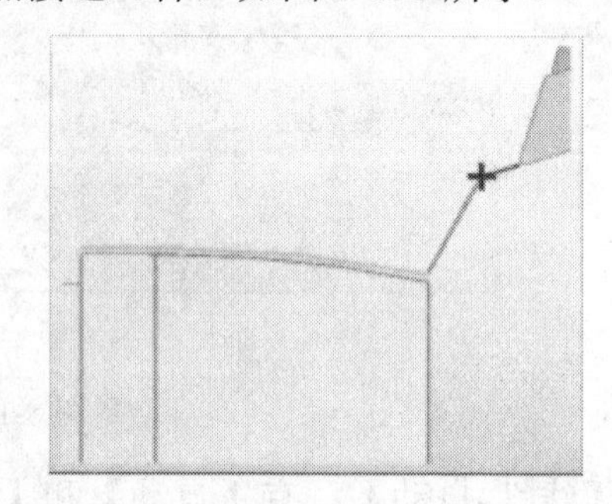
图 8-158　点

②【延伸距离】：控制刀轨延伸的距离，如图 8-159 所示。

③【直接进刀到修剪点】：控制刀具是否直接移动到修剪点，如图 8-160 所示。

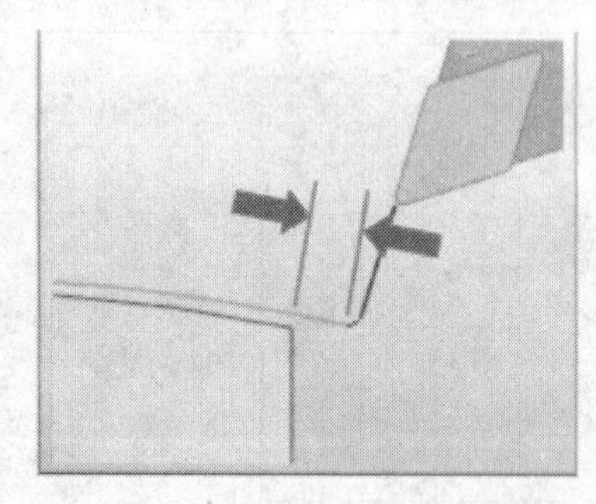
图 8-159　延伸距离

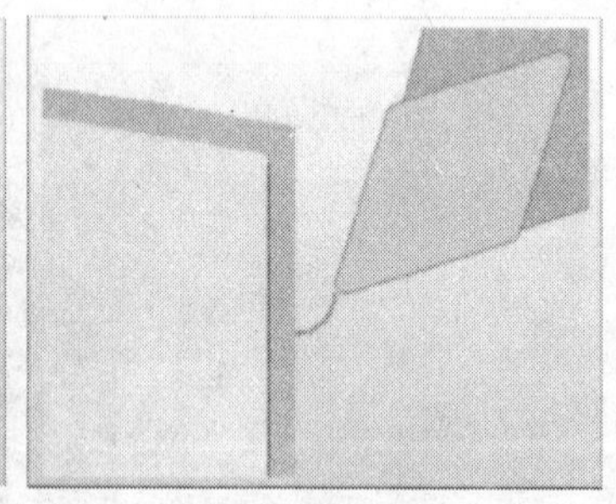
（a）直接进刀到修剪点　（b）不直接进刀到修剪点

图 8-160　进刀到修剪点

（2）【毛坯】：定义毛坯加工状态下的进刀，有【进刀类型】、【安全距离】和【相切延伸】3 个参数。

- 【进刀类型】：有【线性-自动】、【线性-增量】、【线性】、【点】和【两个圆周】5 种进刀类型。下面就只介绍【毛坯】中特有的【两个圆周】进刀类型，其余的与【轮廓加工】中的相同，在此不再赘述。【两个圆周】是指通过定义两个圆弧运动的半径使得刀具沿着指定的这两个圆弧进刀，如图 8-161 所示。
- 【安全距离】：刀具接近工件的安全距离，如图 8-162 所示。

图 8-161　两个圆周

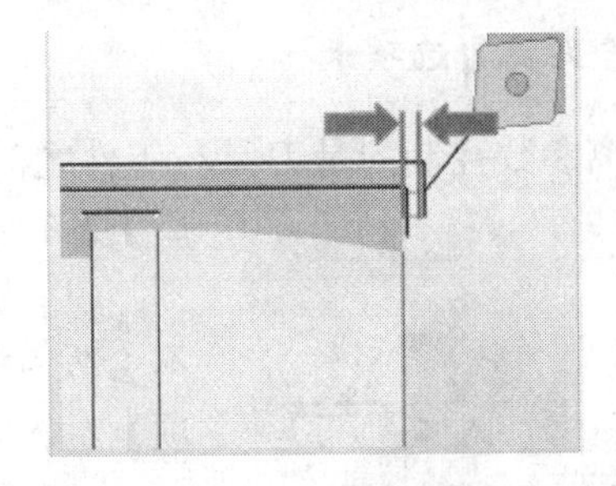

图 8-162　安全距离

- 【相切延伸】：刀轨在相切方向上延伸，如图 8-163 所示。

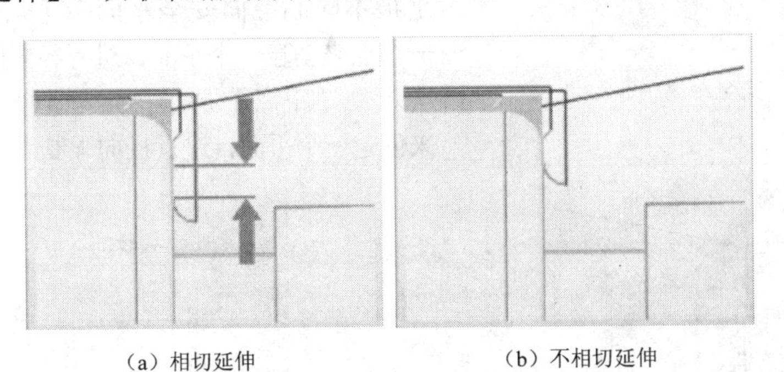

（a）相切延伸　　（b）不相切延伸

图 8-163　延伸

（3）【部件】：部件加工状态下的进刀，有【线性-自动】、【线性-增量】、【线性】、【点】和【两点相切】5 种进刀类型。下面就只介绍【部件】中特有的【两点相切】进刀类型，其余的与【轮廓加工】中的相同，在此不再赘述。【两点相切】是指以圆弧运动接近工件，该圆弧的大小通过指定相对与粗切削的角度和半径来确定，如图 8-164 所示。

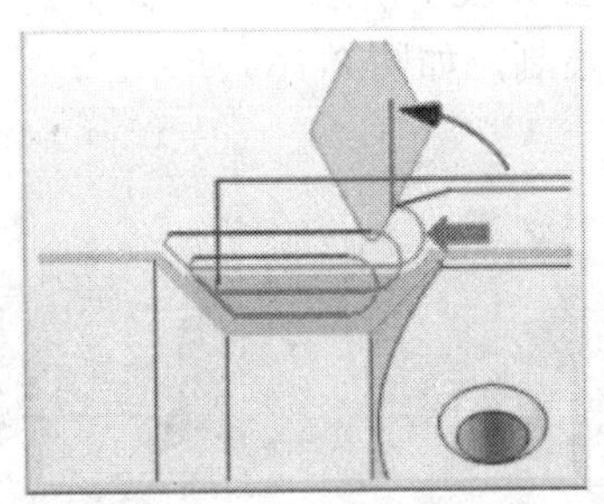

图 8-164　两点相切

（4）【安全的】、【插削】和【初始插削】加工状态下的进刀类型均与前面介绍的【轮廓加工】加工状态的进刀类型一致，在此不再赘述。

2.【退刀】选项卡

退刀参数控制的是刀具离开工件的方式。【退刀】的参数与【进刀】中的参数一致，在此不再赘述。

3.【安全距离】选项卡

安全距离参数控制的是刀具与工件之间的安全距离。有【安全平面】和【工件安全距离】2 个参数，如图 8-165 所示。

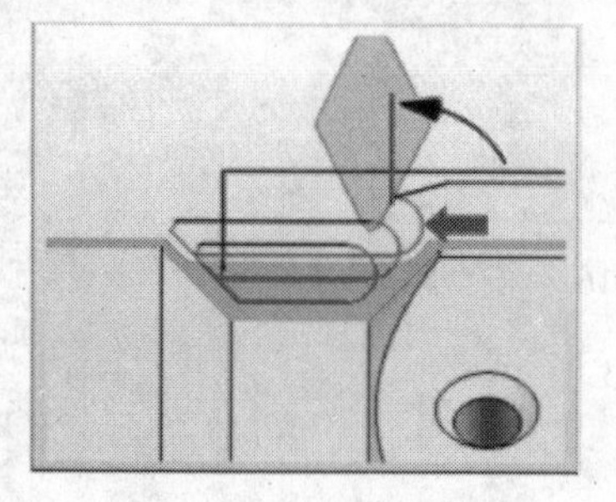

图 8-165　安全距离

（1）【安全平面】：指定安全平面，使得刀具与工件不会发生碰撞。有【径向限制选项】和【轴向限制选项】2 个参数。

- 【径向限制选项】：进行径向限制的安全平面，有【无】、【点】和【距离】3 种方式。【无】是指不限制径向安全平面。【点】是指通过指定一个点来创建一个平面，进行径向限制，如图 8-166 所示。【距离】是指指定一个半径的偏置距离值来创建一个平面，进行径向限制，如图 8-167 所示。

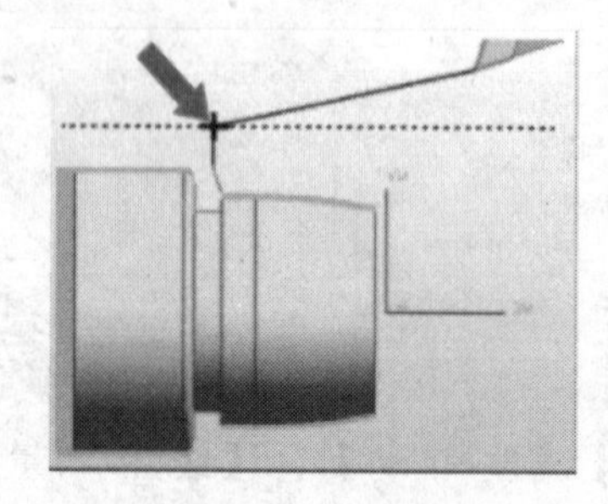

图 8-166　径向限制-点

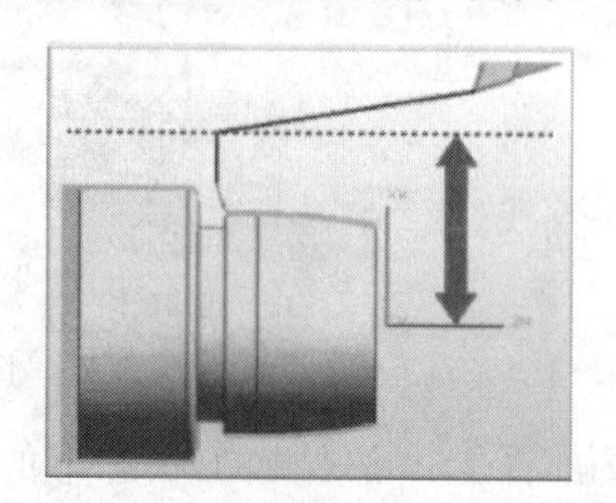

图 8-167　径向限制-距离

- 【轴向限制选项】：进行轴向限制的安全平面，有【无】、【点】和【距离】3 种方式。【无】是指不限制轴向安全平面。【点】是指通过指定一个点来创建一个平面，进行轴向限制，如图 8-168 所示。【距离】是指指定一个端面偏置距离值来创建一个平面，进行轴向限制，如图 8-169 所示。

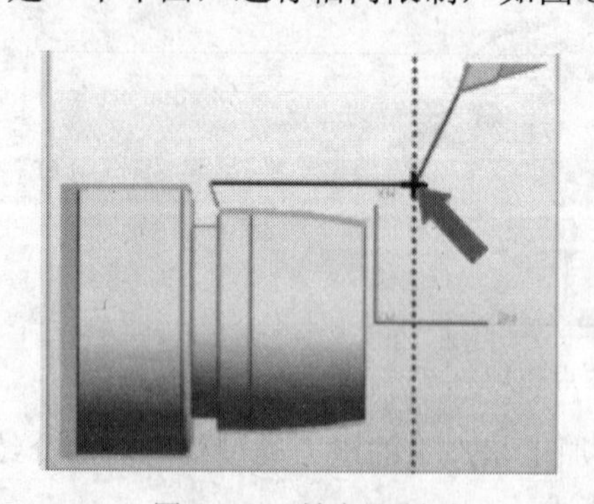

图 8-168　轴向限制-点

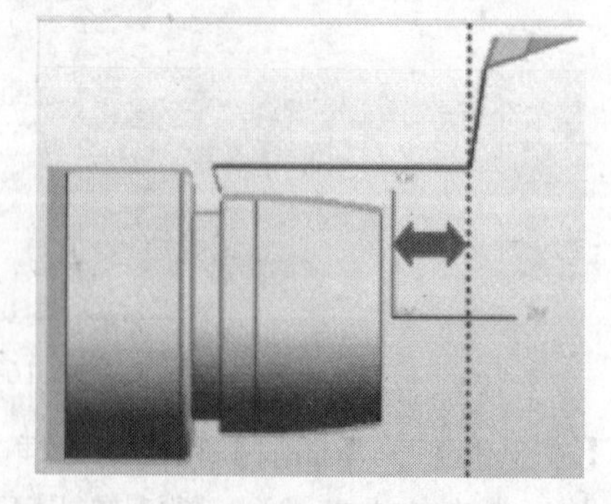

图 8-169　轴向限制-距离

（2）【工件安全距离】：指定工件的【径向】和【轴向】的安全距离值。

- 【径向】：指定工件的径向安全距离值，如图 8-170 所示。
- 【轴向】：指定工件的轴向安全距离值，如图 8-171 所示。

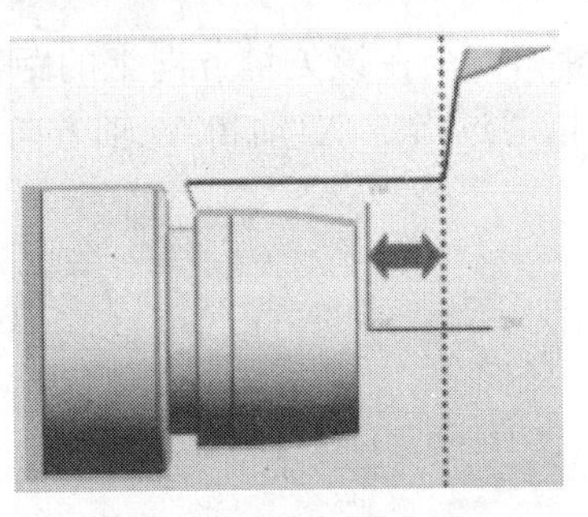

图 8-170　工件径向安全距离

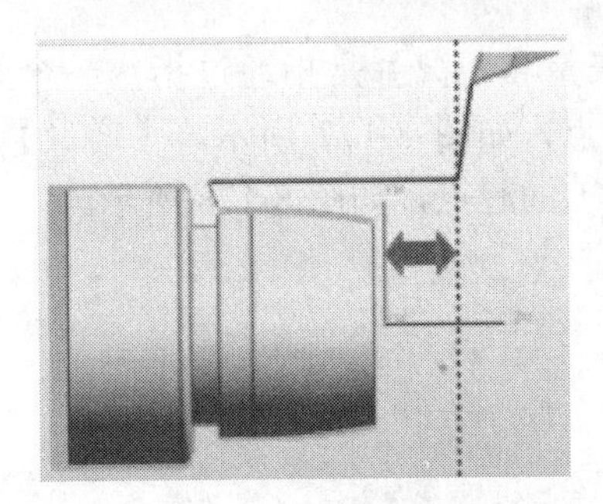

图 8-171　工件轴向安全距离

4.【逼近】选项卡

逼近参数控制的是刀具逼近工件的方式。有【出发点】、【运动到起点】、【逼近刀轨】和【运动到进刀起点】4 个参数，如图 8-172 所示。

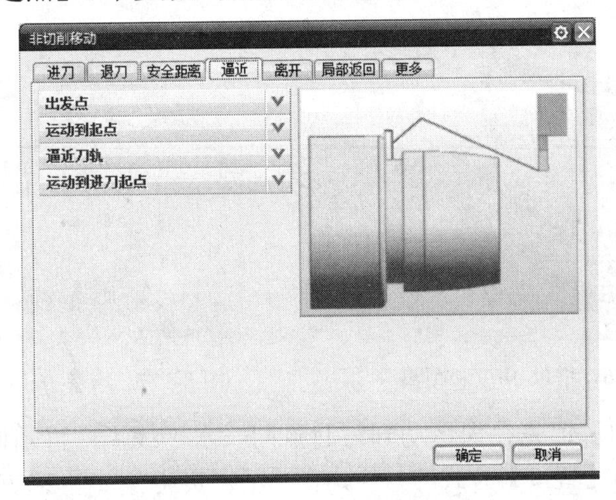

图 8-172　【逼近】选项卡

（1）【出发点】：确定刀具的出发点，有【无】和【指定】2 个方式。

【无】：不指定刀具的出发点。

【指定】：指定一个点作为刀具的出发点。

（2）【运动到起点】：刀具运动到起点的方式，有【无】、【直接】、【径向行->轴向】、【轴向行->径向】、【纯径向->直接】和【纯轴向->直接】6 种方式。

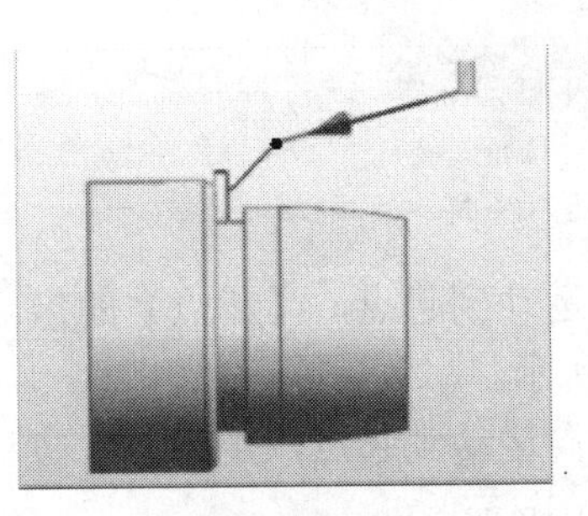

图 8-173　无

- 【无】：不定义进刀的起点，如图 8-173 所示。
- 【直接】：直接运动到起点，如图 8-174 所示。起点的指定有【点】、【增量-角度和距离】、【增量-矢量和距离】和【增量】4 种方式。【点】是指直接指定点作为进刀的起点，如图 8-175 所示。【增量-角度和距离】是指通过指定一个角度和一个在该角度方向上的距离来确定进刀的起点，如图 8-176 所示。【增量-矢量和距离】是指通过指定一个矢量和一个在该矢量方向上的距离来确定进刀的起点，如图 8-177 所示。【增量】是指通过指定 X 轴和 Y 轴方向上的距离来确定进刀的起点，如图 8-178 所示。

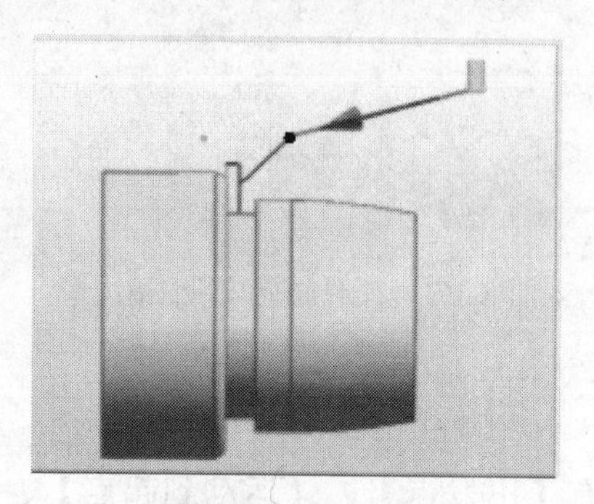

图 8-174　直接

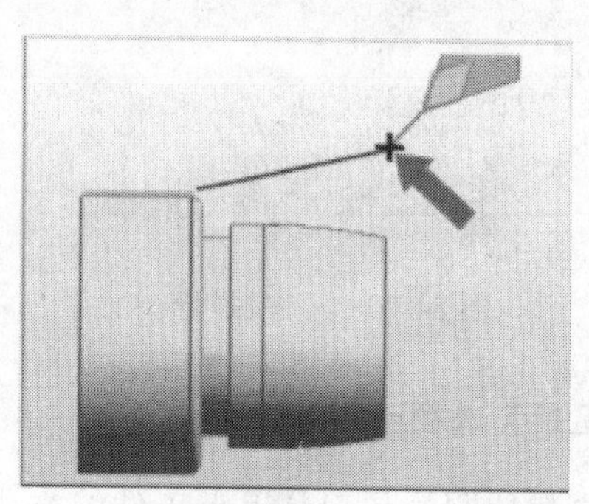

图 8-175　点

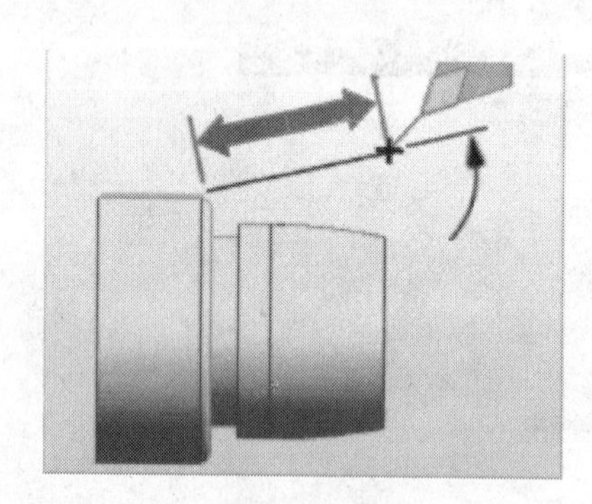

图 8-176　增量-角度和距离

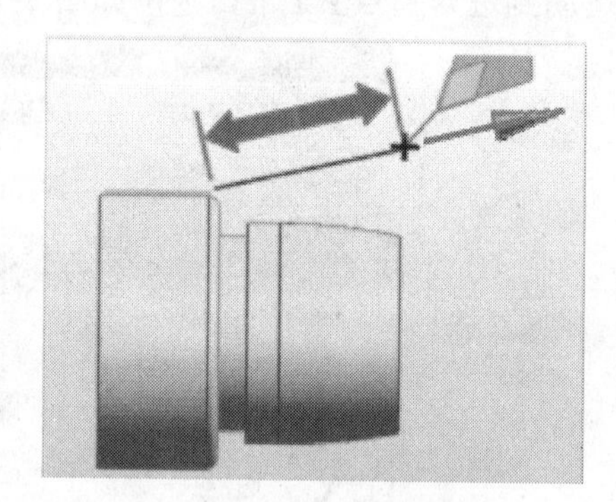

图 8-177　增量-矢量和距离

- 【径向->轴向】：先径向运动到与起点同一水平线上，再轴向运动到起点，【起点】的指定与【直接】方式的一样，在此不再赘述，如图 8-179 所示。

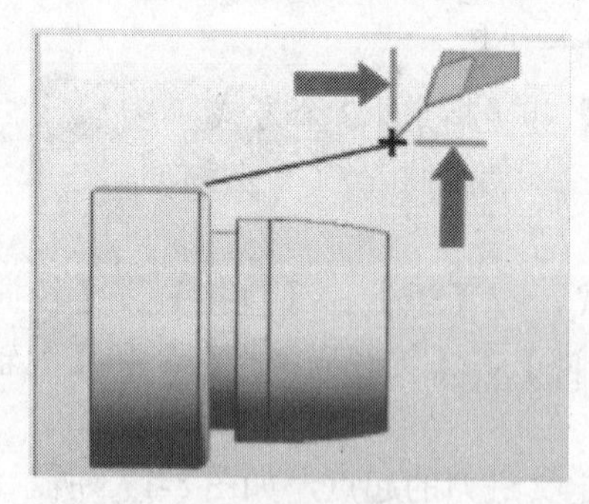

图 8-178　增量

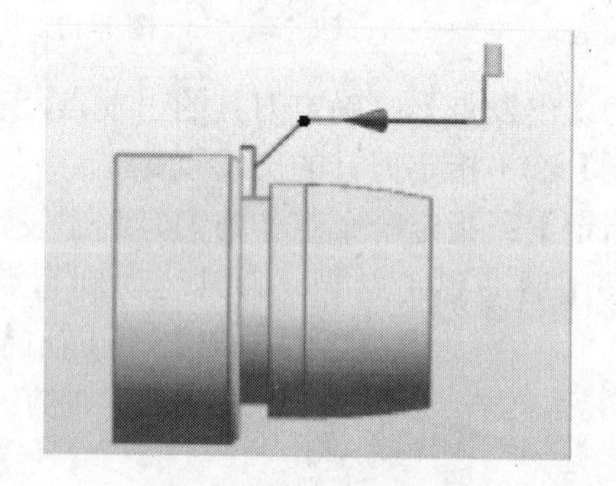

图 8-179　径向->轴向

- 【轴向->径向】：先轴向运动到起点的正上方，再径向运动到起点，【起点】的指定与【直接】方式的一样，在此不再赘述，如图 8-180 所示。
- 【纯径向->直接】：先直接运动到起点的正上方，再径向运动到起点，【起点】的指定与【直接】方式的一样，在此不再赘述，如图 8-181 所示。
- 【纯轴向->直接】：先直接运动到与起点在同一水平线上，再轴向运动到起点，

【起点】的指定与【直接】方式的一样，在此不再赘述，如图 8-182 所示。

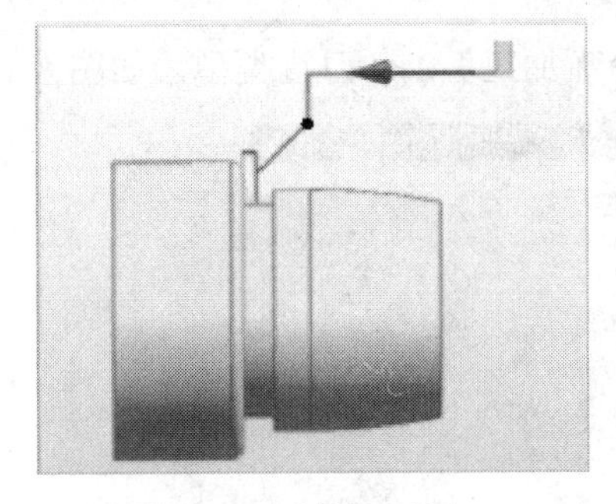

图 8-180　轴向->径向

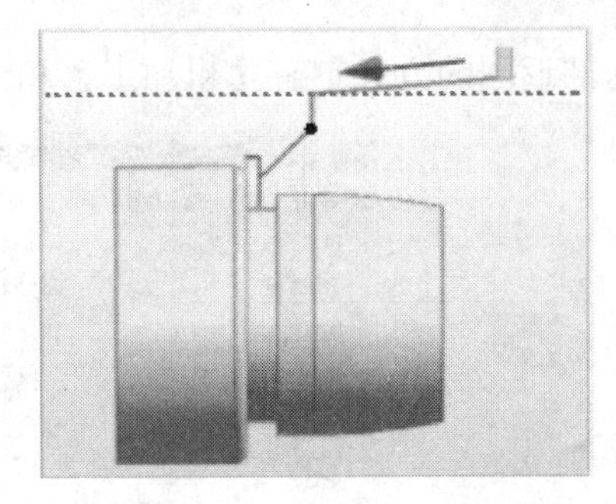

图 8-181　纯径向->直接

（3）【逼近刀轨】：刀具逼近刀轨的方式，刀轨的选项有【无】、【点】和【点（仅在换刀后）】3 种类型。

- 【无】：不指定刀具逼近刀轨的逼近点，如图 8-183 所示。

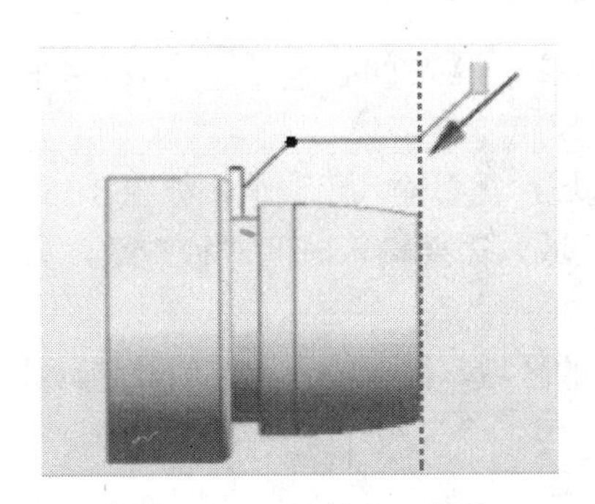

图 8-182　纯轴向->直接

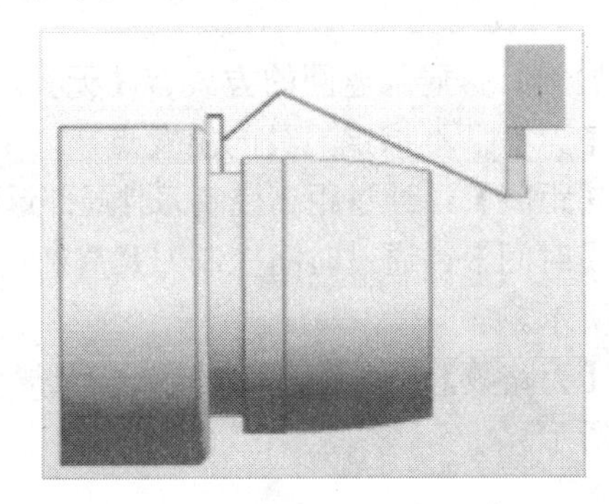

图 8-183　无

- 【点】：指定一个逼近点，刀具由该点逼近刀轨，如图 8-184 所示。
- 【点（仅在换刀后）】：指定一个逼近点，换刀后刀具由该点逼近刀轨，如图 8-185 所示。

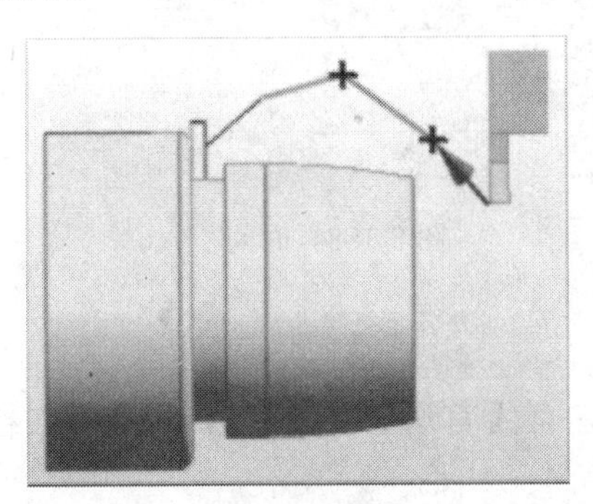

图 8-184　点

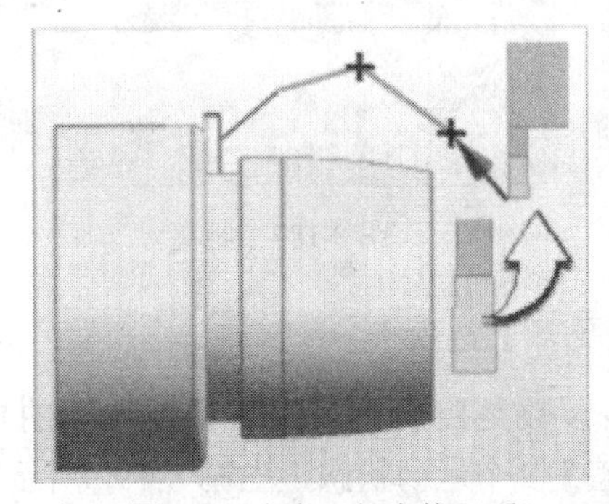

图 8-185　点（仅在换刀后）

5.【离开】选项卡

离开参数控制的是刀具离开工件的方式。【离开】的参数与【逼近】中的参数一致，在此不再赘述。

6.【局部返回】选项卡

刀轨局部返回的方式。有【粗加工】和【轮廓加工】2 个刀轨类型，如图 8-186 所示。

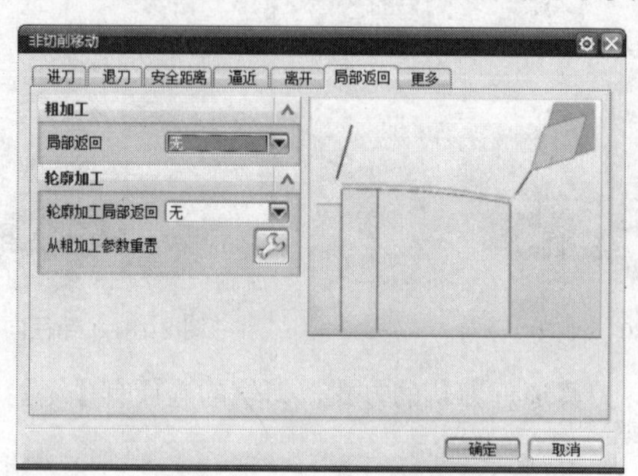

图 8-186 【局部返回】选项卡

【粗加工】：局部返回的方式有【无】、【距离】、【时间】和【刀路数】4 种。

- 【无】：不指定刀具的出发点。
- 【距离】：通过距离控制刀具局部返回的区域，需要输入距离值，如图 8-187 所示。
- 【时间】：通过时间控制刀具局部返回的区域，需要输入时间“秒”数，如图 8-188 所示。
- 【刀路数】：通过刀路数控制刀具局部返回的区域，需要输入刀路的数量，如图 8-189 所示。

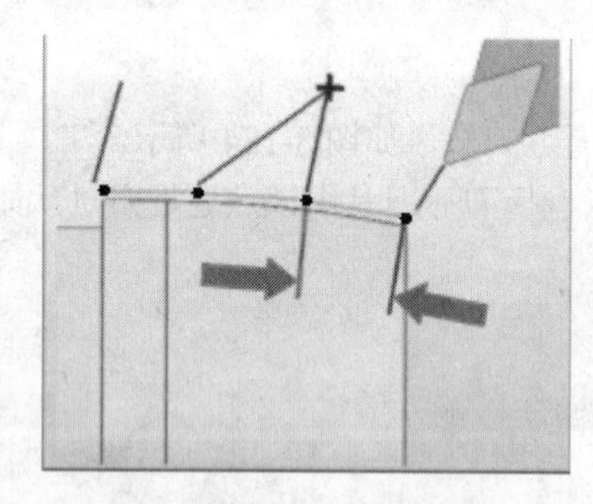

图 8-187 距离

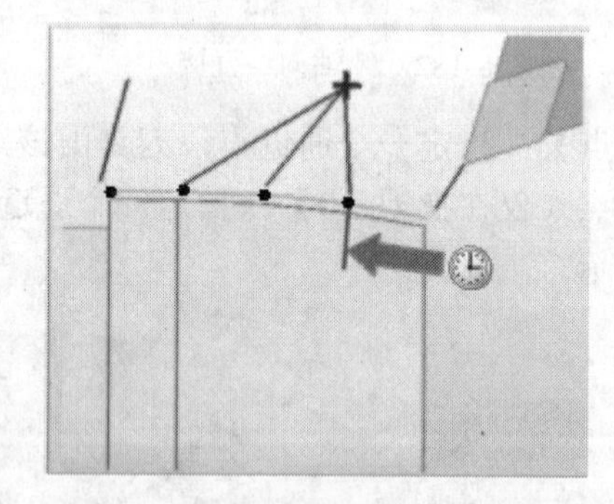

图 8-188 时间

7.【更多】选项卡

更多参数是控制更多的非切削移动的参数。有【首选直接运动】、【附加检查】和【刀具补偿】3 个运动状态，如图 8-190 所示。

(1)【首选直接运动】：控制刀具在非切削移动状态是否优先考虑直接运动，有【到进刀起始处】、【区域之间】和【在上一次退刀之后】3 种状态。若勾选其选项前面的复选框，则系统默认在非切削移动过程中，刀具优先考虑直接移动；若不勾选其选项前面的复选框，则系统将会以径向和轴向移动。

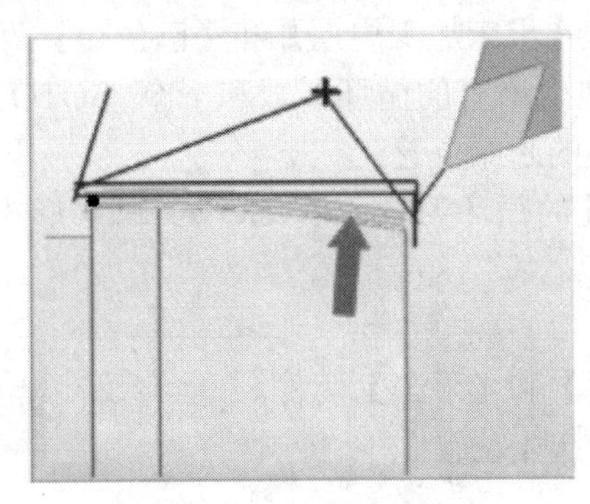

图 8-189　刀路数

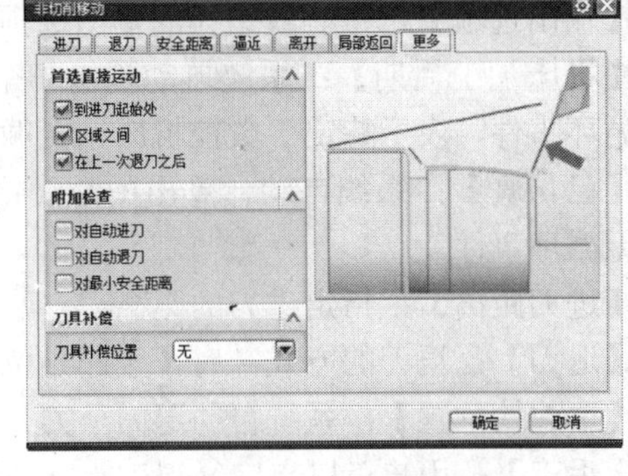

图 8-190　【更多】选项卡

（2）【附加检查】：对非切削移动状态的检查，有【对自动进刀】、【对自动退刀】和【对最小安全距离】3 种状态。若勾选其选项前面的复选框，则系统默认在非切削移动过程中，对自动进刀、自动退刀和最小安全距离进行检查；若不勾选其选项前面的复选框，则系统将不会对自动进刀、自动退刀和最小安全距离进行检查。

（3）【刀具补偿】：控制是否设置刀具补偿。

8.4　中心线钻孔

动画演示——参见附带光盘中的“AVI\CH8\8-4.avi”文件。

中心线钻孔是利用机床主轴的旋转来加工中心线上的孔。在加工过程中，是工件在旋转，而非刀具旋转。几何体的设置与【粗加工】中的几何体及设置方法相同，在此不再赘述。

8.4.1　循环类型

循环类型控制的是循环方式、输出选项、进刀和退刀等运动。在车削粗加工操作中，中心线钻孔的【循环类型】有【循环】、【输出选项】、【进刀距离】和【退刀】4 个参数。

（1）【循环】：确定中心线钻孔的循环类型，有【钻】、【钻，深】、【钻，断屑】、【攻丝】、【攻丝，浅】和【镗】6 种。

- 【钻】：普通的中心线钻孔操作，可以指定主轴在退刀之前停止。
- 【钻，深】：深孔的中心钻操作，可以指定主轴在退刀之前停止，且需要指定在钻孔增量距离时进行排屑动作，和刀具向工件进给的距离，即安全距离。【增量选项】有【恒定】和【可变】两种方式。【恒定】是指直接指定一个恒定值为要排屑的增量距离。【可变】是指指定切削的数量和增量值，由系统自动计算出要排屑的增量距离。
- 【钻，断屑】：在中心线钻孔过程中有排屑动作，与【钻，深】相似，但是需要设置的不是安全距离，而是离开距离，即每次切削后，刀具后退的距离。
- 【攻丝】：普通的中心线攻丝操作。
- 【攻丝，浅】：中心线浅攻丝操作。
- 【镗】：中心线镗孔操作，可以指定主轴在退刀之前停止。

（2）【输出选项】：中心线钻孔的输出选项有【机床加工周期】和【已仿真】两种。

- 【机床加工周期】：系统自动输出一个包含所有的循环参数和一个 GOTO 语句的循环事件，表示特定于数控机床钻孔循环的起始位置。
- 【已仿真】：系统自动计算出中心线钻孔的循环刀轨，以 GOTO 语言形式输出，无循环事件。

（3）【进刀距离】：指定进刀的距离。

（4）【退刀】：退刀的方式，有【至起始位置】和【手工】两种。

- 【至起始位置】：系统自动退刀至刀具的起始位置。
- 【手工】：用户可以自定义退刀点。

8.4.2 起点和深度

【起点和深度】用于指定中心线钻孔操作的起点位置和钻孔的深度。在车削粗加工操作中，中心线钻孔的【起点和深度】有【起始位置】、【入口直径】和【深度选项】3 个参数。

（1）【起始位置】：进行中心线钻孔操作时，指定刀具的起始位置。有【自动】和【指定】两种方式。【自动】是指系统自动确定刀具的起始位置。【指定】是指将指定的点作为刀具的起始位置。

（2）【入口直径】：进行中心线钻孔操作时，指定入口直径。

（3）【深度选项】：指定孔的深度，有【距离】、【端点】、【横孔尺寸】、【横孔】、【刀肩深度】和【埋头直径】6 种方式。

- 【距离】：指定一个距离值，以确定孔的深度。
- 【端点】：通过指定一个点，系统将自动以起点和指定的点来计算孔的深度。
- 【横孔尺寸】：确定一个横孔的直径尺寸、距离和角度后确定孔的深度。【直径】是指横孔的直径。【距离】是指钻孔起点到横孔中心的距离。【角度】是指横孔的中心线与钻孔的中心线之间的夹角。
- 【横孔】：在工件上选择一个现有的横孔，系统将自动计算起点到横孔的距离为孔的深度。
- 【刀肩深度】：指定刀具刀肩的深度为孔的深度。
- 【埋头直径】：以刀具嵌入工件的深度和指定的直径来确定孔的深度和直径。

8.5 车螺纹

【光盘文件】

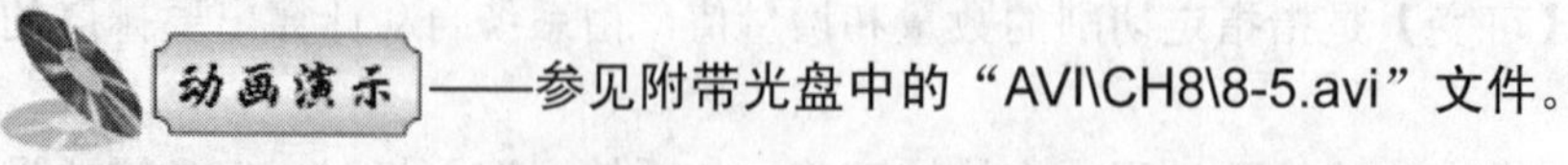

——参见附带光盘中的“AVI\CH8\8-5.avi”文件。

车螺纹可以加工直螺纹和锥螺纹，可以是内螺纹、外螺纹，也可以是面螺纹。

1. 几何体设置

螺纹的切削需要设置部件边界和毛坯边界。

2. 螺纹形状

螺纹形状的参数直接控制着螺纹的形状。

（1）深度选项

螺纹的深度是螺纹的顶线到根线之间的距离。螺纹深度的定义有【根线】和【深度和角度】两种方式。

- 【根线】：通过定义顶线和根线，系统将自动计算其之间的距离为螺纹的深度。螺纹的长度由螺纹的顶线决定，但是用户可以通过指定起点和终点的偏置值来修改螺纹的长度；当指定了顶线和根线后，用户可以通过指定顶线和根线的偏置值来修改螺纹的深度。
- 【深度和角度】：通过定义螺纹的总深度和螺纹的角度来定义螺纹的深度。指定的深度是以顶线为起始位置开始测量的总深度；角度为创建拔模螺纹时使用的以顶线为起始位置开始测量的角度。

（2）深度偏置

深度偏置用于调整螺纹的长度和深度。有【起始偏置】、【终止偏置】、【顶线偏置】和【根偏置】4 个参数。

- 【起始偏置】：控制螺纹的起点位置。当输入的偏置值为正值时，螺纹的长度会加长；反之，螺纹的长度会缩短。
- 【终止偏置】：控制螺纹的起点位置。当输入的偏置值为正值时，螺纹的长度会缩短；反之，螺纹的长度会加长。
- 【顶线偏置】：控制螺纹的顶线偏置。若指定了根线，当输入的顶线偏置值为正值时，螺纹的深度会加深；反之，螺纹的深度会变浅。若没有指定根线，当输入的顶线偏置值为正值时，螺纹的深度不会变化，但是会整体上移；反之，整体下移。
- 【根偏置】：控制螺纹的根线偏置。若指定了顶线，当输入的顶线偏置值为正值时，螺纹的深度会变浅；反之，螺纹的深度会加深。若没有指定顶线，当输入的顶线偏置值为正值时，螺纹的深度不会变化，但是会整体下移；反之，整体上移。

（3）切削深度

螺纹的总深度由粗加工的总深度和精加工的总深度决定。切削深度控制刀具每刀切削的深度，确定切削深度有【恒定】、【单个的】和【%剩余】3 种方式。

- 【恒定】：指定恒定的每刀切削深度，系统将根据粗加工的总切削深度计算所需要的刀路数，直到达到螺纹的粗加工所需要切削的总深度为止。
- 【单个的】：为不同的刀路指定不同的每刀切削深度，系统将根据指定的刀路数和指定的切削深度，自动计算切削的总深度，直到螺纹的粗加工切削的总深度为止，如图 8-191 所示。

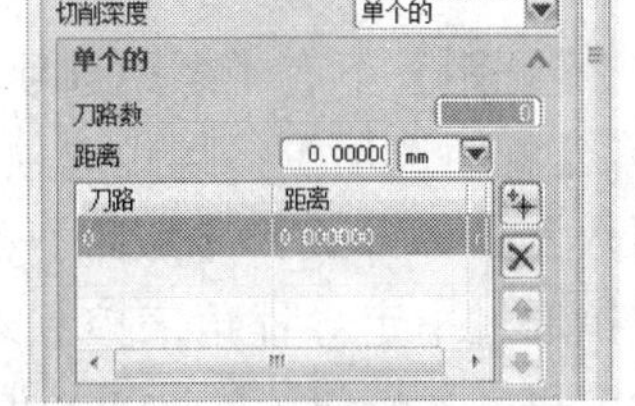

图 8-191　单个的

- 【%剩余】：根据剩余百分比、最大距离和最小距离控制着每刀切削的深度，系统将根据指定的百分比值、最大距离和最小距离来计算每刀切削的深度，直到螺纹的粗加工切削的总深度为止，如图 8-192 所示。

图 8-192　%剩余

3. 螺纹头数

用户可以自定义螺纹的头数。

4. 切削参数

切削参数用于进一步控制螺纹的形状和精加工刀路，有【策略】、【螺距】和【附加刀路】3 个内容，如图 8-193 所示。

（1）策略

策略下的参数有【螺纹头数】、【切削深度】和【切削深度公差】3 个。【螺纹头数】、【切削深度】在前面已经单独介绍了，在此不再赘述。

【切削深度公差】：控制的是螺纹每刀切削深度的公差。

（2）螺距

螺距是螺纹形状的一个重要参数，是指相邻两条螺纹沿着与轴线平行的方向上测量的相应两点之间的距离，如图 8-194 所示。

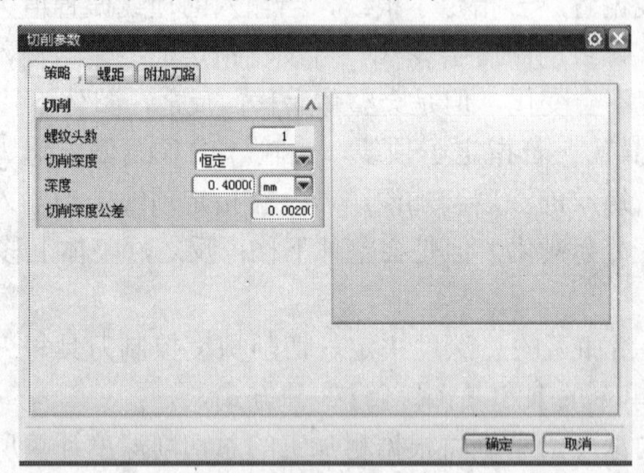

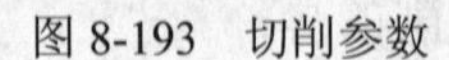

图 8-193　切削参数

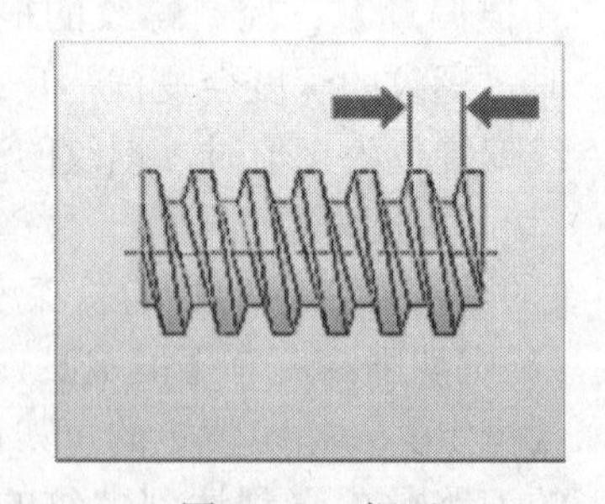

图 8-194　螺距

【螺距】下有【螺距选项】、【螺距变化】和【输出单位】3 个参数。

【螺距选项】：螺距选项是指定螺距的方式，有【螺距】、【导程角】和【每毫米螺纹圈数】3 种方式。【螺距】是指通过直接指定螺距的大小来控制螺纹的螺距。【导程角】是指通过指定导程角来控制螺纹的螺距，如图 8-195 所示。【每毫米螺纹圈数】是指通过指定每毫米螺纹的圈数来控制螺纹的螺距，如图 8-196 所示。

【螺距变化】：螺距变化是指定螺距变化的方式，有【恒定】、【起点和终点】和【起点和增量】3 种方式。【恒定】是指通过指定每毫米螺纹的圈数或者指定一个恒定的值来

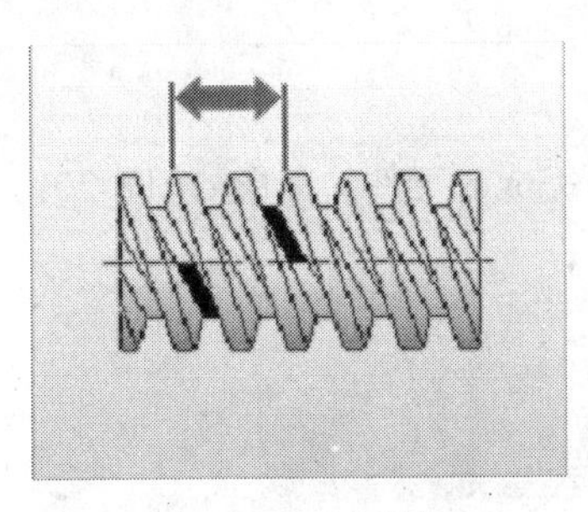

图 8-195　导程角

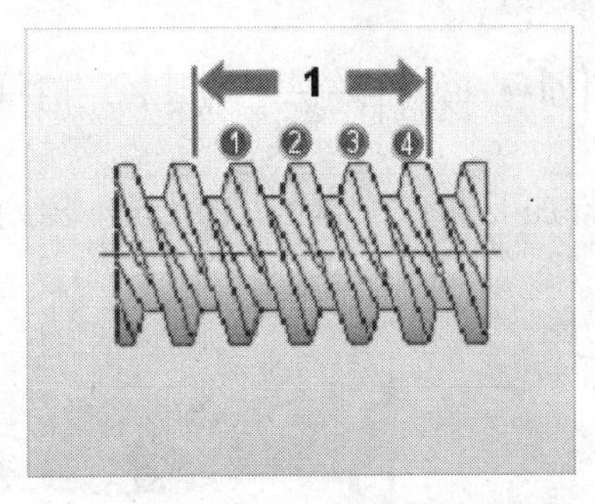

图 8-196　每毫米螺纹圈数

确定的螺距值，在整个螺纹长度中，螺距不会发生变化，如图 8-197 所示。【起点和终点】是指通过指定开始值和结束值来确定螺距的变化率，在整个螺纹长度中，螺距会根据指定的开始值和结束值使得螺距发生变化，如图 8-198 所示。【起点和增量】是指通过指定开始值和增量值来确定螺距的变化，在整个螺纹长度中，螺距会根据指定的开始值和增量值使得螺距发生变化，如图 8-199 所示。

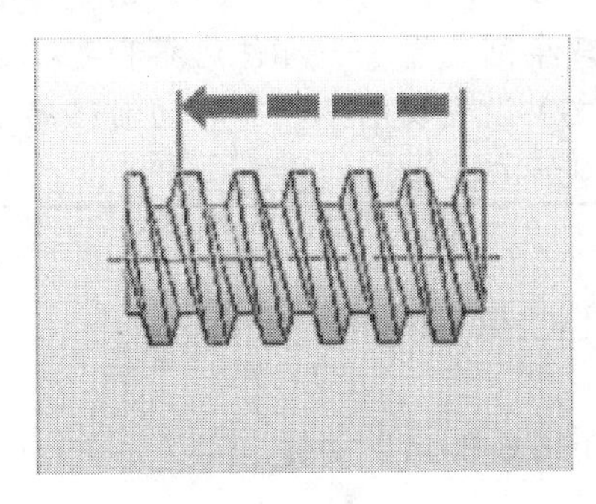

图 8-197　恒定

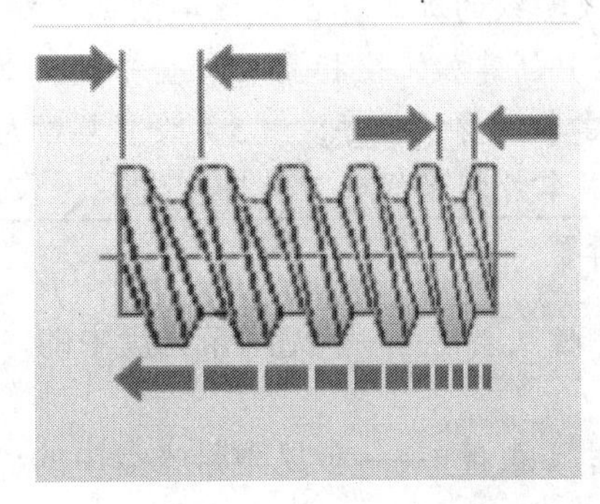

图 8-198　起点和终点

【输出单位】：输出单位是指定输出单位的方式，有【与输入相同】、【螺距】、【导程角】和【每毫米螺纹圈数】4 种方式。【与输入相同】可以保证输出单位始终与前面指定的螺距或每毫米螺纹圈数相同。

（3）附加刀路

附加刀路用于用户增加精加工刀路。用户可以指定需要的精加工的刀路数和切削增量来控制精加工所需要切削的总深度，如图 8-200 所示。

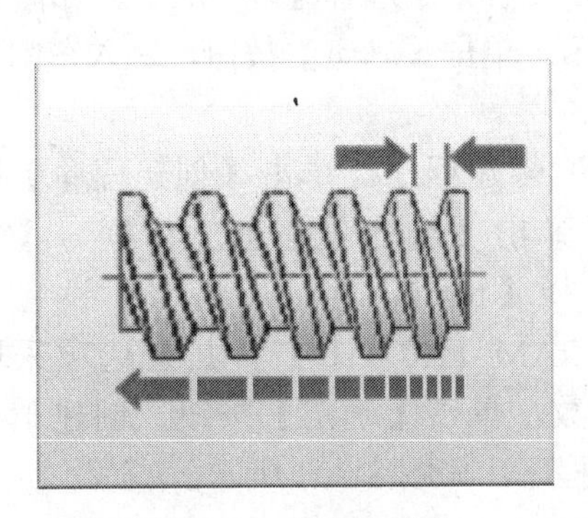

图 8-199　起点和增量

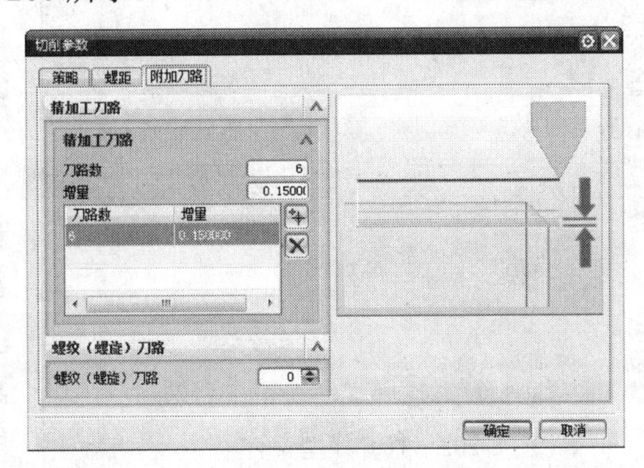

图 8-200　附加刀路

8.6 实例·操作——螺栓加工

要将零件加工成一个螺栓，采用车外螺纹操作即可完成，工件的图形如图 8-201 所示。

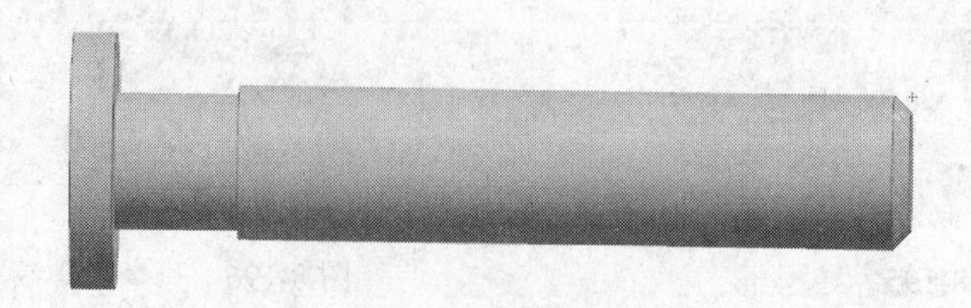

图 8-201 螺栓毛坯

思路·点拨

加工螺纹是车削加工中常用的操作。观察该零件，是一根螺栓，可创建一个外螺纹操作完成螺纹的加工。创建该车削加工操作，可以分为 7 个步骤：（1）创建外螺纹车刀；（2）创建加工坐标系和安全平面；（3）创建车削边界——部件边界和毛坯边界；（4）创建车外螺纹工序；（5）设置螺纹形状；（6）设置切削参数和非切削移动参数；（7）生成车外螺纹操作刀轨即可完成该零件的车削加工操作。

【光盘文件】

起始文件——参见附带光盘中的“MODEL\CH8\8-6.prt”文件。

结果文件——参见附带光盘中的“END\CH8\8-6.prt”文件。

动画演示——参见附带光盘中的“AVI\CH8\8-6.avi”文件。

【操作步骤】

（1）启动 UG NX 8。打开光盘中的源文件“MODEL\CH8\8-6.prt”模型，单击【OK】按钮，如图 8-202 所示。

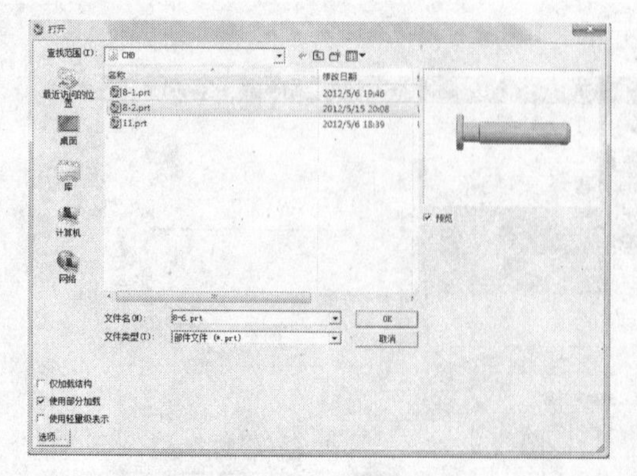

图 8-202 打开模型文件

（2）进入加工环境。单击【开始】—【加工】后出现【加工环境】对话框（快捷键方式 Ctrl+Alt+M），在【CAM 会话配置】中选择【cam general】，在【要创建的 CAM 设置】中选择【turning】，如图 8-203 所示。单击【确定】按钮，进入车削加工环境。

（3）创建程序。单击【创建程序】图标，弹出【创建程序】对话框。【类型】选择【turning】，【名称】设置为【PROGRAM_THREAD】，其余选项采取默认参数，单击【确定】按钮，创建车螺纹加工程序，如图 8-204 所示。

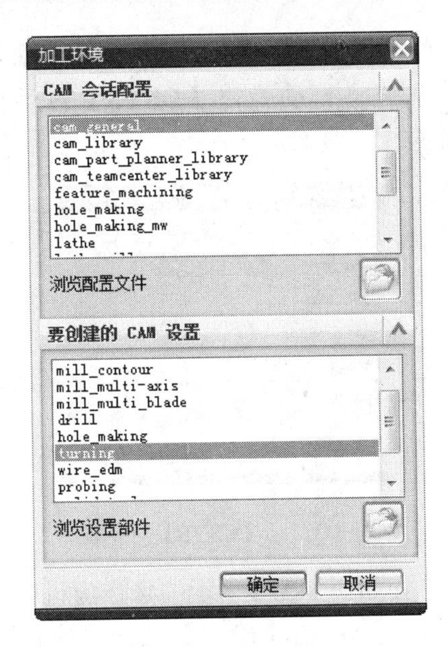

图 8-203 【加工环境】对话框

图 8-204 【创建程序】对话框

在【工序导航器-程序顺序】中显示新建的程序，如图 8-205 所示。

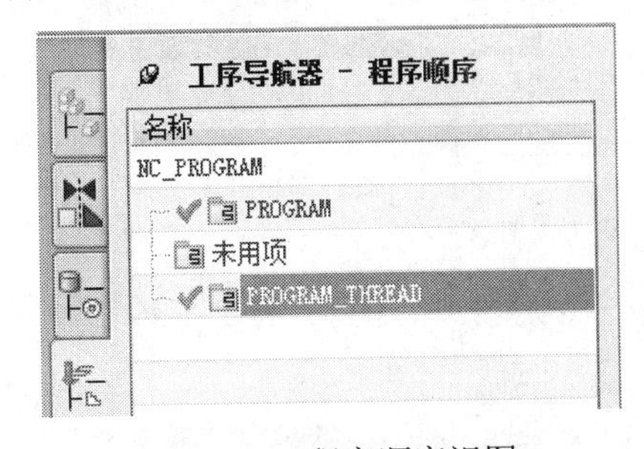

图 8-205 程序顺序视图

（4）创建刀具。单击【创建刀具】图标，弹出【创建刀具】对话框，【类型】选择【turning】，【刀具子类型】选择【OD_THREAD_L】图标，【位置】选用默认选项，【名称】设置为【OD_THREAD_L】，单击【确定】按钮，如图 8-206 所示。

图 8-206 【创建刀具】对话框

单击【确定】按钮后，弹出【螺纹刀-标准】对话框，如图 8-207 所示。

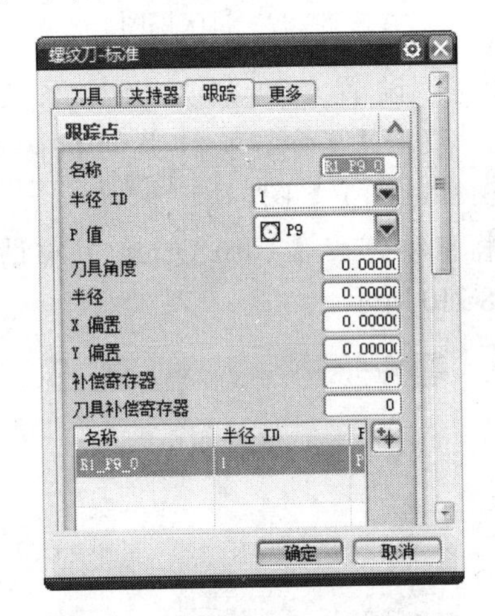

图 8-207 【螺纹刀-标准】对话框

在【螺纹刀-标准】对话框中，单击【刀具】选项卡，设置外螺纹刀的参数，如图 8-208 所示。

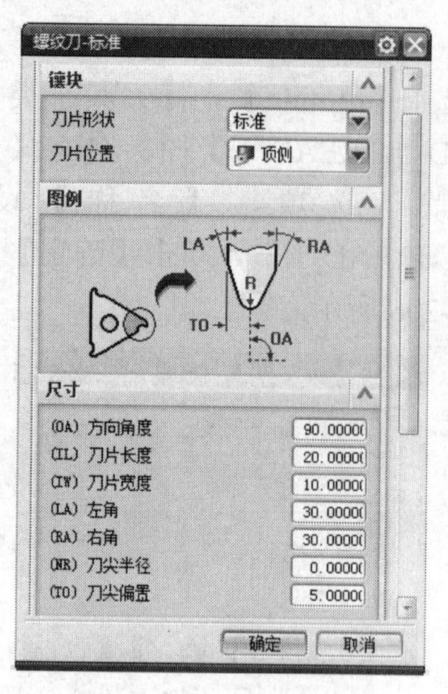

图 8-208　外圆车刀参数

单击【确定】按钮，完成刀具的创建。在【工序导航器-机床】中显示新建的【OD_THREAD_L】刀具，如图 8-209 所示。

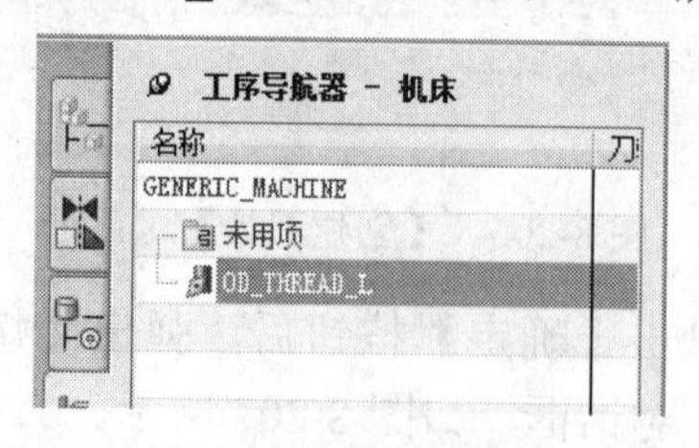

图 8-209　机床视图

（5）设置车削加工坐标系 MCS_MILL。双击【工序导航器-几何】中的图标【MCS_SPINDLE】图标 MCS_SPINDLE，系统将自动弹出【Turn Orient】对话框，如图 8-210 所示。

图 8-210　【Turn Orient】对话框

单击【指定 MCS】中的【CSYS】图标，系统将自动弹出【CSYS】对话框，如图 8-211 所示。

图 8-211　【CSYS】对话框

选择如图 8-212 所示的点作为机床坐标系的原点，单击【确定】按钮，完成机床坐标系的设置。

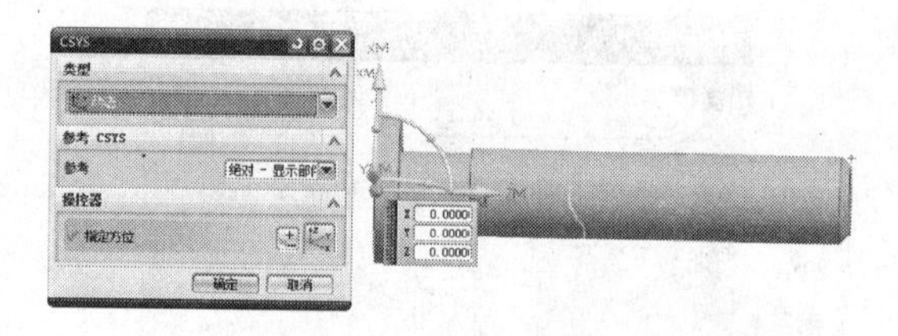

图 8-212　机床坐标系

（6）创建车床工作平面。在【Turn Orient】对话框中，在【车床工作平面】下的【指定平面】的下拉菜单中选择【ZM-XM】，单击【确定】按钮，完成机床工作平面的设置，如图 8-213 所示。单击【确定】按钮，完成机床坐标系和机床工作平面的设置。

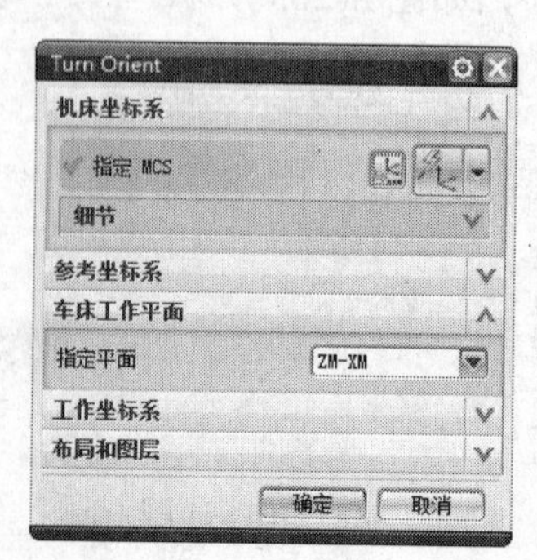

图 8-213　机床工作平面

（7）创建车削边界。在【工序导航器-几何】中【MCS_SPINDLE】的子菜单【WORKPIECE】下，双击【WORKPIECE】下的子菜单【TURNING_WORKPIECE】，系统将自动弹出【Turn Bnd】对话框，如图 8-214 所示。

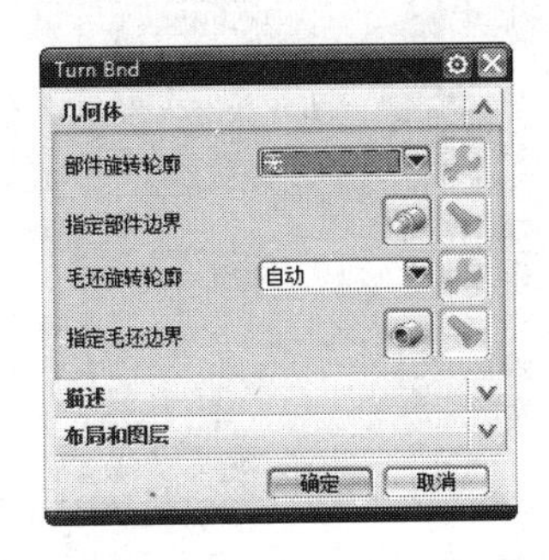

图 8-214 【Turn Bnd】对话框

① 指定部件边界。在【Turn Bnd】对话框中，在【部件旋转轮廓】的下拉菜单中选择【自动】，系统将自动计算部件的边界，如图 8-215 所示。

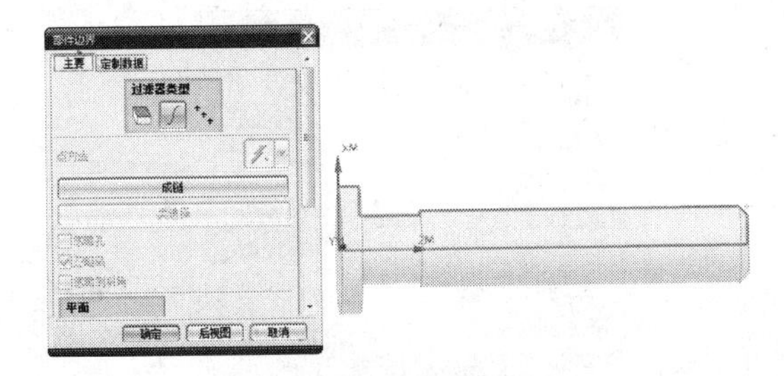

图 8-215 部件旋转轮廓

② 指定毛坯边界。在【Turn Bnd】对话框中，在【毛坯旋转轮廓】的下拉菜单中选择【自动】，如图 8-216 所示。

图 8-216 毛坯旋转轮廓

单击【指定毛坯边界】图标，系统将自动弹出【选择毛坯】对话框，如图 8-217 所示。

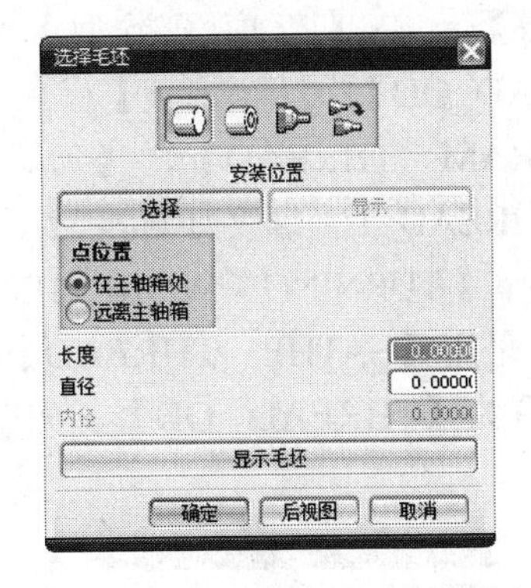

图 8-217 【选择毛坯】对话框

单击【安装位置】下的【选择】按钮，系统将自动弹出毛坯几何体的生成位置起始点对话框，选择坐标为（20，0，0）的点为毛坯边界的起始点，如图 8-218 所示。

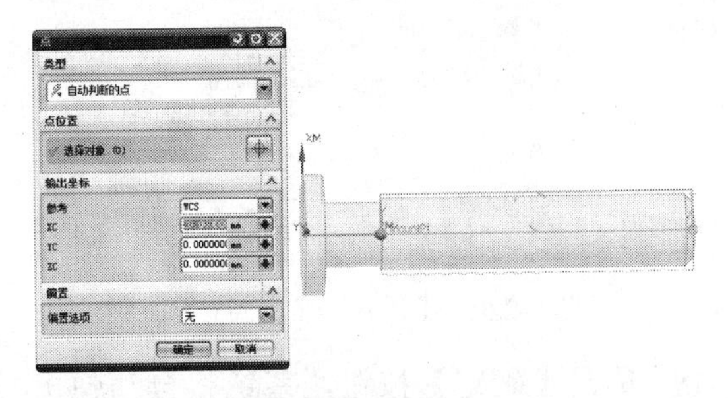

图 8-218 选择毛坯边界的起始点

在毛坯类型下选择【棒料】图标，在【点位置】下选择【在主轴箱处】，【长度】设置为 80，【直径】设置为 20，如图 8-219 所示。单击【确定】按钮，完成毛坯边界的指定。

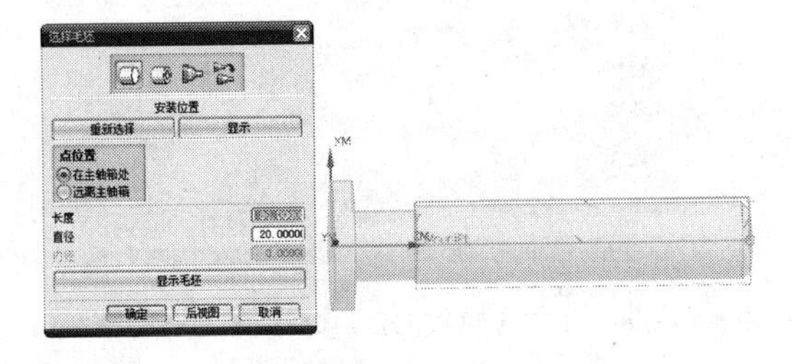

图 8-219 毛坯边界

（8）创建车削加工工序。单击【创建工序】图标，弹出【创建工序】对话框，在【类型】下拉菜单中选择【turning】，在【工序子类型】中选择【THREAD_OD】图标，【程序】选择【PROGRAM_ THREAD】，【刀具】选择【OD_THREAD_L（螺纹刀-标准）】，【几何体】选择【TURNING_ WORKPIECE】，【方法】采用【LATHE_ THREAD】，【名称】设置为【THREAD_ OD】，如图 8-220 所示。

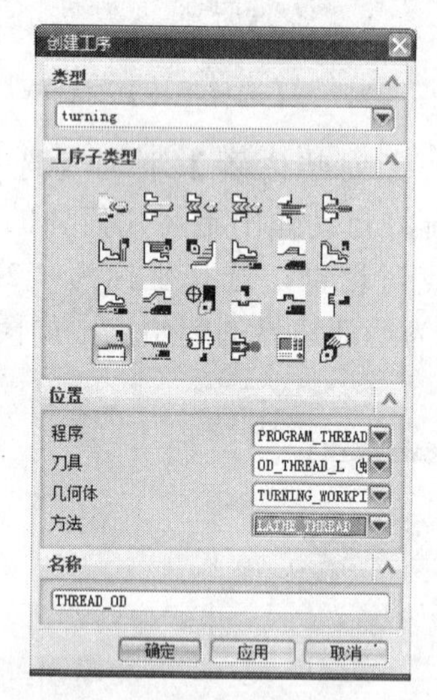

图 8-220 【创建工序】对话框

单击【确定】按钮，系统将自动弹出【螺纹 OD】对话框（一），如图 8-221 所示。

图 8-221 【螺纹 OD】对话框（一）

① 在【几何体】的下拉菜单中选择【TURNING_WORKPIECE】，继承前面设置的部件几何体和毛坯几何体，如图 8-222 所示。

图 8-222 继承几何体

② 螺纹形状。在【螺纹形状】下，单击【Select Crest Line】的【编辑】图标，系统将自动弹出【螺纹 OD】对话框（二），如图 8-223 所示。

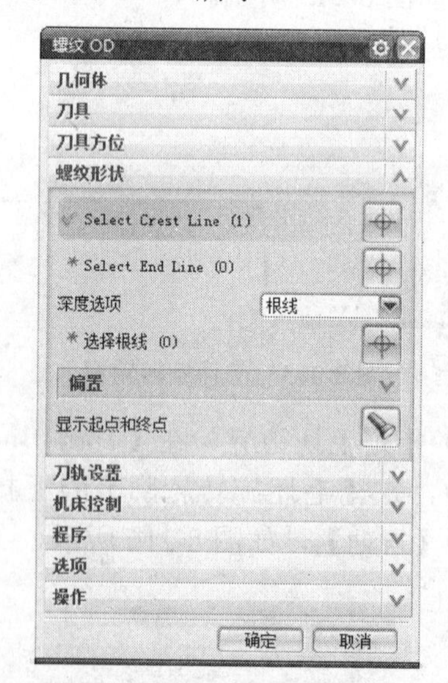

图 8-223 【螺纹 OD】对话框（三）

使用顶线、根线和起始/终止点来创建螺纹形状。单击【Select Crest Line】图标，选中部件中的顶线，如图 8-224 所示。

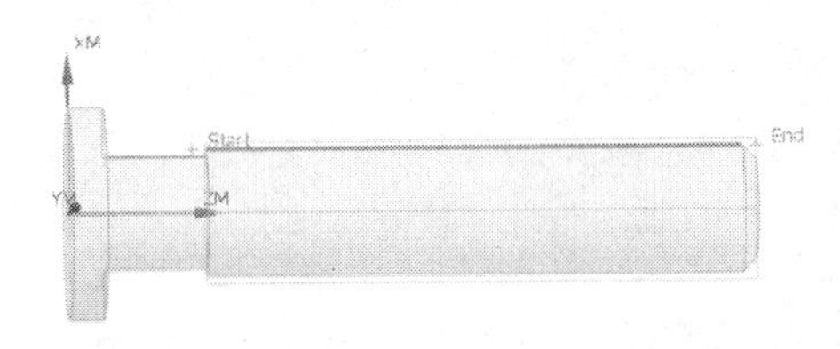

图 8-224　选择顶线

在【深度选项】的下拉菜单中选择【根线】，单击【选择根线】图标，选中部件中的根线，如图 8-225 所示。

图 8-225　选择根线

在【偏置】下，设置【起始偏置】为 2，【终止偏置】为 2，如图 8-226 所示。

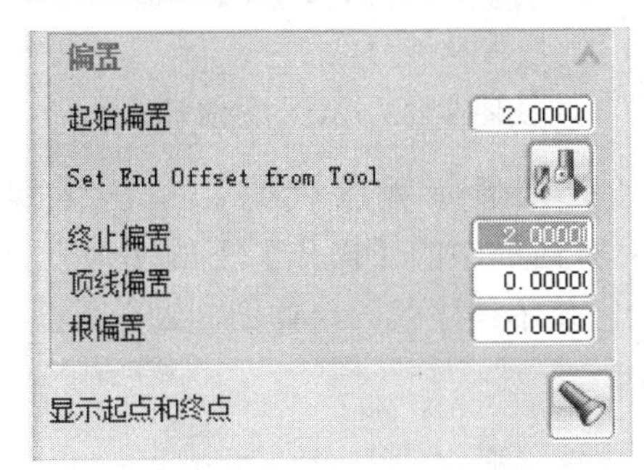

图 8-226　设置偏置距离

单击【显示起点和终点】图标，系统将显示螺纹切削的起点和终点位置，如图 8-227 所示。

图 8-227　切削区域的起点和终点位置

③ 刀轨设置。在【刀轨设置】下，在【方法】的下拉菜单中选择【LATHE_THREAD】，在【切削深度】的下拉菜单中选择【恒定】，【深度】设置为 0.4，【切削深度公差】设置为 0.002，【螺纹头数】设置为 1，如图 8-228 所示。

图 8-228　切削策略

④ 切削参数。单击【切削参数】图标，在【螺距】选项卡下，在【螺距选项】的下拉菜单中选择【螺距】，在【螺距变化】的下拉菜单中选择【恒定】，【距离】设置为 2.5，在【输出单位】的下拉菜单中选择【与输入相同】，如图 8-229 所示。

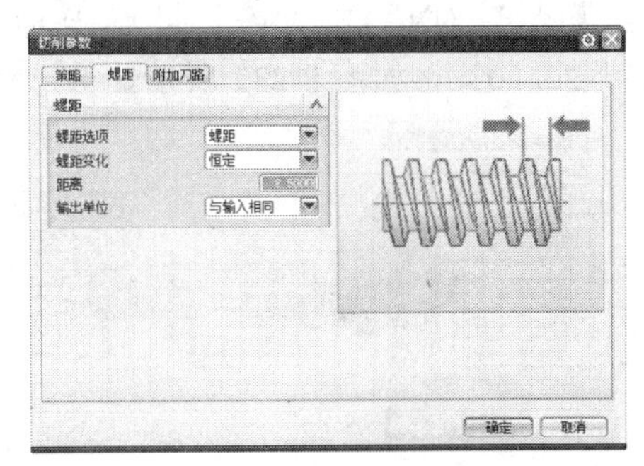

图 8-229　切削参数（一）

在【附加刀路】选项卡下，设置【刀路数】为 6，【增量】为 0.15，如图 8-230 所示。其余参数采用系统默认值，单击【确定】按钮，完成切削参数的设置。

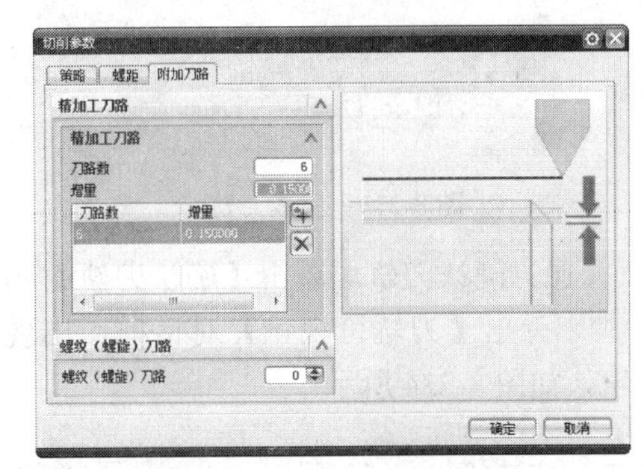

图 8-230　切削参数（二）

⑤ 非切削移动。单击【非切削移动】

图标，在【逼近】的选项卡下，在【出发点】的下拉菜单中选择【指定】，单击指定点图标，系统将自动弹出【点】对话框，定义起点坐标为（105，20，0），如图 8-231 所示。

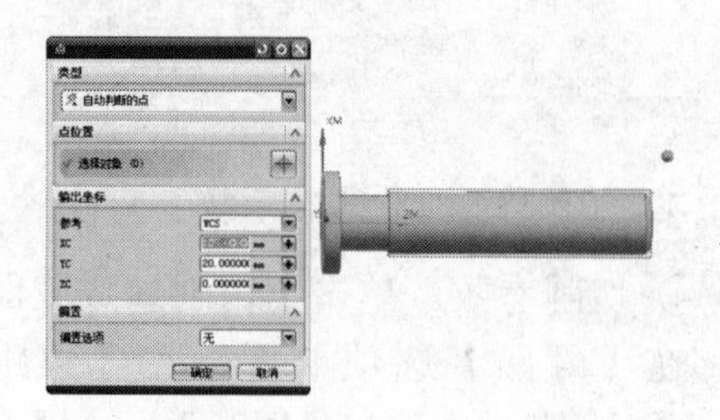

图 8-231　创建出发点

在【运动到起点】的下拉菜单中选择【直接】，单击指定点图标，系统将自动弹出【点】对话框，定义起点坐标为（105，20，0），如图 8-232 所示。

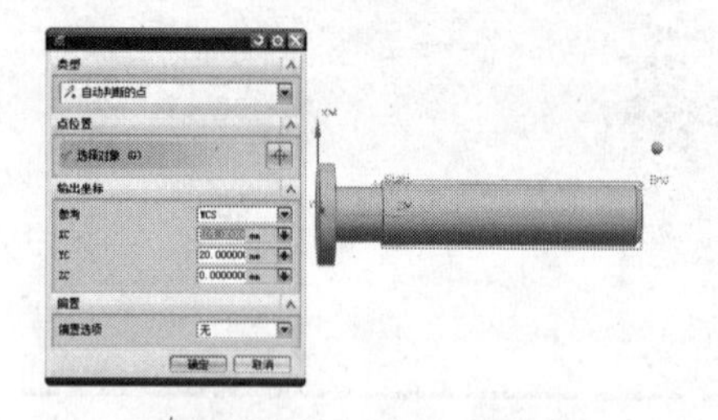

图 8-232　【点】对话框

（9）生成刀轨。单击【生成刀轨】图标，系统将自动生成刀轨，如图 8-233 所示。

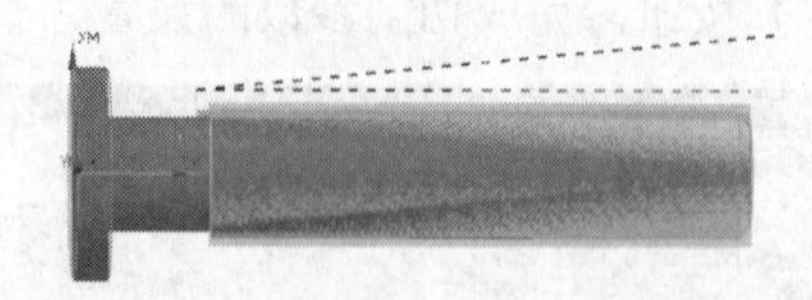

图 8-233　生成刀轨

（10）确认刀轨。单击【确认刀轨】图标，弹出【刀轨可视化】对话框，出现刀轨，如图 8-234 所示。

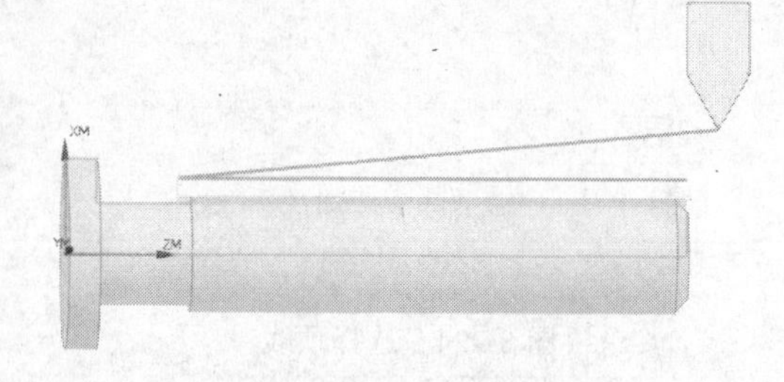

图 8-234　确认刀轨

（11）3D 效果图。单击【刀轨可视化】中的【3D 动态】，单击【播放】图标，可显示动画来演示刀轨，如图 8-235 所示。单击【确定】按钮完成加工工序。

图 8-235　3D 动态演示

（12）显示程序代码。单击【螺纹 OD】对话框中的【操作】下的【列表】图标，显示程序代码，如图 8-236 所示。

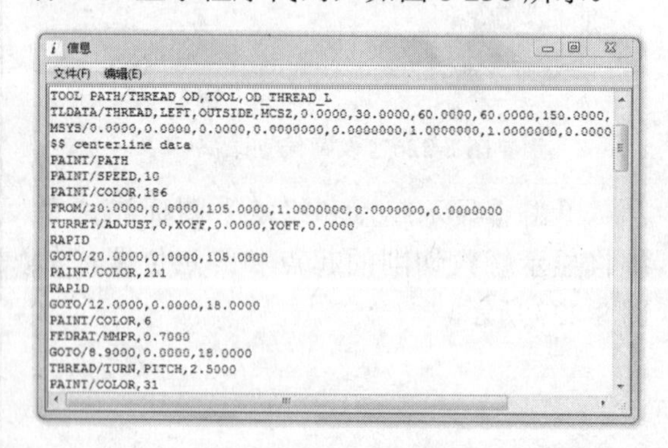

```
TOOL PATH/THREAD_OD,TOOL,OD_THREAD_L
TLDATA/THREAD,LEFT,OUTSIDE,MCS2,0.0000,30.0000,60.0000,60.0000,150.0000,
MSYS/0.0000,0.0000,0.0000,0.0000000,0.0000000,1.0000000,1.0000000,0.0000
$$ centerline data
PAINT/PATH
PAINT/SPEED,10
PAINT/COLOR,186
FROM/20.0000,0.0000,105.0000,1.0000000,0.0000000,0.0000000
TURRET/ADJUST,0,XOFF,0.0000,YOFF,0.0000
RAPID
GOTO/20.0000,0.0000,105.0000
PAINT/COLOR,211
RAPID
GOTO/12.0000,0.0000,18.0000
PAINT/COLOR,6
FEDRAT/MMPR,0.7000
GOTO/8.9000,0.0000,18.0000
THREAD/TURN,PITCH,2.5000
PAINT/COLOR,31
```

图 8-236　程序代码

（13）单击【确定】按钮，完成外螺纹的加工工序。

8.7　实例・练习——曲面轴车加工

分析零件。它是典型的车削加工工件。工件的图形如图 8-237 所示。该车削操作可以

分为 3 个操作完成。

（1）创建外圆粗车操作去除大量的材料。

（2）创建两级外圆槽操作。

（3）创建中心线孔操作。

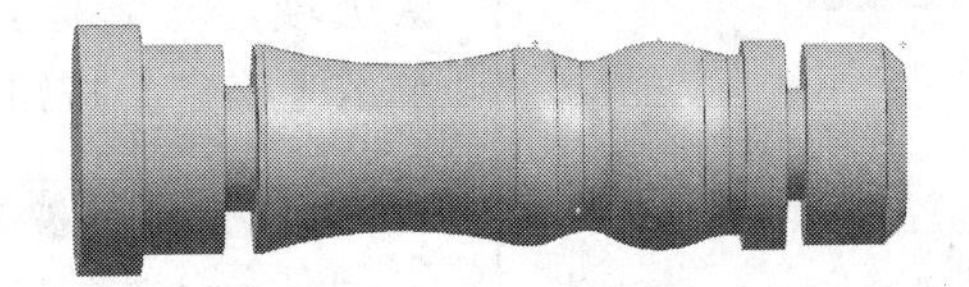

图 8-237　车削加工模型

思路·点拨

粗车外圆、车外圆槽和中心线孔的加工。创建该车削加工操作，可以分为 15 个步骤：（1）创建外圆车刀；（2）创建加工坐标系和安全平面；（3）创建车削边界——部件边界和毛坯边界；（4）创建粗车外圆工序；（5）指定切削区域、切削策略；（6）刀轨设置；（7）生成粗车外圆操作刀轨；（8）创建两把外圆槽车刀；（9）创建两级车外圆槽工序—创建切削区域；（10）设置切削参数；（11）生成两级车外圆槽操作刀轨；（12）创建钻刀；（13）创建中心线钻孔操作；（14）指定循环类型、起点和深度及进行刀轨设置；（15）生成中心线钻孔操作刀轨即可完成该零件的车削加工操作。

【光盘文件】

起始文件——参见附带光盘中的“MODEL\CH8\8-7.prt”文件。

结果文件——参见附带光盘中的“END\CH8\8-7.prt”文件。

动画演示——参见附带光盘中的“AVI\CH8\8-7.avi”文件。

【操作步骤】

（1）启动 UG NX 8。

打开光盘中的源文件“MODEL\CH8\8-7.prt”模型，单击【OK】按钮，如图 8-238 所示。

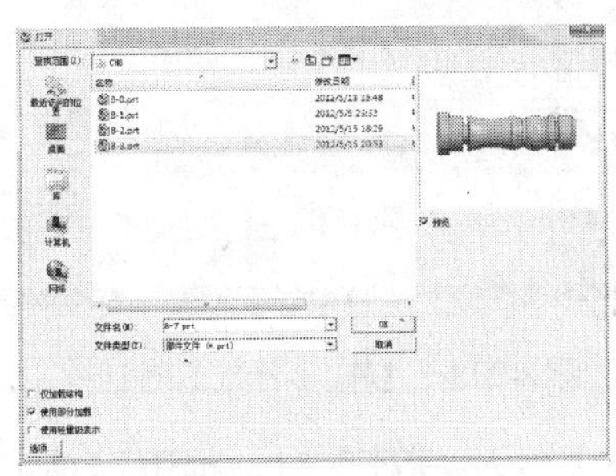

图 8-238　打开模型文件

（2）进入加工环境。单击【开始】—【加工】后出现 【加工环境】对话框（快捷键方式 Ctrl+Alt+M），在【CAM 会话配置】中选择【cam general】，在【要创建的 CAM 设置】中选择【turning】，如图 8-239 所示。单击【确定】按钮，进入车削加工环境。

（3）创建程序。单击【创建程序】图标，弹出【创建程序】对话框。【类型】选择【turning】，【名称】设置为【PROGRAM_ROUGH_TURN_OD】，其余选项采取默认参数，单击【确定】按钮，创建外圆车削粗加工程序，如图 8-240 所示。

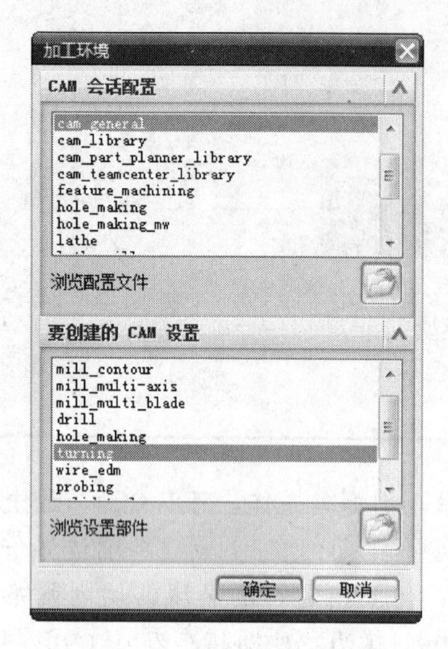

图 8-239 进入加工环境

图 8-240 【创建程序】对话框

在【工序导航器】-【程序顺序视图】中显示新建的程序，如图 8-241 所示。

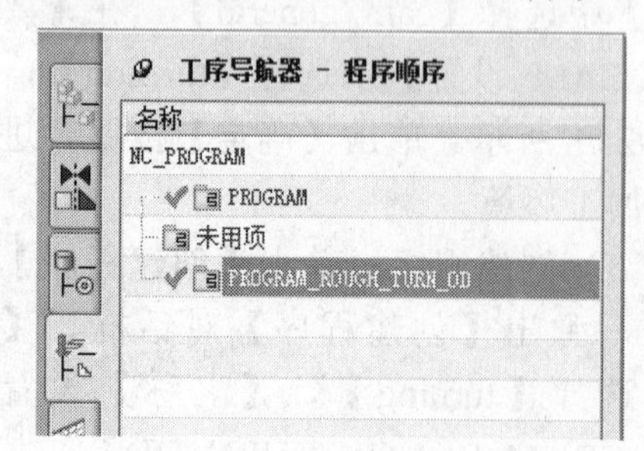

图 8-241 程序顺序视图

（4）创建刀具。单击【创建刀具】图标，弹出【创建刀具】对话框，【类型】选择【turning】，【刀具子类型】选择【OD_80_L】图标，【位置】选用默认选项，【名称】设置为【OD_80_L】，单击【确定】按钮，如图 8-242 所示。

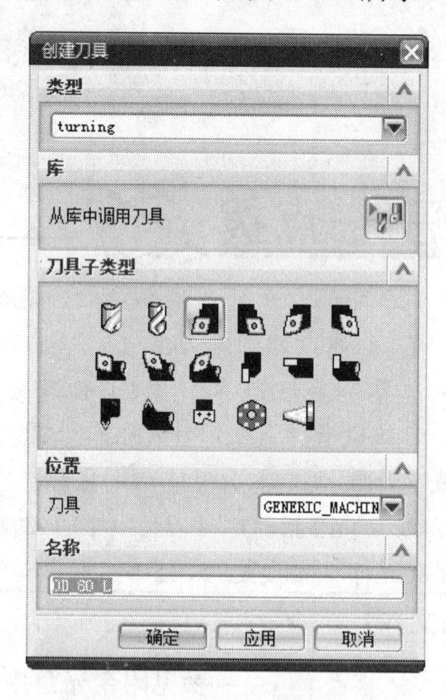

图 8-242 【创建刀具】对话框

单击【确定】按钮后，弹出【车刀-标准】对话框，如图 8-243 所示。

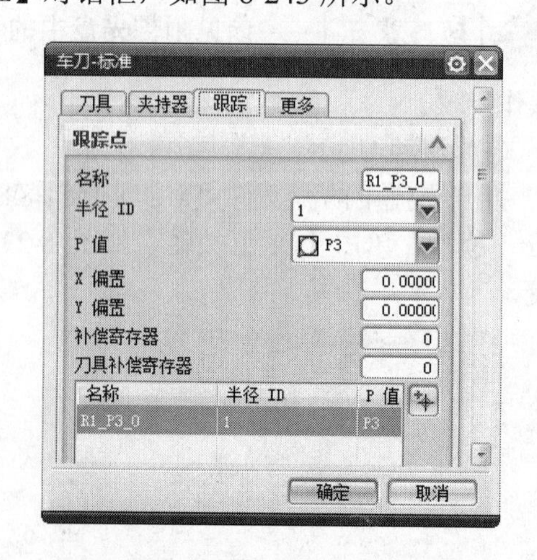

图 8-243 【车刀-标准】对话框

在【车刀-标准】对话框中，单击【刀

具】选项卡，设置外圆粗车车刀的参数，如图 8-244 所示。

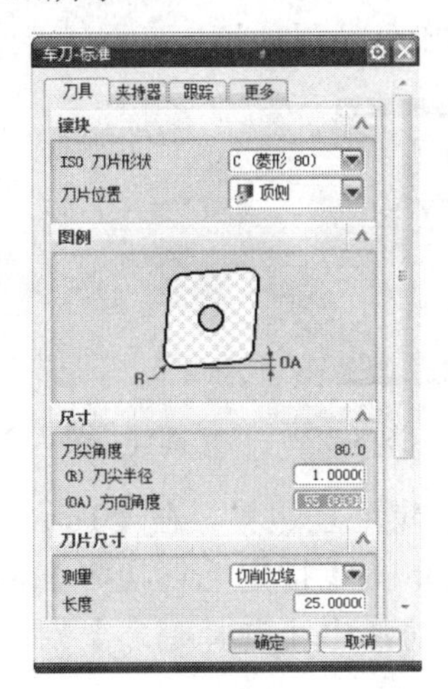

图 8-244　外圆车刀参数

单击【确定】按钮，完成刀具的创建。在【工序导航器-机床】中显示新建的【OD_80_L】刀具，如图 8-245 所示。

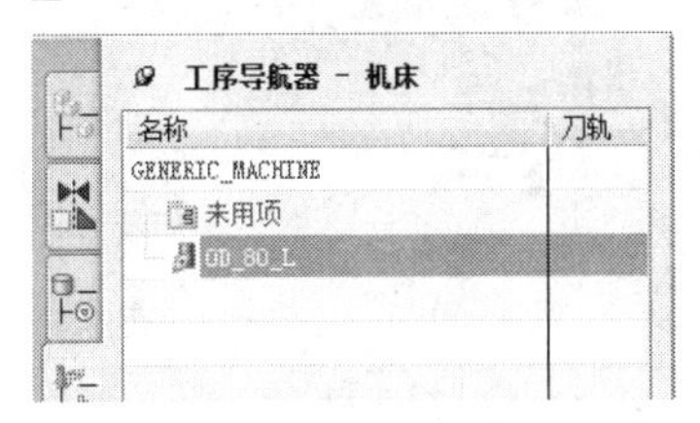

图 8-245　机床视图

（5）设置车削加工坐标系 MCS_MILL。双击【工序导航器-几何】中的【MCS_SPINDLE】图标 MCS_SPINDLE ，系统将自动弹出【Turn Orient】对话框，如图 8-246 所示。

图 8-246　【Turn Orient】对话框

单击【指定 MCS】中的【CSYS】图标，系统将自动弹出【CSYS】对话框，如图 8-247 所示。

图 8-247　【CSYS】对话框

① 选择原点。单击【指定点】图标，系统将自动弹出【点】对话框，如图 8-248 所示。

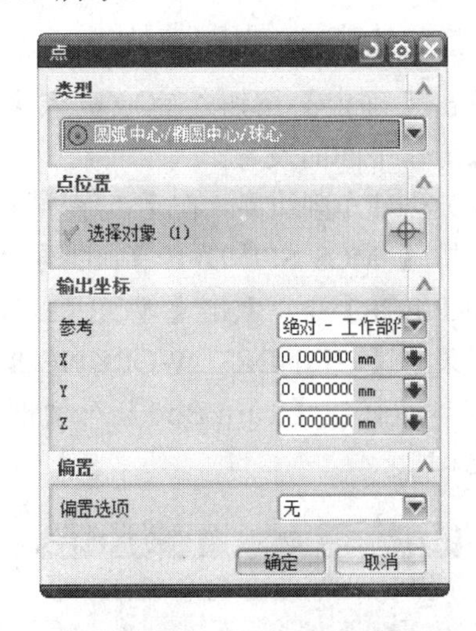

图 8-248　【点】对话框

选中图中所示的圆心作为机床坐标系的原点位置，如图 8-249 所示。单击【确定】按钮，完成机床坐标系的设置。

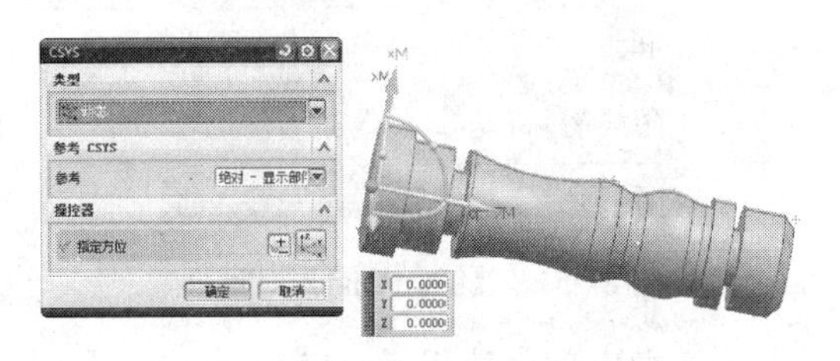

图 8-249　选择原点

② 创建车床工作平面。在【Turn Orient】对话框中，在【车床工作平面】下的【指定平面】的下拉菜单中选择【ZM-XM】，单击【确定】按钮，完成机床工作平面的设置，如图 8-250 所示。

图 8-250　机床工作平面

单击【确定】按钮，完成机床坐标系和机床工作平面的设置。

（6）创建车削边界。在【工序导航器-几何】中【MCS_SPINDLE】的子菜单【WORKPIECE】下，双击【WORKPIECE】下的子菜单【TURNING_ WORKPIECE】，系统将自动弹出【Turn Bnd】对话框，如图 8-251 所示。

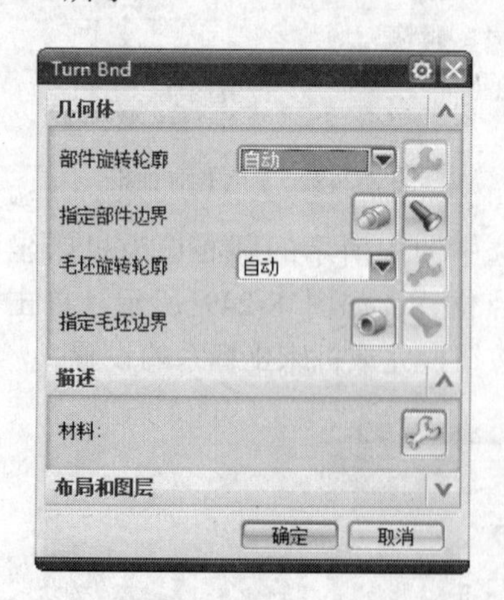

图 8-251　【Turn Bnd】对话框

① 指定部件边界。在【Turn Bnd】对话框中，在【部件旋转轮廓】的下拉菜单中选择【自动】，系统将自动计算部件的边界，如图 8-252 所示。单击【确定】按钮，完成部件边界的指定。

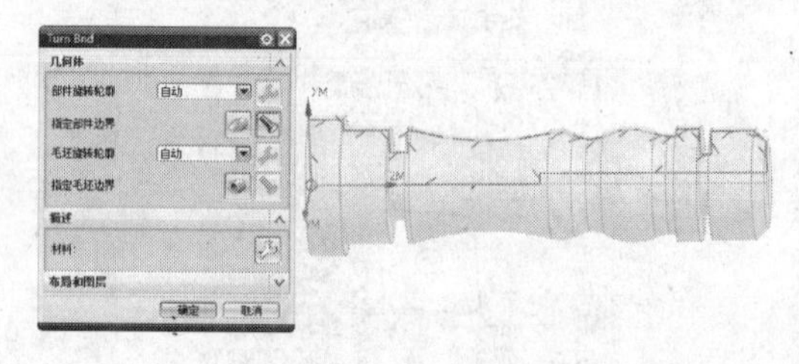

图 8-252　指定部件边界

② 指定毛坯边界。在【Turn Bnd】对话框中，单击【指定毛坯边界】图标，系统将自动弹出【选择毛坯】对话框，如图 8-253 所示。

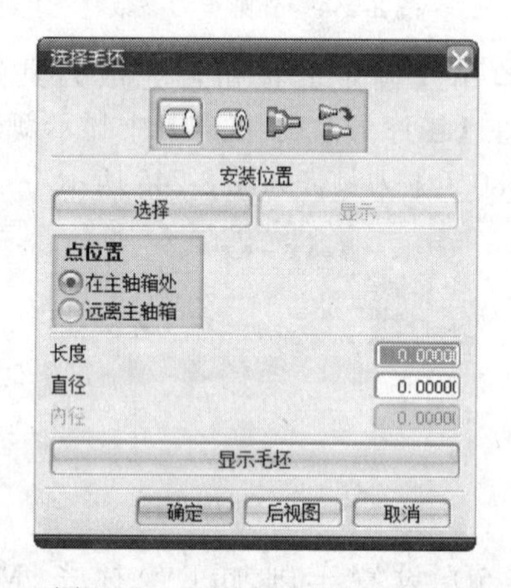

图 8-253　【选择毛坯】对话框

单击【安装位置】下的【选择】按钮，系统将自动弹出毛坯几何体的生成位置起始点对话框，选择机床坐标系原点为毛坯几何体的起始点，如图 8-254 所示。

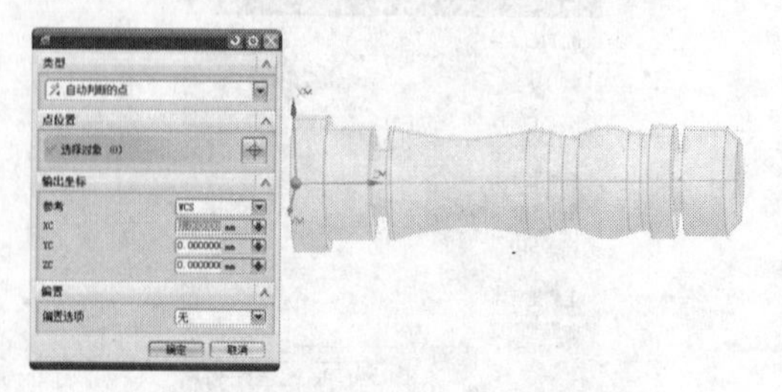

图 8-254　选择毛坯几何体的起始点

在毛坯类型下选择【棒料】图标，

在【点位置】下选择【在主轴箱处】，【长度】设置为 200，【直径】设置为 60，如图 8-255 所示。单击【确定】按钮，完成毛坯边界的指定。

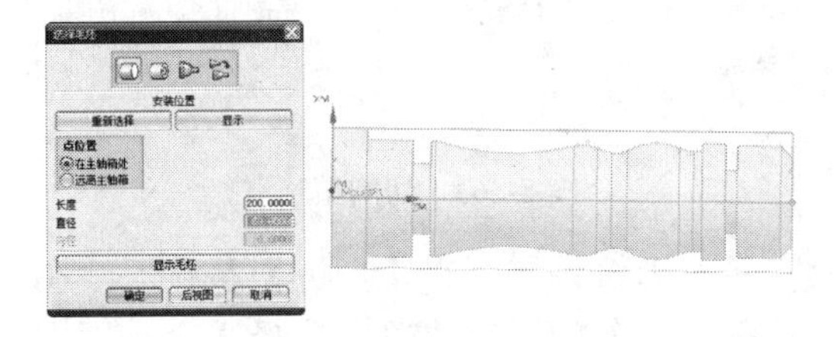

图 8-255　毛坯边界的指定

（7）创建车削加工工序。单击【创建工序】图标，弹出【创建工序】对话框，在【类型】下拉菜单中选择【turning】，在【工序子类型】中选择【ROUGH_TURN_OD】图标，【程序】选择【PROGRAM_ROUGH_TURN_OD】，【刀具】选择【OD_80_L（车刀-标准）】，【几何体】选择【TURNING_WORKPIECE】，【方法】采用【LATHE_ROUGH】，【名称】设置为【ROUGH_TURN_OD】，如图 8-256 所示。

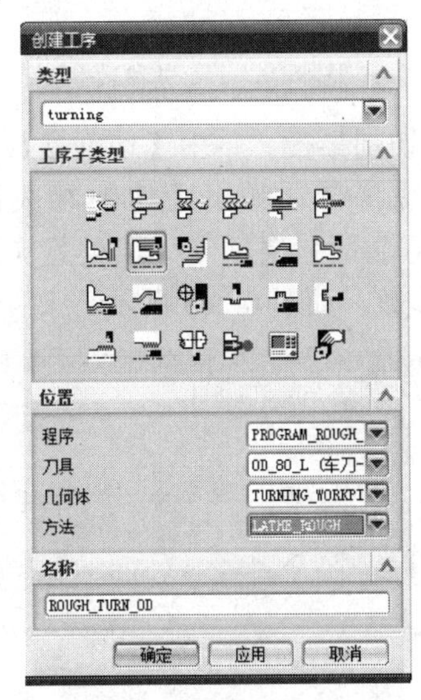

图 8-256　【创建工序】对话框

单击【确定】按钮，系统将自动弹出【粗车 OD】对话框，如图 8-257 所示。

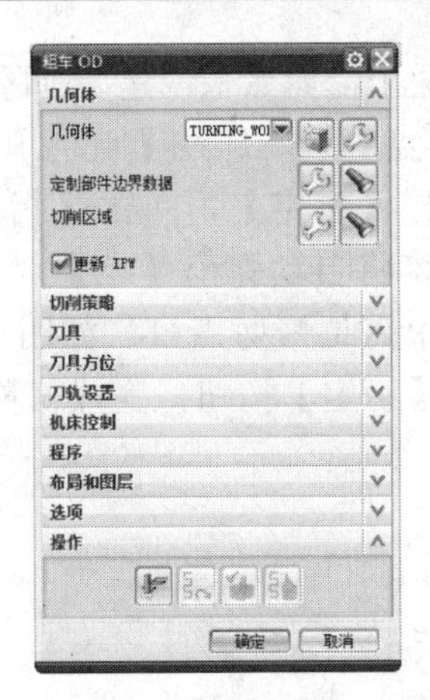

图 8-257　【粗车 OD】对话框

① 在【几何体】的下拉菜单中选择【TURNING_WORKPIECE】，继承前面设置的部件几何体和毛坯几何体，如图 8-258 所示。

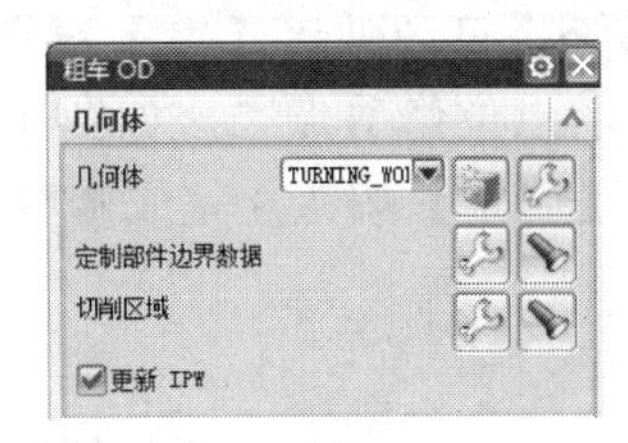

图 8-258　继承几何体

② 切削区域。单击【切削区域】的【编辑】图标，系统将自动弹出【切削区域】对话框，如图 8-259 所示。

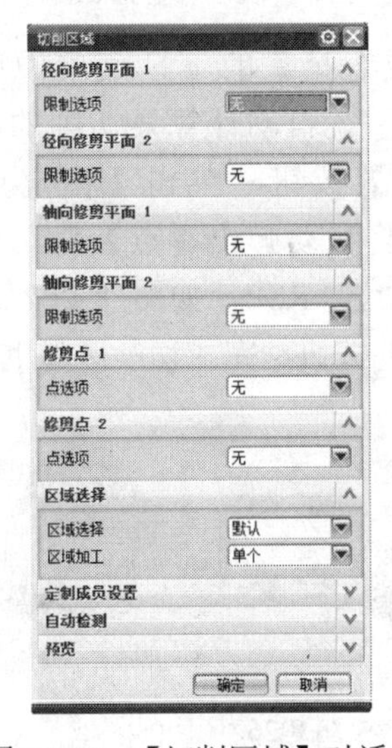

图 8-259　【切削区域】对话框

使用两个修剪点来创建切削区域。

【修剪点 1】下，在【点选项】的下拉菜单中选择【指定】，单击【指定点】图标，系统将自动弹出【点】对话框，选中如图所示点位修剪点 1，如图 8-260 所示。单击【确定】按钮，完成修剪点 1 的选择。

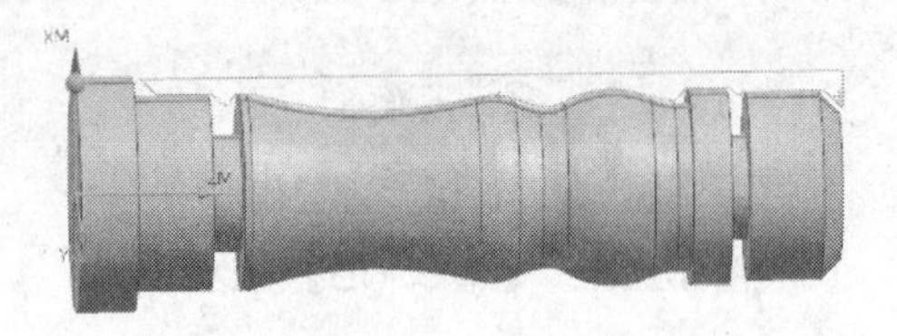

图 8-260　修剪点 1

【修剪点 2】下，在【点选项】的下拉菜单中选择【指定】，单击【指定点】图标，系统将自动弹出【点】对话框，选中如图所示点位修剪点 2，如图 8-261 所示。单击【确定】按钮，完成修剪点 2 的选择。

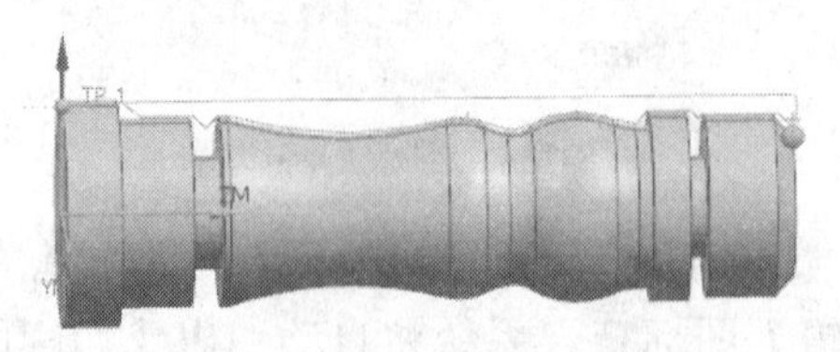

图 8-261　修剪点 2

【区域选择】的下拉菜单中选择【指定】，由系统自动计算要切削的区域，单击【确定】按钮，单击【指定点】图标，系统将自动弹出【点】对话框，选中如图所示点位 RSP，如图 8-262 所示。单击【确定】按钮，完成切削区域的指定。

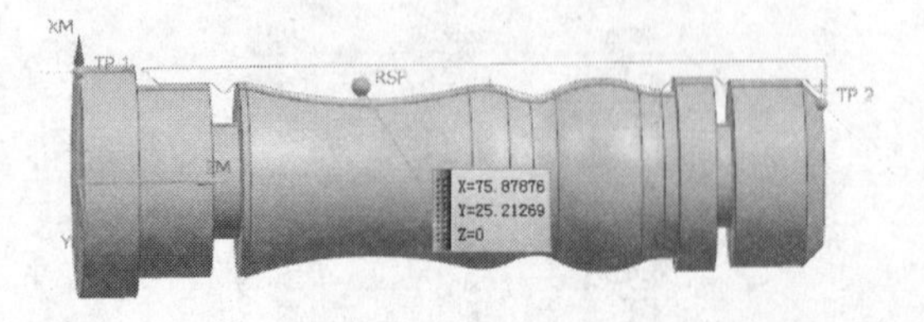

图 8-262　切削区域

③ 切削策略。在【策略】的下拉菜单下选择【线性往复切削】，如图 8-263 所示。

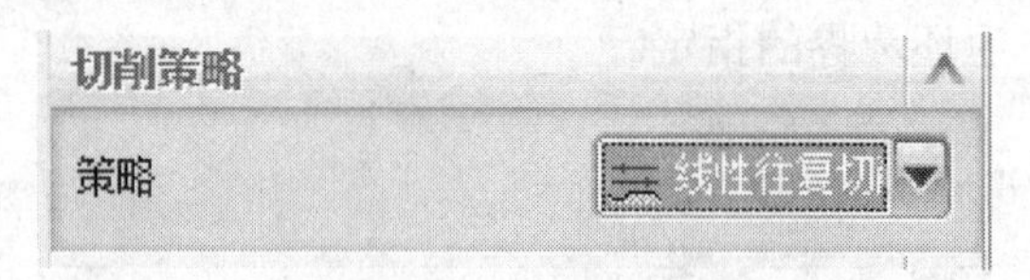

图 8-263　切削策略

④ 刀轨设置。在【步进】参数下，在【切削深度】的下拉菜单中选择【变量平均值】，设置最大值为 4，最小值为 0；在【变换模式】的下拉菜单中选择【根据层】，在【清理】的下拉菜单中选择【全部】，如图 8-264 所示，其余参数采用系统默认值。

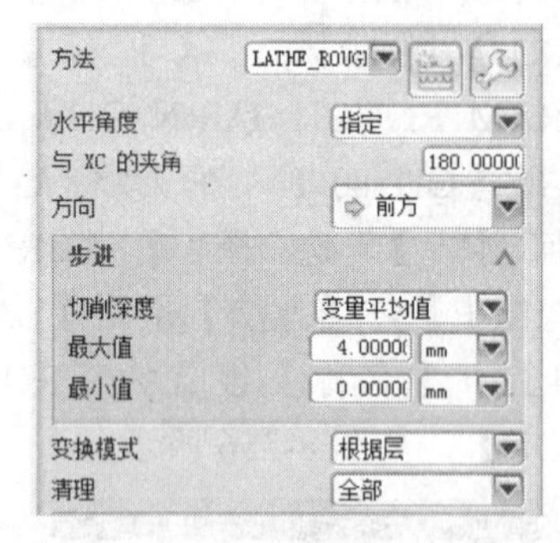

图 8-264　步进参数

⑤ 切削参数。单击【切削参数】图标，系统将自动弹出【切削参数】对话框，在【余量】选项卡下，设置【粗加工余量】参数，如图 8-265 所示。

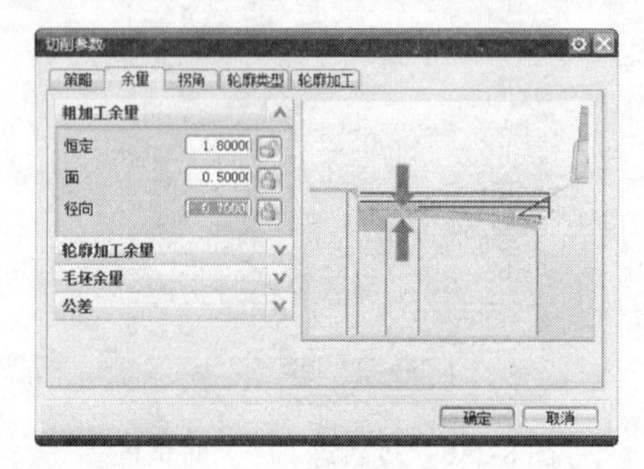

图 8-265　余量参数

在【轮廓类型】选项卡下，设置【轮

廓类型】的参数，如图 8-266 所示。其余参数采用系统默认值，单击【确定】按钮，完成切削参数的设置。

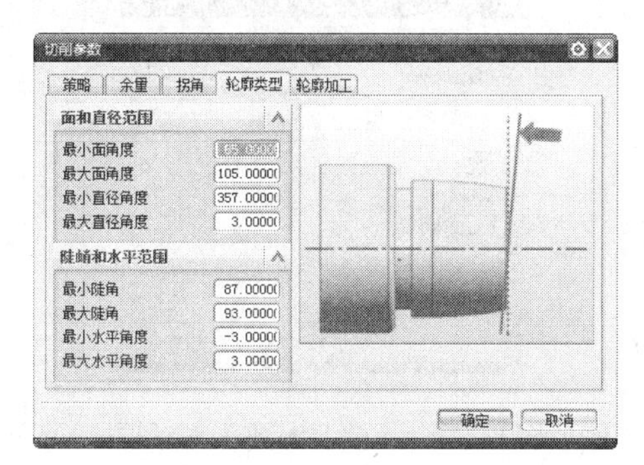

图 8-266 轮廓类型参数

⑥ 非切削移动。单击【非切削移动】图标，系统将自动弹出【非切削移动】对话框，在【逼近】的选项卡下，在【出发点】的下拉菜单中选择【指定】，单击【指定点】图标，系统将自动弹出【点】对话框，定义起点坐标为（210，40，0），如图 8-267 所示。

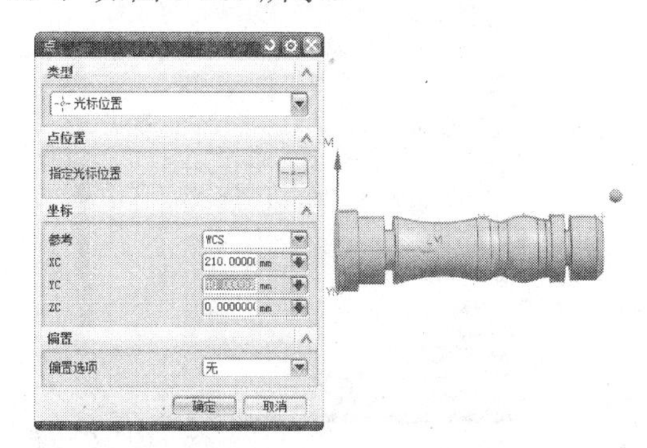

图 8-267 创建出发点

在【运动到起点】的下拉菜单中选择【径向->轴向】，单击【指定点】图标，系统将自动弹出【点】对话框，定义起点坐标为（210，40，0），如图 8-268 所示。其余参数采用系统默认值，单击【确定】按钮，完成非切削移动的设置。

（8）生成刀轨。单击【生成刀轨】图标，系统自动生成刀轨，如图 8-269 所示。

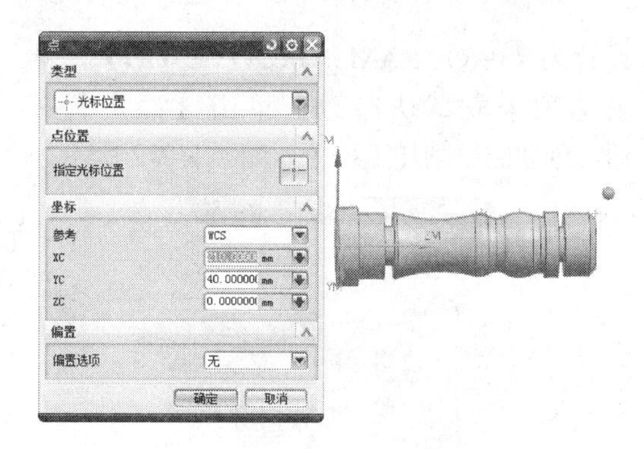

图 8-268 创建起点

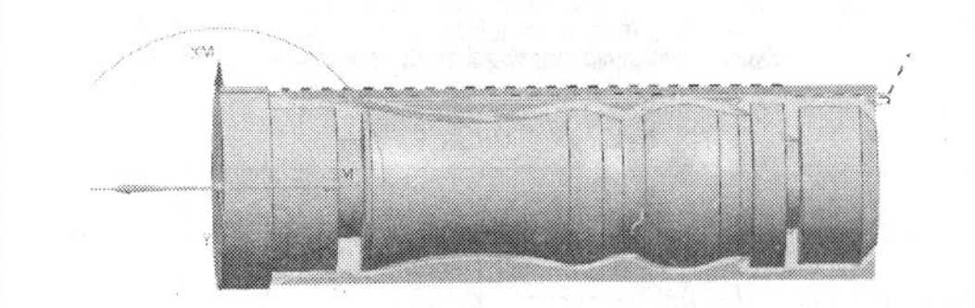

图 8-269 生成刀轨

（9）确认刀轨。单击【确认刀轨】图标，弹出【刀轨可视化】对话框，出现刀轨，如图 8-270 所示。

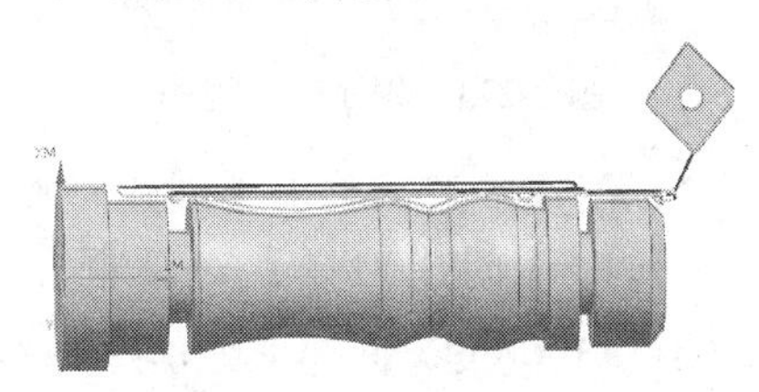

图 8-270 确认刀轨

（10）3D 效果图。单击【刀轨可视化】中的【3D 动态】，单击【播放】图标，可显示动画演示刀轨，如图 8-271 所示。

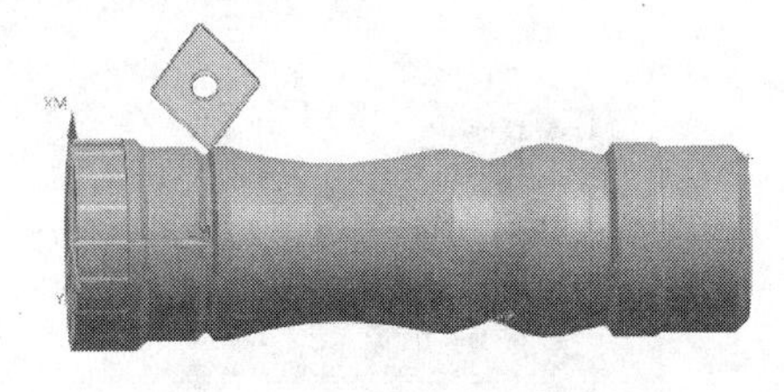

图 8-271 3D 动态演示

（11）创建外圆槽车削程序。单击【创建程序】图标，弹出【创建程序】对话框。【类型】选择【turning】，【名称】

设置为【PROGRAM_ GROOVE_OD】，其余选项采取默认参数，单击【确定】按钮，创建面车削加工程序，如图8-272所示。

图8-272 创建程序

在【工序导航器-程序顺序】中显示新建的程序，如图8-273所示。

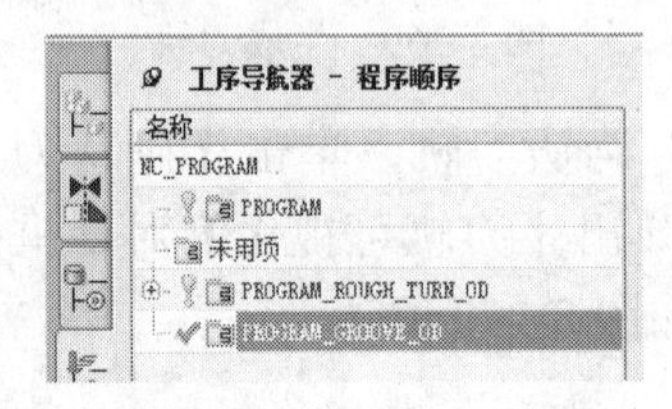

图8-273 程序顺序视图

（12）创建槽刀。单击【创建刀具】图标，弹出【创建刀具】对话框，【类型】选择【turning】，【刀具子类型】选择【OD_GROOVE_L】图标，【位置】选用默认选项，【名称】设置为【OD_GROOVE_L】，单击【确定】按钮，如图8-274所示。

图8-274 创建刀具

单击【确定】按钮后，弹出【槽刀-标准】对话框，如图8-275所示。

图8-275 【槽刀-标准】对话框

在【槽刀-标准】对话框中，单击【刀具】选项卡，设置外圆槽刀的参数，如图8-276所示。

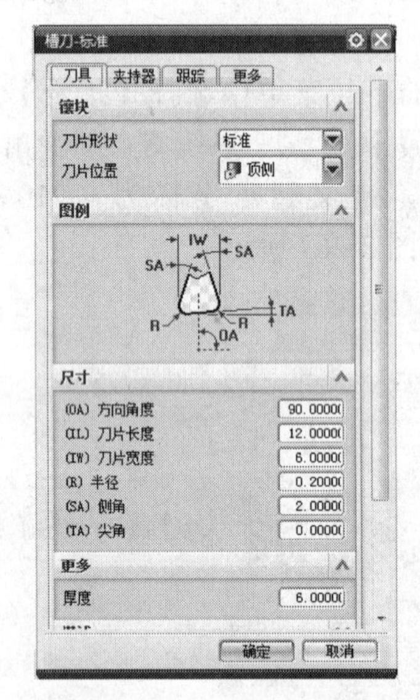

图8-276 外圆槽刀参数

单击【确定】按钮，完成刀具的创建。在【工序导航器-机床】中显示新建的【OD_GROOVE_L】刀具，如图8-277所示。

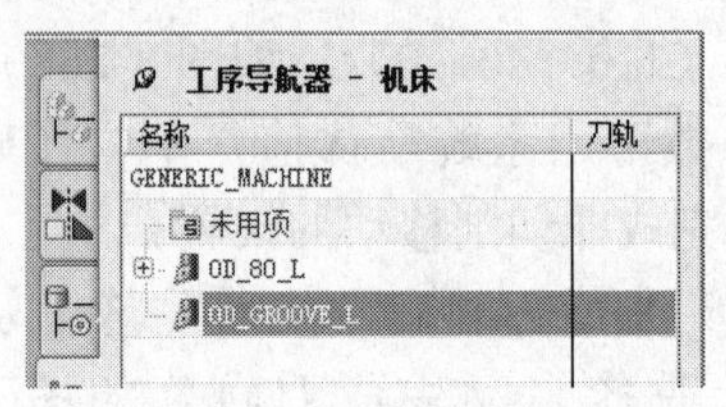

图8-277 机床视图

（13）创建槽车削工序。单击【创建工序】图标，弹出【创建工序】对话框，【类型】选择【turning】，【工序子类型】选择【GROOVE_OD】图标，在【程序】的下拉菜单中选择【PROGRAM_GROOVE_OD】，在【刀具】的下拉菜单中选择【OD_GROOVE_L（槽刀-标准）】，在【几何体】的下拉菜单中选择【TURNING_ WORKPIECE】，在【方法】的下拉菜单中选择【LATHE_GROOVE】，【名称】设置为【GROOVE_OD】，单击【确定】按钮，如图 8-278 所示。

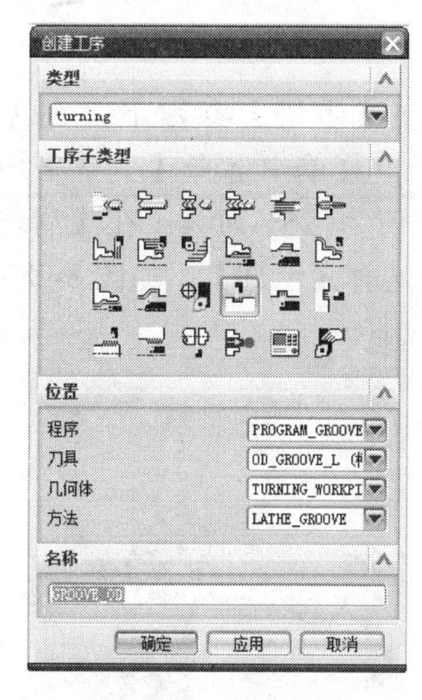

图 8-278　创建工序

单击【确定】按钮，系统将自动弹出【在外径开槽】对话框，如图 8-279 所示。

图 8-279　【在外径开槽】对话框

① 在【几何体】的下拉菜单中选择【TURNING_WORKPIECE】，继承前面设置的部件几何体和毛坯几何体，如图 8-280 所示。

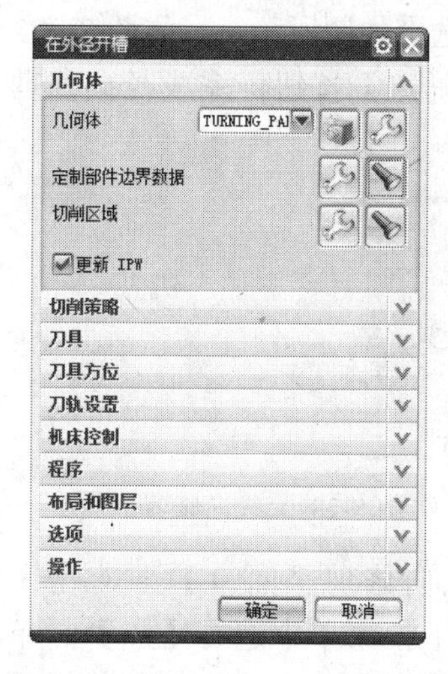

图 8-280　继承几何体

② 切削区域。单击【切削区域】的【编辑】图标，系统将自动弹出【切削区域】对话框，如图 8-281 所示。

使用一个径向修剪平面和两个轴向修剪平面来创建车外圆槽的切削区域。

图 8-281　【切削区域】对话框

【径向修剪平面 1】下，在【限制选项】的下拉菜单中选择【点】，单击【指定点】图标，系统将自动弹出【点】对话框，选中如图所示点，如图 8-282 所示。单击【确定】按钮，完成径向修剪平面 1 的选择。

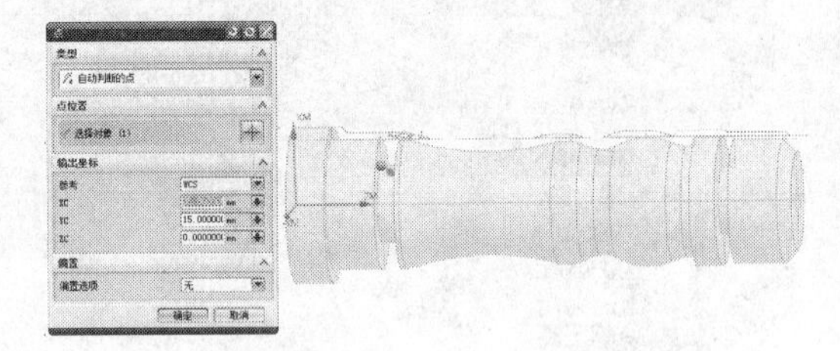

图 8-282 径向修剪平面 1

【轴向修剪平面 1】下，在【限制选项】的下拉菜单中选择【点】，单击【指定点】图标，系统将自动弹出【点】对话框，选中如图所示点，如图 8-283 所示。单击【确定】按钮，完成轴向修剪平面 1 的选择。

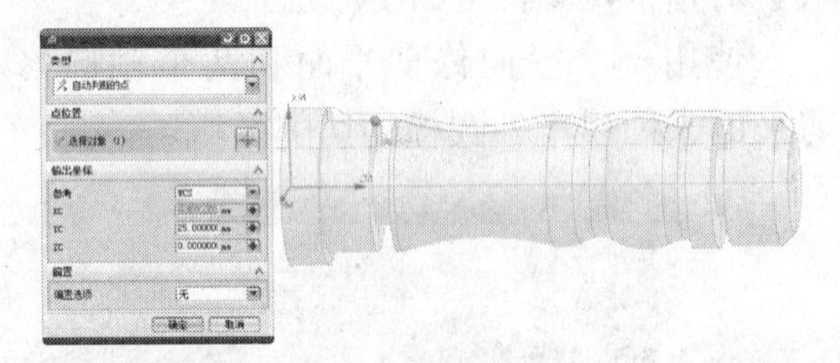

图 8-283 轴向修剪平面 1

【轴向修剪平面 2】下，在【限制选项】的下拉菜单中选择【点】，单击【指定点】图标，系统将自动弹出【点】对话框，选中如图所示点，如图 8-284 所示。单击【确定】按钮，完成轴向修剪平面 2 的选择。

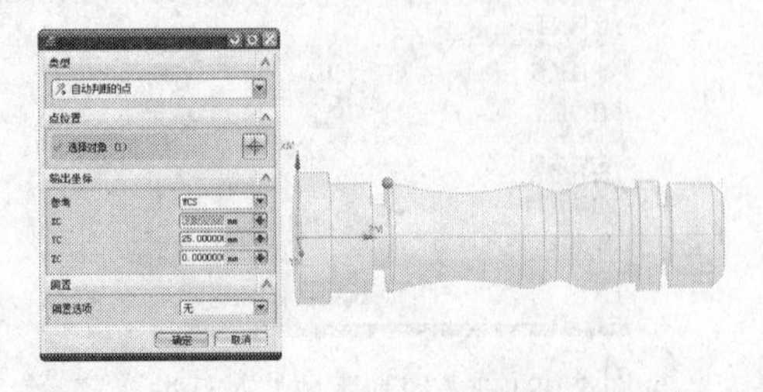

图 8-284 轴向修剪平面 2

单击【确定】按钮，完成了切削区域的指定，如图 8-285 所示。

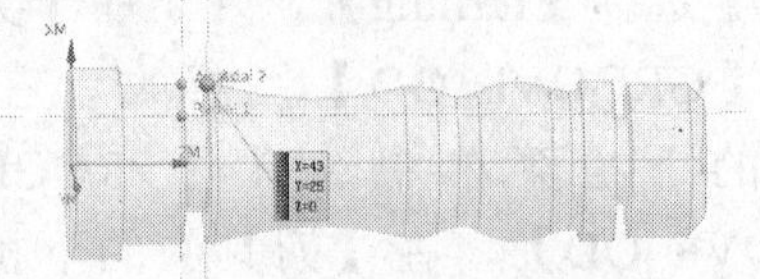

图 8-285 切削区域

③ 切削策略。在【策略】的下拉菜单中选择【交替插削】，如图 8-286 所示。

图 8-286 切削策略

④ 在【步进】参数下，在【切削深度】的下拉菜单中选择【变量平均值】，设置最大值为 25%刀具；在【清理】的下拉菜单中选择【全部】，如图 8-287 所示。

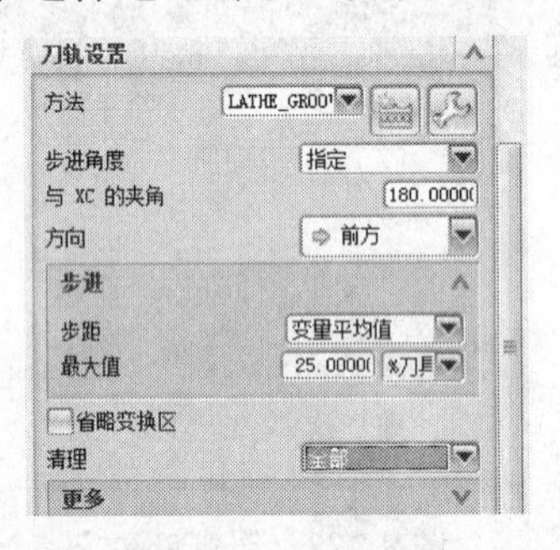

图 8-287 刀轨设置

⑤ 切削参数。单击【切削参数】图标，系统将自动弹出【切削参数】对话框，如图 8-288 所示。

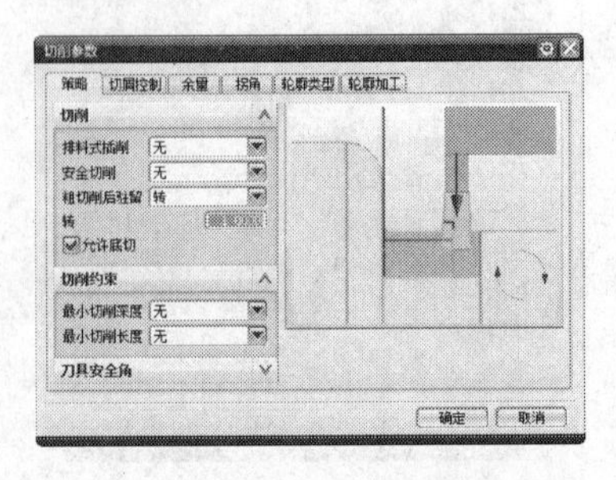

图 8-288 切削参数

在【拐角】选项卡下，在【常规拐

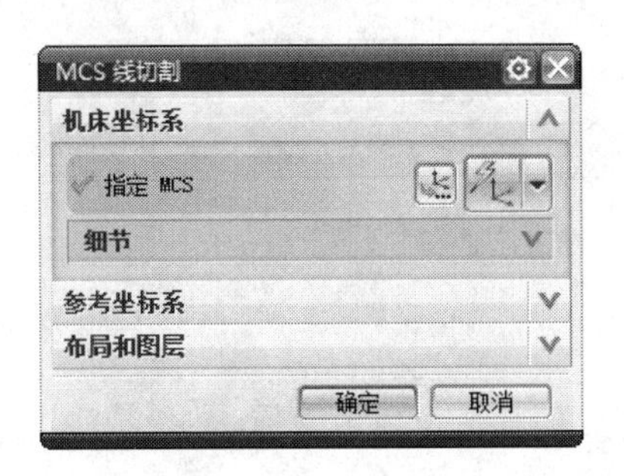

图 9-6　创建加工坐标系

单击【指定 MCS】图标，系统将自动弹出【CSYS】对话框，在【类型】的下拉菜单中选择【绝对 CSYS】作为机床坐标系，如图 9-7 所示。

图 9-7　加工坐标系

单击【确定】按钮，完成机床坐标系的指定。

（5）创建线切割加工几何体。单击【创建几何体】图标，系统将自动弹出【创建几何体】对话框，在【几何体子类型】中选择【顺序外部修剪】图标，如图 9-8 所示。名称设置为【SEQUENCE_EXTERNAL_TRIM】，单击【确定】按钮，系统将自动弹出【顺序外部修剪】对话框，如图 9-9 所示。

图 9-8　创建线切割几何体

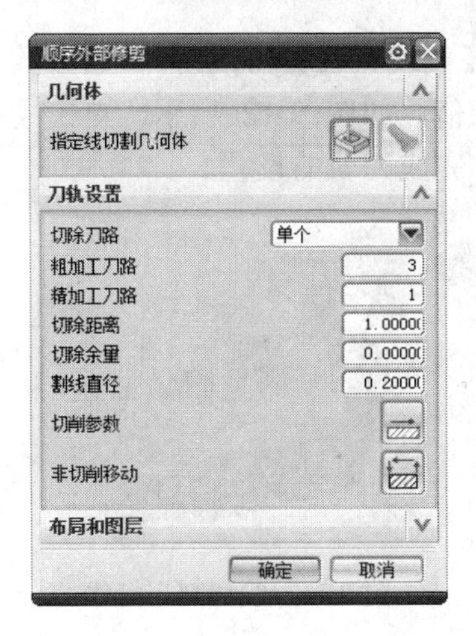

图 9-9　顺序外部修剪

① 几何体设置。在【几何体】下，单击【指定线切割几何体】图标，系统将自动弹出【线切割几何体】对话框，如图 9-10 所示。

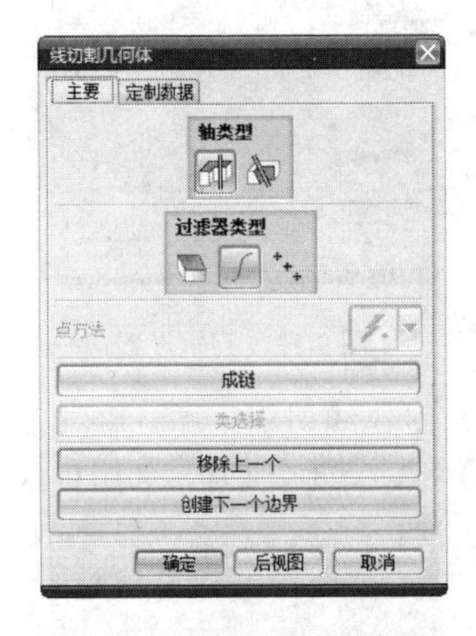

图 9-10　创建线切割几何体

在【轴类型】下选择【2 轴】加工的图标，在【过滤器类型】下选择【曲线边界】图标，选择图中的曲线作为边界，如图 9-11 所示。其余参数采用系统默认值，单击【确定】按钮，完成线切割几何体的选择。

② 刀轨设置。在【切除刀路】的下拉菜单中选择【单个】，【粗加工刀路】数量设置为 3，【精加工刀路】数量设置为 1，【切除距离】设置为 1.5，【切除余量】设置

为 0，【割线直径】为 0.2，其余参数采用系统默认值，如图 9-12 所示。单击【确定】按钮，完成刀轨的设置。

图 9-11　线切割几何体

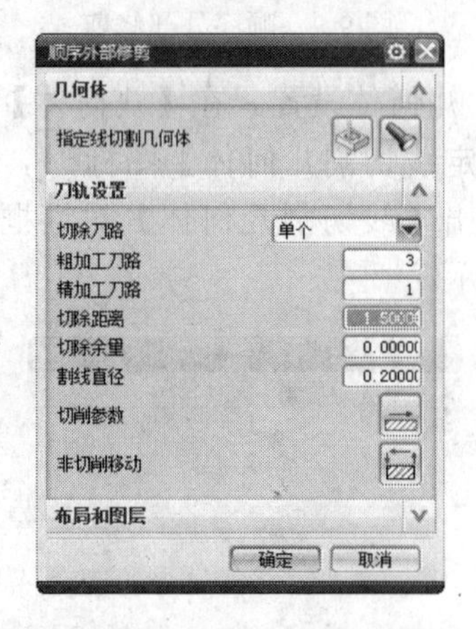

图 9-12　刀轨设置

（6）创建线切割工序。在【工序导航器-几何】下，有 3 个工序，如图 9-13 所示。

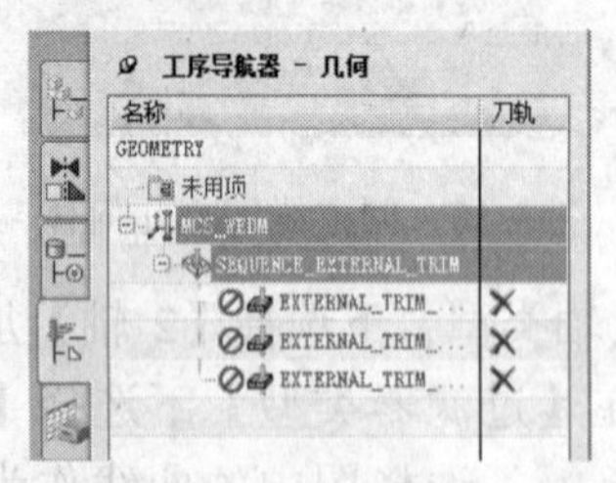

图 9-13　创建工序

① 双击第一个工序【EXTERNAL_TRIM_ROUGH】，系统将自动弹出【External Trim Rough】对话框，如图 9-14 所示。其余参数采用系统默认值，单击【生成刀轨】图标，系统将自动生成粗加工的刀轨，如图 9-15 所示。

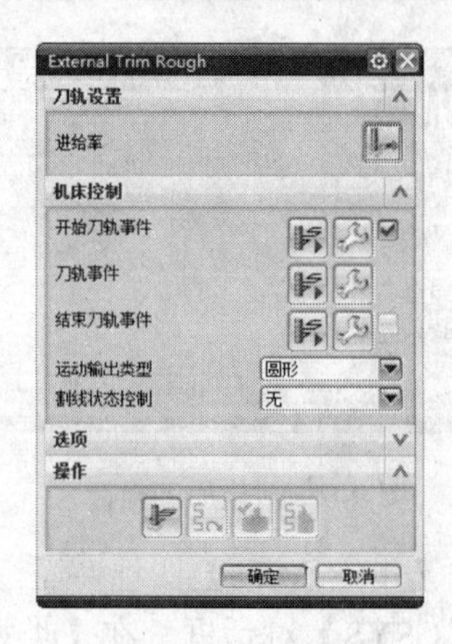

图 9-14　粗加工

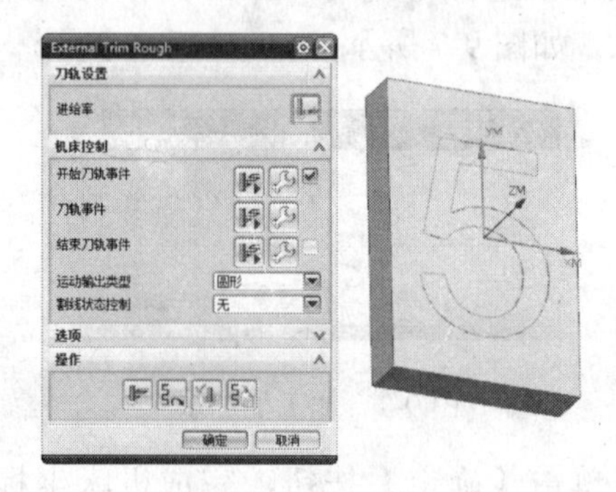

图 9-15　生成刀轨

单击【确认刀轨】图标，系统将自动弹出【刀轨可视化】对话框，如图 9-16 所示。

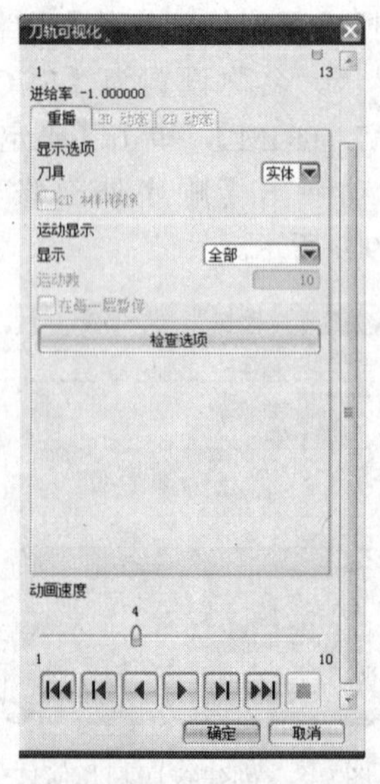

图 9-16　确认刀轨

单击【播放】图标，可以显示刀轨运动的动画演示。单击【确定】按钮，完成【EXTERNAL_TRIM_ROUGH】的程序。

② 双击第二个工序【EXTERNAL_TRIM_CUTOFF】，系统将自动弹出【External Trim Cutoff】对话框，如图 9-17 所示。其余参数采用系统默认值，单击【生成刀轨】图标，系统将自动生成切断加工的刀轨，如图 9-18 所示。单击【确定】按钮，确认生成的刀轨。单击【确定】按钮，完成【EXTERNAL_TRIM_CUTOFF】的程序。

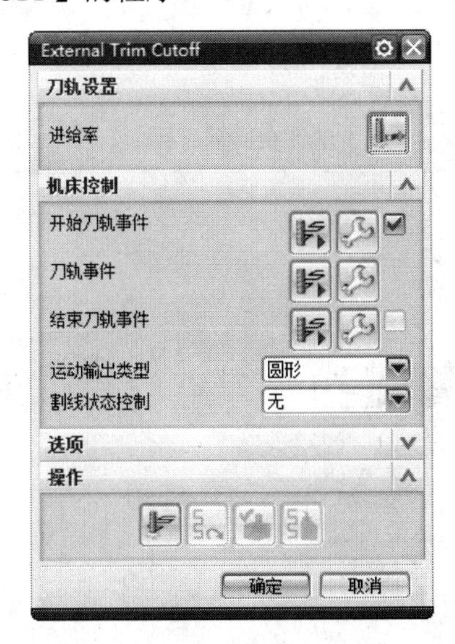

图 9-17 切断

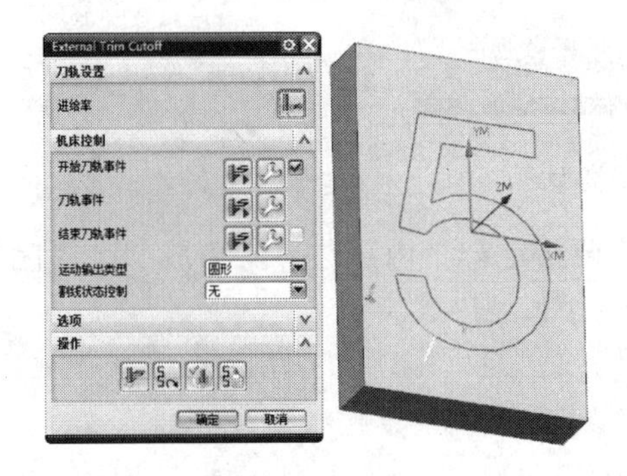

图 9-18 生成刀轨

③ 双击第三个工序【EXTERNAL_TRIM_FINISH】，系统将自动弹出【External Trim Finish】对话框，如图 9-19 所示。其余参数采用系统默认值，单击【生成刀轨】图标，系统将自动生成精加工的刀轨，如图 9-20 所示。单击【确定】按钮，确认生成的刀轨。单击【确定】按钮，完成【EXTERNAL_TRIM_ FINISH】的程序。

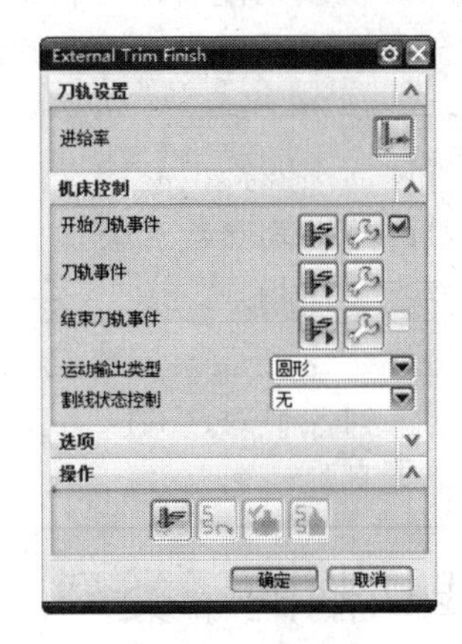

图 9-19 精加工

图 9-20 生成刀轨

④ 在【工序导航器】-【几何视图】下，用户可以检查程序的完成情况，如图 9-21 所示。

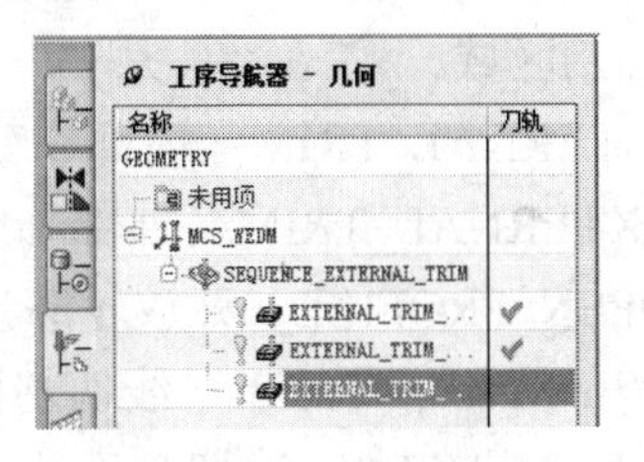

图 9-21 完成工序

9.2 线切割概述

在 UG CAM 加工模块中，线切割操作为 2 轴、4 轴的线切割机床的编程提供了一个完整的解决方案。线切割操作可以进行各种线操作，包括多程压型、线逆向和区域去除等操作。

UG CAM 的线切割有以下特征。

- 完全支持线框和实体模型的使用。
- 支持 2 轴和 4 轴的线切割操作。
- 允许建立不同类型的线操作，如单个和多个轮廓，反向和无芯型腔切割。
- 提供在线切割参数和被加工的 UG 模型之间的相关性。
- 支持拐角控制。
- 通过用于定义或编辑轨迹起始和轨迹终止的后置命令及指定后置命令或加工工艺控制数据到各个刀路的能力。
- 提供刀具补偿参数。

9.3 线切割的子类型

线切割的加工子类型有 6 种，如图 9-22 所示。

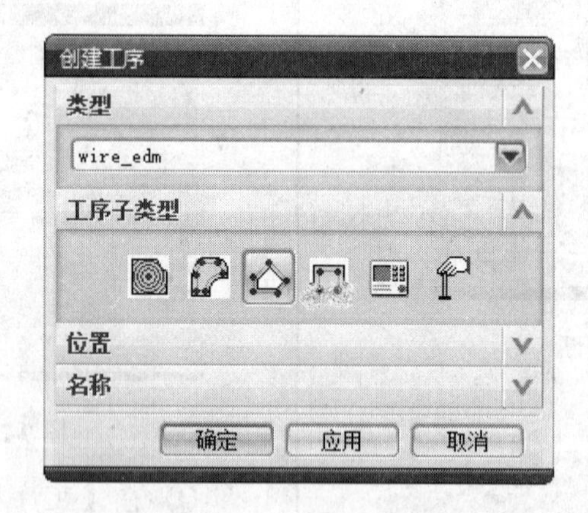

图 9-22 线切割子类型

- NOCORE（无芯）：无芯线切割操作，需要指定一个内部边界，形成一个封闭的切割区域。
- INTERNAL_TRIM（内部修剪）：在内部修剪。
- EXTERNAL_TRIM（外部修剪）：在外部修剪。
- OPEN_PROFILE（开放轮廓）：开放轮廓的修剪。
- WEDM_CONTROL（线切割控制面板）：通过机床控制面板进行修剪。
- WEDM_USER（线切割手动控制）：用户手动控制进行修剪。

9.4 线切割的基本参数设置

【光盘文件】

——参见附带光盘中的“AVI\CH9\9-4.avi”文件。

线切割操作中需要指定线切割几何体、粗加工刀路和精加工刀路的数量、切削参数和非切削参数等。

9.4.1 线切割几何体的设置

要创建一个线切割操作，首先要指定线切割几何体。当选择的工序子类型为无芯线切割时，系统还要求指定内边界。线切割几何体可以通过面边界、曲线边界和点边界 3 种方式进行确定。前面已经作过详细介绍，在此不再赘述。

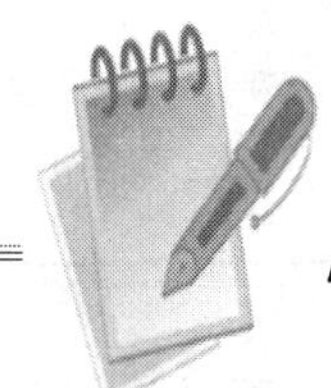

应用•技巧

在线切割操作中，切线开始切入工件，沿着线切割几何体运动，再切出工件时，并非直接切断工件，而是再需要一个操作进行对工件的切断。

9.4.2 切削参数的设置

切削参数是指定线切割操作中的各个切削参数。

在 UG CAM 仿真加工中，线切割的切削参数有【策略】和【拐角】2 个参数。在【策略】选项卡中，有【割线设置】、【切削】、【步距】和【公差】4 个参数。在【拐角】参数下，有【凸角】和【拐角处的刀轨形状】2 个参数。

- 【割线设置】：割线设置分为【上部平面 ZM】和【下部平面 ZM】，即割线的位置在 Z 轴向上的偏置距离。
- 【切削】：控制割线的位置，有【对中】和【相切】2 种状态。
- 【步距】：步距的形式有【恒定】和【%割线】2 种方式。【恒定】步距是指用户指定一个恒定值作为步距的大小；【%割线】是指利用割线的直径的百分比作为步距的大小。
- 【公差】：线切割的公差范围，有【内公差】和【外公差】2 种。
- 【凸角】：遇到凸角时，刀轨进行修剪并延伸。
- 【拐角处的刀轨形状】：有【无】和【所有刀路】2 种选择。【无】表示刀轨不进行光顺操作；【所有刀路】表示所有刀路的刀轨均进行光顺操作。

9.5 实例·操作——心形零件线切割加工

分析工件，是要加工一个曲线边界——心形的零件，可利用线切割进行加工。工件的图形如图 9-23 所示。

图 9-23 心形模型

思路·点拨

观察该零件模型，是一个曲线边界的模型，利用线切割操作进行加工可以达到较高的外形轮廓精度。创建该线切割加工操作，可以分为 7 个步骤：（1）创建加工坐标系；（2）创建线切割几何体；（3）指定工序子类型；（4）指定内边界；（5）设置刀轨参数；（6）设置切削参数；（7）创建线切割加工操作，生成刀轨，即可完成该零件的线切割加工操作。

【光盘文件】

起始文件——参见附带光盘中的“MODEL\CH9\9-5.prt”文件。

结果文件——参见附带光盘中的“END\CH9\9-5.prt”文件。

动画演示——参见附带光盘中的“AVI\CH9\9-5.avi”文件。

【操作步骤】

（1）启动 UG NX 8.0。

打开光盘中的源文件“MODEL\CH9\9-5.prt”模型，单击【OK】按钮，如图 9-24 所示。

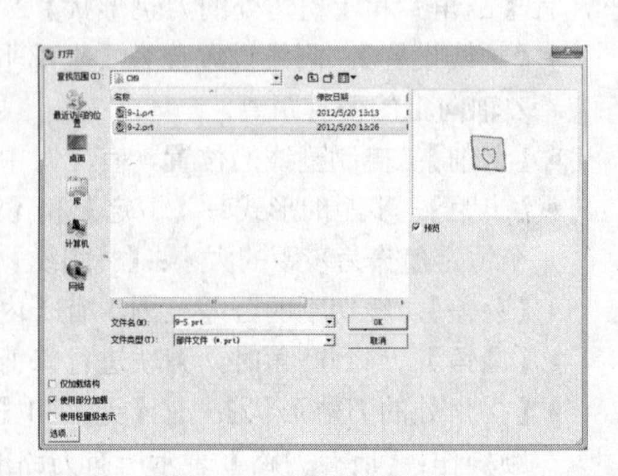

图 9-24 打开模型文件

（2）进入加工环境。单击【开始】—【加工】后出现 【加工环境】对话框（快捷键方式 Ctrl+Alt+M），设置【加工环境】如下参数后单击【确定】按钮，如图 9-25 所示。

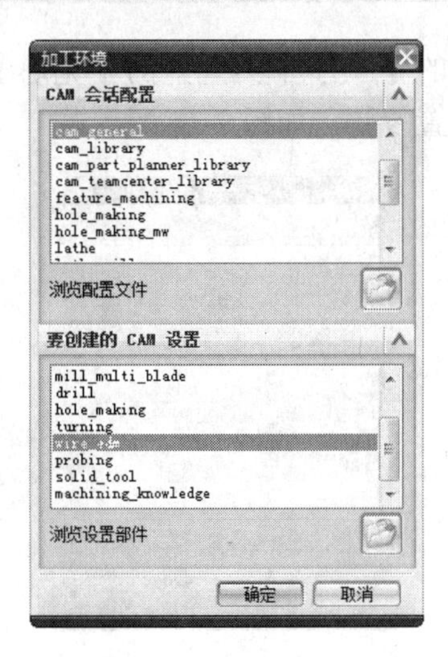

图 9-25 进入加工环境

（3）创建程序。单击【创建程序】图标，弹出【创建程序】对话框。【类型】选择【wire_edm】，【名称】设置为【PROGRAM_WIRE】，其余选项采取默认参数，单击【确定】按钮，创建线切割加工程序，如图 9-26 所示。

图 9-26 创建程序

在【工序导航器-程序顺序】中显示新建的程序，如图 9-27 所示。

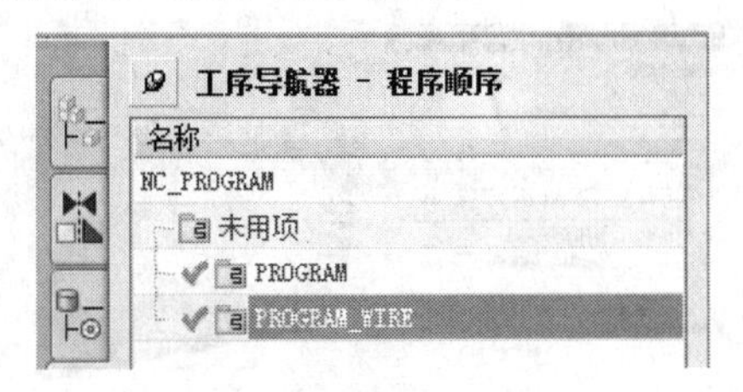

图 9-27 程序顺序视图

（4）创建线切割加工坐标系。双击【工序导航器-几何】中的【MCS_WEDM】图标，系统将自动弹出【MCS_线切割】对话框，如图 9-28 所示。

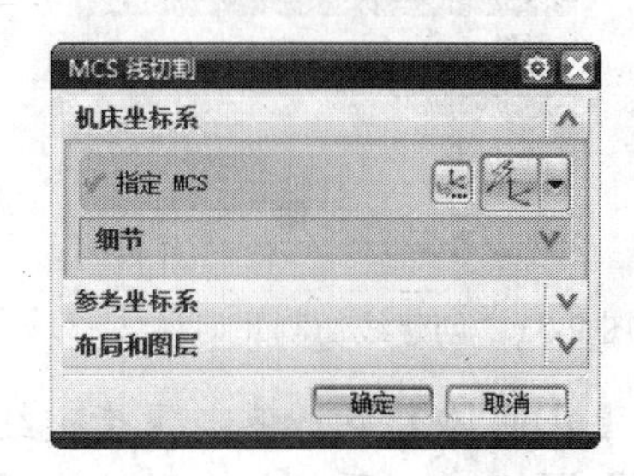

图 9-28 创建加工坐标系

单击【指定 MCS】图标，系统将自动弹出【CSYS】对话框，在【类型】的下拉菜单中选择【绝对 CSYS】作为机床坐标系，如图 9-29 所示。单击【确定】按钮，完成机床坐标系的指定。

图 9-29 加工坐标系

（5）创建线切割加工几何体。单击【创建几何体】图标，系统将自动弹出【创建几何体】对话框，在【几何体子类型】中选择【线切割几何体】图标，如图 9-30 所示。

图 9-30 创建几何体

名称设置为【WEDM_GEOM】，单击【确定】按钮，系统将自动弹出【线切割几何体】对话框，如图 9-31 所示。

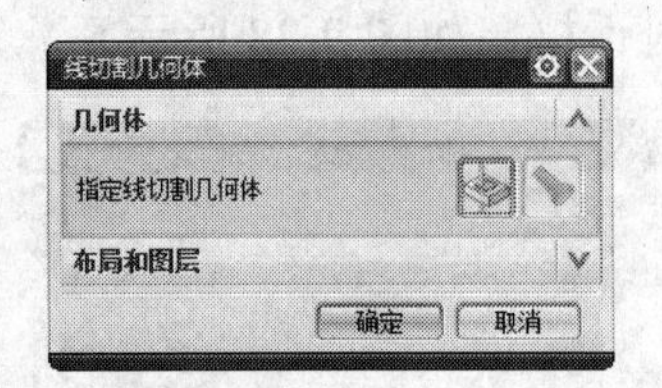

图 9-31　创建线切割几何体（一）

在【几何体】下，单击【指定线切割几何体】图标，系统将自动弹出【线切割几何体】对话框，如图 9-32 所示。

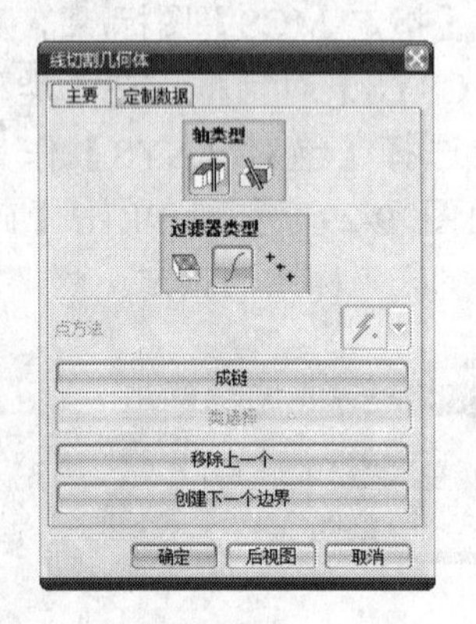

图 9-32　创建线切割几何体（二）

在【轴类型】下选择【2 轴】加工的图标，在【过滤器类型】下选择【曲线边界】图标，选择图中的曲线作为边界，如图 9-33 所示。单击【确定】按钮，完成线切割几何体的选择。

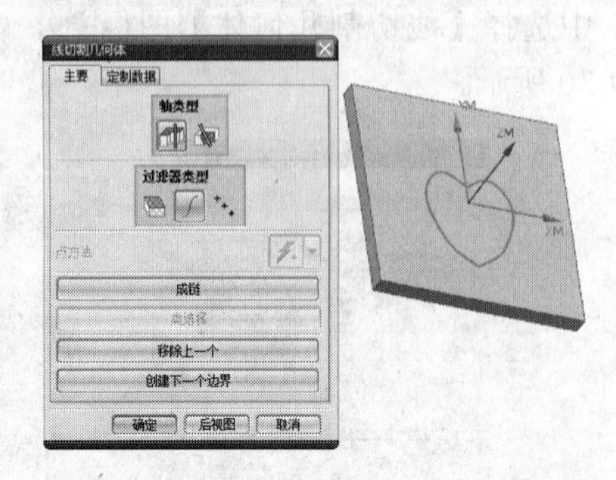

图 9-33　创建线切割几何体（三）

（6）创建线切割工序。单击【创建工序】下的【工序子类型】的【无芯】图标，设置参数，如图 9-34 所示。

图 9-34　创建工序

单击【确定】按钮，系统将自动弹出【无芯】对话框，如图 9-35 所示。

图 9-35　【无芯】对话框

在【几何体】下，单击【指定内边界】图标，系统将自动弹出【创建内边界】对话框，勾选【公差】前面的复选框，【内公差】和【外公差】均设置为 0.03，勾选【余量】前面的复选框，余量设置为 0.0，单击【成链】按钮，选择如图所示曲线，如图 9-36 所示。

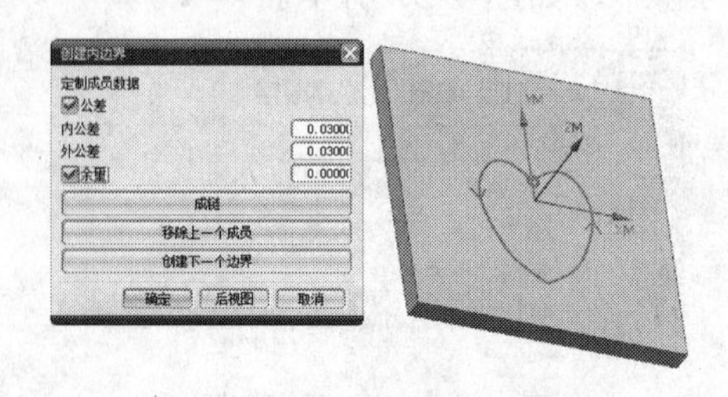

图 9-36　指定内边界

单击【确定】按钮，完成内边界的指定。

（7）刀轨设置。在【切削模式】的下拉菜单中选择【跟随周边】，【精加工刀路】的数量设置为 3，【无芯余量】设置为 0.08，【割线直径】设置为 0.2，如图 9-37 所示。

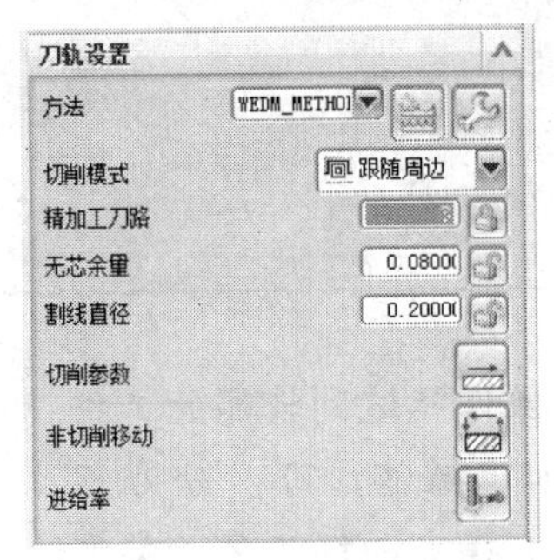

图 9-37　刀轨设置

（8）切削参数。单击【切削参数】图标，系统将自动弹出【切削参数】对话框，在【策略】选项卡下，设置【策略】的参数如图 9-38 所示。

在【拐角】选项卡下，设置【拐角】的参数，如图 9-39 所示。

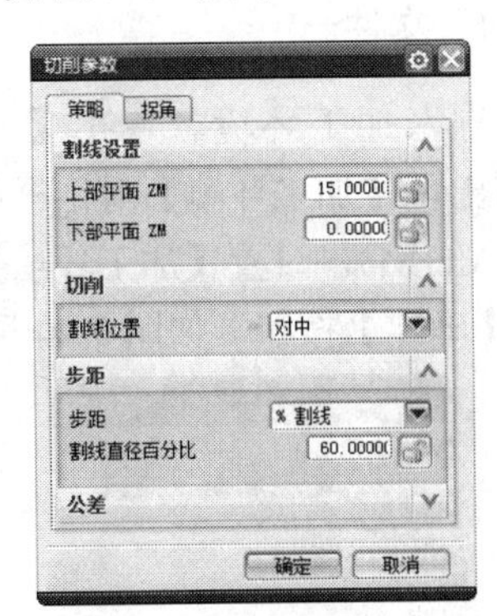

图 9-38　切削参数-策略

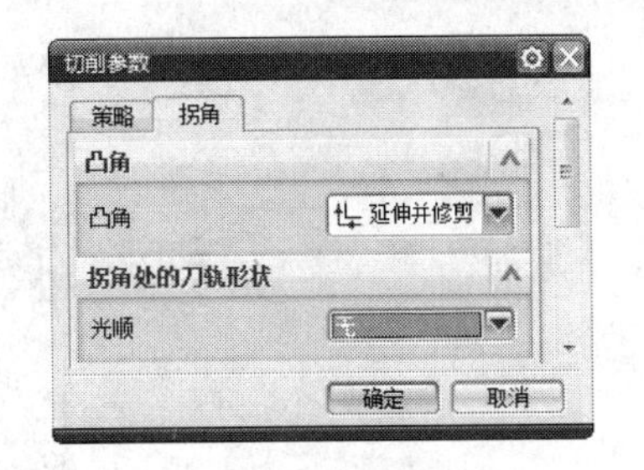

图 9-39　切削参数-拐角

（9）生成刀轨。单击【生成刀轨】图标，系统将自动生成刀轨，如图 9-40 所示。

图 9-40　生成刀轨

单击【确认刀轨】图标，系统将自动弹出【刀轨可视化】对话框，出现刀轨，如图 9-41 所示。

图 9-41　确认刀轨

单击【播放】图标，可以显示刀轨运动的动画演示。单击【确定】按钮，完成【NOCORE】的程序。

9.6　实例·练习——多文字线切割加工

分析零件，是一个字样模型工件，是典型的线切割操作的工件，工件模型如图 9-42 所示。

图 9-42　字样工件模型

思路·点拨

字样的工件模型是典型的线切割操作，利用线切割操作能达到较高的工件精度。分析该零件，可分为两级操作完成加工。创建该线切割加工操作，可以分为 7 个步骤：（1）创建加工坐标系；（2）创建两级线切割几何体；（3）指定两级工序子类型；（4）指定两级内边界；（5）设置刀轨参数；（6）设置切削参数；（7）创建两级线切割加工操作，生成刀轨，即可完成该零件的线切割加工操作。

【光盘文件】

——参见附带光盘中的“MODEL\CH9\9-6.prt”文件。

结果文件——参见附带光盘中的“END\CH9\9-6.prt”文件。

动画演示——参见附带光盘中的“AVI\CH9\9-6.avi”文件。

【操作步骤】

（1）启动 UG NX 8.0。

打开光盘中的源文件“MODEL\CH9\9-6.prt”模型，单击【OK】按钮，如图 9-43 所示。

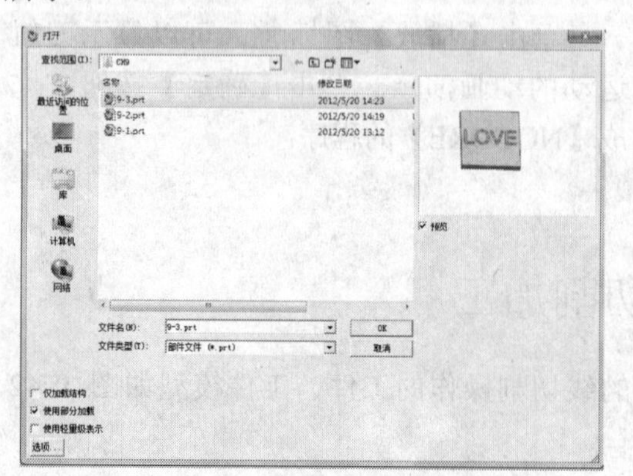

图 9-43　打开模型文件

（2）进入加工环境。单击【开始】—【加工】后出现【加工环境】对话框（快捷键方式 Ctrl+Alt+M），设置【加工环境】如下参数后单击【确定】按钮，如图 9-44 所示。

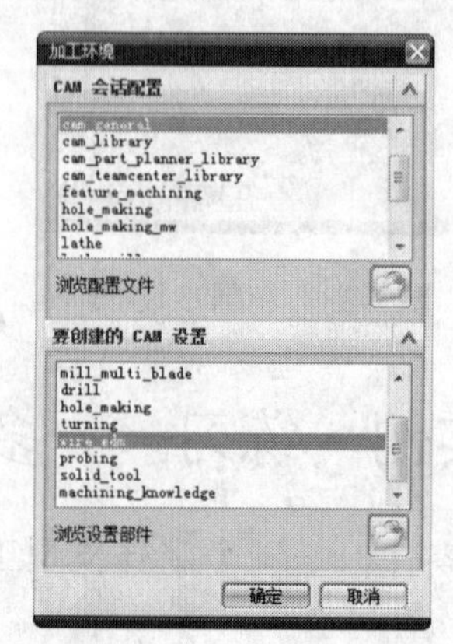

图 9-44　进入加工环境

（3）创建程序。单击【创建程序】图标，弹出【创建程序】对话框。【类型】选择【wire_edm】，【名称】设置为【PROGRAM_WIRE】，其余选项采取默认参数，单击【确定】按钮，创建线切割加工程序，如图 9-45 所示。

图 9-45　创建程序

在【工序导航器】-【程序顺序视图】中显示新建的程序，如图 9-46 所示。

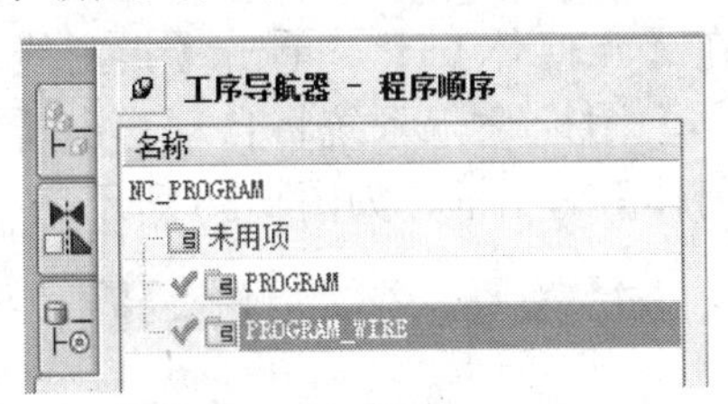

图 9-46　程序顺序视图

（4）创建线切割加工坐标系。双击【工序导航器】-【几何视图】中的【MCS_WEDM】图标，系统将自动弹出【MCS_线切割】对话框，如图 9-47 所示。

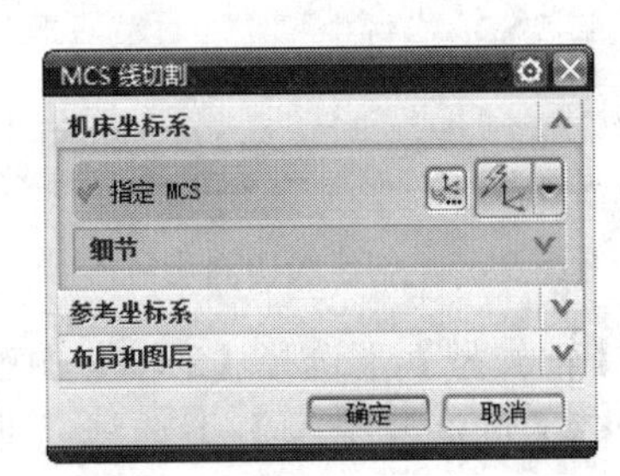

图 9-47　【MCS 线切割】对话框

单击【指定 MCS】图标，系统将自动弹出【CSYS】对话框，在【类型】的下拉菜单中选择【绝对 CSYS】作为机床坐标系，如图 9-48 所示。单击【确定】按钮，完成机床坐标系的指定。

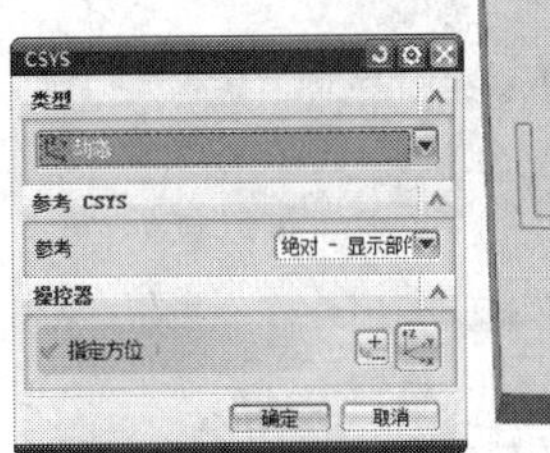

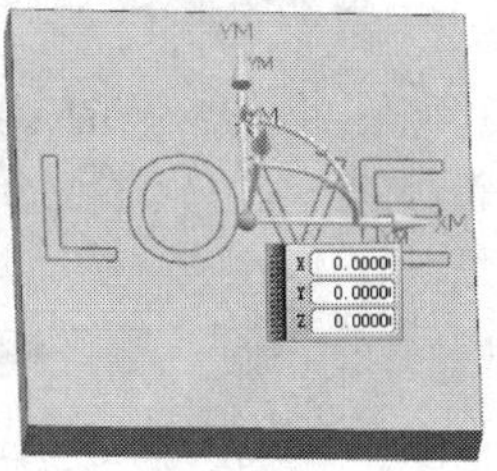

图 9-48　创建加工坐标系

（5）创建线切割加工几何体。

① 创建第一个线切割几何体。单击【创建几何体】图标，系统将自动弹出【创建几何体】对话框，在【几何体子类型】中选择【线切割几何体】图标，如图 9-49 所示。

图 9-49　【创建几何体】对话框

名称设置为【WEDM_GEOM】，单击【确定】按钮，系统将自动弹出【线切割几何体】对话框，如图 9-50 所示。

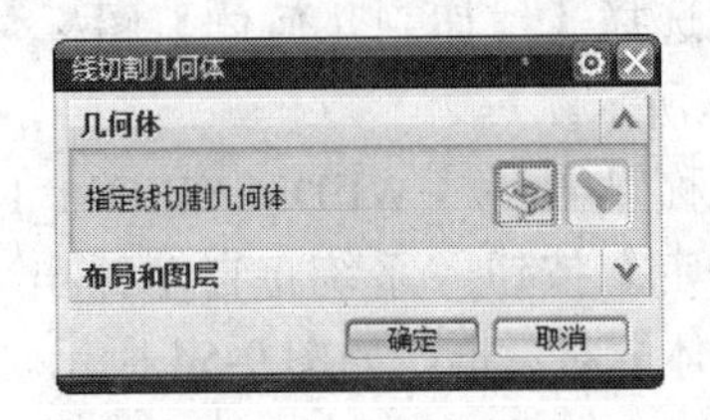

图 9-50　【线切割几何体】对话框

在【几何体】下，单击【指定线切割几何体】图标，系统将自动弹出【线切割几何体】对话框，如图 9-51 所示。

图 9-51 创建线切割几何体

在【轴类型】下选择【2 轴】加工的图标，在【过滤器类型】下选择【曲线边界】图标，选择图中的曲线作为边界，如图 9-52 所示。单击【确定】按钮，完成线切割几何体的选择。

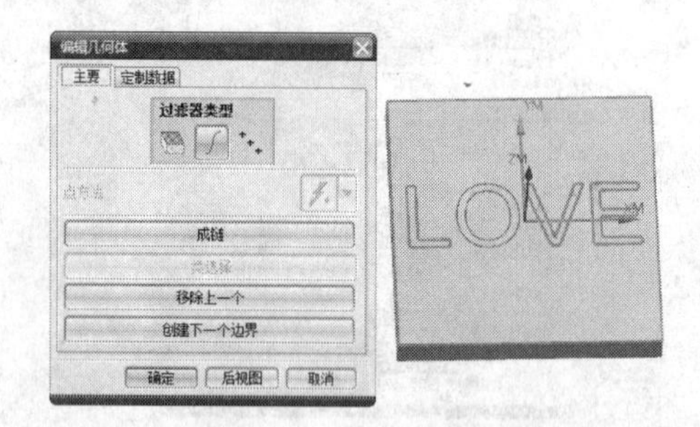

图 9-52 编辑几何体

② 创建第二个线切割几何体。单击【创建几何体】图标，系统将自动弹出【创建几何体】对话框，在【几何体子类型】中选择【线切割几何体】图标，如图 9-53 所示。

名称设置为【WEDM_GEOM_1】，单击【确定】按钮，系统将自动弹出【线切割几何体】对话框，如图 9-54 所示。

图 9-53 【创建几何体】对话框

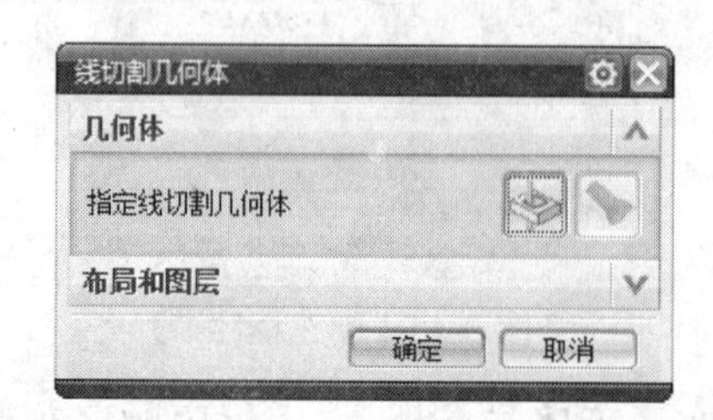

图 9-54 【线切割几何体】对话框

在【几何体】下，单击【指定线切割几何体】图标，系统将自动弹出【线切割几何体】对话框，如图 9-55 所示。

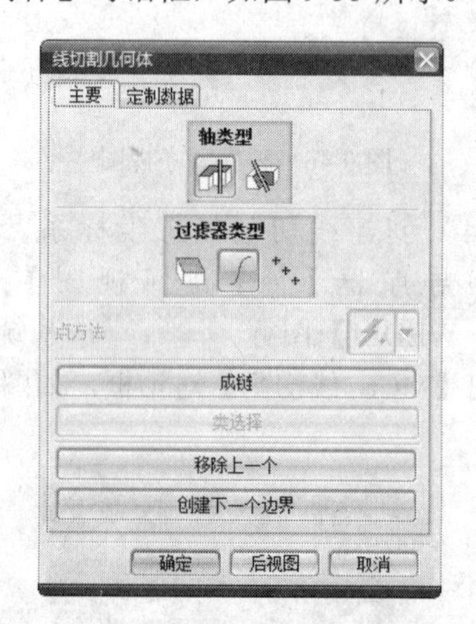

图 9-55 创建线切割几何体

在【轴类型】下选择【2 轴】加工的图标，在【过滤器类型】下选择【曲线边界】图标，选择图中的曲线作为边界，如图 9-56 所示。单击【确定】按钮，完成线切割几何体的选择。

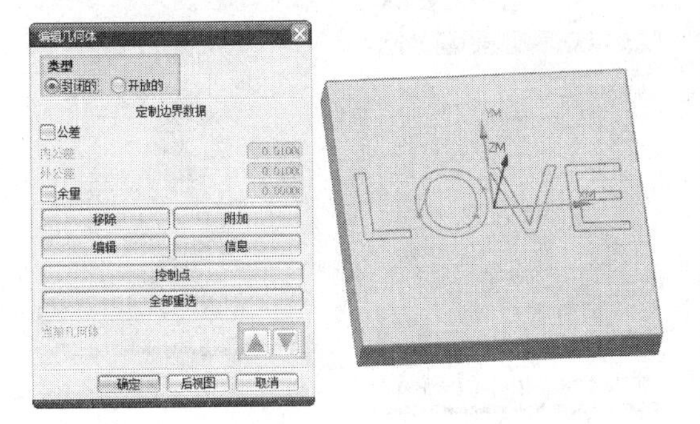

图 9-56　线切割几何体

（6）创建线切割工序。

创建第一个线切割工序。单击【创建工序】下的【工序子类型】的【无芯】图标，设置参数，如图 9-57 所示。

图 9-57　【创建工序】对话框

单击【确定】按钮，系统将自动弹出【无芯】对话框，如图 9-58 所示。

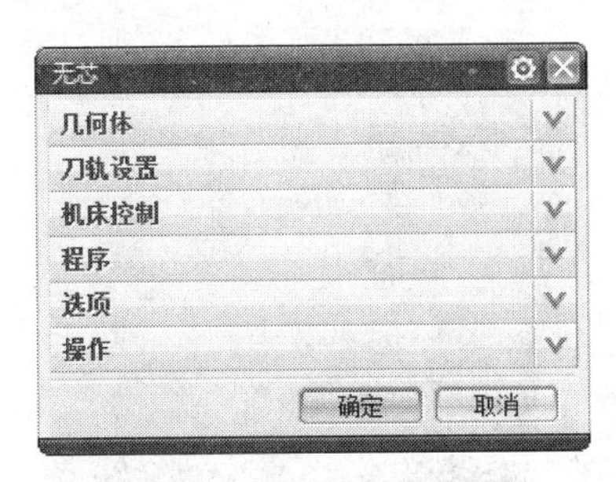

图 9-58　【无芯】对话框

单击【指定内边界】图标，系统将自动弹出【编辑内边界】对话框，选择如图所示的曲线为内边界曲线，如图 9-59 所示。单击【确定】按钮，完成内边界的指定。

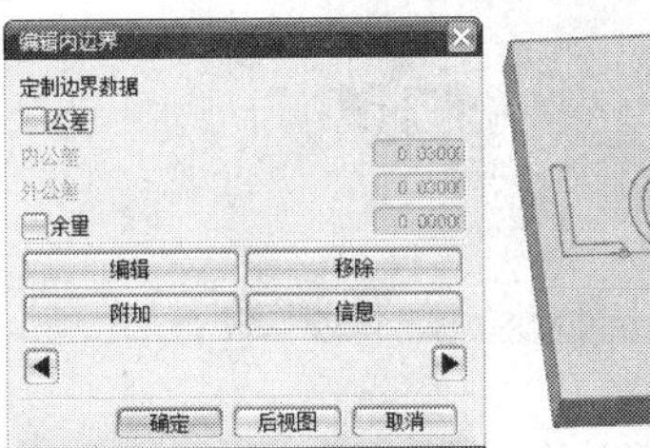

图 9-59　指定内边界

（7）刀轨设置。在【切削模式】的下拉菜单中选择【跟随周边】，【精加工刀路】的数量设置为 3，【无芯余量】设置为 0.08，【割线直径】设置为 0.2，如图 9-60 所示。其余参数采用系统默认值。

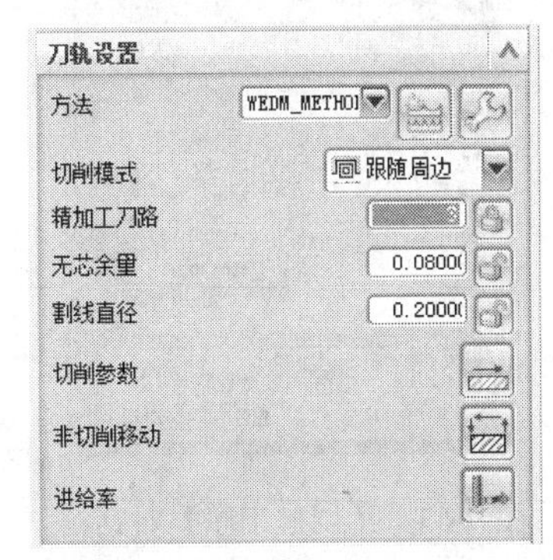

图 9-60　刀轨设置

（8）生成刀轨。单击【生成刀轨】图标，系统自动生成刀轨，如图 9-61 所示。

图 9-61　生成刀轨

单击【确认刀轨】图标，系统将自动弹出【刀轨可视化】对话框，出现刀轨，如图 9-62 所示。

图 9-62　确认刀轨

创建第二个线切割工序。单击【创建工序】下的【工序子类型】的【无芯】图标，设置参数，如图 9-63 所示。

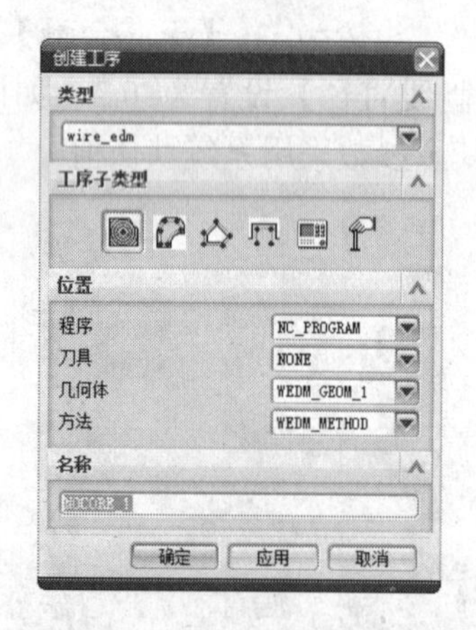

图 9-63　【创建工序】对话框

单击【确定】按钮，系统将自动弹出【无芯】对话框，如图 9-64 所示。

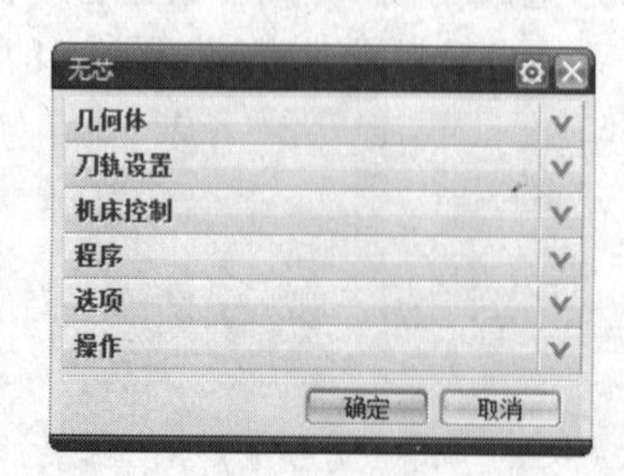

图 9-64　【无芯】对话框

单击【指定内边界】图标，系统将自动弹出【编辑几何体】对话框，选择如图所示的曲线为内边界曲线，如图 9-65 所示。单击【确定】按钮，完成内边界的指定。

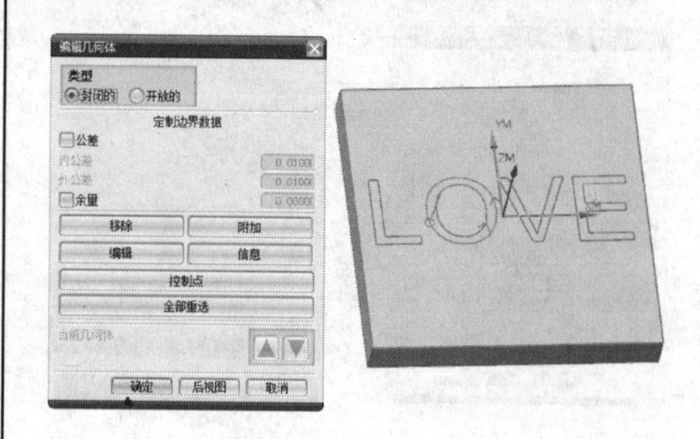

图 9-65　指定内边界

（9）刀轨设置。在【切削模式】的下拉菜单中选择【跟随周边】，【精加工刀路】的数量设置为 3，【无芯余量】设置为 0.08，【割线直径】设置为 0.2，如图 9-66 所示。其余参数采用系统默认值。

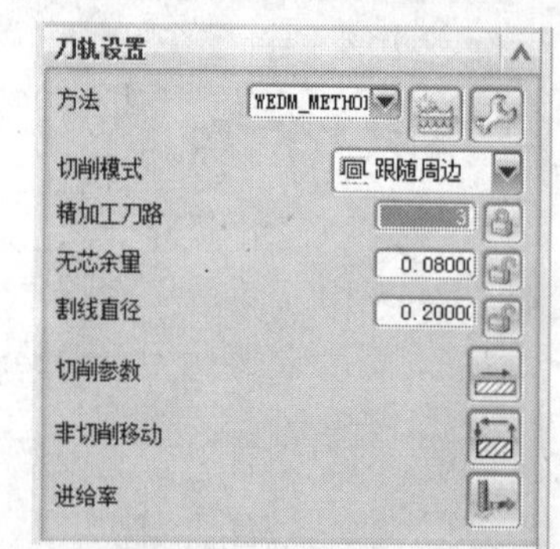

图 9-66　刀轨设置

（10）生成刀轨。单击【生成刀轨】图标，系统自动生成刀轨，如图 9-67 所示。

图 9-67　生成刀轨

单击【确认刀轨】图标，系统将自动弹出【刀轨可视化】对话框，出现刀轨，如图 9-68 所示。

单击【播放】图标，可以显示刀轨运动的动画演示。单击【确定】按钮，完成【NOCORE_1】的程序。单击【确定】按钮，完成线切割工序的创建。

图 9-68　确认刀轨

反侵权盗版声明

举报电话：（010）88254396；（010）88258888

传　　真：（010）88254397

E-mail:　　dbqq@phei.com.cn

通信地址：北京市万寿路 173 信箱

电子工业出版社总编办公室

邮　　编：100036